myBook+

Ihr Portal für alle Online-Materialien zum Buch!

Arbeitshilfen, die über ein normales Buch hinaus eine digitale Dimension eröffnen. Je nach Thema Vorlagen, Informationsgrafiken, Tutorials, Videos oder speziell entwickelte Rechner – all das bietet Ihnen die Plattform myBook+.

Ein neues Leseerlebnis

Lesen Sie Ihr Buch online im Browser – geräteunabhängig und ohne Download!

Und so einfach geht's:

- Gehen Sie auf **https://mybookplus.de**, registrieren Sie sich und geben Sie Ihren Buchcode ein, um auf die Online-Materialien Ihres Buches zu gelangen
- **Ihren individuellen Buchcode finden Sie am Buchende**

Wir wünschen Ihnen viel Spaß mit myBook+!

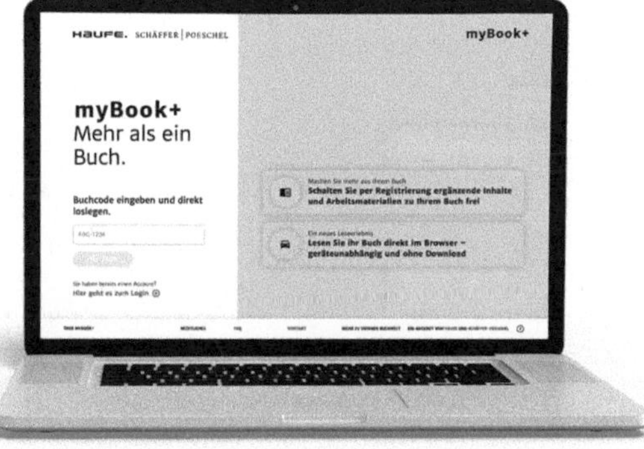

Arbeit besser machen

Nico Rose

Arbeit besser machen

Positive Psychologie für Personalarbeit und Führung

2. Auflage

Haufe Group
Freiburg · München · Stuttgart

Bibliografische Information der Deutschen Nationalbibliothek

Die Deutsche Nationalbibliothek verzeichnet diese Publikation in der Deutschen Nationalbibliografie; detaillierte bibliografische Daten sind im Internet über http://dnb.dnb.de/ abrufbar.

Print:	ISBN 978-3-648-14971-3	Bestell-Nr. 16667-0002
ePub:	ISBN 978-3-648-14972-0	Bestell-Nr. 16667-0101
ePDF:	ISBN 978-3-648-14973-7	Bestell-Nr. 16667-0151

Nico Rose
Arbeit besser machen
2. Auflage, März 2024

www.haufe.de
info@haufe.de

Bildnachweis (Cover): © Cover: Groothuis. Gesellschaft der Ideen und Passionen mbH für Kommunikation und Medien, Marketing und Gestaltung | groothuis.de

Produktmanagement: Dr. Bernhard Landkammer
Lektorat: Helmut Haunreiter

Inhaltsverzeichnis

Wer schaffen will, muss fröhlich sein

Du wirst es nie zu Tücht'gem bringen
bei deines Grames Träumereien,
die Tränen lassen nichts gelingen:
Wer schaffen will, muss fröhlich sein.

Wohl Keime wecken mag der Regen,
der in die Scholle niederbricht,
doch golden Korn und Erntesegen
reift nur heran bei Sonnenlicht.
Theodor Fontane

Rezensionen

Aktuell, authentisch, abwechslungsreich, differenziert – Nico Rose schafft es, einen äußerst kurzweiligen Blick auf die wichtige Frage zu werfen, wie wir als Führungskräfte »Arbeit besser machen« können. Das Lesen macht Spaß, gibt praktische Denkanstöße und motiviert!
Dr. Peter Opdemom, ehemals Vorstand B2C, New Work SE (XING, Kununu etc.).

Nico Rose reflektiert die derzeitigen Herausforderungen für Personalarbeit und Führung kritisc-h. Er schreibt praxisnah und humorvoll über seine eigenen Erfahrungen und spiegelt diese sowie weitere aktuelle Themen anhand wissenschaftlicher Erkenntnisse. Das Ergebnis ist ein Buch mit spannenden Inhalten, das sich wunderbar lesen lässt, inhaltsreich und unterhaltsam ist.
Prof. Dr. Marion Festing, Lehrstuhl für Personalmanagement und Interkulturelle Führung sowie akademische Leiterin des Talent Management Instituts (TMI), ESCP Europe

Der digitale Wandel hält weiter Einzug in Unternehmen. Viele Führungskräfte und Personalverantwortliche fragen sich, welche Auswirkungen diese Entwicklung auf die Art zu führen hat. Nico Roses Buch stellt immer wieder den Menschen ins Zentrum und gibt viele Denkanstöße, wie auch die digitale Transformation aktiv mitgestaltet werden kann.
Martin Stork, Head of Global HR Business Partnering, HR Strategy & Governance, Agricultural Solutions, BASF SE

Ich kann Nico Roses Buch empfehlen, weil es zum einen den Nerv der Zeit trifft, Unternehmens- und Teamkultur endlich als strategischen Hebel und Wettbewerbsvorsprung zu verstehen. Zum anderen begeistert es aber vor allem, weil es bei »Arbeit besser machen« dann auch ums konkrete Umsetzen geht und das Buch ein klares »How to« liefert. Aus meiner Sicht das, was wir gerade brauchen, um endlich ins Machen zu kommen. Denn neue Macher brauchen wir, vor allem in deutschen Unternehmen.
Stefanie Kuhnhen, Chief Strategy Officer, Serviceplan Agenturen

Vorwort zur ersten Auflage von Dr. Wladimir Klitschko

Liebe Leserinnen und Leser,

Arbeit – in keinem anderen Wort schwingen gleichzeitig so viele positive und negative Emotionen mit. Sie ist der Ort, an dem Menschen ihren Tag verbringen, an dem sie ihren Wert zeigen wollen, an dem sie als soziale Wesen agieren, als Menschen wahrgenommen werden möchten, trotz aller »harten« Faktoren wie KPIs und dem Zielerreichungsdruck. Sach- und Emotionsebene treffen hier auf einander, dem entkommt keiner. Wenn ich beispielsweise Mitarbeiter auswähle, weiß ich, welches Mindset ich suche. Dabei ist völlig egal, um welchen Job es geht. Entscheidend ist, wie sehr jemand Teil meines Teams sein möchte. Natürlich lege ich auch Wert auf die fachliche Qualifikation, allerdings ist für mich nicht entscheidend, ob jemand wirklich sämtliche Kriterien erfüllt: fehlendes Wissen lässt sich schnell aneignen. Was schwieriger zu verändern ist, ist ein Mindset. Die positive Haltung zur Arbeit ist mir wichtig bei allen Menschen, die mich beruflich umgeben. Für eine Führungskraft ist in meinen Augen entscheidend, wahrzunehmen, dass Arbeit verschiedene Ebenen hat, um diese zu moderieren und zusammenzuführen. Aus dieser Balance entsteht für mich »Better Work«.

In diesem Sinn freue ich mich über die Ehre, das Vorwort für Arbeit besser machen schreiben zu dürfen: ein Anregungsfeuerwerk, in dem nicht (schon wieder) Parameter für New Work identifiziert und erläutert werden, sondern »Better Work« skizziert wird.

Der Ring war fast drei Jahrzehnte lang mein »Arbeitsplatz«, ich kenne ihn aus allen Perspektiven. Es mag als Zuschauer eines Boxkampfes anders aussehen, doch auch ein Boxer ist nie allein an seinem Arbeitsplatz. Es gab immer ein Team um mich herum, das dafür gesorgt hat, dass ich mein, oder besser, unser gemeinsames Ziel, erreichen konnte: als Sieger die jeweils kommende Veranstaltung zu verlassen. Jeder wusste, worin der eigene Beitrag zum Gelingen unseres gemeinsamen Ziels bestand und welche Rolle er dafür auszufüllen hatte – auch ich selbst. Ich war gewissermaßen Führungskraft und Teammitglied zugleich.

Wenn ich bemerkte, dass Dinge, die mir wichtig waren, nicht ernstgenommen wurden, hatte jeder im Team mit Konsequenzen zu rechnen. Mein Trainingsplan war straff und das verlangte mir und allen anderen Menschen Disziplin ab. Unpünktlichkeit beispielsweise zählte zu den Punkten, die den kompletten Ablauf in einem Camp durcheinanderbringen konnten. Um mich nicht täglich aufs Neue damit zu befassen und unnötig Energie in diesen Ärger fließen zu lassen, trug der Unpünktliche die unmittelbare

Konsequenz: Wer auch nur eine Minute zu spät kam, machte 100 Liegestütze. Diese Regel galt auch für mich selbst. Was glauben Sie, wie schnell alle verstanden, worum es ging, was auf dem Spiel stand und wie der Weg zu unserem gemeinsamen Ziel aussah ...

Ein wichtiges Thema, das eng mit dem vorigen Punkt verbunden ist, lautet Weiterentwicklung. Führungskräfte müssen einen Raum schaffen für Veränderung: Human Transformation statt Human Resources. Es geht darum, Menschen und Teams als lernende und sich entwickelnde Organismen zu begreifen, nicht als technische Ressource, die funktioniert oder eben nicht. Wer stehen bleibt, fällt zurück, so lautet mein Motto. Und wer vorwärts geht, kann auch einmal scheitern, das gehört dazu und ist Bestandteil eines echten Plans. Man muss eine Kultur etablieren, die nicht alles gutheißt oder lobt, sondern eine, die zulässt, dass jeder einen echten Raum für Entwicklung und Verbesserung erhält. Wenn etwas nicht gut läuft, muss man darüber sprechen (dürfen) und sich gemeinsam dieser Herausforderung stellen, gemeinsam in die Challenge-Zone eintauchen.

Ich arbeite mit Teams in verschiedenen Ländern auf verschiedenen Kontinenten. Meinen Sie, da läuft immer alles perfekt? Natürlich nicht. Aber ich bin mir der Tatsache bewusst, dass Zeit und Arbeitskraft das wertvollste sind, das meine Mitarbeiter mir und meinen Unternehmen schenken können. Auch wenn ich nicht mehr im Trainingscamp bin, sondern »ins Büro« gehe, haben sich meine Haltung die Loyalität meinen Teams gegenüber nicht verändert. Wenn mir meine Mitarbeiter und Kollegen zeigen, dass sie bereit sind, sich zu entwickeln und gemeinsam mit mir wachsen zu wollen, dass sie bereit sind, ihre Challenge-Zone annehmen, dann bin ich an ihrer Seite und unterstütze sie auf ihrem beruflichen Weg und beim Verfolgen ihrer Ziele.

Genau das halte ich für unabdingbar, wenn man über »Arbeit besser machen« spricht: Als Arbeitgeber zu zeigen, dass die Mitarbeiter und ihre Arbeit wichtig sind. Es geht darum, ihnen klar zu machen, welche Erwartungen man an ihre Position und Rolle hat. Als Mitarbeiter gilt es wiederum zu beweisen, dass man bereit ist, Herausforderungen ins Gesicht zu blicken, in die eigene Challenge-Zone einzutauchen. Dafür braucht es die geeigneten Werkzeuge, um in die Bewältigung der Herausforderung, die wirkliche Umsetzung zu kommen. Das nenne ich Umsetzungsenergie oder schlicht Willenskraft. Mit ihr erreichen wir gemeinsam unsere Ziele, so macht Arbeit Spaß – im Boxring und außerhalb.

Deshalb lautet mein Tipp: Fordern Sie sich und ihr (Arbeits-)Umfeld regelmäßig heraus, verlassen Sie die Komfortzone! Echtes Wachstum findet in der Challenge-Zone statt – und nur dort. An diesem Ort wächst man über sich hinaus, kann Großes erreichen und begreift den Arbeitsplatz als Lebensort, an dem es um mehr geht, als um bloßes Geld verdienen: Sie wird zu einem echten Ort für »Better Work«.

Von meiner Kollegin Tatjana Kiel, CEO von Klitschko Ventures, erfahren Sie in Kapitel 10 dieses Buchs, wie aus meiner Lebensphilosophie Challenge Management die Methode F.A.C.E. the Challenge wurde, die Menschen dabei unterstützt, den eigenen Arbeitsplatz aktiv zu einem Ort der Weiterentwicklung, zu einem Ort für »Better Work« zu machen – für sich und für andere.

Und jetzt: Viel Spaß beim Lesen der vielen spannenden Beiträge! Sie dürfen sich gerne mal ertappt fühlen, auch mal schmunzeln. Setzen Sie sich auseinander mit Ihrer eigenen Haltung zu Arbeit und Ihrem Veränderungs- und Wachstumswillen. Seien Sie offen für die Anregungen zu Ihrer nächsten Herausforderung. Sie kommt – so viel ist sicher! Seien Sie die bewegende Kraft!

Das wünscht sich und Ihnen,

Ihr Wladimir Klitschko
Inhaber von Klitschko Ventures und Entwickler der Methode F.A.C.E. the Challenge

Einführung zur zweiten Auflage

Die erste Auflage von Arbeit besser machen entstand im Winter 2018/19. Ich hatte nach über acht Jahren meinen Job als Vice President im Stab des Personalvorstands von Bertelsmann aufgegeben und nutzte drei arbeitsfreie Monate, bevor ich im April 2019 eine Stelle als Professor für Wirtschaftspsychologie an der International School of Management (ISM) in Dortmund antrat. Auch diese berufliche Episode ist allerdings schon wieder Geschichte. Seit März 2022 bin ich – nach einem metaphorischen, aber kräftigen Tritt in den Hintern durch meine Gattin (»Glaub doch mal *wirklich* an dich selbst…«) – erstmals im Leben vollkommen eigenständig unterwegs. Ich konzentriere mich auf die Arbeit mit Organisationen in Form von Vorträgen, Workshops, Coaching – und mittlerweile auch der einen oder anderen Moderation. Die übrige Zeit nutze ich fürs Schreiben. Arbeit besser machen war damals mein zweites Buch, mittlerweile gibt es derer schon sieben[1] – Nummer acht und neun sind in Planung. Dies war auch einer der Hauptgründe, warum ich meinen wirklich guten Job bei Bertelsmann aufgab: Da musste »irgendwas raus«, etwas, wofür in der Führungsrolle im Großkonzern einfach zu wenig Zeit übrig war.

Vielleicht ist es ein wenig vermessen, dem eigenen Buch eine solche Bezeichnung selbst zuzuschreiben, aber ich glaube trotzdem sagen zu dürfen, dass Arbeit besser machen in der Zwischenzeit zu einer Art Standardwerk über Positive Psychologie in und für Organisationen im deutschen Sprachraum geworden ist. Es hat sich für ein wissenschaftlich geprägtes Sachbuch über die Zeit hinweg recht anständig verkauft und wurde durchgehend positiv rezensiert. Was mich allerdings noch mehr freut, sind die vielen hundert Zuschriften, die mich über die Jahre erreicht haben. Menschen aus ganz unterschiedlichen beruflichen Sphären schreiben mir Mails oder Nachrichten auf LinkedIn, meist ein Foto vom heftig mit Post-Its versehenen Buch angehängt, und schildern, wie das Werk sie dazu gebracht hat, sich eingehender mit Positiver Psychologie zu beschäftigen – oder auch, wie ihnen die eine oder andere Idee als Führungskraft, HRler oder Begleiter von Menschen weitergeholfen hat. Als Psychologe habe ich selbstredend einen amtlichen Helferkomplex. Da geht sowas runter wie Öl.

Der Erfolg von Arbeit besser machen hat auch zum Teil mit einer Aktion zu tun, die ursprünglich kaum mehr als ein Marketing-Stunt zur Veröffentlichung der Erstauflage sein sollte: Ich erstellte damals auf Basis der Inhalte des Buchs eine Liste von zwanzig knackigen und zum Teil provokanten Aussagen über mein Verständnis von guter Arbeit bzw. Führung. Dave Neblik, ein Designer aus meiner Heimat, brachte das Ganze

1 Nummer 6 heißt Hard, Heavy & Happy, handelt von Heavy Metal – und wurde ein SPIEGEL-Bestseller. Ich halte nicht viel von Motivationsweisheiten à la »Follow your Passion!«, aber mit Blick auf dieses Projekt liegt sie nicht vollkommen daneben.

dann in die Form eines optisch ansprechenden Posters. Etwas großspurig nannten wir es das Arbeit-besser-machen-Manifest.[2] Obwohl in erster Linie als Mittel der Verkaufsförderung gedacht, hängt das Teilchen mittlerweile – mutmaßlich – in tausenden von Büros im deutschsprachigen Raum, weil es in Schüben immer wieder in den sozialen Medien geteilt wird. Ich habe allerdings auch schon mit Unternehmen zusammengearbeitet, die das Ganze als Inspiration an ihre Führungskräfte ausgaben, beispielsweise als Poster oder als Tischaufsteller aus Plexiglas. Merke: Manchmal können kleine Ideen Großes bewirken.

Zeitenwende in der Arbeitswelt?

Naturgemäß hat sich nicht nur mein Leben, sondern auch die Welt als solche in den letzten Jahren beständig weitergedreht. Da wäre zunächst die Coronapandemie zu nennen, die das (Arbeits-)Leben in einem – zumindest in den letzten Jahrzehnten – kaum gekannten Umfang beeinflusst hat. In Windeseile mussten Organisationen weltweit dafür sorgen, dass ein guter Teil der Belegschaften von zu Hause aus tätig werden konnte. Und siehe da: Das Gros der Unternehmen ist nicht implodiert. Sie haben sich ordentlich geschüttelt und dann in großer Zahl erfolgreich angepasst (ich selbst erlebte diese Dynamik noch in meiner Rolle als Hochschullehrer). Das alles ging natürlich nicht ohne Blessuren und Anpassungsschmerzen vonstatten. Aber: Es ging.

Dies alles zu beobachten, hat auch ein Stück weit an meinen Vorstellungen von wirksamer Transformation von Organisationen gerüttelt. Da spricht man normalerweise davon, man solle die Menschen »abholen« oder behutsam »mitnehmen«. Dafür hat das Coronavirus jedoch keine Zeit gelassen. Eine weltweite Pandemie sagt nicht »Bitte-bitte«, sondern »Zack-zack«. Ich bin jedenfalls davon überzeugt, dass wir eine solch hohe Durchdringung von non-lokaler Kollaboration auf natürlichem Wege niemals in so kurzer Zeit gesehen hätten. Mittlerweile sehen sich viele Organisationen allerdings auch mit den Schattenseiten konfrontiert, die entstehen (können), wenn Menschen, die gemeinsam Ziele erreichen sollen, sich nur noch selten von Angesicht zu Angesicht sehen. Ich werde diese Herausforderung an geeigneter Stelle in der Neuauflage aufgreifen.

Gleichwohl bin ich der Überzeugung, dass sich durch die fortschreitende Digitalisierung von Zusammenarbeit für gute Führung *auf einer grundlegenden Ebene recht wenig geändert* hat. Ich las in den vergangenen Jahren immer wieder, zum Teil mit medialem Getöse vorgetragen, von *Digital Leadership* als neuem und eigenständigem Führungsstil. Was das inhaltlich genau sein soll, bleibt mir allerdings bis heute weitgehend schleierhaft. Dabei ist mir natürlich klar, dass die sichere Beherrschung bestimmter Software- und Hardwareprodukte wichtig(er) für erfolgreiches

2 Es lässt sich hier herunterladen: nicorose.de/wp-content/uploads/2020/02/Arbeit-Besser-Machen-Manifest-A1.pdf

Führungshandeln geworden ist. Dafür gibt es allerding schon ein – vielleicht etwas angestaubtes – Wort: Medienkompetenz. Wir helfen den Menschen da draußen in den Unternehmen allerdings kaum weiter, wenn wir die eigentliche Führungskompetenz mit der Beherrschung von Zoom, MS Teams & Co. unreflektiert in einen Topf werfen.

Achtung

Wenn der Chef im echten Leben ein Arsch ist, ist er es digital mit hoher Wahrscheinlichkeit auch.

Als zweite große Umwälzung ist zwingend der Angriffskrieg Russlands auf die Ukraine zu nennen. Die damit verbundene Knappheit vieler Industrie- und Verbrauchsgüter hat den Druck auf fast alle Unternehmen und deren Mitarbeiter spürbar erhöht. Gleichwohl denke ich, dass die Veränderungen für das *Wie* von Management und Führung weniger gravierend sind als die Nachwirkungen der Coronapandemie. Vieles ist durchaus *noch* schwieriger geworden, aber nicht grundlegend anders.

Mir persönlich wird allerdings grundlegend anders, wenn ich meine Gedanken vor dem Hintergrund des Krieges auf das Vorwort von Wladimir Klitschko zur ersten Auflage richte (und das ergänzende Interview mit Tatjana Kiel weiter hinten im Buch): Sie berichten dort von einer Methode zur erfolgreichen Bewältigung von Herausforderungen, angelehnt an die Art und Weise, wie sich Wladimir früher auf seine Kämpfe als Boxchampion vorbereitet hat. Ich glaube kaum, dass die beiden damals schon jene »Herausforderungen« auf dem Schirm hatten, die das Leid der Menschen in der Ukraine aktuell bereithält. Wladimirs und Tatjanas unermüdlicher Einsatz rund um die humanitäre Hilfe insbesondere für die Kinder in Klitschkos Heimat erfüllt mich mit großer Ehrfurcht. Sie schärft auch meinen Blick dafür, dass es durchaus Wichtigeres im Leben geben kann als erfolgreiches Unternehmertum. Alles in allem hoffe ich natürlich, dass der Krieg bald ein gutes Ende finden wird, sodass Wladimir und Tatjana mit ihrem Team wieder Unternehmen fitmachen können – anstatt Kinderseelen retten zu müssen.

Unter dem Stichwort der Zeitenwende komme ich nicht umhin, abschließend kurz über artifizielle Intelligenz zu sprechen. Ich schreibe diese Zeilen ohne Unterstützung von ChatGPT oder ähnlichen Tools. Gleichwohl habe auch ich – obwohl ich mich bei digitalen Tools nicht eben als First Mover begreifen würde – schon die Unterstützung von generativer AI in Anspruch genommen. Zum Beispiel hat ChatGPT mir einmal geholfen, ein Konzept für einen mehrtägigen Workshop zu formulieren. Mit ein wenig Überarbeitung hat das Ganze etwa 30 Minuten gedauert. Ohne die Vorlagen des Chatbots hätte ich sicherlich mehrere Stunden dafür benötigt. Zudem habe ich beim Herumspielen festgestellt, dass das Tool mich herzlich zum Lachen bringen kann, die richtigen Prompts vorausgesetzt.[3] Das wiederum hat mir ein bisschen Angst gemacht.

Letztlich glaube ich allerdings, dass es noch zu früh ist, um dem Thema einen größeren Part in *diesem* Buch einzuräumen. Ich beobachte mit großem Interesse, dass Unternehmen wie Coachhub (in dessen Advisory Board ich aktiv bin) erste Prototypen für AI-gestützte Coaching-Chatbots auf den Markt bringen.[4] Ich würde allerdings gerne warten, bis mehr Daten und mehr konkrete Forschung vorliegen, bevor ich solche Themenfelder in dieses Buch integriere. Vielleicht ist das etwas für eine dritte Auflage?

Die Positive Psychologie wird erwachsen

Was sind die wichtigsten Unterschiede zur ersten Auflage? Nicht ohne Stolz hatte ich im Zuge der Überarbeitung immer wieder das Gefühl, dass die Inhalte von Arbeit besser machen recht gut gealtert sind. Das liegt nach meinem Dafürhalten zum einen an der Tatsache, dass ich mich im Rahmen des ursprünglichen Schreibprozesses bemüht habe, nicht zu marktschreierisch daherzukommen. Jedenfalls hatte ich bei der Arbeit an der zweiten Auflage kaum einmal dieses Autorenerlebnis, bei dem man die Hände über dem Kopf zusammenschlägt und lauthals ruft: »Oh mein Gott, was habe ich denn da für eine Grütze zusammengeschrieben?!« Ein »Hardcore-Methodenforscher« wird das möglichweise anders beurteilen. Ich verstehe mich jedoch seit dem Ablegen der Professur mehr denn je als *Brückenbauer zwischen Forschung und Praxis*. Dahingehend ist mir wichtig, dass meine Brücken wissenschaftlich belastbar sind.[5] Wenn sie allerdings so fremdartig und wenig einladend anmuten, dass kaum ein Praktiker sie je betreten mag – dann ist für jemanden mit meiner Mission auch nicht viel gewonnen. Ich hoffe, dass ich irgendwie beiden Seiten hinreichend gerecht werden kann.

Ein weiterer Aspekt, der erklären kann, warum die zweite Auflage von Arbeit besser machen sich nicht radikal von der ersten unterscheidet, ist der Entwicklungsstand der Positiven Psychologie als wissenschaftlicher Disziplin selbst. Nimmt man Martin Seligmans Antrittsrede als Präsident der APA um den Jahrtausendwechsel als Startschuss

---

3 Ich bat ChatGPT, mir jeweils einen humorvollen Absatz zur Frage zu schreiben, was Metalbands wie Metallica oder Iron Maiden über gute Führung zu sagen hätten …

4 Martin Seligman hat gerade eine neue Forschungsarbeit publiziert, die sich ebenfalls mit dem Nutzen von AI für die Begleitung von Menschen auseinandersetzt; siehe Blyler und Seligman (im Druck).

5 Im Ergebnis finden sich bestimmte Aspekte nicht in diesem Werk, die man eigentlich in einem Buch über Positive Psychologie in Organisationen vermuten würde. Ein Beispiel: Aktuelle Meta-Analysen legen nahe, dass in der Öffentlichkeit viel diskutierte Growth-Mindset-Interventionen kaum wünschenswerte Ergebnisse erzielen, zumindest, wenn die Daten von unabhängigen Forschern beigebracht werden (Macnamara & Burgoyne, 2023). Von daher kommt das Thema hier nur in zwei Interviews kurz zur Sprache, erhält aber ansonsten keine größere Aufmerksamkeit.

(siehe Kapitel 2), dann befindet sich das Feld aktuell im jungen Erwachsenenalter.[6] Die Sturm-und-Drang-Phase scheint mir derweil vorüber zu sein. Es ist üblich, dass in es in einer neuen wissenschaftlichen (Teil-)Disziplin in der ersten Phase eine Reihe von »großen Entdeckungen« gibt, die gewissermaßen die Eigenständigkeit des Felds begründen und rechtfertigen. Diese neuen und interessanten Phänomene ziehen dann weitere Wissenschaftlerinnen und Wissenschaftler an – und Forschung nach sich. In der Folge steigt die Anzahl der Studien und Veröffentlichungen in dem gegebenen Feld drastisch an. Diese Dynamik lässt sich auch wunderbar in der Positiven Psychologie erkennen.

Die Zahl der regelmäßig im Umfeld der Positiven Psychologie veröffentlichten Studien ist aktuell kaum noch zu überblicken. Der Neuigkeitswert *einzelner* Studien hat, bis auf wenige Ausnahmen, aber gleichzeitig spürbar abgenommen. Das mag der Sensation Seeker in uns zwar bedauerlich finden, ist aber im Prinzip etwas Gutes. Es bedeutet, dass eine wissenschaftliche Disziplin mehr oder weniger in der Phase des »Normalbetriebs« angekommen ist. In diesem Stadium geht es stärker um Ausdifferenzierung bestehender Erkenntnisse, auch um (Selbst-)Korrektur, um Verfeinerung und Kontextualisierung bisheriger Ergebnisse. Eine Lichtgestalt der psychologischen Forschung[7] hat mir einmal ein schönes Bild über den Forschungsprozess vermittelt:

Metaphorisch schaut man zu Beginn auf ein (vermutetes) Phänomen durch eine stark verdreckte Glasscheibe. Man erkennt, dass da möglicherweise etwas ist – und dass es interessant sein könnte. An diesem Punkt schreiben Forscher öffentlich darüber, was in der Folge andere Akademiker einlädt, sich des Themas anzunehmen. Nun werden die ersten empirischen Studien durchgeführt. Sinngemäß nimmt jemand einen Lappen plus etwas Reiniger und wischt damit ordentlich über die dreckige Scheibe. Anschließend ist das Glas immer noch ziemlich dreckig, aber etwas durchlässiger für das forschende Auge. Es folgen weitere Forschungsarbeiten respektive Wischdurchgänge. Wo anfangs nur Umrisse erkennbar waren, ergibt sich ein zunehmend klareres Bild mit Farben und Strukturen. Manchmal bestätigt sich dann die ursprüngliche Idee. Oft erkennt man, dass die Sache viel komplizierter ist als anfänglich angenommen. Vielleicht versteht man nach weiterem Wischen, dass man eigentlich auf zwei oder mehr Figuren geschaut hat, die miteinander verbunden, aber trotzdem separate Entitäten sind. Manchmal erkennt man, dass es eine große Rolle spielt, *wer durch welche Scheibe schaut* und welche Krümmung die Glasfläche hat. Fast immer wird der Wissensstand dadurch faktisch präziser, aber auch komplizierter zu durchdringen. Bisweilen

6 Zum Erwachsenwerden gehört, dass man, den normalen Lauf der Dinge vorausgesetzt, manchmal die ältere Generation gehen lassen muss. In den Jahren zwischen der ersten und zweiten Auflage dieses Buchs sind beispielsweise Ed Diener, Mihály Csíkszentmihályi, Aaron T. Beck und Albert Bandura gestorben, die auf die eine oder andere Weise großen Einfluss auf die Entwicklung der Positiven Psychologie hatten. Mögen sie in Frieden ruhen.

7 Es könnte sich um Jane Dutton von University of Michigan handeln, aber ich bin mir nicht mehr sicher.

erkennt man auch, dass ein vermeintlich spannendes Phänomen hinter der Scheibe doch nur ein Fliegenschiss auf der Glasfläche war.[8]

Ganz im Sinne dieses Prozesses haben ein paar durchaus zentrale Aspekte der Positiven Psychologie über die letzten Jahre Federn lassen müssen, sichtbare Dellen oder Kratzer abbekommen, je nachdem, welcher Metaphorik man sich bedienen möchte. Beispielhaft genannt seien hier die Fragen, wie viel von ihrem psychologischen Wohlbefinden Menschen über die Zeit durch eigenes Handeln beeinflussen können – und wie viel von externen Umständen oder der genetischen Ausstattung abhängt (Brown & Rohrer, 2020; siehe auch das Interview mit Maike Luhmann in Kapitel 2); oder auch die Forschung zur Frage, ob Grit in der Lesart von Angela Duckworth wirklich ein eigenständiges Konstrukt ist – und nicht nur alter Wein in neuen Schläuchen (Ponnock et al., 2020; siehe auch die entsprechenden Passagen in Kapitel 10).

In Summe ist dieser Korrekturprozess etwas Gutes – und nichts, das man mit Häme betrachten sollte. Im Bereich der praxisorientierten Persönlichkeitsentwicklung, im Coaching, in der Personalentwicklung und in ähnlichen Feldern wird auch heutzutage noch unglaublich viel Bullshit propagiert. Es werden Behauptungen aufgestellt und Wirkungen postuliert, die einer neutralen Überprüfung nie und nimmer standhalten würden. Wenn die Positive Psychologie (bzw. einzelne Ideen) weitere Kratzer bekommt, ist das folglich im Einzelfall keine freudige Nachricht, aber insgesamt doch begrüßenswert. Es bedeutet, dass eine kritische Überprüfung stattfindet – und Wege für echte Weiterentwicklung eröffnet werden.

Auf einer Metaebene postulieren manche Beobachter, dass die Entwicklung der Positiven Psychologie als Disziplin in verschiedenen Wellen ablaufe. Bereits um 2010 herum wurden erstmals Rufe laut, die anmerkten, dass sich die Positive Psychologie mit ihrem Fokus auf die Erklärung des gelingenden Lebens zu stark eingeschränkt habe (Wong, 2011). Man rief eine *zweite Welle* der Positiven Psychologie aus, die sich in einem *dialektischen Prozess* den positiven Aspekten des Negativen zuwenden solle, weil sich beispielsweise zeigt, dass wir an Schicksalsschlägen in einem Guten Sinne wachsen können. Insofern sei auch die Frage, was das gute Leben ausmacht, nicht ausschließlich durch die Anwesenheit von positiven Phänomenen zu erklären (Lomas & Ivtzan, 2016).

Einstweilen beschreiben einige Wissenschaftler schon die Konturen einer *dritten Welle*. Gemäß dieser Perspektive wird gefordert, die Positive Psychologie müsse ihren Fokus erneut erweitern und gezielter als bisher *systemische Sichtweisen* in die Forschung integrieren. Eine der wichtigsten Forderungen ist, auch vor dem Hintergrund

8 Das ist im Einzelfall bitter für jene frühen Forschungsvögel, die sich lange gefreut hatten, weil sie vermeintlich einen fetten Wurm ergattern konnten (Rohrer et al., 2021).

von Klimawandel und Coronapandemie, mehr auf das Wohlergehen von *Systemen und die wechselseitigen Einflüsse dieser Systeme* zu achten (Lomas et al., 2021) und weniger auf das Wohlbefinden einzelner Individuen. Auch dies ist eine aus meiner europäischen Sicht begrüßenswerte Reaktion auf frühe Kritikpunkte[9] an der Positiven Psychologie: dass sie Individualismus und die Frage des Lebensglücks einzelner Menschen überbetont habe.

Schließlich beanstanden verschiedene Forscher, die Positive Psychologie habe sich in ihren Aktivitäten zu stark auf weiße, westliche und wohlhabende Zielgruppen fokussiert (Hendriks et al., 2019). Das ist einerseits nicht von der Hand zu weisen und andererseits ein Aspekt, der seit vielen Jahren *übergreifend* an der psychologischen Forschung zu bemängeln ist (Reyna et al., 2023). Es wurden jedoch bereits erste Fortschritte erzielt, um diesen Mangel zu beseitigen – auch, wenn hier sicherlich noch ein weiter Weg zu gehen ist (Duan et al., 2022).

Insgesamt ist aus meiner Sicht ein gesunder Reifungsprozess zu beobachten: So, wie Kinder nach meiner Auffassung das Recht haben, zunächst vorrangig auf sich selbst und ihr eigenes Glück zu achten, müssen sie mit der Zeit lernen, dass das eigene Wohlbefinden mit an Sicherheit grenzender Wahrscheinlichkeit vom Wohlergehen anderer Menschen abhängt – zumal es ganz unterschiedliche Vorstellung davon gibt, was so etwas wie Glück und Zufriedenheit überhaupt bedeuten möge.

Was mich abseits berechtigter Kritik an der Positiven Psychologie jedoch immer wieder einmal ärgert (auch, wenn mein Fell über die Jahre dicker geworden ist), sind polemisierende Behauptungen, die meist eine oder beide der folgenden Ausprägungen annehmen: a) »Daran ist absolut nichts Neues«; und/oder b) »Das ist alles Quatsch bzw. unwirksam«. Beide Postulate sind prinzipiell leicht zu widerlegen, was mich vermuten lässt, dass ein nicht geringer Teil der Unkenrufe ideologisch motiviert sein dürfte.

Wer a) behauptet muss dafür willentlich beispielsweise so wichtige und gut ausgebaute Theoriegebäude wie Barbara Fredricksons *Broaden-and-Build-Theorie* (Vacharkulksemsuk & Fredrickson, 2013; siehe auch Kapitel 4), *Psychologisches Kapital* (Lupşa et al., 2020; ebenfalls Kapitel 4) oder den breiten Forschungsschatz rund um die *VIA-Stärken* (Ghielen et al., 2015; siehe Kapitel 5) übersehen.

Wer b) behauptet, hat sich schlicht und ergreifend nicht genug informiert. Es liegen mittlerweile eine Reihe von Überblicksarbeiten und Metastudien vor, die die Wirksamkeit von positiv-psychologischen Interventionen (in Organisationen) ausdrücklich nahelegen. Die sogenannten Effektstärken solcher Interventionen liegen zumeist in

9 Für typische Kritikpunkte siehe van Zyl et al. (im Druck).

einem moderaten bis mittelstarken Bereich. Ergo: Sie sind spürbar wirksam in vielen Situationen und für viele Menschen. Aber sie wirken nicht immer und überall – und bewirken auch keine Wunder. Auch dieser Befund ist prinzipiell begrüßenswert. Wundermittel und Killer-Applikationen sind in diesem Buch nicht zu finden. Wer sich tiefer in die aktuelle Befundlage einlesen möchte, dem seien beispielhaft die folgenden Arbeiten empfohlen. Zu den wünschenswerten Effekten von …

- *positiven Emotionen in Organisationen und allgemein:* Walsh et al. (2018), Diener et al. (2020);
- *positiv-psychologischen Interventionen allgemein*: Hendriks et al. (2018), Hendriks et al. (2020), Carr et al. (2021);
- *positiv-psychologischen Interventionen in Organisationen im Speziellen*: Meyers et al. (2013), Donaldson et al. (2019);
- *Stärken-Interventionen:* Schutte und Malouff (2019), Bates-Krakoff et al. (2022);
- *psychologischer Sicherheit:* Frazier et al. (2017), Newman et al. (2017);
- *Job Crafting*: Rudolph et al. (2017), Lichtenthaler und Fischbach (2019).

Ein Prozent besser

Was ist nun greifbar anders an der zweiten Auflage von Arbeit besser machen? Neben einer behutsamen Überarbeitung vieler kürzerer Textpassagen und der Beseitigung einer Reihe von Typos habe ich die Abschnitte über *Psychologische Sicherheit* und über *Job Crafting* deutlich ausgebaut. Dies entspricht ihrer zunehmenden Bedeutung in der Forschung[10] und auch der Praxis (inklusive meiner Arbeit mit Unternehmen). Daneben habe ich – wie bereits angemerkt – im Kapitel über gelingende Beziehungen einige Absätze zu den besonderen *Herausforderungen von non-lokaler Kollaboration* ergänzt. Ein wenig dem Zeitgeist folgend, aber auch einfach hochrelevant.

In Summe hoffe ich, dass die zweite Auflage von Arbeit besser machen in etwa ein Prozent besser ist als die erste Auflage. Ein Prozent klingt natürlich erstmal ein wenig mau. Ich nutze die Ein-Prozent-Idee jedoch auch häufig im Coaching mit Führungskräften und in Vorträgen. Mein Ansporn: Machen sie etwas ein Prozent anders – aber über eine Woche, einen Monat, ein Jahr. Mit hoher Wahrscheinlichkeit wird das einen Unterschied machen, der einen Unterschied macht. In diesem Sinne: Wenn das Buch über rund 400 Seiten an vielen Stellen ein Prozent besser ist als der Vorgänger – dann ist das schon eine ganze Menge.

Abschließend möchte ich noch das Folgende anmerken: Ich bin froh und dankbar, dass ich den Verlag nach einigem Ringen von einer neuen Covergestaltung überzeugen konnte. Zu viele Menschen fanden die alte Version so lala – oder sahen in dem

10 Amy Edmondson, die die Forschung zu Psychologischer Sicherheit popularisiert hatte, ist beispielsweise 2021 auf Platz 1 des Thinkers50-Rankings gewählt worden, eine Liste der weltweit wichtigsten Management-Vordenker.

Zeigefinge auf dem Cover irgendwie doch einen ausgestreckten Mittelfinger. Diesen unabsichtlichen Fall von Text-Bild-Schere haben wir mit der neuen und schlichteren Gestaltung erfolgreich beseitigt.

Und nun wünsche ich Ihnen viel Freude beim Lesen!

Nico Rose, im Winter 2023/24

1 Einklang

Du warst ein fantastischer Boss auf so viele unterschiedliche Weisen. Du hast mir die Freiheit gegeben, darüber zu entscheiden, wie ich meine Ziele verfolge; und meistens sogar die Freiheit, mir meine eigenen Ziele zu setzen. Du hast mir den Rücken gestärkt und mich verteidigt, wenn unser Team von außen kritisiert wurde. Und du hast für meine Weiterentwicklung in dieser Firma gekämpft, egal ob es um Geld, Verantwortung oder Entwicklungsmöglichkeiten ging. Kurz gesagt: Danke für alles …

Eine ehemalige Mitarbeiterin

Dies ist ein Abschnitt aus einer handgeschriebenen Karte, die mir eine Mitarbeiterin zu Weihnachten 2018 geschrieben hat, kurz bevor meine Zeit als Führungskraft bei der Bertelsmann-Gruppe zu Ende ging. Ich erwähne diese Karte hier nicht, um mir selbst zu lobhudeln,[11] sondern weil sie mich stolz macht. Die Karte macht mich stolz, weil sie viele jener Ideen und Konzepte validiert, die ich im Kopf und im Herzen hatte, als ich zum ersten Mal beruflich Verantwortung für andere Menschen übernahm.

Die Wahrheit ist: Ich wollte nie Führungskraft werden. Meine ersten Arbeitserfahrungen habe ich als Coach und Trainer gesammelt. Das Begleiten von Menschen, während diese ihre *eigenen* Ziele verfolgen, liegt mir näher als das mutige Voranschreiten – wie Führung oft in aus der Zeit gefallenen Ratgebern und frühen sowie aktuellen Hollywood-Filmen beschrieben wird. Ich wollte vermutlich schon immer eher Mentor sein, der väterliche Freund und Ratgeber von Odysseus' Sohn Telemach – nicht Odysseus selbst.

Noch heute, mit einigen Jahren an Erfahrung als Führungskraft (wie auch als Professor für Wirtschaftspsychologie) auf dem Buckel, kommt mir das Konzept der hierarchischen Führung in Organisationen merkwürdig vor. Da gehst du an einem Freitag als Nicht-Führungskraft nach Hause. Durch einen performativen Sprechakt einer anderen Führungskraft, begleitet von einem angepassten Arbeitsvertrag und einigen Änderungen im IT-System, kommst du am Montag wieder ins Büro und bist Vorgesetzter.[12] Sprich: Du wurdest *anderen Menschen vorgesetzt*. Die gucken dich naturgemäß mit großen Augen an – und dann geht's los. Ab und an habe ich meinen Leuten bei Bertelsmann Folgendes gesagt: »Ihr seid meine Versuchskaninchen. Sorry, da müsst ihr jetzt durch …« Natürlich mit einem Augenzwinkern, aber ein Teil von mir meinte

11 Ok, vielleicht ein bisschen.

12 Ich habe mich aus Gründen der besseren Lesbarkeit dazu entschieden, an vielen Stellen das generische Maskulinum zu nutzen. Ich möchte jedoch ausdrücklich betonen, dass sich alle Menschen (m/w/d) angesprochen fühlen sollen. Im Übrigen habe ich mich um Konsequenz bemüht und spreche beispielsweise vom Sekretär, nicht von der Sekretärin.

es ernst. Ich hatte zu dem Zeitpunkt rund 2.000 Stunden an Fortbildungen auf dem Buckel: Führung, Kommunikation, Coaching, you name it. Aber Schwimmen lernt man nicht am Beckenrand. Und bei hohem Wellengang in der kalten Nordsee ist es noch mal anders als im Freibad bei 28 Grad.

Zur Führungskraft wurde ich ernannt, kurz nachdem ich berufsbegleitend den Studiengang *Master of Applied Positive Psychology* (MAPP) an der University of Pennsylvania in Philadelphia abgeschlossen hatte.[13] Ich hatte dort die große Freude, direkt bei einigen Gründungsvätern und -müttern dieser Disziplin lernen zu können, u. a. bei Martin Seligman, Jane Dutton, Adam Grant, Barry Schwartz und Amy Wrzesniewski. Durch Kurse an der University of Michigan in Ann Arbor kamen später noch die Gedanken und Haltungen von Lichtgestalten wie Kim Cameron, Gretchen Spreitzer und Robert Quinn hinzu. Mit ihren Ideen, Forschungsergebnissen und Werkzeugen im Kopf startete ich damals in meine Führungsrolle. Und von diesen Ideen, Forschungsergebnissen und Werkzeugen, immer garniert mit meinen eigenen »Two Cents«, handelt auch dieses Buch.

1.1 Führung ist eminent wichtig – und hat ein Imageproblem

Ich vermute stark, dass niemand jemals am Freitagnachmittag nach Hause geht und Folgendes zu seinem Partner sagt:

»Mensch, was bin ich diese Woche wieder geil geführt worden.«

Wenn Sie jetzt ein wenig schmunzeln, dann geht es Ihnen so wie den meisten Besuchern meiner Vorträge. Ich nutze diesen Satz ab und an, um darauf hinzuweisen, dass Führung ein Imageproblem hat. Einerseits leiden viele Arbeitnehmer *tatsächlich* unter unbefriedigender Führung. Das lässt sich aus so ziemlich jeder Studie ablesen, die je zu den Themen Arbeitszufriedenheit und -motivation durchgeführt wurde. Die jährlich wiederkehrenden Ergebnisse der weltweiten Studien des Gallup-Instituts (Backovic & Fischer, 2018) sind hier nur die Spitze des Eisbergs. Andererseits neigen wir dazu, die Rolle der Führung(-skraft) auszublenden, wenn wir darüber nachdenken, was *unsere Arbeit* in jüngster Zeit zufriedenstellend und/oder erfolgreich gemacht hat. Führung wird uns vor allem dann bewusst, wenn sie *nicht funktioniert*.

Gute Führung hingegen zeichnet sich dadurch aus, dass sie im Grunde nicht wahrgenommen wird. Schon im Tao Te King heißt es: »Der wahre Herrscher macht nicht viele Worte. Ist sein Werk vollendet, die Tat vollbracht, dann sagen die Menschen: Es geschah wie von selbst.« (Lao-Tse, 2005, 17. Vers). Es gibt ohne Zweifel gute Chefinnen

13 Siehe lps.upenn.edu/degree-programs/mapp

und Chefs da draußen. Ich weiß das, weil ich in meinen acht Jahren bei Bertelsmann für einen außergewöhnlich guten Chef arbeiten durfte. Ich weiß es auch, weil ich in den vergangenen Jahren, neben meiner Arbeit als Manager, auf Basis der Arbeiten jener oben genannten Riesen selbst zum Thema gute Führung geforscht habe – und meine eigenen Stärken und Grenzen als Führungskraft ergründen durfte.

Ich freue mich, dass einige dieser Riesen der Forschung im Verlauf dieses Buches in ausführlichen Interviews persönlich zu Wort kommen werden.

Führung als Bürde

Bei Licht betrachtet, abseits aller romantisierenden Karrierefantasien, ist Führung in Organisationen ein undankbarer, wenn auch gut bezahlter Job. Eine Führungskraft kann an vielen Tagen alles richtig machen, aber wenn sie an wenigen Tagen manches falsch macht, kann das enormen Schaden anrichten. *Menschen führen emotional Buch darüber, wie sie von anderen behandelt wurden. Negative Erlebnisse werden darin mit dem ganz dicken Edding eingetragen.* Wer Benachteiligung oder Herabsetzung erfahren hat, gewollt oder unabsichtlich, faktisch oder nur gefühlt, der wird diesen Eindruck nur schwerlich wieder abschütteln können. Die Konsequenzen von schlechter Führung sind enorm schädlich, für die Geführten, wie auch die Organisation als solche (Schyns & Schilling, 2013).

Der 2004 verstorbene Management-Forscher Peter Frost hat gesagt: »Jede Führungskraft kreiert Schmerzen.«[14] Das hört sich harsch an, zumal wir getrost davon ausgehen dürfen, dass das Gros der Menschen ihr Bestes im Job gibt. Trotzdem trifft es zu. Führungskräfte müssen jeden Tag eine Unmenge an Entscheidungen treffen, im Kleinen wie im Großen. Sie müssen dabei immer auch Entscheidungen *über Menschen* treffen, nicht nur über Dinge. Wer bekommt welche Aufgaben? Wer darf ins Einzelbüro, wer muss teilen? Wer kann zur besten Zeit in den Urlaub fahren, wer hat das Nachsehen? Und natürlich steht ab und zu die große Frage an: Wer wird befördert und wer bleibt vorerst an Ort und Stelle?

Selbstredend gibt es andere Systeme der Steuerung und Entscheidungsfindung, beispielsweise Selbstorganisation. Doch für die überwiegende Zahl der Unternehmen am Markt ist das immer noch Zukunftsmusik, trotz Millennials und New-Work-Bewegung. In den einschlägigen Zeitschriften und Blogs begegnen zumindest mir seit Jahren immer die gleichen etwa drei Dutzend Beispiele aus den USA und Deutschland (Rose, 2015a). In den allermeisten Organisationen wird es nach wie vor Führungskräften *aufgebürdet*, Entscheidungen über Menschen zu treffen, zu vertreten – und dann

14 Im Original: »Leaders create pain« (Frost, 2004, S. 115).

noch dafür zu sorgen, dass am besten alle Mitarbeiter glücklich damit werden. Meine Prognose lautet, dass das noch eine ganze Weile so bleiben wird.

EIGENE ERFAHRUNG

Ich habe mich als Führungskraft keinen Deut stärker oder mächtiger gefühlt. Vielmehr wurde mir ständig bewusst (gemacht), wie allumfänglich ich von der Leistung und auch dem Wohlwollen anderer abhängig bin. Mein Team hätte mich innerhalb einer Woche am langen Arm verhungern lassen können, hätte es nicht sein Bestes geben. Wir hatten so viel auf dem Tisch, dass ich nicht mehr Experte für jedes Thema sein konnte (und wollte). Der Schlüssel: Loslassen. Je mehr ich loslassen konnte, umso freier war ich für die Führungsaufgabe. Gleichzeitig begab ich mich dadurch mehr und mehr in die Abhängigkeit von meinem Team. Ich musste lernen, ihnen immer tieferes Vertrauen zu schenken, nicht selten blind. Meine Führungsaufgabe war für mich vor allem eine *Lektion in Demut*. Das ist allerdings eine Vokabel, die sich in den wenigsten Führungsratgebern findet (Rose, 2016c).

Die Personalabteilung als Prügelknabe

Es gibt einen weiteren Satz, der Angestellten kurz vor dem Wochenende vermutlich recht selten über die Lippen kommt:

»Alter Schwede – die HR-Kollegen haben den Laden diese Woche wieder so richtig nach vorne gebracht.«

Es gibt wohl keine Abteilung bzw. Funktion in Organisationen, die so viel Kollegenschelte einstecken muss wie die Personalabteilung (Capelli, 2015). In hübscher Regelmäßigkeit wird seit Jahren hier und dort sogar die vollständige Abschaffung von HR-Abteilungen gefordert. Deren Aufgaben könnten, entsprechende technische Lösungen vorausgesetzt, von anderen Abteilungen übernommen oder ganz aus dem Unternehmen ausgelagert werden (Weilbacher, 2018). Nach meiner Erfahrung lässt sich die schlechte Reputation der HRler ähnlich erklären wie das fragwürdige Image von Führungskräften: Ein Teil ist hausgemacht, ein anderer Teil beruht auf lückenhafter Wahrnehmung.

Der hausgemachte Teil ist dem Unwillen und bisweilen auch der Unfähigkeit von Personalern geschuldet, ihren Beitrag zum Unternehmenserfolg explizit und für andere nachvollziehbar zu kommunizieren (Charan et al., 2015). *Indes gebe ich zu bedenken, dass sich die positiven Konsequenzen von hochwertiger Personalarbeit nicht selten einer klassischen Kennzahlenlogik entziehen.* Der Wert, der beispielsweise durch erstklassiges Recruiting und hervorragende Führungskräfteentwicklung generiert wird, lässt sich nicht in einen Quartalsbericht zwängen. Beständiges Engagement vorausgesetzt, vergrößert sich dieser jedoch Jahr für Jahr. Wer als Großunternehmen beispielsweise eine erstklassige interne Besetzungsquote auf den höheren Führungsebenen erreicht, spart auf lange Sicht immense Kosten ein (weniger Einsatz von Headhuntern, weniger Onboarding, weniger Verlust von Produktivität aufgrund von unbesetzten Stellen usw.). Gute Mitarbeiterinnen und Mitarbeiter zu ersetzen, kostet, alle versteckten Ausgaben mit eingerechnet, laut Studien bis zu 150 Prozent des entsprechenden Jahresgehalts (»Missmanagement: Das kostet eine Kündigung«, 2019). Ich bin schon lange der Ansicht, dass Personalabteilungen lernen müssen, mehr wie Produktmanager zu denken: Sie sollten ihre Leistungen, die häufig von prozesshafter Natur sind, besser begreif- und erlebbar machen.

Doch ereilt HR-Abteilungen auch ein ähnliches Schicksal wie die Gruppe der Führungskräfte. Wenn es läuft, dann läuft es eben, nicht der Rede wert. Aber wehe, eine Stelle kann nicht pünktlich besetzt werden oder – Gott bewahre – das Gehalt landet zu spät auf dem Konto. Dann ist in Nullkommanichts die sprichwörtliche Kacke am Dampfen. Ich möchte gar nicht verhehlen, dass es für Personaler noch viel Luft nach oben gibt. Allerdings gibt es auch viel Luft nach *unten*. Das wird meines Erachtens zu selten wertgeschätzt.

Wichtig

Führung und HR sind heute schon besser als ihr Ruf. Beide Rollen bzw. Funktionen rücken allerdings vornehmlich in unsere Aufmerksamkeit, wenn sie *nicht* funktionieren.

1.2 Warum Arbeit besser machen?

Ziel dieses Buches ist, auf Basis der *Positiven Psychologie*[15] jene eben erwähnte Luft nach oben auszuloten – und zwar in puncto Führung ebenso wie im Hinblick auf die Personalarbeit. Während ich Feedback zu verschiedenen Varianten eines Buchtitels eingeholt habe, bin ich von einigen Menschen darauf hingewiesen worden, dass der

15 Für den Fall, dass Sie mit dem Begriff Positive Psychologie noch gar nichts anfangen können, gebe ich Ihnen für den Augenblick die folgende Metapher – eine detaillierte Erläuterung folgt im nächsten Kapitel: Gehen Sie gedanklich in den Buchladen Ihres Vertrauens, dort zum Regal mit Literatur über Motivation, Erfolg und zur Frage, was ein glückliches Leben ausmacht. Subtrahieren Sie nun das Esoterik- und Guru-Gedöns. Nehmen Sie die Themen mit zum Regal über Statistik und empirische Forschungsmethoden. Lassen Sie schließlich die harten Methoden auf die vermeintlich weichen Themen los. Fertig. Als Teilbereich der akademischen Psychologie widmet sich die Positive Psychologie auf Basis von Experimenten, Fragebogenstudien und Langzeitbeobachtungen Fragen wie: Was lässt Beziehungen gelingen, im privaten wie im beruflichen Kontext? Unter welchen Umständen empfinden Menschen ihr Leben (oder Teile davon, z. B. ihre Arbeit) als sinnvoll? Welche Eigenschaften von Menschen und Organisationen können verlässlich Erfolg vorhersagen? Die Themen sind nicht neu, sie haben schon die antiken Philosophen beschäftigt. Neu ist, dass wir aufgrund von wissenschaftlichen Fortschritten Antworten geben können, die sich jenseits von Binsenweisheiten wie »feste dran glauben« und Scharlatanerie bewegen.

gewählte Name ein wenig ambitionslos sei für ein Management-Buch. Irgendetwas mit »revolutionär« oder »radikal« müsse schon auftauchen. Obgleich ich diesen Vorschlag unter dem Gesichtspunkt des Marketings nachvollziehen kann, habe ich mich anders entschieden. Ursprünglich wollte ich das Buch schlicht »Gute Arbeit« nennen, aber es gibt schon ein – wie ich annehme – vortreffliches Werk gleichen Namens über Hundeerziehung.

Nach einem Gedankenaustausch mit dem Verlag einigten wir uns auf einen Komparativ: »Arbeit besser machen«. Je länger ich in die Tasten haute, umso mehr wurde mir bewusst, dass dies eine stimmige Beschreibung ist für das, was ich mit diesem Buch erreichen will. *Ich möchte Sie befähigen, Arbeit und Arbeiten in Organisationen besser zu machen* – sei es für Sie ganz persönlich, für jene Menschen, die Sie möglicherweise führen oder in der Zukunft führen werden, oder für jene Kollegen, für die Sie sich verantwortlich fühlen, sei es als Personaler, oder einfach, weil Ihnen etwas an den Menschen liegt, mit denen Sie gemeinsam arbeiten.

Was besser werden muss: Die Perspektive der Arbeitgeber

Worin besteht sie denn, diese Luft nach oben? Deutschland geht es, rein wirtschaftlich betrachtet, immer noch vergleichsweise gut. Trotz aller Unkenrufe brummt es bei den meisten Unternehmen, die Arbeitslosenquote oszilliert um einen historischen Tiefstwert (»Zahl der Arbeitslosen«, 2018). Zwar wird moniert, dass die großen Tech-Giganten – SAP ausgenommen – alle in anderen Ländern entstanden sind (Forrest, 2018), aber Deutschland scheint mit seiner diversifizierten Struktur aus immens vielen KMUs (viele davon von Familien geführt) sowie einigen erfolgreichen Großkonzernen recht gut dagegenhalten zu können. Die Nebenwirkungen der Bekämpfung der Coronapandemie sind durch Instrumente wie Kurzarbeit und finanzielle Stützen vergleichsweise milde ausgefallen. Auch gab es dank vorausschauender Maßnahmen keinen Energie-Blackout als Folge des Angriffs Russlands auf die Ukraine. Menschen und Unternehmen haben durchaus mit den hohen Energiekosten und der sonstigen Inflation zu kämpfen. Trotzdem habe ich den Eindruck, dass die mannigfaltig vorhandenen düsteren Zukunftsprognosen zu einem guten Teil der typisch deutschen Angstlust entspringen.

Allerdings scheint der dauerhaft hohe Level an Produktivität einen Tribut zu fordern. Aus einem Bericht der Bundesanstalt für Arbeitsschutz und Arbeitsmedizin (BAuA) geht hervor, dass sich die Anzahl der Fehltage in Deutschland aufgrund von *psychischen Beschwerden* zwischen 2007 und 2017 mehr als verdoppelt habe, konkret: von 48 auf 107 Millionen (Schäfer, 2018). Ein Report der Techniker Krankenkasse kommt für den gleichen Zeitraum auf ähnliche Werte (Weßling, 2018). Nun lässt sich dieser

Anstieg nicht allein als Folgeerscheinung des Arbeitslebens erklären. Es erscheint plausibel, dass einfach mehr psychische Erkrankungen *diagnostiziert* wurden. Das ist an sich eine gute Entwicklung, weil sichergestellt ist, dass betroffene Menschen relevante Unterstützung erhalten – trotzdem bleibt die schiere Zahl erschreckend. Zudem sollten Arbeitgeber verstehen, dass der Arbeitsausfall aufgrund psychologischer Beeinträchtigungen laut einer AOK-Studie im Mittel etwa doppelt so lang anhält wie bei körperlichen Erkrankungen (Ilg, 2019).

Achtung

Die Anzahl der ausgefallenen Arbeitstage aufgrund psychologischer Erkrankungen hat sich im Laufe der ersten Jahre des neuen Jahrtausends verdoppelt. Ein Arbeitsausfall wegen psychologischer Beeinträchtigungen dauert im Mittel zweimal so lange wie die Arbeitsunfähigkeit durch körperliche Erkrankungen.

Auch wenn Arbeit – wie bereits erwähnt – nicht die alleinige Ursache für die Zunahme der Häufigkeit psychologischer Beeinträchtigungen ist, so dürfte sie eine gewichtige Rolle spielen. Gemäß einer Studie des Deutschen Gewerkschaftsbunds (DGB) fühlen sich 52 Prozent der deutschen Arbeitnehmer »sehr oft oder oft bei der Arbeit gehetzt und unter Zeitdruck«. Zudem berichtet die Mehrzahl über widersprüchliche Arbeitsanforderungen und einen Mangel an Kontrolle, z. B. in Bezug auf die Arbeitsmenge und -zeit (»Millionen Arbeitnehmer fühlen sich gehetzt«, 2018). Das Institut für Arbeitsmarkt- und Berufsforschung (IAB) hat errechnet, dass die Anzahl der geleisteten Überstunden ein Rekordniveau erreicht hat, höher war es zuletzt 1991 (»Die Deutschen arbeiten und arbeiten und arbeiten«, 2018). Für diesen Einsatz zahlen viele Arbeitnehmer einen hohen Preis (»Arbeitsstress steckt den Partner an«, 2018). In der Forschung ist gut bekannt, dass es einen klar messbaren Spillover Effect vom Arbeitsleben ins Privatleben gibt, dass sich also Stress, der durch Belastungen während der Arbeitszeit entsteht, negativ auf die Beziehungen zum Partner und zur Familie auswirkt. Andererseits kann sich Stress im Privatleben bekanntermaßen auch negativ auf die Arbeitsleistung auswirken (Byron, 2005). Umso wichtiger ist es, dass Arbeitnehmer ausreichend Zeit zur Erholung erhalten (Sonntag, 2003). Dies ist nicht nur eine moralische Verpflichtung, sondern letztlich auch im Bürgerlichen Gesetzbuch festgeschrieben (§ 618 Pflicht zu Schutzmaßnahmen, o. D.).

Die Unzufriedenheit mit dem Arbeitsleben zeigt sich auch auf großer Linie. Ruckriegel, Niklewski und Haupt (2014) zitieren Daten aus dem sozioökonomischen Panel (SOEP), wonach die Arbeitszufriedenheit seit Mitte der 1980er-Jahre in Westdeutschland signifikant gesunken ist. Während Menschen vor 30 Jahren im Mittel zufriedener mit ihrem Arbeitsleben als mit der Lebenssituation allgemein waren, hat sich dies in der Zwischenzeit ins Gegenteil verkehrt. Die Lebenszufriedenheit als solche liegt im Durchschnitt über der Arbeitszufriedenheit (S. 38).

Alles in allem werden Arbeitnehmer in Deutschland freilich noch vergleichsweise gut behandelt. Ausgeprägte betriebliche Mitbestimmung, Krankenversicherungspflicht sowie eine akzeptable Grundsicherung im Falle der Arbeitslosigkeit mildern jene Härten ab, denen Menschen in anderen Ländern, darunter den USA, fast schutzlos ausgeliefert sind. Lesen Sie dazu bitte das folgende Interview mit Jeffrey Pfeffer von der Stanford Graduate School of Business.

Schlechte Arbeitsbedingungen sind soziale Umweltverschmutzung

Interview mit Prof. Jeffrey Pfeffer, Ph.D.

Professor Pfeffer, in Ihrem Buch Dying for a Paycheck argumentieren Sie, dass schlechte Arbeitsbedingungen die fünfthäufigste Todesursache in den USA sind. Würden Sie sagen, dies ist ein Sonderfall als Folgeerscheinung des deregulierten Arbeitsmarktes? Ich frage, weil viele Arbeitsbedingungen hier in Deutschland deutlich moderater ausgeprägt sind als in den USA.

Die USA sind dezidiert schlechter dran als viele Länder in Europa. Konkret schätzen meine Kollegen Joel Goh, Stefanos Zenios und ich, dass etwa die Hälfte der Todesfälle durch schlechte Arbeitsbedingungen vermieden werden könnten, wenn die USA den west- und nordeuropäischen Staaten ähnlicher werden würden. Trotzdem sind die Auswirkungen von schädigenden Arbeitsbedingungen auf die Gesundheit ein *weltweites Problem*. Eine Forschungsarbeit über China kam zu dem Resultat, dass dort jedes Jahr etwa eine Million Menschen an Überarbeitung sterben. Die Chinesen wie auch die Japaner kennen eigene Wörter für den Tod durch übermäßiges Arbeiten. In Korea wird neuerdings sehr hart gegen zu lange Arbeitszeiten vorgegangen, weil die negativen Effekte für die Volksgesundheit immer gravierender werden. Selbst in Europa wird – im Angesicht der vermeintlichen Herausforderung durch aufstrebende Volkswirtschaften – der Ruf nach Liberalisierung der Arbeitsmärkte immer lauter. Die Leiharbeit wurde erheblich ausgeweitet, was mehr und mehr Menschen in wenig geschützte, zum Teil prekäre Arbeitsverhältnisse geführt hat. Auch Massenentlassungen kommen viel häufiger vor als früher.

Die gesundheitliche Belastung in vielen europäischen Ländern ist eindeutig geringer als in den USA und Asien. Aber die Belastung durch chronische Krankheiten ist enorm, laut einer McKinsey-Studie auch in Deutschland. Chronische Krankheiten sind eine Folge von Stress und den ungesunden Verhaltensweisen, die durch Stress ausgelöst werden (Rauchen, Alkoholkonsum und Drogenmissbrauch). Arbeit wiederum ist eine der führenden Ursachen von Stress. Folglich sind schlechte Arbeitsbedingungen ein weltweites Gesundheitsproblem.

Wenn Sie über die Stressoren sprechen, denen Menschen in der Arbeit ausgesetzt sind, nutzen Sie den Begriff »soziale Umweltverschmutzung«. Können Sie das bitte erläutern?

Nuria Chinchilla, Professorin an der IESE Business School in Barcelona, ist die erste Person, von der ich diesen Begriff gehört habe. Die gängige Definition von Umweltverschmutzung ist das Einführen von Schadstoffen in ein System, z. B. die Verschmutzung von Atemluft oder Trinkwasser durch gesundheitsschädigende Partikel oder Flüssigkeiten. Die Umweltbewegung hat bei vielen Menschen Verständnis dafür geweckt, dass Prävention im Falle der physischen Umweltverschmutzung effektiver und kostengünstiger ist als nachträgliche Wiedergutmachung, zumal die Folgekosten eher selten von den Verschmutzern getragen werden – sie werden externalisiert. In dieser Hinsicht wurde zunehmend deutlich, dass Unternehmen die von ihnen genutzten Ressourcen besser bewahren müssen.

In gleicher Weise tun Unternehmen unnötigerweise Dinge bei der Gestaltung von Arbeit, die Menschen und ihren Familien Schaden zufügen: zu viele Überstunden, zu wenig Kontrolle über die Arbeitsbedingungen, zu schlechte ökonomische Absicherung. *Auch hier ist Prävention günstiger als nachträgliche Schadensbegrenzung.* Wie wäre es, wenn Unternehmen arbeitsinduzierten Stress reduzieren würden, anstatt Stressmanagement-Kurse zur Bewältigung des Status quo zu bezahlen? Wie wäre es, wenn sie Arbeitszeiten und -rhythmen implementieren würden, die den Menschen ausreichend Schlaf garantieren – anstatt Schlafkapseln ins Büro zu stellen? Wie im Fall der physischen Umweltverschmutzung werden die Folgekosten größtenteils der Gesellschaft aufgedrückt. Folglich sollten Unternehmen auch hier bessere Hüter der humanen Ressourcen werden, die ihnen anvertraut werden.

In diesem Zusammenhang fordern Sie Unternehmen auf, eine Art Human Sustainability Report anzufertigen. Was ist die Idee dahinter?

Firmen werden angehalten, Reports zu Umweltbelastungen zu veröffentlichen, um Investoren und andere Stakeholder über die betreffenden Management-Praktiken des Unternehmens zu informieren – und um sie zu besseren Leistungen in diesem Bereich anzuspornen. In ähnlicher Weise könnte ein Bericht über menschliche bzw. soziale Nachhaltigkeit wertvolle Impulse geben, um jenen Faktoren mehr Aufmerksamkeit zu widmen, die das Wohlbefinden der Mitarbeiter beeinflussen.

Ein Beispiel: Die Robert-Wood-Johnson-Stiftung und die Global Reporting Initiative haben sich auf den Weg gemacht, ein Set von Reporting-Standards zu entwickeln. Diese Standards erfassen u. a. das soziale Kapital und den Zusammenhalt, verantwortungsvolle politische Aktivitäten, lokales Engagement, Gesundheitsprogramme, bezahlte Urlaubs- und Krankheitstage, Krankenversicherungen, Arbeitszeiten, Jobsicherheit, die physische Umgebung sowie arbeitsbezogene Gesundheitsrisiken inklusive Verletzungen und Krankheitstagen, die aufgrund ebensolcher Risiken entstanden sind. Das alles befindet sich allerdings noch in einer Frühphase der Entwicklung.

Das klingt vernünftig, aber auch aufwendig. Gibt es einfachere Lösungen?

Ich würde für den guten Anfang die Messung von zwei Indikatoren vorschlagen: Zum einen eine einfache Selbstauskunft der Mitarbeiter (eine einzelne Frage) zum gegenwärtigen Gesundheitszustand. Die Forschung zeigt, dass diese Messung ein guter Prädiktor für Krankheits- und Sterblichkeitsraten vieler Alterskohorten und Ethnien ist. Zum anderen könnte die Nutzung verschreibungspflichtiger Medikamente erfasst *werden.* Wenn sich viele Mitarbeiter unwohl fühlen, erhöht sich in der Folge der Medikamentenkonsum. Die Nutzungsraten für Antidepressiva, Schlaftabletten und Betäubungsmittel können ein guter Indikator für die Gesundheitsfreundlichkeit einer Arbeitsumgebung sein, insbesondere, wenn diese Kennzahl mit ähnlichen Unternehmen oder der Allgemeinbevölkerung verglichen wird.

Welche Maßnahmen sollte das Top-Management in Angriff nehmen?

Die Forschung wie auch die Qualitätsmanagement-Bewegung zeigen uns, dass die *Messung entscheidend* ist. Was gemessen wird, erhält Aufmerksamkeit – und verbessert sich. In diesem Sinne sind relevante Kennzahlensysteme ein wichtiger Schritt auf dem Weg zur mehr Wohlbefinden der Belegschaft. Eine einzelne Frage nach dem Wohlbefinden wäre, wie schon erwähnt, ein guter Anfang. Darüber hinaus gibt es gut validierte Messinstrumente für fast jeden Faktor, der das Erleben der Mitarbeiter beeinflusst. Zum anderen, und das ist genauso wichtig, muss das Top-Management das Wohlbefinden der Mitarbeiter zu einer Priorität machen. In den 1950ern und 60ern sahen Top-Führungskräfte ihre Rolle darin, die *Interessen von Kunden, Mitarbeitern, Anteilseignern und weiteren Interessensvertretern auszubalancieren.* In jüngeren Jahren ging es vielerorts einseitig um die Maximierung des Shareholder Value, während alle anderen Stakeholder zu kurz kamen.

Vor Jahrzehnten verseuchten Unternehmen mehr oder weniger ungehindert die Luft, das Wasser sowie Grund und Boden. Zum Teil als Antwort auf regulatorischen Druck, zum Teil aufgrund von sich verändernden sozialen Normen, haben viele Unternehmen eine neue Perspektive eingenommen in Bezug auf ihre Verpflichtungen gegenüber der Umwelt. Dieser Tage priorisieren die gleichen

Unternehmen Recycling, die Minimierung ihres Kohlendioxidausstoßes und weitere Maßnahmen zum Schutz der Umwelt. Und siehe da – die Leistungen in diesem so wichtigen Feld haben sich erheblich verbessert. Die Lektion ist eindeutig: *Wenn das menschliche Wohlbefinden höher priorisiert wird, werden sich auch hier die Zustände zum Guten entwickeln.*

Manager, deren Wirkungsbereich unterhalb der Ebene des Top-Managements angesiedelt ist, und Personalabteilungen haben häufig nicht die Macht, das große Ganze zu ändern. Was kann dort getan werden, um die Bedingungen für ihre Kollegen zu verbessern?

HR-Abteilungen und Middle Manager sollten ihre Fähigkeit zur Einflussnahme entwickeln – etwas, worüber ich in meinem Buch Power: Why Some People Have It – and Others Don't spreche. Darüber hinaus müssen sie Daten und weitere Belege für die Wirkung des Wohlergehens der Mitarbeiter auf den Unternehmenserfolg erarbeiten – und schließlich dafür sorgen, dass das Top-Management diese auch berücksichtigt.

Jeffrey Pfeffer ist »Thomas D. Dee II Professor of Organizational Behavior« an der Graduate School of Business der Stanford University. 2015 wurde er auf Platz 17 im Thinkers50-Ranking geführt, der Liste der weltweit wichtigsten Management-Vordenker. 2017 wurde er zudem in die zugehörige Hall of Fame aufgenommen. Eines seiner vielen Bücher heißt Dying for a Paycheck: How Modern Management Harms Employee Health and Company Performance – and What We Can Do About It. Kontakt: jeffreypfeffer.com

Bislang war vor allem die Rede davon, wie Unternehmen durch schlechte Arbeitsbedingungen (inklusive dürftiger Führungsqualität) die Gesundheit ihrer Mitarbeiter gefährden und in der Folge ihre Kostenstruktur verschlechtern. Dies entspricht einer pathologischen Sichtweise und wird der Haltung des Buches nicht gerecht. Daher sei an dieser Stelle kurz erläutert (kurz deshalb, weil sich das Buch im Grunde die ganze Zeit mit diesem Gedanken beschäftigt), dass Unternehmen, die allseitig in das mental-emotionale und körperliche Wohlergehen ihrer Mitarbeiter investieren, vergleichbare Unternehmen, die das nicht in der gleichen Art und Weise tun, in puncto Performance übertreffen (Taris & Schreurs, 2009; Van De Voorde et al., 2012). Das geht so weit, dass *dieser Wettbewerbsvorteil am Kapitalmarkt nachweisbar ist* (Edmans, 2011; Fulmer et al., 2003). Ich werde den Zusammenhang zwischen einer mitarbeiterorientierten Unternehmensführung und der Kapitalmarkt-Performance zum Ende des Buches genauer ausführen.

Als »naiver Psychologe« gehe ich davon aus, dass ein solches Bemühen um das Wohlergehen der Mitarbeiter eigentlich eine Selbstverständlichkeit für jedes Unternehmen sein sollte. Dank meiner Promotion über ein Controlling-Thema verstehe ich allerdings auch den Primat des Ökonomischen, der die Welt der Wirtschaft durchzieht. Meine Botschaft, die sich durch das gesamte Buch zieht, wird insofern immer wieder lauten, dass – entgegen aus der Zeit gefallener Vorstellungen – das *wirtschaftliche Wohlergehen des Unternehmens und das allseitige Wohlergehen der Menschen, die dieses Unternehmen ausmachen, Hand in Hand gehen*, anstatt sich gegenseitig zu mindern.

Was besser werden muss: Die Perspektive der Arbeitnehmer

In dieser Hinsicht wäre es töricht, hier ausschließlich aus der Perspektive der Arbeitgeber zu argumentieren. Es ist bereits klargeworden (und wird im Laufe des Buches weiter ausgeführt), dass das ganzheitliche Wohlbefinden der Mitarbeiter dem finanziellen Erfolg von Unternehmen zuträglich ist, aber das ist nur eine Seite der Medaille. Es hat mich vor einigen Jahren innerlich ordentlich durchgeschüttelt, als ich zum ersten Mal mit der Idee konfrontiert wurde, *dass ein Arbeitsvertrag (auch) ein Dokument über den Verkauf der eigenen Lebenszeit* darstellt. Auf einer sachlichen Ebene war mir das bereits klar, aber wenn wir uns vor Augen führen, wie viel Prozent unserer Lebenszeit, abzüglich Schlaf, wir im Durchschnitt mit Erwerbsarbeit verbringen, dann erhält dieses Bild ein ganz anderes Gewicht.

Es mag gerade in jungen Jahren Arbeit geben, die wir nur des monetären Anreizes wegen ausführen, aber für die meisten Menschen ist dies nicht der Idealzustand. Wir wollen lernen und uns als kompetent erleben (Spreitzer et al., 2005), wir wollen Freude empfinden, idealerweise im Kontakt mit Menschen, die uns mögen und wertschätzen (Dutton, 2003). Und wir wollen, dass unsere Arbeit *sinnvoll* ist (Rosso et al., 2010). Dies bestätigt auch der sogenannte Fehlzeiten-Report, der vom Wissenschaftlichen Institut der AOK, der Universität Bielefeld und der Beuth Hochschule für Technik herausgegeben wird. Demzufolge ist den meisten Deutschen der wahrgenommene Sinn ihrer Arbeit deutlich wichtiger als ein hohes Gehalt. Im Zusammenhang mit den Ausführungen im vorigen Abschnitt ist außerdem zu erwähnen, dass sich Personen, die ihre Tätigkeit als sinnvoll ansehen, nur etwa halb so oft krankmelden wie Menschen, die wenig Sinn in ihren Aufgaben sehen (Boes, 2018).

An dieser Stelle möchte ich erwähnen, dass ich kein großer Freund des Begriffs *Feelgood-Management* bin. Üblicherweise geht es dabei um eine Reihe von Vorzügen, die der Belegschaft in Absprache mit der Führungsebene zuteilwerden. Etwas klischeehaft lässt sich hier von Tischkickern, Obstkörben und ähnlichen Annehmlichkeiten in der Büroumgebung, von Pizzaabenden und der freitäglichen Massage sprechen. Dagegen ist nichts einzuwenden (siehe das Interview mit René Proyer im Kapitel 9.2). Andererseits bezweifele ich, dass sich dadurch ein nachhaltiger Wettbewerbsvorteil generieren lässt. Ein Argument für diese These ist rein betriebswirtschaftlich: Es ist relativ einfach und kostengünstig, solche Dinge umzusetzen; fast jedes Unternehmen könnte entsprechende Maßnahmen innerhalb kurzer Zeit implementieren. Insofern kann damit die Konkurrenz nicht langfristig in Schach gehalten werden.

Achtung

Überspitzt ausgedrückt: Wo Feelgood-Management notwendig ist, hat die Unternehmensführung bereits versagt. Es reicht nicht, das Hamsterrad besser auszupolstern.

Wichtiger ist allerdings ein psychologisches Argument. In der Positiven Psychologie unterscheiden einige Forscher zwei Dimensionen des Wohlbefindens, die *hedonische* und die *eudaimonische* Achse. Eine ausführliche Betrachtung dieser Konzepte folgt in Kapitel 2. Ich möchte aber gerne einige Aspekte vorwegnehmen: Die erste Dimension ist nach der Philosophie des Hedonismus benannt, die zweitgenannte geht auf Aristoteles zurück; wörtlich bedeutet Eudaimonia, einen guten Geist zu haben. Auf der hedonischen Achse geht es um *das schöne Leben*, um Spaß und Lust. Sie beruht auf externen Reizen und ist gemäß ihrer Natur kurzlebig. Auf der eudaimonischen Achse geht es um *das gute Leben* (im Sinne von: tugendhaft), um intrinsische Schaffensfreude und Pflichterfüllung. Hier streben wir nach Tätigkeiten und Zielen, die wir *wollen sollten*, unsere Energie richtet sich auf andere Menschen und das große Ganze.

Wo ist das Problem? Klassisches Feelgood-Management steuert vorrangig die hedonische Achse an. Es geht darum, die vorhandenen Aufgaben und Tätigkeiten zu versüßen. Andererseits wird (zu) selten darauf *geschaut,* ob die Arbeit an sich sinn- und wertstiftend ist. Plakativ könnte man sagen: Wo Feelgood-Management notwendig wird, um einen Job erträglich(er) zu machen, ist das Kind schon in den Brunnen gefallen. Feelgood-Management bleibt allzu häufig eine Art Kosmetik, die Bekämpfung von Symptomen, während es zur Behebung der Ursachen anderweitiger Maßnahmen bedarf.

Der für mich knackigste Begriff für das, was Menschen abseits des Geldes in ihrer Arbeit suchen, ist, was Sisodia und Kollegen in ihrem Buch Firms of Endearment als *psychologisches Einkommen* bezeichnen (2014, S. 62). Darunter subsumieren sie alle mental-emotionalen Bedürfnisse, die durch gute Arbeit befriedigt werden. So ist auch die Absicht meines Buches zu verstehen: Es geht darum, Unternehmen erfolgreicher zu machen und *gleichzeitig* das psychologische Einkommen der Mitarbeiter zu mehren.[16]

16 Im Übrigen sympathisiere ich, für einen Anhänger liberalen Gedankenguts eher untypisch und mit der gebotenen Vorsicht, mit der Idee eines Mindestlohns, der – aus einer rein psychologischen Perspektive – höher sein sollte, als er aktuell ist. Wenn man es als Auftrag der Politik definiert, das Wohlbefinden für die gesamte Bevölkerung bestmöglich zu mehren, dann liegt in der Stärkung der unteren Einkommen ein starker Hebel. Studien legen nahe, dass die Beziehung zwischen dem verfügbaren Einkommen und der Lebenszufriedenheit nicht-linear verläuft (Diener & Biswas-Diener, 2002; Frijters et al., 2004). Konkret bedeutet dies, dass Zuwächse bei Einkommen nahe dem Existenzminimum in einem deutlich stärkeren Zuwachs an Lebenszufriedenheit resultieren als bei Menschen mit mittleren und hohen Einkommen. Dies ist allerdings eine politische Forderung und daher nicht Kern dieses Buches.

Wichtig

Menschen arbeiten nicht nur für Geld. Sie möchten auch ein möglichst hohes psychologisches Einkommen beziehen.

Was besser werden muss: Der weitere Blickwinkel

Dieses Buch konzentriert sich auf das, was zwischen Führungskräften und Mitarbeitern sowie Kollegen untereinander *in Unternehmen* vonstattengeht. Trotzdem möchte ich für einen Augenblick den Rahmen weiter aufspannen. Ich bin zutiefst davon überzeugt, dass marktwirtschaftliche Prinzipien – neben der Aufklärung – der wichtigste Motor für den menschlichen Fortschritt sind und auch in Zukunft sein werden. Allerdings erleben wir in diesen Zeiten auch die Schattenseiten einer übermäßig freizügigen Wirtschaftsordnung. Neben den bereits erwähnten schädlichen Nebenwirkungen für das menschliche Wohlbefinden sind dies vor allem die zunehmende Zerstörung unseres Planeten (Schmitt, 2019) wie auch eine starke Konzentration des Reichtums – die mutmaßlich mitverantwortlich ist für die politischen Verwerfungen, die wir derzeit in Deutschland und weltweit beobachten können. Zunehmend mehr Bürger fühlen sich sozial abgehängt und u. a. dadurch genötigt, populistische Parteien jeglicher Couleur zu wählen; oder sie stärken die politischen Ränder durch Nichtausübung ihres Wahlrechts (Onkelbach, 2018).

Das Konzept des Shareholder Value (Rappaport, 1986), verkürzt gesagt die Maxime, wonach Unternehmen sich *ausschließlich* auf die Mehrung der finanziellen Vorteile der Anteilseigner konzentrieren sollten, ist möglicherweise die schädlichste wirtschaftswissenschaftliche Idee, die jemals formuliert wurde. Sie kann mindestens bis zum Wirtschaftsnobelpreisträger Milton Friedman zurückverfolgt werden, der 1970 postulierte, die soziale Verantwortung von Unternehmen läge einzig und allein darin, den eigenen Profit zu maximieren.[17] Zum Glück erkennen immer mehr Wissenschaftler und Unternehmenslenker, dass ein Weg der *Nullsummenspiele* fehlgeleitet ist. Er schadet langfristig dem Unternehmen selbst, aber auch seinen Mitarbeitern, Kunden, Zulieferern sowie dem gesellschaftlichen und ökologischen Netzwerk, in das Organisationen eingebettet sind (Porter & Kramer, 2011).

Mit dem Aufkommen der Idee, dass Unternehmen eine Triple Bottom Line (Elkington, 1998) aus *ökonomischen, ökologischen und sozialen Zielen* verfolgen sollten, wurde vielerorts langsam aber sicher ein Umdenken eingeleitet. Bücher wie das schon erwähnte Firms of Endearment oder Conscious Capitalism von Mackey und Sisodia (2014) zeugen von dieser Entwicklung. Und so weisen auch führende Vertreter der Positiven Psychologie wie Kim Cameron beharrlich darauf hin, dass *ethische und*

---

17 Auch wenn dieser Ausspruch vermutlich nicht durch Friedmann selbst geprägt wurde, so wird ihm das Zitat »The business of business is business.« zugeschrieben.

finanziell erfolgreiche Unternehmensführung langfristig Hand in Hand gehen (Cameron et al., 2004).

Das Rad ölen, nicht neu erfinden

Trotz der zuvor beschriebenen Herausforderungen bin ich fest davon überzeugt, dass wir in Bezug auf Arbeit *nicht alles radikal anders* machen müssen. Vieles daran, wie wir Arbeit gestalten, ist gut und hat sich bewährt. Ein paar Fortschritte wurden in den mehr als 100 Jahren seit Frederick Taylors Principles of Scientific Management (1911) Gott sei Dank bereits erzielt.[18] Wie schon erläutert, gibt es an vielen Ecken und Enden reichlich Luft nach oben, aber das liegt in der Natur der Sache. Ziel dieses Buches ist es, Ihnen als Führungskraft und/oder Personaler den nötigen Auftrieb zu verleihen, um jene Distanz nach oben Stück um Stück zu verringern.

Es mag sein, dass sich Management-Literatur besser verkauft, wenn sie postuliert, dass man heutzutage alles radikal anders machen müsse. Im Zuge der sogenannten New-Work-Bewegung werden bestimmte Aspekte klassischer Unternehmenssteuerung (vor allem: hierarchische Führung) bisweilen geradezu verteufelt. Dieses Sentiment teile ich nicht – oder besser: nicht mehr. Ich habe mich für deutsche Verhältnisse recht früh und enthusiastisch mit diesem Themenkomplex auseinandergesetzt (Rose, 2015a; Rose & Fellinger, 2013), bin aber mit den Jahren skeptischer geworden. Es *ist illusorisch und gleichzeitig auch latent anmaßend* zu fordern, dass Organisationen jeglicher Form, Größe und Bestimmung ihre zum Teil über Jahrhunderte eingeübten Mechanismen der Steuerung plötzlich über den Haufen werfen sollten (bzw. können). Zu dieser Einschätzung kommt auch Wolfgang Jenewein (Professor für Leadership in St. Gallen) in einem Interview mit dem Harvard Business Manager (Kestel, 2019).

Darüber hinaus zeigen die bislang spärlichen empirischen Daten aus der Wissenschaft, dass längst nicht jede Transformation in Richtung Selbstorganisation, Führung ohne Führungskräfte usw. gelingt, geschweige denn, dass die entsprechenden Teams und Abteilungen wirklich bessere Leistung erbringen (Wang et al., 2014). Mittlerweile äußern sich die ersten Unternehmen öffentlich und geben freimütig zu, dass dahin gehende Experimente gescheitert sind (Kyriasoglou, 2018; Widrich, 2015). Auch der Suchmaschinen-Gigant Google und Zappos, das amerikanische Vorbild für Zalando, haben mit umwälzenden Management-Methoden experimentiert und mussten zurückrudern. Zappos ist weitgehend gescheitert mit der Einführung eines Systems

18 Taylor propagierte eine Managementmethode, nach der den Mitarbeitern eines Unternehmens alle Arbeitsschritte möglichst kleinteilig und repetitiv vorzugeben seien. Das führte in der Frühphase der automobilen Massenfertigung zunächst zu enormen Produktivitätsfortschritten. Gleichzeitig machte es die Mitarbeiter im Grunde zu menschlichen Robotern, mit negativen Spätfolgen für Motivation, Arbeitszufriedenheit und Sinnerleben.

namens *Holokratie*, das auf radikaler Selbstorganisation beruht. Google hatte vorübergehend versucht, komplett ohne Management-Funktionen auszukommen. Das Experiment wurde allerdings schon nach rund sechs Wochen wieder gestoppt. Es stellte sich heraus, dass sich die Mitarbeiter ohne zugehörige Manager mehrheitlich u. a. orientierungslos und ignoriert fühlten (Rigoni & Nelson, 2016). Die Dunkelziffer von Initiativen, die nach einem Misserfolg stillschweigend wieder begraben wurden, dürfte noch um ein Vielfaches höher liegen.

Führende Management-Forscher geben zu bedenken, dass Hierarchien und die damit verbundenen impliziten und expliziten Machtstrukturen von kontemporären Management-Moden häufig nur überdeckt, nicht grundlegend verändert werden. Der bereits zu Wort gekommene Jeffrey Pfeffer argumentiert, dass sich die menschliche Natur (inklusive unserer Motivationsstrukturen und kognitiven Mechanismen) in den letzten Jahren nicht urplötzlich grundlegend verändert habe. Deshalb sei es auch wenig plausibel, dass die Art und Weise, wie Menschen sich organisieren und Machtstrukturen ausbilden, heute grundsätzlich anders funktioniere. In diesem Sinne bezeichnet er den Glauben an radikale Veränderung von Management- und Führungsprozessen als »Wunschdenken« (2013, S. 271). In ein ähnliches Horn stieß bereits 1994 Stefan Kühl, Professor für Soziologie an der Universität Bielefeld und regelmäßiger Gast in der Liste der wichtigsten HR-Vordenker im deutschsprachigen Raum.

Mir geht es mitnichten darum, die New-Work-Bewegung zu diskreditieren – ganz im Gegenteil. Ich bin weiterhin ein »Fan«. Allerdings befürworte ich in erster Linie die darunterliegenden Motive und Werthaltungen, nicht zwingend die propagierten Methoden und Werkzeuge.

- Ich bin fest davon überzeugt, dass es richtig ist, Menschen mehr *Souveränität über das Was, das Wie und das Wo* ihrer Arbeit zu geben.
- Ich verstehe, dass Organisationen heute *schneller und dezentralisierter agieren* müssen, um der Geschwindigkeit und Komplexität der fortschreitenden Digitalisierung Herr zu werden.
- Und ich weiß, dass die meisten Menschen unter allen Umständen (wieder) *mehr Sinn in ihrem Arbeitsleben* spüren möchten.

Der springende Punkt: Nach meiner Erfahrung braucht es für nichts davon zwingend Kanban-Boards und Scrum-Meetings oder die Abschaffung jeglicher Hierarchie – und erst recht kein Bällebad. Die einflussreichste Theorie über Motivation der letzten 40 Jahre, die sogenannte Selbstbestimmungstheorie,[19] kommt auf Basis hunderter Studien zu der Einschätzung, dass sich alles, was Menschen in ihrem Leben anstreben,

19 Für einen Überblick ihrer Bedeutung in und für Organisationen siehe Deci et al. (2017). Mehr dazu in Kapitel 5.

bei eingehender Betrachtung auf drei grundlegende Bedürfnisse zurückführen lässt: Wir streben nach:

- Selbstbestimmung;
- Verbundenheit mit anderen;
- dem Erleben von Kompetenz und Wirksamkeit.[20]

Diese Bedürfnisse können nachweislich in guter Weise im Rahmen von traditionellen Organisationsformen befriedigt werden. Wir schauen zu oft auf die sichtbaren Artefakte eines Unternehmens, auf Kommunikation, Techniken und Rituale. Was sich jedoch tatsächlich vielerorts verändern muss, sind *Haltungen und Wertegerüste in den Führungsetagen.* In den letzten Jahren haben einige große und einflussreiche Unternehmen öffentliche Aufmerksamkeit erzielt, weil nun alle Manager auf Krawatten verzichten oder jeder jeden duzen darf (Oenning, 2017). Das ist sicher gut gemeint – aber am Ende des Tages vollkommen irrelevant. Man kann Menschen mit oder ohne Krawatte (gering-)schätzen. Die eigentliche Frage ist, ob diese Manager gelernt haben, mit *dem guten Auge auf ihre Mitarbeiter* zu schauen, ob sie tief in ihren Herzen davon überzeugt sind, dass jeder Mensch jederzeit wachsen kann, ob sie verinnerlicht haben, dass gute Führung stärker mit Dienen als mit Diktieren zu hat.

Wichtig

Manager müssen ihre Krawatten *im* Kopf ablegen!

Mein Zwischenfazit lautet: Nein, wir müssen in Organisationen nicht *alles anders* machen! Aber wir können vieles intelligenter, menschenfreundlicher und nachhaltiger gestalten. Es geht nicht darum, alles Bewährte über den Haufen zu werfen, in der vagen Hoffnung, dass uns eine neue, ganz andere Art der Arbeit endlich die gewünschte Glückseligkeit verschafft. Wir müssen Führung nicht abschaffen. Aber wir können Führung besser machen. Wir müssen HR nicht abschaffen. Aber wir können HR besser machen. Stück für Stück, Zug um Zug, können wir *Arbeit besser machen.*

1.3 Struktur des Buches

Nach einer ausführlichen Einführung in die Hintergründe und Grundgedanken der Positiven Psychologie (Kapitel 2) sowie ihre Erforschung und Anwendung in Organisationen (Positive Organizational Scholarship; Kapitel 3) gliedert sich »Arbeit besser machen« in fünf zentrale Abschnitte. Diese folgen dem Akronym PERMA, das 2011 von

20 Je mehr ich über das Thema lese, desto eher bin ich geneigt anzunehmen, dass Menschen auch über ein eigenes Bedürfnis nach Sinn verfügen.

Martin Seligman, dem Gründervater und Spiritus Rector der Positiven Psychologie in seinem Buch Flourish geprägt wurde. PERMA steht im Englischen für die Begriffe:

- **P**ositive Emotions (positive Emotionen; Kapitel 4);
- **E**ngagement (wie im Deutschen; Kapitel 5);
- **R**elationships (gelingende Beziehungen; Kapitel 7);
- **M**eaning (Sinnerleben; Kapitel 9);
- **A**ccomplishment (Leistung, Zielerreichung; Erfolg; Kapitel 10).

Seligman möchte mit diesem Akronym möglichst umfassend zum Ausdruck bringen, welches die Bausteine eines gelungenen und erfüllenden Lebens sind – das, was sich Menschen zum Ziel setzen, wenn sie die freie Wahl haben, nach dem zu streben, was unser Leben lebenswert macht.[21] Gleichzeitig hat sich PERMA in den vergangenen Jahren auch als Beschreibung für die verschiedenen Forschungsschwerpunkte innerhalb der Positiven Psychologie etabliert. Unterbrochen werden die Kapitel über PERMA von einem Exkurs über moderne Führungstheorien (Kapitel 6) sowie einem weiteren Exkurs über Kreativität in Organisationen (Kapitel 9). Das Buch endet mit dem Ausklang in Kapitel 11.

In welcher Reihenfolge sollten Sie die Kapitel dieses Buchs lesen?

Meine Empfehlung lautet, zunächst die einführenden Kapitel 2 und 3 zu lesen, um einen guten Überblick über die Grundgedanken und Haltung der Positiven Psychologie (in Organisationen) zu erlangen. Es ist jedoch nicht zwingend notwendig, die Kapitel über PERMA in genau dieser Reihenfolge durchzuarbeiten. Die Abfolge der Buchstaben wurde aus Gründen des guten Klangs gewählt, entspricht jedoch keiner sachlogischen Ordnung. Ich lade Sie in diesem Sinne ein, die Kapitel nach eigenem Gutdünken zu explorieren, sich davon leiten zu lassen, was Sie im jeweiligen Moment am meisten anspricht und inspiriert.

Sie werden beim Lesen außerdem feststellen, dass die fünf Bestandteile des PERMA-Modells nicht trennscharf sind. Die gelingende Bindung mit anderen Menschen ist z.B. praktisch durchgehend eine Vorbedingung bzw. kritischer Bestandteil aller anderen Elemente. So entstehen viele Arten von (positiven) Emotionen vor allem in Anwesenheit anderer Menschen. Auch das Erleben von Sinn, im Leben an sich oder in der Arbeit, ist kaum ohne das Beziehungsgeflecht vorstellbar, in das wir eingebunden sind. Trotzdem ist es hilfreich, zur besseren Veranschaulichung bestimmte Aspekte getrennt vorzustellen. Ich habe mich immer bemüht, die Querverbindungen greifbar zu machen. Das Kapitel 8 über Sinnerleben ist etwas voluminöser ausgefallen als die

21 Seligman schreibt dazu in seinem Buch: »Well-being [...] is essentially a theory of uncoerced choice, and its five elements comprise what free people will choose for their own sakes« (S. 16).

anderen Abschnitte. Das wiederum ergibt Sinn aus meiner Sicht: Für mich ist der Sinnaspekt jener, bei dem alles zusammenfließt. Sinnwahrnehmung stellt für mich eine Brücke zu allen anderen Dimensionen von PERMA dar. Da ist es nur fair, dass sie etwas mehr Raum bekommt.

Meine eigenen Ausführungen werden im Laufe des Buches immer wieder von *kürzeren und längeren Interviews* unterbrochen. Ich habe im Laufe des Schreibprozesses neben der klassischen Literaturrecherche 33 Gespräche geführt, zum Teil mit internationalen Spitzenforschern und solchen aus dem deutschen Sprachraum – aber es kommen auch Nachwuchswissenschaftler zu Wort, die sich mit Aspekten der Positiven Psychologie auseinandersetzen. Ergänzt werden diese Interviews durch Gespräche mit Menschen aus der Praxis: CEOs, leitende Manager in HR-Abteilungen, Berater und andere Menschen, von denen ich aus unterschiedlichen Gründen glaube, dass sie spannende und einsichtsreiche Gedanken zu diesem Werk beisteuern konnten. Einige davon beschäftigen sich aktiv mit der Positiven Psychologie, bei anderen hatte ich den Eindruck, dass sie intuitiv bestimmte Haltungen der Positiven Psychologie vorbildlich leben. Nach reiflicher Überlegung habe ich mich entschlossen, diese Interviews im Ganzen in den Fließtext zu integrieren, anstatt die Erkenntnisse ausschnittartig in meine Ausführungen einzuarbeiten. Ich vermute, dass auf diese Weise die ureigene Persönlichkeit und Haltung meiner Interviewpartner besser zum Ausdruck kommt. Außerdem hoffe ich, dass so der Eindruck vermieden wird, das gebündelte Wissen in diesem Buch sei vor allem auf meinem eigenen Mist gewachsen. Ebenso werden Sie einige gesonderte Kästen vorfinden, in denen ich *ganz persönliche Einblicke in meine Erfahrungen als Führungskraft und Coach* gebe.

Beipackzettel

Bevor wir mit der Vorstellung der Grundgedanken und der Geschichte der Positiven Psychologie beginnen, möchte ich noch einige Worte vorwegschicken, die Ihnen helfen mögen, den Inhalt des Buches besser aufzunehmen.

Thematische Eingrenzung: Im Titel des Buches finden sich die Begriffe Führung und Personalarbeit. Das sind weite Themenfelder. Arbeit besser machen bleibt immer dort, *wo es menschelt*. Wenn ich von Führung spreche, geht es in 95 Prozent der Fälle um Interpersonelle Führung, also Führung am Menschen – nicht um strategische Unternehmensführung oder ähnliche Konzepte der Betriebswirtschaft. Auch in puncto Personalarbeit bleiben wir immer nah an vermeintlich weichen Themen, insbesondere an der Frage, wie Personaler im Rahmen von Führungskräfte- und Kulturentwicklung zum Erfolg ihrer Organisation beitragen können. Themen wie Vergütungsmanagement oder HR-Administration werden allenfalls am Rande berührt.

Themenauswahl und Perspektive: Allein die Herausgeberbände mit wissenschaftlichen Überblicksartikeln zur Positiven Psychologie in Organisationen füllen mittlerweile zehntausende Seiten – da gilt es, eine Auswahl zu treffen. Ich habe aus den jeweiligen Teilbereichen jene Themen hervorgehoben, die sich in meiner eigenen Führungsarbeit oder im Coaching von Führungskräften als am nützlichsten erwiesen haben – sowie solche Aspekte, die im Rahmen meiner Vorträge und Workshops regelmäßig die größten Aha-Momente auslösen. Zudem bitte ich Sie, zu berücksichtigen, dass ich mein ganzes Berufsleben in wissensintensiven, akademisch geprägten Umfeldern verbracht habe. Meine Erfahrung mit gewerblichen, produzierenden Umfeldern ist beschränkt. Das prägt meinen Blickwinkel und das, was ich als erörternswert betrachte und was nicht. Dessen ungeachtet bin ich der Überzeugung, dass die Erkenntnisse der Positiven Psychologie überall dort nützlich sein können, wo Menschen miteinander auf gemeinsame Ziele hinarbeiten.

Fachliche Tiefe: Wenn man ein Buch wie dieses schreibt, steht man vor der Frage, an welche Zielgruppe es sich wenden soll – und folglich, auf welchem konzeptuellen Niveau man die Inhalte präsentiert. Ich habe als Jugendlicher semi-professionell Tennis gespielt. Im weißen Sport gibt es eine Grundregel namens »Mid is Shit«: Ein Spieler soll entweder schnell ganz nach vorne ans Netz oder eben an der Grundlinie bleiben. Ich wollte für Arbeit besser machen trotzdem einen Mittelweg einschlagen. Mein Ziel war es, ein Buch mit hohem Nutzwert für Praktiker zu gestalten, dabei allerdings eine ausreichende wissenschaftliche Untermauerung und Nuancierung zu gewährleisten. Einiges muss auf rund 400 Seiten oberflächlich bleiben. Doch wann immer ich das Gefühl hatte, dass ein Aspekt deutlich mehr Aufmerksamkeit verdient, habe ich entsprechende Literaturhinweise zur Vertiefung hinterlegt.

Werkzeuge: Konkrete Werkzeuge habe ich nur spärlich in dieses Buch integriert. Zum einen gebe ich mit gutem Gewissen nur solche Tools weiter, die ich persönlich ausprobiert und für hilfreich befunden habe. Zum anderen glaube ich, dass diese überbewertet sind. Mir ist es wichtiger, dass Sie als Anwender die zugrundeliegenden Ideen und Haltungen der Positiven Psychologie verinnerlichen und dann selbst entdecken, wie sich diese organisch in Ihrer Organisation implementieren lassen.

Jargon/Lost-in-Translation: Die Positive Psychologie ist zu Anfang vor allem an US-amerikanischen Universitäten beschrieben worden.[22] Mittlerweile wird sie weltweit weiterentwickelt, aber die Kernsprache ist und bleibt Englisch. Demgemäß ist die Positive Psychologie von einem englischen Fachjargon geprägt, der sich kaum vermeiden lässt, wenn man über bestimmte Phänomene schreibt. Einige Begriffe erhalten in der deutschen Übersetzung einen altertümlichen Tonfall, bisweilen auch eine

22 In Europa wurden die zugehörigen Themen zunächst in England aufgenommen, z. B. von Edwards und Cooper (1988) oder Layard (2005) – das ändert natürlich nicht viel am englischen Jargon.

religiöse Konnotation, die in den amerikanischen Originalen nicht vorgesehen ist. Als Beispiel möge der Begriff Virtue dienen, das amerikanische Wort für Tugend. Für die meisten Amerikaner ist dies ein normales, im Kern wertfreies Wort – während es Menschen im Deutschen angestaubt, im Lichte unserer jüngeren Geschichte vielleicht sogar unangebracht vorkommen mag. Ein anderes Beispiel ist der Begriff Awe, im Deutschen – nun ja – Ehrfurcht, Scheu oder Verzückung. Auch hier gibt es, zumindest für mein Verständnis, einen Beigeschmack, der im Englischen nicht angelegt ist.

Allgemein bitte ich zu berücksichtigen, dass die Positive Psychologie eine noch junge Disziplin ist. Viele empirische Befunde werden sich im Laufe der kommenden Jahre noch erhärten müssen, einige werden vielleicht auch revidiert werden müssen (Rose, 2022a). Zudem leidet die akademische Psychologie als Ganzes derzeit unter einem Phänomen, das in Fachkreisen als *Replikationskrise* bezeichnet wird (Shrout & Rodgers, 2018). Man hat bei diversen Untersuchungen, die früher gefundene Ergebnisse replizieren sollten, festgestellt, dass selbst einige »ewige Wahrheiten« der psychologischen Forschung nicht oder nur eingeschränkt bestätigt werden konnten.[23] Das bedeutet nun nicht, dass wir die letzten 130 Jahre an Forschung aus dem Fenster schmeißen sollten. Aber es gemahnt beim Lesen und der Interpretation von psychologischer Forschung zu einem gerüttelt' Maß an gesunder Skepsis.

23 Zum Beispiel die weltberühmten Marshmallow-Experimente zur Impuls-Kontrolle von Kindern (Mischel, 2014).

2 Entstehung und Grundgedanken der Positiven Psychologie

Ich habe gelernt, dass Glücklichsein ein fortlaufender Prozess ist von immer neuen Herausforderungen; und dass es – selbst, wenn eigentlich schon alles vorhanden ist – die richtigen Haltungen und Aktivitäten benötigt, um auch in Zukunft glücklich zu sein.
Ed Diener[24]

»Das freudvolle Leben ist eine persönliche Schöpfung, welche nicht aus einem Rezept kopiert werden kann.« Dieser Satz wird Mihály Csíkszentmihályi zugeschrieben, weltweit bekannt geworden als Erforscher des *Flow*-Phänomens[25]. Es scheint eine ungewöhnliche Äußerung zu sein, wenn man bedenkt, dass der Psychologe einen großen Teil seines langen Lebens mit der Erforschung der Frage verbracht hat, was Menschen glücklich macht. Ich persönlich pflichte dem 2021 verstorbenen Maestro bei. Je länger ich lebe, je mehr Erfahrung ich als Führungskraft und Begleiter von Menschen sammle, desto weniger glaube ich an die Wirkung von Rezepten, Werkzeugen und To-do-Listen, wenn es um das persönliche oder berufliche Glück geht.

Dessen ungeachtet werden Ihnen im Verlauf dieses Kapitels Informationen begegnen, die sich ein Stück weit rezeptartig anhören; in der Art von: Dies sind die zentralen Bausteine eines erfüllenden Lebens. Wie passt das zusammen? Ich denke, Csíkszentmihályi hat den Begriff des Rezepts sehr bewusst gewählt. Ein Rezept ist eine Vorgabe, der man als Kochender zu folgen hat. Auf das Leben als solches angewandt, kann das meines Erachtens nur in die Hose gehen. »Sei du selbst! Alle anderen sind bereits vergeben.«, soll Oscar Wilde gesagt haben – und hatte vermutlich Recht.[26] Was Csíkszentmihályi mitnichten zum Ausdruck bringen wollte, ist, dass es keine allgemeingültigen *Zutaten* gäbe, die, so man sie für sein ureigenes Glücksrezept verwendet, mit hoher Wahrscheinlichkeit ein schmackhaftes Glücksgericht ergeben.

Meine Bitte lautet daher, die Informationen in diesem Kapitel wie folgt zu interpretieren: Es gibt keinen allgemeingültigen Lebensentwurf, der alle Menschen verlässlich und einheitlich glücklich macht. Sehr wohl gibt es aber, abgeleitet aus vielen tausend empirischen Forschungsprojekten, eine *begrenzte Anzahl an Bausteinen*, die statistisch betrachtet bei der Mehrzahl der Menschen dazu führen, dass sie ihr Leben als zufriedenstellender, sinnerfüllter und lebenswerter erachten.

24 Siehe Rubin (2008); Übersetzung durch den Autor.
25 Das positiv empfundene, völlige Aufgehen in einer Tätigkeit (Csíkszentmihályi, 1990); siehe Kapitel 5.
26 Allerdings scheint es so zu sein, dass ihm der zweite Satz nur untergeschoben wurde (»Be Yourself. Everyone Else«, 2014).

2.1 Martin Seligman und die Frage nach der Balance in der Psychologie

Die Positive Psychologie ist ein junger Teilbereich der akademischen und anwendungsorientierten Psychologie. Sie beschäftigt sich im Schwerpunkt mit *positiven Phänomenen* des menschlichen, organisationalen und sozialen Erlebens. Die ihr zugrundeliegenden Fragen sind nicht neu, vielmehr bewegen sie die Menschheit schon seit Jahrtausenden:

- Was ist ein gelingendes Leben?
- Unter welchen Umständen empfinden Menschen Glück oder Zufriedenheit?
- Was sorgt dafür, dass Menschen intrinsisch motiviert sind, über den Effekt von externer Belohnung und Bestrafung hinaus?
- Wie können Menschen ihre Stärken entdecken und besser in ihr Leben integrieren?
- Welche Faktoren sorgen dafür, dass Beziehungen zwischen Menschen gelingen, sei es im Privaten oder im Berufsleben?
- Welche Bedingungen müssen gegeben sein, damit Menschen ihr Leben (oder auch Teilbereiche, z. B. ihre Arbeit) als sinnvoll empfinden?
- Unter welchen Umständen erreichen Menschen ihre Ziele? Und wie können wir überhaupt erkennen, was passende und für uns stimmige Ziele sind?

Ich zitiere im Folgenden aus dem frühsten eigenständigen Forschungsbeitrag[27] über diese Disziplin, der in der bedeutenden Fachzeitschrift American Psychologist erschienen ist (Seligman & Csíkszentmihályi, 2000, S. 5). Martin Seligman, Professor an der University of Pennsylvania und einer der bedeutendsten noch lebenden Forscher in der Psychologie (Diener et al., 2014) schrieb diesen Text im Jahr 2000 gemeinsam mit Mihály Csíkszentmihályi.

»Das Ziel der Positiven Psychologie ist es, *Katalysator für eine Verschiebung der Aufmerksamkeit innerhalb der Psychologie* zu sein, weg von der reinen Beschäftigung mit der Reparatur der schlimmsten Dinge im Leben, und hin zur Ausbildung von positiven Zuständen.

Auf dem *subjektiven Level* geht es um *wünschenswerte persönliche Erfahrungen*: Wohlergehen, Glücksempfinden, und Zufriedenheit (mit der Vergangenheit); Optimismus (für die Zukunft); und Flow und Erfülltsein (in der Gegenwart).

Auf dem *individuellen Level* geht es *um wünschenswerte individuelle Eigenschaften*: die Kapazität für Liebe [...], Mut, zwischenmenschliche Fähigkeiten, ästhetische Sensibilität, Beharrlichkeit, Vergebung, Kreativität, [...], Spiritualität, Hochbegabung und Weisheit.

27 Übersetzung, Auslassungen und Hervorhebungen durch den Autor.

Auf der *sozialen Ebene* geht es um [...] *Tugenden und Institutionen, die die Ausbildung derselben in Individuen fördern*: Verantwortungsbewusstsein, [...], Altruismus, Höflichkeit, Selbstbeherrschung, Toleranz, und Fleiß.«

Was war die Triebfeder hinter der Entstehung der Positiven Psychologie?[28] Martin Seligman wurde 1998, als arrivierter Forscher in seinen 50ern, Präsident der American Psychological Association (APA), dem weltweit einflussreichsten Verband von praktizierenden und forschenden Psychologen. Seine Antrittsrede als Präsident nutze er, um die Gemeinschaft der Psychologen zur Etablierung einer neuen Teildisziplin gemäß der o. g. Beschreibung aufzurufen. Was war Seligmans Antrieb für diesen Appell?

Klammert man Felder wie beispielsweise die Eignungsdiagnostik oder die Lern- und Gedächtnisforschung aus, dann zeigt sich, dass die akademische Psychologie in den ersten rund 100 Jahren ihres Bestehens in erster Linie eine Weg-von-Disziplin war. Es ging vorrangig darum, *negative Phänomene des menschlichen Erlebens sowie deren Entstehung und Beseitigung zu ergründen.*

- Was ist eine Depression?
- Welche Modelle lassen sich für die Entstehung von Depressionen beschreiben?
- Wie können wir Menschen helfen, sich davon zu befreien?

Ich habe Google Scholar, eine Sektion von Google, die gezielt akademische Quellen durchsucht, angewiesen, alle wissenschaftlichen Artikel und Bücher anzuzeigen, die eines der folgenden Wörter im Titel tragen: Depression, Schizophrenie, Angst, Glück, Lebenszufriedenheit und Lebenssinn. Dann habe ich eine Unterteilung vorgenommen nach Texten, die zwischen 1900 und 2000 veröffentlicht wurden, und solchen, die zwischen 2001 und der ersten Auflage dieses Buchs erschienen sind. Wie Sie in Abbildung 1 erkennen können, überwiegt die Anzahl der Publikationen zu den negativen Phänomenen des menschlichen Erlebens jene zu den positiven Phänomenen um ein Vielfaches. Verglichen mit der Zeitspanne ab dem neuen Jahrtausend ist diese Imbalance in der Zeit des 20. Jahrhunderts allerdings noch deutlich ausgeprägter.[29] Setzt man beispielsweise die Begriffe Depression und Glück in Beziehung, dann ergibt sich für den Zeitraum des 20. Jahrhunderts ein Verhältnis von mehr als 30:1, während sich für die jüngere Periode eine Relation von 6:1 findet. Die Tatsache, dass in den

28 Der Begriff Positive Psychologie wurde bereits 1954 von Abraham Maslow, einem wichtigen Vertreter der Humanistischen Psychologie, verwendet. Er hat diesen in der Folge allerdings nicht weiter genutzt. Ebenso muss an dieser Stelle die Psychologin Marie Jahoda erwähnt werden, die 1958 ein Buch mit dem Titel Current Concepts of Positive Mental Health verfasste. Schließlich sei der im Iran geborene Psychiater Nossrat Peseschkian genannt, der ab 1954 in Deutschland lebte und in den 1970ern eine eigene Spielart der Psychotherapie etablierte, die er Positive Psychotherapie (1977) nannte. Während Peseschkian hierzulande auch noch viele Jahre nach seinem Tod hohe Anerkennung genießt, blieb sein Wirken jedoch größtenteils auf eben den deutschsprachigen Raum beschränkt, weshalb er vermutlich von vom US-amerikanischen Establishment der Psychologie kaum wahrgenommen wurde.

29 Abruf der Google Scholar-Suche: 2.1.2019. Die Analyse stellt keine vollständige Untersuchung aller vorhandenen Literatur da, dient jedoch als anschaulicher Näherungswert für die postulierte Schieflage.

vergangenen 20 Jahren mehr Forscher ihre Zeit und Energie darauf verwendet haben, zu ergründen, was uns glücklich macht (statt: weniger unglücklich), kann weitgehend durch den Impetus der Positiven Psychologie erklärt werden. Allerdings ist sie immer noch weit davon entfernt, der Mainstream zu sein.

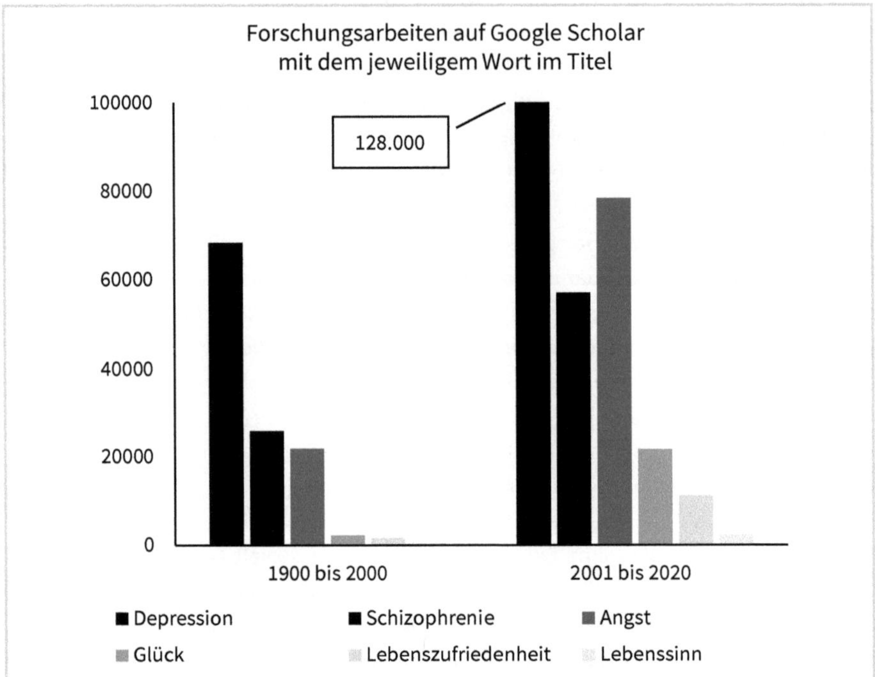

Abb. 1: Ausgewählte Forschungsschwerpunkte der Psychologie im Vergleich

Tipp

Für ein tieferes Verständnis um die Entstehung der Imbalancen in der Forschung empfehle ich die Autobiografie von Martin Seligman, The Hope Circuit. Eiligen hilft sein TED Talk: ted.com/talks/martin_seligman_on_the_state_of_psychology

Pathogenese vs. Salutogenese

Hinter der starken Fokussierung auf psychologische Störungen steht – analog zur körperbezogenen Medizin – ein *pathogenetischer* Denkrahmen«, der in einen Dreiklang aus *Anamnese, Diagnose und kurativem Verfahren* mündet. Ein Arzt fragt uns typischerweise: Was *fehlt* ihnen? Dann lauscht er unserer Symptomgeschichte, führt weitere Untersuchungen durch, stellt daraufhin eine Diagnose – und verordnet schließlich ein Gegenmittel, z. B. ein Medikament. Etwas schablonenartig interessiert sich ein handelsüblicher Arzt demnach für *negative Abweichungen* von einer gesundheitlichen

Norm. Er konzentriert sich auf den *Weg* von einem Ausgangspunkt im Minusbereich in Richtung Null.

Bereits in den 70er-Jahren des vergangenen Jahrhunderts wurde dieser Ansatz zunehmend hinterfragt. Der israelisch-amerikanische Arzt Aaron Antonovsky prägte als Komplementärbegriff zur Pathogenese den Ausdruck Salutogenese. Folglich stand eine neue Frage im Raum: Wie entsteht Gesundheit? Wie können wir Menschen von einem normalen (nicht kranken) Zustand zu einem Zustand der *aktiven positiven Gesundheit* verhelfen?[30] Hier geht es um den Weg von Null weg in positiver Richtung. Dahinter steht die Annahme, dass die Mittel und Wege, die Menschen helfen, nicht mehr krank zu sein, nicht zwingend die gleichen sein müssen wie diejenigen, die es braucht, um sich zunehmend in Richtung eines positiven Gesundheitszustands zu entwickeln.

Die Positive Psychologie folgt ebenfalls einer salutogenetischen Haltung. Positive Psychologen eint die Überzeugung, dass die Psychologie als Disziplin zwar einen eminent wichtigen Dienst erfüllt, wenn sie Menschen hilft, sich von psychischen Störungen zu befreien. Doch für die Gründerväter und -mütter stand eine entscheidende Frage im Raum: Kann man den Zustand des Nicht-psychisch-eingeschränkt-Seins bereits als gelingendes Leben bezeichnen? Die Antwort von Seligman und seinen frühen Mitstreitern lautete: Nein! Sie wollten verstehen, was *da* sein muss, was *positiv gegeben* sein muss, damit man von einem erfüllenden Leben sprechen kann. Die Positive Psychologie ist in dieser Hinsicht als Erweiterung des Blickwinkels gedacht, nicht als Ersatz für bestehende Teildisziplinen.

Wichtig

Die Positive Psychologie ist als komplementäre Teildisziplin zur eher auf Störungen fokussierten, traditionellen Psychologie gedacht. Es geht nicht darum, Bisheriges zu ersetzen, sondern um einen ausbalancierten Blick auf das, was das menschliche Leben erstrebenswert macht.

Das Feld gedeiht

Durch Seligmans Status in der Welt der Psychologie wie auch sein ausgewiesenes Talent, Forschungssubventionen und Mitstreiter einzuwerben, ist die Positive Psychologie als akademische Disziplin von Beginn an schnell gewachsen. Fast schien es so zu sein, dass viele junge, aber auch arrivierte Forscher nur auf einen Impuls gewartet hätten, um sich endlich (auch) mit den schönen und guten Dingen des Lebens beschäftigen zu können. Wie bei einer florierenden Forschungsrichtung üblich, bildeten sich

30 Für einen Überblick zur Idee der Salutogenese siehe Lindström und Eriksson (2005).

nach und nach weitere Subdisziplinen heraus. Viele Forscher treibt die Frage um, wie sich die Erkenntnisse der Positiven Psychologie in der schulischen und universitären Bildung anwenden lassen (Seligman et al., 2009). Anderen geht es um ihre Anwendung in Coaching-Prozessen (Biswas-Diener & Dean, 2007), im Sport (Wagstaff et al., 2012) oder für die öffentliche Gesundheit (Diener & Chan, 2011). Mittlerweile gibt es, obwohl es ein wenig paradox anmutet, sogar Menschen, die die Erkenntnisse der Positiven Psychologie für die Psychotherapie nutzbar machen möchten (Rashid, 2015). Selbstverständlich werden auch die Anwendung und der Nutzen der Positiven Psychologie in Organisationen allgemein erforscht. Dieser Teilbereich wird heute Positive Organizational Scholarship (POS) oder Positive Organizational Psychology (POP) genannt. Die wichtigsten Grundgedanken dieses Feldes werden in Kapitel 3 erläutert.

Die Positive Psychologie hat einen weltweiten Dachverband mit regionalen und thematischen Untergruppen (International Positive Psychology Association, IPPA)[31], eine eigene wissenschaftliche Zeitschrift (*Journal of Positive Psychology*)[32], Non-Profit-Organisationen, die sich um die Verbreitung der Positiven Psychologie in der Allgemeinbevölkerung bemühen (z. B. Action for Happiness in London), Praktiker, die Menschen weltweit in privaten Seminaren unterrichten – und natürlich spezifische Studiengänge an Universitäten weltweit.[33] Sie hat sich als fester Bestandsteil der Wissenschaft und der Praxis etabliert.

Kritik an der Positiven Psychologie

Als erfolgreiche Bewegung hat die Positive Psychologie von Anfang an auch Kritik auf sich gezogen, vor allem in Bezug auf ihre Anwendung außerhalb des akademischen Umfelds (für einen aktuellen Überblick siehe van Zyl et al., im Druck). Einige dieser Kritikpunkte sind berechtigt. So wurden Forschungsergebnisse zum Teil übertrieben positiv in populärwissenschaftlichen Büchern verarbeitet (Whippman, 2016).[34] Andere Kritikpunkte beruhen nach meinem Dafürhalten auf Missverständnissen, zum Teil unbeabsichtigt, doch ich erlebe es auch ab und an, dass die Positive Psychologie absichtlich falsch verstanden wird, um sie zu diskreditieren.

31 Siehe ippanetwork.org

32 Siehe tandfonline.com/toc/rpos20/current

33 Ich hatte die große Freude, 2013/14 bei Seligman und seinen engsten Kollegen den Studiengang Master of Applied Positive Psychology (MAPP) absolvieren zu können. Es gibt eine wachsende Zahl von Studiengängen im angelsächsischen Kulturkreis, aber auch in Westeuropa, Südamerika und anderswo. Deutschland hängt aktuell noch hinterher. Jüngst wurde allerdings an der Deutschen Hochschule für Gesundheit und Sport in Berlin ein Master-Studiengang in Positiver Psychologie unter der Leitung von Judith Mangelsdorf lanciert. An der Universität Zürich wird ein Zusatzstudium (CAS) angeboten. Ich habe in den vergangenen Jahren Blockkurse an der WWU Münster gehalten, doch es handelte sich um fakultative Kurse, die nicht Teil eines offiziellen Lehrplans sind.

34 Fairerweise gilt das aber für so gut wie jedes Selbsthilfe- und Managementbuch, das sich an die breite Masse wendet.

Als Aushängeschild der Positiven Psychologie steht Martin Seligman auch persönlich regelmäßig in der Kritik. Viel Missbilligung hat ihm z. B. sein Beitrag zum sogenannten Master Resilience Training (Reivich et al., 2011) eingebracht, einem großangelegten Projekt, welches von der US-Armee beauftragt wurde, um die Resilienz von Soldaten in Kampfeinsätzen zu stärken bzw. im Anschluss posttraumatischen Stress zu mindern. Kritiker führen ins Feld, dass eine Armee per se kein positives Phänomen sein könne. In seiner Autobiografie beschäftigt sich Seligman (2018) eingehend mit diesen Vorwürfen (S. 311 ff.). Er entgegnet den Kritikern, er sähe es als patriotische Pflicht, den amerikanischen Soldaten zu helfen. Als Nachkomme von Menschen jüdischen Glaubens mit deutschen Wurzeln begründet er seine Unterstützung außerdem mit Dankbarkeit in Bezug auf die Errettung seiner Vorfahren durch die US-Armee während der Zeit des Nationalsozialismus. Auch auf andere Kritikpunkte, berechtigte wie unberechtigte, geht er dort ausführlich ein. Ich selbst mache zu bestimmten Missverständnissen einige Anmerkungen im Anhang dieses Buches. Weitere, weitgehend unbegründete Vorwürfe entkräfte ich in einem Beitrag für das Weiterbildungsmagazin Wirtschaft + Weiterbildung (Rose, 2019a).

2.2 Auf den Schultern welcher Riesen steht die Positive Psychologie?

Freilich ist die Positive Psychologie 1998 nicht einfach vom Himmel gefallen. In Seligmans eigener Forschungsarbeit zeichnet sich über 20 Jahre eine fortschreitende Haltungsänderung ab. Er wurde Ende der 1960er-Jahre in der Welt der Psychologie fast über Nacht berühmt mit einem Konzept, das als *erlernte Hilflosigkeit* bekannt ist. Seligman konnte durch Experimente mit Hunden nachweisen, dass diese durch Bestrafung mit leichten Stromstößen in einen der Depression ähnlichen, apathischen Zustand getrieben werden können – weil sie verlernen, dass sie Kontrolle über ihre Umwelt ausüben können[35] (Seligman & Maier, 1967). Später wies er mit seinen Kollegen, freilich ohne Stromstöße, ähnliche Dynamiken beim Menschen nach (Abramson et al., 1978). In diesem Sinne gründet sein früher akademischer Ruhm unverkennbar auf der auf Negativ-Phänomene fokussierenden Psychologie.

Ende der 1970er-Jahre wandte er sich, noch vornehmlich um die Behandlung von Depressionen bemüht, einem Phänomen zu, das in der Psychologie als *Attributionsstil* bekannt ist. Vereinfacht gesagt geht es um die Frage, wie Menschen sich all das erklären, was in ihrem Leben tagein tagaus passiert. Grundsätzlich lassen sich ein

35 Diese Versuche tragen Seligman bis heute Kritik ein. Gleichzeitig ist zu sagen, dass dies bei aller Kritikwürdigkeit Mitte des 20. Jahrhunderts einem normalen Vorgehen in der Forschung entsprach.

optimistischer und ein pessimistischer Stil unterscheiden.[36] Seligman und Kollegen konnten zeigen, dass ein pessimistischer Attributionsstil oft bei Menschen mit einer akuten Depression vorherrscht – bzw. dieser sogar kausal vorausgeht. Mit der Zeit wurde klar, dass der Attributionsstil von Menschen allerdings nicht in Stein gemeißelt ist, sondern z. B. auf Psychotherapie anspricht (Seligman et al., 1988). Darüber gelangte Seligman zu einer wichtigen Erkenntnis: Wenn Menschen lernen können, pessimistisch zu denken, dann sollte es auch möglich sein, *sich über die Zeit optimistische Erklärungsmuster anzueignen.* Die Forschung rund um diese Frage beschreibt er in seinem Buch Learned Optimism[37] von 1991. Es geht dem offiziellen Gründungsimpuls der Positiven Psychologie also um einige Jahre voraus.

Die frühe Welle

Ebenfalls in diese zeitliche Periode fallen wichtige Forschungsarbeiten von herausragenden Psychologen wie Albert Bandura, Mihály Csíkszentmihályi, Edward Deci und Richard Ryan, Ed Diener, Ellen Langer oder Carol Ryff und Corey Keyes.

- Albert Bandura zählt zu den am meisten zitierten Psychologen aller Zeiten, u. a. für seine Forschung über Selbstwirksamkeit (1982), quasi die akademische Variante des Henry Ford zugeschriebenen Bonmots »Ob du denkst, du kannst es, oder du kannst es nicht: Du wirst auf jeden Fall recht behalten.«
- Mihály Csíkszentmihályi hat, wie bereits erwähnt, die Forschung rund um das Flow-Konzept begründet (1975).
- Edward Deci und Richard Ryan haben über die Unterschiede zwischen intrinsischer und extrinsischer Motivation geforscht. Basierend darauf entwickelten sie die Selbstbestimmungstheorie der Motivation (1985).
- Ed Diener spielt eine herausgehobene Rolle in der Positiven Psychologie mit seinen Forschungsarbeiten rund um subjektives Wohlbefinden (1984). Zudem war er Hauptautor des am weitesten verbreiteten Forschungsinstruments rund um psychologisches Wohlbefinden, der Satisfaction With Life Scale (Diener et al., 1985).

---

36 Konkret geht es um die Dimensionen internal vs. external, global vs. spezifisch und stabil vs. variabel (Seligman et al., 1979). Dazu ein Beispiel: Wenn ein Student eine wichtige Statistikprüfung versemmelt hat und sich im Anschluss überlegt, woran das gelegen haben könnte, kommen verschiedene Erklärungen in Betracht. Er könnte z. B. sagen: »Ich bin einfach nicht schlau genug.« Eine solche fatalistische Erklärung entspricht einem pessimistischen Erklärungsmuster. Der Grund für das Scheitern wird innerhalb der Person gesehen (mangelnde Intelligenz) und lässt durch das Wort »einfach« außerdem vermuten, dass die fehlende Intelligenz als situationsübergreifend und als wenig veränderbar betrachtet wird. Folgende Alternativerklärung deutet hingegen auf ein anderes Attributionsmuster hin: »Wenn ich ehrlich bin, habe ich einfach nicht genug gelernt – und die Party gestern Abend hat auch nicht weitergeholfen. Außerdem ist Mathe nicht meine Stärke. Wenn ich mich aber nächstes Mal ordentlich auf den Hintern setze und ausgeschlafen in die Klausur gehe, sollte das ein Klacks werden.« Hier wird deutlich, dass der Sprecher das Scheitern auf externe Gründe zurückführt (Party) bzw. für veränderbar hält (mehr Schlaf und Lerneinsatz) und außerdem den Bereich der Gültigkeit einschränkt (Schwäche im Bereich Mathematik, nicht ein genereller Mangel an Intelligenz).

37 Die deutsche Übersetzung trägt den etwas merkwürdigen Namen Pessimisten küsst man nicht.

- Ellen Langer hat Weltruhm erlangt, einerseits mit ihrer Arbeit zu Kontrollüberzeugen (1975), später auch zu Achtsamkeit und Meditation (1989).
- Carol Ryff und Corey Keyes haben ein Konzept des psychologischen Wohlbefindens (1995) entwickelt, das merklichen Einfluss auf Seligmans PERMA-Modell hatte.

Darüber hinaus sind frühe Konzepte der Positiven Psychologie beeinflusst von der *Kognitiven Therapie*, insbesondere nach Aaron »Tim« Beck – z. B. die Idee, dass wir durch die Veränderung von Denkmustern unsere Gefühle beeinflussen *können* (Beck et al., 1979). Ebenfalls hohe Anerkennung genießt die Arbeit von Viktor Frankl, Begründer der Sinnforschung und der Logotherapie (1984). Auch der Psychologe und Nobelpreisträger für Wirtschaftswissenschaften von 2002, Daniel Kahneman, wird zu den Wegbereitern der Positiven Psychologie gezählt, in erster Linie aufgrund des Buches Well-Being: The Foundations of Hedonic Psychology (1999), das er gemeinsam mit Ed Diener und Norbert Schwarz herausgegeben hat.

Ein gespanntes Verhältnis zur Humanistischen Psychologie

Als wichtige Inspiration für die Positive Psychologie sollte außerdem die *Humanistische Psychologie* genannt werden, die vor allem mit Lichtgestalten wie Abraham Maslow, Carl Rogers, Virginia Satir und Erich Fromm assoziiert wird. Maslow und Rogers sind bis heute präsent durch ihre bahnbrechenden Ideen. Abraham Maslow hat großen Einfluss durch seine Arbeiten über menschliche Bedürfnisse und das Konzept der *Selbstaktualisierung* (1943), Carl Rogers spielt als Begründer der *Klientenzentrierten Therapie* (1941) weiterhin eine große Rolle im Bereich der Psychotherapie. Ähnliches gilt für Virginia Satir, eine der wichtigen Impulsgeberinnen für die Familientherapie (1967). Erich Fromms Werk ist breit angelegt, er wirkt bis heute nach, insbesondere durch Weltbestseller wie Escape from Freedom (1941) und To Have or to Be? (1976).[38]

Obgleich sich die Humanistische Psychologie und die Positive Psychologie in ihren grundlegenden Zielen nahestehen (Potenzialorientierung und Fokus auf »das Gute« im Menschen), bestand von Anfang an ein aus meiner Sicht: leider gespanntes Verhältnis zwischen beiden Disziplinen. Unglücklicherweise äußerten sich Seligman und Csíkszentmihályi im Gründungsmanifest der Positiven Psychologie (2000), im Bemühen um eine Abgrenzung zwischen den Strömungen, latent abfällig über die Humanistische Psychologie. Insbesondere wurde der Mangel an Stringenz und hochqualitativer empirischer Forschung bemängelt (S. 7). Viele Vertreter der Humanistischen Psychologie sahen darin eine Herabwürdigung der Pionierarbeit, die in ihrer Disziplin geleistet wurde.

38 Die deutschen Titel von Fromms Werken: Die Furcht vor der Freiheit und Vom Haben zum Sein.

Der verunglückte Start in der Beziehung beider Felder wirkt bis heute nach. In seiner Autobiografie entschuldigt sich Seligman (2018) sogar für diesen Ausrutscher (S. 268). Obgleich die Spannungen zwischen den Vertretern der Humanistischen und der Positiven Psychologie abgenommen haben und bisweilen eine stärkere Verzahnung gefordert wird (Schneider, 2011), sehen manche Protagonisten eine Unversöhnlichkeit beider Disziplinen, die mit zu starken Differenzen in Bezug auf das zugrundeliegende Menschenbild, die Konzeption eines guten Lebens und auch die Forschungsmethoden begründet werden.[39] Waterman (2013) empfiehlt in dieser Hinsicht, die Felder sollten sich unabhängig voneinander weiterentwickeln.

Ältere Einflüsse

Als wichtige frühere Einflüsse werden zudem regelmäßig Menschen wie William James (1890) genannt, der vielen US-Amerikanern als Gründervater der modernen Psychologie gilt, außerdem Autoren wie Ralph Waldo Emerson, Henry David Thoreau und Walt Whitman (Becker & Marecek, 2008), allesamt Vertreter des Individualismus. Zudem beziehen sich einige Positive Psychologen bisweilen auf griechische und römische Philosophen der stoischen Tradition und die Schriften des Buddha (Lomas, 2016), meist in Bezug auf die Idee, dass Menschen ihren Geist bewusst ansteuern können, um wünschenswertere Erfahrungen zu ermöglichen. Schließlich finden sich auch Benjamin Franklin und Aristoteles häufig in den Quellen, meist im Hinblick auf ihre Ideen über ein tugendhaftes, selbstdiszipliniertes Leben im Einsatz für die Gemeinschaft (Peterson & Seligman, 2004).

2.3 Die Natur des Positiven in der Positiven Psychologie

Ganz offensichtlich enthält der Name Positive Psychologie den Begriff positiv. Ich wünschte heute manchmal, es wäre nicht so – denn die Nomenklatur weckt viele Assoziationen zu Konzepten, von denen sie sich als akademische Disziplin eigentlich bewusst abgrenzen möchte, vor allem New Age-Gedankengut à la Positives Denken (Peale, 2012), The Secret (Byrne, 2006) usw. In diesem Sinne lässt sich die Frage stellen, was denn mit dem Positiven in der Positiven Psychologie gemeint sei.

Die meisten Menschen lernen früh, dass Licht und Schatten sich bedingen. Was als positiv oder negativ empfunden wird, hängt bisweilen von unserer Persönlichkeit, unserer Sozialisation und auch vom jeweiligen Kontext ab. Selbst Konzepte, die von

39 Die Humanistische Psychologie folgt einer phänomenologisch-hermeneutischen Tradition. Sie fokussiert auf das Erleben des Einzelnen. Die Positive Psychologie strebt stärker nach objektiver Erkenntnis auf Basis von großzahligen Erhebungen sowie kontrollierten Experimenten und Beobachtungen.

den meisten Menschen vermutlich als uneingeschränkt positiv eingestuft würden (Beispiel: Liebe), können in Extremfällen schädliche Folgen nach sich ziehen. Dieser Zuviel des Guten-Effekt zeigt sich auch bei vielen betriebswirtschaftlichen Phänomenen (Pierce & Aguinis, 2013).

James Pawelski, ein enger Mitarbeiter von Martin Seligman und Leiter des Studiengangs in Positiver Psychologie an der University of Pennsylvania, hat sich in zwei anregenden, aber auch schwer zu lesenden Fachbeiträgen bemüht, das Verhältnis des Positiven zum Negativen innerhalb seiner Disziplin zu klären (Pawelski, 2016a), um schließlich zu einer Art übergreifender Definition des Positiven zu gelangen. Er kommt auf Basis seiner Analysen zunächst zu einem Kriterium der Inklusion: Etwas ist positiv, wenn dessen Anwesenheit im Vergleich zu seiner Abwesenheit präferiert wird. Darüber hinaus beschreibt er fünf graduelle Kriterien. Etwas ist umso positiver, je stärker die folgenden Bedingungen gegeben sind (Pawelski, 2016b, S. 363):

1. *Relative Präferenz*: Eine Sache wird gegenüber einer anderen bevorzugt.
2. *Stabilität über die Zeit*: Eine Sache bleibt positiv, unabhängig davon, zu welchem Zeitpunkt man sie betrachtet.
3. *Stabilität über Personen hinweg*: Eine Sache bleibt positiv, unabhängig davon, welche Person oder Gruppe von Personen diese betrachtet.
4. *Nachhaltigkeit über verschiedene Effekte hinweg*: Der Grad, in dem eine Sache maximal positive und gleichzeitig minimal negative Konsequenzen zeitigt.
5. *Nachhaltigkeit über verschiedene Strukturen hinweg*: Der Grad, in dem eine Sache weiterhin positiv bleibt, wenn sie skaliert oder auf verschiedene soziale und kulturelle Kontexte übertragen wird.

Das Positive und das Negative: Kontinuum oder unabhängige Dimensionen?

Die Positive Psychologie geht davon aus, dass das Positive und das Negative in Beziehung zueinander stehen, aber *nicht auf einem einfachen Kontinuum verortet* sind. Sprich: Das Negative zu beseitigen führt nicht automatisch zur Anwesenheit des Positiven. Die Mittel und Wege, um Menschen mit psychologischen oder körperlichen Einschränkungen zu helfen, sind nicht die gleichen, die Menschen dabei unterstützen, von einem normalen Zustand zu einer Bewegung des Aufblühens zu gelangen. Die Mittel und Wege, um ein ehemals erfolgreiches Unternehmen zu sanieren, sind nicht die gleichen, die man benötigt, um ein mäßig, aber stabil erfolgreiches Unternehmen in Richtung Marktführerschaft zu steuern.

Dass die Konzeption vom Negativen zum Positiven als einfaches Kontinuum nicht stimmig ist, lässt sich auch daran ablesen, dass beide Entitäten zur gleichen Zeit am gleichen Ort (bzw. im gleichen Individuum) existieren können. Wir sind in der Lage,

Menschen gleichzeitig zu lieben und zu hassen. Eine gewisse Reife vorausgesetzt, verstehen wir, dass wir ein Bündel aus Stärken und Schwächen sind, die nur bedingt miteinander verwandt sein müssen. Wir können Schmerzen in einem bestimmten Teil des Körpers empfinden und uns trotzdem im Großen und Ganzen wohlfühlen. Ebenso können wir in einem bestimmten Umfang psychologisches Leid und Glück zur gleichen Zeit empfinden. Zu dieser Erkenntnis kommt auch Corey Keyes (2002) auf Basis einer Studie mit rund 2000 US-Amerikanern. Manche Menschen weisen starke Anzeichen einer psychischen Krankheit auf und sind trotzdem auf verschiedenen Ebenen des Lebens erfolgreich. Andererseits gibt es Menschen, die eindeutig keine psychologischen Einschränkungen erleben, jedoch auch wenig Anzeichen eines erfüllten Lebens aufweisen (z. B. ausgeprägtes Sinnerleben).

Die Gleichzeitigkeit von positiven und negativen Aspekten gilt umso mehr für komplexe Gebilde wie Organisationen. Jeder, der schon einmal in einem solchen System gearbeitet hat, versteht, dass es sich dabei um eine Melange aus Licht und Schatten handelt. Vieles funktioniert gut, denn sonst könnte die Organisation nicht am Markt bestehen. Anderes läuft so lala. Und in jedem Unternehmen finden sich auch Prozesse, Systeme und Mitarbeiter, die dem Gesamtsystem mehr schaden als nutzen. Die große Frage in Anbetracht knapper Ressourcen wie Budget und Aufmerksamkeit ist, *worauf Führungskräfte ihre Aufmerksamkeit richten sollten*, um das Unternehmen in eine gute Zukunft zu führen.

Das Kräfteverhältnis von positiver und negativer Dimension

Ich lade Sie nun zu einem Gedankenexperiment ein. In Abbildung 2 sehen Sie zwei Superhelden bzw. -heldinnen. Ich werde nun die unterschiedlichen Eigenschaften dieser Heroen beschreiben. Nachdem Sie dies gelesen haben, bitte ich Sie, sich mit der folgenden Frage zu beschäftigen: Wenn ich für einen Tag oder eine Woche in die jeweilige Rolle schlüpfen könnte – für welche Seite würde ich mich entscheiden?

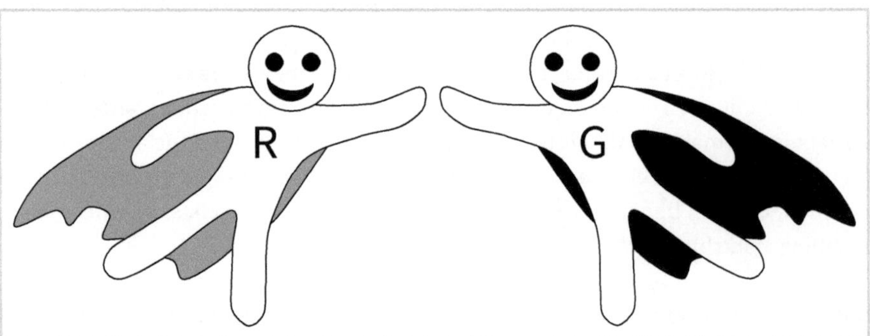

Abb. 2: Das Superhelden-Dilemma; Quelle: eigene Darstellung nach einer Idee von Pawelski (2016b)

Der linke Superheld mit dem roten Cape[40] ist von klassischer Bauart. Stellen Sie ihn sich als abnorm stark und weitgehend unverwundbar vor, entweder aufgrund seiner Natur (wie Superman) oder fortschrittlicher Technik (wie Batman). Demgemäß ist er versiert darin, Babys aus einstürzenden Wolkenkratzern zu retten – und natürlich böse Jungs (seltener: böse Mädchen) zu vermoppen. Hat er das in seiner vortrefflichen Art und Weise getan, hat er allerdings auch seine Schuldigkeit getan. Zusammengefasst: Dieser Held ist stark und kann daher das Böse in der Welt in Schach halten – sieht es aber nicht als seine Aufgabe an, Schönes, Neues und Gutes in die Welt zu bringen.

Den rechten Superhelden mit dem grünen Cape dürfen Sie sich als eine Art Glücksbärchi vorstellen: gutmütig, hilfsbereit, aber auch klein und schwach. Ein Comic-Oberschurke könnte ihn binnen Sekunden vom Angesicht dieser Erde pusten. Dafür hat er wie alle Glücksbärchis eine andere Superkraft: Er kann Glücksstrahlen erzeugen, die beispielsweise dafür sorgen, dass Menschen Freundschaften und Liebesbeziehungen eingehen. Zusammengefasst: Dieser Held ist schwach, kann jedoch Schönes, Neues und Gutes in der Welt bringen – ist anderseits *jedoch* mehr oder weniger machtlos im Angesicht des Bösen. Wie entscheiden Sie sich? Bitte denken Sie eine Weile darüber nach. Überlegen Sie auch, auf Basis welcher Kriterien Sie die Entscheidung treffen. Sprich: Was ist attraktiv(er) an der jeweiligen Alternative?

Vor dieses Dilemma stelle ich regelmäßig auch die Gäste meiner Vorträge und Workshops und bitte die Gruppe anschließend, ihre Präferenz durch Handzeichen zu signalisieren. In aller Regel entscheiden sich 60 bis 70 Prozent der Menschen für das grüne Cape – wenn ich vor Personalern spreche, gerne auch mal über 90 Prozent. Für eine Weile das rote Cape überzustreifen, erscheint nur einer Minderheit attraktiv. Die meisten Menschen, die sich für das rote Cape entscheiden, finden die Stärke dieser Option verlockend; sie bekommen einen Glanz in den Augen, wenn sie über die Möglichkeit sprechen, »mal so richtig aufräumen« zu können. Die grüne Fraktion hingegen betont oft, dass der Fokus auf das Positive eher ihrem Naturell entspreche – und dass es insgesamt sinnstiftender erscheint, sich dafür einzusetzen, das Gute in der Welt zu mehren. Auf dieses Argument entgegnet die rote Fraktion regelmäßig, dass mehr Raum für das Wachstum des Guten besteht, nachdem das Böse erfolgreich zurückgedrängt wurde. Die Fans des grünen Capes betonen indes, dass es eben nicht ausreiche, sich nur dem Bekämpfen des Schlechten zu widmen, weil das Gute im Anschluss *nicht von alleine* wachse. Oft wird auch die Idee geäußert, dass das rote Cape kurzfristig spannender sei, während das grüne Cape in der langfristigen Perspektive attraktiver anmute.

40 Der linke Held trägt in einer Welt, die nicht aus Graustufen gemacht ist, ein rotes Cape, der rechte ein grünes. Daher habe ich sie mit den Buchstaben R und G versehen.

Achtung

Wie in Hollywood muss manchmal erst »das Schlechte« bekämpft werden, damit Raum für »das Gute« entsteht. Allerdings wächst dieses im Anschluss nicht von allein.

Der Punkt ist: Beide Seiten haben recht bzw. gute Gründe für ihren jeweiligen Standpunkt. Mit etwas Bedacht könnte eine gute Antwort wie folgt lauten: Wir alle brauchen einen Wendeumhang, rot auf der einen, grün auf der anderen Seite. Die starke, harte, kämpferische Seite hat sehr wohl ihre Berechtigung:

- Sollten Sie je einen Herzstillstand erleiden, dann werden Sie vermutlich dankbar sein, wenn Sie jemand Fachkundiges mit einem Defibrillator traktiert, nicht mit Schüßlersalz Nummer 7.
- Sollten Sie jemals einem Zustand anhaltender Niedergeschlagenheit anheimfallen, der über schlechte Laune an ein paar Tagen hinausgeht, dann werden Sie es möglicherweise in Erwägung ziehen, Psychopharmaka einzunehmen, um sich wieder in einen funktionalen Zustand zu bringen.[41]
- Wenn ein Unternehmen in eine grundsätzliche Schieflage gerät, helfen bisweilen harte Einschnitte, um wieder Raum für neues Wachstum zu schaffen.

Es bleibt allerdings ein Fakt, dass die Mittel, Wege und Ziele des roten Superhelden vor allem *Symptome bekämpfen und auf das Vergangene bzw. die Gegenwart gerichtet* sind. Für die Ausgestaltung einer erstrebenswerten Zukunft reicht er allein nicht aus. Ich werde die Metapher vom roten vs. grünem Cape im Laufe dieses Buches immer wieder einmal bemühen. Sie spiegelt ein Stück das zuvor angeschnittene Verhältnis von Pathogenese und Salutogenese wider.

Bezogen auf das Feld der Psychologie muss an dieser Stelle ein weiterer Gedanke eingeführt werden. In Hollywood-Filmen obsiegt das Gute am Ende in der Regel über das Böse. In der Welt der Psychologie sieht die Sache nicht ganz so rosig aus. In einem viele tausend Male zitierten Überblicksartikel des einflussreichen Psychologen Roy Baumeister und seiner Kollegen mit dem etwas betrüblichen Titel Bad Is Stronger than Good (Auf Deutsch: Das Schlechte ist stärker als das Gute; Baumeister et al., 2001) wird anhand einer hohen Zahl empirischer Befunde aufgezeigt, dass *negative Ereignisse,*

41 Ich spreche aus Erfahrung. Beginnend in der Jugend litt ich bisweilen unter depressiven Episoden und Panikattacken. Kurz vor meinem 30. Geburtstag bin ich, bedingt durch externe Stressoren (Tod des Opas, Trennung von einer Freundin, Überarbeitung), zum ersten Mal soweit abgerutscht, dass ich eine Zeit lang eine geringe Dosis eines Antidepressivums einnahm. Dies hat mir schnell Linderung verschafft. Nichtsdestotrotz war mir klar, dass dies nur Symptombekämpfung war. In der Folge habe ich mich in Seminaren intensiv mit meiner Familiengeschichte sowie meinen Motiven und Zielen auseinandergesetzt, u. a., um zu verstehen, warum ich mir immer so viel Arbeit aufhalste. Es gelang mir, vieles zu sortieren und einiges hinter mir zu lassen. Ebenso beschäftigte ich mich mit Meditation, Entspannungstechniken und Körperarbeit. In dieser Zeit lernte ich auch meine heutige Frau kennen. Seitdem hatte ich keinen ernstzunehmenden Rückfall mehr.

Interaktionen und Gefühle durchgehend deutlich stärkere Auswirkungen auf das menschliche Erleben haben als positive. Das Fazit (S. 323)[42] der Forscher lautet:

»Die größere Macht negativer Einflüsse im Vergleich zu positiven zeigt sich in alltäglichen Ereignissen, außergewöhnlichen Lebensereignissen (z.B. Traumata), persönlichen Beziehungen und Lernprozessen. Negative Emotionen, schlechte Eltern und negatives Feedback haben stärkere Auswirkungen als ihre positiven Gegenstücke, negative Informationen werden eingehender verarbeitet als positive. […] Negative Eindrücke und Stereotypen werden schneller gebildet und sind schwerer zu widerlegen. […] Es lassen sich fast keine Ausnahmen finden.«

Dieser Primat des Negativen zieht sich durch unser gesamtes Leben. Baumeister und Kollegen gehen davon aus, dass er Teil unseres evolutionären Erbes ist. Es war im Laufe der Entwicklung als Spezies vermutlich adaptiv, potenziell bedrohlichen Reizen mehr Beachtung zu schenken als den angenehmen Dingen des Lebens. Dieses Erbe lebt in uns fort, auch wenn es keine Säbelzahntiger mehr gibt und wir geschützter vor den Widrigkeiten der Natur leben. Rick Hanson, Neurowissenschaftler und erfolgreicher Buchautor, spricht in diesem Zusammenhang metaphorisch davon, dass das Gehirn eine Art *Klettverschluss für negative Ereignisse besitze, während die positiven Ereignisse an einer Teflonschicht abrutschen* (2009, S. 41).

Tipp

Probleme lassen sich im Berufsalltag nicht immer ignorieren. Gleichzeitig hilft es niemandem, sich von ihnen übermannen zu lassen. Diesbezüglich kann es helfen, für sich persönlich – oder auch in Teams – eine regelmäßige, abgegrenzte Problemzeit zu definieren, in der alle gemeinsam über Störungen und Probleme sprechen können, um zum Ende dieser Zeit bewusst in einen produktiven Lösungsmodus zu wechseln.

Die große Macht des Negativen spiegelt sich bisweilen in unserer Sprache wider. Wahrscheinlich kennen Sie das Sprichwort »Wer einmal lügt, dem glaubt man nicht, und wenn er auch die Wahrheit spricht«. Hier zeigt sich die zuvor beschriebene Asymmetrie: Wir können einem anderen Menschen gegenüber tausend Mal die Wahrheit sagen. Das macht uns jedoch nicht für alle Zeiten zu einem die Wahrheit Sagenden. Eine krasse Lüge kann uns in den Augen der gleichen Person jedoch für immer als Lügner dastehen lassen. In eine ähnliche Kerbe schlägt ein Zitat, das regelmäßig im Netz kursiert und dem Investor Warren Buffett zugeschrieben wird: »Es dauert 20 Jahre, sich einen guten Ruf zu erarbeiten, und fünf Minuten, um ihn zu ruinieren.«

42 Übersetzung und Auslassung durch den Autor. Die große Ausnahme bilden übrigens viele jener Überzeugungen, die wir in Bezug auf uns selbst und unsere Fähigkeiten ausbilden. Wir überschätzen fast durchgehend, wie gut, schön und mutig wird sind (Mezulis et al., 2004).

Im Alltag lassen sich diese Asymmetrien ebenfalls feststellen. So streuten negativ konnotierte Meldungen auf Twitter (heute: X) deutlich schneller als positive (Naveed et al., 2011) – ein Phänomen, das jeder Mitarbeiter einer Organisation auch vom Flurfunk kennt. Eine Berufsgruppe, die ebenfalls um diesen Effekt weiß, ist jene der Journalisten bzw. Redakteure. Gemäß der sogenannten Nachrichtenwerttheorie gibt es einige zentrale Kriterien, anhand derer Blattmacher aus dem unendlichen Strom von möglichen Meldungen jene auswählen, die es tatsächlich in eine Zeitung oder Online-Publikation schaffen. Dazu gehören auch das Maß an Dramatik und die persönliche Betroffenheit, die durch negative Ereignisse ausgelöst werden (Maier et al., 2010). Im Amerikanischen heißt es dazu: »When it bleeds, it leads« (sinngemäß: Wo Blut fließt, gibt es auch eine Schlagzeile). In meinen Vorträgen nenne ich das kurz: Katastrophen klicken!

Der unterschiedlich starke Effekt auf unsere Gedanken und Gefühle lässt sich gut am Beispiel eines Jahresgespräches verdeutlichen. Stellen Sie sich vor, Sie hätten heute ein solches Feedbackgespräch mit Ihrem Vorgesetzten. Gehen Sie davon aus, dass Sie viel geleistet haben und der Chef eine gut ausgebildete Führungskraft ist. Etwa 90 Prozent der Zeit verwendet er auf wertschätzende Worte über Ihren wichtigen Beitrag zum Erfolg der Organisation und die gemeinsame Zukunft. Nur in einigen wenigen Momenten geht es um das, was nicht gut gelaufen ist, um Ihre Fehler und das berühmt-berüchtigte Potenzial für Entwicklung. Preisfrage: Worum kreisen Ihre Gedanken abends auf der Couch?

Auf Basis dieser Überlegungen können wir ein wichtiges Zwischenfazit ziehen, das Sie über den Verlauf des Buches im Hinterkopf behalten sollten: Wenn das Gute nachweislich so viel schwächer als das Schlechte ist, dann hat die positive Seite nur eine Chance für den Ausgleich: *Sie muss zahlenmäßig überlegen und dabei nachhaltiger sein* (Diener et al., 2009):

- Damit Menschen abends auf der Couch von einem guten Tag reden, müssen sie deutlich mehr positive als negative Emotionen und Gedanken gehabt haben (Catalino & Fredrickson, 2011).
- Verluste schmerzen uns stärker, als uns Gewinne in gleicher Höhe erfreuen (Kahneman et al., 1991).
- Damit Menschen auf der Arbeit engagiert und leistungsfähig bleiben, brauchen sie mehr positive als negative Interaktionen (Heaphy & Dutton, 2008).
- Damit eine Ehe gelingt, muss die Anzahl der positiven Interaktionen zwischen den Partnern die negativen Momente um ein Vielfaches überwiegen (Gottman et al., 2002).
- Mehr positive als negative Gedanken über sich selbst zu haben, ist ein Zeichen von psychischer Gesundheit (Kendall et al., 1989).[43]

43 Diese Aufzählung ließe sich noch lange fortsetzen. Für einen Überblick siehe Fredrickson (2013b).

Daraus folgt: Wohlbefinden ist kein Zustand, der an- und ausgeknipst werden kann wie eine Lampe. Er ist ein *positiver Nebeneffekt, das Produkt des Ausbildens guter Gewohnheiten im Denken und im Handeln.* Ähnliches gilt für Dynamiken in Teams und die Ausbildung einer die Zufriedenheit und den Erfolg förderlichen Unternehmenskultur. Martin Seligman (2018) betont dies auch in Bezug auf das Verhältnis von Optimismus zu Pessimismus (S. 210):

»Im Gegensatz zum Gerede auf Cocktail-Partys ist Pessimismus nichts Erhabenes. [...] Pessimismus ist faul; er entsteht einfach, auf natürliche Weise. [...] Was gelehrt werden muss – was Hege, Pflege und Beistand benötigt – ist eine optimistische Sicht auf diese Welt.«

Wichtig

Die Wirkung und die Konsequenzen des Negativen sind fast durchgehend stärker als die des Positiven. Folglich muss das Positive bewusst gestärkt werden, um eine Balance herzustellen.

In Anbetracht dieses Fazits möchte ich allerdings nicht unterschlagen, dass unser Wohlbefinden auch von materiellen Lebensumständen abhängt – im ersten Kapitel hatte ich bereits darauf hingewiesen. In den Anfangstagen der Positiven Psychologie wurde der Einfluss der Innenwelt auf unser Glücksniveau wahrscheinlich überschätzt. Mittlerweile sieht man dies etwas differenzierter (Brown & Rohrer, 2020). Ferner sollten wir niemals den Einfluss der genetischen Ausstattung auf unsere Art, in der Welt zu sein, vergessen. Dieses Thema habe ich mit Maike Luhmann von der Ruhr-Universität Bochum in einem Interview erörtert.

Manche Menschen gehen von Natur aus gelassener mit Veränderung um

Interview mit Prof. Dr. Maike Luhmann

Frau Professorin Luhmann, ein Schwerpunkt Ihrer Forschung liegt darin, die Einflüsse auf unsere Lebenszufriedenheit besser zu verstehen.[44] Dieses Buch beschäftigt sich u. a. mit der Frage, wie Menschen durch ihre Arbeit glücklich(er) werden können. Ist das überhaupt ein realistisches Anliegen?

Ja und nein. Zum einen hängt die Frage, wie glücklich Menschen im Mittel sind, ein gutes Stück weit von ihrer genetischen Disposition ab – oder auch von bestimmten Erfahrungen, die sie früh im Leben gemacht haben. Das sind Aspekte, die wir nur wenig beeinflussen können. Aber das heißt nicht, dass es keinen Spielraum für Veränderung gibt. Man darf sich das eher so vorstellen, dass

44 Siehe Luhmann et al. (2012).

Menschen unterschiedliche Startbedingungen haben. Manchen fällt es von Natur aus etwas leichter als anderen, an den meisten Tagen »gut drauf« zu sein.

Was sind gemäß Ihrer Forschung die wichtigsten Faktoren für die Lebenszufriedenheit?

Eine wichtige Rolle spielt – wie schon erwähnt – die Persönlichkeit des Menschen, die wiederum zu einem guten Teil von den Genen der Eltern beeinflusst wird. Hier kommt es vor allem auf die Faktoren *emotionale Stabilität* und *Extraversion* an. Ersteres bedeutet, dass Menschen tendenziell weniger zu Sorgen neigen, sich nicht so schnell aus der Ruhe bringen lassen. Den Begriff der Extraversion kennen wir ein Stück weit auch aus dem Alltag. Manchen Menschen macht es mehr Spaß, sich mit anderen zu umgeben, und es fällt ihnen auch leichter, auf ihre Mitmenschen zuzugehen. Das wirkt sich über verschiedene Wege auf die Zufriedenheit aus. Insbesondere fällt es ihnen etwas leichter, soziale Kontakte zu knüpfen und auch aufrechtzuerhalten, was ein elementarer Glücksfaktor ist.

Welche Ereignisse können besondere Ausschläge bewirken?

Hier hat man besonders verschiedene Lebensereignisse eingehend untersucht, u. a. Hochzeiten, Scheidungen, die Geburt eines Kindes oder den Verlust des Partners durch einen Todesfall. Eine Heirat beispielsweise bewirkt im Durchschnitt eine kurzfristige Erhöhung der Lebenszufriedenheit, aber der Effekt hält nicht sehr lange an. Nach ein bis zwei Jahren sind die Leute im Grunde wieder dort, wo sie vorher schon waren. Das heißt allerdings nicht, dass man jetzt einfach häufiger heiraten sollte, denn Scheidungen helfen in puncto Lebenszufriedenheit wirklich nicht weiter. Im Übrigen lohnt es sich, auf die Langzeiteffekte zu achten. Menschen, die es fertigbringen, sehr lange miteinander verheiratet zu bleiben, sind mit einiger Wahrscheinlichkeit bessergestellt als Geschiedene oder Dauersingles.

Zurück zur Arbeitswelt: Welche Treiber innerhalb einer bestehenden Anstellung können unsere Lebenszufriedenheit spürbar beeinflussen?

Ich erinnere mich an Studien, die zeigen, dass viele Menschen eine Art Honeymoon-Phase erleben, wenn sie eine neue Arbeitsstelle antreten. Neuer Job, neue Aufgaben, neue Kollegen: Das ist erstmal alles ganz toll. Mit der Zeit tritt allerdings ein Gewöhnungseffekt ein und die Arbeitszufriedenheit lässt wieder nach. Und man muss hier wieder auf den Effekt der Persönlichkeit schauen. Manche Menschen sind häufig unzufrieden mit der Arbeit und schieben das dann auf externe Faktoren, vor allem den oder die Vorgesetzte. In Wirklichkeit sind sie aber von Natur aus tendenziell »brummelig« – und dann kann der nächste Chef es einem auch nicht dauerhaft recht machen. Natürlich darf man das nicht überinterpretieren; die externen Umstände spielen durchaus eine Rolle. Aber intuitiv unterschätzen viele Menschen die Rolle ihrer Persönlichkeitsstruktur.

Ich habe gelesen, dass längere Perioden der Arbeitslosigkeit vor allem für Männer spürbare Dellen in der Zufriedenheit hinterlassen. Trifft das zu?

Das ist korrekt. Arbeitslosigkeit führt häufig zu einer dauerhaft verringerten Lebenszufriedenheit, selbst wenn die Menschen schon eine neue Stelle gefunden haben. *Dies zeigt, wie wichtig Arbeit an sich für den Menschen ist.* Wenn es sich dann noch um erfüllende Arbeit handelt, die uns materiell absichert: umso besser. Und ja, es gibt ältere Studien, die zeigen, dass Männer in puncto Verlust des Wohlbefindens stärker betroffen sind, wenn sie in die Arbeitslosigkeit rutschen. Das findet sich allerdings nicht in allen Studien und auch nicht in jedem Land. Im Übrigen glaube ich, dass diese Unterschiede in der heutigen Welt immer kleiner werden, weil Arbeit im Gegensatz zu früher auch für viele Frauen ein wichtiger Teil ihres Rollenverständnisses und Selbstwertes ist.

Wie steht es um das Thema Resilienz – ein Modethema der letzten Jahre?

Auch hier spielt die Persönlichkeit eine bedeutende Rolle. Manche Menschen gehen von Natur aus gelassener mit Zeiten turbulenter Veränderung um. Man kann in einem gewissen Rahmen Skills trainieren, die einem helfen, besser durch solche Phasen zu steuern, aber ich bin da tendenziell etwas skeptisch. Den guten Umgang mit Stress kann man sich in einem begrenzten Rahmen aneignen – und materielle Ressourcen helfen selbstverständlich auch weiter. In erster Linie hilft es aber, frühzeitig und langfristig in sein soziales Netzwerk zu investieren. Am Ende des Tages sind es andere Menschen, die uns auffangen und Halt geben.

Wie steht es eigentlich um die Arbeitszufriedenheit von Professorinnen und Professoren?

Dazu gibt es tatsächlich einige erfreuliche Daten: Sie sind in der Regel ganz vorne dabei, wenn es um die Arbeitszufriedenheit geht. Wir haben zwar eine Menge zu tun, dafür aber sehr abwechslungsreiche Aufgaben und viele Freiheiten. Die Autonomie ist einfach auf einem höheren Level als in vielen anderen Berufen. Und natürlich sind wir auch materiell ganz gut aufgestellt – das hilft definitiv.

Maike Luhmann wurde an der Freien Universität Berlin promoviert und war im Anschluss Juniorprofessorin für Methoden der Persönlichkeitspsychologie an der Universität zu Köln. Seit 2016 ist sie Professorin für Psychologische Methodenlehre an der Ruhr-Universität Bochum. In ihrer Forschung beschäftigt sie sich u. a. mit dem Effekt, den Lebensereignisse auf das subjektive Wohlbefinden und die Lebenszufriedenheit haben. Sie berichtet unter facebook.com/happinessresearchrub über ihre Forschung. Kontakt: pml.psy.rub.de

2.4 Zwei übergreifende Modelle der Positiven Psychologie

Menschen, die sich nur oberflächlich mit Positiver Psychologie auseinandergesetzt haben, reduzieren diese manchmal auf den Aspekt der guten Gefühle. Sie gehen davon aus, das Ziel der Positiven Psychologie bestehe darin, uns in dauergrinsende Zufriedenheitszombies zu verwandeln, die mit rosaroter Brille durch die Gegend wandeln (Rose, 2019a). Diese Sichtweise ist nachweislich falsch. Zwar beschäftigt sich der überwiegende Teil aller Studien mit der individuellen Zufriedenheit von Menschen. Das hat allerdings methodische Gründe, keine ideologischen. Es ist schlicht leichter und kostengünstiger, eine größere Anzahl an Einzelpersonen zu befragen oder zu beobachten als Gruppen oder erweiterte Systeme von Menschen. Insbesondere in jüngeren Untersuchungen bemühen sich viele Positive Psychologen, diesen Blickwinkel zu erweiterten und das systemische Element des Wohlbefindens zu ergründen, also das Zusammenspiel und die Wechselwirkungen mit dem Wohlbefinden anderer Menschen und des erweiterten sozialen Systems (Lomas, 2015). Bevor wir uns am Ende dieses Abschnitts dem bereits kurz angerissenen PERMA-Modell widmen, mögen die folgenden Ausführungen zu einem vertiefenden Verständnis der Positiven Psychologie und ihrer Haltungen sowie Ziele beitragen.

Hedonisches und eudaimonisches Wohlbefinden

Wie schon im ersten Kapitel kurz thematisiert, lassen sich auf einer grundlegenden Ebene zwei Dimensionen des psychologischen Wohlbefindens unterscheiden: die *hedonische* und die *eudaimonische* Achse. Sie sind miteinander verwandt, aber dennoch unterscheidbar – und tragen auf unterschiedliche Art und Weise zu einem erfüllenden Leben bei (Huta & Ryan, 2010).[45] Etwas verkürzt lässt sich die hedonische Dimension als *Lustachse* bezeichnen, während die eudaimonische Dimension auch als *Sinnachse* tituliert werden kann. Konkreter geht es bei der hedonischen Achse, ganz im Sinne des Namens, um das Streben nach angenehmen, genussvollen, zufriedenstellenden Erfahrungen – kurz: *das schöne Leben*. Die eudaimonische Achse ist angelehnt an Aristoteles' Konzeption des guten Lebens, zuvorderst dargelegt in der Nikomachischen Ethik (1991). Hier geht es um das Streben nach einem gemäßigten, tugendhaften

45 Zwar besteht eine gewisse Uneinigkeit zwischen verschiedenen Forschergruppen, wie ausgeprägt die Unterschiede bzw. Gemeinsamkeiten zwischen den beiden Dimensionen tatsächlich sind (Kashdan, Biswas-Diener & King, 2008). Meine Erfahrung in der Vermittlung der Positiven Psychologie zeigt allerdings, dass die meisten Menschen die dargestellte Zweiteilung als einsichtsvoll empfinden.

Lebensstil, um Dienst für die Gemeinschaft – kurz: *ein ethisch gutes Leben* (Huta & Waterman, 2014). Ebenfalls auf dieser Achse verortet sind das Streben nach Exzellenz wie auch die Auslotung und der authentische Ausdruck des ureigenen Potenzials.

Schaut man noch genauer hin, dann lässt sich die folgende Klassifizierung anstellen (Huta, 2015):

- Die *hedonische Achse* steht für das Ich, das Nehmen, die Sorge um das Selbst. Sie ist auf die Gegenwart oder die nahe Zukunft fokussiert, auf die Erfüllung von unmittelbaren Bedürfnissen und Gelüsten, auf Spaß und Vergnügen. Es geht um Rechte, das Wollen und all jenes, das sich gut anfühlt. Die zugrunde liegenden neuronalen Mechanismen sind entwicklungsgeschichtlich älter.
- Die *eudaimonische Achse* steht für das, was »nicht Ich« ist, für das Geben und Kultivieren, die Sorge um andere, die Langfristperspektive und das Erreichen von Zielen höherer Ordnung. Es geht um Pflichten, das Sollen und all jenes, das sich richtig anfühlt. Die zugrunde liegenden neuronalen Mechanismen sind entwicklungsgeschichtlich jünger.

Anhand dieser Darstellung sollte auch deutlich werden, dass die Achsen von komplementärer Natur sind, sich bisweilen aber auch gegenseitig im Weg stehen können. Anderen Menschen zu helfen kann z.B. starke Glücksgefühle auslösen. Im Amerikanischen wird diese Erfahrung Helper's High genannt (Post, 2005, S. 71). Andererseits kennt jeder Student die Erfahrung, sich ab und zu zwischen der abendlichen WG-Party (kurzfristiger Lustgewinn – Wollen) und dem Lernen für die nahende Prüfung (Exzellenz, Vergrößerung des Potenzials – Sollen) entscheiden zu müssen. Ferner lässt sich in der Forschung, aber auch im alltäglichen Leben, gut nachvollziehen, dass die relative Bedeutung beider Achsen in der Regel bestimmten *Veränderungen über den Lebenszyklus* eines Menschen unterworfen ist. In dem Maße, in dem wir Verantwortung für andere Menschen übernehmen als Eltern und Großeltern, aber auch in dem Maße, in dem wir uns Wissen und Weisheit aneignen, die wir weitergeben können, vergrößert sich die Bedeutung der eudaimonischen Achse, während das unmittelbare Streben nach Lustgewinn und Gratifikation abnimmt (Mackenzie et al., 2018).

Die hedonische Achse erscheint auf Basis der o.g. Beschreibungen weniger gewichtig. Daraus lässt sich jedoch nicht schließen, sie sei unwichtig für das übergreifende Wohlbefinden. Wie im vorigen Abschnitt deutlich wurde, brauchen Menschen regelmäßig viele dieser kleinen, unmittelbaren Glücksmomente im Leben. Sie fungieren wie eine Kraftquelle, die uns in die Zukunft katapultiert. Nicht umsonst sind Niedergeschlagenheit und die Abwesenheit von positiven Emotionen wie Spaß und Freude über einen längeren Zeitraum ein wichtiges Diagnosekriterium für das Vorhandensein einer Depression (Dobmeier & Fux, 2017). Diese Idee wird im Kapitel 4 weiter ausgeführt.

In ihrer komplementären Natur lässt sich über beide Dimensionen ein Vier-Felder-Schema aufspannen. Dieses sehen Sie in Abbildung 3, die auf Ideen von Waterman (2008) basiert.

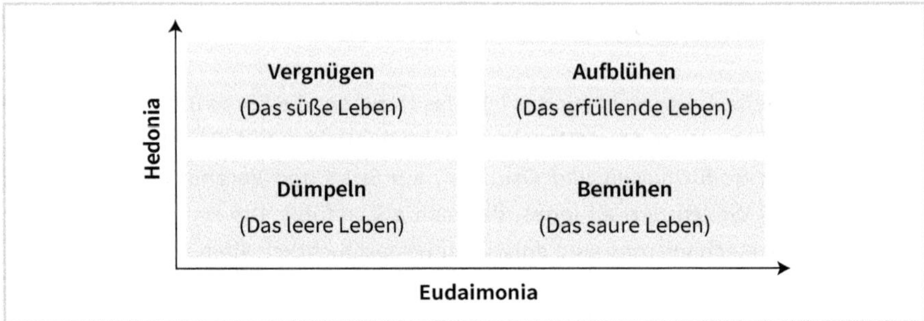

Abb. 3: Hedonisches und eudaimonisches Wohlbefinden

Kernaussage dieser Darstellung ist der Gedanke, dass wir für ein gelingendes Leben beide Achsen regelmäßig ausreichend bedienen müssen. Werden beide Dimensionen zu wenig angesteuert, gleicht das einem Zustand des Dümpelns, im schlimmsten Fall der Apathie. Wird die hedonische Achse im Übermaß bedient, ergibt sich ein von Genüssen geprägtes, aber weitgehend sinnbefreites Leben. Denken Sie zur Veranschaulichung an einen Millionenerben, der das sauer verdiente Geld der Eltern an der Côte d'Azur verprasst, selbst jedoch nichts erwirtschaftet oder kultiviert. Wie bereits angedeutet, ist aber auch ein zu starker Überhang der eudaimonischen Dimension nicht eben erstrebenswert. Hier mögen Sie sinnbildlich vielleicht an eine alte Jungfer denken, die alle ihre Zeit und Energie für gute Zwecke hergibt, sich darüber jedoch ein Stück weit selbst vergisst. Ein solches Leben ist von Sinn erfüllt, wirkt aber auch freudlos und blutarm.

Im Übrigen wird deutlich, dass sich das, was im ersten Kapitel als psychologisches Einkommen bezeichnet wurde, mehrheitlich auf der eudaimonischen Achse abspielt. Im besten Fall macht uns unsere Arbeit regelmäßig Spaß – doch anspruchsvolle, lohnenswerte Arbeit beruht immer auch auf Aspekten, die nicht dem unmittelbaren Vergnügen zugerechnet werden können. Stattdessen erwarten wir hier, dass gewisse Entbehrungen, das Überwinden von Hindernissen – und auch Selbstüberwindung eine bedeutende Rolle spielen werden.

Burn-out ist zuvorderst eine Sinnkrise

Interview mit Prof. Dr. Tobias Esch

Herr Professor Esch, in Ihrem Buch Die Neurobiologie des Glücks erläutern Sie, wie Glück im Gehirn bzw. Körper entsteht. Zum Einstieg provokant gefragt:

Nutzt es Otto Normalverbraucher überhaupt zu verstehen, wie es im Neuro-Maschinenraum konkret aussieht?

Das kann ich auf zwei Arten beantworten: Für die erste Version des Buches von 2011 habe ich über 1.000 Studien akribisch durchgearbeitet, hinzu kam noch eigene Forschung. Ich schrieb es auf ausdrückliche Ermunterung meines Freundes Eckart von Hirschhausen. Nach einer Pressekonferenz zur Veröffentlichung des Buches griff ich auf dem Rückweg ins Handschuhfach meines Mietwagens und fand dort eine CD mit Gedichten von Hermann Hesse vor. Dort tauchte dann irgendwann das Gedicht vom »Glück«[46] auf. In diesen acht Zeilen beschrieb Hesse eigentlich alles, was man wissen muss. Mir kamen kurz die Tränen, zum einen, weil das Gedicht so schön ist, zum anderen, weil ich dachte: »Gut, dass ich das Gedicht erst jetzt kennengelernt habe, denn sonst hätte ich vielleicht das Buch gar nicht geschrieben – weil Hesse 100 Jahre vorher alles schon gesagt hat.«

Die andere Antwort: So lange alles picobello ist, braucht Otto Normalverbraucher keine weitergehenden Informationen über die Funktionsweise des Gehirns. Die Wissenschaft kann nur beobachten und messen, was schon vorher da war, sie erfindet keine Themen. Interessant wird es an der Stelle, an der man in die Krise kommt, wenn man Hilfe braucht, vielleicht auch professionelle Hilfe. Die begleitende Person braucht dann ein Modell, nach dem sie arbeiten kann, alles andere wäre unprofessionell. In dem Buch beschreibe ich ein besonderes Modell, das ABC-Modell,[47] das es uns heute ermöglicht, den Verlauf unseres Glücks, oder vielleicht auch die »Verfärbungen« unseres Glücks, über den Lebensverlauf zu beschreiben. Diese Theorie bildet auch die Grundlage für unser Buch Die bessere Hälfte, das ich gemeinsam mit Eckart von Hirschhausen verfasst habe.

Mein Buch richtet sich im Schwerpunkt an Manager, die dauergestresst sind, wie Studie um Studie belegt. Was macht das mit uns?

Wir kennen seit 1908 das sogenannte Yerkes-Dodson-Gesetz, bei Csíkszentmihályis Flow-Konzept kommt das später wieder zum Tragen. Im Grunde gibt es eine

46 Text siehe denkzeiten.com/2018/06/09/hermann-hesse-glueck

47 Das ABC-Modell besagt, dass es drei unterschiedliche Arten des Glücks gibt, denen über den typischen Lebensverlauf eine unterschiedlich starke Bedeutung zukommt. Diese drei Spielarten werden von unterschiedlichen neuronalen Prozessen, Neurotransmittern, Hormonen usw. reguliert. Beim A-Typ geht es um das Wollen, um Vorfreude, externe Gratifikation und Hochmomente; die begleitenden körperlichen Prozesse werden vor allem über das Dopamin-System reguliert. Beim Typ B geht es um das Nicht-Wollen oder Entkommen, das Vermeiden von aversiven Zuständen wie z. B. überhohem Stress. Hier spielen Cortisol und (Nor-)Adrenalin eine entscheidende Rolle. Eine natürliche Reifung vorausgesetzt, überwiegt später im Leben das Typ-C-Glück, meist einfach Zufriedenheit genannt. Verkürzt gesagt rennt man hier weder etwas hinterher noch von etwas weg – stattdessen ruht man in sich und genießt das Sein und die Fürsorge für andere. Auf der prozessualen Ebene stehen u. a. Oxytocin, Serotonin und körpereigenes Morphin im Vordergrund (Esch, 2017).

Gaußsche Normalverteilung, also eine Glockenkurve: Dauerhaft zu wenig Stress führt zu Langeweile, Unterforderung, Bore-out. Dauerhaft zu viel Stress kann u. a. zum Burn-out führen, ganz akut auch zum Blackout. In der Mitte der Kurve, wenn ich das richtige Level an Anforderungen und Stress habe, dann bin ich leistungsfähig – insbesondere, wenn ich Kontrolle über die Situation habe und mitgestalten kann. Diese Fähigkeit zu gestalten, genau jene Menge an Stress zu haben, mit der ich wachsen kann und optimal herausgefordert bin, ist entscheidend.

Stress ist in erster Linie ein biologisches Phänomen und daran ist auch nichts Schlimmes. Interessanter ist die Frage nach seiner Dauer, Dosis und Form. Wenn die Dosis zu hoch ist und ich die Situation nicht selbst kontrollieren und regulieren kann, ergeben sich auf Dauer sogenannte Stresswarnsignale – und die können sich zu manifesten Erkrankungen entwickeln. Wir können an dieser Stelle den gesamten Körper durchgehen. Normalerweise hilft Stress, unsere Leistungsfähigkeit zu erhalten oder gar zu erhöhen; er ist ein Überlebensmechanismus und äußert sich in der typischen Kampf-oder-Flucht-Reaktion. Die Beeinträchtigungen zeigen sich erst bei Überdosierung.

- Im Bereich des Nervensystems finden wir z. B. Konzentrationsschwäche, im Extremfall lassen sich Schrumpfungen im Gehirngewebe diagnostizieren, z. B. im Hippocampus, wo es u. a. um die Merkfähigkeit geht. Auf der anderen Seite zeigt sich, dass Gehirnareale, die an der Alarmfunktion beteiligt sind, z. B. die Amygdala, dauerhaft vergrößert sind.
- Im Bereich des Körpers äußert sich übermäßiger Stress vor allem in muskulären Verspannungen, weil Menschen sich schützen wollen. Sie ziehen die Schultern hoch, spannen den Bauch an, atmen nicht mehr tief, um vorbewusst ihre Organe zu schützen und kampf-abwehrbereit zu sein.
- Das Blut wird dicker, um in einer möglichen Kampfsituation dem Verbluten vorzubeugen. Dafür erhöht sich allerdings das Risiko, einen Herzinfarkt oder Schlaganfall zu erleiden.
- Das Immunsystem wird aktiviert, um Entzündungen bei möglichen Verletzungen zu bekämpfen. Dies erhöht allerdings auch das Vorkommen von sogenannten proinflammatorischen Erkrankungen, wozu heute auch Migräne und Depressionen gezählt werden.

Nun bekommt nicht jeder, der immer unter Strom steht, automatisch Burn-out. Wie lässt sich das erklären?

Wir können sehen, dass Burn-out nicht einfach eine Frage von übermäßigem Stress ist – das ist eine absolute Verkürzung. Es geht hier um eine Kombination aus *fehlender Kontrollierbarkeit auf der einen Seite und mangelnder Sinnwahrnehmung* auf der anderen. Nach meiner Definition ist Burn-out nicht einfach ein Zuviel an Stress, sondern ein Zuviel im Außen – d. h., dass der Mensch sich selbst als nicht mehr authentisch erlebt. Es geht im Kern darum, dass das, was im Außen passiert, nicht mehr in Resonanz ist mit dem, was im Innen gefühlt wird, was meine Essenz ausmacht. In einer solchen Situation reicht auch ein vergleichsweise geringes Maß an Stress, damit wir aus der Kurve fliegen. Wenn das Gefühl der Kontrolle auf der einen Seite und die Sinnhaftigkeit auf der anderen Seite gegeben sind, dann sehen wir, dass Menschen auch ein sehr hohes Maß an Stress meist gut verarbeiten können und am nächsten Tag etwa erholt zur Arbeit erscheinen.

In diesem Sinne erweitere ich im Unternehmenskontext gerne das biopsychosoziale Krankheits- und Stressmodell der Weltgesundheitsorganisation (WHO) um einen vierten Faktor, konkret: den *spirito-kulturellen Bereich*. Burn-out ist nach den aktuellen Diagnosekriterien keine eigenständige Erkrankung, sondern eine Zusatzdiagnose, weil sie sich nach gängigen Kriterien nicht eindeutig abgrenzen lässt. Wenn man aber die spirito-kulturelle Dimension hinzuzieht, zeigt sich, dass viele Menschen mit Burn-out – oder wie ich manchmal sage: mit einer »chronischen Unglückserkrankung« – genau dort hineinfallen. Wir sehen, dass die meisten Menschen mit Burn-out nicht im klassischen Sinne körperlich oder psychologisch – formal – beeinträchtigt sind, außerdem sind viele der Leidtragenden gut sozial eingebunden. *Vielmehr lässt sich von einer Sinnkrise sprechen.* Der Stress ist nicht das Hauptproblem, aber er führt dazu, dass Menschen umso deutlicher wahrnehmen, dass sie nicht mehr in Resonanz mit sich selbst sind.

Den Kulturfaktor nehme ich explizit dazu, weil wir immer wieder Menschen sehen, die sagen, dass sie ihr Leben generell zwar als sinnvoll empfänden, z. B. über den Glauben oder die Einbindung in die Familie. Gleichzeitig spüren sie, dass sie *in* der Arbeit nicht zu Hause sind. Die sagen dann: »Ich gehe hier seit Jahren ein und aus, aber dies ist nicht mein Ort, ich gehöre hier nicht hin, ich bin hier fremd.« Der kulturelle Faktor ist eine Art Beheimatetsein im Außen, der spirituelle Faktor bezieht sich auf den inneren Raum.

Was raten Sie Menschen, um Stress im Berufsalltag zu bekämpfen? Die positiven Effekte von Meditation, Yoga usw. sind bekannt. Gleichzeitig sind diese Techniken nicht leicht in den Arbeitsalltag zu integrieren.

Wir arbeiten nach dem sogenannten BERN-Prinzip, das steht für Behavior, Exercise, Relaxation und Nutrition. Dahinter steht die Idee, dass wir verschiedene Zugriffsmöglichkeiten auf das gleiche System haben. Dieses nennen wir auch die Mind-Body-Connection.

- Das B steht für die Verhaltensdimensionen, wo auch die Positive Psychologie im Schwerpunkt verortet ist. Hier geht es um positives Denken und Handeln, das Gestalten von positiven Beziehungen, die Entwicklung von Resilienz usw.

- Beim Buchstaben E geht es um jedwede Form der körperlichen Bewegung. Hier kann man sehr kreativ werden, schon beim Weg zur Arbeit, aber auch über den Tag verteilt, um das Bewegungskonto zu füllen. Es muss ja keiner wissen, dass ich im Zickzack zum nächsten Termin gehe. Beim Bewegen »anwesend sein« hilft zusätzlich.
- Unter R fassen wir verschiedene Formen der inneren Einkehr zusammen. Das muss nicht immer klassische Meditation sein, es gibt deutlich kürzere Formate. Manchmal reichen schon ein, zwei bewusste Atemzüge, bevor ich einen Raum betrete, um mich in einen besseren Zustand zu bringen.
- Das N schließlich steht für den Bereich der Nahrung. Auch hier sprechen wir in erster Linie nicht von großen Interventionen wie Heilfasten oder einer kompletten Nahrungsumstellung. Es geht vor allem um Achtsamkeit und Genuss, um Sinnlichkeit oder ein Zur-Besinnung-Kommen.

Die Frage, wie ich das in den Alltag integriere, wird profan, wenn ich einerseits verstehe, dass ich verschiedene Zugangswege auf das gleiche System habe und zum anderen vor allem mit kleinen Häppchen arbeiten kann. Man muss das alles lernen und trainieren, aber es ist am Ende des Tages nicht sehr zeitaufwendig.

Stress loswerden ist das eine. Was sind aus Ihrer Sicht die wichtigsten Dinge, die Führungskräfte gewährleisten müssen, damit ihre Mitarbeiter tatsächlich so etwas wie Glück im Rahmen der Arbeit empfinden?

Vor allem: authentisch sein! Das heißt nicht, immer gute Laune zu haben. Trotzdem geht es darum, immer wieder auch die positiven Dinge zu betonen, sie aktiv zu benennen, Dankbarkeit und Wertschätzung auszudrücken. Es hilft, »die Tür offenzuhalten« – das fällt vielen schwer. Ziel ist es, erreichbar zu sein, aber vor allem *im Sinne innerer Präsenz*. Und es geht noch einen Schritt weiter: Viele Menschen in Unternehmen vermissen Transparenz*:* Anerkennung, aber auch konstruktive Kritik. Führungskräfte müssen nicht immer alles begründen, aber es hilft nachweislich, sich hier ein Stück weit über die Schulter schauen zu lassen. Die Leute wollen spüren, dass es keinen doppelten Boden, keine geheime Agenda gibt. Die Karten sollten offen auf dem Tisch liegen, Transparenz und Fairness sind die Schlüssel.

Dazu gehört auch, für sich persönlich einen Wertekanon zu definieren, nach dem man konsequent führt. Das sind nicht diese platten Leitsprüche oder Pamphlete mit Phrasen, die eh keiner liest. Es geht vielmehr um ein Tun, um einen mir gemäßen, ethischen Rahmen, an den ich mich konsistent halte und mit dem ich auch auf meine Mitarbeiter schaue. Und an dem diese mich messen können! Hier ist es nicht das Ziel, alles schön zu reden. Führungskräfte sollten schon differenzieren, aber nach Möglichkeit im positiven Bereich. Wenn sie das tun, werden sie »lesbar« für andere – das zeitigt dieses Gefühl von Kontrolle, das wir so dringend benötigen.

In der Positiven Psychologie ist ab und zu davon die Rede, dass positive Emotionen in eine Aufwärtsspirale[48] münden. Was ist damit gemeint?

Zunächst ist das aus meiner Sicht ein Stück weit Marketing-Sprech. Was wir hier als harte Währung dahinter finden – zumindest in Bezug auf das Glück von außen, das über unser Belohnungssystem gesteuert wird –, ist schlicht und ergreifend das, was wir in der Medizin auch den Placebo-Effekt nennen. Es geht um eine Form der Plastizität, der Reifung und Entwicklung: Wenn wir in einer Situation starke positive Gefühl erlebt haben, dann merkt sich das Gehirn den entsprechenden Kontext und bildet eine Erwartungshaltung aus. Ich erkenne also ähnliche Situationen wieder und erwarte vorbewusst, dass es mir so gut gehen wird wie in der Vergangenheit. Diese Erwartung wiederum macht es statistisch wahrscheinlicher, dass das Erwartete dann auch tatsächlich eintritt. Ich lenke quasi den Kegel meiner inneren Taschenlampe, mein Bewusstsein, auf das Positive, das da kommen mag. Die Idee einer Aufwärtsspirale ist ein bisschen romantisch. Dahinter steht einfach die harte Währung eines neuronalen Lernprozesses, eines gelingenden Erwartungsmanagements.

Zum Schluss eine etwas abseitige Frage: Kann man eigentlich, abseits von pathologischen Phänomenen wie einer Manie, zu glücklich sein?

Die Skala ist sicherlich nicht beliebig nach oben offen. Insbesondere wenn ich das Thema von außen, über das Belohnungssystem angehe, dann kommen wir irgendwann auch zu Suchtphänomenen. Das wiederum geht einher mit biologischen Abstumpfungsprozessen, man könnte gewissermaßen von einer Glücksresistenz sprechen. Das, was gestern noch cool war, macht heute keinen Spaß mehr – diese Gefahr besteht immer. Unser ABC-Modell postuliert, dass es im Verlauf des Lebens eine natürliche Bewegung gibt von dieser jugendlichen Form des Glücks – Ekstase, Lust, Befriedigung – über etwas, was eher durch Erleichterung, quasi »Stress lass nach« und eine Bewegung vom Habenwollen zum Nicht-Habenwollen geprägt ist, hin zu einer Form der Zufriedenheit, aus der heraus ich sage: »Genau hier bin ich richtig, genau hier möchte ich sein.« Das ist das, was wir Glückseligkeit nennen oder Seelenruh, um auf das anfangs erwähnte Hesse-Gedicht zurückzukommen.

48 Siehe z. B. Fredrickson und Joiner (2002).

Wenn wir davon ausgehen, dass dieses Modell stimmt, dann ist es natürlich denkbar, dass Menschen *nicht* in diese innere Entwicklung kommen, sondern in einem bestimmten Stadium festhängen. Wenn es immer wieder darum geht, dass das Glück von außen kommen muss – Ekstase, Hochmomente (Typ A) –, dann bleibt wenig Raum für innere Emanzipation, Loslassen, Akzeptanz (Typ C). Chronischer Stress kann uns dagegen suggerieren, dass Glück nur ein kurzer Moment der Erleichterung ist (Typ B) – ein bisschen Wellness im belastenden Alltag –, und uns dadurch am weiteren inneren Wachstum hindern. Das mag für den Einzelnen im Zweifel gar nicht so schlimm sein, aber andere werden dann konfrontiert mit Dauer-Jugendlichen, die sich immer wieder selbst neu erfinden müssen, die nie bei diesem Zustand des In-sich-Ruhens ankommen. Im Angesicht des eigenes Alterungsprozesses müssen wir uns aber wohl alle ein gutes Stück weit von den äußeren Quellen des Glücks lossagen. Idealerweise beschreiten wir irgendwann einen Weg hin zu größerer Weisheit.

Tobias Esch wurde an der Universität Göttingen in Humanmedizin promoviert und habilitierte sich an der Universität Duisburg-Essen. Dazwischen liegen diverse Forschungsaufenthalte, u. a. an der Harvard Medical School. Seit 2016 ist er Universitätsprofessor und Leiter des Instituts für Integrative Gesundheitsversorgung und Gesundheitsförderung an der Universität Witten/Herdecke. Sein Buch Die bessere Hälfte: Worauf wir uns mitten im Leben freuen können (mit Eckart von Hirschhausen) erschien 2018. Kontakt: uni-wh.de/detailseiten/kontakte/tobias-esch-2137/

PERMA: Die fünf Säulen eines erfüllenden Lebens

Es gibt viele Antworten auf die Frage, was ein gutes Leben ausmacht. Selbst innerhalb der Positiven Psychologie bzw. der Psychologie als umfassender akademischer Disziplin gibt es verschiedene Vorstellungen. Das bis dato am intensivsten untersuchte Konzept geht auf Ed Diener zurück. Es wird als subjektives Wohlbefinden (SWB) bezeichnet und lässt sich auf zwei simple Dimensionen zurückführen (Diener et al., 2018).

1. *Affekt*: Unser Wohlbefinden ist umso ausgeprägter, je mehr positive und je weniger negative Emotionen wir erleben.
2. *Kognitive Evaluation*: Unser psychologisches Wohlbefinden ist umso ausgeprägter, je zufriedener wir mit unseren Lebensumständen sind.

Ein komplexeres empirisches Modell stammt von Carol Ryff (1989); es gilt ebenfalls als gut erforscht (Ryff & Keyes, 1995). Dieses als psychologisches Wohlbefinden (PWB) bezeichnete Konzept gliedert sich in sechs Bereiche:

- Selbstakzeptanz;
- positive soziale Beziehungen;
- Autonomie;
- Sinn/Lebenszweck;
- aktive Umweltgestaltung;
- persönliches Wachstum.

Martin Seligman selbst hat, beginnend mit dem bereits vorgestellten Buch Learned Optimism (1991), seine Konzeption des guten Lebens immer weiter verfeinert und erweitert. In Authentic Happiness (2004; auf Deutsch: Der Glücksfaktor) legte er zum ersten Mal die Grundzüge der im Aufbau befindlichen Positiven Psychologie für die Allgemeinheit dar. Damals sah er drei Säulen als wichtig an: positive Emotionen, Engagement und Sinn. Mit Flourish (2011; gleicher Titel im Deutschen) erweiterte er diese um die Aspekte der gelungenen Beziehungen und der Zielerreichung. Schließlich ordnete er sie so an, dass sie im Englischen das Akronym PERMA[49] ergeben:

- **P**ositive Emotions
- **E**ngagement
- **R**elationships
- **M**eaning
- **A**ccomplishment

Ältere Untersuchungen (Ryff & Keyes, 1995), aber auch neuere Studien (Goodman et al., 2018) legen nahe, dass es auf einer übergeordneten Ebene einen *übergreifenden Glücksfaktor* gibt, in dem die diversen Dimensionen des Wohlbefindens aufgehen. Diese Erkenntnis ist aus akademischer Sicht relevant, allerdings nur bedingt hilfreich für den Praktiker. Für Menschen, die verstehen wollen, wie sie ihr eigenes Leben oder auch Teilbereiche wie die Arbeit zufriedenstellender gestalten wollen, ist es notwendig, möglichst *konkrete und vielfältige Zugänge* zu ihrem Wohlbefinden zu kennen. Es geht um ansteuerbare Treiber, die verlässlich auf das ureigene Wohlbefinden einzahlen. In diesem Sinne ist auch Seligmans Modell zu interpretieren.

49 In den letzten Jahren findet sich hier und da die Formel PERMA-V – das V steht für Vitality. Von Studenten des Studiengangs an der University of Pennsylvania wurde oft bemängelt, dass PERMA zwar korrekt, aber nicht zwingend vollständig sei. Es wird moniert, dass PERMA nur den Bereich vom Hals aufwärts beträfe, während das Körperliche, z. B. Sport, aber auch Sex, ebenfalls zu einem guten Leben beitrage. Tatsächlich ist heute unumstritten, wie sehr sich moderates Ausdauertraining positiv auf unsere psychische Gesundheit auswirken kann (Fox, 1999). In diesem Sinne wird immer wieder gefordert, PERMA zu erweitern. Wegen der Themen Sport und Sex wird von Unbedarften bisweilen der Buchstabe S vorgeschlagen. Aus naheliegenden Gründen hat man sich informell allerdings anders entschieden und ergänzt das Akronym bei passender Gelegenheit um die körperliche Vitalität.

Da PERMA in der Zwischenzeit aufgrund der zentralen Stellung Seligmans das dominante Modell des gelungenen Lebens in der Positiven Psychologie geworden ist, habe ich mich entschlossen, die weiteren Kapitel in diesem Buch entsprechend zu strukturieren.

- Beim *Buchstaben P* geht es im Schwerpunkt um die Frage, wie und unter welchen Umständen wir mehr positive Emotionen wie Freude, Dankbarkeit oder Zufriedenheit in unser Leben bekommen können. Außerdem spielt die Frage, *wozu wir positive Emotionen empfinden*, eine herausgehobene Rolle. Die Tatsache, dass wir nach Äonen an Evolution verschiedene positive Emotionen in unserem Repertoire haben, deutet darauf hin, dass diese – genau wie Angst, Wut oder Trauer – einen eigenständigen Nutzen für uns als Individuum bzw. als Spezies haben. Auch diese Frage wurde in der traditionellen Psychologie lange vernachlässigt. Eine besondere Rolle spielt hier die Broaden-and-Build-Theorie (Erweiterung und Wachstum) von Barbara Fredrickson (2001).
- Der *Buchstabe E* steht für die Frage, unter welchen Umständen sich Menschen engagieren, wann sie – über extrinsische Faktoren hinaus – motiviert sind, sich in den Dienst von etwas zu stellen, sei es im privaten oder beruflichen Umfeld. Wann fühlen wir uns energetisiert und wirklich lebendig? Wichtige Forschungsfelder sind die Selbstbestimmungstheorie nach (Ryan & Deci, 2000), die Charakterstärken von Peterson und Seligman (2004) und auch das Flow-Konzept von Csíkszentmihályi (1990).
- Der dritte Buchstabe im PERMA-Akronym steht für *Relationships*, sprich: (gelingende) Beziehungen. Dies ist ein sehr weites Feld. Im Rahmen dieses Buches werden u.a. Ideen von Jane Dutton über hochqualitative Verbindungen (2003), das Konzept der relationalen Energie (Owens et al., 2016) und verschiedene Aspekte von Respekt (Van Quaquebeke & Eckloff, 2010) und Vertrauen (Mayer et al., 1995) eine herausgehobene Rolle spielen.
- Der *Buchstabe M* steht für Meaning, sprich: das Sinnerleben. Auch dies ist ein weites Feld, darüber hinaus eines mit langer Tradition. Hier werde ich zunächst beleuchten, wie verschiedene Forscher herausgearbeitet haben, unter welcher Umständen Menschen einen übergreifenden Sinn in ihrem Leben empfinden (Martela & Steger, 2016) – um dann eine Tiefenbohrung in Richtung Sinnwahrnehmung im Arbeitsleben zu machen (Rosso et al., 2010). Dieser kommt eine zentrale Bedeutung zu, weil Sinn als eine Art *Meta-Motivator* fungiert: Ohne Sinnerleben kann es keine dauerhafte Motivation, kein Arbeitsengagement und damit auch keine zufriedenstellende Leistung geben.
- Der letzte *Buchstabe des PERMA-Akronyms, A*, steht für den Begriff Accomplishment und damit für Konzepte wie Leistung und Zielerreichung. Zu diesem Thema existiert bereits eine Menge Literatur. Ich werde mich daher im Rahmen dieses Kapitels im Schwerpunkt Konzepten widmen, die originär in der Positiven Psychologie erarbeitet wurden (z.B. die Frage, warum manche Menschen ausdauernder

an ihren Zielen arbeiten; Duckworth et al., 2007) bzw. deren Wirkung ich aus der persönlichen Erfahrung bzw. meiner Arbeit als Coach gut einschätzen kann – z. B. die Frage, wie Menschen ihr »bestes Selbst« zur Arbeit bringen können (Roberts et al., 2005). Außerdem werde ich beleuchten, wie wir gut damit umgehen können, wenn der Erfolg ab und zu auch einmal ausbleibt (Neff, 2003).

Tipp

Unter authentichappiness.sas.upenn.edu, einer Seite, die von Martin Seligmans Team in Philadelphia bereitgestellt wird, können Sie auf Englisch den sogenannten PERMA Profiler absolvieren, einen validierten Test, der Ihr psychologisches Wohlbefinden gemäß den PERMA-Kriterien misst (Butler & Kern, 2016).[50] Außerdem finden Sie dort weitere Tests und Materialien z. B. Fachartikel, Buchempfehlungen und Hinweise auf Forschungseinheiten weltweit, die sich mit Positiver Psychologie beschäftigen. Eine deutsche Version des PERMA Profiler finden Sie hier: ippm.at/perma-profiler

50 Margaret Kern war die Gutachterin meiner Abschlussarbeit an der University of Pennsylvania. Mittlerweile ist sie Professorin an der University of Melbourne in Australien.

3 Grundgedanken der Positive Organizational Scholarship (POS)

Unternehmen sind gestaltgewordene menschliche Energie.
Diese Energie strebt zunehmend danach, sich in edlerer Gestalt auszudrücken.
Aus Firms of Endearment[51]

Denken Sie zum Anfang dieses Kapitels bitte zurück an das Gedankenexperiment mit den beiden Superhelden im Kapitel 2.3. Nun übertragen Sie die Analogie auf Ihre Organisation bzw. die Rolle, in der Sie aktuell arbeiten. Stellen Sie sich dazu die folgenden Fragen:

- In welchem Modus ist die Organisation grundsätzlich unterwegs? Was ist gewissermaßen der organisationale Tonus? Rotes oder grünes Cape?
- Wie steht es um das Top-Management?
- Wie steht es um das mittlere Management? Um die unteren Ebenen?
- Wie steht es um Sie persönlich an den meisten Tagen?

Wenn Sie die Metapher mit den Superhelden nicht mögen, denken Sie stattdessen an einen Garten, der Ihrer Pflege überantwortet wurde. Sind Sie hauptsächlich damit beschäftigt, Unkraut zu jäten, Schädlinge zu bekämpfen oder gar Brände zu löschen? Oder haben Sie immer wieder auch ausreichend Zeit, Samen zu streuen und die daraus entstehenden Pflanzen zu gießen und zu düngen, zu hegen und zu pflegen, bis sie groß und widerstandsfähig geworden sind?

Achtung

Führungskräfte verbringen einen guten Teil ihrer Zeit damit, Brände in der Organisation zu löschen. Dabei sollten sie doch eigentlich das Feuer in anderen Menschen entfachen.

In diesem Sinne überträgt die Positive Organizational Scholarship (POS; Cameron & Dutton, 2003) viele der Denkweisen und Haltungen der Positiven Psychologie auf die Erforschung und Gestaltung des (Er-)Lebens in Organisationen. Sie entstand wenige Jahre nach dem Gründungsimpuls der Positiven Psychologie als eigenständiger Teilbereich der Betriebswirtschaftslehre – immer im Dialog mit aufgeschlossenen Soziologen und Organisationspsychologen. Als wesentliche Treiber hinter dieser Bewegung können Kim Cameron, Jane Dutton und Robert Quinn genannt werden, zu Anfang des Jahrtausends allesamt bereits arrivierte Forscher innerhalb der traditionellen BWL an der University of Michigan in Ann Arbor. Ähnlich wie bei Martin Seligman und Mihály Csíkszentmihályi reifte in den drei Professoren die Erkenntnis, dass es ihrem Feld an

51 Sisodia et al. (2014, S. 93); Übersetzung durch den Autor.

etwas mangelte. Zwar kann mit Blick auf die BWL nicht analog von einem Übergewicht des Negativen gesprochen werden – hier ging es immer schon um Fragen des Wachstums und der Erweiterung. Trotzdem erschien ihnen ihre Disziplin unvollständig zu sein – und von einem Menschenbild auszugehen, das sie nicht teilten.

Kim Cameron begann damals beispielsweise, sich für Vergebung als Teil von Organisationskulturen zu interessieren (Cameron & Caza, 2002). Inspiriert von buddhistischem Gedankengut, initiierte Jane Dutton ein Forschungsprogramm über Mitgefühl in Organisationen (Dutton et al., 2006). Robert Quinn (1996) wiederum interessierte sich brennend für die innere Transformation von Führungskräften – in einer Zeit, in der es anderswo vor allem um die Frage ging, wie eben jene Personen die Menschen um sich herum möglichst effektiv ändern können. Der Gründungsimpuls der POS basiert demnach nicht auf einer Imbalance, sondern auf der Beobachtung, dass bestimmte Themen in der BWL zum damaligen Zeitpunkt schlicht und ergreifend kaum vorkamen. In dem Willen, dies zu ändern, veranstalteten die Forscher erste Konferenzen und gründeten an der University of Michigan das Center for Positive Organizations (Cameron & Spreitzer, 2012). Etwa zeitgleich wurde auch der Begriff Positive Organizational Behavior (POB) in die Literatur eingeführt (Luthans, 2002). POB fokussiert auf das, was Menschen konkret in positiven Organisationen *tun*.

Tipp

Das Center for Positive Organizations an der University of Michigan ist die weltweit führende Institution für die Erforschung und Verbreitung der POS. Ein guter Teil der Pioniere dieser Disziplin arbeitet dort; wichtige Protagonisten der zweiten Generation, z. B. Adam Grant und Amy Wrzesniewski, haben dort ihre Doktorarbeiten verfasst.

Unter positiveorgs.bus.umich.edu finden Sie eine Fülle an Materialien, neben Fachinformationen vor allem auf der POS basierende Arbeitsblätter und strukturierte Interventionen für verschiedene Anlässe der Arbeit in Organisationen.

3.1 Die Sichtweise der klassischen Betriebswirtschaftslehre

Während meiner Promotion habe ich mich eine Weile mit der *Prinzipal-Agent-Theorie* (PAT) auseinandergesetzt, einem der einflussreichsten Denkgebäude der letzten 50 Jahre in der Betriebswirtschaftslehre.[52] Die PAT befasst sich, grob zusammengefasst, mit betriebswirtschaftlichen Problemen, die auftreten, wenn in hierarchisch strukturierten Systemen Menschen für andere Personen Arbeit verrichten. Beispiel: Ein Geschäftsführer leitet im Auftrag des Eigentümers ein Unternehmen. Ein zentrales

52 Ich wurde als Psychologe fachfremd in BWL promoviert. Mein Erstgutachter, Utz Schäffer, war früher bei McKinsey und lehrt in erster Linie Controlling; mein Zweitgutachter, Max Urchs, ist Philosoph. Das hat immer für interessante Diskussionen gesorgt.

Axiom, das in vielen betriebswirtschaftlichen Theorien gilt, sieht vor, dass hier beide Seiten ausschließlich danach streben, ihren eigenen Nutzen zu maximieren. Der Prinzipal (Auftraggeber) möchte folglich möglichst wenig für den Dienst des Agenten (Auftragnehmer) bezahlen. Dieser wiederum ist bemüht, seinen Einsatz zu minimieren und/oder seine finanzielle Kompensation in die Höhe zu treiben. Ferner geht man von einer Informationsasymmetrie aus, weil der Prinzipal den Auftragnehmer in der Regel nicht durchgehend kontrollieren kann (Jensen & Meckling, 1976). Im Grunde geht es also um einen Klassiker des Büroalltags: Was machen die Mäuse, wenn die Katze nicht im Haus ist?

Vom Arbeitsleid

Das Ganze wirkt in seiner Reinform auf mich etwas weltfremd, so, wie viele Ansätze in der BWL, die versuchen, exakte Berechnungen über menschliches Verhalten anzustellen. Ein zentrales Konzept in der PAT ist das Arbeitsleid, das dem Agenten durch die Ausübung der betreffenden Tätigkeit entsteht. Es wird demnach implizit davon ausgegangen, dass die Arbeit dem Agenten keine Freude bereite, diesen körperlich oder seelisch in Mitleidenschaft ziehe. Als Ausgleich versuche jener naturgemäß, sein Leid zu minimieren oder auf der anderen Seite der Gleichung die Kompensation zu erhöhen. Somit sei er bestrebt, das Ausmaß seines Arbeitsleids übersteigert darzustellen, um mehr Kompensation vom Prinzipal verlangen zu können. Dieser wiederum investiere Ressourcen, um den vorhandenen Informationsrückstand auszugleichen (z. B. Überwachung) oder anderweitig steuernd einzugreifen (z. B. via Zielvereinbarungen). Interessanterweise ist in der PAT so etwas wie *Arbeitsfreude* oder auch nur -willigkeit im Grunde nicht vorgesehen. Auch andere urmenschliche Eigenschaften, z. B. unsere angeborene Neigung zu altruistischem Verhalten (Warneken & Tomasello, 2006), werden kaum berücksichtigt. Die Idee, dass Prinzipal und Agent genau das Gleiche wollen könnten, z. B. durch ihre gemeinsame Arbeit die Welt zu einem besseren Ort zu machen, gehört quasi ins Reich des Undenkbaren.

Nun ist es normal, weil notwendig, dass Theorien Vorannahmen treffen oder Rahmenbedingungen ausblenden, um Komplexität zu reduzieren. Allerdings wird damit auch eine bestimmte Brille aufgesetzt, die gemäß ihrer Färbung einige Beobachtungen ermöglicht, andere dafür ausschließt. Die Welt der PAT ist ein Ort der *Nullsummenspiele*: Wenn der eine mehr bekommt, hat der andere weniger – und umgekehrt (Rahim, 2015). Wird der Mensch schlechterdings als selbstbezogen und erbsenzählerisch gezeichnet, dann ist es allerdings schwierig, über jene Momente zu sprechen, in denen er es *nicht* ist. Noch schwieriger wird die Annahme, dass alles auch grundlegend anders sein könnte.

Die Welt der POS nimmt diese grundlegend andere Perspektive ein. Sie ist eine Welt:

- der Nicht-Nullsummenspiele und der Kooperation;
- in der Mitarbeiter und Führungskräfte, bei allem gebotenen Eigennutzen, das Beste für ihre Organisation und deren Mitglieder anstreben;
- in der wir nach der Verwirklichung unseres Potenzials streben – wie auch nach der Vergegenwärtigung eines attraktiven, den Eigennutz transzendierenden Sinnhorizonts.

Falls Sie mit dem Konzept der Nullsummen- bzw. Nicht-Nullsummenspiele – und ihren jeweiligen Folgen für das Leben in Organisationen – noch nicht vertraut sind, mag die folgende Geschichte helfen.

EIGENE ERFAHRUNG

Seit wir Kinder haben, verbringen meine Frau und ich gerne Urlaubszeit in einem Ferienclub im nordöstlichen Teil von Ibiza. Das Wetter ist schön, das Meer ist warm, das Eis ist lecker. Lediglich ein Punkt schmälert ein Stück weit unser Urlaubsvergnügen: Meine Kinder sind Wasserratten, ein Großteil der Tage wird demnach, wenn nicht am Strand, dann am Pool verbracht. Damit stellt sich jeden Morgen vor dem Frühstück die dringliche Frage: Liegen reservieren oder nicht? Nach dem Frühstück sind an den kindertauglichen Pools alle Liegen belegt oder mit einem Handtuch reserviert, oft über mehrere Stunden, ohne, dass die jeweiligen Besitzer erscheinen.[53] Meine Gattin, offenbar zu mehr Anstand erzogen als ich, hat mich mehrfach gebeten, bei dem Spiel nicht mitzumachen. Bei unserem letzten Aufenthalt habe ich mich an allen Tagen bis auf einen daran gehalten – was letztlich dazu führte, dass wir mehrfach lange Stunden überhaupt keine Liege ergattern konnten, an anderen Tagen nur einzelne Exemplare abbekamen, sodass sich die Familie auf verschiedene Stellen des Pools aufteilen musste. Das Ganze geschieht im Übrigen, obwohl an allen Pools gut sichtbar Schilder angebracht sind, die das Reservieren von Liegen untersagen.

Nun lässt sich zunächst einwenden, dass das Hotel in Relation zur Kapazität einfach zu viele Gäste annimmt, aber den Punkt klammere ich hier aus – Ressourcenknappheit ist eine Tatsache des Lebens. Stattdessen fasziniert mich, was in solchen Situationen sozialpsychologisch bzw. spieltheoretisch vor sich geht – und auch, was das Ganze mit der Gestaltung von Unternehmenskultur zu tun hat. Durch Robert Sutton, Management-Forscher an der Stanford Business School, habe ich den folgenden Satz kennengelernt: »Die Kultur einer jeden Organisation wird geprägt durch das schlechteste Verhalten, welches die Führung zu tolerieren bereit ist.«[54] Dahinter steht die Annahme, dass

---

53 Nein, das Etablissement wird nicht nur von Deutschen frequentiert. Es gibt eine bunte Mischung von West- und Nordeuropäern.

54 Der Satz stammt allerdings nicht von Sutton selbst, sondern aus einem Buch der Autoren Gruenert und Whitaker (2015, S. 36).

menschliches Verhalten in Organisationen unter begrenzten Ressourcen *ohne aktive Intervention* vorhersagbar in eine Abwärtsspirale mündet – dass sich ohne Gegensteuerung gerade nicht die durchaus vorhandenen menschlichen Tugenden durchsetzen, sondern Engstirnigkeit und Egoismus, bestenfalls noch eine Tit for Tat-Mentalität (Eine Hand wäscht die andere).
Der springende Punkt: Die meisten Menschen wollen sich gar nicht »arschig« verhalten. Sie sehen allerdings in Anbetracht der begrenzten Ressourcen ihre Felle davonschwimmen. In diesem Sinne reicht es aus, wenn sich zu Beginn einige wenige Menschen nicht an die Regeln halten und in erster Linie auf den eigenen Vorteil schielen. Genau diese Menschen setzen fast unweigerlich die oben genannte Abwärtsspirale in Gang, wenn ihr Verhalten nicht von einer relevanten Instanz unterbunden wird. Ich kenne Hotels, in denen Mitarbeiter patrouillieren und Handtücher, die seit Stunden offensichtlich nicht genutzt wurden, entfernen. In diesem Hotel auf Ibiza ist das leider nicht gegeben – und die Handtücher selbst zu entfernen ist mir, wie auch anderen Gästen, offen gestanden zu blöd. Als Folge entscheiden sich praktisch alle Spieler, den eigenen Vorteil zu suchen, obwohl sie ursprünglich wahrscheinlich vorhatten, anständig zu sein. Dafür gibt es mindestens zwei Gründe:

- Die Menschen orientieren sich an der lokalen Norm, also an dem, was »alle anderen« in der Situation tun. Der vorausgehende Regelbruch legitimiert den eigenen: »Wenn es alle tun, scheint es okay zu sein.«
- Die Menschen wähnen sich – was die Liegen betrifft: nicht zu Unrecht – in einem Nullsummenspiel und entscheiden sich unter Unsicherheit für ihren eigenen Vorteil: »Warum sollen *wir* leer ausgehen, wenn andere auch nicht verzichten?«

Die Tragik der Situation: Fast alle brechen die Regeln, aber wirklich schuldig fühlen wird sich kaum jemand, denn es gibt ja gute Gründe. Angefangen hat alles mit nur einigen wenigen »Arschlöchern«. Ich verwende diesen Kraftausdruck bewusst – konkret in der Lesart des Philosophie-Professors Aaron James, der dieser Sorte Mensch ein ganzes Buch (2014) gewidmet hat. Was folgt daraus? James und Sutton sind sich einig, dass es Ziel sein muss, ein System (egal ob Hotelpool oder Konferenzraum) möglichst »arschlochfrei« zu gestalten, streng nach dem Motto: Wehret den Anfängen![55] Unanständiges Verhalten müsse unmittelbar aktiv und coram publico unterbunden werden. Gleichzeitig helfe es, wenn herausgehobene Personen das gewünschte Verhalten vorleben (Walk the Talk). Wenn sich entsprechende Protagonisten von solchen Maßnahmen nachhaltig unbeeindruckt zeigen, sei es angeraten, diese – auch auf die Gefahr des Aufruhrs und erhöhter Kosten – aus dem

55 An dieser Stelle zeigt sich die Relevanz des roten Capes.

System zu entfernen.[56] Der Schaden, den sie dem System bei ihrem Verbleib langfristig zufügen, übersteige die Kosten der Intervention in der Regel bei Weitem. Robert Sutton (2007) kalkuliert auf dieser Basis in einem eigenen Buch augenzwinkernd die Kennzahl TCA (Total Cost of Assholes).
Für den jüngsten Urlaub kann ich vermelden, dass sich an einigen Tagen spontan das Gute in der menschlichen Natur durchgesetzt hat. Am vierten Tag beispielsweise, nachdem mein Sohn mehrfach mit Hundeblick Runden um den Pool gedreht hatte, räumten Gäste aus Holland spontan eine Liege für uns frei. Auf diesen Akt der Barmherzigkeit folgten ungezwungene Spielzeugtauschgeschäfte unter Kindern, angeregte Dialoge unter Erwachsenen zur Frage, wie man ohne Waschmaschine bestmöglich Bolognese-Sauce aus weißen T-Shirts herausbekommt – und ganz allgemein eine wunderbar-fröhliche Völkerverständigung.

3.2 Positives Organisieren

Das primäre Ziel der traditionellen BWL ist betriebswirtschaftliche Exzellenz, nicht menschliche Exzellenz. Die POS strebt ebenfalls danach, Unternehmen erfolgreich zu machen, weil nur nachhaltiger Ertrag das Überleben einer Organisation sichert. Sie strebt allerdings gleichermaßen danach, das Leben in Organisationen durch eine »spezifische Linse« (Quinn & Wellman, 2012) zu betrachten, eine Perspektive der *menschlichen Exzellenz.*

- Die POS macht sich bewusst auf die Suche nach unseren Stärken – nicht unseren Defiziten.
- Sie strebt nach Fülle und dem Aufbauen auf allem, was bereits vorbildlich ist an und in einer Organisation.
- Sie bemüht sich zu verstehen, was lebensspendend an und in Organisationen ist, optimistisch und sinnstiftend.

Der Ausdruck »lebensspendend« findet sich sehr häufig in der Sprache der POS, insbesondere in den Schriften von Kim Cameron. Ausgangspunkt für diese Formulierung ist das aus der Biologie bekannte heliotrope Prinzip (bzw. der heliotrope Effekt), wonach Organismen eine angeborene Tendenz haben, sich auf lebensspendende Umwelteinflüsse zuzubewegen, so wie Pflanzen in Richtung des Sonnenlichts wachsen

56 Nach James (2014) gehört ein Mensch zur Gattung Arschloch, wenn er oder sie: »[…] sich in Beziehungen zu anderen Menschen systematisch Freiheiten herausnimmt, die einem tief verwurzelten Anspruchsdenken entspringen, das ihn für die Einwände anderer unempfänglich macht. […] Ein Arschloch ist zum Beispiel jemand, der sich regelmäßig vordrängelt. Oder andere ständig unterbricht. Oder ständig die Spur wechselt. […] Jemand, der superempfindlich auf jede Kränkung reagiert, für die eigenen Grobheiten anderen gegenüber aber blind ist« (S. 14 f.).

bzw. ihre Blätter entsprechend ausrichten (Ehleringer & Forseth, 1980) – bzw. sich lebensfeindlichen Umwelteinflüssen entziehen. Cameron überträgt dieses Prinzip metaphorisch auf das Leben in Organisationen und postuliert, dass sich Menschen hier ebenfalls nach Kräften in Richtung der lebensspendenden Inseln innerhalb des Netzwerkes bewegen, sich also – eine Wahlmöglichkeit vorausgesetzt – z. B. zu Vorgesetzten hingezogen fühlen, die besonders respektvoll und wertschätzend agieren (Cameron & McNaughtan, 2014).

Michaela Brohm-Badry, Professorin an der Universität Trier, Präsidentin der Deutschen Gesellschaft für Positiv-Psychologische Forschung (DGPPF) und eine der profiliertesten Vertreterinnen der Positiven Psychologie im deutschsprachigen Raum, hat in diesem Zusammenhang den Begriff der kalten Leistung von dem der heißen Leistung abgegrenzt. Kalte Leistung bezeichnet, was wir im Alltagsverständnis physikalisch unter Leistung verstehen: die in einer bestimmten Zeiteinheit verrichtete Arbeit. Dieses Leistungsverständnis ist kalt, weil es zu einer zunehmenden Verdichtung von Arbeitszeit und von auf Wettbewerb ausgerichteten Leistungsstrukturen führt. Es bleibt kein Raum für tiefe, menschengerechte Entwicklung, denn die maximale Leistung wird bei maximalem Output unter minimalem Zeiteinsatz erreicht. Unter diesen Bedingungen bleibt keine Zeit für das Nachdenken über die Konsequenzen des eigenen Handelns, für Reflexion. Brohm-Badry kommt diesbezüglich zu dem Schluss, dass wir einen neuen Leistungsbegriff brauchen: heiße Leistung, die das körperliche, geistige und soziale Wohlbefinden der Menschen einbezieht. Dies wäre ein humanistisches Leistungsparadigma: Leistung ist dann – mathematisch ausgedrückt – *Arbeit mal Wohlbefinden geteilt durch Zeit*. Die multiplikative Funktion zwischen Arbeit und Wohlbefinden ist bewusst gewählt in dem Sinn, dass Arbeit, die langfristig nicht auch Wohlbefinden erzeugt, am Ende des Tages wertlos ist, weil die assoziierten Kosten (finanziell wie auch psychologisch) ihren Nutzwert übersteigen (Brohm-Badry, 2016).

Wie auch in der Positiven Psychologie allgemein ist es keinesfalls das Ziel der POS, negative Ereignisse zu ignorieren. Vielmehr ist die Annahme, wie schon mit Bezug auf den Artikel von Baumeister und Kollegen (2001) geschildert, dass diese negativen Phänomene ganz von selbst ein hohes Maß an Aufmerksamkeit erhalten werden. Die POS blendet diese nicht aus, sondern sie versucht zu verstehen, wie ein angemessen positiver Umgang mit dem Schmerz und dem Leid aussehen kann, der in Organisationen notwendigerweise immer auch entsteht.

Wichtig

Eines der wichtigsten Prinzipien in der Positiven Psychologie wie auch der POS lautet WWW. Das steht in diesem Fall nicht für World Wide Web, sondern für die Frage: »What Went Well?« Es geht darum, die (organisationale) Aufmerksamkeit immer wieder zielgerichtet auf all das zu fokussieren, was bereits stimmig, gut und großzügig ist. Aus dieser Haltung heraus lassen sich viele unterschiedliche Interventionen ableiten, wie im Laufe des Buches deutlich werden wird.

Alles fließt

Die Zwischenüberschrift dieses Unterkapitels heißt bewusst Positives Organisieren. Komplexe Systeme wie Organisationen haben eine natürliche Tendenz, ihre Form zu bewahren. Dies geschieht einerseits durch rechtliche Rahmenbedingungen und daran geknüpfte Rollenverteilungen, andererseits auch durch eine institutionalisierte und ritualisierte Form der Kommunikation (Luhmann, 2011). Dies ist Stärke und Schwäche zugleich.[57] Eine große Stärke dieser Fähigkeit zur Selbstreproduktion liegt darin, dass das System ein Stück weit unempfindlich ist gegenüber Störungen von außen. Ein weiterer Vorteil liegt darin, dass das System fast ohne Unterbrechungen weiterexistieren kann, wenn einzelne Elemente des Systems ausgetauscht werden.

Eine eklatante Schwäche der zugrundeliegenden Mechanismen wird allerdings offensichtlich, wenn ein System so stark in seiner Form erstarrt und sich von seiner Umwelt entkoppelt, dass es an Relevanz für die weiteren Systeme, die im Ökosystem existieren, verliert. Im Zuge der Evolution überleben nicht automatisch die stärksten Spieler, sondern jene, die sich am besten (im Wandel: am schnellsten) an neue Umweltbedingungen anpassen können. Das gilt für biologische Organismen (Kauffman, 1993) ebenso wie für Organisationen (Jermias & Gani, 2004).

Organisations- und Führungstheorien spiegeln immer auch das Paradigma des vorherrschenden Menschenbildes wie auch des Verständnisses von Technologie in einer bestimmten Epoche. Bei Taylor (1911) ist klar erkennbar, dass Unternehmen mechanischen Maschinen gleichgesetzt werden, in der Menschen quasi nur weitere Bauteile sind. Im späteren Verlauf des 20. Jahrhunderts finden sich Metaphern, die – angelehnt an das aufkeimende Computerzeitalter – Unternehmen implizit mit bedingt intelligenten Informationsverarbeitungsmaschinen gleichsetzen. Die Konzeption des Management by Objectives (MBO; Führung durch Zielsetzung; Drucker, 1954) lässt z. B. erahnen, dass Unternehmen als Entitäten betrachtet werden, in denen von einer übergeordneten Instanz Aufgaben an untergeordnete Instanzen der Organisation delegiert werden, die diese nach bestimmten Regeln mit einem gewissen Maß an

57 Eine Form der institutionalisierten Kommunikation sind die bei vielen Menschen verhassten, jährlichen Budgetplanungen. Sie helfen Unternehmen, Strukturen zu erhalten, indem Ziele, Ressourcen und Verantwortlichkeiten (also auch: Macht) in eine beobachtbare Form gegossen werden (Covaleski & Dirsmith, 1986). Allerdings kennen viele auch die dysfunktionalen Effekte. Ein Klassiker: Wenn am Ende des Jahres noch Budget übrig ist, fällt vielerorts die Entscheidung, das Geld noch schnell rauszuhauen, egal, ob dies für das Gesamtsystem sinnvoll ist oder nicht. Die einzelnen Abteilungen fürchten, im nächsten Zyklus weniger Ressourcen zu erhalten, wenn sie ihr Budget nicht ausschöpfen. Hier ist eine flexiblere Handhabung intelligenter, wie es z. B. im Beyond Budgeting (Hope & Fraser, 2003) geschieht.

Selbststeuerung ausführen und die Ergebnisse im Anschluss an die übergeordneten Instanzen zurückspielen.

Die POS sieht Organisationen im Kern als lebendige, »atmende« Systeme an, in denen Menschen mit ihrer Ratio und ihren Emotionen, ihren Stärken und ihren Schwächen, einen positiven Beitrag leisten möchten, für sich selbst, für die anderen Mitglieder der Organisation, wie auch für das größere Gut (Cameron & Spreitzer, 2012). Die Sprache der POS ist bewusst durchzogen von Metaphern, die das unbewegliche und normierende Element von Organisationen auflockern wollen. Es wird z. B. viel von verschiedenen Formen des Energieflusses gesprochen, sei es auf der interpersonellen (Owens et al., 2016) Ebene oder auf der Ebene der Organisation als solcher (Cole et al., 2012). Der Fokus liegt dabei auf dem Organisieren bzw. den Organisierenden. Es geht um das Positive, das Menschen in Unternehmen tun.

Ein veritabler Riese unter den Unternehmen in diesem Land ist die Deutsche Telekom. Auch wenn die Zeiten als Staatskonzern schon eine Weile vorüber sind, haben viele Kunden (und vielleicht auch einige Mitarbeiter) noch das Bild eines bürokratischen Beamtenladens im Kopf. In diesem Sinne steht das Thema Kulturwandel weit oben auf der Prioritätenliste des Managements – und die Positive Psychologie spielt hierbei eine gewichtige Rolle. Ich habe dazu mit Dr. Silke Göddertz gesprochen. Das Interview verdeutlicht einerseits, wie die Telekom das Thema Positive Psychologie in den Konzern hineinträgt. Vor allem wird aber deutlich, mit welcher Haltung und auf Basis welcher Wertvorstellungen das verantwortliche Team bei der Telekom agiert.

Sich selbst wichtig nehmen dürfen

Interview mit Dr. Silke Göddertz

Frau Dr. Göddertz, die Telekom beschäftigt sich seit geraumer Zeit mit Positiver Psychologie im Rahmen der eigenen Kulturentwicklung. Können Sie bitte einen kurzen Überblick über die wichtigsten Maßnahmen geben?

Seit einigen Jahren wird deutlich, dass die Folgen der Digitalisierung, sich immer schneller ändernde Märkte, steigender Kostendruck mit einhergehendem Personalumbau und disruptive Innovationen im Wettbewerb bei vielen Mitarbeitern zu Sorgen und erhöhtem Stress führen. Aus der Positiven Psychologie wissen wir, dass z. B. die Steigerung der Resilienz, eine achtsame Lebensweise, belastbare Beziehungen und ganz besonders eine positive und konstruktive Grundhaltung dabei helfen können, möglichst gelassen mit diesen Herausforderungen umzugehen. Mitarbeiter, die auch in Zukunft erfolgreich und gleichzeitig gesund bleiben möchten, brauchen daher diese neuen Skills.

Aus den unterschiedlichsten Einheiten haben sich in den letzten Jahren zahlreiche Communities innerhalb der Telekom gebildet, die sich z. B. mit zukünftigen Arbeitsmethoden, neuen Wegen der Zusammenarbeit, agilen Arbeitsweisen, zukunftsweisendem Führungsverhalten und Veränderungsbegleitung beschäftigen. Alle diese Initiativen haben das Grundverständnis, dass der wichtigste Erfolgsfaktor des Unternehmens der Mensch ist und dass dieser alle Unterstützung bekommen sollte, um sich selbst und seine Haltung zu reflektieren und bei Bedarf anzupassen. Die Instrumente der Positiven Psychologie bieten sich hierfür hervorragend an. Zudem verfügen wir über ein großes Netzwerk an Gesundheitsbeauftragten, die zusätzlich unterschiedliche Gesundheitsthemen wie Resilienz, Umgang mit Stress, Burn-out-Prävention oder Bewegung am Arbeitsplatz im Konzern anbieten.

Welches von diesen verschiedenen Projekten ist Ihr persönliches Lieblingsthema – und warum?

2015 haben wir im Konzern gemeinsam mit Corporate Happiness© eine Initiative gestartet, die das Konzept der Positiven Psychologie für den Arbeitsalltag greifbar macht und bei uns intern unter dem Titel #youmatter bekannt ist. #youmatter steht für das Verständnis, dass jeder Mensch sich selbst wichtig nehmen sollte. Dazu zählt beispielsweise, auf die Gesundheit zu achten, seine Stimme zu erheben, wenn es etwas anzumerken gibt, und das persönliche Leistungspotenzial zu erkennen und zu nutzen. Zielsetzung der Initiative ist es, die Mitarbeiter für die Herausforderungen der Zukunft fit zu machen, und durch die Implementierung von Verhaltensweisen, die sich in der Positiven Psychologie als hilfreich erwiesen haben, das Glücksempfinden, das persönliche Wohlbefinden und die Potenzialentfaltung der Mitarbeiter zu steigern: Die Initiative versteht sich als Maßnahme von Mitarbeitern für Mitarbeiter und findet von Jahr zu Jahr mehr Teilnehmer, die die zahlreichen Angebote wahrnehmen, im Arbeitsalltag umsetzen und andere Kollegen inspirieren. Das Angebot ist sehr vielfältig und reicht von *Teamworkshops* oder kleinen Inspirationsvideos bis hin zu Aktionen wie die Versendung von Dankes-Postkarten, Podiumsdiskussionen und Infotagen.

Diese Initiative ist mein Lieblingsthema, denn die Wirkung wird sofort spürbar. Im Workshop ändert sich beispielsweise schon nach kurzer Zeit die Energie im Raum. Die Mitarbeiter versprühen plötzlich mehr Lebenslust, gehen offener und wertschätzender auf Kollegen zu, sind deutlich lösungsorientierter und wirken weniger gestresst. Da wir nicht nur Impulse geben, sondern auch Ideen dazu erarbeiten, wie die Inhalte im Alltag umgesetzt werden können, verändert sich wirklich etwas. Und das ist toll!

Die Telekom ist ein riesiges Unternehmen. Wie tragen Sie das Thema in den Konzern hinein?

Die mehr als 200.000 über den gesamten Globus verteilten Mitarbeiter zu erreichen, ist eine große Herausforderung. Wir sind mit kleinen Schritten gestartet und haben unsere Angebote zunächst auf bestimmte Einheiten beschränkt. Als wir feststellten, dass die Nachfrage immer größer wurde, haben wir eine groß angelegte Initiative aufgesetzt, zunächst in Deutschland, später weltweit. Zunächst stellten wir sicher, dass unsere Workshops über unsere Trainingskataloge für jeden Mitarbeiter einfach und unkompliziert buchbar waren. Dann erstellten wir virtuelle Angebote wie z. B. onlinebasierte Trainings und Material zum Selbststudium, das Mitarbeiter für sich persönlich, aber auch für ihr gesamtes Team nutzen können.

Ein wichtiger Schritt war die Ernennung sogenannter Botschafter, die die Impulse in ihre Organisation einbrachten und eine Vorbildfunktion einnahmen. Durch die Botschafter wurden die neue Haltung und die veränderte Verhaltensweise für zahlreiche Mitarbeiter sofort greifbar und das Interesse, selbst mitzumachen, wurde umso größer.

Ich habe einer Ihrer Präsentationen entnommen, dass bei allen Maßnahmen die Freiwilligkeit eine große Rolle spielt. Niemand muss **mitmachen?**

Richtig. Reflexion und die Auseinandersetzung mit tiefergehenden Fragen rund um die Themen persönliche Haltung, Bedeutsamkeit und Gesundheit kann man niemandem aufzwingen. Unsere Angebote sind als Inspiration gedacht. Mitarbeiter können sie bei Interesse eigenverantwortlich ausprobieren und sich ein Bild davon machen, welche Ideen ihre persönliche Lebens- und Arbeitssituation verbessern könnten. Mit erhobenem Zeigefinger einen Vortrag darüber zu halten, dass der Mitarbeiter mal über seine Haltung nachdenken sollte – das kann nur nach hinten losgehen.

Es geht uns vor allem darum, den Mitarbeitern das Gefühl zu geben, dass sie sich selbst wichtig nehmen dürfen und dass wir als Arbeitgeber daran interessiert sind, dass jeder einzelne Mitarbeiter so glücklich wie eben möglich ist. Menschen werden davon unterschiedlich stark angesprochen. Die einen sehen die großen Chancen, die sich ihnen auch für ihr persönliches Leben bieten, wenn sie unsere Angebote nutzen, andere interessieren sich einfach nicht für Fragen rund um die Persönlichkeitsentwicklung. Das ist auch okay so.

Gibt es eigentlich auch Zweifler bzw. Gegner?

An den von uns vermittelten Inhalten der Positiven Psychologie, die alle auf wissenschaftlichen Erkenntnissen basieren, gibt es wenig anzuzweifeln. Man kann die Instrumente ausprobieren, um herauszufinden, ob sie bei einem selbst auch zu mehr Wohlbefinden führen oder nicht. Ob man es probiert, bleibt jedem selbst überlassen und inhaltlich gab es bisher nahezu keine Kritik. Etwas komplexer ist die Diskussion, warum ein Unternehmen überhaupt psychologische Angebote oder Gesundheitsmanagement anbietet. Böswillig kann man immer unterstellen, dass es nur um Leistungsoptimierung geht. Uns ist daher wichtig zu betonen, dass wir den Menschen in den Mittelpunkt stellen und nicht nur die Arbeitskraft sehen. Jeder Teilnehmer profitiert nicht nur in Bezug auf die Arbeitsleistung, sondern für sein gesamtes Leben davon, wenn es ihm psychisch und physisch besser geht: eine Win-Win-Situation für Unternehmen und Mitarbeiter.

Kontroverse Diskussionen ergeben sich teilweise aus den personalstrategischen Entscheidungen, die unser Unternehmen von Zeit zu Zeit treffen muss. Ein Programm zur Erhöhung des Wohlbefindens aufzulegen und zeitgleich über Umstrukturierungen zu entscheiden passt für einige Betroffene nicht zusammen. Letztlich bieten unsere Angebote aber gerade auch für Mitarbeiter in kritischen Situationen Hilfestellungen. Aus diesem Grund gibt es die Programme nicht nur für die Zeiträume, in denen alles gerade großartig läuft, sondern auch für die herausfordernden Phasen. Hier sind gute Kommunikation, Fingerspitzengefühl und auf die Situation abgestimmte Maßnahmen erforderlich.

Inwieweit fließt das Thema Positive Psychologie auch in die Führungskräfte-Entwicklung ein?

Nur wenn wir Mitarbeiter und Führungskräfte auf allen Ebenen erreichen, kann ein Kulturwandel erfolgreich sein. Das Thema Haltung ist bereits seit einigen Jahren wesentlicher Bestandteil unserer Führungskräfte-Entwicklungsprogramme. Unter den Stichworten Outward Mindset, Growth Mindset oder auch Achtsamkeit können Führungskräfte aus interessanten Angeboten wählen und sich mit der persönlichen Entwicklung und der Frage auseinandersetzen, wie sie ihre Mitarbeiter zu mehr persönlicher Entwicklung verhelfen können.

Wird der Erfolg der betreffenden Maßnahmen gemessen? Oder verzichten Sie bewusst darauf?

Uns ist wichtig, uns mit dem Sinn und dem Erfolg unserer Maßnahmen auseinanderzusetzen. Welche Haltungsveränderungen und Leistungsverbesserungen sich allerdings allein durch unsere Angebote ergeben, ist nicht eindeutig messbar. Zu viele Rahmenbedingungen und unterjährige Strukturveränderungen beeinflussen diese Größen. Durch Klickzahlen, Anfragen und gebuchte Trainings erfassen wir zunächst die quantitative Nutzung unserer Angebote. So kennen wir die Reichweite und können einschätzen, ob unsere Angebote für die Mitarbeiter interessant sind.

Die Erfolge von Workshops und Trainings werden anhand verschiedener Kennzahlen wie Teilnehmerzahlen, Feedback und Einschätzung zum Nutzen gemessen. Wünschenswert sind nachhaltige Veränderungen in Zielgrößen, wie z. B. Mitarbeiterzufriedenheit, Gesundheit, Selbstwirksamkeit, Produktivität, gefühlter Stress und auch gefühlter Zusammenhalt im Team. Um dazu Informationen zu bekommen, befragen wir Teilnehmer und deren Vorgesetzte von Zeit zu Zeit mit qualitativen Methoden. Diese Befragungen zeigen auf, dass unsere *Angebote tatsächlich eine positive Wirkung* haben.

Silke Göddertz wurde an der Universität Bamberg promoviert. Sie ist bei der Deutschen Telekom Expertin für Führungsentwicklungsprogramme, Kultur und Organisationsentwicklung. Kontakt: linkedin.com/in/silke-göddertz-677266196/

Positive Praktiken und Unternehmenserfolg

Auch wenn die Schwerpunktthemen der POS allesamt weich anmuten, so gehen ihre Vertreter dennoch davon aus, dass diese einen harten Effekt auf den Erfolg von Organisationen haben. Beginnend bei ihren Haltungen und der spezifischen Perspektive, aus der sie das organisationale Erleben betrachtet, äußert sich die Anwendung der POS u. a. in einer Reihe von konkreten Verhaltensweisen, die typischerweise Positive Praktiken (im Original: Positive Practices) genannt werden – oder, wie zuvor berichtet, Positive Organizational Behavior. Diese Praktiken werden durch positive Formen der Führung ermöglicht und bestärkt (Searle & Barbuto Jr., 2013). In mehreren Studien können Cameron et al. (2011) nachweisen, dass positive Praktiken eine direkte Wirkung auf verschiedene Aspekte der organisationalen Effektivität haben. Diesen Zusammenhang finden sie bei sehr unterschiedlichen Arten von Organisationen, z. B. in einem Krankenhaus oder auch bei einem Finanzdienstleister. Als Teil dieser Forschung identifizieren sie auch eine ausführliche, aber nicht zwingend erschöpfende Liste solcher positiven Praktiken: *Fürsorge, Anteilnahme, Nachsicht, Inspiration, Sinngebung, Respekt, Integrität und Dankbarkeit*. Abbildung 4 (Cameron et al., 2011, S. 287) veranschaulicht, wie diese Verhaltensweisen auf den Erfolg einer Organisation einwirken können.

Neben dem bereits erwähnten heliotropen Effekt, wonach sich Organismen auf natürliche Weise zu den lebensspendenden Einflüssen in ihrem Umfeld hingezogen fühlen, lässt sich nachweisen, dass diese positiven Praktiken spezifische stärkende wie auch abmildernde Effekte innerhalb einer Organisation haben (Bright et al., 2006). Die stärkenden Effekte werden in erster Linie durch den kontinuierlichen Aufbau von emotionalem und sozialem Kapital erklärt. Wenn Mitarbeiter an solchen positiven Praktiken beteiligt sind – auf der gebenden wie der empfangenden Seite – oder diese nur beobachten, bauen sie individuelle und organisationale Ressourcen auf, vor allem Commitment, gegenseitiges Vertrauen und die daraus entstehende Bereitschaft zu Kooperation. Dies beschleunigt die Prozesse innerhalb der Organisation und vermindert die innerbetrieblichen Transaktionskosten (Covey & Merrill, 2006). Ebenso bauen diese Praktiken ein Reservoir auf, gewissermaßen eine organisationale Bank, die beliehen werden kann, wenn die Organisation durch harte Zeiten geht. Dieser abmildernde Effekt äußert sich vor allem in einer größeren Fähigkeit von Individuen wie auch der Organisation als solcher, Stress und Strapazen zu absorbieren, sich resilient zu zeigen im Angesicht von internen Belastungen und externen Bedrohungen.

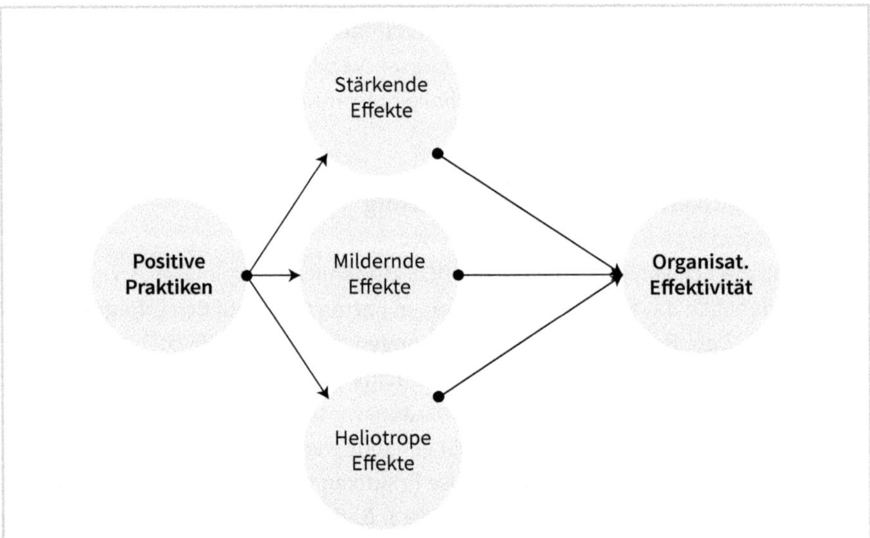

Abb. 4: Zusammenhang von positiven Praktiken und Effektivität; in Anlehnung an Bright et al. (2006)

3.3 Die Relevanz des abnorm Guten

Ein weiterer Kernbegriff der POS ist Positive Deviance, zu Deutsch: positive Abweichung oder Devianz (Cameron et al., 2011).[58] Das Wort Abweichung ist im allgemeinen Sprachgebrauch negativ konnotiert. Was (zu) stark abweicht, entspricht nicht der Norm, ist also abnormal. Das gilt auch und gerade für Organisationen, die bewusst

58 Manchmal finden sich auch die Begriffe konstruktive bzw. destruktive Abweichung (Warren, 2003).

und unbewusst danach streben, sich immer wieder selbst zu reproduzieren und zu erhalten. Insbesondere dort, wo Produktionsprozesse in Gang gehalten werden müssen, spielen Normen eine herausgehobene Rolle.

Es ist jedoch anzunehmen, dass sich Unternehmen mit der übermäßigen Fokussierung auf das, was normal ist, langfristig betrachtet ins eigene Fleisch schneiden – insbesondere dann, wenn Denkweisen, die ursprünglich zur Steuerung von Maschinen entwickelt wurden, auf das Management von Menschen übertragen werden (Høgheim et al., 1989). Hier zeigt sich erneut die Parallele zum Verhältnis von Pathogenese und Salutogenese. Die meisten traditionellen Management-Methoden konzentrieren sich darauf, negative Abweichungen wieder in den Bereich der Norm zu bringen. *Managen heißt zu oft: Probleme lösen.* Wie es ein mir bekannter Vorstand aus der Dienstleistungsbranche einmal mit einem Augenzwinkern ausgedrückt hat: »Ach, wissen Sie, es sind ja meist nicht die schönen Dinge, die nach oben eskalieren ...«

Achtung

Unternehmen lieben Stabilität, sie streben bewusst und unbewusst nach dem, was in der Norm ist. Das trübt ihren Blick für das *abnorm Gute*.

Weil zeitliche und finanzielle Ressourcen jedoch immer begrenzt sind, führt dies in der Regel zur Vernachlässigung all dessen, was abnorm gut ist an und in der Organisation. Die POS geht stattdessen gezielt auf die Suche nach allem, was bereits exzellent ist. Dies kommt auch in Abbildung 5 zum Ausdruck.

Cameron bezeichnet die Lücken zwischen der Norm und den negativen Abweichungen als Deficit Gaps, die Lücken zu den positiven Abweichungen als Abundance Gaps.[59] Lassen wir ihn hier persönlich zu Wort kommen (S. 2008, 74 f.):

»Die meisten Führungskräfte achten fast ausschließlich auf die Lücke zwischen dem, was falsch läuft – Fehler, Schlechtleistung [...] – und dem Mittelpunkt des Kontinuums, welcher durch die Abwesenheit von [...] Effizienz und Problemlösung gekennzeichnet ist. Dieses Delta könnte man als ›Defizitlücke‹ oder ›Problemlösungslücke‹ bezeichnen. [...] Die Lücke andererseits zwischen dem Mittelpunkt und der rechten Seite repräsentiert eine ›Lücke der Fülle‹ – jenes Delta zwischen erfolgreicher Leistung und spektakulär [...] positiver Leistung. Diese Lücke erfährt wesentlich weniger Aufmerksamkeit in der Forschung wie auch von Managern und Führungskräften.«[60]

59 Abundance bedeutet auf Deutsch Fülle oder Überfluss.
60 Übersetzung und Auslassungen durch den Autor.

Faktor		**Individuum**	
Physiologisch	Krankheit	Gesundheit	Vitalität
Psychologisch	Krankheit	Gesundheit	Flow
		Organisation	
Ökonomik	unprofitabel	profitabel	ergiebig
Effektivität	ineffektiv	effektiv	exzellent
Effizienz	ineffizient	effizient	außergewöhnlich
Qualität	fehleranfällig	reliabel	nahezu perfekt
Ethik	unethisch	ethisch	wohlwollend
Beziehungen	abnutzend	unterstützend	hochachtend
Adaptivität	erstarrend	bewältigend	aufblühend
	Negative Abweichung	**Norm**	**Positive Abweichung**

Abb. 5: Positive vs. negative Devianz; in Anlehnung an Cameron (2008, S. 74)

Spreitzer und Sonenshein (2004) sehen positive Devianz auf der Verhaltensebene durch drei Kernmerkmale definiert:

- Das Verhalten weicht eindeutig und *signifikant in positiver Richtung* von einer relevanten Vergleichsgruppe ab.
- Das Verhalten ist *intentional* und von Freiwilligkeit geprägt, beruht also nicht auf einem irgendwie gearteten externen Zwang.
- Das Verhalten kann als *ehrbar*, honorig, tugendhaft o. ä. bezeichnet werden.

Der letzte Punkt ist entscheidend, weil sonst z. B. ein Killer, der mehr Menschen killt als andere Killer, ebenfalls als positiv deviant bezeichnet werden könnte. Solche Fälle sind nicht gemeint. Im Lichte dieser Kriterien wird deutlich, dass positive Devianz, je nach Organisation und Rolle, völlig unterschiedlich aussehen kann. In traditionellen Büroumgebungen findet sich möglicherweise:

- ein CEO, der durch strategischen Weitblick und eine glaubhafte Vision in Kombination mit authentischer Führung ein Unternehmen langfristig zur Marktführerschaft begleitet;
- der hochbezahlte Starverkäufer, der kontinuierlich mit großem Abstand die internen Verkaufsrankings anführt.
- Genauso gut findet sich positive Devianz jedoch auch an weniger exponierten Orten, vielleicht beim Chefsekretär, der im Hintergrund mit großer Sorgfalt und unerschütterlichem Optimismus die Fäden zieht – und von dem jeder weiß, dass der Laden ohne ihn im Nu zusammenbrechen würde.

EIGENE ERFAHRUNG

Bisweilen hilft Unternehmen schon eine bewusste Verschiebung der Aufmerksamkeit (Stichwort: What Went Well). Ich fahre berufsbedingt viel mit der Bahn und übernachte in Hotels, da fällt einem so einiges auf über die Jahre. Anfang 2018 hielt ich einen Vortrag in einem Hotel in Helsinki. Auf dem Schreibtisch fand ich am Tag der Abreise ein Formblatt vor. Die Gäste werden gebeten, so sie in irgendeiner Form außergewöhnlich guten Service erfahren haben, die Begebenheit kurz zu schildern und den Namen der entsprechenden Mitarbeiter zu vermerken, damit diese gebührende Anerkennung erfahren können. Ich finde, dies ist eine fabelhafte, weil clevere und niederschwellige, Nutzung des WWW-Prinzips. Das Vorgehen erfüllt drei Zwecke:

- Die Hotelleitung lernt, welche Betreuung den Gästen besonders positiv im Gedächtnis bleibt.
- Die Hotelleitung erfährt, welche Teammitglieder exzellente Arbeit leisten.
- Vor allem aber *bringt es den Gast überhaupt erst dazu*, darüber nachzudenken, ob etwas (bzw. was genau) am Aufenthalt von ausgezeichneter Qualität war.

Exzellenter Service ist leider ein Attribut, das recht selten mit der Deutschen Bahn in Verbindung gebracht wird – obwohl ich finde, dass im Bordrestaurant von ICEs ein ziemlich passables Chili con Carne serviert wird. Für das Fahrgasterlebnis kommt den Zugbegleitern eine besondere Rolle zu. Die haben einen furchtbar unangenehmen Job, denn sie müssen die Fahrgäste regelmäßig über die aktuellen Verspätungen auf dem Laufenden halten. Sie sind also Überbringer schlechter Nachrichten, ohne in der Regel die Ursache der Minderleistung selbst beseitigen zu können. Wenn ein Zug hingegen pünktlich ist, wird dies nicht mit großer Aufmerksamkeit bedacht. Man spricht dann von fahrplanmäßig und informiert über die Anschlussmöglichkeiten. Erst ein einziges Mal in all den Jahren ist es mir untergekommen, dass ein Zugbegleiter die Gäste bei jedem Halt mit beschwingtem Tonfall darüber informierte, *dass der Zug weiterhin pünktlich unterwegs sei.* Ich kann mich an viele, viele Fahrten erinnern, die mich verspätet ans Ziel gebracht haben. Dies ist eine der wenigen, die mir im Gedächtnis geblieben ist, *obwohl* wir pünktlich ans Ziel kamen.

Paretos langer Schatten

Der Fokus auf das abnorm Gute gewinnt an zusätzlicher Relevanz, wenn wir uns vor Augen führen, dass viele Aspekte des Lebens nicht zwingend einer Normalverteilung gehorchen. Zur Erinnerung für den Fall, dass Sie, wie ich, gerne die Statistikvorlesung geschwänzt haben: Die Normalverteilung sieht aus, wie ein recht spitzer und auf beiden Seiten breit auslaufender Kamelhöcker. Sie besagt, dass Werte innerhalb einer Verteilung, die nahe am Durchschnitt liegen (dort, wo der Höcker am höchsten ist), deutlich häufiger vorkommen als über- oder unterdurchschnittliche Werte. Die Körpergröße in der Bevölkerung unterliegt beispielsweise einer Normalverteilung.[61]

Die Normalverteilung ist aber nicht die einzige Wahrscheinlichkeitsverteilung. Im Wirtschafts- und Unternehmenskontext finden sich mit hübscher Regelmäßigkeit Kurven, die dem sogenannten *Potenzgesetz* gehorchen. Solche Kurven sehen aus wie eine extrem steile Skisprungschanze, die nach dem Abfallen lang und flach ausläuft.[62] Die bekannteste davon ist die nach einem italienischen Volkswirt benannte Pareto-Verteilung. Pareto stellte schon vor mehr als 100 Jahren fest, dass über viele Volkswirtschaften hinweg ca. 20 Prozent der Menschen 80 Prozent des Vermögens besitzen (Simon & Bonini, 1958). Im Volksmund wird die Pareto-Verteilung deshalb oft als 80/20-Verteilung bezeichnet. Sie genießt auch eine gewisse Beliebtheit in Büchern über Zeitmanagement, weil die Alltagserfahrung zeigt, dass 20 Prozent der anstehenden Aufgaben regelmäßig für 80 Prozent des relevanten Outputs sorgen, weshalb diese Tätigkeiten zu priorisieren sind (Koch, 2011). Abseits der Makroebene und der Mikroebene finden sich Pareto-Verteilungen auch in Bezug auf viele Kennzahlen in Unternehmen. Einige typische Beispiele:[63]

- Übergreifend führen 20 Prozent der Produkte eines Unternehmens zu 80 Prozent des gesamten Umsatzes.
- Eine CRM-Abteilung stellt fest, dass 20 Prozent der Kunden bzw. Produkte rund 80 Prozent der Reklamationen und Retouren verursachen.
- Ein Vertriebsleiter sieht, dass regelmäßig 20 Prozent der Mitarbeiter für annähernd 80 Prozent des Profits sorgen.

Halten Sie sich bitte nicht an exakten Zahlen fest. Je nach betrachtetem Phänomen kann das Verhältnis auch 90/10 oder 70/30 lauten. Wichtig ist der grundsätzliche Gedanke, dass *ein* relativ kleiner Teil der Werte einer Verteilung für einen überproportional großen Teil des wie auch immer gearteten Outputs sorgt.

Weitere Unterschiede des Potenzgesetzes im Vergleich zur Normalverteilung sind die Erwartung in Bezug auf die am häufigsten vorkommenden Werte *sowie die* Erwartung an das Vorkommen von Extremwerten.

- Wo in einer Normalverteilung die meisten Werte nahe am Durchschnitt der Verteilung liegen (mittig unter dem Kamelhöcker), liegt nach dem Potenzgesetz das Gros

61 Etwa 70 Prozent der Männer in Deutschland fallen in den Bereich von 1,70 m bis 1,84 m – das ist statistisch betrachtet Durchschnitt. Knapp 13 Prozent sind 1,85 m bis 1.90 m groß, 9 Prozent liegen im Bereich von 1,65 m bis 1,69 m. Etwa 6 Prozent sind über 1,90 m groß, nur etwa 2,5 Prozent kleiner als 1,65 m. Darüber hinaus bzw. darunter werden die Zahlen sehr klein (»Verteilung der Körpergrößen«, o. D.)

62 Eine Abbildung, die eine Normal- mit einer Pareto-Verteilung vergleicht, finden Sie bei Aguinis und O'Boyle Jr. (2014) auf S. 318.

63 Das Ganze ist empirisch gut belegt. Eine Übersicht über verschiedene Phänomene findet sich bei O'Boyle Jr. und Aguinis (2012).

der Werte unter dem höchsten Punkt der Schanze. Das heißt konkret: Die Normalverteilung postuliert, dass die meisten Werte durchschnittlich, eine ordentliche Menge der Werte leicht über- bzw. unterdurchschnittlich und ganz wenige Werte extrem über- oder unterdurchschnittlich ausgeprägt sind. Eine Verteilung nach dem Potenzgesetz hingegen postuliert, dass der *weitaus größte Teil aller Werte unterdurchschnittlich ausgeprägt ist*, während deutlich weniger Werte um den Mittelwert herum liegen.

- Verteilungen nach dem Potenzgesetz nehmen an, dass in einer Wertereihe deutlich mehr und auch deutlich außergewöhnlichere Extremwerte zu finden sind (im lang auslaufenden Teil der Schanze) – während die Normalverteilung postuliert, dass extreme Abweichungen vom Mittelwert selten vorkommen und nie extrem ausgeprägt sind. In statistischen Untersuchungen, die auf der Annahme basieren, dass die Werte normalverteilt sind, werden auffallend extreme Werte als Ausreißer tituliert – und daher meist neutralisiert, weil man davon ausgeht, dass sie die eigentliche Wertereihe verzerren. Verteilungen nach dem Potenzgesetz erwarten hingegen viele solcher Extremwerte; sie gehen davon aus, dass diese »normal« sind und zur Wertereihe dazugehören.

Falls ich Sie mit dem statistischen Jargon abgehängt habe, hier nochmal Klartext am Beispiel der Leistungsverteilung in Unternehmen: Die Normalverteilung besagt, dass das Gros der gesamten Produktion von Ergebnissen i. w. S. auch von jener Heerschar an Mitarbeitern erbracht wird, die sich im oder um den Durchschnitt der Verteilung bewegen. Nur wenige Mitarbeiter sind wirklich schlecht und tragen fast gar nichts bei. Ebenso selten finden sich Superstars, die unbestreitbar ein Vielfaches des durchschnittlichen Kollegen beitragen. Eine Verteilung nach dem Potenzgesetz hingegen postuliert, dass es eine gewisse Anzahl von Stars gibt, deren Output so bedeutsam ist, dass sie den größeren Teil der Belegschaft mitziehen, während selbst der kumulierte Beitrag des größeren Teils der Kollegen überschaubar bleibt.

Nun hört sich das im ersten Moment – auch für meine Ohren – nicht besonders positiv an, insbesondere wenn man den Blick auf die breite Masse der Verteilung richtet. Mittlerweile mehrt sich allerdings die empirische Evidenz, dass es sich vielerorts genauso verhält, wie vom Potenzgesetz vorhergesagt. Eine dem Microsoft-Gründer Bill Gates zugeschriebene, jedoch schwer zu verifizierende Äußerung besagt, dass ein ausgezeichneter Programmierer 10.000-mal mehr Wert für ein Unternehmen generieren könne als ein durchschnittlicher Coder. Dies wird kontrastiert mit der Arbeit an einer Drehbank, wo selbst der Begabteste unter den Handwerkern in der gleichen Zeitspanne nur ein paarmal so produktiv sein könne wie ein untalentierter Facharbeiter (»A great lathe operator«, o. D.). Der Grund: Während die Produktivität der handwerklichen Arbeit durch natürliche Grenzen des Produktionsprozesses nach oben begrenzt ist, kann ein genialer Code-Schnipsel theoretisch in verschiedenste Anwendungen integriert werden und somit beliebig skalieren. Ähnliche Aussagen gibt es von

Facebook-Gründer Mark Zuckerberg sowie Mark Andreessen, Mitgründer einer der erfolgreichsten Venture-Capital-Firmen im Silicon Valley (Schrage, 2011).

Die Forscher O'Boyle Jr. und Aguinis (2012) haben sich in einer Reihe von empirischen Studien diesem Phänomen angenommen. Sie untersuchten dafür die über Jahrzehnte zugänglichen Daten der Leistungen von Spitzensportlern (z.B. erzielte Punkte von Basketballern), Forschern (Anzahl von Publikationen), Schauspielern/Künstlern (Oscar-Nominierungen) und Politikern (Anzahl von gewonnenen Wahlen). Für mehr als 90 Prozent der untersuchten Stichproben finden sie, dass eine Pareto-Verteilung die Daten besser beschreibt als eine Normalverteilung. Sprich: Das Gros der Ausübenden hat kaum nennenswerte Erfolge vorzuweisen, während es in jeder Disziplin eine erkleckliche Anzahl an Ausreißern gibt, die außerordentlich erfolgreich sind. Dieser Effekt tritt allerdings nur auf, wenn der dezidiert messbare Output betrachtet wird, nicht der Input (die eigentliche Arbeitsleistung). Ein sehr erfolgreicher Basketballer wird unter Umständen ein paar Prozent mehr Zeit pro Woche mit Training verbringen als ein weniger erfolgreicher Teamkollege – er wird aber über die Saison möglicherweise zehnmal so viele Punkte oder Rebounds erzielen.

Wenn Sie jetzt ein komisches Bauchgefühl beschleicht – das ging mir beim ersten Lesen auch so. Es handelt sich bei den o.g. Berufen offensichtlich nicht um Bürojobs. So bekommt der Starspieler einer Sportmannschaft in der Regel deutlich mehr Einsatzzeit. Zudem könnte der Trainer verlangen, dass in entscheidenden Situationen der Ball zu ihm gepasst wird usw. In diesem Sinne erhält ein solcher Spieler mehr Möglichkeiten, Punkte zu erzielen, als ein B-Spieler. Auf diesen Punkt komme ich gleich zu sprechen. Für den Augenblick ist zu sagen, dass die Forscher in späteren Arbeiten (Aguinis et al., 2016) aufzeigen, dass sich ähnliche Dynamiken, wenn auch nicht so extrem, für ganz alltägliche Jobs finden, z.B. Call-Center-Agenten, Bankberater, Elektriker und sogar Kassierer. Überall findet sich das gleiche Muster: Wenn man auf messbare Ergebnisse schaut, nicht auf den geleisteten Einsatz, zeigt sich verlässlich, dass einige Stars überproportional viel zum Erfolg beisteuern, während viele, viele andere nach objektiven Kriterien wenig beitragen.

Achtung

Wenn man objektiv messbare Ergebnisse beobachtet, nicht den geleisteten Input, dann ergibt sich über viele Berufsgruppen hinweg eine 80/20-Verteilung: Ein weit überproportionaler Teil des Outputs kann einer kleinen Anzahl von Mitarbeitern zugerechnet werden.

Die Bedingungen für das Auftreten von Performance-Stars

In der Folge machten sich die Forscher auf den Weg, herauszuarbeiten, was die Treiber und Rahmenbedingungen sind, unter denen Pareto-Verteilungen besonders häufig auftreten (Aguinis et al., 2016). Ein übergreifendes Prinzip ist der kumulative Vorteil, manchmal auch Matthäus-Effekt genannt – in Anlehnung an eine Bibelpassage. Die Idee dahinter ist, dass sich kleine, manchmal sogar zufällige Unterschiede zu Beginn der beruflichen Entwicklung über die Zeit potenzieren können, was nach Ablauf einer größeren Zeitspanne riesige Unterschiede zeitigt. Nehmen wir das Feld der Forschung – Martin Seligman ist ein Paradebeispiel. Wenn ein junger Forscher es bewerkstelligt, gleich mit seiner ersten Arbeit ein gerüttelt' Maß an Aufmerksamkeit zu erzielen, tritt der Matthäus-Effekt in Kraft. Arrivierte Forscher werden ihn womöglich einladen, an gemeinsamen Artikeln zu schreiben. Dies verbessert seine Reputation wie auch sein Netzwerk, was das zukünftige Publizieren als Hauptautor erleichtert. Viele Publikationen führen zu einer früheren Berufung als ordentlicher Professor mit eigener Arbeitseinheit, was das Einwerben von Drittmitteln begünstigt. Diese Drittmittel in Kombination mit der hohen Reputation führen zu einer hohen Zahl an Bewerbungen für Doktorandenstellen. Somit kann der Professor mehr und/oder bessere Nachwuchsforscher einstellen, was die Anzahl der Beteiligung an Artikeln wie auch die Zitationen der bisherigen Arbeiten erhöht. Dies führt ggfs. dazu, dass der Professor einen wichtigen Award für Forscher in jungen Jahren erhält, was die Reputation weiter steigert etc.

Noch spannender sind aus meiner Sicht die Treiber und Charakteristiken von Aufgaben und Strukturen, die das Auftreten von Superstars beeinflussen. Aguinis et al. (2016) beschreiben insgesamt vier förderliche und einen hemmenden Faktor:

- *Skalierbarkeit und abnehmende Grenzkosten*: Je leichter der eigene Arbeitseinsatz skaliert, also zusätzlichen Wert generieren kann, ohne dass die Kosten nennenswert ansteigen, desto häufiger treten Stars auf. Der Ausnahme-Stürmer einer Fußballmannschaft muss beispielsweise gar nicht ständig besser werden, um mehr Tore zu erzielen als die mannschaftsinterne Konkurrenz. Sein Status wird dafür sorgen, dass er mehr und/oder bessere Vorlagen bekommt. Für den Business-Kontext verdeutlicht das Beispiel von besonders begabten Programmierern diese Dynamik recht gut.
- *Systeme mit monopolistischen Tendenzen*: Manche Arbeitskontexte sind derart gestaltet, dass sich begrenzte Ressourcen über die Zeit bei wenigen Menschen kumulieren. Am einfachsten wird das wieder im Sport sichtbar, wo die Spielzeit sehr ungleich verteilt sein kann. Ähnliche Dynamiken können in Unternehmen auftreten. So würde ein Vertriebsleiter vermutlich gut daran tun, mehr (oder besonders einträgliche) Vertriebsgebiete auch an den talentiertesten Verkäufer zu geben. Dies kommt dem Umsatz insgesamt zugute, stärkt zugleich aber auch die herausgehobene Stellung des Stars.
- *Autonomie*: Je größer der Grad an Autonomie und Kreativität, mit dem ein Bündel von Tätigkeiten ausgeführt werden kann, desto wahrscheinlicher wird Star-Performance. Der Grund: Je durchdringender und kreativer Menschen darüber entscheiden können, wie sie ihre Arbeit angehen, desto eher werden sie ihre ureigenen

Fähigkeiten und Stärken einsetzen – während viele Prozesse und Vorschriften dies eher unterbinden. Ein Beispiel aus dem Sport: Steffi Grafs Eigenart, ihre Rückhand zu umlaufen, um häufiger mit der starken Vorhand agieren zu können, war alles andere als »nach Lehrbuch«, aber nachweislich höchst erfolgreich. Im Business ist z. B. denkbar, dass ein Vertriebsmitarbeiter unorthodoxe Wege findet, um die vorgeschriebene Verwaltungsarbeit (Protokolle von Kundenbesuchen etc.) stark zu verringern oder ganz auszulagern. Die gewonnene Zeit nutzt er dafür, mehr Akquisegespräche zu führen.

- *Komplexität*: So ähnlich wie Autonomie führt auch Komplexität auf natürliche Weise zu mehr Varianz in der Verteilung. Die Aufgaben eines Quarterbacks im Football sind z. B. vielfältiger und komplexer als die eines Defensivspielers. Somit hat der Quarterback eine größere Bandbreite an Möglichkeiten, ein Spiel zugunsten der eigenen Mannschaft zu beeinflussen. Im Unternehmenskontext zeigt sich dieser Effekt vor allem bei der kognitiven Komplexität von Aufgaben. Dort, wo es z. B. darum geht, Software und Algorithmen zu programmieren, ergibt sich über die Zeit mehr Varianz als bei Tätigkeiten, die im Grunde von jedem Menschen ausgeführt werden können.
- *Deckelung der Produktivität*: Dies ist ein Faktor, der das Vorkommen von Stars tendenziell *verhindert* – er ist das Gegenstück zur Skalierbarkeit. Manche Aufgaben begrenzen aufgrund ihrer Natur, wie stark sich außergewöhnlich talentierte Mitarbeiter von anderen absetzen können. Im Basketball gibt es beispielsweise viel mehr Offensivspieler als Defensivspieler, die zu Stars werden. Der Grund: Ein Rebound oder Block zahlt pro Stück immer nur mit dem Faktor 1 auf die Performance ein. Ein Offensivspieler kann jedoch durch verwandelte Zweipunktwürfe mit zusätzlichem Freiwurf oder durch Dreipunktwürfe in einer Aktion mehr Varianz in der Verteilung bewirken. Im Business wird beispielsweise die Arbeit von Call-Center-Agenten durch den Faktor der menschlichen Sprache begrenzt. Selbst ein Agent, der schnell und gleichzeitig noch deutlich sprechen kann, wird in einer Inbound-Situation, in der es darum geht, die Probleme von Kunden zu lösen, nur unwesentlich produktiver sein können als langsamere Kollegen. Schaut man sich hingegen eine Outbound-Situation an, in der es darum geht, Spenden einzuwerben, dann spielt der Faktor Zeit keine so große Rolle, sondern eher das verkäuferische Talent.

Die Arbeitswelt des 21. Jahrhunderts begünstigt positive Devianz

Wenn man sich die Kriterien für das Auftreten von Pareto-Verteilungen unter Mitarbeitern anschaut, insbesondere Skalierbarkeit, Autonomie und Komplexität, dann ist zu vermuten, dass sich die zugrundeliegende Dynamik in der Arbeitswelt des 21. Jahrhunderts eher noch verstärken wird (Aguinis & O'Boyle Jr., 2014). In der Fließbandwelt von Frederick Taylor wurde wahrlich außergewöhnliche Performance quasi aus

Prinzip unterbunden; sie hätte das vorherrschende System gestört. In einer Welt, in der viele Menschen zunehmende Freiheitsgrade im Rahmen ihrer Arbeit genießen, autonom(er) über Mittel und Wege der Zielerreichung oder sogar die Ziele selbst entscheiden können und zusätzlich noch die Hebelwirkung digitaler Hilfsmittel nutzen, werden sich Aufkommen und Wirkung von Star-Performern noch potenzieren. Aguinis und Bradley (2015) argumentieren dahingehend, dass die Attrahierung, Identifikation und Retention von Stars kritische Erfolgsfaktoren für Unternehmen im 21. Jahrhundert sein werden – viel mehr als im letzten Jahrhundert, als eher das beste System über Wohl und Wehe von Organisationen entschieden hat. Daraus folgt, dass Unternehmen ein gesteigertes Interesse an der Hege und Pflege von positiver Devianz entwickeln sollten.[64]

Das heißt im Übrigen nicht, dass Unternehmen es sich erlauben könnten, die anderen Mitarbeiter zu vernachlässigen. Aguinis und Kollegen werden nicht müde zu betonen, dass Stars vor allem deswegen so gut performen können, weil sie in ein Netzwerk aus hochkompetenten Kollegen eingebunden sind, die die außergewöhnliche Performance des Stars erst ermöglichen. Das wird am ehesten wieder mit Blick auf den Sport sichtbar. Kein noch so herausragender Stürmer kann ein Fußballspiel alleine gewinnen. Und trotzdem haben nur wenige Spieler die Gabe, die Ressourcen des Netzwerkes auf eine Weise zu nutzen, die eine überragende Teamperformance gewährleistet. Der vielleicht deutlichste Fall für diese Dynamik sind die Chicago Bulls, die in den 1990er-Jahren sechsmal die NBA-Meisterschaft gewinnen konnten, wobei Michael Jordan mit seinem Sidekick Scottie Pippen maßgeblich an allen Titelgewinnen beteiligt war. Der interessante Punkt ist, dass Jordan nach den ersten drei Titeln (1991-93) vorübergehend als Basketballspieler zurücktrat, um Baseball-Profi zu werden. Nach seiner Rückkehr gewannen die Bulls 1996-98 erneut drei Meisterschaften in Folge. In den zwei Saisons ohne den übergroßen Schatten von Jordan konnte Pippen zwar deutlich mehr glänzen, aber für einen Finalsieg reichte es nicht. Als Jordan sich nach der zweiten Siegesserie von den Chicago Bulls verabschiedete, zerbrach das gesamte System und die Mannschaft gehörte über Jahre hinweg zu den schlechtesten der Liga.[65]

64 Wenn man die empirischen Hinweise auf das regelmäßige Vorkommen von 80/20-Verteilungen ernst nimmt und zu Ende denkt, hat das übrigens weitreichende Konsequenzen für alle Talent-Themen in Organisationen, angefangen bei der Suche nach Mitarbeitern über die Identifikation von High-Potentials im Unternehmen bis hin zu Fragen der Performance-Messung und Vergütung. Ein Beispiel: Die meisten Performance-Management-Systeme beruhen zumindest implizit auf der Annahme einer Normalverteilung. In manchen Unternehmen werden Vorgesetzte sogar gezwungen, Mitarbeiter durch ein Forced Ranking in eine Glockenkurve zu quetschen. Der Verdacht liegt nahe, dass das nicht hilfreich ist. Wenn die Leistungsdaten einer Pareto-Verteilung gehorchen, dann sollte ein Performance-Management-System vor allem in der Lage sein, feine Unterschiede im oberen Ende der Verteilung abzubilden, weil hier selbst kleinste Unterschiede extrem große Wirkungen zeitigen können.

65 Siehe de.wikipedia.org/wiki/Chicago_Bulls

Ein Grund für diesen Effekt dürfte darin liegen, dass Stars nicht nur für sich allein überragend performen, sondern auch die Menschen um sich herum zu besseren Spielern machen. Wenn die gegnerischen Mannschaften zwei oder drei Verteidiger abgestellt hatten, um Jordan zu bewachen, waren andere Spieler selbstverständlich zu leichteren Punkten gekommen. Auch wenn der Sport seine eigenen Gesetze hat, lassen sich ähnliche Dynamiken in der Geschäftswelt beobachten. Ein Paradebeispiel ist nach meinem Dafürhalten die Rückkehr von Steve Jobs zu Apple 1996/97, nachdem er zwischenzeitlich aus dem Unternehmen gedrängt worden war (Isaacson, 2011).

Positive Devianz auf der ethischen und sozialen Dimension

Man findet positive Devianz in Organisationen auch in Form von moralischer Exzellenz. Hier geht es um jene Mitarbeiter, die als moralischer Kompass des Unternehmens fungieren und dafür sorgen, dass die Organisation im besten Sinne gemäß den selbstgesteckten Werten und Aspirationen agiert (Vianello et al., 2010). Angesichts des weltweiten Vorkommens von kostspieligen Unternehmensskandalen, beispielsweise im Kontext der Manipulation von Motoren in der Autoindustrie, verschiedenster Umweltvergehen oder auch der unberechtigten Nutzung von Daten der Mitglieder von Internetunternehmen,[66] wird deutlich, dass die moralische Exzellenz von Unternehmen zunehmend mehr Relevanz für die betriebswirtschaftliche Exzellenz gewinnt. Regulierungsbehörden, aber vor allem auch die Kunden der Unternehmen selbst werden jene Marktteilnehmer, die moralische Werte ignorieren, in einem zunehmenden Maße abstrafen – und im Extremfall auch aus dem Markt drängen (Rose & Fellinger, 2013). Dieser Punkt erscheint umso interessanter, wenn man bedenkt, dass ethisch hochwertiges Verhalten in Organisationen *ansteckend* ist – besonders, wenn es von Seiten der Führung vorgelebt wird (Mayer et al., 2009). Im Übrigen wird der Zusammenhang zwischen performativer und moralischer Exzellenz im Englischen auf der sprachlichen Ebene deutlicher als im Deutschen. Während der Begriff virtuos im Deutschen vor allem in Hinblick auf performative Exzellenz verwendet wird (vor allem bei Künstlern und Musikern), schwingt beim gleichen Wort in der englischen Sprache auch das Konzept der Tugendhaftigkeit mit, also eine Form der moralisch-ethischen Leistung.

Auch Organisationen als Ganzes können sich auf der ethisch-moralischen Dimension positiv deviant verhalten. Ein aktuelles Beispiel: Patagonia, ein US-amerikanischer Hersteller von Outdoor-Bekleidung, der an sich schon durch sehr strikte Richtlinien zum Schutz der Umwelt wie auch eine ausnehmend mitarbeiterzentrierte Kultur auffällt, hat in der jüngeren Vergangenheit beispielsweise zehn Millionen Dollar an

66 Ich könnte hier zig Quellen einfügen – habe aber ehrlich gesagt keine Lust dazu. Sofern Sie als Leser auf dem Planeten Erde leben, wissen Sie, wovon ich spreche.

verschiedene Umwelt- und Klimaschutz-Organisationen gespendet. Das Geld stammt aus ungeplanten Überschüssen, die das Unternehmen durch die von der Trump-Regierung initiierten Steuererleichterungen für Unternehmen generierte (Willingham, 2018).

Zudem zeigt sich positive Devianz auch auf der interpersonellen Ebene. Ich spreche hier von Menschen, die nicht zwingend für jeden sichtbar zum Geschäftserfolg eines Unternehmens beitragen, aber möglicherweise im Hintergrund als Schmieröl oder Kitt für das soziale Gefüge der Organisation fungieren. Eine besondere Rolle kommt dabei jenen Menschen zu, die Peter Frost (2004) etwas drastisch als »Toxin Handlers«, sinngemäß Gefahrgut-Beseitiger, bezeichnet. Er meint damit jene Kollegen im organisationalen Netzwerk, die wir, obwohl sie meist keine formale Verantwortung für diese Aufgabe haben, intuitiv aufsuchen und deren Unterstützung wir erbitten, wenn wir unter schlechter Führung oder anderen Formen des Stresses in Organisationen leiden (Owens et al., 2016).

Wenn es existiert, ist es möglich

Mir ist bewusst, dass die POS ein hohes Anspruchsniveau an Organisationen und ihre Mitarbeiter formuliert, sowohl in Bezug auf die performatorische als auch die moralische Exzellenz. Dementsprechend hoch ist auch die Fallhöhe. Mir selbst, wie auch den vielen Akademikern, die die Disziplin vorantreiben, ist klar, dass der Mensch nicht nur »edel, hilfreich und gut« ist. Niemand kann ständig Höchstleistungen erbringen. Kein Mensch ist ohne Fehler, Angst und Missgunst. Es geht nicht darum, dies zu leugnen. Ebenso wenig geht es darum, marktwirtschaftliche Prinzipien zu negieren – im Gegenteil, sie sind ein wichtiger Motor für den menschlichen Fortschritt. Metaphorisch betrachtet sehe ich die Inhalte und Haltungen der POS wie ein Fenster oder auch eine Tür zu einem Raum, der erweiterte Möglichkeiten bereitstellt. Diese Möglichkeiten weisen über das hinaus, was in traditionellen betriebswirtschaftlichen Paradigmen Sache ist. Der springende Punkt: Das Fenster und die Tür müssen immer wieder aktiv geöffnet und durchlässig gehalten werden. Ihre natürliche Tendenz ist es, undurchsichtig zu werden oder zuzufallen, um sich dann womöglich sogar zu verkeilen. Doch der Raum dahinter bleibt vorhanden und ist prinzipiell immer zugänglich. Kim Cameron, in diesem Kapitel bereits mehrfach durch seine Forschung zu Wort gekommen, drückt das in seinen Vorlesungen so aus: »When it's real, it's possible.« *Wenn es existiert, dann ist es möglich*. Die vielen Fälle von positiver Devianz, sei es auf menschlicher oder organisationaler Ebene, weisen uns einen Weg.

Zum Abschluss dieses Kapitels sei angemerkt, dass eine tiefe Kenntnis um die Prinzipien der POS mit Sicherheit hilfreich ist, um außergewöhnliche Organisationen zu entwickeln. Das heißt jedoch nicht, dass diese expliziten Kenntnisse zwingend dafür notwendig sind. Schon immer haben Menschen Organisationen gestaltet, die intuitiv vieles von dem umsetzen, was die Positive Psychologie als Wissenschaft beschreibt und systematisiert. Eine solche Organisation ist meines Erachtens ICS, das Unternehmen hinter dem Heavy Metal-Festival Wacken Open Air. Ich habe mit Thomas Jensen, einem der beiden Gründer gesprochen.

Wacken macht Sinn!

Interview mit Thomas Jensen

Thomas, gemeinsam mit Holger Hübner bist du Begründer des Wacken Open Air (W:O:A), dem wichtigsten Metal-Festival der Welt. 2019 habt ihr mit rund 85.000 Gästen aus aller Welt eine Woche lang 30-jähriges Jubiläum gefeiert.[67] In einem »ordentlichen Unternehmen« denkt da der eine oder andere ans Aufhören – oder zumindest die Übergabe an die nächste Generation. Wie schaut es bei dir aus?

Bei uns schaut's gut aus – Rock Till We Drop! Im Ernst, natürlich ist das ein Thema. Aufhören wollen Holger (Hübner) und ich ganz sicher nicht, Musik ist unser Leben. Aber Aufgaben ans Team abgeben, das Team stärken, fokussieren, Nachfolger aufbauen, alle Themen, die Unternehmen und Unternehmer beschäftigen sollten, stehen natürlich auch bei uns an. Da müssen wir noch viele Hausaufgaben machen. Theorie vs. Praxis, Traum vs. Realität sind da die Herausforderung, genauso wie bei vielen, mit denen ich spreche.

Das Wacken-Universum ist ein etabliertes mittelständisches Unternehmen. Neben der Veranstaltung weiterer Festivals und Konzerte promoted ihr Künstler, kümmert euch ums Merchandising – selbst eine Wacken-Stiftung gibt es seit Jahren. Ich vermute, dass ihr viele weitere Angebote von Unternehmen erhaltet, die von eurer Marke profitieren wollen. In der Metal-Szene ist Glaubwürdigkeit allerdings ein hoher Wert, da kann ein Fehlgriff schnell Sympathien verspielen. Wie entscheidet ihr, ob jemand oder etwas zu euch passt oder nicht?

Viel Bauchgefühl, Trial-and-Error. Diskussionen, lautstark und heftig! Ja, da wird auch gestritten: Auf der anderen Seite sind wir 30 Jahre grob in eine Richtung gesegelt. Die harte Seite der Musik war und ist unser Fixstern; Künstler und Fans sind für uns immer maßgeblich, das wird auch in Zukunft so sein. Aber wir wollen auch auf zu neuen Ufern, Neues entdecken und nicht langweilig werden. Da

67 Nach der coronabedingten Pause in den Jahren 2020 und 2021 ist das Festival seit 2022 wieder in Hochform.

geht's darum, neue Impulse zu setzen, zu lernen, aber es geht uns auch darum, unsere Communities zu »metalisieren«. Wir bleiben dran! *Wenn wir mal daneben liegen, dann sind wir uns auch nicht zu schade, um Entschuldigung zu bitten.*

Rund um die Zeit des Festivals im Sommer seid ihr mit dem W:O:A einer der größten Arbeitgeber in Schleswig-Holstein. Auffällig ist auch, dass ihr es schafft, eine Armee von Freiwilligen zu mobilisieren, bespielweise bei Polizei, Feuerwehr und Sanitätern. Von so viel Engagement träumt jedes Unternehmen. Wie schafft ihr das? Natürlich kommen die Leute wegen der Musik – aber das kann nicht alles sein, denn bei anderen Festivals gibt es das nicht in der gleichen Qualität.

Vielen Dank, wenn wir so positiv wahrgenommen werden! Wacken ist nicht nur für Holger und mich (wir sind da aufgewachsen) und die Fans, sondern auch für Mitarbeiter, Dienstleister und Künstler ein Zuhause, *Familie* geworden. 30 Jahre sind eine verdammt lange Zeit, auch wenn es mir oft nicht so vorkommt. Ich denke immer noch, wir fangen doch gerade erst an.

Auch arbeiten wir für ein sehr *geiles Ziel*: Dieser Musik, diesen Fans, diesen Bands eine Heimat zu geben – oder diese große Zusammenkunft zu bescheren, wie auch immer man es nennen möchte. Wacken macht Sinn*!* Wacken ist gewachsen und nicht in der Retorte entstanden. Mit ganz viel Leidenschaft, Emotion und Sehnsucht nach Freiheit haben wir es zu dem gemacht, was es für jeden Einzelnen heute ist. Das muss nicht für jeden das Gleiche sein, aber im Zeichen des Wacken-Schädels ziehen alle an einem Strang.

Im Gegensatz zur Aggressivität der Musik und der wilden Aufmachung der Fans ist das W:O:A als ausgesprochen friedlicher Ort bekannt. Die statistischen Auswertungen von Feuerwehr und Polizei zeigen, dass die Anzahl von Polizeieinsätzen und medizinischen Notfällen Jahr für Jahr weit unter jenen Werten liegt, die man bei einer solchen Mammut-Veranstaltung erwarten müsste. Ich vermute, dass hat auch etwas mit der besonderen Wacken-Kultur zu tun, oder?

Ich denke da an die gewachsene Struktur, den Familiengedanken – man passt aufeinander auf. Die Party ist das Ziel, die Musik verbindet, wir sind Buddies und Friends. Auch das Vertrauen der Fans in die Organisation, die Ordnungskräfte, die Behörden und die Polizei ist über 30 Jahren gewachsen. Man fühlt sich sicher, das ist nicht immer und überall einfach in diesen Zeiten. Auf der anderen Seite sehen »die Offiziellen« unsere Fans nach all den Jahren trotzdem nicht als amorphe Masse oder als Mob, sondern als Teil dieser unglaublichen Woche. Man vertraut sich.

Habt ihr Unternehmenswerte? Also derart, dass die irgendwo aufgeschrieben sind? Ich meine jetzt nicht »In Metal We Trust« oder so etwas, sondern zur Frage, wie die Menschen in eurem Unternehmen arbeiten sollten, was ihnen wichtig sein sollte usw.

Authentisch, ehrlich, laut! Da arbeiten wir seit Jahren dran und werden doch nie fertig. Loyalität und Vertrauen sind uns wichtig. Bei der Dokumentation ist noch Luft nach oben … haha!

Das W:O:A ist meist ein Jahr im Voraus innerhalb weniger Stunden ausverkauft. Die Leute kaufen die Tickets blind, weil zu diesem Zeitpunkt noch nicht feststeht, welche Bands im kommenden Jahr spielen werden. Das zeugt für mich von einem hohen Vertrauen gegenüber der Marke Wacken. Welchen Tipp hättest du für Unternehmen, die euch in dieser Hinsicht nacheifern möchten?

Eine Marke ist ein Versprechen – und versprechen muss man halten! Das versuche ich auch gerade meinen beiden Töchtern beizubringen. Auch, wenn's weh tut oder schwerfällt.

Thomas Jensen hat mit Holger Hübner das Wacken Open Air (W:O:A) begründet. Was als Konzert für einige hundert Menschen aus der Motorradszene begann, hat sich über die Zeit zu einer Mammut-Veranstaltung gemausert, in deren Rahmen über 200 Bands auftreten. Das W:O:A ist für Fans weltweit Saison-Höhepunkt. Die Firma hinter dem Festival veranstaltet eine große Anzahl weiterer Events, z. B. Metal-Kreuzfahrten. Wer ein Gefühl für die Atmosphäre des Festivals bekommen möchte, dem sei der Film »Wacken 3D« empfohlen. Kontakt: wacken.com

4 PERMA: Positive Emotionen

Ich weiß, dass ich mich glücklich schätzen kann, ein außergewöhnliches Leben führen zu können – und ich weiß, dass die meisten Menschen annehmen, mein Geschäftserfolg und der Reichtum, den dieser mit sich gebracht hat, hätten mir das Glück gebracht. Doch das haben sie nicht; tatsächlich ist es genau andersherum. Ich bin erfolgreich, wohlhabend und verbunden, weil ich glücklich bin.

Sir Richard Branson[68]

Es ist leicht, sich aus dem Schatz an Zitaten prominenter Menschen zu bedienen, um eine pointierte Aussage über Erfolg im Leben zu machen. Es ist darüber hinaus auch latent gefährlich. Wir alle haben die Angewohnheit, unseren Lebensweg in der Rückschau zu verklären. Ob jene Faktoren, die einen besonders erfolgreichen Menschen dorthin gebracht haben, wo er ist, auch tatsächlich *kausal* für den Erfolg verantwortlich waren, steht auf einem ganz anderen Blatt. Tatsächlich legen Studien nahe, dass wir alle systematisch unterschätzen, wie beträchtlich der Zufall unseren Erfolg im Leben beeinflusst (Pluchino et al., 2018).

Dessen ungeachtet gibt es eine große Zahl an Forschungsarbeiten, die vermuten lassen, dass der eben zitierte Richard Branson, Milliardär und Gründer des Unternehmensimperiums Virgin, den Nagel auf den Kopf getroffen haben könnte. Wir gehen intuitiv davon aus, dass uns Erfolg glücklich machen wird: »Wenn ich dieses und jenes endlich erreicht habe: dann werde ich glücklich sein!« – so lautet die Ratio vieler Erdenbürger. Diese Denkweise ist stimmig in einem gewissen Ausmaß, das kann ich aus eigener Erfahrung bestätigen. Der springende Punkt ist allerdings: Das Gegenteil ist mit großer Wahrscheinlichkeit mindestens ebenso richtig. *Glücklichsein macht erfolgreich*, auch und gerade im beruflichen Umfeld (Lyubomirsky et al., 2005). Studien zeigen auf, dass glückliche Menschen im Vergleich zu weniger glücklichen Zeitgenossen im Durchschnitt zufriedener mit ihrem Arbeitsleben sind, bessere Leistungen erbringen, von anderen vorteilhafter bewertet werden – und langfristig auch ein höheres Einkommen erzielen. In einer aktuellen Überblicksarbeit wird diese Aussage aus dem Jahr 2005 emphatisch bekräftigt. Die Forscher kommen zu dem Ergebnis, dass »Glücklichsein mit Karriereerfolg korreliert und ihm oftmals vorausgeht« – und dass »das Verstärken von positiven Emotionen zu verbesserten Resultaten am Arbeitsplatz führt« (Walsh et al., 2018, S. 199).[69] In diesem Kapitel schauen wir uns die diesem Zusammenhang zugrundeliegenden Mechanismen genauer an. Zudem werden einige

68 Der Passus stammt aus dem Buch »Dear Stranger« (ohne Autor) von 2015, in dem erfolgreiche Menschen jeweils einen Brief an Unbekannt über das Glück schreiben; Übersetzung durch den Autor.

69 Übersetzung durch den Autor.

ausgewählte positive Emotionen genauer beleuchtet und ebenso Wege, positive Emotionen zu nutzen bzw. negativer Emotionen Herr zu werden.

Achtung

Erfolg haben macht glücklich. Genauso gilt allerdings: Erfolg ist eine Folge von Glücklichsein.

4.1 Alles, was wir fühlen können

Menschen können eine Vielzahl unterschiedlicher Emotionen erleben – und das ist auch gut so. Daher möchte ich gleich zu Beginn dieses Kapitels etwas klarstellen, um ein häufiges Missverständnis in Bezug auf die Positive Psychologie zu vermeiden: Wenn ich im Laufe des Buches von positiven bzw. negativen Emotionen spreche, dann geht es mir um die *Qualität des Erlebens, nicht um eine Form von Bewertung*. Ich will nicht zum Ausdruck bringen, dass Emotionen wie Glück oder Zufriedenheit an sich positiv – und Angst, Ärger und Trauer negativ sind. Jede Emotion ist, zum richtigen Zeitpunkt und in der richtigen Dosis, adaptiv – sprich: nützlich für unser langfristiges Wohlbefinden und unser Überleben. Angst kann unseren Organismus vor Schaden bewahren, Trauer hilft uns, negative Erlebnisse zu verarbeiten, Wut hilft uns bei der Verteidigung unseres Territoriums – wobei es beim modernen Menschen meist um die Verteidigung unseres kognitiv-emotionalen Territoriums geht, beispielsweise die Integrität unserer Wertvorstellungen. Der springende Punkt: *Es fühlt sich nicht gut an*, zu trauern oder zu wüten.

Tipp

Einen Überblick über den Nutzen unserer dunklen Seite bietet das Buch The Upside of Your Dark Side von Todd Kashdan und Robert Biswas-Diener.

Grundsätzlich lassen sich Emotionen anhand von zwei Dimensionen unterscheiden. Eine Achse kann als Lust-Unlust-Achse beschrieben werden; es geht um die emotionale Valenz. Auf der einen Seite stehen die als positiv erlebten, auf der anderen Seite die als negativ erlebten Zustände. Die zweite Achse beschreibt den Grad der physiologischen Aktivierung, beginnend bei wenig intensiven Zuständen am einen – und hochenergetischen Zuständen am anderen Ende des Kontinuums. Wenn man diese beiden Achsen zu einem Koordinatensystem aufspannt, dann ergeben sich vier Quadranten (Russell, 2003):

- angenehme Zustände mit niedriger Energie (von gelassen bis heiter);
- angenehme Zustände mit hoher Energie (von beschwingt bis enthusiastisch);
- unangenehme Zustände mit niedriger Energie (von lethargisch bis bedrückt);
- unangenehme Zustände mit hoher Energie (von beunruhigt bis aufgewühlt).

Einen detaillierteren Blick auf die positive Seite des Kontinuums bietet Barbara Fredrickson von der University of North Carolina in ihrem Buch Positivity (2009; auf Deutsch: Die Macht der guten Gefühle). Sie sieht im Wesentlichen zehn positive Emotionen, die unser Leben nachhaltig beeinflussen. Die Liste ist nicht erschöpfend, bietet aber einen guten Überblick zur Frage, was im Rahmen der Positiven Psychologie unter positiven Emotionen verstanden wird: Freude, Dankbarkeit, Heiterkeit, Stolz, Interesse, Hoffnung, Vergnügen, Inspiration, Ehrfurcht und Liebe. Fredrickson hat sich in ihrer Karriere vor allem der Frage gewidmet, was der konkrete Nutzen dieser positiven Emotionen ist. Diese Frage werden wir im nächsten Teilkapitel nachgehen.

4.2 Wozu ist es gut, sich gut zu fühlen?

Stellen Sie sich bitte für einen Moment das Folgende vor: Sie fühlen sich richtig, richtig gut, sind bei bester Laune, energetisiert und optimistisch. Warum auch immer, das überlasse ich ganz Ihrer Vorstellung. Verweilen Sie für einen Moment bei diesem Erleben …

Je länger und besser Sie sich in einen solchen Zustand hineinversetzen können, desto mehr werden Sie bemerken, dass dies *eine ganzkörperliche Erfahrung ist*. Vielleicht breiten sich angenehme Gedanken in Ihrem Kopf aus, vielleicht verspüren Sie ein Gefühl von sich ausbreitender Wärme in verschiedenen Regionen Ihres Körpers. Möglicherweise bemerken Sie auch, dass sich Ihre Körperhaltung verändert, dass sich Ihre Muskeln entspannen oder dass Ihr Atem ein wenig natürlicher nach innen und außen fließt. Die spannende Frage: Wozu ist das gut?

Eine Antwort könnte lauten: Es fühlt sich eben gut an! Diese Replik ist korrekt, aber wenig aufschlussreich – und greift außerdem zu kurz. Homo Sapiens ist das Produkt von vielen Millionen Jahren an Evolution. Evolution wiederum beruht, vereinfacht ausgedrückt, auf Selektion. Daraus lässt sich ableiten, dass sich die Merkmale und Fähigkeiten, die uns als Spezies heute gegeben sind, über viele Reproduktionszyklen als nützlich erwiesen haben, um das Überleben unserer Art zu sichern (Darwin, 1859). Die Tatsache, dass sich eine Emotion gut anfühlt, ist in diesem Prozess von nachrangiger Bedeutung. *Die Evolution ist kein Feelgood-Manager.* »Ihr« ist es wurscht, ob sich etwas gut oder schlecht anfühlt. Denken Sie beispielsweise an bestimmte Arten von Spinnen, die sich nach der Paarung bzw. dem Schlüpfen der Nachkommen vom Geschlechtspartner bzw. den Jungtieren auffressen lassen (Andrade, 1996). Besonders angenehm erscheint mir dieser Mechanismus nicht für das Tier – aber er dient der Arterhaltung. Positive Emotionen dienen der Menschheit ebenfalls zur Arterhaltung. Darüber hinaus fühlen sie sich auch noch deutlich besser an, als gefressen zu werden.[70]

70 Natürlich kann ich da nicht mitreden, aber …

Die spannende Frage ist, worin genau ihr spezifischer evolutionärer Nutzen besteht – gerade auch in Abgrenzung zu den negativen Emotionen.

Wachstum und Erweiterung

Mit dieser Frage hat sich Barbara Fredrickson (2001) in ihrer Broaden-and-Build-Theorie der positiven Emotionen eingehend beschäftigt. Bevor wir uns diese im Detail anschauen, ist es sinnvoll, zum besseren Verständnis noch einmal die andere Seite des Kontinuums zu betrachten. Die Ausführungen im Interview mit Professor Esch im Kapitel 2.4 haben hier schon einiges an Aufklärung geleistet. Übergreifend lässt sich sagen, dass negative Emotionen (mit Ausnahme akut ausgelebter Wut) eine *hemmende, schützende, zurückziehende Qualität haben.* Insbesondere unter Angst und Trauer haben wir intuitiv das Bedürfnis, uns tendenziell klein zu machen, uns zurückzuziehen (Feldman et al., 1999). Gleichzeitig *bündeln diese Gefühle unsere Aufmerksamkeit*, sie richten diese immer wieder gezielt auf das Objekt aus, das als auslösende Instanz betrachtet wird – so wie auch unsere Zunge immer wieder unwillkürlich zu einer unebenen Stelle an unseren Zähnen zurückkehrt – so lange, bis alles wieder eben ist.

Im gleichen Zug beeinflussen negative Emotionen auch unser Verhaltensrepertoire. So, wie wir uns körperlich kleiner machen, *machen wir uns gewissermaßen auch mental kleiner* bzw. enger. Insbesondere im Zustand großer Angst (wie auch Wut) ziehen wir uns tendenziell auf automatisierte, teilweise instinktive Verhaltensmuster zurück. Wie Professor Esch erläutert hat, wird dies auf der endokrinologischen und neuronalen Ebene von entsprechenden Veränderungen begleitet. Starke Furcht wie auch Wut ziehen im wahrsten Sinne des Wortes Blut aus der Großhirnrinde ab – es wird stattdessen vermehrt u. a. in die Gliedmaßen gepumpt, um den Körper kampf- und fluchtbereit zu machen. Jeder, der in einer mündlichen Prüfung schon einmal einen echten Blackout erlebt hat, weiß genau, wie sich das anfühlt – wobei ein Blackout streng genommen eher dem Erstarren gleicht, was hochgradig sinnvoll ist, da wir in der Regel in einer Prüfungssituation weder angreifen noch flüchten können.

Die Broaden-and-Build-Theorie postuliert nun, dass es sich mit positiven Emotionen entgegengesetzt verhält. Sie haben *eine erweiternde Qualität, dies gilt sowohl für die körperliche, die mentale, wie auch die soziale Ebene*. Konkret spricht Fredrickson davon, dass positive Emotionen unsere Aufmerksamkeit und unser Denk- und Verhaltensrepertoire erweitern (Fredrickson & Branigan, 2005). Was ist damit gemeint? Wenn man Menschen experimentell in positive Stimmung versetzt, dann findet man im Vergleich zu neutraler und negativer Stimmung das Folgende (Fredrickson, 2013a):

- Die Personen zeigen übergreifend mehr Verhaltensimpulse, wollen also aktiver werden, während uns negative Stimmung tendenziell passiv werden lässt.

- Sie haben eine verbesserte Wahrnehmung im peripheren Bereich des Sichtfelds. Das heißt, die visuelle Aufmerksamkeit verbreitert sich, es geht also um ein real physikalisches Phänomen, nicht nur um ein psychologisches.
- Die Erweiterung des Blickfelds offenbart sich auch auf der mentalen Ebene. Bei positiver Stimmung generieren wir mehr und auch kreativere Problemlösungen.
- Außerdem denken wir tendenziell abstrakter. Wenn Menschen gebeten werden, Gegenstände zu beurteilen, dann achten sie stärker auf die übergeordnete Ebene, auf die Zusammenhänge, weniger auf die Details. Positive Emotionen sorgen dafür, dass wir, metaphorisch ausgedrückt, stärker auf den Wald und weniger auf die Bäume achten.
- Positive Emotionen sorgen schließlich dafür, dass wir unsere Zirkel des Vertrauens erweitern, wir zeigen weniger sogenanntes Outgroup Behavior. Sprich: Wir schauen stärker auf das, was uns mit anderen Menschen verbindet, als auf das, was uns trennt.

Fassen wir das noch einmal kontrastierend zusammen: Negative Emotionen bewirken eine Fokussierung unsere Aufmerksamkeit, sie bündeln und verengen unseren Blickwinkel und helfen uns dadurch, negative Abweichungen von gewünschten Sollwerten zu erkennen und zu beseitigen. Positive Emotionen erweitern hingegen das physikalische und mentale Blickfeld, sie helfen uns dabei, Zusammenhänge zu erkennen und diese zu explorieren. Sinnbildlich ließe sich sagen, dass negative Emotionen in ihrer Funktion einer Lupe oder einem Mikroskop nahekommen. Sie unterstützen uns dabei, in einem kleinen Bereich des Wahrnehmbaren scharf zu sehen. Positive Emotionen sind eher wie eine Kamera, die in einigen Metern Höhe an einer Drohne hängt. Diese Perspektive lässt Details verschwimmen, sorgt aber für einen guten Überblick und bietet die Möglichkeit des Erkennens von Mustern und Strukturen.

Bezogen auf ihren evolutionären Nutzen lässt sich sagen, dass positive Emotionen – wenn auch flüchtig in ihrer Art – eine strategische, zukunftsgerichtete, langfristige Natur aufweisen. Negative Emotionen sind eher von kurzfristiger und taktischer Natur, sie fokussieren auf die Vergangenheit oder die unmittelbare Gegenwart. Negative Emotionen zeigen zumeist einen unmittelbaren Handlungsbedarf auf, während positive Emotionen eher darauf hinweisen, dass wir uns unspezifisch auf einem richtigen, weil adaptiven Weg befinden (Fredrickson, 1998).

Wozu braucht es positive Emotionen in Organisationen?

Im Lichte dieser Ausführungen wird auch klar, welch wichtige Rolle die positiven Emotionen der Mitarbeiter für Organisationen spielen können. Sie sind auch in diesem Kontext nicht nice-to-have, sondern von erfolgskritischer Bedeutung – zumal überall dort, wo es nicht ausschließlich um das Ausführen von Aufgaben, sondern um

Kreativität, Problemlösung und Strategieentwicklung geht (Fredrickson, 2000). Wo Mitarbeiter daran arbeiten, die Zukunft ins Unternehmen einzuladen, Ressourcen aufzubauen, auch soziale Bindungen untereinander zu stärken, dort sind gute Gefühle von essenzieller Bedeutung (Vacharkulksemsuk & Fredrickson, 2013). Im Gegenzug bedeutet dies allerdings auch, dass positive Emotionen nicht in allen organisationalen Lebenslagen hilfreich sind (Judge & Ilies, 2004). Sie können z.B. hinderlich sein, wenn es darum geht, Ideen auf ihre Validität hin zu prüfen. Fehler und Schwachstellen in Konzepten oder Zahlengewerken zu entdecken – sich darauf zu konzentrieren, was derzeit noch nicht funktioniert, was vielleicht auch *zu* optimistisch dargestellt wird –, erfordert eine gewisse Nüchternheit (Schrand & Zechman, 2012). Wie so oft im Leben geht es auch hier um eine *gute Balance und den richtigen Zeitpunkt.*

Wichtig

Positive Emotionen sind äußerst wichtig für Unternehmen. Sie sind ein Generator von motivationaler Energie und helfen den Mitarbeitern, sich wünschenswerte Zukünfte zu vergegenwärtigen und diese optimistisch und zielgerichtet anzusteuern.

EIGENE ERFAHRUNG

Wenn ich bisweilen – für meinen Geschmack – zu schlecht drauf war in meiner ehemaligen Führungsrolle, wenn der Druck zu groß wurde, dann habe ich mich absichtsvoll an eine Lektion erinnert, die mir in meinem allerersten Job nach der Universität erteilt wurde. Konkret erhielt ich diese vom damaligen Personalleiter, dem ich dafür nach wie vor dankbar bin, auch wenn ich das Unternehmen schon recht bald danach verließ. Ich würde die Kultur dieses Unternehmens, zumindest in seinem damaligen Zustand, als ausgeprägt hierarchisch und politisch bezeichnen. Leider gab es auch die unangenehme Angewohnheit, Konflikte nach unten wegzudrücken, damit die oberen Ebenen ihr freundschaftliches Gesicht wahren konnten. Bisweilen fehlten mir in der Folge die Entscheidungsbefugnisse, um einen Konflikt zur allseitigen Zufriedenheit zu lösen.

Als wieder einmal eine für mich nicht lösbare Situation auf meinem Schreibtisch explodierte, nahm mich der Personalleiter, den ich ansonsten eher selten zu Gesicht bekam, zur Seite. Er bat mich in sein Büro und fragte mich nach meinem Befinden. Ich sei in den letzten Wochen gefühlt immer kleiner geworden in meinem Sessel, sagte er. Nachdem ich ihm die vertrackte Lage erläutert hatte, kam ein leichtes Grinsen über sein Gesicht und er entgegnete: »Lieber Herr Rose, ich erkläre Ihnen jetzt mal etwas: *Man schlägt den Hund und meint den Herrn.* Das dürfen Sie nie vergessen, wenn Sie in einem so großen Laden arbeiten. Und jetzt kümmere ich mich um das Thema.« Am nächsten Tag war die Sache vom Tisch.

Die Erinnerung an diese Episode hat mir oft geholfen, wenn ich das Gefühl hatte, zu sehr von meiner Organisation bzw. meiner Rolle darin vereinnahmt zu werden. Sie hat mir früh, auf einer praktischen Ebene, die Augen für das *systemische Element* von Unternehmen und Führung geöffnet. Wann immer ich später unter Druck geriet, fand ich ein Stück weit Entlastung in dem Gedanken, dass das aktuelle Erleben zu meiner Rolle und nicht zum Menschen Nico Rose gehörte. Praktisch jede Person hätte an meiner Stelle die Situation gleich oder ähnlich erlebt. Diese Erkenntnis hat mich in den meisten Nächten meiner Karriere gut schlafen lassen.

4.3 Der Schneeball-Effekt

Bisher haben wir nur die individuelle Qualität von Emotionen betrachtet. Für den organisationalen Kontext ist allerdings mindestens ebenso wichtig, dass Gefühle (auch) ein *soziales Phänomen* sind. Biologisch betrachtet sind Menschen Säugetiere. Im Laufe der Entwicklungsgeschichte haben wir immer in kleinen oder größeren Sippen zusammengelebt, weil Kooperation einen Wettbewerbsvorteil im Spiel des Überlebens darstellt (Nowak, 2006). Um Kooperation zu ermöglichen, mussten wir Mechanismen entwickeln, die uns helfen zu verstehen, was andere Mitglieder der Gruppe umtreibt – und natürlich auch Wege finden, uns selbst mitzuteilen. Heutzutage geschieht dies im Schwerpunkt durch Sprache. Im Verlauf der Menschheitsgeschichte als solcher ist dies allerdings ein noch junges Phänomen. Über Äonen, bevor wir uns verbal verständigen konnten, haben wir andere Mechanismen genutzt, um zu verstehen und verstanden zu werden (Hockett, 1960): beispielsweise das Lesen von Blicken bzw. von Mimik und Gestik allgemein – und natürlich auch olfaktorischen Informationen, also Kommunikation über Duftstoffe. All diese Mechanismen sind heute noch intakt, werden aber vom Gebrauch der Sprache überlagert.

Gleichzeitig kennt praktisch jeder Mensch das Gefühl, in einer Masse aufzugehen, z. B. mit vielen tausend Menschen im gleichen Takt zu singen, sei es im Fußballstadion oder bei einem Rockkonzert (Von Scheve & Ismer, 2013). An diesem Punkt ist es notwendig, von einem Phänomen zu sprechen, das in der Wissenschaft *emotionale Ansteckung* genannt wird (Hatfield et al., 1993). Damit ist gemeint, dass sich Menschen in sozialen Interaktionen gegenseitig mit ihren Emotionen »infizieren« – so ähnlich, wie wir uns bei anderen auch mit Viren oder Bakterien anstecken können. Dieser Prozess geschieht in der Regel unbewusst und unwillkürlich, sprich: Wir können ihn kaum kontrollieren. Konkret heißt das: Wenn Sie neutral gestimmt sind und dann eine Weile mit einer sehr fröhlichen Person interagieren, besteht eine hohe Wahrscheinlichkeit, dass Sie im Anschluss ebenfalls ein wenig gelöster sind. Bei einer traurigen Person würde das Gleiche passieren, nur in entgegengesetzter Richtung.

Diese Form der Ansteckung beruht auf einer Form der Simulation. Vereinfacht gesagt schauen wir andere Personen an bzw. hören auf ihre Stimmlage und beantworten dann vorbewusst die folgende Frage: *Wie würde es mir gehen, wenn ich das fühlen würde, was ich gerade bei der anderen Person wahrnehme* (Nummenmaa et al., 2008)? Der interessante Teil: Wir haben natürlich kein Simulationsgerät in der Tasche, müssen dafür unseren eigenen Körper nutzen. Das heißt, während wir unwillkürlich simulieren, was in der anderen Person vor sich geht, wird ein Teil dieser Erfahrung in uns »hochgeladen« durch entsprechende neurologische und endokrinologische Aktivierungsmuster. Es gibt kein Simulieren ohne gleichzeitiges Elizitieren (Schulte-Rüther et al., 2007). Dies ist die physiologische Basis für emotionale Ansteckung. Darüber hinaus passen wir uns im Kontext von Organisationen auch bewusst an das emotionale Klima einer Organisation oder Arbeitsgruppe an. Welche Gefühle in welcher Intensität »erlaubt« sind, gehört zur sozialen Norm innerhalb von Gruppen (Gooty et al., 2010).

Emotionen fließen (hauptsächlich) von oben nach unten

Auf diese Weise beeinflussen Führungskräfte die Emotionen der geführten Mitarbeiter. Das gilt sowohl für die individuellen Gefühle wie auch das emotionale Klima der betreffenden Gruppen (Sy et al., 2005). Im Englischen spricht man dahingehend auch von einem Ripple Effect, angelehnt an die kreisförmigen Wellenbewegungen, die ein ins Wasser geworfener Stein verursacht (Barsade, 2002). Der entscheidende Punkt: Wir dürfen davon ausgehen, dass – so lange eine klare hierarchische Abhängigkeit besteht – die Gefühle der Führungskraft jene der Mitarbeiter sehr viel stärker beeinflussen, als dies in umgekehrter Richtung geschieht. Zwar stecken sich die Mitglieder einer Gruppe auch untereinander an, aber es lässt sich experimentell zeigen, dass die Beeinflussung zuvorderst von oben nach unten verläuft (Barsade & Knight, 2015). Dies ist eine Folge der disziplinarischen Abhängigkeit zwischen Mitarbeitern und jenen Menschen, die ihnen Rechenschaft schuldig sind.

Stellen Sie sich das einmal plastisch vor: Ein normaler Montagvormittag in einem bundesdeutschen Büro, es steht ein regelmäßig stattfindendes Teammeeting an: Die Teammitglieder sind schon im Konferenzraum versammelt, die Führungskraft hat das gewohnheitsmäßige Recht, ein wenig zu spät zu kommen. Die Stimmung ist aktuell neutral oder leicht positiv. Einige unterhalten sich über den Tatort vom Vorabend, andere checken ihre Mails, wieder andere besprechen auch Berufliches. Drei Minuten und siebenundvierzig Sekunden nach dem offiziellen Start sind dann Schritte auf dem Flur zu hören. Jene Personen im Raum, die nicht völlig in ein Gespräch oder ihr Handy versunken sind, stellen die Lauscher auf: Geht der Vorgesetzte schnell oder langsam? Kann man möglicherweise mehr als eine Person hören – bringt die Führungskraft vielleicht unangekündigt jemanden mit? Spätestens in jenem Moment, wenn die Klinke gedrückt wird, ändert sich die Energie im Raum: Die Gespräche verstummen, die Leute richten sie auf – und alle Blicke gehen zur Tür. Welche Frage haben nun alle Menschen automatisch im Kopf?

Ich stelle diese Frage regelmäßig im Rahmen meiner Vorträge – und in 90 Prozent der Fälle antworten die Menschen unisono: »Wie ist der (oder die) drauf?« Ergo: Hat der Vorgesetzte gute Laune oder schlechte Laune? Wirkt er gehetzt oder entspannt? Wie ist wohl das vorhergehende Meeting mit dem Hauptabteilungsleiter gelaufen? Obwohl die Führungskraft noch nicht ein einziges Wort gesagt hat, hat sie – ungewollt – bereits ein Stück weit die Stimmung im Raum geprägt. Einerseits durch die Energie, die sie in den Raum mitbringt, andererseits durch die bewussten Reaktionen, welche die Mitarbeiter als Reaktion auf die wahrgenommene Stimmung der Führungskraft an den Tag legen. Wenn die Führungskraft beispielsweise sowieso schon genervt wirkt, dann wird sich der junge Mitarbeiter, der eine gute, aber etwas riskante Idee für ein neues Projekt hat, vermutlich nicht aus der Deckung wagen, sondern seinen Vorschlag vertagen. Auf diese Weise kann die (schlechte) Stimmung von Führungskräften Innovation bremsen, Prozesse verlangsamen – und natürlich allgemein die Stimmung im Team dämpfen.

Darüber hinaus sollte beachtet werden, dass die Beeinflussung nicht ausschließlich im direkten Kontakt stattfindet. Aus der psychologischen Netzwerkforschung ist bekannt, dass verschiedenste Aspekte des menschlichen Erlebens durch die sozialen Netzwerke beeinflusst werden, in die wir eingebunden sind. Das bedeutet: Wenn wir beispielsweise in eine neue Nachbarschaft ziehen, in der besonders viele übergewichtige Menschen leben, dann steigt auch für uns die Wahrscheinlichkeit, Gewicht zuzulegen. Das gleiche Prinzip gilt fürs Rauchen und für Depressionen, aber natürlich auch für wünschenswerte Aspekte des Daseins. Diese Effekte sind mitunter bis ins vierte oder fünfte Glied eines Netzwerkes messbar. Wir werden also – zumindest statistisch – von Menschen beeinflusst, die wir gar nicht kennen und mit denen wir auch gar keinen persönlichen Kontakt haben (Christakis & Fowler, 2013).

In dieser Hinsicht wird die besondere Bedeutung der emotionalen Verfassung des Top-Managements von Organisationen deutlich. Durch den Multiplikatoren-Effekt haben sie – im Guten wie im Schlechten – die Macht, das emotionale Klima der gesamten Organisation entscheidend zu prägen (Tee, 2015). Auch dies darf man sich plastisch vorstellen. Wenn ein Bereichsleiter einen Abteilungsleiter zur Minna macht, dann gibt die letztgenannte Person diese negativen Emotionen in Teilen an die zugehörigen Teamleiter weiter, diese geben einen Teil davon an ihre Teammitglieder weiter – und die sprechen dann vielleicht als Nächstes mit einem Kunden oder Bewerber. Abgesehen von dieser akuten Beeinflussung lernen die Mitglieder einer Organisation durch direkte und indirekte Beobachtung, »was okay ist in diesem Laden«. Es handelt sich hierbei wohlgemerkt nicht um Gedankenspiele. Genau das passiert täglich in bundesdeutschen Büros – und anderswo.

Vor diesem Hintergrund bin ich fest davon überzeugt, dass die *Fähigkeit zur aktiven Emotionsregulation* eine der wichtigsten Fähigkeiten ist, die Führungskräfte beherrschen sollten (Kerr et al., 2006). Sie haben dafür zu sorgen, dass die bisweilen nicht zu vermeidenden negativen emotionalen Wellen, die von oben durch das Unternehmen fließen, möglichst bei ihnen selbst gestoppt oder zumindest abgeschwächt werden. Im Abschnitt über Achtsamkeit werde ich näher auf diesen Punkt eingehen.

Wichtig

Die eigenen Emotionen regulieren zu können ist eine der wichtigsten Führungsfähigkeiten. Wir können nur begrenzt darüber entscheiden, *was* wir fühlen. Sehr wohl können wir jedoch zu einem guten Teil entscheiden, welche Gefühle wir anderen Menschen gegenüber zum Ausdruck bringen.

Menschen nutzen unterschiedliche Mechanismen, um ihre Emotionen zu beeinflussen. Wir können uns u.a. in einem begrenzten Maße aussuchen (Quoidbach et al., 2015):

- in welche Situationen wir uns überhaupt hineinbegeben;
- worauf wir uns in diesen Situationen konzentrieren;
- oder wie wir uns an Situationen erinnern und diese bewerten.

In dieser Hinsicht möchte ich noch einmal an das What Went Well-Prinzip (WWW) erinnern. Wir können uns jederzeit bewusst entscheiden, uns auf jene Aspekte einer Situation zu fokussieren, die gut gelaufen sind, und somit einer optimistischen Haltung Vorschub leisten (Seligman et al., 2009).

WERKZEUG: WHAT WENT WELL

WWW kann z. B. zum Auftakt von Meetings verwendet werden. Viele Meetings, vor allem, wenn sie regelmäßig in ähnlicher Zusammensetzung stattfinden, starten mit einer Art Blitzlicht, in dessen Rahmen alle Teammitglieder reihum kurz berichten, welche relevanten Ereignisse in der letzten Zeit stattgefunden haben. Aufgrund der in Kapitel 2 beschriebenen Übermacht von negativen Ereignissen haben viele Mitarbeiter intuitiv das Bedürfnis, sich im ersten Schritt »auszukotzen« – sie wollen ihrem Frust Raum geben. Dies ist menschlich und verständlich, aber nicht zwingend produktiv im Sinne des emotionalen Klimas für den weiteren Verlauf des Treffens. Als Gegenmaßnahme kann die Führungskraft eine Runde WWW initiieren. Jeder Mitarbeiter wird gebeten, reihum zunächst ein oder zwei Begebenheiten zu schildern, die gut gelaufen sind, auf die die Person stolz ist o. ä. Natürlich geht es nicht darum, die Baustellen und Probleme komplett zu ignorieren. Doch die Reihenfolge, in der man sich den positiven wie negativen Thematiken widmet, kann die Chemie im Raum entscheidend beeinflussen.

Ich selbst habe WWW gerne zum Abschluss von Interaktionen genutzt. Ich bat mein Team bei Bertelsmann beispielsweise, mir alle zwei Wochen, als letzten Akt vor dem Wochenende, eine kurze Mail zu schicken. Darin sollten sie mir einerseits ihre übergreifende Zufriedenheit mit der Arbeit auf einer Zehnerskala mitteilen. Außerdem bat ich sie darum, mir drei besonders erwähnenswerte Dinge aus den letzten zwei Wochen zu schildern. Ich wollte damit bewirken, dass sie mit diesen positiven Gedanken im Hinterkopf ins Wochenende entschwinden.

4.4 Ausgewählte positive Emotionen und ihre Rolle in Organisationen

Es gäbe eine Vielzahl von positiven Emotionen, die es wert wären, näher beleuchtet zu werden. Aus Platzgründen habe ich mich allerdings entschieden, einen Deep Dive nur in puncto Optimismus, Dankbarkeit und Ehrfurcht zu machen.

Optimismus

Optimismus nimmt in der Positiven Psychologie eine zentrale Rolle ein. Wie in Kapitel 2 erläutert, waren die Forschungsarbeiten über Optimismus Martin Seligmans Trittleiter auf dem Weg der Etablierung der Positiven Psychologie als neuer Teildisziplin der Psychologie. Es gibt viele Forschungsarbeiten über Optimismus als unveränderliche Eigenschaft unseres Charakters (ein Trait, wie es Psychologen nennen; Scheier & Carver, 1985). Hier hat man sich insbesondere für Optimismus im Umfeld der menschlichen Gesundheit interessiert, z. B., ob Optimisten nach schweren gesundheitlichen Bedrohungen schneller und nachhaltiger wieder auf die Beine kommen. Diese Frage lässt sich heute uneingeschränkt mit ja beantworten. Überblicksstudien zeigen, dass Optimisten im Vergleich zu Pessimisten im Mittel nicht nur zufriedener mit ihrem Leben sind, sondern auch eine höhere Lebenserwartung haben. Insbesondere scheint Optimismus als Charaktereigenschaft einen gewissen Schutz gegen Herz-Kreislauf-Erkrankungen zu bieten (Rasmussen et al., 2009). Man darf sich das durchaus plastisch ausmalen: Wer über viele Jahre oder sogar Jahrzehnte mehr oder weniger zuversichtlich durchs Leben geht, der schont im wahrsten Sinne des Wortes sein Herz. Stellen Sie sich vor, wie Pessimisten über die vielen, zum Teil stressreichen Momente des Lebens permanent ein kleines bisschen aufgewühlter sind, mehr grübeln und dabei etwas weniger hoffnungsvoll sind als Optimisten. Sie schütten folglich immer wieder und wieder etwas mehr Stresshormone aus, die über die Jahre das Herz-Kreislauf-System angreifen, was letztlich eine höhere Mortalität zeitigt (Boehm & Kubzansky, 2012). Darüber hinaus hat Optimismus als Charaktereigenschaft noch weitere Vorteile. So zeigt sich in vielen Studien beispielsweise ein Zusammenhang mit erfolgreicher Start-up-Aktivität (Crane & Crane, 2007).

Wichtig

In hohen Dosen und über lange Zeiträume hinweg haben unterschiedliche Emotionen unterschiedliche (Neben-)Wirkungen.

Seligman ist allerdings stärker fasziniert von Optimismus als Attributionsstil, also einer – das ist wichtig – veränderbaren *Art und Weise, sich die Geschehnisse im eigenen Leben zu erklären und zu »be-deuten«* (Peterson, 2000).[71] Dass sich Optimismus trainieren lässt, kann heute als gesichert angesehen werden. Das gilt sowohl für gesunde (Malouff & Schutte, 2017) wie auch klinische Populationen, also Menschen, die beispielsweise an Depressionen leiden (Seligman et al., 1988).

Wer einen optimistischen Attributionsstil pflegt, führt Erfolge im Leben tendenziell auf die eigenen Fähigkeiten zurück, Misserfolge hingegen auf besondere Umstände und andere Faktoren, die nicht von Dauer sind bzw. nicht den Kern der Person berühren. Dieser Umstand lässt solche Menschen erfolgreicher agieren, insbesondere in Kontexten, die mit regelmäßigen Rückschlägen verknüpft sind.

- Athleten mit optimistischem Attributionsstil gehen besser mit Niederlagen um und performen im Anschluss stärker als solche mit pessimistischem Stil (Seligman et al., 1990).
- Studenten mit optimistischem Attributionsstil kommen erfolgreicher durch das erste Jahr im College (Peterson & Barrett, 1987).
- Vertreter für Lebensversicherungen mit optimistischem Attributionsstil sind erfolgreicher als ihre pessimistischen Kollegen (Seligman & Schulman, 1986).

Wie schon berichtet, lässt sich ein optimistischer Attributionsstil trainieren. Die Professorin Judith Proudfoot hat beispielweise gemeinsam mit Kollegen ein Programm gestaltet, in dessen Rahmen ausgewählte Vertriebsmitarbeiter einer britischen Versicherung über einige Wochen hinweg geschult wurden – andere Kollegen kamen auf eine Warteliste. Im Rahmen des Trainings lernten die Mitarbeiter

- ihre Attributionen zu beobachten und zu protokollieren,
- automatische Gedanken und Denkfehler zu identifizieren[72]
- und diese schließlich durch nützlichere Attributionen zu ersetzen.

Im Vergleich zur Wartegruppe zeigten die Teilnehmer im Anschluss ein signifikant geringeres Maß an arbeitsbezogenem Stress, erhöhtes Selbstbewusstsein und mehr

---

71 Ein Beispiel hierzu finden Sie in Kapitel 2.

72 Zu Denkfehlern im Rahmen eines pessimistischen Attributionsstils gehören das Katastrophisieren, das Schwarz-Weiß-Denken oder das willkürliche Schlussfolgern. Katastrophisieren bezeichnet die Tendenz, ausschließlich auf den schlimmstmöglichen Ausgang einer Situation zu fokussieren. Schwarz-Weiß-Denken ist gekennzeichnet durch die Tendenz, in einer Situation ausschließlich auf zwei antagonistische Alternativen zu fokussieren, obwohl es weitere Alternativen gäbe. Willkürliches Schlussfolgern bezeichnet die Tendenz, kausale Schlüsse zu ziehen, ohne den ursächlichen Zusammenhang zu hinterfragen oder andere Erklärungsmodelle in Betracht zu ziehen.

Arbeitszufriedenheit. Außerdem konnte eine deutlich verminderte Wechselbereitschaft gemessen werden. Diese Unterschiede hatten auch drei Monate nach dem Training noch weitestgehend Bestand (Proudfoot et al., 2009).

Ein Mensch, der sich von Berufs wegen gut mit Optimismus auskennt, ist Christian Lindner. Er hat bereits früh im Leben mehrere Unternehmen gegründet und ist als Politiker außergewöhnlich erfolgreich. Und gerade für einen Liberalen ist Optimismus sowieso erste Bürgerpflicht. In diesem Sinne habe ich mit Christian Lindner ein anregendes Gespräch über die »Lage der Nation« geführt – und die Frage, warum man »als Optimist Optimist sein muss.«

Freiheit und Verantwortung müssen trainiert werden

Interview mit Christian Lindner

Lieber Herr Lindner, der Begründer der Positiven Psychologie, Martin Seligman, hat in den 1980er-Jahren viel zum Thema Optimismus geforscht. Wieviel Optimismus braucht man als Vorsitzender der FDP?

Paradox ausgedrückt möchte ich sagen: Als Optimist muss man Optimist sein. In Deutschland wird gegenwärtig viel Politik gemacht mit Ängsten: Angst vor dem Arbeitsplatzverlust, vor der Digitalisierung, vor Überfremdung, vor Egoismus, vor Alterung – überall Ängste, überall Pessimismus. *Von daher ist es schon eine Kraftanstrengung, immer wieder darauf aufmerksam zu machen, dass wir nicht Opfer unseres Schicksals sind,* dass wir nicht ohnmächtig den Lauf der Dinge beobachten müssen. Jeder kann in seinem eigenen Leben einen Unterschied machen. Auch bei großen gesellschaftlichen sowie technologischen Trends und Veränderungen haben wir als Gesellschaft die Chance, einen entscheidenden Beitrag zu leisten, wenn wir uns entschließen, diese positiv zu besetzen.

Die deutsche Wirtschaft brummt seit Jahren. Auf der anderen Seite gibt es Sorge, weil jene Firmen, die in den letzten zwei Jahrzehnten besonders erfolgreich waren, allesamt in den USA, China oder auch in Staaten wie Israel gegründet wurden. Wieviel Optimismus können Sie für die Zukunft des Wirtschaftsstandorts Deutschland aufbringen?

Ich sehe unseren Mittelstand weiterhin weltweit führend, wir haben viele Hidden Champions in zahlreichen Nischen. Wir haben auch im Automobilbereich – entgegen anders lautender Behauptungen – Spitzentechnologie. Selbst in der IT gibt es Bereiche, in denen wir weltweit vorne sind. Ich denke da nicht nur an die SAP, sondern auch an viele Industrieunternehmen, die weltweit führend sind, z. B. beim Thema Computer Aided Manufacturing. Jetzt liegt es an uns, etwas daraus zu machen – sodass hier noch mehr Einhörner entstehen können, die die Milliardengrenze bei der Kapitalisierung überschreiten.

Grundsätzlich bin ich also optimistisch eingestellt. Wir müssen aber auch die richtigen Rahmenbedingungen schaffen, damit Wachstum und Innovation beschleunigt werden. Es geht darum, dass ausreichend Wagniskapital zur Verfügung gestellt wird, dass Fachkräfte motiviert werden, zu uns zu kommen, dass die Bildungslandschaft fortschrittlicher gestaltet wird, dass Ausgaben in die Forschungslandschaft gesteckt werden, dass sinnvolle Flexibilisierung am Arbeitsmarkt erreicht wird.

Die FDP hat 2017 mehrere erfolgreiche Wahlkämpfe geführt. Ein Kernmotiv damals war der Neologismus German Mut in Abgrenzung zum Klischee der »German Angst«. Aus Ihrer Perspektive: Warum neigt der Deutsche an sich so stark zur Vorsicht?

Einerseits geht es sicherlich um den typisch deutschen Hang zur Perfektion. Andererseits gibt es diese Vollkasko-Mentalität, die sich seit den 1970er-Jahren im sich immer weiter ausbreitenden Wohlfahrtsstaat entwickelt hat. *Freiheit und Verantwortung sind wie Muskeln, sie wollen trainiert werden.* Wenn man sie nicht benutzt, dann werden sie schwächer, bilden sich zurück. Um in dieser Sport-Metapher zu bleiben: Wer trainiert, der gewinnt nicht nur an Fertigkeiten hinzu, sondern auch zunehmend Freude an deren Nutzung. Ich glaube, dass eine Trendwende hin zu mehr Selbstbestimmung und Individualität dazu führen könnte, dass wir auch als Gesellschaft wieder glücklicher sein würden. Materiell zufrieden sind wir bereits wie kaum jemals zuvor – aber irgendwie hat sich das bisher kaum in der Stimmung niedergeschlagen, es gibt nach wie vor zu wenig Zukunftsoptimismus. Ich erinnere mich an eine Studie, die vor geraumer Zeit durchgeführt wurde, in der über viele Nationen hinweg erfragt wurde, in welchen Ländern man die höchste Lebensqualität vermute. Über praktisch alle Länder hinweg sah man Deutschland in der Spitzengruppe – nur in Deutschland selbst nicht.

Sie haben 2013 den Parteivorsitz übernommen, nachdem die FDP aus dem Bundestag geflogen war. Wieviel Optimismus und vielleicht auch Wagemut steckten in dieser Entscheidung?

Das war schon riskant. Man darf sich das nicht vorstellen à la »Wenn das nicht klappt, dann geht er halt in die Wirtschaft«. Wenn du vier Jahre eine Partei führst und am Ende ist das nicht erfolgreich – da gehst du im Zweifel schon als Loser vom Platz. Mir war aber schon vor der Schließung der Wahllokale klar, dass ich das machen wollte. Das soll sich nicht zu pathetisch anhören, aber die FDP prägt einfach einen Großteil meiner Biografie, wie eine erweiterte Familie. An diesem Tiefpunkt wollte ich nicht mehr an der Seite sitzen und zuschauen – ich wollte es selber machen und meinte auch, eine Idee zu haben, wie es funktionieren könnte. Es hat sich damals nicht so angefühlt, als müsse man den Liberalismus historisch für immer begraben. Da gab es nach wie vor viel Potenzial, das nur irgendwie unter Klischees und Trümmerteilen verschüttet lag.

Vor Ihrer politischen Laufbahn haben Sie erfolgreiche und auch weniger erfolgreiche Episoden als Unternehmer durchlebt. In so mancher Debatte versuchen politische Mitbewerber, daraus Kapital zu schlagen. Hier steht erneut die Frage nach der deutschen Mentalität, vor allem einer gesunden Fehlerkultur, im Raum.

Davon fühle ich mich nicht richtig getroffen bzw. betroffen. Ich habe früh den Weg in die Selbstständigkeit gefunden, um meinen 18. Geburtstag herum. Jetzt, mit 40, bin ich zufrieden und stolz, dass ich mir schon recht früh wirtschaftliche Unabhängigkeit erarbeiten konnte – meine beruflichen Tätigkeiten außerhalb der Politik waren überwiegend erfolgreich. Das Scheitern meines Start-ups war damals keine sonderlich tiefgreifende, demotivierende Erfahrung. Das hatte sich über längere Zeit abgezeichnet und ich hatte zu dem Zeitpunkt nur noch eine Minderheitsbeteiligung, war nicht mehr in der Geschäftsführung. Ansonsten war ich erfolgreich im Bereich Werbung und Kommunikation.

Wenn ich also heute im Rahmen von Fuck-up-Nights« nach dieser Episode gefragt werde, kann ich gar nicht realistisch antworten. Die Leute denken, der weiß, wie es ist, ganz unten zu sein. Aber ehrlich gesagt weiß ich es nicht – und bin auch recht glücklich darüber, dass ich eine ganz krasse Niederlage inklusive Existenzangst nie erleben musste.

Als Parteivorsitzender haben Sie einerseits angestellte Mitarbeiter an Ihrer Seite. Andererseits müssen Sie einen großen Apparat an Freiwilligen zur Mitarbeit inspirieren, ohne den erfolgreiche politische Arbeit nicht darstellbar ist. Haben Sie so etwas wie persönliche Führungsprinzipien?

Ein liberales Führungsprinzip ist die Delegation von Verantwortung. Ich versuche daher, Mitarbeiterinnen und Mitarbeiter mit Projektverantwortung auszustatten. Eigene Gestaltungsfreiheit motiviert und stärkt die Persönlichkeit. Das Führen über Ziele ist in einer von ehrenamtlichem Engagement getragenen Organisation ohnehin zwingend nötig. Die Menschen entscheiden schließlich selbst, was sie in ihrer Freizeit tun. Deshalb sind die Herausarbeitung und Achtung von Grundprinzipien enorm wichtig für die Mobilisierung.

Zum Abschluss ein anderes Thema: Sie werden parteiübergreifend von Menschen für Ihre rhetorischen Fähigkeiten bewundert, vor allem für die Gabe der freien Rede. Wieviel davon ist Talent, wieviel ist Training?

Es ist in der Tat ganz viel Training, vor allem: viel Lesen. Wenn du liest, viel Input bekommst, auch selbst viele Texte schreibst, wenn du daran arbeitest, deine Gedanken auf den Punkt zu bringen, dann entwickelst du automatisch ein gutes Gefühl für Sprache und dann läuft das irgendwann fast wie von selbst. Dazu rate ich! Wer besser reden will, sollte es öfter tun. Und wer besser reden will, sollte sich gewissermaßen Content besorgen. Den bekommt man aus guten Büchern – und indem man anderen Menschen aufmerksam zuhört.

Christian Lindner hat Politikwissenschaft an der Universität Bonn studiert. Mit 21 wurde er jüngster Abgeordneter im Landtag von NRW, ab 2009 hatte er ein Bundestagsmandat inne. Nach der Niederlage bei der Bundestagswahl 2013 wurde er mit 34 zum jüngsten Vorsitzenden in der Geschichte der FDP gewählt. Seit 2021 ist er Bundesminister für Finanzen. Vor seiner politischen Laufbahn war er Unternehmer. Über die Zeit in der außerparlamentarischen Opposition hat er das Buch Schattenjahre verfasst. Kontakt: christian-lindner.de

Dankbarkeit

Dankbarkeit ist eine wunderbare Sache. Wer Gründe für Dankbarkeit hat, der hat gewissermaßen Grund, dankbar zu sein. An dieser Emotion wird auch deutlich, dass die PERMA-Bausteine der Positiven Psychologie nicht sehr trennscharf sind. Dankbarkeit ist eine soziale Emotion. Sie hätte auch ganz vortrefflich in das Kapitel über Beziehungen gepasst. Ebenso gut hätte man sie in die Kapitel über Engagement und Sinnerleben einbinden können, weil sie in so enger Beziehung mit diesen Aspekten steht. Letztlich passt Dankbarkeit aber wohl doch am besten in den Abschnitt über positive Emotionen.

Ursprünglich wurde Dankbarkeit in der Forschung als individuelle Emotion untersucht. Demnach zeigen wir uns dankbar, wenn andere Menschen uns etwas Gutes getan haben. Je stärker wir bei anderen in der Schuld stehen bzw. je unerwarteter deren Unterstützung ist, desto tiefer ist in der Regel auch das Dankbarkeitsgefühl. Allerdings zeigen sich auch interindividuelle Differenzen (Emmons & Crumpler, 2000). Manche Menschen haben gewissermaßen mehr Talent fürs Dankbarsein als andere – ein Umstand, den viele sicherlich aus dem eigenen Leben kennen. Schaut man etwas genauer hin, dann lassen sich – insbesondere in Bezug auf Dankbarkeit in Organisationen – drei verschiedene Ebene der Dankbarkeit unterscheiden (Fehr et al., 2017):

- *Episodische Dankbarkeit* ist jene Ebene, an die wir typischerweise im Alltagsgeschehen denken und die oben bereits zur Sprache gekommen ist: Wir sind dankbar als unmittelbare Reaktion auf das Gute, das andere Menschen uns getan haben. Dabei ist zu beachten, dass die Dankbarkeit eine Folge der Interpretation tatsächlicher Ereignisse ist, nicht der Ereignisse an sich. In diesem Sinne kann es sein, dass ein Mensch sich dankbar zeigt, ein anderer nicht – auch wenn beide mit der gleichen Situation konfrontiert wurden.
- *Beständige Dankbarkeit* spielt sich konzeptuell auf einer höheren Ebene ab. Manche Menschen bilden in einem bestimmten Kontext, z. B. hinsichtlich der Zugehörigkeit zu einer Organisation, über die Zeit ein dauerhaftes kognitives Schema der Dankbarkeit aus. Als Resultat vorgehender Erfahrung (und immer auch der Persönlichkeit) lernen sie, das Geschehen um sie herum durch eine Brille der Dankbarkeit zu betrachten. Sie erkennen und reagieren folglich leichter auf Stimuli, die Gefühlen von Dankbarkeit Vorschub leisten können – und erleben in der Folge auch mehr episodische Dankbarkeit.
- *Kollektive Dankbarkeit* schließlich manifestiert sich auf der Ebene der Organisation als solcher. Sie ist das Ergebnis eines Bottom-up-Prozesses, wonach sich durch ein hohes Maß an beständiger Dankbarkeit bei einer kritischen Masse der Mitglieder einer Organisation ein hohes Maß an Dankbarkeit als Teil der sozialen Norm innerhalb der Organisation etabliert.

Die Dankbarkeit der Mitglieder wie auch der Organisation geht mit einer Reihe von positiven Konsequenzen einher. Sie stärkt vor allem das prosoziale Verhalten, z. B. in Form von sogenanntem Organizational Citizenship Behavior (OCB). Hiermit bezeichnet die Organisationspsychologie wünschenswerte, auf andere bzw. auf die Organisation als solche gerichtete Verhaltensweisen, die über die Rollenbeschreibung bzw. das durch Ziele vorgegebene Verhalten hinausgehen (Ma et al., 2017). In ihrem Überblickartikel beschreiben Fehr et al. (2017) ergänzend, dass Dankbarkeit mit organisationaler Resilienz in Verbindung steht und außerdem dafür sorgen kann, dass sich die gesamte Organisation in ihrer Ausrichtung langsam aber sicher mehr auf Corporate Social Responsibilty, also eine nachhaltigere Form des Wirtschaftens fokussiert.

Der einfachste Weg für Führungskräfte und HR-Abteilungen, um Dankbarkeit im Unternehmen zu kultivieren, ist im Übrigen, sich selbst regelmäßig dankbar zu zeigen. Wie so oft ernten wir, was wir säen. Das reicht von informellen Dankesbekundungen über semiformelle Maßnahmen wie schriftliche (öffentliche) Dankesbekundungen durch hochrangige Manager einer Organisation bis hin zu außerordentlichen Zuwendungen in Form von Geschenken oder Boni (Brun & Dugas, 2008).

WERKZEUG: RANDOM ACTS OF KINDNESS

Ein Prinzip, das nachweislich gute Laune verbreitet, bei uns selbst wie auch bei anderen, ist das, was im Englischen Random Acts of Kindness (RAOK) genannt wird, also zufällige Akte der Freundlichkeit. Dabei geht es darum, anderen Menschen im Kleinen etwas Gutes zu tun – allerdings so, dass diese nicht erfahren, wer ihr Wohltäter war. Ich ging früher z. B. fast jeden Samstag mit meiner Familie auf den Wochenmarkt in unserer Heimatstadt. Ein Freund stand dort mit einer mobilen Kaffeebar und bot köstlichen Cappuccino feil. Über mehrere Jahre pflegten wir ein Ritual, in dessen Rahmen ich immer ein Getränk zusätzlich bezahlte. Wenn dann jemand einen Kaffee bestellte, der – zumindest gemessen an der optischen Erscheinung – tendenziell bedürftig aussah, so gab ich dem Barista ein kleines Signal. Wenn die betreffende Person dann zahlen wollte, verkündete mein Freund mit einem freundlichen Lächeln, dass das Getränk bereits bezahlt sei. An diesem Punkt fragten die meisten Menschen dann, wer denn die Bezahlung übernommen hätte. Mein Freund entgegnete dann immer lächelnd, dass er darüber nicht reden könne, und wünschte den Menschen einen schönen Tag. Diese gingen dann meist leicht verwirrt, aber lächelnd ihrer Wege. Ich stellte mir dann immer vor, wie die Person dieses kleine Glück bei nächstbester Gelegenheit an andere Menschen weitergeben würde. Im Übrigen bin ich davon überzeugt, dass solche Praktiken gerade auch innerhalb des Netzwerkes einer Organisation eine besondere Wirkung entfalten können.[73]

Ebenso verschicke ich ab und an Postkarten an Bekannte, wenn es – z. B. wegen ihrer Facebook-Postings – so ausschaut, als machten diese gerade eine schwere Phase durch. Auf den Postkarten stehen dann aufmunternde Botschaften wie »Du bist großartig!« oder »Du schaffst das!« – natürlich ohne Absender. Lustig wird es immer dann, wenn diese Personen dann verwundert Fotos der Postkarten auf Facebook stellen, um herauszufinden, wer der Absender ist. Studien legen nahe, dass sich ein RAOK positiv auf den Empfänger wie auf den Gebenden auswirkt (Pressman et al., 2015). Ideen für jeden Tag des Jahres finden Sie in dem Buch Random Acts Of Kindness: 365 Ways to Make the World a Nicer Place von Danny Wallace.

Ehrfurcht

Wie schon an früherer Stelle beschrieben, bin ich mit dem deutschen Wort Ehrfurcht als Übersetzung des englischen Begriffs Awe nicht so recht glücklich. Es weckt nach meinem Dafürhalten latent negative Konnotationen, die ich nicht im gleichen Maße wahrnehme, wenn ich es auf Englisch benutzte. Aber sei's drum. Auf jeden Fall ist Ehrfurcht eine hochspannende, weil komplexe Angelegenheit. Ehrfurcht ist, in dem

73 Siehe dazu auch das Interview mit Wayne Baker im Kapitel 7.

Sinne, wie ich es verwende, ein Mischgefühl. Es entsteht, wenn wir Zeuge von etwas werden, das so groß(-artig) erscheint, dass der Akt der Wahrnehmung selbst unsere bisherigen kognitiven Schemata ein Stück weit sprengt (Keltner & Haidt, 2003). Genau dieses Einreißen von Grenzen kann auch eine Furchtkomponente auslösen, weil das, was einen bisher getragen hat, nicht mehr uneingeschränkt gültig ist. Ehrfurcht kann sich auch einfach in übergroßer Bewunderung äußern. Sie kann durch verschiedene Beobachtungen ausgelöst werden (Shiota et al., 2007):

- Als ehemaliger Tennisspieler löste ein Roger Federer in Bestform Ehrfurcht bei mir aus. Natürlich gab es eine Handvoll Spieler, die es jederzeit mit ihm aufnehmen konnten, aber an wirklich, wirklich guten Tagen war Federers Tennis von einer Leichtigkeit und Eleganz geprägt, die wie ein völlig anderes Spiel anmutet, selbst im Vergleich zu seinen härtesten Kontrahenten. Ähnliche Empfindungen lösen ältere Aufnahmen der Basketballer Michael Jordan und Magic Johnson in mir aus.
- Eine analoge Wirkung auf viele Menschen haben tatsächliche Naturgewalten. Wer beispielsweise zum ersten Mal die Niagara-Fälle oder den Grand Canyon bewundern darf oder zum ersten Mal mit dem Flugzeug bei klarem Himmel über eine Gebirgskette fliegt, der wird häufig von Ehrfurcht ergriffen. Diese entsteht vor dem Hintergrund der besonderen Schönheit, aber auch dem einsetzenden Bewusstsein um die Winzigkeit, sogar Bedeutungslosigkeit der eigenen Existenz im großen Lauf der Dinge.
- Schließlich entsteht Ehrfurcht im Angesicht von ethisch-moralischer Größe. Wir verneigen unser Haupt z. B. vor der überlebensgroßen Lebensleistung von Menschen wie Nelson Mandela. Aber es geht auch ein paar Nummern kleiner. Im Grunde erleben wir immer ein gewisses Maß an Ehrfurcht, wenn wir Zeuge werden, wie Menschen sich für andere aufopfern, wenn sie weit über das hinaus, was wir für normal halten, selbstlos sind und einfach geben.[74] Wenn Sie alt genug sind, dann denken Sie in diesem Moment vielleicht an ein Eltern- oder Großelternteil – jemand, der in und nach den Wirren des Krieges unter großen Entbehrungen dafür gesorgt hat, dass die eigene Familie fortbesteht.

Insbesondere der letztgenannte Aspekt hat auch eine gewisse Bedeutung für Organisationen, zuvorderst in Bezug auf die Frage, welche Personen man in Top-Manage-

74 Ein tolles Beispiel hierfür ist das Team Hoyt, bestehend aus Vater Dick Hoyt und seinem Sohn Rick. Aufgrund von Komplikationen bei der Geburt ist Rick körperlich extrem eingeschränkt, kann z. B. nicht laufen. Geistig ist er ebenfalls nicht normal entwickelt, aber seine Behinderung ist nicht so stark, wie man ursprünglich annahm. Im Alter von zwölf Jahren entdeckte man zunehmend Anzeichen von Intelligenz; in dieser Zeit lernte er auch, sich mittels eines Sprachcomputers zu verständen. Darüber wurde klar, dass Rick ein Sportfan ist. Daher beschloss der Vater, die körperlichen Einschränkungen des Sohns nicht hinzunehmen. Als Ausdauersportler begann er, ihn in Wettkämpfe einzubinden. Im Rahmen von Triathlons zieht Dick seinen Sohn über die gesamte Strecke zunächst in einem Schlauchboot hinter sich her, schiebt ihn dann während des Marathons in einem speziellen Wagen, um ihn schließlich in einem besonderen Sitz noch mit auf die Reise per Rad zu nehmen. Auf diese Weise haben sie bis 2009 mehr als tausend Wettbewerbe absolviert. Sie finden Videos der beiden unter teamhoyt.com oder auf YouTube. Pro-Tipp: Halten Sie beim ersten Mal ein paar Taschentücher bereit.

ment-Positionen bugsieren sollte. Forscher haben herausgefunden, dass Ehrfurcht eine soziale Komponente hat, konkret: Wenn wir Zeuge werden von ethisch-moralischer Größe, dann weckt dies in uns – vorübergehend – den *Wunsch, selbst ein besserer Mensch zu werden* (Pohling & Diessner, 2016). Das Wahrnehmen von Akten, die von außergewöhnlicher Güte und Großmut geprägt sind, öffnet uns als emotionale Wesen. Es fungiert wie das in Kapitel 3 beschriebene Fenster zu einem anderen Möglichkeitsraum, getreu Kim Camerons Motto: Wenn es real ist, ist es auch möglich. In diesem Sinne macht es einen großen Unterschied, wenn eine Organisation von Menschen geführt wird, die an den meisten Tagen als selbstlos und dienend wahrgenommen werden. Solche Führungskräfte haben die Macht, die Menschen um sich herum besser zu machen – und zwar ganz ohne Seminare, Performance-Management und Compliance-Broschüren (Allison & Goethals, 2016).

4.5 Positives Psychologisches Kapital (PsyCap)

Es gibt verschiedene Formen des Kapitals in Organisationen. Traditionell denken wir zunächst an das ökonomische Kapital, die verschiedenen finanziellen und physischen Ressourcen von Unternehmen. Ferner ist es geläufig, über Humankapital nachzudenken (auch wenn viele Menschen den Begriff nicht sehr schätzen), sprich: die Mitarbeiter mit ihren Kenntnissen, Fertigkeiten usw. Schließlich hat sich der Begriff des sozialen Kapitals eingebürgert. Damit sind die Beziehungen und Netzwerke gemeint, die Mitarbeiter ins Unternehmen einbringen und pflegen (Luthans et al., 2004).

In der POS spricht man seit fast 20 Jahren über eine weitere Form des Kapitals: Positives Psychologisches Kapital, kurz: PsyCap. Das Konzept wurde zu Beginn des Jahrtausends von einem Team um den einflussreichen Management-Forscher Fred Luthans beschrieben. Vereinfacht gesagt geht es bei PsyCap nicht um etwas, das die Mitarbeiter haben oder können, sondern um *etwas, das sie sind*, konkret: eine Kombination von vier entwickelbaren Charakteristika (Luthans et al., 2010). Im Amerikanischen ergibt sich aus diesen das Akronym HERO:

- *Hoffnung* ist in diesem Kontext definiert als eine Kombination aus zielgebundener Motivation und der Flexibilität, verschiedene Wege der Zielerreichung auszuprobieren.
- *Selbstwirksamkeit* ist der kontextspezifische Glauben an die eigenen Kompetenzen und Fähigkeiten.
- *Resilienz* ist definiert als Fähigkeit, unbeschadet aus stressreichen und konfliktären Situationen hervorzugehen bzw. Erfahrungen des Scheiterns produktiv zu verarbeiten.
- *Optimismus* bezeichnet hier – wie zuvor in diesem Kapitel beschrieben – eine Form, den Ereignissen in unserem Leben eine zuversichtliche Bedeutung beizumessen (Attribution).

Jeder Bestandteil ist theoretisch fundiert, reliabel und valide messbar, empirisch gut erforscht und in Zusammenhang stehend mit wünschenswerten Konsequenzen wie organisationalem Commitment, prosozialem Verhalten, Arbeitsleistung und verminderter Wechselabsicht (Avey et al., 2011). Daneben haben alle vier Charakteristika eine essenzielle Eigenschaft: Sie lassen sich *entwickeln*. Dieser Punkt ist entscheidend für die organisationale Praxis. Praktisch unveränderliche Konzepte wie die Intelligenz lassen sich zur Personalauswahl heranziehen, doch ergibt es aufgrund der Unveränderbarkeit weniger Sinn, diese in der Personalentwicklung zu berücksichtigen. Hier benötigt man Eigenschaften, die auf Veränderungsmaßnahmen reagieren. Genau diese Trainierbarkeit hat Luthans mit seinen Kollegen nachgewiesen (Luthans et al., 2006).

Ich wollte ursprünglich ein ausführliches Teilkapitel zu diesem spannenden Thema schreiben. Letztlich hatte sich dies allerdings erübrigt, nachdem ich ein ausführliches Interview dazu mit Rüdiger Reinhardt führen konnte, einem der ausgewiesenen Experten zu diesem Thema im deutschen Sprachraum.

Psychologisches Kapital erhöht das Leistungsniveau

Interview mit Prof. Dr. Rüdiger Reinhardt

Herr Professor Reinhardt, Sie beschäftigen sich in Ihrer Forschung mit einem Konzept, das Positives Psychologisches Kapital (PsyCap) genannt wird. Worum geht es?

Das Konzept des Psychologischen Kapitals ist nicht nur eines der am besten überprüften Positivkonzepte an der Schnittstelle zwischen Organisation und Individuum, sondern auch eines, das mit einem hohen Maß an Effektivität verbunden ist. Daher ist es überraschend, dass es in Europa nahezu unbekannt ist. PsyCap besteht aus vier Bausteinen: Selbstwirksamkeitserwartung: Man ist von den eigenen Fähigkeiten überzeugt; Hoffnung: Man hält an gesteckten Zielen fest; Optimismus: Man blickt zuversichtlich in die Zukunft und glaubt an seinen Erfolg, und Resilienz: Man bewältigt Probleme und überwindet Hürden.

Woher stammen diese vier Bausteine?

PsyCap wurde im Wesentlichen von dem US-amerikanischen Management-Forscher Fred Luthans entwickelt. Einerseits ging es ihm um die Frage, in welchem Umfang sozialpsychologische Faktoren Einfluss auf die individuelle Leistung haben. Nach umfangreicher Recherche kam es zur Identifikation der besagten Faktoren. Andererseits ging es ihm um eine möglichst hohe Validität und somit Effektivität. Auf Basis umfangreicher empirischer Analysen konnte er nachweisen, dass eine gleichzeitige Berücksichtigung aller vier HOPE-Dimensionen zu den größten Effekten im Hinblick auf die Verbesserung von Leistung und von weiteren Variablen führt.

Können Sie die vier PsyCap-Bausteine bitte näher erläutern?

Gerne. Personen mit hoher Selbstwirksamkeit unterscheiden sich von anderen Personen in Bezug auf die folgenden Merkmale: Sie setzen sich höhere Ziele und wählen von sich aus anspruchsvollere Aufgaben. Sie sind zu einem hohen Maß intrinsisch motiviert. Sie strengen sich genügend an, um die gesetzten Ziele tatsächlich zu erreichen, und das Erleben von Hindernissen stachelt ihr Durchhaltevermögen an.

Menschen mit hohem Hoffnungsniveau sind entschlossen, ihre Ziele zu erreichen, und sie glauben, dies auch zu schaffen. Sie machen sich Gedanken über Mittel und Wege, um diese Ziele zu erreichen. Sie entwickeln entsprechende Pläne und Strategien, um diese Pläne umzusetzen. Sie sind zuversichtlich und können etwas auch dann noch positiv sehen, wenn es für andere negativ erscheint. Sie hoffen das Beste für die Zukunft und tun ihr Mögliches, um ihre Ziele zu erreichen. Dabei haben sie ein klares Bild davon, was sie sich für die Zukunft wünschen und wie sie sich die Zukunft vorstellen. Wenn einmal etwas nicht klappt, versuchen hoffnungsvolle Menschen trotzdem, positiv in die Zukunft zu blicken.

Studien zeigen, dass Menschen mit hohem Optimismus-Niveau motiviert sind, Herausforderungen zu suchen und die eigenen Stärken und Fähigkeiten dementsprechend einzusetzen. Ihr Optimismus bestärkt sie darin, Ziele zu verfolgen und so lange hart zu arbeiten, bis sie diese erreicht haben. Er ist die Grundlage für Durchhaltevermögen, wenn sie mit Hindernissen konfrontiert werden, und verhindert somit ein vorzeitiges Aufgeben.

Resilienz schließlich stellt ein entwicklungsfähiges Merkmal dar, belastende Situationen bewältigen und daraus lernen zu können. Sie hilft Menschen, nach Einsichten zu suchen. Sie stellen sich wichtige Fragen und geben sich ehrliche Antworten. Sie fördert ihre Unabhängigkeit, denn resiliente Menschen nehmen für sich das Recht in Anspruch, sichere Grenzen zwischen sich und anderen ziehen zu können. Resilienz fördert auch die Beziehungsfähigkeit: Menschen werden in die Lage versetzt, enge erfüllende Beziehungen suchen und aufrechterhalten zu können. Sie verbessert die Initiative, Probleme werden aktiver angepackt. Resilienz wirkt sich auch positiv auf ihren Humor aus, denn resiliente Menschen können das Komische im Tragischen finden und über sich selbst lachen.

Ist PsyCap etwas, das ein Mitarbeiter hat **oder das er** ist**? Sprechen wir von einer Persönlichkeitseigenschaft oder von Fähigkeiten?**

In der Persönlichkeitspsychologie unterscheiden wir zwischen zwei Typen von Merkmalen: Unter einem Trait verstehen wir stabile, nur schwer veränderbare Persönlichkeitsmerkmale, wohingegen ein State Merkmale bezeichnet, deren Ausprägung je nach Situation variiert. Luthans und Kollegen schlagen im Gegensatz dazu ein Kontinuum-Modell vor, das sich an der Offenheit für Veränderung und Entwicklung orientiert. Die Forschung legt nah, dass PsyCap einem veränderbaren State ähnlicher ist als einer unveränderbaren Eigenschaft. In diesem Sinne spricht es auch auf Interventionen an.

Das heißt, das PsyCap einer Person lässt sich steigern?

Definitiv. Führungskräfte können selbst dazu beitragen, das PsyCap ihrer Mitarbeiter zu entwickeln – das würde ich gerne etwas ausführlicher erläutern, nämlich anhand von spezifischen Fragen, die sich Führungskräfte und auch Personalentwickler stellen können. Für den Aspekt der Selbstwirksamkeit können das folgende Fragen sein: Wie systematisch gebe ich meinen Mitarbeitern positives Feedback? Welche Aufgaben erhalten meine Mitarbeiter, damit deren erfolgreiche Bearbeitung ein individuelles Engagement voraussetzt? Welche Aufgaben bekommen diese, die ihnen konkrete Erfolgserlebnisse vermitteln? In welchem Umfang betone ich in der Kommunikation mit meinen Mitarbeitern deren Erfolge und vermeide eine systematische Erinnerung an Misserfolge? In Bezug auf welche Aktivitäten bin ich ein Vorbild für meine Mitarbeiter?

Für die Dimension der Hoffnung können die Fragen beispielsweise lauten: In welchem Umfang ist meinen Mitarbeitern klar, mit welchen Schritten sie ihre Ziele erreichen können? In welchem Umfang sind diese Ziele ehrgeizig und motivierend, aber realisierbar? Inwieweit werden die Mitarbeiter an der Formulierung von Zielen beteiligt? In welchem Umfang besteht eine Verknüpfung zwischen dem Erreichen von Organisationszielen und der eigenen Gratifikation? Bin ich gewillt, meinen Mitarbeitern zusätzliche, für die Zielerreichung notwendige Ressourcen zur Verfügung zu stellen?

Auch für den Aspekt des Optimismus gibt eine Reihe hilfreicher Fragen: Inwieweit versetze ich meine Mitarbeiter in die Lage, Misserfolge angemessen zu verarbeiten bzw. aufgrund von vergangenen Erfolgen berechtigten Stolz zu empfinden? Wie helfe ich meinen Mitarbeitern, die aktuelle Situation angemessen einschätzen zu können und verdeutliche ihnen somit zusätzliche Erfolgsoptionen? Wie unterstütze ich meine Mitarbeiter dabei, eigene Stärken zu erkennen und zu entwickeln, sodass in der Zukunft Erfolge noch wahrscheinlicher werden?

Schließlich einige Punkte zur Förderung von Resilienz: Wie fördere ich das Kompetenzniveau meiner Mitarbeiter? Wie unterstütze ich die Vernetzung der

Mitarbeiter in ihrer Organisation? Wie wertschätzend gehe ich mit meinen Mitarbeitern um? In welchem Umfang trage ich dazu bei, die Mitarbeiter mittels entlastender Praktiken zu unterstützen, z. B. mittels Mentoring oder Coaching? In welchem Umfang achte ich auf eine angemessene Work-Life-Balance? Inwieweit unterstütze ich das betriebliche Gesundheitsmanagement meines Unternehmens? In welchem Umfang trägt die Weiterbildung meiner Mitarbeiter dazu bei, deren Fähigkeit zur Selbstregulation zu verbessern?

Es gibt aber auch evaluierte Trainingsprogramme, korrekt?

Ja. Luthans und Kollegen haben sogenannte Mikro-Interventionen[75] entwickelt, die einerseits von kurzer Dauer sein sollen, um Arbeitsausfälle zu minimieren, und andererseits alle vier Bausteine des PsyCaps adressieren sollen. Insgesamt nimmt eine solches Training etwa drei Stunden in Anspruch. Der allgemeine Aufbau sieht wie folgt aus:

Im ersten Teil werden die Teilnehmer über die wesentlichen Merkmale von guten Zielen informiert (SMART: spezifisch, messbar, attraktiv, realistisch, terminiert) und dazu angehalten, drei Ziele für die nähere Zukunft zu formulieren. Das individuelle Hoffnungs- und Optimismus-Niveau wird durch das Ersinnen möglicher Lösungsansätze verstärkt. Im zweiten Teil werden die Teilnehmer gebeten, eines dieser Ziele auszuwählen und darüber nachzudenken, wie sie es erreichen können. Der Schwerpunkt liegt auf der Entwicklung verschiedener Lösungsansätze. Es geht darum, sich möglicher Hindernisse bewusst zu werden und verschiedene Alternativen zu entwickeln. Wenn ein realistischer Ansatz gefunden ist, soll der Teilnehmer Unterziele identifizieren, die zur Zielerreichung notwendig sind. Anschließend wird der Teilnehmer gebeten, alle verfügbaren Ressourcen, individuelle und kontextbezogene, aufzulisten. Selbstwirksamkeit wie auch Hoffnung werden durch das Bewusstwerden möglicher Hindernisse entwickelt.

Im dritten Teil tauschen die Teilnehmer in Kleingruppen ihre Strategien zur Zielerreichung untereinander aus. Das Augenmerk liegt auf dem konstruktiven Feedback der Gruppe; Verbesserungsvorschläge werden diskutiert. Abschließend wird in einer Brainstorming-Session über motivierende Aussagen nachgedacht, die als tägliche Unterstützung dienen sollen. Selbstwirksamkeit wie auch Resilienz können durch Affirmationen beeinflusst werden. Zusammenfassend ist festzuhalten, dass entsprechende positive Effekte im vierten Teil, dem Follow-up, nach einem bis sechs Monaten systematisch nachgewiesen werden können.

75 Siehe Luthans et al. (2006).

Was haben Unternehmen davon, wenn sie in das Psychologische Kapital ihrer Mitarbeiter investieren?

PsyCap ist nicht nur eine der am besten untersuchten Variablen im Rahmen des Positiven Managements, sondern auch diejenige mit dem größten Wirkungsspektrum. Psychologisches Kapital wirkt auf zwei Ebenen. Es stärkt die Leistungsvoraussetzungen: Eine Erhöhung des Psychologischen Kapitals hat positive Auswirkungen auf die emotionale Ebene (Wohlbefinden, allgemeine Zufriedenheit), die Gesundheit, die Arbeitszufriedenheit, die Entwicklung eigener Kompetenzen und das Engagement – insbesondere in Bezug auf individuelle Aspekte des Organizational Citizenship Behavior, also gewissermaßen der Hilfsbereitschaft und Gewissenhaftigkeit gegenüber der Organisation als Ganzes.

Ein Mehr an Psychologischem Kapital erhöht auch direkt das Leistungsniveau – und zwar unabhängig davon, ob dies per Selbsteinschätzung, Einschätzung des direkten Vorgesetzten oder anhand objektiver Leistungsindikatoren erfasst wird. Das Psychologische Kapital fördert die Freisetzung von Ressourcen im Sinne einer produktiven Absicht. Wir beobachten eine Steigerung der Produktivität, u. a. durch eine verbesserte Koordination von Tätigkeiten zwischen Teammitgliedern und Arbeitsgruppen, sowie eine Erhöhung der organisationalen Leistungsfähigkeit insgesamt. Luthans und seine Kollegen verzahnen im Übrigen aufgrund solcher Effekte das PsyCap-Konzept mit Überlegungen zur Förderung einer nachhaltigen Wettbewerbsfähigkeit auf Basis des ressourcenorientierten Ansatzes.[76] PsyCap erfüllt alle relevanten Merkmale dieser wettbewerbsrelevanten Ressourcen: langfristige Verfügbarkeit, Einzigartigkeit, Kumulierbarkeit, Verknüpfbarkeit mit anderen Ressourcen und Erneuerbarkeit.

Welche Vorteile birgt die Steigerung des PsyCap für die Mitarbeiter?

Auf einer jobunabhängigen Ebene lässt sich festhalten, dass die Entwicklung der vier Bausteine positive Effekte auf Gesundheit, Wohlbefinden, positive Emotionen und Zufriedenheit haben. Auf der jobbezogenen Ebene wiederum sind Aspekte wie Flexibilität, Leistungsfähigkeit und Employability zu nennen: Man traut sich mehr zu und macht sich fitter für neue Herausforderungen und Aufgaben.

Gegenwärtig stößt man allenthalben auf Berichte, wonach viele Jobs in naher Zukunft wegfallen werden, weil diese Arbeit besser durch Roboter oder künstliche Intelligenz erledigt werden könne. Welche Rolle könnte PsyCap im Zuge dieser Entwicklung spielen?

76 Erläuterung zum ressourcenorientierten Ansatz siehe Kraaijenbrink, Spender und Groen (2010).

Unabhängig davon, dass man durchaus geteilter Meinung in Bezug auf den Umfang des Arbeitsplatzabbaus durch intelligente Systeme sein kann, ergeben sich für mich folgende Hinweise: Arbeitgeberseitig könnte die systematische Förderung von PsyCap einer dann deutlich geschrumpften Belegschaft dazu dienen, genau diesen Personenkreis für Aufgaben zu befähigen, die dann eben Menschen vorbehalten bleiben. Das sind beispielsweise Aufgaben im Zusammenhang mit Kreativität oder Innovation, betrifft aber auch zwischenmenschliche Aspekte wie Führung, Kommunikation und Konflikthandhabung. Relevanz ergibt sich also für die Personalauswahl, -entwicklung und das Employer Branding.

Arbeitnehmerseitig vermute ich, dass ein zunehmendes Bewusstsein über die Rolle des eigenen PsyCap die Verhandlungsposition gegenüber den Arbeitgebern verbessert. Möglicherweise könnte sich PsyCap auch als Motor für Unternehmensgründungen erweisen: Die Menschen werden selbstbewusster, hoffnungsvoller, belastbarer, risikofreudiger und effektiver.

Wie Sie eingangs erwähnten, ist PsyCap in Deutschland nahezu unbekannt. Was mag der Grund hierfür sein? Liegt es am Namen?

Humankapital wurde im Jahr 2005 zum Unwort des Jahres gewählt, ein Vorgang, der zumindest ökonomisch geschulten Personen komplett unverständlich blieb. Der Begriff Humankapital wurde ursprünglich im Zusammenhang mit Weiterbildungsinvestitionen verwendet. Im allgemeinen Sprachgebrauch wurde er aber diesem Kontext enthoben und löste mehr oder weniger negative Emotionen und somit Widerstände und Missverständnisse aus. Diesen Begriff haben nicht nur Volkswirtschaftler, sondern auch Betriebswirte in ihrem Studium kennengelernt, sodass wir hier zumindest von einem gewissen Widererkennungswert ausgehen könnten.

Bei PsyCap ist das nun ganz anders: Der Begriff ist hier nicht nur nahezu unbekannt, er löst aufgrund der Widersprüchlichkeit sogar eher Irritation als Neugier aus: Was hat denn Psychologie mit Kapital zu tun? Psychologie wird im Unternehmenskontext immer noch zu oft mit Sigmund Freud und seiner Couch assoziiert. Diese eher kritische Distanz lässt sich grundsätzlich beobachten: Versucht man beispielsweise, über Motivation mittels psychologischer Begriffe zu sprechen, dann wirkt das sperriger, als wenn wir neurowissenschaftliche, also vermeintlich innovative Begriffe nutzen. Dabei ist dem Gros der Rezipienten nicht klar, dass die Konzepte in Teilen uralt sind, aber mit bunten fMRT-Bildchen wesentlich innovativer und attraktiver wirken.

Rüdiger Reinhardt hat sich an der TU Chemnitz habilitiert, wurde an der Universität Kassel promoviert und ist aktuell Professor an der Hochschule für Wirtschaft und Umwelt Nürtingen-Geislingen (HfWU). Er gilt als Pionier in Deutschland bei der Erforschung von PsyCap. Sein Buch Psychologisches Kapital: Durch Nutzung psychischer Ressourcen zu höherer Führungseffektivität ist 2013 erschienen. Kontakt: ruediger.reinhardt@hfwu.de

4.6 Achtsamkeit

Ein Weg, mit negativen Emotionen und Stress in Unternehmen umzugehen, aber auch proaktiv die eigene Leistungsfähigkeit zu erhalten und auszubauen, ist Achtsamkeitstraining, insbesondere das Praktizieren verschiedener Formen der Meditation. Ich selbst habe in der zweiten Hälfte meiner Promotion über mehrere Jahre Unterweisung in Zen-Meditation erhalten. Daher weiß ich um die positiven Effekte dieser Form der Geistesschulung. Leider habe ich es nie geschafft, das Ganze so stark auf der habituellen Ebene zu verankern, dass es mir zur festen Gewohnheit geworden wäre. Im Gegenteil, ich muss mich immer dazu zwingen. Es gibt Wochen, in denen ich an einigen Tage praktiziere, dann aber auch wieder Wochen und Monate, in denen dies gar nicht der Fall ist. In diesem Sinne habe ich auch großes Verständnis für jeden Menschen, der sagt: »Das ist leider nichts für mich.« Meine persönliche Erfahrung ändert natürlich gar nichts an den empirisch nachgewiesenen positiven Effekten von regelmäßigen Achtsamkeitstrainings, die von allgemeiner Stressreduktion über die Reduktion von Ängsten und Rumination[77] bis hin zur Steigerung von Empathie und Mitgefühl reichen (Chiesa & Serretti, 2009).

Zwar weisen einige Forscher aktuell darauf hin, dass die (positiven) Effekte von Achtsamkeit in Organisationen noch deutlich besser erforscht werden müssten (Rupprecht et al., 2019). Ganz persönlich hege ich aber die Vermutung, dass die seit Jahrtausenden erprobten Techniken der Achtsamkeitsschulung auch viel Gutes in westlichen Unternehmen stiften können. Die übergreifende Datenlage gibt Grund zur Hoffnung. Da ich auf Basis meiner eher sporadischen Praxis schlecht aus eigener Erfahrung sprechen kann, habe ich ausführlich bei jemandem nachgefragt, der sich sowohl in der Eigenanwendung wie auch der Vermittlung von Achtsamkeit bestens auskennt: York Scheunemann.

Den Raum zwischen Stimulus und Reaktion bewusst gestalten

Interview mit York Scheunemann

York, du beschäftigst dich seit vielen Jahren mit Achtsamkeit und Meditation. Wie kam es dazu?

77 Eine langfristig ungesunde, bisweilen zwanghafte Form der Grübelei.

Vor einigen Jahren befand ich mich privat und auch beruflich in einer herausfordernden Situation, die mir viel abverlangte – sowohl auf rationaler als auch auf emotionaler Ebene. Eine sehr bewusste Entscheidung, die ich damals getroffen hatte, hat mich in diese Lage versetzt; und so, wie ich das Bewusstsein für diese Entscheidung zuvor geschärft hatte, wusste ich, dass ich nun auch den Umgang mit den Konsequenzen bewusst angehen muss. Es war meine freie Wahl, das wurde mir in dieser Zeit klar.

Zunächst wollte ich mich einfach nur zurückziehen und nichts mehr mit der Außenwelt zu tun haben. Doch dann erkannte ich, dass es zwar eine Außenwelt und meine innere Welt gibt, dass es jedoch kein Abkoppeln, kein Losgelöst-Sein gibt. In jedem einzelnen Augenblick stehen wir in einer intensiven Beziehung zur Welt. Das erkannte ich in meinen ersten geführten Meditationen. Die Kraft der Meditation und der Wert der Achtsamkeit eröffneten sich mir. Ich verstand allmählich, dass dem Augenblick, dem Hier und Jetzt eine entscheidende Rolle zukommt. Von da an begann ich, mich mehr mit dem Gebiet zu beschäftigen und lerne seitdem jeden Tag etwas über mich – und ebenso lerne ich, die Momente des Miteinanders mit anderen Menschen wertzuschätzen.

Inwiefern spielt das Thema Achtsamkeit auch eine Rolle für deinen Arbeitgeber?

Wie in vielen anderen Unternehmen ist auch für die meisten Google-Mitarbeiter die Themenvielfalt groß, die Geschwindigkeit hoch, der Kalender ausgereizt und das Mail-Postfach voll. Mehr denn je gilt es heute, Mitarbeiter einzuladen, ihre individuellen Kraftquellen zu entdecken und zu nutzen, um Motivation und Leistung nicht nur durch äußere Anreize zu schaffen, sondern durch eine innere Haltung nachhaltig zu kultivieren. Sich selbst achtsam zu managen und zugleich auch ein achtsamer Manager für andere zu sein, kann zu einer Team- und Unternehmenskultur führen, die nicht nur Vorteile für jeden Einzelnen, sondern auch für das gesamte Unternehmen erreichen kann.

Der Wert und die Bedeutung von Achtsamkeit wurden bei Google bereits vor Jahren entdeckt und in die Kultur integriert; der achtsame Umgang miteinander und Tugenden wie Wertschätzung und Respekt sind feste Bestandteile. Achtsamkeit wird als elementarer Aspekt des Wellbeing gesehen und ist zudem ein CEO-Thema, da unsere gesamte Führungsriege ein Interesse an der richtigen Energie-Balance der Mitarbeiter hat. In allen größeren Büros wie in Hamburg gibt es eingerichtete Meditationsräume, in denen täglich geführte Meditationen angeboten werden oder in die man sich für seine eigene Meditation zurückziehen kann. Ebenso werden regelmäßige Yoga-Klassen angeboten, die stark angenommen werden. Pro Woche nehmen weltweit 2.000 Googler an derartigen Stunden teil. Ich persönlich bin Teil des Yogler-Netzwerks, ein Kreis von Googlern, die aktiv Yoga praktizieren und die Philosophie sowie die Praxis des Yoga in alle Büros des Unternehmens bringen wollen. Wir nennen dies Yoga 100 Prozent und werden unser Ziel bis Mitte des Jahres erreicht haben.

In der modernen Arbeitswelt geht es meist hektisch zu. Man hat nicht immer Zeit, sich eine halbe Stunde rauszuziehen, um zu meditieren. Wie lässt sich das Ganze trotzdem in den Arbeitsalltag integrieren?

Damit sich Achtsamkeit und die mit ihr verbundenen positiven Wirkungen entfalten können, braucht es die innere Bereitschaft, Zeit und natürlich Übung. Schritt für Schritt und vor allem regelmäßig lassen sich alltägliche Situationen mit mehr Achtsamkeit gestalten. Nur durch Übungen können neue Rituale entstehen und sich als Teil einer Persönlichkeit entwickeln; nur so kann man vom reinen Tun zu mehr Sein gelangen. Die folgende Auflistung einiger Übungen im Arbeitsumfeld kann bei den ersten Schritten helfen. Es versteht sich, dass nicht alle Übungen in vollem Umfang und täglich möglich sind. Sie stellen lediglich eine Sammlung von Anregungen dar:

- *Single Tasking*: Den vollen Fokus auf eine Angelegenheit zu einer vorgenommenen Zeit richten, kein Multitasking.
- *Wochenplan*: Erstellen eines Aufgabenplans für die kommenden Wochen. Priorisierung der Aufgaben zunächst nach Wichtigkeit, dann nach Dringlichkeit.
- *Verbindlichkeit*: Den eigenen Worten mehr Geltung verleihen, indem man sich an sie hält. Eigene Aufgaben und Ziele verbindlich steuern und damit mehr Selbstbestimmung erreichen.
- *Umgang miteinander*: Menschen im Umfeld derart behandeln, wie man selbst behandelt werden möchte.
- *Empathie*: Einnehmen der Perspektive und der emotionalen Haltung von Kollegen oder Geschäftspartnern, um ein ganzheitlicheres Bild zu erlangen.
- *Bewusste Mittagspause*: Kein Telefon während des Essens. Leichte Kost wählen. Das Essen bewusst mit allen Sinnen wahrnehmen und sich Zeit nehmen.
- *Energiemanagement*: Aufdecken und Eliminieren der eigenen Energieräuber (z. B. Arbeitsplatzgestaltung, aber auch Dinge wie die Nutzung von Social Media). Aufdecken eigener Energiequellen und sie aktiv nutzen (z. B. Tageslicht, Austausch mit wichtigen Menschen).
- *Atmen*: Mehrmals am Tag mindestens drei ganz bewusste Atemzüge nehmen. Das senkt die Pulsfrequenz sowie das Stressniveau und hilft z. B. vor wichtigen Besprechungen.
- *Wertschätzung*: Durch offene Anerkennung und Wertschätzung der Leistung Motivation und Loyalität steigern. Das beinhaltet auch, den Gebrauch von digitalen Medien während einer Besprechung oder Präsentation zu unterlassen.

- *Positive Grundhaltung*: Positive Worte wählen. Ein Lächeln und eine aufrechte Körperhaltung gehören zur aktiven Gestaltung eines attraktiven Arbeitsumfeldes dazu.
- *Reaktionsverhalten*: Den Raum zwischen Stimulus, der etwas auslöst, und der eigenen Reaktion bewusst wahrnehmen und gestalten. Hier liegt das Potenzial, die Wahrnehmung der eigenen Persönlichkeit zu formen; beispielsweise in einer Situation der Wut gerade nicht unmittelbar auf eine E-Mail zu antworten, sondern zunächst zu beobachten, zu reflektieren und die eigene Reaktion dann achtsam vorzunehmen.

Google ist dafür bekannt, auch über die Performance und das Befinden der Mitarbeiter genaue Daten zu erheben. Habt ihr auch Insights zu den Auswirkungen eurer Initiativen rund um das Thema Achtsamkeit gesammelt?

Es werden regelmäßig interne Befragungen der Mitarbeiter zu diversen Themen durchgeführt, so auch zum Thema Wellbeing. Diese spiegeln den aktuellen Stand der Befragten wieder. Daten zur Wirkung der gelebten Achtsamkeit werden dabei nicht explizit ausgewiesen. Bei qualitativen Befragungen erhalten wir jedoch stets positive Rückmeldungen von den Teilnehmern der einzelnen Initiativen. Da das Interesse an zusätzlichen Angeboten und Tipps weiterhin wächst, geht Google diesen Interessen gezielt und unterstützend nach; und das mittlerweile nicht nur intern, sondern auch extern.

So gibt es eine globale Wellbeing Initiative, im Rahmen derer auch Trainingsmodule angeboten werden. Man erfährt dort, weshalb ein gesundes Verhältnis zu digitaler Technologie so wichtig ist und wie man sich über sein eigenes Onlineverhalten stärker bewusst wird. Außerdem lernt man die verschiedenen Tools kennen, mit deren Hilfe sich ein sinnvoller Umgang mit digitaler Technologie entwickeln und beibehalten lässt. Zudem ist die kostenlose App Digital Wellbeing verfügbar. Mit ihrer Hilfe bekommt man Einblicke in die eigenen digitalen Gewohnheiten und sie hilft beim Abschalten. Sowohl bei der Initiative als auch bei der App stellen wir zunehmende Teilnehmer- bzw. Nutzungszahlen fest.

Gibt es auch Kritiker? Und wenn ja: Was sagen diese üblicherweise – und wie antwortest du?

Wie bei so manchem Thema schreiben sich zwar mehr und mehr Unternehmen Achtsamkeit auf die Agenda. Doch bei der konkreten Umsetzung reduziert sich die Zahl dieser Unternehmen sehr schnell auf eine kleine Menge. In einigen Branchen und bei so mancher Führungskraft herrschen Halbwissen und grundlegende Vorbehalte gegenüber dem Thema, was vorhandene Potenziale der Mitarbeiter brachliegen lässt.

So bringen z. B. Vertriebsorganisationen oft das Argument, es ginge um zu erreichende Ziele, um harte Zahlen und Fakten. Die Effizienz müsse stets gesteigert, die Prozesse müssten stets optimiert werden; Raum für Meditation und Atemübungen sei nicht gegeben. Diese Gedankenkette ist jedoch zu kurz gedacht. Es sollen keine etablierten, bewährten Abläufe ersetzt werden, sondern es geht um die Steigerung der Aufmerksamkeit und damit auch der Effektivität und Effizienz. Dies wiederum ermöglicht, Fehler schneller zu entdecken oder Potenziale stärker zu entfalten. Achtsamkeit kann das Erreichen der Vertriebsziele aktiv unterstützen. So belegt Chade-Meng Tan (2012) in seinem Programm Search Inside Yourself, dass glückliche Vertriebsmitarbeiter mehr verkaufen als unglückliche Kolleginnen und Kollegen. Dies gilt nicht nur für den Tag, an dem sie glücklich sind, sondern auch für den darauffolgenden, unabhängig davon, wie sie sich tatsächlich an diesem Folgetag fühlen.

Ein weiterer Einwand, der gerne gegen Achtsamkeit in Unternehmen vorgebracht wird, ist der esoterische Hauch, der mitschwingt. Es sei nur etwas für Buddhisten, für Yogis, für die Fans von Batik-Hosen. Das ist grundlegend falsch! Auch wenn viele Methoden aus dem Buddhismus heraus entwickelt wurden und sich über Jahrhunderte in diesem Kulturkreis bewährt haben, *besteht der Erfolg dieser Methoden unabhängig von jeglichem religiösen Kontext*. Beispiele aus Konzernen wie Daimler, SAP oder Google belegen, dass das Thema mittlerweile in einigen Führungsetagen angekommen ist und Manager sowie Mitarbeiter Energie und Konzentration aus der Praxis ziehen.

Der dritte oft genannte Vorbehalt kommt von zum Teil unerwarteter Seite. So bringen manche Betriebsräte und Arbeitnehmerverbände das Argument ein, Seminare und Übungen der Achtsamkeit seien lediglich ein Instrument, um Stress, der durch Überstunden oder permanente Erreichbarkeit entsteht, zu vertuschen. Sie sehen darin den Wahn der Optimierung und die zusätzliche Ausbeutung der Mitarbeiterressource. Hier wird Achtsamkeit falsch interpretiert. Mitarbeiter sollen nicht zusätzlich belastet werden, vielmehr sollen sie im Gegenteil ihre eigenen Grenzen klarer erkennen und vor allem achten.

York Scheunemann hat u. a. an der Universität Kiel BWL studiert. Zum Zeitpunkt des Interviews engagierte er sich bei Google in Hamburg für Weiterbildungsthemen, seit 2017 als Head of Digital Academy, EMEA. Mittlerweile arbeitet er als freiberuflicher Berater und Interim Manager. Er hat ein Kapitel über Achtsamkeit zu dem Herausgeberband Arbeitswelt der Zukunft: Trends –

Arbeitsraum – Menschen – Kompetenzen beigesteuert. Kontakt: linkedin.com/in/york-scheunemann

Weitere Inspiration zu diesem Thema können Sie bei SAP erhalten, wie York Scheunemann in seinem Interview bereits erwähnt hat. Bei dem globalen Software-Giganten mit deutschen Wurzeln haben bereits viele tausend Menschen an einem zweitägigen Achtsamkeitstraining teilgenommen, Der Konzern hält die Effekte dieser Trainings detailliert nach und berichtet, dass die Maßnahmen einen Return on Investment (ROI) von 200 Prozent zeitigen, vermittelt vor allem durch erhöhtes Engagement und geringere Kosten durch weniger Krankentage (Thomasson, 2018).

Manchmal benötigen Menschen statt in sich ruhender Achtsamkeit jedoch etwas anderes, einen Energieschub, eine kleine Aufputschpille (ohne Nebenwirkungen), die sie durch die kommenden Arbeitsstunden trägt. Glücklicherweise tragen die meisten Menschen eine solche Stimulanz unmittelbar in ihrer Tasche – in der Regel ohne es zu wissen. Im Folgenden schildere ich diesbezüglich eine kleine, aber feine Intervention, die im Rahmen der Positiven Psychologie entwickelt wurde. Das Positive Portfolio wurde während meines Studiengangs in Positiver Psychologie an der University of Pennsylvania von James Pawelski vorgestellt. Es geht auf Ideen von Barbara Fredrickson (2009) zurück.

WERKZEUG: DAS POSITIVE PORTFOLIO

Legen Sie auf Ihrem Smartphone einen Ordner an, in dem Sie eine Auswahl von mit besonders positiven Erinnerungen belegten Fotos, Videos oder Musikstücken speichern. Es geht um die digitale Version des guten alten Fotoalbums, nur dass die Erinnerungen nicht chronologisch angeordnet werden, sondern nach ihrer emotionalen Qualität. Vielleicht haben Sie früher von Stimmungen geprägte Mixtapes auf Kassette aufgenommen?[78] Dann kennen Sie das Prinzip bereits. Bei mir sind das z. B. Fotos von meiner Hochzeit, den ersten Minuten mit meinen neugeborenen Kindern, ein Bild von dem Moment, an dem mein Erstgutachter mir den Doktorhut aufsetzte, aber auch Videos von Konzertbesuchen. Es ist entscheidend, dass die entsprechenden Medien *wirklich ausnehmend positiv aufgeladen sind.* Die damit verbundenen Gefühle müssen so stark sein, dass ein Teil der darin gespeicherten emotionalen Energie automatisch »hochgeladen« wird, sobald Sie diese betrachten oder anhören – genau diesen Effekt gilt es zu erzielen.
Gönnen Sie sich in Zukunft im Arbeitsalltag, besonders zwischen Meetings, kurze Auszeiten, in denen Sie Teile Ihres positiven Portfolios betrachten. Wenn Sie die richtigen Bilder ausgewählt haben, kann dieses Werkzeug Ihnen helfen, in Zukunft entspannter und gelöster durch den Berufsalltag

78 Für alle unter 30: Eine Playlist …

zu manövrieren. Es ist übrigens möglich, verschiedene Portfolios mit unterschiedlichem Effekt anzulegen, z. B. eines mit eher stimmungsaufhellender, energetisierender Wirkung und eines, das eher beruhigend und stressabbauend wirkt. Zudem können positive Portfolios auch auf der zwischenmenschlichen Ebene genutzt werden, einfach, indem wir sie anderen zeigen. Nach meiner Erfahrung lernen wir gerne etwas darüber, was andere bewegt. Außerdem gibt es universelle Erinnerungen, die so gut wie jeden von uns berühren, vor allem Hochzeiten und Geburten.

4.7 Kollegen mit Gefühl

Zum Abschluss des Kapitels über positive Emotionen möchte ich noch ein Thema anreißen, das so gar nicht zum Smiley-Image passt, das der Positiven Psychologie manchmal ungerechtfertigt anhaftet. Wie ich schon im ersten Kapitel angesprochen habe, sind Organisationen notwendigerweise immer auch Orte des Schmerzes. Sie sind es unausweichlich, weil Organisationen von Menschen gebildet werden. Einen Teil dieses Schmerzes bringen Menschen aus ihrem Privatleben mit, ein anderer Teil dieses Leids wird aber auch durch das Mitwirken an und in Unternehmen erst kreiert (Rose, 2017a). Somit stellt sich die Frage, wie Organisationen und deren Führungskräfte in einer guten Art und Weise mit diesen Emotionen umgehen können. Denn eines sollte klar sein: Menschen zu signalisieren (auch zwischen den Zeilen), dass sie sich zusammenreißen mögen, ist die denkbar schlechteste aller Alternativen. Selbst wenn sie dieses Kunststück tatsächlich fertigbringen, so wirkt es sich nachweislich negativ auf das Verhältnis von Führenden und Geführten aus (Little et al., 2016).

Aus Sicht der Forschung kann Mitgefühl in Organisationen durch einen Vierschritt beschrieben und damit auch von vorgelagerten Konzepten wie Empathie abgegrenzt werden (Dutton et al., 2006).

- Im ersten Schritt muss überhaupt *wahrgenommen* werden, dass ein anderer Mensch leidet. Das klingt trivial, ist es jedoch nicht, weil Menschen mitunter dazu neigen, ihr eigenes Leid zu verbergen bzw. das Leid anderer bewusst oder unbewusst auszublenden.
- Im nächsten Schritt müssen die (bisweilen schwachen) *Signale richtig gedeutet* werden.
- Dies führt im besten Fall zu einer Reaktion, die von Einfühlung, also *Empathie*, geprägt ist.
- Doch nur, wenn im letzten Schritt auch etwas *getan wird, um das Leid zu mindern*, spricht die Forschung von echtem Mitgefühl.

Führungskräfte können lernen, dem Leid und auch dem Mitgefühl in ihrem Betreuungsbereich Raum einzuräumen, einen Platz, wo all das sein darf. Häufig geht es – nach der Wahrnehmung und dem Einfühlen – einfach ums *Da-Sein, ums Aushalten*, nicht zwingend darum, aktiv etwas zu tun. Nach meiner Erfahrung reicht es bisweilen sogar aus, einem Mitarbeiter nur zu signalisieren, dass man als Führungskraft etwas wahrgenommen hat. Manche Menschen machen die Dinge gerne mit sich selbst aus. Das bedeutet jedoch nicht, dass sie nicht trotzdem gesehen werden wollen. Im Übrigen können Organisationen ihren Führungskräften helfen, mit Phänomenen wie Trauer bei Angestellten umzugehen, zum einen durch das aktive Bereitstellen von Ressourcen, vor allem aber durch das Etablieren von entsprechenden Ritualen (Dutton et al., 2014). Über dieses Phänomen habe ich mit Jane Dutton gesprochen, der weltweit wichtigsten Expertin zu Mitgefühl in Organisationen.

Mitgefühl schafft einen nachhaltigen Wettbewerbsvorteil

Interview mit Prof. Jane Dutton, Ph.D.

Frau Professorin Dutton, viele Ihrer früheren Arbeiten beschäftigen sich mit der Frage, wie Top-Manager Strategien erarbeiten und in Organisationen hineintragen. Mittlerweile untersuchen Sie das Thema Mitgefühl. Was fasziniert Sie an dieser scheinbar weichen Angelegenheit?

Ich halte das Thema für alles andere als weich. Es steht in engem Zusammenhang mit der Frage, wie Organisationen einen anhaltenden Wettbewerbsvorteil generieren können – indem sie das Beste im Menschen zum Vorschein bringen. Leid ist ein unvermeidlicher Bestandteil jeder Organisation, Mitgefühl ist es nicht. Letzteres ist jedoch essentiell im Umgang mit Leid. Von daher bin ich fasziniert von Organisationen, die über die Zeit eine Art Mitgefühlskompetenz entwickeln.

Auf den ersten Blick scheinen die Begriffe Wirtschaft und Mitgefühl aus unterschiedlichen Welten zu stammen. Business-Sprache zeichnet sich oft durch Kriegsmetaphern aus. Wie passt Mitgefühl hier hinein?

Wirtschaften hat ein kriegerisches Element, das stimmt. Genauso gut geht es allerdings auch um Klugheit, Leidenschaft, Innovation und die Bereitschaft zu dienen. Damit Menschen ihr volles Potenzial in einer Wirtschaftswelt entfalten können, in der Leid unvermeidlich ist, ist die Entwicklung von Mitgefühlskompetenz ein wichtiger Grundstein für adaptive, innovative und mitarbeiterzentrierte Organisationen.

Wo liegt die Verbindung zwischen individuellem und kollektivem Mitgefühl? Gibt es so etwas wie mitfühlende Organisationen?

Mitgefühl ist zunächst eine individuelle Reaktion auf das Leid anderer. Wenn individuelles Mitgefühl bestärkt und koordiniert wird, dann lässt sich von einer Form des kollektiven Mitgefühls sprechen. In unserem Buch sprechen Monica Worline und ich darüber, wie bestimmte Unternehmenswerte, Routinen und Rituale sowie die Beschaffenheit interner Netzwerke den Ausdruck von Mitgefühl fördern und die Mitgefühlskompetenz einer Organisation steigern können.

Gibt es Hinweise darauf, dass Mitgefühlskompetenz die Profitabilität eines Unternehmens beeinflusst?

Wir schildern verschiedene Forschungsergebnisse, die das nahelegen. Sigal Barsade und Olivia O'Neill haben beispielsweise entsprechende Arbeiten veröffentlicht. Sie zeigen auf, dass eine mitgefühlsorientierte Kultur die Mitarbeiterzufriedenheit erhöht und Fehlzeiten vermindert. Auch Raj Sisodias Buch Firms of Endearment schilderte bereits eine Reihe von Fallbeispielen, die einen solchen Zusammenhang andeuten.

Jane Dutton, Ph.D., ist Robert L. Kahn Distinguished University Emerita Professor of Business Administration and Psychology an der Ross School of Business (University of Michigan). Sie ist eine der profiliertesten Forscherinnen im Bereich der Positive Organizational Scholarship und Mitgründerin des Center for Positive Organizations an der Ross School of Business. Ihr Buch Awakening Compassion at Work: The Quiet Power That Elevates People and Organizations hat sie mit Monica Worline verfasst. Kontakt: positiveorgs.bus.umich.edu/people/jane-dutton

Tipp

Meinen TEDx Talk zum eben besprochenen Thema Dare to foster compassion in organizations finden Sie unter: youtube.com/watch?v=22nRUABSzqU

5 PERMA: Engagement

Zwei CEOs unterhalten sich.
Fragt der erste: »Wie viele Leute arbeiten eigentlich bei euch?«
Darauf der andere: »Hmm … ich schätze, etwa 50 Prozent.«
Quelle unbekannt

Ich nenne Menschen, die Dienst nach Vorschrift schieben, manchmal mit einem Augenzwinkern *Unternehmensbewohner.* Sie machen es sich in ihrer Organisation gemütlich und nehmen eine freizeitorientierte Schonhaltung ein (der Begriff geht meines Wissens auf Reinhard Sprenger zurück). Ich kann es niemandem verdenken, wenn er so handelt. Wenn ein Unternehmen nicht mehr fördert und fordert als diese Form des Einsatzes, dann ist es im Grunde nur fair, wenn Mitarbeiter sich nicht über ein Mindestmaß hinaus engagieren. Auf der anderen Seite bin ich fest davon überzeugt: Kein Mensch wünscht sich, die wertvolle Arbeitszeit – die immer auch Lebenszeit ist – derart zu verbringen. Wenn dem doch so ist, dann gehe ich davon aus, dass der Wunsch, sich einzubringen, etwas zu leisten, das eigene Potenzial bestmöglich auszuschöpfen, über die Jahre verschüttet wurde. Engagement ist ein zartes Pflänzchen. Schlechte Führung, unnütze Regeln und Strukturen – und vor allem ein Gefühl der Sinnlosigkeit – lassen es schneller verblühen als den Magnolienbaum in unserem Garten.

Wir schauen uns in diesem Kapitel an, was Engagement aus wissenschaftlicher Sicht ist und wie diese Facette unseres Erlebens der Arbeit mit ermächtigender Führung zusammenhängt. Es kommen erneut spannende Interviewpartner zu Wort, die sich aus akademischer und praktischer Sicht bestens mit dem Sujet auskennen. Ergänzend stelle ich einige Theorien und Werkzeuge rund um das angrenzende Thema Motivation vor. Hierzu gibt es bereits Berge an Literatur. Ich beschränke mich daher auf solche Gedankengebäude, die direkt in oder im Umfeld der Positiven Psychologie entstanden sind.

5.1 Mit ganzem Herzen, mit voller Kraft

Ich gehe fest davon aus, dass Sie genau wissen, wie es sich anfühlt, bis in die Haarspitzen motiviert zu sein, sich mit Haut und Haaren für eine Sache zu engagieren. Das heißt nicht zwingend, dass Sie es auch aus Ihrem Arbeitsleben kennen – aber vielleicht doch vom Sport, einem Ehrenamt oder dem ganz persönlichen Einsatz für Freunde und Familie.

Engagement

Wissenschaftlich betrachtet lässt sich Engagement gemäß dem etabliertesten Modell als Dreiklang beschreiben (Bakker & Demerouti, 2008). Echtes Engagement besteht demnach aus:

- einem Zustand von erhöhter *Aufmerksamkeit* und besonderem *Arbeitseinsatz*;
- *Absorption*, dem Eindruck, in die Aufgabe(n) hineingezogen zu werden;
- *Vitalität*, dem Gefühl des Energetisiert-Seins.

Förderlich für das Entstehen von Arbeitsengagement sind einerseits *persönliche Ressourcen* (z. B. PsyCap, wie im Interview mit Rüdiger Reinhardt in Kapitel 4 beschrieben) und andererseits *arbeitsbezogene Ressourcen*, die maßgeblich von der Führungskraft und dem weiteren organisationalen Kontext bereitgestellt werden, z. B. Autonomie, soziale Unterstützung, zeitnahes und stimmiges Feedback, vor allem durch Coaching. Diese Ressourcen stellen gewissermaßen die Habenseite dar. Auf der Sollseite stehen die verschiedenen Anforderungen, die gemäß unserer Rolle an uns gestellt werden, z. B. erhöhter Druck durch die Arbeit, mental-emotionale Anforderungen, aber auch physische Belastung.

Vereinfacht ausgedrückt ist Engagement die Folge eines Überschusses von Ressourcen im Vergleich zu den Anforderungen, während das andauernde relative Übergewicht der Anforderungen zunächst zu mental-emotionalem Rückzug und langfristig u. U. zu Burn-out führen kann (Bakker & Demerouti, 2007). Arbeitsengagement führt zu gesteigerter Performance innerhalb der eigenen Rolle, aber auch zu mehr Extra-Rollenverhalten, also zu einem nicht direkt zum Aufgabenbereich gehörenden Einsatz für das große Ganze. In diesem Sinne zeigen sich auch klare Zusammenhänge mit dem Erfolg von Unternehmen (Halbesleben, 2010). In einem Interview mit dem Harvard Business Manager erläutert Diane Gherson, die frühere Personalchefin von IBM, beispielsweise, dass gemäß vorliegenden Daten zwei Drittel der positiven Kundenerfahrungen beim IT-Riesen unmittelbar auf das Engagement der Mitarbeiter zurückzuführen sind (Burrell, 2018).

Aus den Gesprächen mit vielen Coaching-Klienten glaube ich zu wissen, dass das Erleben der ersten beiden Komponenten von Engagement (erhöhte Aufmerksamkeit und Absorption) eine regelmäßige Erfahrung vieler Menschen in Organisationen ist – während es nicht selten an der dritten Komponente, dem subjektiven Gefühl von Energiereichtum, mangelt. Dieses wird mit schöner Regelmäßigkeit erstickt von zu vielen Routinetätigkeiten, Regeln und Prozessen – insbesondere, wenn sie als unnötig empfunden werden (Cable, 2018).

Während die subjektiven Ressourcen im Abschnitt über Positives Psychologisches Kapital (PsyCap) vorgestellt wurden, möchte ich die organisationalen Rahmenbedingungen noch etwas eingehender beleuchten. Bertelsmann ist kein perfektes Unternehmen, so etwas gibt es nicht. Meine persönliche Erfahrung zeigt allerdings, dass das Unternehmen in puncto Unternehmenskultur viele Dinge richtig macht, gerade auch, wenn es um die Erhaltung bzw. Steigerung des Engagements der Mitarbeiter geht. Darüber habe ich mit Immanuel Hermreck, Personalvorstand des Konzerns, gesprochen.

In Zeiten der Transformation ist Orientierung wichtiger denn je

Interview mit Dr. Immanuel Hermreck

Lieber Immanuel, das Thema Unternehmenskultur als Erfolgsfaktor ist bei vielen Organisationen in jüngerer Zeit ins Zentrum der Aufmerksamkeit gerückt. Für Bertelsmann spielt es schon seit Jahrzehnten eine bedeutende Rolle. Wie siehst du die Kultur von Bertelsmann – und was hat sie geprägt?

Die Unternehmenskultur von Bertelsmann hat eine lange Tradition. Vor allem unser Nachkriegsgründer Reinhard Mohn hat Bertelsmann durch sein Verständnis von Unternehmertum – nämlich durch Freiräume, Delegation von Verantwortung und Partnerschaft – nachhaltig geprägt. Neben Unternehmertum ist für uns als internationales Medien-, Dienstleistungs- und Bildungsunternehmen Kreativität der zweite wichtige Aspekt unserer Unternehmenskultur. Kreativität und Unternehmertum zusammen bilden den Kern von Bertelsmann; in der Ausprägung dieser beiden Aspekte unterscheiden wir uns stark von anderen Unternehmen. Dies war übrigens auch das Ergebnis diverser Befragungen von Führungskräften und Mitarbeitervertretern, die wir im Rahmen der jüngsten Überarbeitung unserer Grundwerte, der Bertelsmann Essentials, vorgenommen haben. Entsprechend haben wir auch hier die Bedeutung dieser beiden Begriffe für Bertelsmann noch einmal herausgearbeitet.

Der Begriff Unternehmertum spielt für Bertelsmann also eine herausragende Rolle. Allerdings sind die allermeisten Menschen im Unternehmen Angestellte, sie haben Vorgesetze und beziehen ein Gehalt. Wie äußert sich der Wert des Unternehmertums dann im Alltag der Mitarbeiter?

Die unternehmerische Freiheit bei uns ist einzigartig. Jeder unserer Mitarbeiter – nicht nur unsere Führungskräfte – soll innerhalb seiner Rolle unternehmerisch denken und handeln. Dafür bedarf es eines entsprechenden Arbeitsumfeldes, das Risikobereitschaft, Experimentierfreude, Durchhaltevermögen und auch eine entsprechende Fehlerkultur fördert. Wir befähigen unsere Kolleginnen und Kollegen auf vielfältige Weise, um so gemeinsam die Transformation unseres Hauses erfolgreich zu gestalten.

Ich habe acht Jahre für Bertelsmann gearbeitet. In der turnusmäßigen, weltweiten Mitarbeiterbefragung wird auch auf die Leistung der Führungskräfte geschaut. Unter anderem wird ein Empowerment Index errechnet. Was hat es damit auf sich?

Der Begriff ist als wesentlicher Teil unseres Führungsverständnisses in unserer Unternehmenskultur verankert. Wir leben in einer Berufswelt, in der die Anforderungen immer komplexer werden und sich immer schneller verändern. Empowerment bedeutet, dass Führungskräfte ihren Mitarbeitern Freiräume geben, ihre Arbeit bei Bertelsmann eigenverantwortlich zu gestalten und ihre Fähigkeiten und Vorstellungen optimal einzubringen. Mitarbeiter zu empowern stellt eine Möglichkeit dar, mehr Freiräume für neue Ideen und Kreativität zu schaffen sowie die eigenen Fähigkeiten fortlaufend weiterzuentwickeln.

Auf Basis der Mitarbeiterbefragung bestimmen wir das Empowerment-Level eines jeden Teams mit Hilfe eines Index. So kann jede Führungskraft in ihrem Team gezielt ansetzen und schauen, ob es noch Verbesserungspotenziale in diesem Feld gibt. Auch auf Firmenebene und auf höheren Ebenen schauen wir uns das Empowerment-Niveau genau an. Es ist ein wichtiger Indikator dafür, inwieweit eine Kultur herrscht, in der unsere Mitarbeiter so erfolgreich wie möglich sein können.

Was begünstigt das Empowerment der Mitarbeiter?

Analysen der Daten aus unserer Mitarbeiterbefragung zeigen, dass der wesentliche Einflussfaktor für Empowerment das Führungsverhalten der direkten Vorgesetzten ist. Daher ist es eine wichtige Priorität für uns, mit unserer weltweiten Befragung regelmäßig auf das Feedback zu schauen, das die Mitarbeiter ihrer Führungskraft geben. Weitergehende Analysen unserer Befragungsdaten haben uns eindrucksvoll bestätigt, dass ein hohes Level an Empowerment der Mitarbeiter positiv mit ihrer Arbeitszufriedenheit und ihrem Engagement zusammenhängt. Deshalb hat Empowerment nicht nur Eingang in unsere partnerschaftliche Unternehmenskultur gefunden, sondern ist auch explizit in unserem Sense of Purpose verankert, der uns immer wieder dabei hilft, uns in die richtige Richtung zu orientieren.

Im Laufe der vergangenen Jahre hat Bertelsmann ein Projekt angestoßen, um seinen Sense of Purpose zu schärfen bzw. neu zu entdecken. Wie kam es dazu? Und wie lief dieser Prozess ab?

Einen Unternehmenssinn gab es bei uns schon immer, wir haben diesen jedoch im Jahr 2016 explizit neu herausgearbeitet und verschriftlicht. Ein

Unternehmenssinn stiftet Orientierung für die Mitarbeiter, aber auch für alle anderen Stakeholder, indem er die Frage nach dem »Warum« beantwortet. Gerade in Zeiten der Transformation ist Orientierung wichtiger denn je. Bertelsmann ist in den vergangenen Jahren durch Übernahmen neuer Unternehmen und Beteiligungen gewachsen und dadurch stellt sich die Frage nach einer gemeinsamen Basis und Identität immer wieder neu. Aus dem Sense of Purpose haben wir dann unsere eingangs beschriebenen Essentials abgeleitet, welche die Frage nach dem »Wie arbeiten wir zusammen?« beantworten.

Wichtig ist: Der Sense of Purpose wurde dabei weder zentral festgelegt, noch wurde er vom Management verordnet. Er entstand vielmehr in einem intensiven und internationalen Diskurs mit Hunderten von Mitarbeitern und ihren Vertretern sowie im direkten Austausch mit unseren Eigentümern, der Familie Mohn. Ich bin der festen Überzeugung, dass der Unternehmenssinn etwas Subjektives ist und aus dem Unternehmen heraus entdeckt werden sollte. Wo immer wir hinkamen, mit wem auch immer wir das Thema diskutierten, es kristallisierten sich am Ende stets dieselben Begriffe heraus. To Empower. To Create. To Inspire. Genau dies beschreibt das Wesen von Bertelsmann, und zwar über alle Grenzen und Geschäfte hinweg.

Wie äußert sich dieser Sense of Purpose im alltäglichen Tun?

Mit einem Sense of Purpose sind viele positive Effekte verbunden. Diese sind in verschiedenen wissenschaftlichen Disziplinen wiederholt herausgearbeitet und von Praktikern belegt worden. Sei es Orientierung, Arbeitgeberattraktivität oder Unternehmenserfolg, all diese Faktoren haben bei Bertelsmann einen hohen Stellenwert. In einem Unternehmen wie unserem erfüllt der Sense of Purpose eine wichtige Klammerfunktion über die Grenzen von Firmen, Bereichen und Ländern hinweg. Er stiftet Identifikation und stärkt so nicht zuletzt auch das Verständnis für strategische Unternehmensentscheidungen. Unser Sense of Purpose ermöglicht einen Dialog mit den Mitarbeitern, in dem Führungskräfte glaubhaft erklären können, warum wir etwas tun – oder auch nicht tun. Auch die Unternehmenskultur wird durch die klare Formulierung eines Unternehmenssinns weiter gestärkt.

Immanuel Hermreck hat Kommunikations- und Wirtschaftswissenschaften in Münster, München und Stanford studiert und eine Doktorarbeit abgeschlossen. Er arbeitet seit rund 25 Jahren für die Bertelsmann-Gruppe. 2006 wurde er Konzernpersonalchef, 2011 Mitglied des Group Management Committee und 2015 Personalvorstand der Unternehmensgruppe. Kontakt: bertelsmann.de

Im Interview mit Immanuel Hermreck ist der Begriff Empowerment bereits mehrfach genannt worden. Der folgende Abschnitt wird sich mit diesem Thema ausführlicher beschäftigen.

Empowerment

Empowerment ist einer dieser psychologischen Fachbegriffe, die sich nicht adäquat und sinngleich ins Deutsche übersetzen lassen. Übertragungen wie Befähigung oder Ermächtigung geben meines Erachtens nicht den vollständigen Bedeutungshorizont wieder, der im Englischen mitschwingt. Daher habe ich mich entschieden, ausschließlich den englischen Originalbegriff zu verwenden. Ich werde diesen Abschnitt mit einem Interview beginnen und erst danach wichtige theoretischen Gedanken vorstellen. Ich habe ein Gespräch mit Fabian Kienbaum geführt, dem geschäftsführenden Gesellschafter der gleichnamigen Unternehmensberatung. Für ihn stellt das Thema Empowerment ein zentrales Element seiner Rollendefinition dar.

Ich hoffe darauf, dass ich irgendwann überflüssig bin

Interview mit Fabian Kienbaum

Fabian, du hast im Lauf der vergangenen Jahre den alleinigen Vorsitz der Geschäftsführung des Beratungshauses Kienbaum übernommen, nachdem du das Unternehmen eine Weile mit deinem Vater gemeinsam geführt hattest. In der neuen Rolle nennst du dich Chief Empowerment Officer. Was hat es damit auf sich?

Wir haben im Rahmen eines Kulturprozesses das Thema Empowerment als wesentlichen Pfeiler unserer zukünftigen Führungsphilosophie identifiziert. Dementsprechend lag es nah, meine Rolle als Chief Empowerment Officer zu bezeichnen. Das geht in der Endstufe so weit, dass ich mich hoffentlich irgendwann überflüssig mache. Wir wollen Potenzialentfaltung großschreiben, wir wollen uns Co-Kreativität widmen, wir möchten hin zu einem Umfeld, das von einer Subjektkultur geprägt ist.

Im Rahmen dieses Projektes haben wir viel mit Menschen gearbeitet, die nicht originär im Wirtschaftsumfeld unterwegs sind: mit Künstlern und Wissenschaftlern wie beispielsweise Gerald Hüther, aber auch mit einem Magier. Wir hatten das Gefühl, uns aus uns selbst heraus nicht in der Art und Weise erneuern zu können, wie wir uns das gewünscht haben. Es ging folglich darum, Impulse von Menschen zu erhalten, die in ganz anderen Disziplinen unterwegs sind. Wir wollten deren ganz eigene Perspektive auf die Welt kennenlernen – um zu verstehen, was das bedeuten kann für die Art und Weise, wie wir die Firma prägen und führen wollen.

Wie genau definierst du für dich Empowerment?

Wir leben in einer Epoche, die von hoher Transparenz und dem starken Wunsch nach Individualität geprägt ist. In diesem Sinne spiegelt Empowerment viele jener Ideen wider, die sich in der Politik im Ordoliberalismus wiederfinden. Sprich: Wir wollen gemeinsam ein Spielfeld mit gewissen Regeln kreieren, an die wir uns halten – und innerhalb dieses Rahmens können sich alle frei bewegen. Für mich hat das auch viel mit Netzwerkstrukturen zu tun. Wir wollen uns nicht auf unsere Funktionen und Rollen zurückziehen. Stattdessen geht es darum, sich in gewissen Abständen stärkenorientiert unterschiedlichen Aufgaben und Themen widmen zu können.

Das muss natürlich kuratiert werden. Kuratieren bedeutet hier, die unterschiedlichen Interessen und Stärken auf ein gemeinsames Ziel hin zu bündeln – allerdings nicht in dem überholten Sinne, Kommandos in die Organisation hineinzugeben, um im Anschluss auf Ergebnisse zu warten. Wie gesagt, wir möchten gemeinsam, wir möchten co-kreativ arbeiten. Es geht darum, Menschen in ihren Fähigkeiten zu bestärken, um natürlich auch zu schauen, wie sie am besten und am sinnvollsten ihren Beitrag leisten können. Das macht Führung im Übrigen deutlich intensiver, als das früher der Fall war.

Was kannst du persönlich beitragen, damit die Mitarbeiter sich empowered fühlen?

Ich spreche gerne von dienender Führung – und die beginnt häufig im Kleinen, fast im Banalen: Dass man jedem einen guten Morgen wünscht, dass man sich für den Menschen wirklich interessiert, auch auf einer persönlichen Ebene, dass man überhaupt erst den Raum schafft für diese Art der persönlichen Begegnung. Ich möchte hier Vorbild sein. Die Kunst liegt manchmal darin, sich an der einen oder anderen Stelle zurückzunehmen. Man hat einfach nicht immer gute Laune, man möchte nicht immer mit den Leuten sprechen, manchmal gibt es private Themen, die einen beschäftigen. Trotzdem oder gerade deswegen geht es darum, wieder mehr Menschlichkeit in die Arbeitswelt einfließen zu lassen. Da ist bisweilen etwas verloren gegangen. Wenn wir das gemeinsam hinbekommen, dann sind die Menschen insgesamt auch glücklicher.

Wir trachten bekanntlich alle nach Anerkennung, haben das Bedürfnis, gesehen zu werden. Die Kunst liegt darin, einen Raum zu schaffen, in dem man sich auch über Dinge austauschen kann, von denen es manchmal heißt, sie gehörten nicht in die Arbeitswelt, z. B. Ängste und Sorgen – weil das eben als Schwäche ausgelegt werden könnte. Alle würden profitieren, wenn wir diesen Raum schaffen könnten, und ich hoffe, hier Vorbild sein zu können, ein Stück weit auch selbstlos, damit ich Sinn und Orientierung stiften kann.

Als Chef eines großen Beratungshauses erhältst du spannende Einblicke in verschiedenste Unternehmen. Welches positive Beispiel für Empowerment ist dir besonders in Erinnerung geblieben?

Die Otto Group, zumindest das, was ich aus der Ferne erleben und beobachten darf. Mich fasziniert im Kontext der Größe dieses Konzerns im Zusammenspiel mit der Eigentümerfamilie die Fähigkeit, Neues zuzulassen, sich zu transformieren. Ich finde die Aufrichtigkeit grandios, diese tiefe Auseinandersetzung mit sich selbst, was auch die handelnden Personen einschließt. Hier geht es auch um Glaubwürdigkeit, um die Wahrheit, dass solche grundlegenden Veränderungen Zeit benötigen, und um die Tatsache, dass alles mit Selbstreflexion im Führungskreis von Otto begonnen hat. Von dieser bewussten Auseinandersetzung mit sich selbst – davon brauchen wir noch viel mehr nach meiner Ansicht. Wir brauchen auch mehr Menschen, die bereit sind, offen darüber zu reden. Solche tiefgreifenden Veränderungen geschehen ja nicht von alleine, bisweilen ist es strubbelig – aber das Strubbelige ist auch wieder authentisch.

Wenn wir einmal darüber nachdenken, wie schwierig es teilweise ist, bestimmte Marotten in unserem persönlichen Leben zu verändern, dann wird auch deutlich, wie hart dieses Unterfangen in Organisationen sein kann – mit ihrer DNS und den vielen unausgesprochenen Regeln. Das erfordert Hartnäckigkeit und ein gutes Team, das geht nicht alleine. Aber wenn man in so einer Konstellation einmal in Wallung gekommen ist, dann kann das auch sehr viel Kraft geben.

Was funktioniert bei euch im Haus bereits gut – und bei welchen Themen gibt es aus deiner Sicht noch am meisten zu tun?

Wir haben die Art und Weise unserer Kommunikation grundlegend verändert. Das hat auch was mit Du und Sie zu tun, aber das ist nicht der entscheidende Punkt. Wir haben offline und online eine höhere Nahbarkeit erreicht. Ich möchte persönlich erreichbar und nahbar sein für die Menschen, das ist ein ganz wichtiger Punkt. Darüber gelingt es uns, weg von der Hierarchie zu kommen und eher am Output orientiert zu arbeiten. Egal ob jemand jung oder alt ist, lang dabei ist oder nur kurz, als Berater oder in einer anderen Rolle – wir merken, dass die Menschen viel stärker bereit sind, sich einzubringen und auch kritische Dinge anzusprechen.

Was uns noch fehlt, sind Rituale. Wir haben gute Impulse gesetzt, aber wir haben es noch nicht geschafft, das ausreichend zu verstetigen. Ein Beispiel: Wissen wirklich alle, dass der Freitag bei Kienbaum der Lerntag ist? Das müssen wir hinbekommen, denn Wissen ist unsere Währung. Natürlich nicht nach dem Motto: »Puh, jetzt muss ich was lernen« – sondern weil ich Lust habe, Lust mich mit meinen Kollegen zu treffen, Lust, mich mit neuen Inhalten auseinanderzusetzen. Dieses Selbstverständnis erhoffe ich mir noch stärker für die Zukunft. Am Ende steht und fällt es damit.

Wir leben nicht mehr in einer Zeit, in der Menschen 20, 30 Jahre bei einem Unternehmen bleiben. Wenn du Menschen begeisterst, wenn du Menschen gewinnst, wenn du ihnen auch etwas gibst, dann ist es doch wunderbar, wenn jemand nach vier, fünf Jahren bei uns sagt: »Ich war bei Kienbaum, ich habe hier etwas Wertvolles mitgenommen – und darauf bin ich stolz!« Dafür braucht man Rituale, sonst ist alles zu stark abhängig von Personen und Projekten.

Du bist in jungen Jahren Chef einer großen Unternehmensberatung geworden. Bei unseren persönlichen Begegnungen wirkst du auf mich allerdings immer tiefenentspannt. Vielleicht habe ich ein falsches Klischee von CEOs im Kopf – aber: Wie machst du das mit der Gelassenheit?

Das liegt am Leistungssport! Ich habe ab dem sechsten Lebensjahr Handball gespielt. Fast alles, was mir heute im Unternehmen begegnet, kenne ich aus unterschiedlichen Konstellationen im Mannschaftssport. Das muss sich nicht zwingend im Profibereich abspielen. Aber diese ganze Dynamik habe ich über sehr lange Zeit intensiv erfahren dürfen – und das tut mir unglaublich gut. Es hilft mir, die Dinge zum Teil etwas nüchterner zu betrachten. Wenn ich diese Erfahrungen nicht gesammelt hätte, dann könnte ich heute wahrscheinlich nicht so agieren, wie ich das tue. Da geht es auch um eine bestimmte Form der Menschenkenntnis, die ich mir angeeignet habe. Im Sport gibt es ja alles, du hast Freunde, aber auch Leute, mit denen du vielleicht nicht so gut klarkommst – und es muss trotzdem funktionieren.

Was ich darüber auch gelernt habe: Ich gebe immer alles, aber weder Sport noch Wirtschaft sind alles, was wichtig ist. Als ich bei Kienbaum begonnen habe, war ich fast ein wenig übermotiviert, wollte sofort die Welt retten. Und dann kommen eben ein paar Regeln und Prozesse, auf die man sich einlassen muss. Der Sport hat mich gelehrt, hier eine gute Balance zu finden.

Fabian Kienbaum hat internationales Management an der ESCP studiert. Mittlerweile ist er in dritter Generation Co-CEO des Beratungshauses Kienbaum Consultants International (mittlerweile gemeinsam mit Dr. Bibi Hahn als

Co-CEO). Zuvor leitete er das Familienunternehmen über einige Jahre gemeinsam mit seinem Vater Jochen Kienbaum. Fabian Kienbaum hat über lange Jahre auf hohem Niveau Handball gespielt, hatte dabei auch Bundesligaeinsätze. Kontakt: kienbaum.com

Das Konzept des Empowerment hat sich seit seiner ersten Beschreibung in der Management-Literatur (Kanter, 1977) stark verändert. Zu Beginn fokussierte die Forschung vor allem auf die organisationalen Rahmenbedingungen, durch deren Anwesenheit Mitarbeiter empowered werden sollten. Dazu gehören u.a. *Dezentralisierung und partizipative Entscheidungsstrukturen* (so wie im Interview mit Immanuel Hermreck beschrieben) und das damit verbundene Empfinden von Autonomie sowie ein Klima des Vertrauens und der Wertschätzung (mehr dazu in Kapitel 7) in Bezug auf die direkte Führungskraft wie auch die Organisation als solche (Spreitzer, 2008).

Seit wegweisenden Arbeiten von Gretchen Spreitzer (1995) wird Empowerment allerdings als intrapsychisches Phänomen verstanden, d.h., der Begriff bezeichnet das *mental-emotionale Erleben der Person, die sich empowered fühlt* – während die zuvor beschriebenen Rahmenbedingungen als etwas betrachtet werden, das diesem Erleben vorgelagert ist. Empowerment beruht demnach auf vier psychologischen Säulen (Maynard et al., 2012):

- *Selbst-Determination*: das Gefühl, Urheber des eigenen Handelns zu sein;
- *Kompetenzerleben*: das Gefühl, in einem Kontext zielgerichtet erfolgreich agieren zu können;
- *Sinnhaftigkeit*: bezeichnet in diesem Kontext das Gefühl von Übereinstimmung der eigenen Werte und Motive mit den diesbezüglichen Anforderungen in der aktuellen Arbeitsrolle;
- *Einfluss*: in dem Sinn, dass die Auswirkungen des eigenen Tuns erfahrbar werden und sich in den Entscheidungen anderer, vor allem auch höherer Instanzen in der Organisation, widerspiegeln.

In einer umfassenden Auswertung bisheriger Forschungsarbeiten zum Thema Empowerment kommen Seibert und Kollegen (2011) zu dem Ergebnis, dass das Gefühl von Empowerment mit einer Reihe von positiven Konsequenzen einhergeht, für das Individuum wie auch die Organisation als Ganzes. Empowerte Mitarbeiter sind zufriedener, setzen sich stärker für die Organisation ein (auch über die eigenen Aufgaben hinaus) und sind leistungsstärker in Bezug auf vielerlei Performance-Indikatoren. Besonders spannend finde ich den Aspekt, dass sich hier ausgeprägte Parallelen zeigen zwischen der Ebene des Individuums und jener von Gruppen. Sprich: So, wie sich der einzelne Mensch mehr oder weniger empowered fühlen kann, tritt dieses Phänomen auch als kollektives Gefühl in Arbeitsgruppen auf – und die beeinflussenden Variablen sind ebenfalls die gleichen. Dezentrale und partizipative Führung ermächtigt Menschen genauso wie Teams als Ganzes! Es erscheint demnach mehr als lohnenswert,

Empowerment in der Unternehmenskultur zu verankern (wie bei Bertelsmann) und/ oder es als persönliches Führungsprinzip zu definieren, wie am Beispiel von Fabian Kienbaum aufgezeigt.

Achtung

Es gibt Führungskräfte, die im Betrieb mit harter Hand regieren, aber die Kinder auf die Waldorf-Schule schicken, damit sie ja keinen Druck erleben. Genau mein Humor.

An diesem Punkt stellt sich die Frage, welche Eigenschaften und Verhaltensweisen von Führungskräften geeignet sind, das psychologische Empowerment der geführten Mitarbeiter bzw. Teams zu stärken. Ein wichtiger Schlüssel hierzu ist transformationale Führung (Aydogmus et al., 2018). Was es damit auf sich hat, wird im ersten Intermezzo in Kapitel 6 erläutert. Falls Sie sich auf Basis Ihrer bisherigen Erfahrungen fragen, ob es überhaupt realistisch ist, dass in Zukunft *alle* Führungskräfte aktiv das Empowerment ihrer Mitarbeiter fördern: Dies ist sicherlich ein Idealzustand, aber möglicherweise gar nicht notwendig. In Feldstudien konnte ein Forscherteam jüngst aufzeigen, dass empowernde Führungskräfte einen Spillover-Effekt generieren. Konkret: Wenn ein Mitarbeiter Mitglied von mehreren Teams ist und/oder an mehrere Führungskräfte berichtet, dann reicht es aus, wenn er sich in einer dieser Führungskonstellationen besonders ermächtigt fühlt. Dieses Gefühl nimmt der Mitarbeiter gewissermaßen mit in die anderen Konstellationen und lebt sich dort aus, auch wenn sich die andere Führungskraft eher als Mikro-Manager geriert (Smith et al., 2018). Die frohe Botschaft lautet demnach: Sie müssen mit großer Wahrscheinlichkeit nicht den kompletten Laden umkrempeln, um spürbare Verbesserungen zu erzielen. Eher scheint es so zu sein, dass eine kritische Masse von besonders fähigen und befähigenden Führungskräften ausreichend ist, um einen Unterschied zu machen, der einen Unterschied macht.

5.2 Motivation einmal anders

Es gibt schier unendlich viele Theorien zur Frage, was Menschen motiviert, was uns ins Handeln bringt. Für frühe Psychologen wie Sigmund Freud entsprang unsere Motivation, etwas zu tun, weitgehend dem Drang nach Befriedigung von basalen Trieben. Demnach verspüren wir in bestimmten Situationen einen Mangel an Triebbefriedigung. Dies löst einen Spannungszustand aus, der als (latent) unangenehm erlebt wird. In der Folge löst der Mensch Handlungen aus, um diese Imbalance auszugleichen (Compton, 1981). *In dieser Konzeption sind wir unseren Bedürfnissen und Trieben weitestgehend ausgeliefert*: Wir können zwar versuchen, sie zu unterdrücken. Doch selbst, wenn uns dies gelingt, brechen sie sich mit großer Wahrscheinlichkeit auf anderem Wege oder zu einer anderen Gelegenheit Bahn.

Die Jahrzehnte nach Freud und seinen frühen Mitstreitern waren in der Welt der Psychologie von den Behavioristen geprägt. Diese interessierten sich schlicht und ergreifend nicht für das Innenleben von Menschen, weil es prinzipiell nicht empirisch zugänglich *(gewesen)* sei. Ihre Theorien (und auch Handlungsempfehlungen) basierten ausschließlich auf der Beobachtung und Quantifizierung von externem Verhalten. Die Behavioristen experimentierten vor allem mit Tieren wie Ratten und Tauben, um zu verstehen, wie diese durch Belohnung und Bestrafung zu bestimmten Handlungen zu bringen seien – und leiteten daraus verschiedene Gesetzmäßigkeiten über die Art und Weise ab, wie Lebewesen lernen. Im späteren Verlauf ihres Wirkens übertrugen sie viele dieser Gesetzmäßigkeiten auch auf menschliches Lernen und postulierten, dass wir uns in vielerlei Hinsicht nicht von Ratten und Tauben unterscheiden (Skinner, 1963). Das Denken der Behavioristen wirkt bis heute nach, auch in Organisationen im Hinblick auf die Bemühungen, die Motivation von Mitarbeitern durch Performance-Boni zu steigern (Bonner & Sprinkle, 2002).

Im Laufe der 1960er-Jahre kam es schließlich zur sogenannten kognitiven Wende in der Psychologie. Auch im Zuge der Entwicklung der ersten massentauglichen Computer begann man, sich wieder für das Innenleben von Menschen zu interessieren. In dieser Ära sahen viele Psychologen unser Gehirn als einen Computer an und versuchten zu ergründen, wie diese Maschine Berechnungen anstellt, um unser Funktionieren zu gewährleisten. In dieser Zeit entstanden beispielweise auch verschiedene Denkgebäude, die heute unter dem Label Erwartung-mal-Wert-Modelle subsummiert werden. Vereinfacht ausgedrückt errechnet sich die Motivation eines Menschen in einem gegebenen Kontext gemäß solchen Theorien anhand der multiplikatorischen Verknüpfung von zwei Variablen: Wie viel ist mir das Erreichen des Zieles wert? Und wie hoch ist die Wahrscheinlichkeit bzw. Erwartung, das Ziel auch tatsächlich zu erreichen? Je höher der Wert dieser beiden Variablen, desto stärker sollte auch die Motivation sein. Durch die multiplikatorische Verknüpfung wird außerdem deutlich, dass die Handlungsmotivation gegen Null streben kann, wenn beide oder nur einer der Werte sehr klein ausgeprägt sind (Wigfield & Eccles, 2000).

Ich finde es spannend, dass die (impliziten) Metaphern, die wir zur Beschreibung der Funktionsweise unseres Gehirns heranziehen – und gleichzeitig auch der Art und Weise, wie Organisationen zu führen sind –, auch ein Spiegel des jeweiligen technologischen Fortschritts sind. Freud entwickelte die Grundzüge seiner Theorien über Bedürfnisbefriedigung noch, bevor das Werk Frederick Taylors die industrielle Massenproduktion einläutete. Zu dieser Zeit war der Mensch noch näher an der Natur und stärker von dieser abhängig. Und so sah auch Freud den Menschen als abhängig von seiner Natur, ein Spielball weitgehend unkontrollierbarer Urkräfte. In der frühen Massenproduktion nach Art des Taylorismus spiegeln sich wiederum verschiedene Denkrahmen des Behaviorismus: Die Arbeiter unterhalb der höheren Führungsebenen sollten streng genommen gar nicht denken, sondern ausschließlich nach engen

Vorgaben handeln. Die Motivation wurde über extrinsische Belohnung und Bestrafung erzeugt, vor allem über finanzielle Boni für das Erreichen bzw. Übertreffen von Zielvorgaben. In die Zeit der kognitiven Wende fällt auch die Entwicklung von Führungsmethoden wie Management by Objectives (MBO), sprich: das Führen mit Zielvorgaben. Hier delegiert die Führungskraft Aufgaben an die Mitarbeiter und kontrolliert nach Möglichkeit nicht mehr die Ausführung der Aufgaben, sondern nur noch das Ergebnis – so ähnlich, wie wenn man Aufgaben an einen Computer delegiert, die dieser auf Basis vorgegebener Algorithmen ausführt.

So kann es nicht verwundern, dass wir einige Jahrzehnte weiter erneut andere Theorien darüber haben, was Organisationen sind und wie sie erfolgreich zu steuern sind (Quinn & Dutton, 2005). So, wie Metaphern über Organisationen immer lebendiger, immer organischer wurden, so haben sich auch die Ideen über die Funktionsweise des Gehirns verändert – und so braucht die heutige Zeit auch eine andere Konzeption, um die Frage zu beantworten, was Motivation ist und wie sie entsteht.

Ich bin der Käpt'n meiner Seel'

Die wichtigste Theorie der letzten Jahrzehnte zur Frage, was uns als Menschen antreibt, ist die *Selbstdeterminationstheorie* (SDT), begründet von Edward Deci und seinem Schüler Richard Ryan (Ryan & Deci, 2000). Diese Theorie besteht aus verschiedenen ineinandergreifenden Denkgebäuden, von denen ich nur einen für das Arbeitsleben zentralen Teil präsentieren werde. Die SDT hat sich ein Stück weit losgelöst von der Positiven Psychologie bzw. geht dieser voraus, doch es handelt sich aus meiner Sicht um einen Fall von »guter Nachbarschaft«, insbesondere durch die Ähnlichkeit in Bezug auf das zugrundeliegende Menschenbild.

Die SDT gründet sich auf Erkenntnissen aus den frühen Arbeiten von Edward Deci (1971) zum Unterschied zwischen intrinsischer und extrinsischer Motivation. Deci ging es um Folgendes: Wenn Menschen intrinsisch zu einem Verhalten motiviert sind, tritt dieses spontan auf und wird aus sich selbst heraus als befriedigend erlebt. Man muss kleine Kinder beispielsweise nicht zum Spielen animieren, das machen sie von ganz allein, solange sie sich sicher fühlen. Gemäß den Ideen des Behaviorismus, die zu diesem Zeitpunkt immer noch eine zentrale Rolle in der Psychologie einnahmen, hätte es möglich sein müssen, intrinsische Motivation zu verstärken, indem man ein Verhalten zusätzlich extrinsisch motiviert, also beispielweise eine Belohnung in Aussicht stellt. Sprich: Wenn ein Kind sowieso gerne Bilder malt, dann sollte es noch mehr malen, wenn es für jedes fertiggestellte Bild ein paar Groschen für das Sparschwein erhält. Interessanterweise fand Deci in seinen Untersuchungen, dass in vielen Kontexten genau das Gegenteil passiert: Wenn man Menschen für etwas belohnt, das sie aus intrinsischer Motivation tun, dann führt die Hinzunahme von externer Belohnung nicht zu einer Addition, sondern einer *Subtraktion* der Verhaltensintensität und -qualität (Deci, 1972).

Das heißt: Wenn man Menschen dafür bezahlt, etwas zu tun, was sie sowieso sehr gerne tun, dann vermindert diese Belohnung in vielen Fällen den Antrieb. Wir strengen uns in einem geringeren Maß an und leisten in der Folge weniger und oft auch qualitativ schlechtere Arbeit (Deci et al., 1999). Diese Botschaft ist allerdings bis heute zu vielen Unternehmen noch nicht durchgedrungen, die nach wie vor Unsummen in immer kompliziertere Vergütungsmodelle und Bonussysteme investieren. Ich sage es hier deutlich: Die wissenschaftliche Beweislage, dass solche Incentive-Systeme insbesondere höhere Führungskräfte zu mehr oder besserer Arbeit animieren, ist mehr als dünn (Tosi et al., 2000).

Warum aber sollte die Motivation von Menschen schwinden, wenn man doch im Prinzip weitere Motivatoren hinzufügt? Schauen Sie sich dafür bitte die Grafik 6 an. Diese veranschaulicht eine der zentralen Annahmen der SDT.

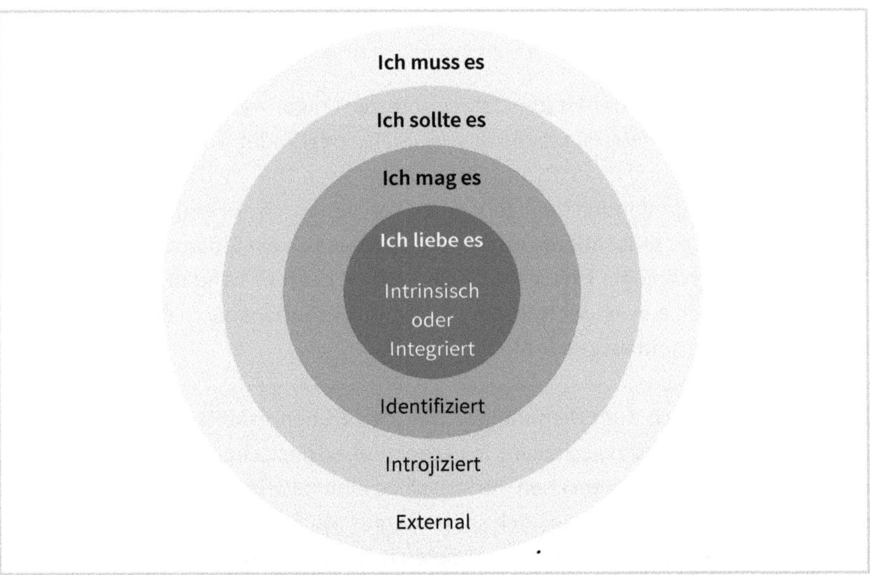

Abb. 6: Das Kontinuum der Motivation; Quelle: übersetzt und erweitert nach Spence und Oades (2011, S. 48)

Deci und Ryan gehen von der Idee aus, dass es nicht nur eine Form von Motivation gibt, von der man quantitativ mehr oder weniger spüren kann. Sie postulieren, dass *Menschen ein Kontinuum verschiedener Qualitäten von Motivation* erleben können, die mit verschiedenen Konsequenzen einhergehen. Zentrales Kriterium für die Einordnung auf dem Kontinuum ist der Grad dessen, was die Forscher *autonome Regulation* nennen. Je mehr Selbstbestimmtheit – quasi Urheberschaft unseres Handelns – wir verspüren, desto motivierter sind wir; je fremdbestimmter wir uns fühlen, desto mehr schwindet die Antriebskraft (Ryan & Deci, 2000).

Auf Basis dieser grundsätzlichen Überlegungen lässt sich ein Kontinuum aufspannen, so wie es in der oben gezeigten Abbildung angedeutet wird. Abgesehen von seltenen Momenten der Amotivation, in denen wir keinerlei Drang verspüren, irgendetwas zu tun, lassen sich vier verschiedene Stufen der Motivation unterscheiden (Deci et al., 2017):

- *External reguliertes* Verhalten bezeichnet Situationen, in denen wir keinerlei Selbstbestimmtheit erleben. Wir handeln dann in erster Linie aufgrund von externem Zwang. Im Extremfall tun wir etwas, weil Leib und Leben bedroht sind (z.B. geben wir jemandem unsere Geldbörse, wenn diese Person uns mit einer Waffe bedroht). Aber es leuchtet ein, dass wir das entsprechende Verhalten unmittelbar einstellen, wenn der externe Reiz verschwindet. Streng genommen gehören Belohnung und Bestrafung (und damit: Anreiz- und Bonus-Systeme) auch zu diesem Teil des Spektrums.
- *Introjiziert reguliertes* Verhalten ist immer noch von einem hohen Grad an Fremdbestimmung gekennzeichnet. In solchen Situationen handeln wir jedoch nicht aufgrund eines externen, sondern eines *inneren Zwangs*. Hier geht es beispielsweise um Dinge, die wir tun, um Schuldgefühle zu vermeiden, Ängste zu mindern oder unseren Selbstwert zu stärken.
- Bei *identifiziert reguliertem* Verhalten handelt es sich immer noch um einen Fall von extrinsischer Motivation. Allerdings haben wir die externen Gründe für unser Verhalten deutlich stärker verinnerlicht; d.h., wir verstehen die Gründe und bewerten sie positiv. Beispiel: Wir erledigen eine Aufgabe, die wir ursprünglich als wenig spannend erachtet haben, mit einem hohen Grad an Motivation, nachdem unser Vorgesetzter uns glaubwürdig erläutert hat, wie wichtig diese für den Erfolg eines bestimmten Projektes ist.
- Bei *integriert reguliertem* Verhalten handelt es sich immer noch um eine Form von extrinsischer Motivation. Allerdings ist sie an jenem Punkt im Erleben kaum noch von intrinsischer Motivation zu unterscheiden. Wie der Begriff andeutet, sind die ursprünglich externen Gründe für unser Verhalten zu einem so starken Grad internalisiert und schließlich integriert worden, dass sie sich wie ein Teil von uns anfühlen. An diesem Punkt erleben wir uns, wie unter intrinsischer Motivation, vollständig als Quelle unseres Tuns.

EIGENE ERFAHRUNG

Ich hatte große Schwierigkeiten, meine Doktorarbeit fertigzustellen, habe die notwendigen Aufgaben verzögert bis zum Gehtnichtmehr. Mit Blick auf die SDT ist mir heute klarer, was damals vor sich ging. Für mich hat es sich oft angefühlt, als hätte ich diese Arbeit vor allem für meine Eltern geschrieben. Es gab da eine unausgesprochene Erwartungshaltung, zumindest aus mei-

ner Perspektive. Mindestens einmal pro Jahr im Laufe der etwa 55 Monate hatte ich den starken Wunsch, die Promotion zu begraben. Was mich immer wieder bewog, weiterzumachen: Ich wollte meine Eltern, vielleicht auch nur die *inneren Eltern*, nicht enttäuschen. Und: Ich wollte keiner sein, »der es nicht gepackt hat«. Diese Form der Motivation liegt auf dem Kontinuum der SDT irgendwo zwischen external und introjiziert reguliert. Das ist nichts, was einen Menschen nachhaltig trägt.
Etwa ein Jahr vor dem Abschluss fand ein tränenreiches dreistündiges Gespräch zwischen meinen Eltern und mir statt, in dem sie mir schließlich die »Lizenz zum Aufhören« gaben: Sie versicherten mir (und ich verstand!): Auch ohne Doktortitel würde ich ein guter Sohn bleiben. Danach war die Arbeit in Nullkommanichts fertiggestellt – die Motivation hatte sich, wenn schon nicht vollständig integriert, so doch in den Bereich der identifizierten Regulation verschoben. Dort fand ich mehr als genug Energie und schloss schließlich sogar summa cum laude ab.

Auf Basis der Überlegungen von Ryan und Deci wird klar, warum die Quantität und Qualität von Leistung zurückgehen kann, wenn man Menschen für etwas belohnt, das sie an sich bereits mit Freude tun: *Die externe Gratifikation vermindert den wahrgenommenen Grad an Selbstbestimmung.* Kam der Wunsch zum Handeln ursprünglich aus dem als authentisch erlebten Selbst, so verschiebt sich die Wahrnehmung der Urheberschaft des Handelns durch das Einführen einer Belohnung Stück um Stück nach außen, weg von der inneren Schaffensfreude.[79]

Ebenso sollte deutlich werden, dass viele Aspekte von Arbeit in klassisch-hierarchischen Organisationen dem Autonomie-Erleben der Mitarbeiter abträglich sind. In eine Konstellation einzutreten, in der man einen oder mehrere Vorgesetzte hat, impliziert per se, einen Teil der eigenen Autonomie aufzugeben. Zudem unterwirft man sich nicht nur dem Urteil des Vorgesetzten, sondern auch Regeln, Verordnungen und Prozessen. Schließlich wird, zumindest im Kontext von gewinnorientierten Unternehmen, ein Teil der Aufmerksamkeit der Mitarbeiter auf die finanzielle Entlohnung für die Arbeit gelenkt, was – wie zuvor beschrieben – die Gefahr mit sich bringt, dass das Wahrnehmen der intrinsischen Motivation unterdrückt wird.

Selbstdetermination in New und Old Work

In dieser Hinsicht kann die gesamte New-Work-Bewegung auch als Versuch gedeutet werden, wieder mehr Selbstbestimmtheit in das Arbeiten in Organisationen

79 Einem breiteren Publikum bekannt wurden Teile der SDT – etwas vereinfacht dargestellt – durch den Weltbestseller Drive des populärwissenschaftlichen Autoren Daniel Pink (2009).

einzuführen. Ganz gleich, welchen Aspekt man sich anschaut: Immer geht es darum, dem Individuum wieder mehr Autonomie in Bezug auf das Wann, Wo und Wie der Arbeit angedeihen zu lassen (Rose, 2015a):

- Homeoffice-Regelungen, Vertrauensarbeitszeit oder die Möglichkeit, die Anzahl der Urlaubstage selbst zu wählen, geben dem Menschen *Souveränität* in Bezug auf Zeit und Ort des Arbeitens zurück. Bring Your Own Device-Programme führen zusätzlich zu mehr Selbstbestimmung in puncto Arbeitsmittel.
- Die verschiedenen Formen von Selbstorganisation und Führung von unten als Steuerungsprinzip führen wieder mehr Autonomie in allgegenwärtige Entscheidungssituationen ein. Sie mindern den Effekt, den das Eingebundensein in hierarchische Machtstrukturen auf die gefühlte Urheberschaft des eigenen Handelns hat.
- Unternehmensdemokratie, die Möglichkeit, die Ernennung von Führungskräften in einer Organisation durch einen Wahlprozess mit zu beeinflussen, beseitigt zwar nicht die Hierarchie und die damit einhergehende Weisungsgebundenheit, sie sorgt jedoch für eine neue Legitimation dieser Führungskonstellation, weil sie die wechselseitige Abhängigkeit deutlich macht (Prinzip der Augenhöhe). Ähnliches gilt für Unternehmen, die organische Führung praktizieren, bei der Führungskonstellationen spontan und vorübergehend entstehen, um sich alsbald wieder aufzulösen und sich bei Bedarf in anderer Konstellation neu zu bilden.

Achtung

Wann immer möglich, sollten Mitarbeiter in Entscheidungsprozesse mit einbezogen werden. Das eigene Kind ist niemals hässlich.

Ich hatte allerdings schon im Einführungskapitel deutlich gemacht, dass solche Modelle des Organisierens ihre (vergleichsweise höhere) Effektivität und Nachhaltigkeit erst noch unter Beweis stellen müssen. Glücklicherweise gibt es auch für Führungskräfte in traditionellen Unternehmen vielfältige Möglichkeiten, das Gefühl von Selbstbestimmung bei den Geführten zu fördern. Im Englischen wird dieses Bündel von Verhaltensweisen und Haltungen *Autonomy Support* genannt (Gagné & Deci, 2005):

- Jegliche Form der sinnvollen *Delegation* von Aufgaben und Entscheidungsgewalt stärkt die Selbstbestimmung der Geführten.
- *Zeitsouveränität*, z. B. in Form von Arbeitstagen, über deren Inhalt ein Mitarbeiter frei und kreativ verfügen kann, stärken ebenfalls das Gefühl der Selbstbestimmtheit.
- Mitarbeitern tatsächlich *zuzuhören* wirkt ebenfalls Wunder. Hier geht es darum, den Standpunkt des Gegenübers wirklich zu verstehen – und nicht, den menschlichen Kontakt wie eine Sachaufgabe abzuarbeiten.
- Schließlich kann der *Abbau von Statussymbolen*, eine informelle Kultur und authentisches Verhalten in der Führungsrolle die Selbstbestimmung von Mitarbeitern stärken, weil sie die Distanz und das Gefühl von Abhängigkeit in Hierarchien vermindern.

In dem Maße, wie Führungskräfte diese der Autonomie förderlichen Verhaltensweisen und Haltungen an den Tag legen, profitieren die Geführten wie auch die Organisation als solche. Autonomie-Support geht nachweislich mit mehr Engagement, erhöhter Performance sowie weniger Wechselmotivation, aber auch mit mehr psychologischem Wohlbefinden bzw. weniger Erschöpfung und Burn-out-Symptomen einher (Chiniara & Bentein, 2016; Gillet et al., 2013).

5.3 Alles im Fluss

Einige der Bücher von Mihály Csíkszentmihályi über das Flow-Phänomen, also das als freudvoll empfundene Aufgehen in einer Tätigkeit, sind Weltbestseller. Csíkszentmihályi (1975) hatte dieses Phänomen ursprünglich anhand von freizeitorientierten Tätigkeiten beschrieben, z. B. Free-Climbing – und seine Ansichten später auf das Arbeitsleben übertragen (Csíkszentmihályi & LeFevre, 1989). Ich gehe davon aus, dass es vielen Lesern in seinen Grundzügen bekannt ist. Aus diesem Grund starte ich diesen Abschnitt erneut mit einem vertiefenden Interview – konkret: mit Corinna Peifer, die sich auf die Erforschung von Flow-Erlebnissen spezialisiert hat.

Großraumbüros sind eine Katastrophe für das Flow-Erleben

Interview mit Prof. Dr. Corinna Peifer

Frau Professorin Peifer, einer Ihrer Forschungsschwerpunkte ist das Flow-Phänomen. Die ersten Veröffentlichungen dazu haben schon einige Jahrzehnte auf dem Buckel. Was hat sich getan in der Zwischenzeit?

Oh, da hat sich tatsächlich sehr viel getan! Gleichzeitig ist eine Sache gleichgeblieben: die Definition von Flow. Csíkszentmihályi hat bereits 1975 die Komponenten von Flow formuliert.[80] Während wir im Flow sind, gehen wir komplett in einer Tätigkeit auf.

1. Wir lenken unsere ganze Aufmerksamkeit auf die Tätigkeit …
2. … und es kommt zu einem Verschmelzen von Handlung und Bewusstsein, während wir …
3. … alles um uns herum, auch uns selbst und unsere Probleme, ganz vergessen.
4. Dabei haben wir das gute Gefühl, alles unter Kontrolle zu haben,
5. die Anforderungen der Aufgabe sind für uns ganz klar und …
6. … die Aufgabe wirkt aus sich selbst heraus belohnend.

80 Das Werk heißt «Beyond Boredom and Anxiety«. Deutscher Titel: »Das Flow-Erlebnis«.

Zum Teil wurden diese Komponenten in den letzten 40 Jahren noch weiter ausdifferenziert, sind aber im Kern die gleichen geblieben. Was sich allerdings deutlich weiterentwickelt hat, ist die Forschung zu den Voraussetzungen und Konsequenzen von Flow-Erleben wie auch die Forschung zu verschiedenen Anwendungskontexten. Die Anwendungskontexte reichen von Sport und Kunst über Bildung und Therapie bis hin zu Arbeit, inklusive Teamarbeit und Mensch-Maschine-Interaktion – um nur einige zu nennen. Auch gibt es vermehrt Forschung zu physiologischen Korrelaten und genetischen Voraussetzungen von Flow sowie zu Voraussetzungen auf der Ebene der Persönlichkeit.

Forschungsergebnisse legen nah, dass regelmäßige Flow-Erlebnisse zum einen die Leistung von Mitarbeitern, zum anderen die Arbeitszufriedenheit steigern können. Da stellt sich die Frage: Was kann ein Mitarbeiter tun, um häufiger in diesen Zustand zu kommen? Und wie sieht hier die Rolle der Führungskraft aus?

Worin sich die Forschung einig ist: dass es sich wegen der vielen positiven Konsequenzen lohnt, Flow-Erleben zu fördern. Flow fördert die Leistung, das Wohlbefinden, die Arbeitszufriedenheit und führt zu mehr Arbeitsengagement. In einer Überblicksarbeit in der Zeitschrift Wirtschaftspsychologie habe ich zusammen mit Gina Wolters die Forschung zu Voraussetzungen und Konsequenzen von Flow am Arbeitsplatz zusammengefasst.[81] Im Kern lässt sich sagen, dass es zahlreiche Stellschrauben gibt, um Flow-Erleben zu fördern. Das sind zum einen eine Flow-förderliche Arbeitsgestaltung, wie Anforderungsvielfalt, hohe, aber erreichbare Anforderungen der Aufgaben und klare Ziele. Auch die Rahmenbedingungen sollten stimmen: So sind regelmäßige Pausen wichtig, in denen man von der Arbeit abschalten kann, und eine Erholung am Feierabend ist maßgeblich, um am nächsten Tag wieder Flow erleben zu können.

Weiterhin ist der Aufbau von individuellen Ressourcen hilfreich, insbesondere PsyCap: Selbstwirksamkeit, Optimismus, Hoffnung und Resilienz. Trainingskonzepte zu diesem Zweck existieren bereits und wurden positiv evaluiert.[82] Schließlich spielt das soziale Umfeld inklusive der Führung eine zentrale Rolle: Flow ist ansteckend, soziale Unterstützung hilft uns, trotz Stress in den Flow zu kommen, Spaß mit den Kollegen hilft uns, in den Pausen abzuschalten – und eine Führungskraft, die klare Ziele setzt, uns unterstützt, wo es nötig ist, und regelmäßig (auch positives!) Feedback gibt, sorgt einerseits für die richtige Balance aus Anforderungen und Fähigkeiten und andererseits für das Gefühl, die Abläufe unter Kontrolle zu haben.

81 Siehe Peifer und Wolters (2017).
82 Siehe dafür das Interview mit Professor Reinhardt in Kapitel 4.

Worauf konzentrieren Sie sich konkret in Ihrer Forschung?

In meiner Forschung beschäftige ich mich mit Flow-Erleben bei der Arbeit und hier insbesondere mit der Frage, wie moderne Arbeitsanforderungen auf Flow-Erleben wirken. Durch Digitalisierung und Globalisierung sind wir inzwischen ständig erreichbar, Mails, Telefonanrufe und WhatsApp (o. ä.) unterbrechen unsere Tätigkeiten und führen zu Multitasking, Zeitdruck und – am Ende des Tages – zu unerledigten Aufgaben, die uns gedanklich bis in den Feierabend verfolgen können. Zusammen mit einem Team an der Ruhr-Universität Bochum habe ich untersucht, wie diese Stressoren auf Flow wirken und wie wir angesichts der modernen Arbeitsbedingungen möglichst gut in den Flow kommen können. In einer Serie von Studien konnten wir zeigen, dass sich unerledigte Aufgaben und Multitasking-Verhalten negativ auf Flow-Erleben auswirken. Allerdings gibt es auch Personen, die eine Präferenz für Multitasking haben. Bei diesen Menschen ist Multitasking sogar förderlich für Flow. Man sollte Multitasking also nicht vollständig und nicht für jeden verteufeln.

In den letzten Jahren gab es viele Debatten rund um die Vor- und Nachteile von Großraumbüros. Wie steht die Flow-Forschung dazu?

Ich kenne keine Studie, die diesen Zusammenhang direkt untersucht hat. Wenn ich mir aber die Voraussetzungen von Flow anschaue, dann sind *Großraumbüros eine Katastrophe*. Ständig sind irgendwo Ablenkungen. Man hört Kollegen telefonieren, andere unterhalten sich, neben mir springt der Drucker an, Kollegen gehen vorbei, um sich mal eben einen Kaffee zu holen – kommen kurz drauf mit dem duftenden Getränk zurück. Ich höre das Tippen der Tastaturen der anderen ... Flow ist ja ein Zustand, bei dem man sich völlig auf eine Aufgabe konzentriert.

Gerade bei der Arbeit kann es anstrengend sein, in den Flow hineinzufinden. Da ist jede Form der Ablenkung eher hinderlich. Jede Unterbrechung bringt mich raus und erfordert neue Anstrengung, zurück in den Flow zu finden. Um dem entgegenzuwirken, könnten vielleicht Kopfhörer mit eher monotoner Musik helfen, mich von der störenden Geräuschkulisse abzuschirmen. Andererseits: Flow-Erleben ist ansteckend. Wenn alle anderen ganz im Flow arbeiten, könnte sich dies auch auf mich übertragen. Zusammenfassend denke ich, dass Großraumbüros in den meisten Fällen dem Flow eher hinderlich sind, wobei es durchaus Ausnahmen geben mag – das sollte man einmal näher erforschen.

Wann kommen Sie als Flow-Forscherin zuverlässig in den Flow?

Beim Wind-Surfen auf der Ostsee.

Corinna Peifer hat Psychologie an der Universität Trier studiert und wurde dort auch promoviert. Zum Zeitpunkt des Interviews war sie Juniorprofessorin an der Ruhr-Universität Bochum und leitete dort die Arbeitsgruppe Angewandte Psychologie in Arbeit, Gesundheit und Entwicklung. Mittlerweile ist sie Professorin an der Universität Lübeck. Kontakt: ipsy1.uni-luebeck.de/mitarbeitende/prof-peifer

Es sind leider nicht nur die Großraumbüros, die das Flow-Erleben von Menschen in Organisationen empfindlich stören können. Wenn man sich die Bedingungen für Flow konkret anschaut, dann kreieren viele Unternehmen – vermutlich aus einer Mischung aus Unwissenheit und Gleichgültigkeit heraus – eine Art *Anti-Flow* für viele Mitarbeiter. Das erkennt man besser bei Betrachtung der Abbildung 7.

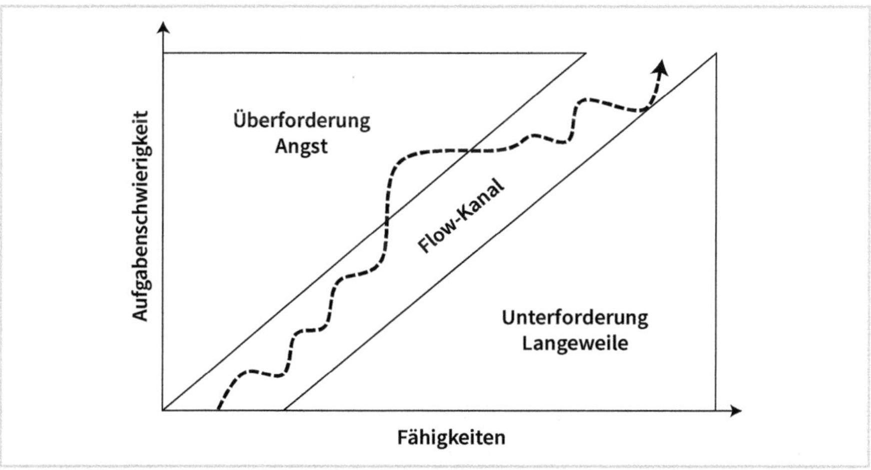

Abb. 7: Der Flow-Kanal; Quelle: übersetzt und erweitert nach Nakamura und Csíkszentmihályi, 2002 (S. 94)

Neben den im Interview von Corinna Peifer beschriebenen Bedingungen und Merkmalen ist eine Voraussetzung besonders entscheidend für das Entstehen von Flow-Erleben: Die Schwierigkeit der anstehenden Aufgabe und der Level der aktuellen Fähigkeiten müssen sich zumindest grob die Waage halten. Wenn wir mit Tätigkeiten konfrontiert werden, die unser wahrgenommenes Kompetenzniveau deutlich überschreiten, dann entsteht kein Flow, sondern ein Gefühl der Überforderung. Wenn unsere Fähigkeiten die Anforderungen jedoch deutlich übersteigen, dann entsteht ebenso wenig Flow – stattdessen empfinden wir Langeweile. Authentisches Flow-Erleben verspüren wir vor allem dann, wenn wir mit Anforderungen konfrontiert werden, *die gerade eben unterhalb unserer aktuellen Leistungsgrenze liegen.* In diesem Sinn ergibt sich auch der dargestellte Flow-Kanal. Wenn wir uns zum ersten Mal mit einer neuen Tätigkeit beschäftigen (z. B. einer Sportart oder einem Musikinstrument), haben wir noch keinerlei Kompetenz, beschäftigen uns jedoch auch mit Übungen für

Anfänger. Wenn wir diese gemeistert haben, wird ein guter Trainer oder Lehrer langsam, aber sicher die Aufgabenschwierigkeit erhöhen. Das bringt uns vorübergehend in den Bereich der Überforderung, aber durch Wiederholung, Ermutigung und Lernen am Modell wachsen unsere Skills nach – und wir sind erneut im Flow-Kanal. Dieser Weg führt uns, ausreichend Talent und Übung vorausgesetzt, in Richtung Meisterschaft (Duckworth et al., 2015).

Der Vorteil von sportlicher und musikalischer Betätigung ist, dass wir im Grunde jederzeit zeitnahes und konkretes Feedback über unser Leistungsniveau und den Grad der Zielerreichung erhalten.[83] Wir erfahren am Ergebnis, ob ein Gegner oder ein Musikstück gerade noch bezwingbar war – doch auch auf dem Weg erhalten wir Feedback zur Performance, durch die Tatsachen an sich (z.B. richtiger vs. falscher Ton), aber idealweise auch durch das Feedback eines Coaches oder Lehrers. In Unternehmen werden Menschen hingegen zumeist über ihre Leistung im Unklaren gelassen. Konkretes, verhaltensbezogenes Feedback erhalten viele Mitarbeiter so gut wie nie (mehr dazu im Intermezzo über Führung, Kapitel 6) – und wenn doch, dann zu spät. Die allgegenwärtigen und oft gehassten Jahresgespräche helfen jedenfalls nur bedingt weiter. Ein weiteres Problem besteht darin, dass Unternehmen implizit ein hohes Interesse daran haben, dass Mitarbeiter ein gewisses Leistungsniveau erreichen und dann möglichst konstant auf diesem Level performen – so wie in den Ausführungen über positive Devianz in Kapitel 3 beschrieben. Genau dieses Verharren auf dem gleichen Niveau wird jedoch Flow-Erleben verhindern und langfristig möglicherweise sogar in Richtung Bore-out führen (Stock, 2015).

Fazit: Wenn wir als Führungskräfte möchten, dass die uns anvertrauten Menschen wachsen und dieses Wachstum auch noch als erfüllend erleben, dann kommen wir nicht umhin, mehr zu beobachten, mehr rückzumelden, mehr darüber nachzudenken, wer als Nächstes welche Aufgaben(-schwierigkeit) benötigt. Das ist definitiv schwieriger, als ein- oder zweimal im Jahr mit dem Mitarbeiter im Rahmen von vorgegebenen Gesprächen ein Kompetenzmodell »durchzunudeln«. Doch steckt darin eigentlich eine gute Nachricht: Auch für Führungskräfte sollten die Aufgaben durchaus nach und nach immer schwieriger werden. Sich auf diesen Pfad zu begeben ist nicht immer einfach, aber definitiv lohnenswert.

5.4 Charakter stärken

Der Management-Guru Peter Drucker (2001) hat über die vielen Jahrzehnte seines Wirkens immer wieder betont, dass Menschen sich selbst, andere, aber auch

83 Aus diesem Grund kommen viele Menschen beim Spielen am Computer in den Flow. Die meisten Spiele werden auf das Erleben von Flow hin optimiert (das nächste Level erreichen).

Organisationen als Ganzes nur effektiv führen können, wenn sie es vermögen, die Stärken des jeweiligen Systems zu bespielen – um im Laufe der Zeit die selbstredend ebenso vorhandenen Schwächen irrelevant zu machen. Da stellt sich die Frage: Wie können Menschen mehr über ihre authentischen Stärken erfahren? Das weltweit am weitesten verbreitete System zur Entdeckung der eigenen, auf den Beruf bezogenen Stärken, ist der vom Unternehmen Gallup bereitgestellte Strength Finder-Test (Buckingham & Clifton, 2001).[84] Innerhalb der Positiven Psychologie wurde ergänzend ein eigenes System von menschlichen Stärken beschrieben, auf dessen Vorstellung ich mich im Rahmen dieses Buches konzentrieren möchte. Eines der frühesten und bedeutendsten Projekte, die Martin Seligman gemeinsam mit Christopher Peterson, einem bereits verstorbenen Kollegen, verfolgte, war die Kreation eines *Kompendiums menschlicher Charakterstärken und Tugenden* (Peterson & Seligman, 2004).[85] Es war auch gedacht als Gegenentwurf zum sogenannten Diagnostic and Statistical Manual of Mental Disorders« (DSM), einer Art Lexikon aller bekannten psychologischen Störungen (American Psychiatric Association, 2013). Während das DSM gesamthaft auflistet, was Menschen in psychologischer Hinsicht aus der Bahn werfen kann, sollte das Stärkenkompendium – ganz im Sinne der Grundhaltung der Positiven Psychologie – all jene Attribute versammeln und beschreiben, die wir an anderen Personen (wie auch an uns selbst) als schätzenswert betrachten. Es geht um jene Eigenschaften und Merkmale, die – so vorhanden – uns im besten Sinne des Wortes auszeichnen.

Zu diesem Zwecke durchpflügte ein Team von Forschern über mehrere Jahre die Weisheitsliteratur (i. w. S.) dieser Welt, von den Zeugnissen der großen Religionsstifter über elementare philosophische Texte, Biografien von hochgeschätzten Staatsmännern und -frauen bis hin zu kontemporären Texten, z. B. dem Pfadfinder-Kodex oder auch Klassikern der Psychologie und des Selbsthilfe-Genres. Neben einigen formalen Kriterien sollte ein Attribut die folgende Eigenschaft aufweisen, um in den Katalog aufgenommen zu werden: Es musste *über verschiedene Kulturen und über alle Zeitalter immer wieder erwähnt werden*, also eine Form von Universalität der menschlichen Erfahrung darstellen. In der Folge entstand ein System aus 24 Charakterstärken, die sich auf sechs übergeordnete Tugenden verteilen. Auf Basis des Kompendiums wurde ein eigenes Testverfahren entwickelt (der VIA-Test), das in der Zwischenzeit ebenfalls millionenfach absolviert wurde.

84 Mittlerweile haben rund 30 Millionen Menschen den Test absolviert; gallup.com/cliftonstrengths/de/home.aspx

85 Der Begriff Tugend hat im Deutschen eine Konnotation, die möglicherweise nicht von allen Menschen goutiert wird. Im Amerikanischen wird das Wort jedoch weitgehend wertfrei genutzt.

Im Folgenden finden Sie eine Übersicht über diese Tugenden und Charakterstärken. Die deutschen Beschreibungen beruhen auf der Arbeit eines Teams um den Schweizer Psychologen Willibald Ruch (Ruch et al., 2010).[86]

Weisheit und Wissen (Stärken, die den Erwerb und Gebrauch von Wissen beinhalten):
1. *Kreativität*: Neue, effektive Wege finden, Dinge zu tun
2. *Neugier*: Interesse an der Umwelt und anderen Menschen
3. *Urteilsvermögen*: Dinge durchdenken und von verschiedenen Seiten betrachten
4. *Liebe zum Lernen*: Neues Wissen aneignen und organisieren
5. *Weitsicht*: In der Lage sein, guten Rat zu geben

Mut (Stärken, die uns helfen, interne und externe Barrieren zu überwinden):
1. *Tapferkeit*: Sich Bedrohungen oder Schmerz nicht leichtfertig beugen
2. *Ausdauer*: Beenden, was man begonnen hat
3. *Ehrlichkeit*: Die Wahrheit sagen und sich authentisch verhalten
4. *Tatendrang* (Vitalität): Der Welt mit Begeisterung und Energiereichtum begegnen

Menschlichkeit (Stärken, die liebevolle menschliche Interaktionen ermöglichen):
1. *Liebe geben und nehmen können*: Menschliche Nähe herstellen und schätzen
2. *Großzügigkeit*: Anderen Gefallen tun, gute Taten vollbringen
3. *Soziale Intelligenz*: Sich der eigenen Motive und Gefühle wie auch jenen der anderen Menschen bewusst sein

Gerechtigkeit (Stärken, die das Gemeinwesen fördern):
1. *Teamwork*: Gut als Mitglied eines Teams arbeiten
2. *Fairness*: Menschen gleich und gerecht behandeln
3. *Führungsvermögen*: Leistung in Gruppen ermöglichen und organisieren

Mäßigung (Stärken, die dem Exzess entgegenwirken):
1. *Vergebung*: Menschen vergeben, die einem Unrecht getan haben
2. *Bescheidenheit* (Demut): Das Erreichte für sich sprechen lassen
3. *Vorsicht* (Besonnenheit): Nichts tun, was später bereut werden könnte
4. *Selbstregulation*: Aufmerksam und angemessen steuern, was man fühlt und wie man handelt

Transzendenz (Stärken, die Sinn stiften und uns Entitäten näherbringen, die über die eigene Existenz hinausweisen):
1. *Sinn für das Schöne und für Exzellenz*: Schönheit in allen Lebensbereichen schätzen
2. *Dankbarkeit*: Sich der guten Dinge im Leben bewusstwerden und sie wertschätzen

86 Ein ausführliches Interview mit Professor Ruch und weitere Hinweise zur Arbeit mit Stärken finden sich in meinem Buch Management Coaching und Positive Psychologie von 2021.

3. *Hoffnung (Optimismus)*: Das Beste erwarten und daran arbeiten, es zu erreichen
4. *Humor*: Lachen und Humor schätzen; Leute gerne zum Lachen bringen
5. *Religiosität und Spiritualität*: Kohärente Überzeugungen von einem höheren Sinn des Lebens haben; Verbindung mit etwas Größerem spüren

Wie Sie erkennen können, enthält dieses System auch Beschreibungen von Stärken, die man in einem klassischen, auf die Business-Welt bezogenen Test, nicht zwingend vermuten würde (Beispiel: Liebe geben und nehmen). Trotzdem lässt sich der Test wunderbar als Methode nutzen, um die eigene Stärkenorientierung im Berufsleben zu entwickeln. Als Kompendium bilden diese 24 Stärken einen erstklassigen Weg, um Menschen in ihrer Individualität wertschätzend zu beschreiben und sich in positiver Art und Weise über Unterschiedlichkeit und Vielfalt auszutauschen, ohne in klassische Stärken-Schwächen-Muster zu verfallen – denn auch schwach ausgeprägte Stärken bleiben nach Definition der Positiven Psychologie Stärken. Grundsätzlich folgt das zugrundeliegende Modell einer Logik, die bereits von Aristoteles beschrieben wurde. Demnach liegt eine Stärke auf dem Mittelpunkt eines Kontinuums, dessen Pole durch zwei Laster beschrieben werden können. So lässt sich Mut z. B. als Mittelpunkt zwischen den Polen Feigheit und Übermut charakterisieren. Ferner ist zu beachten, dass diese Stärken immer nur relativ zu den Fähigkeiten eines Menschen in einem konkreten Kontext interpretierbar sind (Peterson & Seligman, 2004). Sprich: Wenn ein gut ausgebildeter Feuerwehrmann mit entsprechender Ausrüstung in ein brennendes Haus geht, um einen Menschen zu retten, dann ist dies definitiv mutig. Würde der Autor dieses Buches das Gleiche tun, wäre es hingegen ein Fall von ungesunder Tollkühnheit.

Tipp

Die weltweit wichtigste Seite, auf welcher der VIA-Test *kostenlos* in verschiedenen Sprachen absolviert werden kann, lautet: viacharacter.org. Es dauert etwa 15 bis 20 Minuten, den Test zu absolvieren. Außerdem finden Sie dort eine Fülle an Material, um mit Ihrem Testergebnis produktiv weiterzuarbeiten. Eine weitere Möglichkeit, den Test zu absolvieren, bietet sich an der Universität Zürich unter: charakterstaerken.org

Stärken bespielen

Sollten Sie sich entschließen, den VIA-Test zu absolvieren, so erhalten Sie kostenfrei Ihr persönliches Ranking der 24 Stärken. Das wichtigste Element an dieser Rangreihe sind Ihre (meist) vier bis sechs am deutlichsten ausgeprägtesten Stärken. Diese werden in der Positiven Psychologie *Signaturstärken* (manchmal auch: Schlüsselstärken) genannt (Linley et al., 2010). Dabei handelt es sich um über verschiedene Situationen hinweg stabile Präferenzen im Denken, Fühlen und Handeln. Man könnte auch sagen, die Stärken sind verschiedene Formen von *Energie, die wir durch unser Tun in die Welt bringen wollen.*

Wofür ist es gut, die eigenen Schlüsselstärken zu kennen? Studien legen nahe, dass es uns auf verschiedene Arten und Weisen nützt, diesen möglichst viel Raum in unserem Leben einzuräumen. So fand man heraus, dass die regelmäßige Nutzung der Schlüsselstärken während der Arbeit mit gesteigertem Engagement sowie hoher Arbeitszufriedenheit und hohem psychischen Wohlbefinden einhergeht (Harzer & Ruch, 2013). Außerdem sehen Menschen, die ihre Kernstärken regelmäßig im Rahmen der Arbeit einsetzen können, ihren Beruf eher als Berufung denn als trivialen Job an – was ebenfalls mit einer Reihe von wünschenswerten positiven Konsequenzen im Arbeitsleben einhergeht (Harzer & Ruch, 2012). Auch über den Arbeitskontext hinaus scheint es sinnvoll zu sein, das eigene Leben so zu gestalten, dass den wichtigsten Stärken möglichst viel Raum gegeben wird. Eine Überblicksstudie kommt zu dem Ergebnis, dass Stärkenorientierung mit einer gesteigerten Lebenszufriedenheit einhergeht (Schutte & Malouff, 2019). Auf der bereits erwähnten Website viacharacter.org finden Sie eine Unmenge an Anregungen, durch welche Tätigkeiten (im Beruf wie im Privaten) die jeweiligen Stärken intensiver bespielt werden können.

Achtung

Fußballer werden keine besseren Stürmer, indem sie lernen, weniger schlechte Torhüter zu sein. Viele Unternehmen glauben indes, dass Personalentwicklung genau so funktioniert.

Ryan Niemiec, einer der weltweit wichtigen Forscher zum Thema der VIA-Stärken, hat außerdem gemeinsam mit einem Kollegen ein umfangreiches Buch geschrieben, das Spielfilme durch die Brille dieses Stärken-Kompendiums betrachtet und somit dazu dienen kann, die Wahrnehmung und Interpretation von Stärken in Bezug auf andere Menschen zu entwickeln (Niemiec & Wedding, 2014). Gerade für Führungskräfte kann es ungeheuer wertvoll sein, die geführten Menschen im Lichte ihrer jeweiligen Charakterstärken zu betrachten. Warum dies so ist, wird insbesondere im Kapitel über Sinn weiter ausgeführt. Ebenso kann der VIA-Test bei der Entwicklung von Teams hilfreich sein. So kann es, je nach Aufgabe und Kontext, lohnenswert sein, die diversen Stärken über die verschiedenen Mitglieder eines Teams hinweg auszubalancieren, um die Performance der Gruppe zu erhalten bzw. zu steigern.

EIGENE ERFAHRUNG

Als Psychologe habe ich in meinem Leben eine große Menge an Testverfahren absolviert, im Studium, aber auch später aus reinem Interesse. Den VIA-Test betrachte ich bis dato als am nützlichsten für meine persönliche Entwicklung. Meine Top-Stärken sind Neugier, Lernliebe, Vitalität sowie Liebe im Geben und Nehmen. Speziell mit Blick auf die beiden erstgenannten Stärken erscheint es wenig verwunderlich, dass ich mich mit Anfang 40 zumindest für eine Weile für eine akademische Karriere entschieden habe. Ich denke, dass

mir die zugehörigen Tätigkeiten noch besser entsprechen als die Management-Rolle, die ich den Jahren zuvor ausgefüllt habe.
Ein besonderer Blickwinkel, unter dem die eigenen Schlüsselstärken nutzenstiftend analysiert werden können, ist die Frage nach der *Über- bzw. Unternutzung* dieser Stärken in bestimmten Kontexten. Gemäß der Konzeption, dass eine Stärke als Mittelpunkt zwischen zwei Lastern positioniert ist, wird deutlich, dass sich eine Schlüsselstärke im Lichte der Über- bzw. Unternutzung in eine Schwäche verwandeln kann. Für mich hat es beispielweise mit Blick auf das Verhältnis zu meiner Frau und meinen Kindern immer Sinn ergeben, dass Liebe eine Form von Energie ist, der ich besonderen Raum in meinem Leben geben möchte. Als ich begann, Menschen zu führen, wurde mir über die Zeit bewusst, dass ich diese Stärke im beruflichen Kontext jedoch nicht mit der gleichen Intensität einsetzte. Gewissermaßen beschlich mich das Gefühl, dass das Ausleben dieser Stärke nicht in den beruflichen Kontext passen würde. In der Folge musste ich erst neue Ausdrucksformen für diese Form der Energie in diesem speziellen Umfeld finden. Mehr dazu im Kapitel über Beziehungen.

Wenn Sie sich zum Abschluss dieses Kapitels immer noch fragen, ob es sinnvoll ist, sich mit den eigenen Stärken oder jenen von Mitarbeitern zu beschäftigen, dann möchte ich auf eine Metapher verweisen, die der Mediziner und Kabarettist Eckart von Hirschhausen früher gerne in seine Bühnenprogramme eingebaut hat: Er kontrastiert dafür mittels Videomaterial das Verhalten von Pinguinen an Land und im Wasser (Schreiber, 2009). An Land sind Pinguine bekanntlich langsam, schwerfällig und wirken ungeschickt. Im Wasser sind sie hingegen in ihrem Element: elegante, pfeilschnelle, wendige Jäger. Wenn ich mir solche Videos anschaue, bilde ich mir sogar ein, sie wirkten im Wasser irgendwie glücklicher als an Land. Der Punkt: Wir sind alle Pinguine – und unsere Mitarbeiter sind es ebenfalls. Somit liegt es an uns, Bedingungen herzustellen (bzw. den Mitarbeitern genug Raum zu geben, um selbst auf die entscheidenden Aspekte einzuwirken), unter denen wir uns nachhaltig in unserem Element fühlen. Die Bespielung der ureigenen Stärken ist ein wichtiger Schritt auf diesem Weg.

5.5 Mach mal Pause!

»Fast alles funktioniert wieder von alleine, wenn man es für einige Minuten ausstöpselt. Das gilt auch für Menschen.« Dies ist ein übersetztes und leicht abgewandeltes Zitat der amerikanischen Schriftstellerin Anne Lamott (Clements, 2015). Damit könnte ich diesen Abschnitt im Grunde beschließen. Trotzdem sind zum Ende dieses Kapitels über Engagement einige Worte darüber angebracht, wie wichtig Erholungspausen zur Erhaltung unserer Leistungsfähigkeit und Arbeitsfreude sind.

Ich hatte bereits im ersten Kapitel darauf hingewiesen, dass die Menge der abgeleisteten Überstunden in Deutschland auf einem Rekordniveau liegt. In diesem Sinne ist davon auszugehen, dass die Botschaft noch nicht überall angekommen ist – selbst wenn immer klarer wird, dass Menschen durchaus ähnlich viel oder sogar mehr leisten (können), wenn sie ihre Arbeitszeit spürbar reduzieren. So wurde beispielsweise der Bielefelder Unternehmer Lasse Rheingans von XING mit einem New Work Award ausgezeichnet, weil sein Unternehmen bei vollem Gehalt und Urlaubsanspruch einen 5-Stunden-Tag für die Mitarbeiter implementiert hat (Jacobs, 2018). Vielerorts wird jedoch immer noch in überholten Paradigmen gedacht, wonach physische Anwesenheit mit Leistung gleichgesetzt wird – auch dort, wo die gewünschten Arbeitsergebnisse mitnichten Präsenz erfordern würden.[87]

Ein Blick in die reichlich vorhandene Forschungsliteratur sollte Arbeitgebern eigentlich genügen, um zu erkennen, dass sich die Belastung durch zu viele Überstunden auf Dauer negativ in den Bilanzen niederschlagen wird – selbst, wenn eventuell kurzfristig Geld eingespart werden kann, indem man auf eine eigentlich notwendige Aufstockung der Personaldecke verzichtet. Eine der weltweit wichtigsten Forscherinnen auf diesem Fachgebiet kommt aus Deutschland. Sabine Sonnentag lehrt und forscht (u. a.) an der Universität Mannheim. Ihr zentrales Forschungsgebiet ist die Beziehung zwischen dem, was Menschen tun, wenn sie *nicht* arbeiten – und ihrem Wohlbefinden und der Leistung während ihrer Arbeit.

In einem Überblicksartikel zeichnet Sonnentag gemeinsam mit Kollegen (2017) ein deutliches Bild. Menschen brauchen zwingend regelmäßig Abstand von ihrer Arbeit. Sie brauchen Pausen, freie Abende, das Wochenende und regelmäßigen Urlaub. Wenn sie all dies nicht in einem ausreichenden Maße bekommen, dann leiden zunächst das Wohlbefinden und die Motivation (in Form von Energie, die zur Arbeit eingesetzt werden kann), langfristig die psychische und physische Gesundheit. Für einen Einblick in die zugrundeliegenden Wirkmechanismen sei nochmal auf das Interview mit Tobias Esch im zweiten Kapitel verwiesen.

Es reicht jedoch nicht aus, einfach nur *nicht* zu arbeiten – es kommt auch auf die Qualität der Erholungsphasen an. Das Perfide ist: Je stressreicher die Erfahrungen im Job, desto schwerer fällt es Menschen, sich ausreichend zu erholen. Jene Mitarbeiter, die gute Erholung aufgrund besonders anspruchsvoller Rollen am nötigsten hätten, zahlen somit einen doppelten Preis (Sonnentag, 2018). Essenziell wichtig für die bestmögliche Erholung ist das, was im Englischen *Detachment* genannt wird. Ergo: Die Ruhephasen sollten uns Gelegenheit geben, tatsächlich Abstand von der Arbeit zu

87 Mir ist klar, dass es immer noch genug Arbeitsrollen gibt, die einhundertprozentige physische Anwesenheit erfordern. In manchen Diskussionen wird dieses Argument genutzt, um die Einführung von Homeoffice-Regelungen zu torpedieren. Dieses »Alle über einen Kamm scheren« nützt meines Erachtens jedoch niemandem.

gewinnen, nicht nur physisch, sondern auch emotional und mental. Kurz zusammengefasst lauten die wichtigsten Empfehlungen: möglichst viel Sport machen (am besten im Grünen), Zeit mit Freunden und Familie verbringen (und dabei das Diensthandy auslassen) – und regelmäßig mindestens sieben bis acht Stunden schlafen. Unternehmen bzw. Vorgesetzte, die entsprechende Grenzen nicht akzeptieren, schaden aktiv der Gesundheit ihrer Mitarbeiter – und darüber langfristig auch ihrem Unternehmen.

6 Erstes Intermezzo: Führen – abseits von Command and Control

Jeder Schüler stellt sich jeden Tag die gleichen drei Fragen über seinen Lehrer: Kann ich dir vertrauen? Glaubst du, dass ich erfolgreich sein werde? Bin ich dir wichtig?

Auf dem Twitter-Kanal »LoudLearning« gefunden

Ich hatte die große Freude, im Dezember 2017 einige Tage an der Ross School of Business in Michigan verbringen zu dürfen. Dort stellte Robert Quinn, einer der Mitbegründer der POS, seine Idee einer Wirkungskette der Wertschöpfung in Organisationen vor. Diese finden Sie in der Abbildung 8:

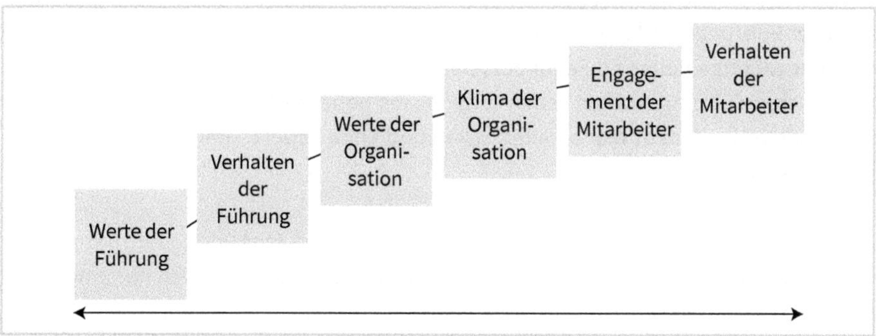

Abb. 8: Die Wertschöpfungskette der Führung; Quelle: Quinn (2017)

Die grundsätzliche Idee hinter dieser Darstellung ist, dass es einen Zusammenhang zwischen den Werten der (Top-)Führungsetagen in einer Organisation und dem konkreten Verhalten der Mitarbeiter auf den nachgelagerten Ebenen gibt. Dieser Zusammenhang wird vermittelt über das beobachtbare Verhalten der Führung, das nach und nach die Werte der Organisation als solcher prägt. Diese Werte wiederum übersetzen sich in das organisationale Klima, das maßgeblich das Engagement der Mitarbeiter prägt – und dieses schließlich beeinflusst maßgeblich das konkrete Verhalten, das die Mitarbeiter an den Tag legen. Die Darstellung ist sicherlich stark vereinfachend gestaltet, ergibt aber intuitiv Sinn für mich.

Der entscheidende Punkt: In dieser Konzeption beeinflussen die vorgelagerten Ebenen die nachgelagerten Ebenen. Wenn man also z.B. als Organisationsentwickler Maßnahmen zur Steigerung des Engagements implementieren möchte, so muss es gelingen, die vorgelagerten Ebenen anzusteuern; ansonsten missglückt die Implementierung oder sie ist nicht nachhaltig. Aus diesem Grund scheitern laut Quinn auch so viele Projekte im Bereich der Werte- und Kulturentwicklung. Die handelnden Protagonisten versuchen, die entsprechenden Ebenen selbst zu verändern, kümmern sich aber, meist mangels Macht und Mandat, nicht um die vorgelagerten Ebenen, also um das Verhalten und – noch wichtiger – die Werte der Top-Führungskräfte. Damit ist allerdings ein radikaler Wandel[88] bereits im Vorhinein zum Scheitern verurteilt.[89] Alles steht und fällt mit den Werten, mit der Haltung, mit dem Menschenbild der Führung.

Wichtig

In der Regel ist Schlechtleistung eine Folge von Schlechtführung.

Ganz in diesem Sinne widmet sich dieses Intermezzo modernen Führungstheorien und -werkzeugen, welche die oben vorgestellte Wirkbeziehung zwischen den Werten der Führung und dem Verhalten der Mitarbeiter ein gutes Stück weit in ihre Denkmodelle integriert haben. Außerdem schauen wir uns einige der wirksamen Bestandteile dieser Führungsmodelle näher an. Zusätzlich beleuchte ich in diesem Kapitel die eminent wichtige Rolle von Feedback, das zwingend notwendig ist, damit Menschen zu besseren Führungskräften reifen (und dieses hohe Niveau halten) können. Meine Erfahrung zeigt, dass es hier an allen Ecken und Ende hapert – und zwar in so gut wie jeder Organisation.

Zum Start in diesen Abschnitt möchte ich Ihnen ein Werkzeug vorstellen, das auf den oben erwähnten Robert Quinn zurückgeht. Im Grunde handelt es sich nur um ein Set von vier Fragen, die sich Führungskräfte stellen können, wenn sie vor einer schwierigen Entscheidung stehen, unentschlossen sind oder anderweitig bemerken, dass sie gerade feststecken in Bezug auf anstehende Aufgaben.

WERKZEUG: DIE VIER FÜHRUNGSFRAGEN

Die Fragen und die zugrundeliegenden Überlegungen beschreibt Quinn in dem Buch Lift, das er 2009 gemeinsam mit seinem Sohn Ryan verfasst hat. Sie sind das Kondensat aus mehr als 30 Jahren an Forschung über organisationale Effektivität (Quinn & Rohrbaugh, 1983), auf der Robert Quinn seine Karriere aufgebaut hat. Es handelt sich um die folgenden vier Fragen[90]:

---

88 Radikaler Wandel hört sich für deutsche Ohren erst einmal gefährlich an, der Begriff ist im Alltagssprachgebrauch negativ konnotiert. Das Wort geht zurück auf den lateinischen Begriff Radix: die Wurzel. Radikaler Wandel bedeutet nichts anderes als eine grundlegende Veränderung, ein Wandel von der Ursache her; im Gegensatz zu einem Wandel, bei dem Oberflächliches geändert wird, während die unsichtbare Ursache des Sichtbaren unberührt bleibt.

89 Viele Unternehmen experimentieren aktuell z. B. mit gelockerten Dresscodes oder schaffen das förmliche Sie ab. Diese Aspekte gehören zum Klima der Organisation. Sie haben gemäß dem Modell die Macht, Engagement und Verhalten der Mitarbeiter zu beeinflussen. Dafür ist jedoch eine Kongruenz zwischen jener Ebene und den vorgelagerten Ebenen notwendig. Ist diese nicht ausreichend gegeben, nehmen die Mitarbeiter die Veränderungen auf der höheren Ebene als unstimmig wahr. Im diesem Fall richten sie sich intuitiv wieder an den tieferliegenden Ebenen aus – der Wandel bleibt folgenlos.

90 Übersetzung durch den Autor.

1. Welche *Resultate* möchte ich kreieren?
2. Welche Geschichte würde ich (mir) erzählen, wenn ich gemäß jenen *Werten* handeln würde, die ich von anderen einfordere?
3. Wie *fühlen* sich die anderen Beteiligten in dieser Situation?
4. Wie sehen drei oder mehr *Handlungsstrategien* aus, um jetzt meine übergreifenden Ziele zu erreichen?

Ziel der ersten Frage ist es, uns ein Stück weit aus unserer Komfortzone herauszuholen und stattdessen darüber nachzudenken, was in einer gegebenen Situation das Beste für die Organisation wäre. Die zweite Frage soll uns an unseren inneren Kompass erinnern und dafür sorgen, dass unsere Handlungen an unseren übergreifenden Wertvorstellungen und Prinzipien ausgerichtet sind. Zudem soll sie verhindern, dass wir Menschen, mit denen wir ggfs. im Konflikt stehen, vorschnell unlautere Motive unterstellen. Der Zweck der dritten Frage ist es, unsere Fähigkeit zur Empathie anzuregen, damit wir uns in die (emotionalen) Bedürfnisse der anderen Beteiligten in einer gegebenen Situation einfühlen. Die letzte Frage schließlich soll uns nach der Phase der Reflexion ins Handeln bringen und uns dabei helfen, im Außen nach Wegen und Unterstützung für die Umsetzung unserer Ziele zu suchen.

In den letzten Jahren hing in meinem Büro immer ein Ausdruck dieser Fragen in Sichtweite. Insbesondere die zweite Frage hat mir ein ums andere Mal geholfen, bessere Entscheidungen zu treffen, weil sie mich daran erinnert hat, dass – bei allen Konflikten, die in großen Organisationen notwendigerweise entstehen – die meisten Menschen auf einer übergreifenden Ebene doch an einem Strang ziehen wollen.

6.1 Transaktionale vs. transformationale Führung

Schon seit Jahrzehnten versuchen Management-Forscher zu ergründen, welche Art von Führung in Organisationen (in welchen konkreten Situationen) zu besseren Leistungen auf Seiten der Mitarbeiter und letztendlich zu mehr Unternehmenserfolg führt. Bis in die 1990er-Jahren wurden hierbei vor allem zwei Führungsstile erforscht und kontrastiert: transaktionale Führung und transformationale Führung. Diese Unterscheidung geht auf den Politikwissenschaftler James MacGregor Burns zurück, der die beiden Dimensionen 1978 auf Basis der Analyse von verschiedenen Politikern in einem Buch erstmals beschrieb. Der einflussreiche Führungsforscher Bernhard Bass baute auf diesen Erkenntnissen auf und präsentierte 1985 eine ausformulierte Theorie der transformationalen Führung, die in der Folge eine große Menge an Forschungsvorhaben stimulierte (Bass, 1999).

Kurz gesagt betont transaktionale Führung – wie der Name es bereits andeutet – die Austauschbeziehung zwischen Führenden und Geführten. In diesem Konzept gleicht die Führungskonstellation einem kontinuierlichen Tauschhandel. Die Führungskraft steuert die Mitarbeiter zwar bereits durch Ziele und Übertragung von Verantwortung, nutzt aber darüber hinaus zur Verhaltenssteuerung vor allem Belohnung (z. B. in Form von Boni) und Bestrafung (bzw. das Entziehen von Belohnungen). In diesem Sinn zielt transaktionale Führung vor allem auf die unmittelbare Performance der Geführten ab – tendenziell dient sie dazu, den Status quo zu bewahren (Hater & Bass, 1988).

Transformationale Führung bezeichnet einen Stil, der stärker auf die Gestaltung der Beziehungsebene zwischen Führenden und Geführten abzielt. Während die transaktionale Führung auf die Tauschbeziehung fokussiert, ist es das Ziel der transformationalen Führung, den Mitarbeiter – im besten Sinne des Wortes – zu berühren. Die Führungskraft ist hier persönlich präsenter, spürbarer – sie mutet sich dem Mitarbeiter stärker zu. In der ursprünglichen Konzeption von Bass (1985) basiert diese Form der Führung auf vier Säulen:

- *Vorbildfunktion* (Englisch: idealized influence): Die Führungskraft dient den Mitarbeitern als Vorbild, an dem sich diese fachlich wie auch menschlich orientieren können. Dies gelingt vor allem dann, wenn die Führungskraft als aufrichtig und authentisch wahrgenommen wird (Walk the Talk).
- *Inspirierende Motivation* (Englisch: inspirational motivation): Die Führungskraft spornt die Geführten an, indem sie eine glaubwürdige Vision und attraktive Ziele für die Geführten bereitstellt – und darüber einen größeren Sinnhorizont aufspannt. Die Geführten werden demnach nicht in irgendeiner Weise getrieben, sondern von einer positiven Zukunft nachhaltig angezogen.
- *Individuelle Berücksichtigung* (Englisch: individualized consideration): Die Führungskraft geht auf individuelle Bedürfnisse eines jeden Mitarbeiters ein und entwickelt gezielt die jeweils besonderen Stärken. Ziel ist die Stärkung von intrinsischer Motivation, Autonomie und Selbstwirksamkeit.
- *Intellektuelle Anregung* (Englisch: intellectual stimulation): Die Führungskraft ermutigt die Geführten, ihre kreativen und innovativen Impulse auszuleben, sodass diese sich im besten Sinne animiert fühlen, den Status quo (Regeln, Prozesse usw.) zu hinterfragen und ggfs. zu optimieren.

Achtung

Transaktionale Führung ist nicht per se schlecht, transformationale Führung ist nicht immer automatisch gut. Gereifte Führungskräfte sollten je nach Anlass und Kontext in der Lage sein, auf beiden Klaviaturen zu spielen, um das volle Potenzial ihrer Mitarbeiter abzurufen.

In oberflächlichen Betrachtungen wird gelegentlich kolportiert, der transformationale Führungsstil sei dem transaktionalen Weg kategorisch überlegen. Dem ist nicht so. Stattdessen geht die Forschung davon aus, dass es sich um ein Kontinuum handelt (im Englischen *Full Range Leadership* genannt), das sich von der weitgehenden Abwesenheit von Führung (Laissez-faire) über transaktionale Führung hin zur transformationalen Führung erstreckt. Je nach Persönlichkeit und Erfahrung der Führungskraft, aber auch der Persönlichkeit des Geführten und dem spezifischen Kontext, kommen die verschiedenen Stile mehr oder weniger stark zum Einsatz. Übergreifend scheint es allerdings so zu sein, d*ass* die meisten Führungskräfte eine gewisse Präferenz für einen der beiden Stile an den Tag legen – sodass oft von transaktionalen vs. transformationalen Vorgesetzten gesprochen wird – obwohl damit ursprünglich unterschiede Stile bezeichnet wurden (Antonakis et al., 2003).

Im Lichte der vielen Befunde aus den letzten Jahrzehnten lässt sich allerdings festhalten, dass die Effektivität von Führungspersonen eingeschränkt bleiben muss, wenn sich nicht in der Lage oder gewillt sind, regelmäßig (auch) den transformationalen Stil zu bedienen. Die Datenlage zeigt, dass sich dieser Führungsstil langfristig in einem höheren Level an psychologischem Wohlbefinden bei den Geführten niederschlagen wird (Arnold, 2017). Darüber hinaus wirkt transformationale Führung offenbar noch auf einer anderen Abstraktionsebene als transaktionale Führung. Während letztgenannte sich vor allem individuell zwischen Führungsperson und geführter Person abspielt, bezieht sich transformationale Führung auch auf das Kollektiv der Geführten (Wang et al., 2011). Wer als Führungskraft ein Team oder eine Abteilung konsistent gut führen will, anstatt nur einzelne Menschen zu steuern, der kommt nicht darum herum, den transformationalen Stil in einem signifikanten Maß zu bedienen.

6.2 Die Führungskraft als Diener der Mitarbeiter

Aufbauend oder angelehnt an die transformationale Führung entstanden weitere Beschreibungen von Management-Stilen. Die charismatische Führung (Conger & Kanungo, 1987) sowie die authentische Führung (Avolio & Gardner, 2005) haben hierbei am meisten Aufmerksamkeit erhalten. Allerdings ist bis heute nicht eindeutig geklärt, ob diese einen ureigenen Beitrag zum Verständnis von Führung leisten – und nicht doch weitgehend redundant sind mit den Ideen der transformationalen Führung (Banks et al., 2016; Rowold & Heinitz, 2007).

Es gibt jedoch eine weitere Führungstheorie, die laut Überblicksstudien einen eigenständigen Beitrag zu leisten vermag (Hoch et al., 2018). Hierbei handelt es sich um die dienende Führung, im Englischen: Servant Leadership, die auf Überlegungen von Robert Greenleaf (1977) zurückgeht. Wie der Name bereits andeutet, wird Führung hier in erster Linie als Dienst an den Geführten verstanden. Somit beschreibt dieses Verständnis der Führungsbeziehung ein dezidiert anderes Verhältnis, als dies in früheren

Führungstheorien der Fall war.[91] In den Worten von Greenleaf aus seinem ersten Buch über dieses Thema (1970, S. 4):[92]

»Es beginnt mit dem ganz natürlichen Gefühl, dass jemand dienen möchte, zuvorderst dienen. Eine bewusste Entscheidung weckt dann den Wunsch zu führen. Der entscheidende Unterschied manifestiert sich in der Fürsorge seitens des Dienenden – zuallererst sicherzustellen, dass die wichtigsten Bedürfnisse der anderen erfüllt werden. Der beste Test hierfür: Wachsen jene Menschen, denen gedient wird, als Personen; werden sie, während ihnen gedient wird, gesünder, weiser, freier, selbstbestimmter [...]?«

Da Greenleaf selbst zu Beginn keine eindeutige Definition der dienenden Führung bereitgestellt hat, haben verschiedene Forscher den Faden aufgenommen und eigene Beschreibungen vorgenommen. Der Forscher Van Dierendonck hat 2011 versucht, die verschiedenen Konzeptionen auf einen gemeinsamen Nenner zu bringen. Danach basiert dienende Führung auf den folgenden sechs Säulen:

- *Empowerment*: Die Führungskraft fördert Proaktivität und Selbstwirksamkeit bei den Geführten und ermutigt diese dazu, Informationen frei zu teilen und eigene Entscheidungen zu treffen.
- *Bescheidenheit/Demut*: Die Führungskraft ist in der Lage, die eigenen Talente und Beiträge realistisch einzuordnen. Sie erkennt, dass sie jederzeit auf die Unterstützung anderer angewiesen ist und gibt ihnen den nötigen Raum dafür wie auch die entsprechende Anerkennung.
- *Authentizität*: Die Führungskraft ist integer und ehrlich. Sie hält, was sie verspricht, verhält sich weitgehend konsistent über verschiedene Situationen hinweg – und kann sich in entscheidenden Momenten auch verwundbar zeigen.
- *Akzeptanz*: Die Führungskraft ist fähig und gewillt, sich der Gefühle anderer bewusst zu werden und diese zu berücksichtigen. Sie ist in der Lage, eine Atmosphäre des Vertrauens und Wohlwollens zu kreieren, was auch den offenen Umgang mit Fehlern einschließt.
- *Zielklarheit*: Die Führungskraft macht die Anforderungen an die Geführten deutlich und ist in der Lage, die besonderen Bedürfnisse und Stärken der Mitarbeiter entsprechend anzusteuern.
- *Soziale Verantwortung*: Die Führungskraft übernimmt Verantwortung für das große Ganze und fungiert in diesem Rahmen auch als Rollenmodell für die geführten Personen.

Überblicksarbeiten zeigen, dass dienende Führung mit einer ganzen Reihe von positiven Konsequenzen bei den Geführten einhergehen kann, darunter gesteigerte

91 Dienende Führung ist Ihnen bereits im Interview mit Fabian Kienbaum im vorigen Kapitel begegnet und wird erneut im Interview mit Niels Van Quaquebeke in diesem Kapitel thematisiert.

92 Übersetzung durch den Autor.

Performance, mehr Kreativität, stärkeres Vertrauen in die Führung, ein Plus an Identifikation mit der Organisation, höhere Arbeitszufriedenheit und weniger Wechselabsichten (Chaudhry et al., 2015).

Wichtig

Dienende Führung ist das erste theoretisch fundierte Führungskonzept, in dem – uneingeschränkt – der Mensch im Mittelpunkt steht, während die Anforderungen der Organisation als nachrangig betrachtet werden.

Wie unschwer zu erkennen ist, besteht zwischen dienender und transformationaler Führung ein deutliches Maß an Konvergenz. Der Beitrag der dienenden Führung liegt in der radikalen Fokussierung der Führungskraft auf die Bedürfnisse der Geführten (Russell & Gregory Stone, 2002). Auch wenn Führungskräfte im Rahmen transformationaler Führung verglichen mit der transaktionalen Führung deutlich stärker in Beziehung mit den Geführten treten, so sind sie in diesem Konzept letztlich doch zuvorderst der eigenen Führungskraft gegenüber verantwortlich – bzw. der Organisation als solcher. Die geführten Mitarbeiter bleiben immer ein Stück weit Mittel zum Zweck. Im Rahmen der dienenden Führung (in Reinform) lassen sie diese potenziell in Konflikt zueinander stehenden Anforderungen hinter sich. *Über allem stehen die Bedürfnisse und das Wohlergehen des Menschen*, erst im zweiten Schritt geht es um das Prosperieren der Organisation. Führungskräfte befreien sich weitestmöglich vom Druck, die Ziele der Geführten mit denen der Organisation in Deckung bringen zu müssen. Stattdessen vertrauen sie darauf, dass die Geführten aus freien Stücken den besten Beitrag leisten wollen, können und werden.

6.3 Wie man in den Wald ruft …

Wie Sie anhand der bisherigen Abschnitte erkennen konnten, hat die Forschung derweil gute Antworten auf die Frage gefunden, welche Eigenschaften, Haltungen und Handlungsweisen gute und schlechte Führungskräfte voneinander unterscheiden, insbesondere in der Welt der Wissensarbeit. Weitaus weniger eindeutig geklärt ist die Frage, welche Interventionen dazu geeignet sind, aus durchschnittlichen Chefs außergewöhnlich gute Exemplare ihrer Zunft zu machen. Unternehmen geben jedes Jahr weltweit Abermilliarden für Führungskräftetrainings aus. Die Wirksamkeit dieser Maßnahmen bleibt mangels Passgenauigkeit und Transfersicherung in der Regel jedoch eher bescheiden – dies entspricht der Wahrnehmung vieler Fortbildungsverantwortlicher in Unternehmen.

Überblicksstudien zur Bedeutung von Persönlichkeitsvariablen zeigen, dass – wie nicht anders zu erwarten – ein gewisser Teil der Effektivität als Führungskraft, vor allem aber die Frage, welchen Personen überhaupt Führungspotenzial zugesprochen wird, von bestimmten Aspekten unserer Persönlichkeit beeinflusst wird, insbesondere von der Dimension Extraversion; in dem Sinne, dass Menschen mit einem vergleichsweise hohen Level an Extraversion eher als Führungskraft erkannt werden und im Durchschnitt auch etwas besser performen (Ensari et al., 2011). Der Einfluss der Persönlichkeit ist allerdings nicht sonderlich stark – er bietet mehr als genug Spielraum für andere Variablen.

Ich möchte mich hier, anknüpfend an Ideen von Robert Quinn vom Anfang dieses Kapitels, auf einen bestimmten Aspekt konzentrieren, konkret: die Erwartungshaltung von Führungskräften an ihre Mitarbeiter. Stellen Sie sich dafür bitte das Folgende vor: Eine Gruppe von Lehrern kommt zu Beginn des Schuljahres an eine neue Grundschule und ihnen werden ihre Schulklassen zugeteilt. Einem Teil der Lehrer wird gesagt, dass sie eine Klasse von besonders leistungswilligen und lernstarken Schülern übernähmen. Bei einem anderen Teil der Lehrer erfolgt keine entsprechende Intervention. Im Anschluss machen sich alle an die Arbeit. Am Ende des Schuljahres wird nachgeschaut, wie sich die Schüler in den verschiedenen Klassen entwickelt haben. Tatsächlich zeigt sich, dass die als vortrefflich vorgestellten Kinder in jeglicher Hinsicht jene Mitschüler übertreffen, die nicht als besonders mustergültig eingeführt wurden. Der Clou an der Geschichte – das haben Sie sich jedoch bereits denken können: Die Leistungen der verschiedenen Schulklassen zu Beginn des Jahres unterschieden sich kein bisschen. Die Zuteilung der Lehrer auf die Klassen und die positiven Zuschreibungen erfolgten per Zufall. Zudem ist das Ganze keine Geschichte, sondern ein heute als Klassiker bezeichnetes Experiment der Sozialpsychologie (Rosenthal & Jacobson, 1968).

Die Tatsache, dass unsere Erwartungen an andere Menschen – auch wenn diese anderen unsere Erwartungen gar nicht kennen – deren tatsächliches Verhalten massiv beeinflussen können, wird nach einer griechischen Sage als *Pygmalion-Effekt* bezeichnet. In dieser Geschichte war Pygmalion ein Bildhauer, der sich so sehr in eine von ihm geschaffene Statue verliebte, dass die Götter sie aus Güte zum Leben erweckten. Pygmalion hatte sie zu diesem Zeitpunkt allerdings schon lange wie eine lebendige Frau behandelt, er sprach fortwährend mit ihr und liebkoste sie. In diesem Sinne wurde sein Wunsch mit Hilfe der Götter letztlich Wirklichkeit. Nachzulesen ist das Ganze bei Ovid (1986). Im Übrigen gibt es auch den gegenteiligen Effekt, wonach eine negative Erwartungshaltung an andere ebensolche Konsequenzen zeitigt. Dieser Mechanismus wird, ebenfalls angelehnt an eine Sagengestalt, als *Golem-Effekt* bezeichnet (Reynolds, 2007).

Auf welche Weise können die Erwartungen anderer unser Verhalten beeinflussen, noch dazu, wenn wir uns dieser Erwartungen nicht bewusst sind? Pygmalion- und Golem-Effekte sind Sonderfälle dessen, was in der Psychologie bzw. Soziologie seit den 1940er-Jahren als *sich selbst erfüllende Prophezeiung* bekannt ist (Merton, 1948).

Demnach beeinflussen wir in sozialen Situationen bisweilen unbewusst durch unsere eigenen Haltungen und Handlungen, was andere Menschen in einer konkreten Situation fühlen, denken und tun (und umgekehrt). In der Folge wird ein sich selbst verstärkender Kreislauf in Gang gesetzt.

Im Beispiel der Lehrer und ihrer (vorgeblich) besonders begabten Schulklassen ist z. B. denkbar, dass die Lehrer jeden Morgen ein Stück weit motivierter ans Werk gehen, was sich möglicherweise in einer positiven Emotionalität und offenerer Körpersprache äußert. Dies bewirkt, dass die Schüler den Lehrer gut leiden können, was dazu führt, dass sie ihm gefallen wollen und sich in der Folge mehr anstrengen. Dieses erhöhte Maß an Engagement seitens der Schüler bestätigt den Lehrer ein Stück weit in seinen ursprünglichen Annahmen. In der Folge gibt er den Schülern etwas schwierigere Aufgaben als üblich und hilft ihnen auf eine besonders engagierte Art und Weise, sodass die Schüler tatsächlich mehr und schnellere Lernfortschritte machen. Diese Fortschritte bewirken nun eine Veränderung von bestimmten Teilen des Selbstkonzeptes der Schüler. Sie entwickeln mehr Selbstwirksamkeit und ein allgemein positiveres Selbstbild. Dieses lässt sie entspannter in Prüfungssituationen agieren, was wiederum der tatsächlichen Leistung förderlich ist. Hier schließt sich der Kreislauf. Was als unspezifische psychologische Erwartungshaltung begann, hat am Ende bedeutende Konsequenzen in der beobachtbaren Realität gezeitigt.

Pygmalion wird Führungskraft

Auch wenn sich die ursprüngliche Erforschung des Pygmalion-Effekts im schulischen Kontext abspielte, hat man später feststellen können, dass sich – wie könnte es anders sein – ähnliche Dynamiken zwischen Führungskräften und ihren Mitarbeitern abspielen (Eden, 1984). Was immer leitende Mitarbeiter über die ihnen zugeteilten Kollegen denken, scheint sich in einem gewissen Ausmaß über den Lauf der Zeit zu bewahrheiten. Verantwortlich dafür ist der gleiche sich selbst verstärkende Kreislauf, der zuvor für das Verhältnis zwischen Lehrern und Schülern beschrieben wurde (Eden, 1992). Ein Mitarbeiter bemerkt, dass ihm eine Führungskraft ein kleines bisschen mehr zutraut als anderen – und belohnt dieses Vertrauen schnell mit guten Leistungen. Dies bestätigt die Führungskraft in ihrer Meinung und führt dazu, dass sie den betreffenden Mitarbeiter als besonders förderungswürdig ansieht. In der Folge macht die Person tatsächlich schnellere Fortschritte – was der Führungskraft zeigt, dass sie von Anfang an richtig lag (Whiteley et al., 2012). Überblicksarbeiten bestätigen die Wirkung des Pygmalion-Effektes (McNatt, 2000).

Der für mich verblüffendste Befund ist jedoch der folgende: Das künstliche Induzieren eines Pygmalion-Effektes scheint eine der besten Interventionen zur Verbesserung von Führungsqualität überhaupt zu sein. Management-Forscher haben für eine

Überblicksarbeit mehr als 200 Studien begutachtet, deren Ziel es war, die Effektivität von verschiedenen Maßnahmen zur Steigerung der Qualität von Führungskräften zu testen. Über die verschiedenen Interventionsklassen hinweg zeigte sich, dass das künstliche Hervorrufen positiver Erwartungshaltungen gegenüber den eigenen Mitarbeitern der nachhaltigste Weg ist, die Effektivität der Führungskraft zu verbessern (Avolio et al., 2009). Nochmal auf Deutsch: Es hilft in einem gewissen Umfang, wenn Führungskräfte in Führungstechniken unterrichtet werden. Noch wirksamer ist es hingegen, wenn man eine Führungskraft dahingehend manipulieren kann (egal, ob das zutrifft oder nicht!), die Überzeugung zu hegen, dass die geführten Mitarbeiter besonders leistungsstark sind. In diesem Sinne wäre das positive Menschenbild einer Führungskraft die stärkste »Führungstechnik« überhaupt.

Achtung

Wer nicht bereit ist, mit dem guten Auge hinzuschauen und fest davon überzeugt ist, dass Menschen jederzeit wachsen können, der sollte keine Führungsrolle übernehmen.

Das faszinierende und etwas ironische Moment am Pygmalion-Effekt: Man kann ihn nicht vortäuschen. Entweder *glauben wir wirklich*, dass die geführten Menschen erstklassige Leistungen erbringen werden – oder es funktioniert nicht. Wir können keine Überzeugungen faken. Entweder glauben wir authentisch, dass wir es mit außergewöhnlichen Leuten zu tun haben – oder eben nicht. Die Menschen, die wir führen, werden es spüren. Somit wirft uns Pygmalion auf uns selbst zurück. Am Ende des Tages geht es darum, unsere Vorannahmen zu ändern, unseren Blickwinkel zu erweitern. Es geht darum zu lernen, bewusst mit einem guten Auge hinzuschauen.

EIGENE ERFAHRUNG

Vor einigen Jahren habe ich einen Coaching-Klienten begleitet, konkret: einen Teamleiter in der CRM-Funktion eines Konzerns. Er bekam durch eine Personalrochade einen Mitarbeiter zugeteilt, welcher ihm als Schlechtleister angekündigt wurde. Tatsächlich leistete der neue Kollege anfangs regelmäßig wenig zufriedenstellende Arbeit, zeigte sich recht unselbstständig, was dem Wunschbild der Führungskraft für seine Mitarbeiter widersprach. Es stellte sich heraus, dass der Kollege zuvor viele Jahre in einem ausgeprägt hierarchischen und wenig partizipativen Umfeld arbeiten musste, wo Fehler bestraft anstatt konstruktiv verarbeitet wurden. In einer Sitzung bat mich der Klient schließlich, präventiv ein Trennungsgespräch durchzuspielen, weil er eine solche Aufgabe in der Vergangenheit noch nie übernehmen musste.

Wir taten dies, um ihm Sicherheit zu geben, besprachen aber für die Zwischenzeit eine neue Verhaltensstrategie: Ich bat meinen Klienten, standardmäßig mit einem freundlichen Lächeln auf den Lippen »Ich weiß es nicht!«

zu antworten, wann immer sein Mitarbeiter mit einem Problem um die Ecke kam, das dem Vorgesetzten auch ohne Intervention lösbar erschien. Naturgemäß führte dies anfangs zu Unwohlsein auf beiden Seiten, doch ich riet meinen Klienten, dies durchzuhalten – möglichst immer mit einem Lächeln.

Fazit: Die Kündigung musste nie ausgesprochen werden. Der Mitarbeiter entwickelte sich innerhalb eines Jahres, wenn schon nicht zu einem Superstar, so doch zu einem soliden Leistungsträger in seiner Abteilung. Dem Unternehmen blieb eine kostspielige Trennung erspart, der Mitarbeiter gewann wieder Vertrauen in seine Fähigkeiten – und die Führungskraft selbst lernte etwas Entscheidendes über das Loslassen im Zusammenspiel mit dem ureigenen Potenzial von Menschen.

6.4 Respekt und Bescheidenheit

Es gäbe viele Eigenschaften und Haltungen von Führungskräften, die es wert wären, in diesem Buch genauer betrachtet zu werden. Aus Platzgründen werde ich hier nur auf zwei Aspekte näher eingehen: Respekt und Bescheidenheit. Ich glaube, dass beide essenziell sind für Menschen, die andere erfolgreich und nachhaltig führen wollen. Beiden ist im Übrigen gemeinsam, dass sie in der Führungsforschung bis vor wenigen Jahren vernachlässigt wurden.

R.E.S.P.E.K.T.

Persönlich bin ich davon überzeugt, dass gegenseitiger Respekt der Grundpfeiler jeder (Führungs-)Beziehung ist – in dem Sinne, *dass jede andere Dimension null und nichtig wird,* wenn diese Komponente nicht in ausreichendem Maße gegeben ist. Weder lassen wir uns effektiv von jemandem führen, den wir nicht respektieren, noch wird eine Führungskraft jemals ihrer Rolle gerecht werden, wenn sie die Menschen, die sie führen soll, nicht auf einer grundlegenden Ebene respektiert.

Jemand, der sich in aller Tiefe mit dieser Materie beschäftigt hat, ist der deutsche Management-Forscher Niels Van Quaquebeke. Er hat mir ein ausführliches Interview über seine Forschung (Van Quaquebeke & Eckloff, 2010) gegeben, weshalb ich an dieser Stelle nicht näher auf das Thema eingehen muss. Sein detaillierter Input kann wunderbar für sich stehen.

Manchmal ist der steife Schlipsträger besser

Interview mit Prof. Dr. Niels Van Quaquebeke

Herr Professor Van Quaquebeke, einer Ihrer Forschungsschwerpunkte ist respektierte und respektvolle Führung. Wie kamen Sie dazu, sich genau mit diesem Thema zu beschäftigen?

Wie die meisten bin ich als junger Mensch ziemlich naiv an das Thema Arbeit und Führung herangegangen. Ich dachte, dass Organisationen es sich nicht leisten können beziehungsweise wollen, schlechte Führungskräfte einzusetzen. Zwar hatte ich auch schon als Schüler in der Küche und später auf dem Bau mit durchwachsenen Führungskräften gearbeitet, aber ich sagte mir, dass später bei der richtigen Arbeit dann auch die richtig guten Führungskräfte auf mich warten würden. Tja ... das war nicht immer so. Und das wollte mir einfach nicht in den Kopf. Also fing ich an, dazu zu forschen. In erster Linie bewegte mich die Frage, was eine Führungskraft braucht, um von anderen genuin respektiert zu werden – also im vertikalen Sinne eine natürliche Führungslegitimität zugesprochen zu bekommen. Denn ansonsten ist Führung doch eine wahre Zumutung für die Mitarbeitenden! Erst in zweiter Linie fiel mir dann auf, dass das viel damit zusammenhängt, wie diese Führungskraft andere um sich herum behandelt, insbesondere, ob sie diese als gleichwürdig und respektvoll behandelt.

Im Rahmen Ihrer Doktorarbeit haben Sie versucht, den Begriff des Respekts konzeptuell zu schärfen und von ähnlich gelagerten Begriffen abzugrenzen. Im Ergebnis haben Sie zwei unterschiedliche Arten von Respekt definiert. Können Sie dies bitte erläutern?

Im Kern unterschied ich beim zwischenmenschlichen Respekt zwischen dem bereits angedeuteten horizontalen und dem vertikalen Respekt.[93]

- Horizontaler Respekt beinhaltet eine Gleichwürdigkeit. Dieser Respekt ist bedingungslos in der Form, als dass das Menschsein als solches das Kriterium auf das gleiche Recht nach Würde bereits erfüllt. Definitorisch kommt er daher dem Kant'schen Achtungsbegriff gleich. Diese Respektsform ist ferner kategorisch oder dichotom; entweder man gibt Respekt oder man gibt ihn nicht. Es gibt keine Abstufungen à la »jemanden ein bisschen als Mensch respektieren«.
- Der vertikale Respekt dagegen beinhaltet eine Differenzierung entlang einer Bewertung. Diese findet auf einer für den Beobachter relevanten Dimension statt. Innerhalb dieser zollt man einer wahrgenommenen Meisterschaft Respekt. Das erfolgt graduell und ist bedingt durch die Meisterschaftsstufe

93 Siehe Van Quaquebeke et al. (2007).

und Distanz zu meinem eigenen Können. Damit einhergehend entwickelt sich ein als natürlich empfundenes Einflussverhältnis vom Respektierten zum Respektierenden.

Dagegen abgrenzen sollte man Toleranz, was eigentlich eine Form der Duldung des anderen in meinem System ist. Oder Akzeptanz, was eine Form der Rollenduldung beinhaltet. Ferner abgrenzen sollte man sie zu Begriffen wie Höflichkeit, die eine ritualisierte, sozialisierte und auf dem Durchschnitt beruhende Form des Respekts ist, die aber im Individualfall unangebracht sein kann. Manch einer benutzt den Respektsbegriff auch synonym für andere Konzepte, wie etwa für Angst, wo man lieber vom Respekt vor dem Kampfhund statt von Angst spricht; oder für Gehorsam, wo man etwa lieber den mangelnden Respekt vor dem Vater anprangert. Dann gibt es natürlich auch noch allerlei Respektsformen, die sich nicht auf Personen beziehen.

Auf einer bestimmten Ebene sind Mitarbeiter immer auch Mittel zum Zweck. Kann auf diesem Nährboden jene Form von unbedingtem Respekt gedeihen, nach dem wir uns letztlich sehnen?

Gegenfrage: Kann es überhaupt ein nachhaltiges Modell der Mitarbeit geben, bei dem das nicht der Fall ist? Mir fällt da nur Versklavung ein – und das würde ich weder Mitarbeit noch nachhaltig nennen. Selbstverständlich sind Mitarbeitende auch immer Mittel zum Zweck, aber wie Immanuel Kant es schon in seinem kategorischen Imperativ formulierte: »Handle so, dass du die Menschheit sowohl in deiner Person als auch in der Person eines jeden anderen jederzeit zugleich als Zweck, niemals bloß als Mittel brauchst.«

Aber Führungskräfte müssen doch dafür sorgen, dass die Mitarbeiter sich derart verhalten, dass eine Abteilung und schließlich das gesamte Unternehmen seine Ziele erreicht.

Das stimmt. Aber warum sollte das für Mitarbeitende nicht gelten? Es ist meines Erachtens eine Verklärung anzunehmen, dass nur den Führungskräften etwas an der Organisation und ihren Zielen liegt. Manchmal ist es doch ein Wunder, dass Organisationen ihre Ziele erreichen – und das häufig nicht wegen, sondern trotz ihrer Führungskräfte. Die eigentliche Frage ist doch, wie ich als Führungskraft meine Rolle definiere. Und da gibt es solche, die nicht an den motivierten Mitarbeitenden glauben und entsprechend nur zu entmündigenden Maßnahmen wie Kontrolle sowie Belohnung und Bestrafung greifen. Und dann gibt es jene, die an den von sich aus motivierten Mitarbeitenden glauben und sich entsprechend eher als Diener verstehen – Stichwort: Servant Leadership. Diese setzen auf Ermutigung, Partizipation, Vertrauen und persönliches bzw. gemeinsames

Wachstum. Es dürfte mittlerweile müßig sein zu erklären, dass das letztere Modell überlegen ist und selbst Institutionen wie die Streitkräfte mehr und mehr diesem Ansatz folgen. Ersteres war vielleicht noch für das klassisch industrielle Paradigma effektiv, aber in der heutigen Zeit mit zunehmend kreativen und intellektuell anspruchsvollen Aufgaben ist es das nicht mehr.

Eine klassische Sollbruchstelle in der Beziehung zwischen Vorgesetzten und Mitarbeitern ist das Jahresgespräch. Man kann das ganze Jahr über noch so sehr auf Augenhöhe agieren – wenn es um Evaluation geht, wird das absichtsvoll ausgeblendete Machtgefälle auf einen Schlag deutlich spürbar. Kann Ihr Konzept von respektvoller Führung Abhilfe schaffen?

Diese Gespräche sind die Pest. Hauptsache, alles in KPIs reindrücken – möglichst noch mit einem Forced Ranking, damit es auch ja nicht zu viele gute Mitarbeitende gibt. Das Ganze dann noch garniert mit einem finanziellen Bonus, damit man auch sichergeht, dass alle motiviert bei der Sache sind. Was für eine gequirlte Sch...! Hier mein Vorschlag: Wir sollten die Gespräche über Incentivierung, über leistungsbezogenes Feedback und potenzielle Entwicklungspfade strikt voneinander trennen.

- Erstens sollten Unternehmen Finanzielles eher über Gehaltsstufenpläne als über Boni regeln. Die Kollateralschäden bei Boni sind es einfach nicht wert. Im Fazit überwiegen die Nachteile eines zumeist als unfair empfundenen Bonussystems gegenüber den etwaigen minimalen Produktivitätsgewinnen: Mehr als 80 Prozent der Arbeitnehmenden empfinden ihre variable Bezahlung als unfair. Noch dazu würde man bei Boni natürlich versuchen, entsprechend leicht zu erreichende Ziele zu verhandeln und ignoriert maximal effizient alles, was nicht in der Zielvereinbarung steht. Sinnvoll ist das nicht.
- Zweitens sollten Führungskräfte Feedback hochfrequent, aber niederschwellig in den Arbeitsalltag einbauen, denn nur so kann sich eine Lernkultur entfalten. Wie soll das denn zustande kommen, wenn man sich einmal im Jahr dafür zusammensetzt? Lieber schnell und wechselseitig aus Fehlern und Erfolgen lernen und dann immer weiter experimentieren.
- Drittens sollten Führungskräfte jährlich persönliche Entwicklungsgespräche führen, aber bitte mit Fokus auf die Entwicklung des anderen – es geht nicht darum, einfach die eigenen KPIs auf die Mitarbeiter herunter zu deklinieren! Solche Gespräche können in zwei mir sehr lieb gewonnenen Formen stattfinden: Gemeinsam übergeordnete Entwicklungsziele definieren und diese dann mit entsprechend konkrete Leistungszielen unterfüttern. (Stichwort: Objectives and Key Results). Oder aber: Ein Feedforward-Gespräch – sprich: Was lief super im letzten Jahr und warum? Und wie können wir eine solche Situation im nächsten Jahr erneut herstellen?

Selbstverständlich muss bei alldem das identifizierte Ziel zur Organisation passen. Aber das ist meist wirklich nicht das Problem, denn die Menschen wollen sich im Rahmen der Arbeit weiterentwickeln. Manchmal braucht es vielleicht etwas Zeit, bis sich Mitarbeitende an diesen neuen Gestaltungsraum gewöhnen und auch wirklich die Verantwortung für sich selbst übernehmen.

An sich ist es wünschenswert, dass Vorgesetzte ihre Mitarbeiter respektvoll behandeln, weil dies einer ethischen Handlungsweise entspricht. Trotzdem: Wofür ist respektvolle Führung gut?

Ihre Frage beantworte ich wieder mit einer Gegenfrage: Stellen Sie sich vor, Sie haben eine Führungskraft, die Sie respektvoll behandelt. Und dann, in einem anderen Szenario, eine Führungskraft, die Sie respektlos behandelt. Was würden Sie bei der Arbeit machen, wie würden Sie mit den Kollegen und Kolleginnen umgehen oder den Kunden, wie viel arbeiten Sie und wie gut? All das, was Sie sich gerade vorstellen, kann die Forschung zeigen. Es wäre ja auch merkwürdig, wenn dem nicht so wäre. Merkwürdig finde ich eher, dass manche Manager anscheinend eine solche instrumentelle Legitimierung brauchen, um selbst das eigentlich schon moralisch richtige Verhalten an den Tag zu legen. Eines möchte ich noch anfügen: Die Effekte sind groß. Wie Sie Ihre Mitarbeitenden zwischenmenschlich behandeln, stellt so gut wie jede andere betriebliche Stellschraube in den Schatten.

Seit Jahren bewegen sich viele Unternehmen in der westlichen Welt weg von steilen Hierarchien: Dresscodes werden legerer, man duzt sich vielerorts über Hierarchieebenen hinweg, Vorgesetzte und Mitarbeiter sitzen häufig im gleichen Großraumbüro. Ist das aus Ihrer Sicht eine positive Entwicklung im Sinne eines respektvollen Umgangs – oder kann das auch ein Hemmschuh sein?

Hier ein kurzer Exkurs in die Forschung. Erstens sind Großraumbüros die Pest. Die Leute sind häufiger krank und gestresst, aber vor allem geht auch die persönliche Kommunikation von Angesicht zu Angesicht paradoxerweise um bis zu 70 Prozent zurück – also genau das Gegenteil dessen, was man erreichen wollte. Zweitens gehen die meisten Ansätze à la Holocracy, also Systemansätze ohne hierarchische Führung, ziemlich in die Hose. Hier fehlt einfach die Koordinationsleistung, die Führung erbringt und ab einer gewissen Gruppengröße erbringen muss. Solche strukturellen Änderungen bringen also recht wenig bzw. bisweilen genau das Gegenteil. Aber der Gedanke dahinter ist ein guter: Führungskräfte wollen sich weniger abschotten und stattdessen im steten und ehrlichen Dialog mit der Belegschaft sein. Damit das passieren kann, bauen sie vermeintliche Barrieren wie Kleidung, Titel oder auch das förmliche Sie ab. Und das ist gut, denn Macht und Signale der Macht wirken nicht nur auf die Untergebenen distanzierend, sondern auch auf die Mächtigen selbst, die sich zunehmend vom Rest der Organisierung entkoppeln.

Wie bei allem kommt es allerdings auch hier mehr auf den Kern als auf die Hülle der Maßnahmen an. Der Vorstand kann in Jeans rumlaufen und alle duzen – wenn ich aber trotzdem keine Psychologische Sicherheit verspüre, der Person kritische Aspekte rückzumelden, dann bringt all das Gehabe nichts. Da ist im Zweifel der steife Schlipsträger besser, mit dem man zwar wenig und auch nur förmlich redet – aber wenn man es tut, dann ist klar, dass einem hier mit Vertrauen und Ehrlichkeit begegnet wird. Und damit schließt sich der Kreis zu Ihrer Frage: Ob man anderen respektvoll begegnet, hat nichts mit der unterschiedlichen hierarchischen Stellung oder anderen Artefakten zu tun, es ist allein eine Frage der Haltung.

Niels Van Quaquebeke ist Professor für Leadership und Organizational Behavior an der Kühne Logistics University in Hamburg. Er wurde mehrfach als einer der führenden Wirtschaftswissenschaftler im deutschsprachigen Raum ausgezeichnet. Van Quaquebeke ist Autor des Titels »Psychologie der Führung« der ZEIT Akademie. Er lehrt seit mehreren Jahren in der Executive Education zu den Themen Führung, Verhandlung und Kommunikation. Kontakt: linkedin.com/in/quaquebeke

Bescheidenheit ist eine Zier – und weiter kommt man auch mit ihr

Stellen Sie sich bitte das Folgende vor: Der Vorstand eines Unternehmens sagt bei einer Pressekonferenz oder einem Meeting mit Top-Managern den folgenden Satz: »Ich weiß es nicht.« Die zugehörige Frage lautete: »Wo wird das Unternehmen in fünf Jahren stehen?« Müsste diese Person nicht sofort ihres Amtes enthoben werden? Gemäß gängigen Vorstellungen von Führung lautete die Antwort: ja! Machen Sie sich einmal den Spaß und geben Sie das Wort Führung in die Google-Bildersuche ein: Sie werden lauter Darstellungen von Menschen finden, die voranschreiten, aus der Masse herausstechen, anderen per Fingerzeig bedeuten, was zu tun ist. Da geht es um Führung als Wissens- und Kompetenzvorsprung, als qualitativer Unterschied von oben und unten – oder zumindest vorne und hinten. *Ist* diese Sichtweise noch tragfähig in einer Welt, in der sich das verfügbare Wissen etwa alle zwei Jahre verdoppelt, in der sich technologische *(und mittlerweile auch politische)* Rahmenbedingungen *gefühlt* schneller ändern, als man das Wort Rahmenbedingung*en* buchstabieren kann*?*

Wäre es nicht ehrlicher, wenn Unternehmenslenker häufiger sagten: »Ich weiß es nicht«? Bradley Owens ist einer der führenden Forscher zur Frage, inwieweit Bescheidenheit als Führungskompetenz von Bedeutung ist (Owens et al., 2013). Er ist davon überzeugt, dass diese Tugend in Organisationen oft missverstanden wird. Viele Tätigkeiten sind heutzutage geprägt von hoher Dynamik, wechselseitigen Abhängigkeiten und steigender Unsicherheit. Unter solchen Bedingungen müssen Führungskräfte lernen, Bereiche der eigenen Unsicherheit, Unerfahrenheit und des Unwissens anzuerkennen, gerade *weil* dies Lernen und *somit* Adaptation ermöglicht. Laut Owens und Kollegen kann Bescheidenheit als Führungskompetenz auf drei Verhaltensdimensionen heruntergebrochen werden:

- Eigene Limitierungen und Fehler zugeben;
- Stärken und Leistungen anderer hervorheben;
- Lernbereitschaft signalisieren.

Derart eröffnen Führungskräfte anderen ihren eigenen Entwicklungsprozess und legitimieren ähnliche Veränderungen bei den Geführten – ganz nach dem Motto: Wir sind alle Work in Progress – und das ist auch gut so (Owens & Hekman, 2012). Diese Medaille hat allerdings zwei Seiten: Es braucht Führungskräfte, die Unsicherheit zeigen können – und Geführte, die mit dieser Offenbarung achtsam umgehen. Mitarbeiter müssen in der Lage sein, die *Begrenztheit der Führungskräfte auszuhalten*. Bescheidenheit erfordert ein hohes Maß an Reife, auf beiden Seiten.

Owens demonstriert, dass bescheidene Führung mit einer Reihe von positiven Konsequenzen bei den Geführten einhergeht (Owens & Hekman, 2016); dazu gehören:

- erhöhtes Arbeitsengagement und mehr Zufriedenheit;
- gesteigertes emotionales Wohlbefinden;
- mehr prosoziales Verhalten.

Ich hoffe, in diesem Abschnitt wurde deutlich, dass Bescheidenheit nichts mit Schwäche zu tun hat. Sie ist etymologisch verwandt mit dem Bescheid, der ausdrückt, was Sache ist. Wer bescheiden ist, trennt zwischen dem, was da ist und was nicht. Es geht nicht darum, uns kleiner zu machen, als wir sind. Nur eben auch nicht größer. In diesem Sinne ist Bescheidenheit eine Verwandte der Authentizität. Das englische Wort Humility lässt sich auf den Begriff Humus, also Erde, zurückführen. *Wer bescheiden ist, wirkt geerdet, bietet Halt und fruchtbaren Boden für das Wachstum anderer.*

6.5 Niemand erhält genug Feedback

Stellen Sie sich bitte vor, all Ihre primären Sinnesorgane würden für einen Moment weitgehend ausfallen. Sie könnten in der Folge nur noch deutlich eingeschränkt sehen und hören. Was wäre die unmittelbare Konsequenz? Sie wären vermutlich eine lange Zeit orientierungslos – und mittelbar auch recht hilflos. Etwas Ähnliches passiert vielen Menschen jeden Tag, metaphorisch betrachtet, in Organisationen. Fast niemand erhält genug (qualifiziertes) Feedback, weder Mitarbeiter noch Führungskräfte

(Freitag, 2015). Feedback-Mangel bedeutet aber genau dies: Orientierungslosigkeit! Wer keine aussagekräftigen Rückmeldungen zum eigenen Handeln erhält, weiß nicht, wo er steht, kann nicht navigieren. Wer nicht navigieren kann, kommt – wenn überhaupt – per Zufall ans Ziel.

Ich habe neben meinen Aufgaben als Manager und Professor in den letzten Jahren eine hohe dreistellige Anzahl an Vorträgen gehalten bzw. Workshops geleitet – und bin dabei vielen tausend Menschen begegnet. Die meisten davon kamen, wie ich, aus der Wirtschaft. In letzter Zeit habe ich mir, für den Effekt, aber auch aus Neugier, angewöhnt, an passender Stelle um Handzeichen zu bitten, wer unter den Anwesenden das Gefühl hat, in ausreichender Menge qualifiziertes Feedback zu erhalten, um den Anforderungen der aktuellen Aufgabe gerecht zu werden. Die traurige Wahrheit ist: Selten gehen mehr als ein paar Hände nach oben. Für die meisten Arbeitnehmer, ob in leitender Funktion oder nicht, *besteht ein guter Teil ihrer Rolle aus Blindflug.*

Während es ein Mangel an Feedback Mitarbeitern erschwert, ihre Ziele zu erreichen und den bestmöglichen Beitrag zu leisten, bedeutet dieser Umstand für Leitende in erster Linie Stagnation in ihrer Rolle als Führungskraft. Feedback ist die wichtigste Basis für Reflexion. Reflexion wiederum ist ein Motor für (positive) Entwicklung. Positive Entwicklung als Führungskraft bedeutet mit an Sicherheit grenzender Wahrscheinlichkeit: mehr Engagement, Leistung und Zufriedenheit aufseiten der geführten Personen.

Ich möchte dabei nicht verhehlen, dass Feedbackprozesse herausfordernd sind – im Geben wie im Nehmen. *Niemand wird gerne kritisiert*, aber man kann sich daran gewöhnen und trainieren, berechtigte Kritik wertschätzend aufzunehmen. Auf der anderen Seite sind mir auch kaum Menschen bekannt, die andere gerne kritisieren, selbst wenn es sich im Kern um konstruktiv-positive Kritik handelt – das schließt mich selbst mit ein. In diesem Sinne kann es hilfreich sein, wenn Organisationen den *Feedbackprozess ein Stück weit institutionalisieren* – und zwar in alle Richtungen. Ich möchte mich an dieser Stelle auf den Aspekt des Aufwärtsfeedbacks konzentrieren. Führung ist das, was »unten ankommt« – und in schnelllebigen Arbeitskontexten hat die Führungskraft einer Führungskraft bei Licht betrachtet überhaupt nicht genug Datenpunkte (konkret beobachtbares Verhalten), um Feedback zu geben, das über ein paar allgemeine Beobachtungen hinausgeht. Umso wichtiger erscheint mir das direkte Feedback der geführten Personen.

Bertelsmann hat hier schon vor Jahrzehnten ein Werkzeug etabliert, das ich in meiner Führungsrolle als ungeheuer hilfreich erachtet habe. Intern wird dieser Prozess Januargespräch genannt, auch wenn das Ganze aufgrund der Hektik zum Jahresanfang meist doch erst im März durchgeführt wurde. Es handelt sich dabei um ein strukturiertes Gespräch, in dessen Rahmen die direkt geführten Mitarbeiter ihrer Führungskraft ein ausführliches Feedback geben; zur Führungsqualität, aber auch zu Rahmenbedingungen, dem Status der Zusammenarbeit untereinander usw. Dafür füllen die Mitglieder eines Teams zunächst einen elaborierten Fragebogen aus. Die Ergebnisse werden auf Teamebene aggregiert. Im Anschluss geben die Teammitglieder in einem rund zweistündigen, moderierten Gespräch das gesammelte Feedback an die Führungskraft weiter. Für zentrale Punkte werden Maßnahmen zur Verbesserung vereinbart, deren Umsetzung im nächsten Jahr nachgehalten wird. Auf diese Weise wird idealerweise ein Prozess der kontinuierlichen Führungsverbesserung angestoßen.

Die Qualität der Führung ist Bertelsmann im Übrigen so wichtig, dass sie sich in die Incentivierung eingebrannt hat. Der Performance-Bonus von Führungskräften errechnet sich nur zu einem Teil über die erreichten Ziele. Ein weiterer Teil ergibt sich aus der Frage, *wie* diese Ziele im Zusammenspiel mit den Teammitgliedern erreicht wurden. Wie im Gespräch mit dem Personalvorstand von Bertelsmann im vorigen Kapitel klar wurde, geht es dabei vor allem darum, den Geführten weitestmöglichen Spielraum zur Entfaltung der eigenen Kreativität i.w.S. zu ermöglichen. Mikro-Management ist unerwünscht.

Diese Januargespräche waren ungeheuer hilfreich für meine Entwicklung als Führungskraft. Trotzdem hatte ich immer ein bisschen Bammel vor den Terminen. Die Mitglieder meines Teams haben Jahr für Jahr treffsicher den Finger in die Wunde(n) gelegt. Neben viel aufrichtiger Wertschätzung sagten sie mir immer auch, euphemistisch ausgedrückt, wo meine Potenziale lagen. Ihr Feedback war jederzeit angemessen, nachvollziehbar und objektiv korrekt. Das heißt jedoch noch lange nicht, dass sich das Ganze auch gut angefühlt hat. Aber es war eminent wichtig.

EIGENE ERFAHRUNG

Bereits in Kapitel 4 hatte ich über die Freitagsmail berichtet, die ich alle zwei Wochen von meinem früheren Team einforderte. Neben der Abfrage der Zufriedenheit und der Bitte um ein paar Stichpunkte zu What Went Well (WWW) bat ich darin um eine dritte Form der Rückmeldung. Diese nannte ich Make a Wish. Es ging darum, dass mir die Mitarbeiter zeitnah – positiv formuliert – sagen sollten, wenn es etwas gab, was sie an ihrer Arbeit allgemein, aber natürlich auch in der Beziehung zu meiner Person, störte. Ich versprach ihnen, am jeweils darauffolgenden Montag alles in meiner Macht Stehende zu tun, um den Missstand zu beseitigen – wie eh und je unter der Maßgabe, dass es legal und budgetär machbar sein sollte. Am Ende des Tages ging es mir um eine *niedrigschwellige Einladung, mir zeitnahes Feedback* in Bezug auf meine Führungsleistung zu geben. Ich wusste natürlich zu Beginn, dass nach einigen Monaten das erste Januargespräch auf mich warten würde. Gleichzeitig war mir klar, dass es nicht besonders klug gewesen wäre, in der Zwischenzeit jeden erdenklichen Fehler zu machen, der sich bei unerfahrenen

Führungskräften einschleichen kann. Ich wollte schneller und regelmäßiger Feedback erhalten, um meinen Lernprozess zu beschleunigen.
Meine Erfahrungen mit diesem Feedbackinstrument waren durchweg positiv, auch wenn es von den Personen im Team unterschiedlich aufgenommen und genutzt wurde. Jene Person, die mir auch die wunderbare Abschiedskarte schrieb, mit der dieses Buch beginnt, nutzte es z. B. von Beginn an reichlich und konkret. Andere machten Angaben zu ihrer Zufriedenheit und zu WWW, formulierten aber über lange Zeit keine Verbesserungsvorschläge. Es brauchte zum Teil einige Monate, bis die ersten Vorschläge und Eingaben kamen. Ich erkläre mir das in der Rückschau so, dass diese Personen in der Vergangenheit vermutlich in Konstellationen gearbeitet hatten, in denen Aufwärtsfeedback nicht erwünscht und potenziell schädlich gewesen wäre. In so einem Fall traut man sich nicht so einfach aus der Deckung.
Hier hakte ich immer wieder nach – und irgendwann kamen die Rückmeldungen dann doch regelmäßig. Gleichzeitig wurden die Feedbacks mit der Zeit immer konkreter, auch immer klarer an meine Person gerichtet. Während es zu Beginn meist um Kontext- und Sachfaktoren ging, nutzten die Mitarbeiter das Werkzeug zum Ende hin auch dezidiert, um Verbesserungen in Bezug auf meine Führungsleistung einzufordern (Beispiel: »Das, was du da neulich vor allen im Meeting gesagt hast, empfand ich als wenig wertschätzend. Das hätte ich in Zukunft gerne anders!«).
Da es für diese Feedbackmails keinen offiziellen Prozess gab, musste ich das Ganze immer wieder aktiv einfordern. Manchmal schrieben einzelne Personen eben keine Freitagsmail – völlig okay. Nach rund zwei Jahren bei stabiler Teamkonstellation hatte ich irgendwann das Gefühl, dass es »gut« war. Ich war mir sicher, dass alle Mitglieder des Teams genug Vertrauen zu mir aufgebaut hatten. Sie sagten mir unterjährig und zeitnah, im Teammeeting oder Einzelgespräch, wenn ich mal wieder etwas verbockt hatte. An diesem Punkt hatte das Tool seine Schuldigkeit getan – die Freitagsmails durften ruhen. Im Übrigen ist zu vermerken, dass der Punkt WWW den Menschen bis dahin soweit ins Blut übergegangen war, dass jeder im Team regelmäßig wichtige Errungenschaften zeitnah mit dem ganzen Team teilte – was mich als Führungskraft glücklich und stolz gemacht hat.

Coaching für (fast) jedermann

Aufwärtsfeedback ist nicht der einzige Weg, auf dem Führungskräfte ihre Entwicklung durch Reflexion anregen können. Auch Coaching kann mehr als nützlich auf diesem Weg sein. Ich bin selbst seit 2008 als Coach tätig und habe in dieser Zeit eine hohe dreistellige Anzahl an Menschen begleitet. Gleichzeitig durfte ich in meiner Führungsrolle selbst immer wieder Coaching in Anspruch nehmen. In diesem Sinne bin ich fest von der Nützlichkeit dieses Werkzeugs überzeugt. Aber auch die Wissenschaft hat in den letzten Jahren aufgeholt. So zeigen Überblicksanalysen, dass (Business-)Coaching in einem gewissen Umfang auch objektiv jene Effekte zeitigt, die es – bisweilen sehr vollmundig – verspricht. Theeboom und Kollegen (2014) kommen auf Basis der Auswertung von existierenden Studien zu der Aussage, dass Coaching positive Veränderung in Bezug auf verschiedene erfolgskritische Fähigkeiten im Business-Kontext hat, u.a. den produktiven Umgang mit Stress und zielbezogener Selbstregulation. In einer späteren Überblicksarbeit kommen Jones und Kollegen (2016) ergänzend zu dem Schluss, dass sich Coaching förderlich auf verschiedene Lernprozesse auswirkt und darüber hinaus einen positiven Effekt auf die übergreifende Performance von Organisationen hat.[94]

Allerdings hat Coaching einen Nachteil: Es ist teuer. Im Lichte knapper Ressourcen wurde Coaching in der Vergangenheit daher vor allem höheren Führungskräften zuteil, während sich die weiteren Ebenen mit wenig individuellen Maßnahmen zufriedengeben mussten. Dieser Umstand ist allerdings im Begriff, sich zu ändern. Überall auf der Welt sprießen Start-ups aus dem Boden, die Coaching-Dienstleistungen für eine wesentlich größere Zielgruppe ermöglichen wollen. Ich habe mit den Gründern zweier solcher Start-ups gesprochen, die unterschiedliche Ansätze fahren. Zunächst können Sie hier ein Interview mit Alexi Robichaux lesen, CEO des in San Francisco beheimateten Unternehmens BetterUp. BetterUp setzt, wenn immer es möglich ist, auf Online-Coaching, das aber weiterhin durch echte Coaches erbracht wird. Die Philosophie von BetterUp hat mich angesprochen, weil sie dezidiert von der Positiven Psychologie inspiriert wurde und das Unternehmen außerdem eng mit einigen der internationalen Größen kooperiert.

Wir wollen Executive Coaching demokratisieren

Interview mit Alexi Robichaux

Alexi, BetterUp ist den meisten Menschen in Deutschland vermutlich noch unbekannt. Kannst du bitte ein wenig zu eurem Hintergrund und eurer Mission erzählen?

Sicher. Unsere Mission ist es, auf einer globalen Ebene Menschen dabei zu unterstützen, ihr Leben mit Klarheit, Begeisterung und Leidenschaft zu leben. Eduardo Medina, Mitgründer und COO von BetterUp, und ich haben das Unternehmen 2013 gegründet mit dem Traum, eines Tages Menschen jeden Alters auf der ganzen Welt bei ihrer persönlichen und beruflichen Entwicklung zu unterstützen.

94 In diesem Zusammenhang ist bemerkenswert, dass in der Forschung mittlerweile auch verschiedene unerwünschte Nebenwirkungen von Coaching gut belegt sind (Schermuly & Graßmann, 2019). Dieser Befund ist an sich nicht wünschenswert, aber durchaus aufschlussreich. Denn: Nur dort, wo es nachweisbare Wirkungen gibt, sind auch Nebenwirkungen zu erwarten.

Derzeit konzentriert sich unser Unternehmen darauf, Executive Coaching zu demokratisieren. Es geht darum, eine Dienstleistung für Menschen auf allen Ebenen und in verschiedenen Phasen ihrer Karriere zu ermöglichen, die einst nur den obersten Führungsetagen vorbehalten war. Wir coachen mittlerweile Mitarbeiter der Fortune 1.000-Unternehmen[95] in jeder Zeitzone und in Dutzenden von Sprachen rund um den Globus. Unsere Produkte umfassen videobasiertes Coaching wie auch verschiedene Online-Tools, um die Entwicklung zwischen den Coaching-Sitzungen zu unterstützen.

Das heißt, ihr bringt Coaching zu den Massen?

Das ist korrekt. Coaching war historisch betrachtet immer eine exklusive Dienstleistung, weil es außergewöhnlich kostspielig war. Deswegen konnten Unternehmen es ausschließlich ihren hochrangigen Mitarbeitern anbieten. Es ist das wichtigste Werkzeug für persönliche Entwicklung, aber nur wenige konnten davon profitieren. BetterUp hat einen Weg gefunden, die Kosten von Coaching um 90 Prozent oder mehr zu reduzieren, sodass jedwede Organisation auch die Kernbelegschaften durch erstklassige Coaches begleiten lassen kann.

Wie finden die Menschen ihren Online-Coach?

Unser Matching-Prozess startet mit einer Befragung. Wir sammeln eine Reihe von Informationen zum Coachee und nutzen diese dann, um diesen mit drei Coaches in unserem Pool zu matchen. Der Coachee kann dann wählen, welcher der potenziellen Begleiter sich am besten anfühlt. Die Kombination aus algorithmischer Präzision und persönlicher Präferenz führt in 97 Prozent der Fälle zu einer erfolgreichen Paarung. Außerdem bieten wir die Möglichkeit, im Falle des Falles beliebig oft neu zu wählen – wir glauben, dass die Passung zwischen Coach und Coachee einer der wichtigsten Treiber des Coaching-Erfolgs ist.

Daran anknüpfend: Ich habe gelernt, dass im Coaching und auch in der Psychotherapie der Rapport, also die persönliche Beziehung zwischen den Beteiligten, der mit Abstand wichtigste Erfolgsfaktor ist. Wie transportiert BetterUp dies in die digitale Welt?

Ja, gemäß einigen Forschungsarbeiten kann ein guter Teil des Erfolgs auf diesen Beziehungsfaktor zurückgeführt werden. Ein Teil des Trainings für unsere Coaches, welches alle durchlaufen, bevor sie für uns arbeiten können, fokussiert darauf, Rapport via Video herzustellen. Es gibt verschiedenste Hinweise, die es zu sehen und zu hören gilt, um diese Verbindung zu stärken. Wir unterrichten auch,

95 Ein Index der größten amerikanischen Unternehmen.

welche Signale häufig über den Videokanal missachtet werden oder einfach untergehen, sodass die Coaches möglichst nicht zu Fehlschlüssen kommen.

Inwiefern basiert die Arbeit bei BetterUp auf der Positiven Psychologie?

Ich bin schon seit vielen Jahren ein Anhänger der Positiven Psychologie. Das Feld hat mich gewissermaßen dazu inspiriert, dieses Unternehmen zu gründen. BetterUps Mission ist es, weltweit Menschen dabei zu unterstützen, ihre innere Stärke zu entwickeln, sodass sie ein erfolgreiches und erfüllendes Leben führen können. Wir sehen unsere Aufgabe darin, menschliche Experten, mobile Technologien und die neuesten Entwicklungen in Feldern wie der Positiven Psychologie, der Verhaltensökonomie, der Sportpsychologie sowie der Neurowissenschaften miteinander zu verknüpfen, um das menschliche Wohlergehen voranzubringen.

Martin Seligman hatte einen großen Einfluss auf mein Denken in Bezug auf die Frage, bei welcher Art der Veränderung und des Wachstums BetterUp die Menschen unterstützen sollte. Die Mission der Positiven Psychologie, »normalen Menschen« zu einem besseren Leben zu verhelfen, deckt sich vollständig mit der Mission des Unternehmens. Wir sind sehr stolz darauf, heute so eng mit Professor Seligman zusammenarbeiten zu können, um die Forschung in der Positiven Psychologie voranzutreiben – wie auch im Bereich der Prospektiven Psychologie, die er als nächste Entwicklungsstufe des Feldes ansieht.[96] Zudem genießen wir das Privileg, mit vielen weiteren Vordenkern der Positiven Psychologie zusammenarbeiten zu können.

Ihr habt ergänzend die BetterUp Labs gegründet, ein Forschungslabor, in welchem Menschen aus dem Business gemeinsam mit Forschern zusammenarbeiten werden. Was können wir erwarten?

Die Mission von BetterUp Labs ist es, als eine Art Bell Labs[97] für die Verhaltenswissenschaften zu fungieren. Wir streben danach, den Fortschritt in Bezug auf das Verständnis von persönlichem und beruflichem »Aufblühen« zu beschleunigen. Dieses Wissen soll unsere eigenen Dienstleistungen verbessern wie auch der wissenschaftlichen Community allgemein dienen. Wir widmen uns Themen wie Einsamkeit, Sinnerleben und Verbundenheit, sozialer Zusammengehörigkeit und auch Kreativität. Wir hoffen, das grundlegende Wissen rund um diese Themen zu erweitern, und auch, effektive Interventionen für diese Bereiche entwickeln

96 Siehe Seligman et al. (2013).

97 Die Bell Laboratories sind die ehemalige Forschungsabteilung der Telefongesellschaft AT&T, in der im Laufe des 20. Jahrhunderts wichtige Durchbrüche in der Telekommunikationstechnik, Physik und Informatik erzielt wurden. Zahlreiche Wissenschaftler, die in diesem Labor geforscht haben, wurden später mit dem Nobelpreis ausgezeichnet.

zu können. Du kannst dich auf regelmäßige Reports und Publikationen freuen. Wir werden unsere Forschung mit dem Business wie auch der akademischen Community teilen.

Alexi Robichaux ist Mitgründer und CEO von BetterUp. Er hat an der University of Southern California studiert und zuvor u. a. für die Walt Disney-Gruppe und VMWare gearbeitet. Zudem ist er Mitgründer und Chairman der Non-Profit-Organisation Youth Leadership America. Kontakt: betterup.com

Das zweite Gespräch habe ich mit Frank Kübler geführt. Er ist CEO eines Start-ups, das die App Leada bereitstellt. Dabei handelt sich um ein lernendes System, das Managern über den Tag verteilt verschiedene Impulse gibt, ihnen Fragen zur Reflexion stellt und diverse Auswertungsmöglichkeiten bereitstellt. Leada verzichtet somit auf den Input von echten Menschen. Es handelt sich eher um ein virtuelles Assistenzsystem, welches Führungskräfte immer am Mann (und an der Frau) tragen können.

Ein lernendes und wachsendes System

Interview mit Frank Kübler

Lieber Herr Kübler, Sie haben die App Leada entwickelt. Bitte erzählen Sie den Lesern kurz, worum es sich hier handelt.

Leada ist der erste digitale Coach für Führungskräfte. Unsere App unterstützt Führungskräfte im alltäglichen Arbeitsumfeld. Sie enthält tausende Tipps und Anleitungen, evaluiert das individuelle Leistungs- und Erholungsniveau, identifiziert strukturelle Probleme und macht konkrete Lösungsvorschläge. Kurz gesagt: Mit Leada stellen wir Führungskräften in der digitalen Transformation ein starkes und vielseitiges Tool zur Verfügung.

Wie sind Sie auf die Idee gekommen, Leada zu entwickeln?

Ich bin selbst Coach und begleite als Partner der SYNK Group seit 2001 Leadership- und Change-Prozesse in Konzernen und mittelständischen Unternehmen. Wie alle Trainer und Coaches haben wir die Erfahrung gemacht, dass weniger Inhalte aus Seminaren im Alltag umgesetzt werden, als die Teilnehmer sich wünschen. Meist können sich Teilnehmer nach drei Monaten an weniger als zehn Prozent der Inhalte erinnern – und das liegt nicht am Seminar oder an der Motivation der Teilnehmer, sondern daran, dass die Lerninhalte im Alltag schlicht untergehen. Wenn Sie sich vor Augen führen, wie viel Geld Unternehmen in die Aus- und Fortbildung ihrer Mitarbeiter stecken – gerade in die der Führungskräfte –, dann ist das dramatisch. Deshalb wollten wir ein Tool entwickeln, dass den Lerntransfer gewährleistet.

... und da kommt Leada ins Spiel.

Genau. Leada bringt Führungscoaching in den Alltag. Dabei achten wir darauf, dass die Nutzung der App sich in den Tagesablauf integriert: Wir spielen zwei Power-Impulse am Tag aus; im Schnitt brauchen unsere Nutzer zwei Minuten pro Impuls.

Wie sehen solche Impulse aus?

Ein Power-Impuls ist eine kurze Nachricht zu einem bestimmten Thema, gefolgt von einer konkreten Handlungsaufforderung. Die Struktur folgt dem Why-How-What-Schema: Jeder Impuls beantwortet die Fragen nach dem Ziel, dem Weg zum Ziel und dem nächsten Schritt auf dem Weg. Nehmen wir zum Beispiel das Thema Mitarbeiterführung. Ein Power-Impuls könnte lauten: »Nimm dir heute einen Augenblick, um einen deiner Mitarbeiter zu fragen, wie zufrieden er zurzeit ist. Höre aufmerksam zu, ohne zu werten.« An den Impuls schließt sich eine Frage an, zum Beispiel: »Bist du bereit, diesen Impuls heute in die Tat umzusetzen?«

Es geht also um die Aufforderung, etwas zu tun. Das ist ganz wichtig, weil so Verbindlichkeit entsteht. Insgesamt spielen wir pro Woche zehn Power-Impulse aus: einen morgens und einen abends. Dadurch verstetigen wir die Inhalte des Coachings im Alltag unserer Nutzer. Und wir können sehen, dass sich die Transferquote aus Seminaren um mehr als 200 Prozent erhöht.

Woher weiß die App, welche Empfehlung zu welchem Zeitpunkt »richtig« ist? Auf welcher Grundlage basieren die Empfehlungen?

Leada enthält mehrere Tools, die bei der Entscheidungsfindung helfen können. Das einfachste – aber oft sehr hilfreiche – sind die Tipps: ein Frage-Antwort-Dialog, ähnlich einem Mikro-Coaching, in dem der Nutzer gebeten wird, eine aktuelle Situation einzuordnen.

Wie genau funktioniert das?

Spielen wir einen konkreten Fall durch: Ich habe beispielsweise einen Konflikt mit einem Mitarbeiter. Dazu kann ich einen Tipp anfordern. Leada fragt dann nach: Welche Beziehung habe ich zu dem Mitarbeiter? Wie genau verhält er sich? Welche möglichen Gründe für sein Verhalten sehe ich? Die App fragt so lange nach, bis sie einen konkreten Vorschlag machen kann, um die Situation voranzubringen. Nehmen wir an, der Mitarbeiter ist neu und bringt unterdurchschnittliche Leistung, weil er nicht genau versteht, was seine Rolle ist. In einem solchen Fall würde die App vorschlagen, ein klärendes Gespräch zu suchen, in dem

Mitarbeiter und Führungskraft ihre Werte, Ziele und gegenseitigen Erwartungen vergleichen, um herauszufinden, was sich machen lässt.

Welche weiteren Tools zur Entscheidungsfindung enthält Leada?

Mehrere. Ein beliebtes Instrument ist das Leistungs- und Erholungsmonitoring: Leada fordert mich jeden Morgen auf, mein subjektiv empfundenes Energielevel einzuschätzen; abends fragt die App nach den erreichten Tageszielen. Nach ein paar Tagen kann sie daraus Schlussfolgerungen ableiten. Wenn ich zum Beispiel jeden Tag aufs Neue meine Tagesziele verpasse, wird Leada mir vorschlagen, mein Selbst- und Zeitmanagement zu überdenken.

Das wirft die Frage nach dem Datenschutz auf ...

Klar, das haben wir von Anfang an berücksichtigt. Leada ist vollständig DSGVO-konform. Der individuelle Nutzer hat den Überblick über seine Daten – und sonst niemand. Wir haben sozusagen das Coaching-Geheimnis digitalisiert.

Spielt bei Leada auch eine Form von künstlicher Intelligenz eine Rolle?

Leada ist ein lernendes und wachsendes System. Unsere Programme passen sich an das Verhalten der Nutzer an. Wir machen Leada immer besser – unser Anspruch ist es, dem individuellen Nutzer durch maßgeschneiderte Lösungen den größtmöglichen Nutzwert zu bieten. Dazu nutzen wir auch Co-Kreation-Methoden wie Design Thinking mit unseren Kunden.

Führungskräfte haben viel um die Ohren. Wie stellen Sie sicher, dass die Nudges den Stresslevel der Führungskraft nicht noch zusätzlich erhöhen?

Kurz gesagt: hoher Nutzwert bei geringem Aufwand – und ohne jede Verpflichtung. Auf jeden einzelnen Impuls folgt eine konkrete Handlungsaufforderung. Die Impulse sind extrem kurz und wenn ich sie nicht bearbeite, dann verschwinden sie am Ende des Tages. Leada macht kein schlechtes Gewissen, sondern nur gute Angebote.

Gibt es Funktionen, die man gemeinsam mit dem Team oder unter Kollegen auf Führungsebene verwenden kann?

Leada enthält keine Chat- oder sonstigen Vernetzungsfunktionen. Wir haben die Erfahrung gemacht, dass unsere Nutzer genau das schätzen. Führungskräfte-Coaching ist ein sensibles Thema: Ich will nicht unbedingt, dass meine Kollegen einsehen können, wie viele meiner Tagesziele ich heute erreicht habe. Parallel setzen wir in manchen Fällen auf eine Nutzung der bestehenden Intranets der Unternehmen.

Wie wird es weitergehen mit der App?

Leada wächst kontinuierlich, sowohl was die Zahl der Nutzer als auch den Inhalt betrifft. In den kommenden Monaten werden wir einige größere Entwicklungsschritte gehen. Neu im System ist ein zwölfwöchiges Programm zum Thema Ambidextrous Leadership«, das wir gemeinsam mit Professor Benjamin Bader von der Newcastle University entwickelt haben. Außerdem arbeiten wir an einer Verschränkung der Leada-Programme mit anderen Angeboten aus dem digitalen HR-Bereich.

Frank Kübler hat u. a. an der Universität Hohenheim Betriebswirtschaft studiert. Er ist Gründer und CEO der Leada AG sowie Gesellschafter der SYNK Group, einem Beratungsunternehmen, welches seit 2001 Konzerne und Mittelständler bei Leadership- und Development-Prozessen begleitet. Kontakt: leada.de

Zum Abschluss des Teilkapitels über die Bedeutung von Feedback möchte ich Ihnen noch von einer Anekdote aus meinem Studium in Pennsylvania berichten. Sie ereignete sich während einer Gastvorlesung von Jane Dutton über das Gestalten von positiven Beziehungen.

EIGENE ERFAHRUNG

Für eine Übung wurde die eine Hälfte der rund 40 Studierenden für etwa zehn Minuten von der anderen Hälfte mit verbundenen Augen über die Flure der Huntsman Hall an der Wharton Business School geführt, wo unser Studium größtenteils stattfand – im Anschluss wurde getauscht. Ich frage mich bis heute, was all die angehenden Finance-MBAs von dieser verrückten Truppe hielten, die in ihren heiligen Hallen Kinderspiele vollführten – aber das steht auf einem anderen Blatt. Wichtiger: Während der Übung machte ich eine für mich prägende Erfahrung.

Ich ließ mich als Erstes führen. Zu Beginn fühlte ich mich sicher und wohl. Meine Partnerin führte mich durch Impulse mit ihren Händen an meiner Schulter und ergänzend durch verbalen Input, z. B.: »Jetzt noch drei Schritte geradeaus, dann machen wir eine leichte Linkskurve.« Etwa um die Mitte unserer Wegstrecke gingen wir einen langgestreckten Flur entlang. Ich musste etwa 20 Meter einfach geradeaus gehen. Dementsprechend hörte meine Partnerin auf, mir verbales Feedback zu geben – es erschien ihr für den Moment nicht notwendig. Irgendwo auf halbem Weg des Flurs wurde

allerdings ein Stromkabel quer von einem Raum in den anderen geführt, überdeckt von Klebeband. Es war kein echtes Hindernis, aber ich war nicht vorbereitet und blieb mit einem Fuß leicht an dem Kabel hängen. Diese kurze Störung hatte zur Folge, dass sich das Vertrauen in meine Führungsperson spürbar verminderte.
Ich weiß heute nicht mehr, ob ich das kundtat oder ob meine Partnerin einfach an meiner Körperspannung bemerkte, dass etwas nicht mehr stimmte. Auf jeden Fall veränderte sie im Anschluss ihr Verhalten auf bemerkenswerte Weise: Anstatt mich lediglich auf bevorstehende Hindernisse und notwendige Verhaltensänderungen meinerseits hinzuweisen, gab sie mir schlicht und ergreifend die ganze Zeit verbales Feedback – hauptsächlich nach dem folgenden Muster: «Du machst das gut. Der Weg ist komplett frei. Mach einfach weiter so!« Was war das für eine Veränderung! Ein Unterschied, der einen Unterschied macht, wie es im Coaching manchmal heißt.
Noch dazu ist es eine starke Metapher für das Leben in Organisationen. Wenn wir ehrlich hinsehen, dann laufen wir alle ständig mit verbundenen Augen durch die Gegend. Wir hören, sehen und spüren so wenig im Vergleich zur schier endlosen Menge an Informationen, die irgendwo da draußen ist und hilfreich für uns sein könnte. Was für einen Unterschied machte es wohl, wenn wir regelmäßig ein »Du bist auf dem richtigen Weg!« von jemandem hörten, der über ein wenig mehr an Informationen verfügt als wir selbst. Wie wäre es, wenn wir den Menschen, die wir führen, einmal am Tag sagten, dass alles gut ist, dass sie auf dem richtigen Weg sind? Nicht weil sie etwas Besonderes vollbracht hätten – sondern einfach, weil sie es brauchen und verdienen. Die Wahrheit ist: Es ist einfacher gesagt als getan. Auch ich habe es viel zu selten gemacht in meinem alten Job. Aber man wird wohl noch träumen dürfen.

6.6 PERMA als Führungsmodell

Auch wenn die Positive Psychologie zu Beginn weitgehend im US-amerikanischen Raum erforscht wurde, gibt es natürlich auch spannende Entwicklungen diesseits des Atlantiks (und anderswo). Der österreichische Forscher und Trainer Markus Ebner hat auf Basis des PERMA-Modells ein eigenständiges, empirisch validiertes Führungskonzept entwickelt. Ich finde sein Modell so spannend, dass ich ihn gebeten habe, es mir in einem Interview näher zu erläutern. Wenn Sie mehr über dieses Modell erfahren möchten, so kann ich Ihnen Ebners Buch (s. u.) ans Herz legen, das im Frühjahr 2019 erschienen ist.

Führungskräfte schätzen sich besser ein als ihre Mitarbeiter

Interview mit Dr. Markus Ebner

Herr Ebner, die Struktur Ihres Buches beruht auf Martin Seligmans PERMA-Modell – in den Grundzügen ist es dem Leser folglich bekannt. Sie haben auf dieser Basis einen Führungsansatz namens PERMA-Lead entwickelt. Worum geht es?

Konkret geht es dabei um beobachtbares und objektiv messbares Führungsverhalten, das sich positiv auf das PERMA der Mitarbeiter auswirkt. Ausgangspunkt war, dass es mit dem PsyCap-Modell von Fred Luthans und dem POS-Ansatz von Kim Cameron bereits zwei Ansätze gab, die sich auf Organisationen beziehen. Das erste Modell fokussiert dabei eher Faktoren, die in der Persönlichkeit verankert sind, z. B. Resilienz oder Selbstwirksamkeit. Das zweite bezieht sich stärker auf die Organisationskultur. Was als Ergänzung noch fehlte, war ein Positive-Leadership-Ansatz, der konkretes Führungsverhalten definiert. Das PERMA-Modell hat sich bei der Entwicklung meines Ansatzes aus mehreren Gründen als Struktur angeboten: Zum einen können Forschungsergebnisse aus verschiedenen Teilbereichen der Psychologie anhand dieses Standards verglichen werden, weil sie sich auf die gleiche Grundlogik beziehen. Auch klassische Führungsmodelle, wie beispielsweise das situative Führen, lassen sich in dieses Modell integrieren. Zudem ist es für Praktiker leicht zu verstehen.

Bereits zu Beginn der Modellentwicklung hatten wir das Ziel, ein verhaltensbasiertes Diagnoseinstrument zu entwickeln, das einerseits den testtheoretischen Standards der psychologischen Forschung entspricht und andererseits verständlich in der Praxis angewandt werden kann. Mein Team und ich haben uns bei der Entwicklung mit zahlreichen Forschern aus verschiedenen Ländern vernetzt, Daten ausgetauscht, angepasst usw. Gleichzeitig haben wir immer Fokusgruppen mit Praktikern veranstaltet, um zu prüfen, ob unsere Fragestellungen im echten Leben auch verstanden werden. Wir wollten nicht im Elfenbeinturm bleiben. Daher hat es einige Jahre gedauert und wir haben in dieser Zeit viel Forschung und auch praktische Erprobungen im Hintergrund betrieben, bis wir vor Kurzem mit den Ergebnissen nach draußen gegangen sind. Die dabei entstandenen Online-Testverfahren stehen daher neben der Forschung auch Beratern, Coaches, Organisationsentwicklern usw. zur Verfügung und werden bereits in zahlreichen Unternehmen eingesetzt, z. B. bei Lidl, IKEA, Telekom, dem SOS-Kinderdorf.

Was wird im Rahmen der Messung konkret abgefragt?

Die Fragen beziehen sich auf konkretes Führungsverhalten, das die fünf PERMA-Bereiche der Mitarbeiter stärkt. Das macht aus meiner Sicht Sinn, weil man dann aus den Testergebnissen beispielsweise im Coaching oder in Workshops ganz konkrete verhaltensbasierte Maßnahmen ableiten kann. Die Tools liegen in zwei verschiedenen Varianten vor. Einerseits als PERMA-Lead-Profiler, bei dem die Führungskraft sich selbst einschätzt und als Ergebnis ein Benchmark zu anderen Führungskräften bekommt. Derart konnten wir in den letzten Jahren einen Datenpool von mehreren Tausend Referenzen aufbauen. Eine Beispielfrage ist: »Ich gebe meinen Mitarbeitern bewusst Aufgaben, die ihren individuellen Stärken entsprechen.«

Weitaus aussagekräftiger ist die zweite Variante, das 360-Grad-Feedback. Dabei werden neben der Selbsteinschätzung noch die Einschätzung der Mitarbeiter, der eigenen Führungskraft und der Kollegen abgefragt. Außerdem erhebt diese Variante zusätzlich Management-Kompetenzen und karriereförderliche Verhaltensweisen – ebenfalls mit wissenschaftlich abgesicherten Fragen. Im 360-Grad-Feedback werden Mitarbeiter gebeten, zu Aussagen wie der folgenden Stellung zu nehmen: »Meine Führungskraft gibt mir positives Feedback, wenn ich etwas erreicht habe.«

Beim 360-Grad-Feedback ist die Kombination von praktischem Nutzen und Forschungsinteresse besonders spannend. Beispielsweise sehen wir in den Daten, dass sich Führungskräfte im Durchschnitt um fast 20 Prozent besser einschätzen als ihre Mitarbeiter, während die Vorgesetzten der Führungskräfte zu einer fast identischen Einschätzung kommen wie diese selbst. Daraus kann man ableiten, dass beispielsweise die Bewertung der Führungskompetenz der dritten Management-Ebene durch die zweite Management-Ebene die Realität wenig abbildet – härter formuliert: Sie ist aus Sicht der Mitarbeiter falsch. Dennoch ist eines spannend: Auch wenn die Selbst- und Fremdeinschätzung nicht identisch ist, geben Mitarbeiter ihrer Führungskraft in den meisten Fällen in jenen Einzelbereichen den höchsten bzw. niedrigsten Wert, in dem sich diese auch selbst am höchsten bzw. niedrigsten einschätzen. Das heißt für die Praxis, dass man alleine mit dem PERMA-Lead-Profiler, der ja auf einer reinen Selbsteinschätzung beruht, im Coaching sinnvoll arbeiten kann.

Wie wirkt es sich aus, wenn Führungskräfte mit dem PERMA-Lead-Ansatz führen?

Unsere Ergebnisse zeigen, dass Mitarbeiter, deren Führungskraft ein PERMA-förderliches Führungsverhalten an den Tag legt, weniger Stress am Arbeitsplatz erleben – insbesondere das Sorgen für positive Emotionen zeigt hier den stärksten Effekt gegen Stress. Noch stärker ist der Einfluss der Führungskraft auf die Burn-out-Gefährdung im Team: Mitarbeiter mit einem Positive Leader haben eine um mehr als die Hälfte reduzierte Burn-out-Gefährdung als jene mit einer weniger positiven Führungskraft. Zusätzlich zeigt unsere Forschung, dass Menschen, die nach der PERMA-Logik geführt werden, signifikant mehr Freude an der Arbeit haben, weniger misstrauisch sind, eine erhöhte Frustrationstoleranz haben, messbar gesünder sind und auch nach der Arbeit besser entspannen und abschalten können.

Ihre Daten zeigen, dass nicht nur die Mitarbeiter profitieren – die Führungskräfte tun sich auch selbst etwas Gutes. Korrekt?

Ja! Bereits die Studien, die wir vor rund zehn Jahren, also noch vor der Entwicklung von PERMA-Lead, zu Positive Leadership durchgeführt haben, zeigten, dass die wahrgenommene Belastung am Arbeitsplatz bei Positive Leadern signifikant geringer ist als bei durchschnittlichen Führungskräften. Und auch unsere neueren Studien bestätigen das ganz eindeutig. Resilienz ist heute zu einer Kernkompetenz geworden. Führungskräfte tun sich also selbst etwas Gutes, wenn sie diesem Ansatz folgen. Führungskräfte mit einer hohen PERMA-Lead-Ausprägung gehen mit stressreichen Situationen lockerer um, kommen nach beruflichen Rückschlägen schneller wieder auf die Beine und bewahren in schwierigen Situationen mehr Ruhe, weil sie auf ihre Fähigkeiten vertrauen.

Sie haben auch feststellen können, dass Führungskräfte mit zunehmender Führungserfahrung besser werden. Wie stellt sich das konkret dar?

Führungskräfte mit weniger als zwei Jahren Erfahrung in dieser Rolle schneiden in allen fünf PERMA-Lead-Bereichen am schlechtesten ab. Offensichtlich wächst die Kompetenz mit der Erfahrung, denn bereits mit drei bis fünf Jahren Erfahrung sind alle Werte deutlich höher. Am besten schneiden in unseren Studien übrigens Führungskräfte ab, die über mehr als 15 Jahre Führungserfahrung verfügen.

Wird in verschiedenen Branchen unterschiedlich geführt?

Ganz eindeutig. Allerdings sind die einzelnen PERMA-Faktoren nicht per se in unterschiedlichen Branchen immer gut oder schlecht. Im Handel ist beispielsweise der Faktor Positive Emotions in der Führung am stärksten ausgeprägt im Vergleich zu anderen Branchen. Accomplishment, also erreichte Ziele zu würdigen, entspricht im Handel hingegen einem durchschnittlichen Wert. Interessant war für uns auch, dass es eine Branche gibt, bei der die Führungskultur durchgängig in allen Faktoren am schlechtesten abschneidet: Das ist das Sozial- und Gesundheitswesen. Spannend deshalb, weil man landläufig vermuten würde, dass dort, wo Menschen im Fokus der Arbeitstätigkeit sind, Führung besonders menschenfreundlich sein könnte – ist sie aber nicht. Möglicherweise löst gerade der berufliche Umgang mit den besonderen Bedürfnissen von Menschen aus, dass die Belange der Mitarbeiter vergessen werden. Eine andere Erklärung könnte allerdings auch sein, dass der Anspruch an Führungsverhalten in Sozial- und Gesundheitseinrichtungen höher ist und daher die Selbst- und Fremdbewertungen schlechter ausfallen.

Es ist nicht trivial, Zusammenhänge zwischen der Führung und harten Unternehmenskennzahlen herzustellen. Was sagen Ihre Daten?

Es ist vor allem schwierig, an brauchbare Daten für die Forschung heranzukommen, da Unternehmen ihre harten Kennzahlen verständlicherweise nicht gerne aus der Hand geben – und schon gar nicht, um sie zu veröffentlichen. Daher war es auch für uns eines der spannendsten Projekte, als wir die Möglichkeit erhielten, mit harten Unternehmenskennzahlen zu forschen.

In den Studien konnten wir zeigen, dass die Krankenstände in Teams, gemessen an den durchschnittlichen Krankentagen pro Jahr, deutlich abnehmen, wenn das Positive-Leadership-Verhalten zunimmt. Skeptiker könnten anführen, dass ein Grund für die Abnahme von Krankenständen die Angst vor Jobverlust ist, dass also Angstmache als Führungsstil Krankenstände senkt. Das können wir für unsere Ergebnisse allerdings ausschließen, da wir explizit nach stärkendem und motivierendem positivem Führungsverhalten fragen. In einer weiteren Studie interessierte uns, ob Kunden mehr in ihren Einkaufswagen legen, wenn in einem Supermarkt o. ä. die Führungskraft ein Positive Leader ist. Die Antwort lautet: ja! Das ist insofern spannend, da die Kunden mit dieser Führungskraft in der Regel nicht in Berührung kommen. Dennoch wirkt sich diese Art der Führung dahingehend aus, dass die Kunden mehr einkaufen. Einige spannende Forschungsprojekte in diese Richtung haben wir bereits in Planung – man darf also gespannt bleiben!

Markus Ebner hat an der Universität Wien Psychologie studiert und wurde dort auch promoviert. Neben seinen Tätigkeiten als Trainer und Berater ist er an verschiedenen Universitäten als Lehrbeauftragter aktiv, u. a. an den Universitäten Wien und Klagenfurt. Sein Buch Positive Leadership. Erfolgreich führen mit PERMA-Lead ist 2019 erschienen. Kontakt: ebner-team.com

6.7 Führungskräfte brauchen gutes KAARMA

Zum Abschluss dieses Intermezzos möchte ich Ihnen ergänzend zum Modell von Markus Ebner noch die Ergebnisse eines eigenen Forschungsprojektes über Führungsqualität vorstellen. Ich war die letzten acht Jahre lang Manager, habe allerdings dann und wann – zur Erhaltung meiner geistigen Agilität – eigene Forschungsvorhaben in meiner »Freizeit« umgesetzt. Die Ergebnisse des vorliegenden Projekts wurden 2017 in der Zeitschrift OrganisationsEntwicklung vorgestellt, in einem Artikel, den ich gemeinsam mit Michael Steger von der Colorado State University verfasst habe. Diesen werden Sie im Übrigen im Kapitel über Sinn noch ausführlich kennenlernen.

Für die Studie habe ich rund 600 Manager in Deutschland zur Wahrnehmung ihrer direkten Führungskraft befragt. Die Menschen arbeiten in diversen Branchen und Funktionen, sind vorwiegend Akademiker und bilden mit ihrem Erfahrungshintergrund einen Querschnitt des deutschen Managements ab. Etwa 40 Prozent haben eigene Erfahrung als Führungskraft auf verschiedenen Ebenen. In diesem Sinne bilden die bewerteten Personen ebenfalls ein breites Spektrum ab, von der Teamleitung bis hin zur Top-Management-Ebene. Zur Ermittlung der Führungsqualität habe ich die Teilnehmer gebeten, das KAARMA ihres direkten Vorgesetzten anhand eines 24 Items umfassenden Fragebogens zu bewerten. Konkret wird mittels einer 7er-Skala gefragt, wie oft eine Führungskraft bestimmte Verhaltensweisen an den Tag legt. Die Bearbeitung dauert kaum mehr als fünf Minuten, die gängigen Gütekriterien an psychologische Messinstrumente werden in guter Art und Weise erfüllt.[98]

Das Akronym KAARMA geht auf meinen Co-Autor Michael Steger (2017) zurück. Für einen Beitrag über sinnstiftende Führung in einem Herausgeberband hatte er aus mehreren Jahrzehnten an Forschung synthetisiert, welche Verhaltensweisen einer direkten Führungskraft in besonderer Weise das Sinnerleben der Geführten beeinflussen. Die grundlegenden Inhalte gehen demnach auf sehr viele verschiedene Forschungsarbeiten zurück. Ich war von dieser Zusammenstellung und dem Akronym unmittelbar begeistert und konstruierte in der Folge einen praxisnahen Fragebogen, um das KAARMA von Führungskräften aus Sicht der geführten Person zu messen. In diesem Sinne steht KAARMA für die folgenden Attribute:

- *Klarheit*: Führungskräfte sollten ihren Mitarbeitern regelmäßig Orientierung geben, indem sie diese über die Ziele der eigenen Abteilung und natürlich der Organisation als solcher ins Bild setzen. Beispiel-Item aus dem Fragebogen: *Meine Führungskraft hilft mir, die Ziele und die Strategie meines Unternehmens zu verstehen.*
- *Authentizität*: Führungskräfte sollten in ihrer Rolle als Leitende angekommen sein und diese in einer glaubwürdigen Art und Weise ausfüllen. Beispiel-Item: *Meine Führungskraft sagt, was sie denkt (ergo: spielt mir bzw. meinem Team nichts vor).*
- *Aktualisierung*: Führungskräfte sollten den Verantwortungsbereich von Mitarbeitern so strukturieren, dass diese den wichtigsten Motiven und Stärken der geführten Menschen entsprechen. Beispiel-Item: *Meine Führungskraft kennt meine wichtigsten Wertvorstellungen und gestaltet meine Aufgaben entsprechend.*

98 Für Statistik-Insider: Die verschiedenen Subskalen weisen Eindimensionalität auf; die Werte für Cronbachs α liegen mit einer Ausnahme (Autonomie = 0.82) oberhalb von 0.90.

- *Respekt*: Führungskräfte sollten sich ihren Mitarbeitern gegenüber respektvoll verhalten und diesen auch im Umgang der Kollegen untereinander einfordern. Beispiel-Item: *Meine Führungskraft ist präsent und zugewandt, wenn sie mit mir bzw. meinen Kollegen interagiert.*
- *Mehrwert*: Führungskräfte sollten ihren Mitarbeitern aufzeigen, wie deren Leistung zum Erfolg des großen Ganzen beiträgt. Beispiel-Item: *Meine Führungskraft zeigt mir, dass ich mehr als nur ein Rädchen im Getriebe bin.*
- *Autonomie*: Führungskräfte sollten ihren Mitarbeitern in einem gesunden Maß Verantwortung übertragen und diesen die Wahl über Mittel und Wege der Zielerreichung einräumen. Beispiel-Item: *Meine Führungskraft ist das Gegenteil von einem Mikro-Manager und mischt sich nur ein, wenn es wirklich sein muss.*

Neben der Einschätzung des KAARMAs ihrer Führungskräfte haben die Teilnehmer Angaben zum derzeitigen Erleben in ihrer Aufgabe und Rolle gemacht. Sie lieferten u. a. Daten zu Arbeitszufriedenheit und Engagement, zum Stolz auf den Arbeitgeber, zur Regelmäßigkeit von Sinn- und Flow-Erleben sowie auch der aktuellen Wechselabsicht. Um den Einfluss der wahrgenommenen Führungsleistung zu veranschaulichen, habe ich einen Indexwert über alle 24 KAARMA-Fragen gebildet und drei Subgruppen gebildet. Gemessen an den Mittelwerten der Stichprobe wurden als unterdurchschnittlich, durchschnittlich und überdurchschnittlich eingeschätzte Führungskräfte separat betrachtet, um zu verstehen, wie es pro Gruppe um die Auswirkungen auf das Erleben der Mitarbeiter bestellt ist.

Die Ergebnisse sprechen eine klare Sprache: Mitarbeiter von Führungskräften mit einem überdurchschnittlichen KAARMA-Index berichten im Vergleich zu jenen Menschen, die Führungskräften mit einem unterdurchschnittlichen KAARMA-Index geführt werden, von:

- stärkerer Sinnwahrnehmung (+58 Prozent);
- mehr Flow-Erleben (+61 Prozent);
- einem intensiveren Gefühl von Stolz (+69 Prozent);
- höherem Engagement (+32 Prozent);
- größerer Arbeitszufriedenheit (+112 Prozent);
- einer deutlich verminderten Wechselabsicht (–135 Prozent).

Gerade in Bezug auf den letzten Punkt muss man kein Mathegenie sein, um zu erkennen: Schlechte Führungsqualität geht an die Substanz von Unternehmen, personell und langfristig auch finanziell. Einschränkend ist anzumerken, dass es sich bei der Untersuchung um ein korrelatives Studiendesign handelt. Insofern lässt es keine kausalen Schlüsse zu. Die Studie beschreibt Zusammenhänge, nicht zwingend Ursache und Wirkung. Gleichwohl sind die sechs Dimensionen des KAARMA-Indexes in der Literatur gut verankert. Zudem ergeben einige Annahmen zu Wirkrichtungen schlicht mehr Sinn als andere. So lässt sich z. B. gut nachvollziehen, dass sich respektvolles

Verhalten seitens der Führungskraft in weniger Wechselbereitschaft des Geführten niederschlägt. Die umgekehrte Annahme erscheint weniger plausibel.

Im Übrigen stellten wir in einer Folgestudie (Rose & Steger, 2020) fest, dass es einen deutlichen Zusammenhang zwischen der Führungsqualität gemäß KAARMA und der Retention der geführten Personen gibt: Von den Personen, die sich rund drei Jahre laut der Ausgangsstudie erstklassig geführt gefühlt hatten, waren später noch 78 Prozent für das gleiche Unternehmen tätig. Von jenen, die sich schlecht geführt gefühlt hatten, waren nur noch deutlich weniger als die Hälfte an Bord.

Des Weiteren hat meine ehemalige Studentin Laura Schüpphaus festgestellt, dass Führung gemäß des KAARMA-Modells auch wichtig sein kann, um die Talent Pipeline von Unternehmen mit erstklassigen Personen gefüllt zu halten. Sie hat Studierende nach der wahrgenommenen Führungsqualität im jeweils jüngsten Praktikum gefragt. Menschen, die in dieser Zeit hervorragende Führung gemäß der KAARMA-Kriterien erfahren haben, würden den Arbeitgeber signifikant häufiger weiterempfehlen – und äußern auch einen viel stärkeren Wunsch, nach Ende des Studiums fest bei dem jeweiligen Unternehmen einzusteigen. Studierende, die hingegen schlechte Führung im Praktikum erfahren haben, sind für das Unternehmen als Nachwuchstalent verloren (Schüpphaus & Rose, 2020).

Vor diesem Hintergrund hoffe ich, dass dem KAARMA-Instrument noch eine fruchtbare Zukunft bevorsteht. Wenn Sie an dem vollständigen KAARMA-Fragebogen interessiert sind: Sie können ihn kostenfrei in den digitalen Extras zu diesem Buch herunterladen – und ebenso kostenfrei in Ihrer Organisation einsetzen. In diesem Fall wäre ich Ihnen über eine Nachricht an office@nicorose.de dankbar, da ich sehr an Erfahrungsberichten in Zusammenhang mit dem Instrument interessiert bin.

7 PERMA: Beziehungen

Menschen wurden erschaffen, um geliebt zu werden.
Dinge wurden geschaffen, um benutzt zu werden.
Der Grund, warum sich die Welt im Chaos befindet,
ist, weil Dinge geliebt und Menschen benutzt werden.
Stammt vermutlich vom US-amerikanischen Autor John Green,
wird aber auch dem Dalai Lama zugeschrieben

Wenn der verstorbene Professor Christopher Peterson, den Sie bereits aus dem Abschnitt über die VIA-Stärken kennen, von Journalisten gebeten wurde, eine möglichst kurze Zusammenfassung der wichtigsten Erkenntnisse der Positiven Psychologie zu formulieren, pflegte er zu sagen: »Other people matter.« (Sinngemäß: Andere Menschen sind das Allerwichtigste; Peterson et al., 2007, S. 154). Was er damit ausdrücken wollte: Wenn man die vielen, vielen Studien zur Frage, was Menschen im Leben an sich oder auch im Arbeitsleben glücklich macht, eingehend auf die besonders kritischen Faktoren hin analysiert, ergibt sich ein konstantes und eindeutiges Muster: *Gelingende Beziehungen* mit Menschen (die uns wichtig sind) sind der Zufriedenheitstreiber Nummer 1 über den Lebensverlauf hinweg – und auch auf der Arbeit (Heaphy & Dutton, 2008).

Dieser Befund ist nicht weiter verwunderlich. Das *Bedürfnis nach Bindung und Zugehörigkeit* ist das erste – und vermutlich auch das stärkste – Motiv, was »normale Menschen« über den Verlauf ihres Lebens antreibt (Baumeister & Leary, 1995). In diesem Sinne verstehen auch immer mehr Management-Forscher, dass Menschen in Unternehmen nicht einfach nur Teams bilden und dann mehr oder weniger erfolgreich auf gemeinsame Ziele hinarbeiten, sondern dass in diesem Kontext im besten Fall deutlich tiefere Bindungen entstehen können. Mittlerweile geht das Verständnis so weit, dass manche Forscher gelingende Beziehungen auf der Arbeit als eine Form *von Liebe* bezeichnen: Barsade und O'Neill (2014) nutzen in einem Artikel im einflussreichen Magazin Administrative Science Quarterly beispielsweise den Begriff »Companionate Love«, sinngemäß: kameradschaftliche Liebe. Vor diesem Hintergrund lotet dieses Kapitel die Bedingungen und Konsequenzen von positiven Beziehungen im Arbeitsleben aus. Es geht um Konzepte wie Wertschätzung, Nähe und Vertrauen. Abschließend schauen wir uns ergänzend an, wie positives Management von Diversität mit diesem Themenfeld zusammenhängt.

7.1 Wertschätzung

Für eine Studie hat die Unternehmensberatung Boston Consulting Group (BCG) rund 200.000 Menschen aus 189 Ländern zu ihren beruflichen Wünschen befragt. Neben vielen anderen Aspekten ging es auch um die folgende Frage: »Was macht sie glücklich auf der Arbeit?« Die vielfältigen Antworten integrierte das Unternehmen in insgesamt 26 Treiber des Arbeitsglücks. Darunter befinden sich so wichtige Aspekte wie eine attraktive Vergütung, Jobsicherheit oder gute Lern- und Entwicklungsmöglichkeiten (Strack et al., 2014). Unter die wichtigsten vier Nennungen über alle weltweit befragten Personen haben es diese Dimensionen allerdings nicht geschafft. Diese lauten stattdessen:

1. Wertschätzung für meine Arbeit,
2. eine gute Beziehung zu meinen Kollegen,
3. eine gute Work-Life-Balance,
4. eine gute Beziehung zu meinem Vorgesetzten.

In einer Folgeuntersuchung mit 366.000 Menschen aus 197 Ländern wurden diese Ergebnisse weitgehend bestätigt (Strack et al., 2018). Das Antwortmuster ist ein stabiles und globales Phänomen. Bei näherer Betrachtung haben diese Faktoren eines gemeinsam: *Es geht direkt oder indirekt um Beziehungen*. Zwar können wir uns auch selbst wertschätzen, aber in der Regel wünschen wir diese Art der Zuneigung von anderen Menschen zu erfahren – auf der Arbeit zuvorderst von unseren Vorgesetzten. Der zweite Punkt ist selbsterklärend. Das Konzept der Work-Life-Balance wiederum ist vielfältig. Ein Aspekt davon kann wie folgt definiert werden: Meine Arbeit ermöglicht es mir, eine gute Beziehung zu jenen Menschen zu pflegen, mit denen ich *nicht* arbeite, sprich: mit Freunden und der Familie. Der vierte Punkt ist wiederum selbsterklärend, wobei es eine ausgeprägte Verbindung zwischen dem ersten und dem viertgenannten Aspekt geben dürfte. Alle Gesichtspunkte können zum Bereich des psychologischen Einkommens gerechnet werden, das ich in den Auftaktkapiteln mehrfach erwähnt habe. Am Ende des Tages steht und fällt einfach Vieles mit den Menschen, mit denen (oder für die) wir arbeiten.

EIGENE ERFAHRUNG

Wie ich bereits in Kapitel 6.5 beschrieben habe, erhielt ich im Rahmen meiner früheren Führungsrolle regelmäßig ausführliches Aufwärtsfeedback. Ein Punkt, der in diesen Gesprächen immer wieder moniert wurde (auch wenn ich mich diesbezüglich kontinuierlich verbessern konnte), war das Thema der Wertschätzung: Meine Mitarbeiter wollten gerne mehr und *vor allem punktgenauer gelobt* werden. Wie immer lagen sie damit richtig, auch wenn mich das Feedback durchaus betroffen machte, denn mein Anspruch an mich selbst war natürlich ein anderer.
Als Reaktion darauf führte ich damals mit jedem Mitarbeiter zunächst ein Einzelgespräch. Ausgangspunkt war die merkwürdige, aber wichtige Frage:

Wie müsste ich dich denn loben, damit dieses Lob auch bei dir ankommt? Wir haben alle die natürliche Neigung, von unseren eigenen Bedürfnissen auf die Wünsche anderer Menschen zu schließen – das ist nicht immer hilfreich. Führungskräfte müssen nach und nach lernen, welche Art von Wertschätzung überhaupt bei den verschiedenen Mitarbeitern ankommt. Die junge Kollegin freut sich vielleicht über ein kurzes, aber regelmäßiges »Daumen hoch« auf WhatsApp, während der altgediente Kollege eventuell möchte, dass sein Beitrag nur ab und zu, aber dafür im Beisein der Kollegen hervorgehoben wird.
Abgesehen von der individuellen Betrachtung beschloss ich damals, mir ein wenig Unterstützung zu holen. Im Internet bestellte ich Lobkarten, auf denen vorne Wörter wie »Perfekt« oder »Hervorragend« stehen. Ergänzend trägt man händisch ein, wem man diese Karte überreicht. Auf der Rückseite vermerkt man zusätzlich mit Datum, für welchen Beitrag die Karte genau vergeben wurde. Ich gestehe, dass es ein paar Wochen benötige, bis ich mich traute, die ersten Karten zu überreichen. Es hätte durchaus im Bereich des Möglichen gelegen, dass mein Team diese Maßnahme albern gefunden hätte. Die Reaktionen waren aber durchaus ermutigend: Über die Zeit entwickelten sich *die Karten*, wenn auch immer mit einem Augenzwinkern, *zu einer Art Währung*. Einige Mitarbeiter klebten die Kärtchen an ihre Bürowand oder den Bildschirm. Bisweilen wurde auch eine Karte – wiederum mit Augenzwinkern – eingefordert, wenn ich eine gute Leistung noch nicht ausreichend gewürdigt hatte.
Mir ist klar, dass diese Karten nur eine Krücke waren, aber sie lagen auf meinem Schreibtisch immer in meinem Blickfeld und erinnerten mich regelmäßig an meinen verdammten Job (siehe dazu auch den Part über Nudging in Kapitel 10.3). Als ich Bertelsmann verließ, übergab ich die restlichen Karten an mein Team und bat die Menschen, sich fortan *gegenseitig* für gute Leistungen zu loben.

Wichtig

Jede Führungskraft sollte gemeinsam mit dem Team einen lokalen Dialekt für Wertschätzung entwickeln.

Arschlöcher raus!

Eine wichtige Vorbedingung für Wertschätzung ist Respekt. Dieser Aspekt des organisationalen Zusammenlebens ist bereits in Kapitel 3.1 zur Sprache gekommen, ebenso im Interview mit Niels Van Quaquebeke in Kapitel 6.4. Ich möchte mich daher an dieser Stelle in erster Linie darauf beschränken, eines der Gegenteile von Respekt am Arbeitsplatz in seinen Auswirkungen zu beschreiben. Konkret soll es um das gehen, was die Forscherin Christine Porath (2016) Workplace Incivility nennt, sinngemäß:

rüdes Verhalten am Arbeitsplatz.[99] Zuvor folgen allerdings noch einige ergänzende Worte zum Thema Respekt.

Rogers und Ashforth (2017) kommen auf Basis ihrer Forschung zu dem Ergebnis, dass es in Organisationen zwei essenzielle Arten von Respekt gibt. Die erste Variante nennen sie »owed respect«, sinngemäß: geschuldeten Respekt. Die zweite Kategorie nennen sie »earned respect«, sprich: verdienten Respekt.

- *Geschuldeter Respekt* bezeichnet etwas, das nah am Konzept der Würde gelagert ist. Menschen, die Teil einer Organisation sind, haben ein Grundrecht, von allen anderen Mitgliedern der Organisation mit Anstand und auf Augenhöhe behandelt zu werden, einfach, weil sie Menschen und Teil der gleichen Organisation sind. Im Kern geht es hier also auch um Inklusion und Zugehörigkeit.
- *Verdienter Respekt* hingegen wird in erster Linie solchen Mitarbeitern gezollt, die sich – wie es der Name bereits andeutet – um eine Organisation besonders verdient gemacht haben, die also einen außergewöhnlich hohen Beitrag zum Erfolg des Gesamtsystems leisten oder sich anderweitig verdient gemacht haben.

Im Sinne einer gesunden und leistungsförderlichen Unternehmenskultur ist es ratsam, dass Führungskräfte das Vorkommen beider Formen des Respekts sorgsam ausbalancieren. Während es ohne ein gesundes Maß an geschuldetem Respekt kein Miteinander geben kann, führt die Überbetonung dieser Form des Respekts gegenüber der verdienten Variante langfristig möglicherweise zu einer gewissen organisationalen Trägheit. Die Überbetonung der verdienten Variante hingegen führt auf Dauer zu einer zerstörerischen Kultur der Konkurrenz, in der einzelne Mitarbeiter verlernen, den Beitrag der Kollegen zu schätzen und möglicherweise sogar dazu neigen werden, sich regelmäßig mit fremden Federn zu schmücken (Rogers, 2018).

EIGENE ERFAHRUNG

Neulich war ich zum ersten Mal nach langer Zeit wieder mit meiner Frau in einer öffentlichen Sauna. Was mich einmal mehr fasziniert hat, ist die Tatsache, dass der Saunameister nach erfolgreich bewältigter Arbeit (Aufgießen und Wedeln) heftigst beklatscht wurde – was mich im Anschluss auf Twitter (heute: X) zu folgendem Kommentar bewog: »Sauna, die: Ort, wo ein Mensch Applaus bekommt, weil er einen Eimer Wasser umkippt.« Ich finde den Kommentar mit ein wenig Abstand immer noch einigermaßen amüsant, bin aber auch ins Grübeln gekommen. Warum machen wir das nicht viel

99 Es gibt nur wenige Momente, in denen Mitarbeiter es tolerieren, mit brillanten, aber menschlich unangenehmen Personen zu arbeiten. Belmi und Pfeffer (2018) können experimentell nachweisen, dass Menschen weniger wert auf einen »zivilisierten Umgang« legen, wenn ein Mensch als fachlich hochkompetent angesehen wird – und gleichzeitig die eigene Entlohnung stark an die Leistung des entsprechenden Kollegen gekoppelt ist. Andererseits gilt: Hochkompetente und freundliche Kollegen sind uns naturgemäß noch deutlich lieber.

häufiger – unsere *Wertschätzung* oder wenigstens unseren Respekt ausdrücken, weil ganz normale Menschen ihren ganz normalen Job gemacht haben? Ich vermute, die meisten von uns sind in puncto Primär- und Sekundärsozialisation in einer Kultur frei nach dem Motto »nicht geschimpft ist Lob genug« aufgewachsen. Das muss man erst einmal wieder aus dem System bekommen.
Wir sind es gewohnt, Applaus zu spenden für künstlerische oder sportliche Leistungen, nicht jedoch für alltägliche Arbeiten. Interessanterweise müssen die Leistungen dafür gar nicht außergewöhnlich sein. Der Torjubel bei der örtlichen Bezirksliga-Mannschaft fällt kaum weniger frenetisch aus, als wenn Ronaldo in der Champions League eine Bude macht. Der einzige mir bekannte Ort, an dem manchmal Beifall für einen mehr oder weniger normalen Arbeitsvorgang gespendet wird, ist die Landung eines Flugzeugs. Wir kommen nicht auf die Idee, dem Busfahrer Applaus zu spenden, der uns sicher von A nach B gebracht hat, obwohl die meisten von uns nicht in der Lage wären, einen Bus unfallfrei durch den Berufsverkehr zu steuern. Noch weniger würde uns das Klatschen bei der freundlichen Bäckereifachverkäuferin einfallen, die uns schnell und professionell bedient hat. Gut, wir wollen es nicht übertreiben. Und trotzdem: Irgendwie schade, oder?

Man könnte argumentieren, dass Arschlöcher[100] sich (auch) dadurch auszeichnen, dass sie nicht gewillt sind, Mitarbeitern und Kollegen den geschuldeten Respekt zu zollen, den diese verdient haben – einfach, weil sie *da* sind. Während Aaron James (2014), wie in Kapitel 3 beschrieben, davon ausgeht, dass sich diese Kategorie von Menschen vor allem durch überzogenes Anspruchsdenken auszeichnet, ist Robert Sutton (2007a) der Ansicht, dass ihre hervorstechendste Eigenschaft darin liegt, andere *regelmäßig herabzuwürdigen und ihnen dadurch ihre Energie zu rauben* (mehr dazu in Kapitel 7.3). Genau darin liegt die große Gefahr für Unternehmen, insbesondere wenn es Menschen mit den beschriebenen Verhaltenstendenzen schaffen, in höhere Führungspositionen zu gelangen (Schyns & Schilling, 2013). Ethisches Verhalten in Unternehmen ist ansteckend (Mayer et al., 2009), unzivilisiertes Verhalten leider ebenso (Foulk et al., 2016).

---

100 Es geht mir um Personen, die von den meisten Menschen und über viele Situationen hinweg als »Pain in the Ass« wahrgenommen werden. Jene Personen, die – aus welchem Grund auch immer – nur sehr leise »Hier!« gerufen haben, als der liebe Gott soziale Kompetenz über uns ausgeschüttet hat, sind nicht gemeint. Ihre sozialen Antennen sind nicht gut ausgeprägt, sie meinen es aber meist nicht böse. Nennen wir sie unabsichtliche Arschlöcher. Hiervon abzugrenzen sind die absichtlichen Arschlöcher. Diese Personen haben meist früh in ihrer Karriere verinnerlicht, dass sie mit einem gerüttelt' Maß an Arschigkeit schneller vorankommen – übrigens auch, weil nur wenige Menschen bereit sind, in den Konflikt zu gehen und sie in ihre Schranken zu weisen.

Achtung

Herkömmliche Glühbirnen setzen nur etwa fünf Prozent der eingesetzten Energie in Licht um. Der Rest wird vergeudet. In vielen Unternehmen geschieht Ähnliches mit der menschlichen Energie.

Wenn die Führung in Organisationen nicht ihr rotes Cape überstreift und unzivilisiertes Verhalten frühzeitig und rigoros unterbindet, dann zahlt das Gesamtsystem einen hohen Preis. Pearson und Porath (2005) schildern, dass Mitarbeiter, die Opfer von entsprechenden Handlungen werden, ihren Arbeitseinsatz reduzieren, worauf die Produktivität einbricht. Langfristig leiden Arbeitszufriedenheit und Loyalität. Darüber hinaus schwindet nach und nach die Bereitschaft, anderen Menschen zu helfen (Porath & Erez, 2007). Im Übrigen müssen Mitarbeiter nicht zwingend Opfer solchen Verhaltens gewesen sein, um die zuvor geschilderten Effekte zu zeitigen. Es reicht mitunter schon, wenn sie im Kollegenkreis Zeuge entsprechender Vorkommnisse werden (Schilpzand et al., 2016). Porath und Pearson (2010) kommen diesbezüglich zu dem Fazit, dass schon ein einziger Mitarbeiter mit geringschätzenden Tendenzen ein Unternehmen Abermillionen kosten kann, wenn er nur hoch genug in der Hierarchie steht. In diesem Sinne sollte auch klar werden, wie ich zu der recht strengen Überschrift dieses Abschnitts gekommen bin.

Wer noch Anregungen für einen respektvolleren und wertschätzenden Umgang mit Mitarbeitern und Kollegen benötigt, dem sei das folgende Werkzeug empfohlen.

WERKZEUG: AKTIV-KONSTRUKTIVES REAGIEREN

Wir alle kennen – und wenn nur aus Filmen oder Serien – die Frage: Wirst du für mich da sein, wenn es schlecht läuft? Shelly Gable von der University of California in Santa Barbara ist davon überzeigt, dass die gegenteilige Frage mindestens ebenso wichtig für das Gelingen von zwischenmenschlichen Beziehungen ist: Wirst du für mich da sein, wenn es gut läuft? Ihr geht es demnach um die Frage, wie wir reagieren, wenn Menschen etwas Positives mit uns teilen wollen, beispielsweise die Nachricht über den erfolgreichen Abschluss eines Projektes oder einen gewonnenen Kunden. Gable nennt vier mögliche Reaktionsmuster in solchen Situationen:

- aktiv-destruktiv,
- passiv-destruktiv,
- passiv-konstruktiv,
- aktiv-konstruktiv.

Im erstgenannten Fall reagieren Menschen mit der Ab- bzw. Entwertung der betreffenden Information bzw. des Gesprächspartners. Dies kommt in Reinform recht selten vor, es beschreibt im Grund »fortgeschritten arschiges« Verhalten. Deutlich häufiger finden sich das zweite und das dritte Muster. Eine passiv-destruktive Reaktion kennzeichnet sich dadurch, dass man die dargebotene Information mehr oder weniger ignoriert und das Gespräch auf ein anderes Thema umlenkt – meist auf ein eigenes Erfolgserlebnis (Konversations-Kidnapping). Im dritten Fall nimmt man die positive Information zwar wohlwollend kurz zur Kenntnis, lässt die darin enthaltene Energie aber ins Leere laufen. Es handelt sich um das verbale Äquivalent eines »Daumen hoch« auf Facebook. Bei Licht betrachtet ist dies eine häufige Reaktion von Führungskräften – und auch von Eltern. Wir wollen das Positive registrieren, *nehmen uns dann aber nicht genug Zeit*. Die Aufmerksamkeit geht schnell wieder dorthin, wo sie vermeintlich dringender gebraucht wird.

Aktiv-konstruktives Reagieren beschreibt einen vierten und positiveren Weg: Hier belassen wir bewusst das Scheinwerferlicht auf unserem Gesprächspartner und geben ihm die Gelegenheit, ganz bei der positiven Energie des Erlebnisses zu verbleiben (Gable et al., 2004). Am effektivsten geht das durch offene Fragen, die dem Gegenüber Gelegenheit geben, die Erfolgsgeschichte weiterzuspinnen:

- Cool! Was war denn das Beste an X?
- Wie hast du das denn konkret hinbekommen?
- Das war sicher ein Haufen Arbeit, oder? Erzähl mal!

Derart gibt man Menschen die Möglichkeit, sich im Lichte des eigenen Erfolgs zu sonnen. Zudem besteht die Möglichkeit, dass sie dabei etwas über sich selbst lernen, ein tieferes Verständnis um die eigenen Stärken entwickeln, oder auch eine replizierbare Erfolgsstrategie generieren.

Für mich ist das aktiv-konstruktive Reagieren auch ein wichtiger Teil des Umgangs mit meinen Kindern geworden, als sie noch im Kindergarten waren. Wenn man sie nachmittags fragte, wie ihr Tag war, antworteten sie meist – viele Eltern kennen das Phänomen – einsilbig mit »Gut!«. Ich habe mir angewöhnt, an dieser Stelle noch einmal nachzufragen, was das Beste am Tag war – oder was ihnen am meisten Spaß gemacht hat. Meist dachten sie dann ein, zwei Sekunden nach und berichteten im Anschluss von harten Gefechten auf dem Fußballplatz, neuen Herausforderungen in der Welt der Puzzles oder Geschwindigkeitsrekorden beim Fangenspielen – mit einem Leuchten in den Augen.

Im kommenden Abschnitt widmen wir uns einer weiteren kritischen Dimension von gelingenden Beziehungen: dem Vertrauen.

7.2 Vertrauen

Beginnen möchte ich dieses Teilkapitel mit zwei Begebenheiten aus meiner Vergangenheit, die mich auf unterschiedliche Weise sehr viel über die Natur des Vertrauens gelehrt haben.

EIGENE ERFAHRUNG

In meinen frühen Zwanzigern habe ich rund zwei Jahre in einem traditionsreichen, aber mittlerweile geschlossenen Studentenclub in Münster als Türsteher gearbeitet. Bei Licht betrachtet habe ich in diesen Nächten mehr über Psychologie gelernt als in fünf Jahren Studium – zumindest, was die Praxis betrifft.[101] Noch heute würde ich einem Teil der Menschen, mit denen ich damals zusammengearbeitet habe, blind vertrauen, obwohl ich sie seit 20 Jahren nicht mehr gesehen habe. Dies ist die nachhaltige Wirkung der Tatsache, dass man auf mehr als eine Weise bei vielen Gelegenheiten den eigenen Kopf für den anderen Menschen hingehalten hat. Dieses Füreinander-Einstehen, Den-Rücken-Freihalten, Im-Notfall-auch-Beschützen ist für mich ein essenzieller Teil von guter Führung. In diesem Sinne hier noch ein prägendes Erlebnis aus meiner Zeit bei Bertelsmann:

Ich habe in meinen acht Jahren dort eine Menge Fehler gemacht. Es waren aber nur zwei, drei dickere Dinger dabei – und einen richtigen Bock geschossen habe ich gottseidank nur einmal, den dafür aber bereits nach wenigen Monaten an Bord. Rückblickend war alles ein Sturm im Wasserglas, aber aus der Binnenperspektive einer Verwaltungseinheit eines Großkonzerns schon ein kapitales Ding. Im Frühsommer 2011 hat sich Bertelsmann ein neues Corporate Design gegeben, neues Logo, neue Farben, neue Sprache – das ganze Paket. Bei so einem Dickschiff stecken da bei Licht betrachtet mehrere Jahre an Vorbereitung drin.

Nun begab es sich, dass ich damals für das erste große externe Event verantwortlich war, das nach dem Launch des neuen Designs stattfinden sollte: eine aufwendige Employer-Branding- und Recruiting-Veranstaltung mit mehreren hundert internen Gästen inklusive des Vorstands und rund 60 Studenten – plus Pressevertreter. Im Rahmen der mehrmonatigen Vorbereitungen mussten wir entsprechend viele Materialien bereits im neuen Design erstellen, ohne dass etwas nach außen dringen durfte. Für den Recruiting-Part des Events wird traditionell ein Profilbuch erstellt, das allen Teilnehmern eine bessere Netzwerkpflege ermöglicht sowie Informationen über die teilnehmenden Studenten bereitstellt. Aus den Vorjahren kannte ich den Usus, eine Vorabversion der Broschüre als PDF an die internen Teilnehmer zu verschicken, damit diese sich im Vorfeld der Veranstaltung entsprechende Anmerkungen machen können.

Und so kam es, dass ich eine Woche vor unserem Event – nach einem langen Tag gegen 20:00 Uhr abends, in einem kurzen Moment geistiger Umnachtung – das Profilbuch im neuen Corporate Design an etwa 200 zum Teil hochrangige Kollegen im gesamten Konzern verschickte, obwohl die

101 Noch konkreter: Das, was sich viele Laien fälschlicherweise unter angewandter Psychologie vorstellen; sinngemäß: Menschen schnell und ohne Hilfsmittel durchschauen und einschätzen können.

offizielle Veröffentlichung erst einige Tage später anstand. Es dauerte nur wenige Minuten, bis ich eine wütende Mail vom verantwortlichen Kollegen im Postkasten hatte, der zu Recht das Werk vieler tausend Arbeitsstunden beschädigt sah. Wenig später informierte er den Vorstandsvorsitzenden per Mail über den Vorgang, mein Chef auf Cc. Ich versuchte derweil niedergeschlagen, die Mails an die gesammelte Kollegenschaft zurückzurufen, was wie immer mehr schlecht als recht funktionierte. Vor meinem geistigen Auge sah ich mich, gerade ein paar Wochen aus der Probezeit raus, schon *meine Papiere holen*. Aber es kam ganz anders.

Ich schrieb eine Mail an meinen Chef, in der ich ihn über den Fehler informierte und blieb im Büro, um Schadensbegrenzung zu betreiben. Es vergingen quälende 90 Minuten, bis er mir nach 22:00 Uhr eine SMS schrieb. Sie lautete: »Geh nach Hause, schlaf dich aus. Wenn da eine Kugel kommt: Die nehme ich.« Am nächsten Morgen schrieb er eine Mail an den zuständigen Kollegen, auf Cc dessen Hauptabteilungsleiter wie auch den Vorstandsvorsitzenden. Er bat um Entschuldigung, nahm alles auf seine Kappe, obwohl er in den entsprechenden Prozess, der zu meinem Fehler führte, nicht einmal im Entferntesten eingeweiht war. Damit war die Sache, bis auf ein, zwei unangenehme Besprechungen, erledigt.

Nun muss man die Wortwahl meines Chefs nicht unbedingt goutieren – aber die Art und Weise, wie er sich in diesem kritischen Moment schützend vor mich gestellt hat, erfüllt mich noch heute mit Hochachtung und Dankbarkeit. Er hat meiner Person gegenüber große *Loyalität* demonstriert, obwohl ich zu diesem Zeitpunkt noch nicht unter Beweis *gestellt hatte*, dass ich dieser würdig bin. Mein Chef hat *mit dem guten Auge hingeschaut*, ist in Vorleistung gegangen, hat trotz gegenteiliger Signale in meine, oder besser: unsere gemeinsame Zukunft investiert.

Diese Begebenheit, zusammen mit vielen kleineren, weniger dramatischen Episoden, bildete die Basis für ein auf Gegenseitigkeit beruhendes Vertrauensverhältnis, das uns acht Jahre lang wunderbar getragen hat. Das heißt nicht, dass ich immer mit allen Entscheidungen meines Chefs einverstanden war – und er auch nicht mit meinen. Das liegt in der Natur der Sache. Aber diesen unbedingten Vertrauensbeweis, den er mir früh entgegengebracht hatte, habe ich immer im Hinterkopf und im Herzen mit mir getragen, während ich in der Weltgeschichte herumgedüst bin. Wir hatten beide Jobs mit extrem hohem Reiseaufwand, konnten uns zum Teil Monate am Stück nicht persönlich sehen. Vertrauen braucht jedoch nicht zwingend physische Nähe. Sie benötigt *psychologische Nähe* – und die Gewissheit, dass man füreinander einsteht, wenn »die Scheiße in den Ventilator geflogen ist«, wie es Amerikaner bildgewaltig ausdrücken.

Wenn Menschen erfolgreich miteinander arbeiten wollen, kommen sie nicht umhin, sich zu vertrauen. Vertrauen überbrückt den Abgrund der Unsicherheit, der jeder Form von Beziehung bis zu einem gewissen Grad innewohnt (Mayer et al., 1995). Natürlich kann man sich auch bemühen, jedwede Form von geschäftlicher Transaktion vertraglich zu regulieren, jedes Risiko eliminieren, sei es zwischen der Organisation und den Mitarbeitern oder den Mitarbeitern untereinander, aber dies zieht unweigerlich hohe (Transaktions-)Kosten und Schwerfälligkeit nach sich. Dies kann nicht der Weg einer effektiven Organisation sein. In diesem Sinne spricht Stephen M. R. Covey[102] in seinem wunderbaren Buch The Speed of Trust[103] davon, dass Vertrauen der ultimative Transaktionskosten-Killer und Prozess-Beschleuniger ist (Covey & Merrill, 2006).

Vertrauen ist allerdings ein vielschichtiges Phänomen. Es lassen sich mindestens die folgenden drei Dimensionen unterscheiden (Colquitt et al., 2007):

- *Vertrauenswürdigkeit*: Wir unterscheiden einerseits zwischen Menschen und Institutionen, die wir nicht kennen und solchen, die wir als vertrauenswürdig bzw. nicht vertrauenswürdig erachten, vorranging basierend auf Erfahrungen aus der Vergangenheit.
- Des Weiteren zeigen Menschen, basierend auf ihrer Persönlichkeit sowie ihren Vorerfahrungen, eine unterschiedliche Neigung, anderen zu vertrauen. Wir verfügen in einem unterschiedlichen Maß über *Vertrauensfreudigkeit bzw. -fähigkeit*.
- Davon abzugrenzen ist der eigentliche Vertrauensprozess bzw. die Wahrnehmung von Vertrauen, das auf positiven Erwartungen basierende Akzeptieren von *Unsicherheit bzw. Verwundbarkeit* im Kontakt mit anderen Menschen oder Institutionen.

Schließlich ist noch zu unterscheiden, auf wen sich das Vertrauen in Organisationen bezieht. Neben dem Vertrauen in Kollegen kommt hier insbesondere dem Vertrauen in den direkten Vorgesetzten eine hohe Bedeutung zu. Dieses ist für das Wohlbefinden und die Performance des Einzelnen wichtiger, als das Vertrauen in die Organisation an sich bzw. das entsprechende Top-Management. Mitunter ist es so, dass das Vertrauen in die Organisation in besonderer Weise über das Vertrauen in die direkte Führungskraft vermittelt wird – sprich: ob wir unserem Arbeitgeber vertrauen, hängt im Wesentlichen davon ab, wie es um die Beziehung zu unserem Vorgesetzten bestellt ist (Dirks & Ferrin, 2002).

In diesem Sinne stellt sich die Frage, was Führungskräfte und andere Schlüsselfiguren in Organisationen tun können, um ihre Vertrauenswürdigkeit zu erhöhen. In dem zuvor genannten Buch von Covey und Merrill (2006) wird ein aufschlussreiches

102 Sohn von Stephen R. Covey, bekannt durch den Weltbestseller Die 7 Wege zur Effektivität.

103 Name der deutschen Ausgabe: Schnelligkeit durch Vertrauen.

Organigramm des Vertrauens präsentiert. Auf der einen Seite steht der Charakter einer Person, auf der anderen ihre Kompetenz.

- Der Charakter unterteilt sich weiterhin in die Dimensionen *Intention* (Wohlwollen, Transparenz und Offenheit) sowie *Integrität* (Ehrlichkeit, Fairness, Authentizität).
- Die Kompetenz lässt sich herunterdeklinieren in *Fähigkeit* (Fertigkeiten, Wissen, Erfahrung) sowie *Resultate* (Reputation, Glaubwürdigkeit, Performance).

Das Buch bietet eine Fülle von Anregungen, um an den einzelnen Aspekten der eigenen Vertrauenswürdigkeit gezielt zu arbeiten – ich kann es sehr empfehlen. Letztlich besteht das eigentliche Wunder des Vertrauens meines Erachtens jedoch darin, dass wir als Menschen in der Lage sind, anderen zu vertrauen, *obwohl* diese sich noch gar nicht als vertrauenswürdig erwiesen haben – so, wie in der eingangs berichteten Geschichte über die metaphorische Kugel, die mein Chef für mich abgefangen hätte. Wie fast immer kommt es auf unsere Erwartungshaltung an – getreu dem Aphorismus: Wir sehen die Menschen nicht, wie sie sind. Wir sehen sie, wie *wir* sind.

7.3 Die Kraft des Kontakts: Relationale Energie

Auf Websites von Unternehmen finden sich häufig Sätze wie der folgende: Unsere Mitarbeiter sind unser höchstes Gut. Eine solche Aussage ist in den meisten Fällen gut gemeint. Sie soll zeigen, dass den Inhabern oder der Geschäftsführung der Organisation das Wohl der Mitarbeiter am Herzen liegt – und dass »der Mensch den Unterschied macht«. Ich bin nicht so zynisch anzunehmen, dass dies immer eine inhaltleere Floskel ist. Ich kenne genug Unternehmen, denen ihre Mitarbeiter tatsächlich nah am Herzen liegen. Ich bin allerdings auch nicht so naiv anzunehmen, dass solche Aussagen überall gleichermaßen mit Leben gefüllt werden. Der springende Punkt ist allerdings sowieso ein anderer: Am Ende des Tages sind solche Sätze organisationspsychologisch betrachtet recht belanglos. Eine Organisation kann außergewöhnlich talentierte Menschen an Bord haben, doch wenn diese nicht auch außergewöhnlich gut zusammenarbeiten, bleibt die organisationale Effektivität letztlich hinter den Möglichkeiten zurück. Ein intelligenterer Satz lautete folglich: *Die Beziehungen zwischen unseren Mitarbeitern sind unser höchstes Gut.*

Treten wir einen Moment zurück und fragen uns, was das überhaupt ist – ein Unternehmen? Je nachdem, wen man fragt, wird man verschiedene Antworten erhalten. Ein CFO wird wahrscheinlich über Finanzströme sprechen, der Logistikchef über Warenflüsse und die Marketingleitung über das Image des Unternehmens in den Köpfen verschiedener Zielgruppen. Eine Organisation ist jedoch (auch) ein unendlicher Strom von *Mikro-Momenten,* von kurzen oder längeren Interaktionen zwischen Menschen, Begegnungen zwischen Kollegen, aber auch zwischen Mitarbeitenden und Kunden des Unternehmens sowie sonstigen Stakeholdern. Jede dieser Begegnungen ist eine

Gelegenheit, den energetischen Zustand der Organisation zu verändern. Welche Form von Energie ist hier gemeint?

Wir alle kennen das Gefühl, wenn wir vor Hunger kaum noch denken können. Führen wir uns dann Energie in Form von Kohlenhydraten zu, ist das Problem innerhalb einer halben Stunde im wahrsten Sinne des Wortes gegessen. Gleichermaßen kennt jeder von uns den Zustand totaler Ermüdung, der sich durch ein, zwei Nächte ungestörten Schlafs in Wohlgefallen auflöst. Relationale Energie ist eine weitere Form von Energie, die jeder von uns kennt. Sie ist ätherischer als die Energie in einer Portion Currywurst, aber trotzdem spürbar. Sie bezeichnet jene Form von *motivationaler Kraft, die durch zwischenmenschlichen Kontakt generiert,* aber auch vernichtet werden kann (Baker, 2019).

Versetzen Sie sich bitte gedanklich in folgende Situation: Sie haben den ganzen Nachmittag über einem Problem gebrütet, durch dessen Lösung Sie einem wichtigen Kunden weiterhelfen möchten. Leider hat Sie keine Muse geküsst. Hungrig und etwas angefressen bereiten Sie sich auf den Heimweg vor. Gerade, als Sie den Laptop runterfahren, öffnet ein Kollege mit strahlendem Gesicht die Bürotür und sagt: »Ich weiß, wie wir deinem Kunden helfen können.« »Erzähl mir mehr!«, hören Sie sich sagen. Sie verbringen noch eine halbe Stunde mit angeregter Konversation, mailen dem Kunden, dass Sie sich morgen mit guten Nachrichten melden werden und gehen schließlich beschwingt in den Feierabend. Wie Sie sehen, wurde hier Energie quasi aus dem Nichts erzeugt, aus einer positiven Begegnung zwischen Menschen (Quinn et al., 2012). Gleichzeitig wird deutlich, dass ein Teil dieser Energie den konkreten Moment überdauern wird. Beide Gesprächspartner werden etwas davon mit nach Hause zu ihren Familien nehmen, die Kollegen der Protagonisten wie auch der Kunde werden am nächsten Tag ebenso in den Genuss kommen (siehe das Prinzip der emotionalen Ansteckung in Kapitel 4.3).

EIGENE ERFAHRUNG

Im Frühjahr 2010, zu der Zeit, als ich mich um den Job bei Bertelsmann bewarb, den ich im Herbst schließlich annahm, hatte ich auch ein telefonisches Erstgespräch mit einer Personalerin eines verflucht großen amerikanischen e-Commerce-Unternehmens mit A – es ging um die Leitung der Trainingsabteilung in einem neuen Standort nahe meiner Heimat. Ich möchte vorwegschicken, dass ich dem Unternehmen als Kunde weiterhin treu bin – aber aus dem Job ist nichts geworden. Das Gespräch dauerte rund 40 Minuten und hat sich in mein Gedächtnis emotional eingebrannt wie ein Verhör. Meine Gesprächspartnerin[104] ratterte mit monotoner Stimme einen Fragenkatalog herunter, eine Frage nach der anderen. Ich antwortete entsprechend, aber meine Antworten schienen sie nicht sonderlich zu interessieren. Ich wurde

104 Auch wenn man das in der betreffenden Situation kaum Partnerschaft nennen konnte.

kaum mit Reaktionen bedacht, nicht einmal für Zuhörsignale wie »Okay« oder »Mhm« schien Raum zu sein.
Mit zunehmendem Verlauf des Gespräches fühlte ich mich immer unwohler und energieloser. Ich war heilfroh, als das Telefonat endete. Anschließend reflektierte ich kurz über diese Erfahrung und kam schnell zu einem Entschluss, den ich vorher noch nie gefasst hatte: Nur 15 Minuten nach dem Gespräch schrieb ich eine Nachricht an das Unternehmen und zog meine Bewerbung zurück. Ich sagte sinngemäß, dass ich zwar kundenseitig weiterhin Fan sei, aber auch Angst hätte, dass die zuvor gemachte Erfahrung typisch für den Umgang untereinander in dem Unternehmen sein könnte. Eine Reaktion darauf erhielt ich nie. In den Jahren danach bin ich mehrfach von Headhuntern auf Positionen in dem Unternehmen angesprochen worden. Ich lehnte immer dankend ab.

Relationale Energie messen

Das Phänomen der Übertragung von Energie zwischen Menschen zeigt sich in alltäglichen Momenten: ein Gruß auf dem Flur, der Schwatz am Kopierer, ein Morning Meeting. Spannend wird es am folgenden Punkt: Es lässt sich nachweisen, dass manche Menschen recht stabil positive Energie ins organisationale Netzwerk einspeisen, während andere Protagonisten selbigen beständig den Saft abdrehen. Nehmen Sie sich eine Minute Zeit und gehen Sie im Geiste diverse Menschen durch, mit denen Sie regelmäßig zusammenarbeiten. Stellen Sie sich zu jeder Person folgende Frage: Nach einer Interaktion mit Person X fühle ich mich typischerweise:

- im Grunde *unverändert*,
- ein Stück weit *erschöpfter*,
- ein Stück weit *energetisierter*.

Mit der Beantwortung haben Sie intuitiv erfasst, wie es um die Generierung von relationaler Energie zwischen Ihnen und den Kollegen bestellt ist.[105] Interessant wird es dort, wo man eine Reihe von Menschen innerhalb eines Netzwerkes befragt, wer ihnen regelmäßig Energie raubt bzw. spendet – und im Ergebnis mehr oder weniger alle Befragten unmittelbar mit dem Finger auf die gleichen Personen zeigen. Diese Form der intuitiven Messung kann erste Hinweise auf den energetischen Zustand verschiedener Abteilungen in einer Organisation geben. Beispielsweise können alle Personen innerhalb eines Unternehmens anonym die oben genannte Frage in Bezug auf zehn ausgewählte Kollegen beantworten. Wenn zumindest die Abteilung der eingeschätzten Personen bekannt ist, bietet dies die Möglichkeit zur Erstellung einer Heat Map der Or-

105 Wichtig: Bisweilen ist es so, dass sich zwei Personen nicht riechen können. Das ist nicht wünschenswert, aber menschlich – und hier nicht gemeint.

ganisation, sprich: einer Übersicht, auf der sich ablesen lässt, wo tendenziell Energie gespendet oder vertilgt wird.

Noch spannender wird es, wenn solche Daten über die vielen tausend Beziehungen in einem organisationalen Netzwerk erhoben und visualisiert werden, was dank entsprechender Software heute möglich ist (Cross et al., 2003). In der Forschung wurden in den vergangenen Jahren Fragebögen validiert, um den Level an relationaler Energie aus Sicht anderer Personen zu messen. Dabei kommen Aussagen wie die folgenden zum Einsatz (Owens et al., 2016):

- Ich fühle mich *lebendig*, wenn ich mit Person X interagiere.
- Ich würde die Person X aufsuchen, wenn ich *Aufmunterung* benötige.
- Nach einem Austausch mit Person X habe ich mehr *Durchhaltevermögen*.

Evaluieren alle Mitglieder der Organisation jeweils zehn Kollegen mittels eines solchen Fragebogens, so ergibt sich eine detaillierte Karte des energetischen Zustands der betreffenden Entität. In Deutschland wäre dieses Vorgehen nach meinem Dafürhalten mitbestimmungspflichtig und würde sicherlich auch kritisch betrachtet werden. Andererseits denke ich, dass Betriebsräte ein veritables Interesse daran haben (sollten), jene Menschen zu identifizieren, die dem organisationalen Netzwerk regelmäßig Energie entziehen.

Der springende Punkt: Studien zeigen, dass der Level an relationaler Energie insbesondere von Führungskräften eng mit der zukünftigen Leistung der Mitarbeitenden verknüpft ist, vermittelt über das Engagement, das diese später in ihre Aufgaben einbringen (Owens et al., 2016). Es bietet sich an dieser Stelle die Analogie eines *Akkus an*. Führungskräfte können den Akku ihrer Mitarbeitenden aufladen bzw. auch dafür Sorge tragen, dass die zugehörigen Menschen sich gegenseitig energetisieren. Genauso liegt es allerdings auch in ihrer Macht, die Akkus der Menschen um sie herum zu entleeren. Je höher die Führungskraft in der Hierarchie steht, desto größer ist auch der Bereich des organisationalen Netzwerks, der geladen bzw. entladen werden kann. Owens und Kollegen bezeichnen Führungskräfte dahingehend in dem o. g. Forschungsbeitrag auch als *Energie-Broker* innerhalb ihrer Organisation. In einem noch nicht erschienenen Beitrag in der Zeitschrift OrganisationsEntwicklung (Rose, 2019b) schildere ich im Detail, mit welchen Werkzeugen verschiedene Unternehmen den Level an relationaler Energie in ihrem Netzwerk steuern, angefangen beim Recruiting, über Selbstmanagement-Trainings, die Gestaltung der Büroräume bis hin zu spezifischen Apps und Software-Produkten.

Ich habe mit einem Experten für die oben beschriebenen energetischen Austauschprozesse in Organisationen gesprochen. Wayne Baker ist Soziologe und unterrichtet seit vielen Jahren an der Ross School of Business in Ann Arbor, Michigan.

Business ist Teamsport, doch wir werden dazu gebracht, zu konkurrieren

Interview mit Prof. Wayne Baker, Ph.D.

Professor Baker, Sie unterrichten als Soziologe an einer renommierten Business School. Eines Ihrer Forschungsinteressen ist die sogenannte generalisierte Reziprozität. Was verstehen Sie unter diesem Begriff?

Wenn Menschen den Begriff Reziprozität hören, dann denken sie zuerst an das, was wir direkte Reziprozität nennen: Ich helfe dir, du hilfst mir. Generalisierte Reziprozität spielt sich auf einer höheren Ebene ab, sie erfordert drei oder mehr Beteiligte. Sie kann in zwei Formen auftreten: zum einen »Paying it forward«. In diesem Fall ist gemeint, dass ich einer anderen Person etwas Gutes tue, weil ich dankbar bin, dass mir zuvor eine dritte Person etwas Gutes getan hat. Zum anderen »Rewarding Reputation«. Ich helfe dir und baue somit den Ruf auf, dass ich hilfsbereit bin. Das wiederum zahlt sich aus, weil andere mir in Zukunft bereitwilliger helfen. Das Ganze lässt sich empirisch gut bestätigen.[106]

Haben Sie Beispiele dafür aus dem organisationalen Leben?

Ich habe 100.000 Beispiele! So viele Menschen haben weltweit am sogenannten Reciprocity Ring teilgenommen. Als Teil dieses strukturierten Prozesses kommen Menschen in einem Raum zusammen und bitten die anderen Teilnehmer reihum um Unterstützung in Bezug auf eine Sache, bei der sie aktuell Hilfe benötigen. Durch die Natur des Prozesses verbringen sie viel Zeit damit, anderen zu helfen. In den allermeisten Fällen unterstützen sie dabei Menschen, die ihnen zuvor nicht geholfen haben, es handelt sich also um generalisierte Reziprozität.

Kürzlich haben wir ein Unternehmen namens Give and Take gegründet, das eine digitale Plattform entwickelt, die auf dem Prinzip des Reciprocity Ring beruht. Wir nennen sie Givitas. Hier ist ein Beispiel von Menschen, die Givitas nutzen: Der Personalchef eines IT-Unternehmens im Pharma-Umfeld war auf der Suche nach einem Excel-Template zur Erstellung von Gehaltsbändern in einer Engineering-Abteilung. Jemand antwortete und schickte der Person genau das, was sie brauchte. Dann meldeten sich zwei weitere Personen, die das gleiche suchten – und er leitete die Anwendung weiter. Keiner dieser Menschen kannte einen der anderen. Solche Dynamiken sehen wir regelmäßig auf der Plattform, u. a. ist daraus auch schon die Finanzierung für ein Start-up entstanden.

106 Siehe Baker und Bulkley (2014).

Was sind die wichtigsten Stolperfallen für generalisierte Reziprozität im Hinblick auf die Strukturen und die Kultur innerhalb von Unternehmen?

Das Business ist ein Teamsport, aber in der Regel werden die Spieler dazu gebracht, miteinander zu konkurrieren. Eine wichtige Stolperfalle ist ein Incentive-System, dass ausschließlich individuelle Leistung honoriert. Silo-Denken ist ebenso schädlich. Ein Mangel an Psychologischer Sicherheit[107] führt auch dazu, dass Menschen weniger kooperieren.

Können Sie bitte einige der Dinge schildern, die Führungskräfte oder HR-Abteilungen tun können, um eine Haltung der generalisierten Reziprozität im Unternehmen zu etablieren?

Dies ist Thema meines Buches, das 2020 erschienen ist – es gibt so vieles, das getan werden kann. Am wichtigsten ist, dass die Führungskräfte das Verhalten vorleben: Sie sollten regelmäßig aktiv um Unterstützung bitten[108] und anderen großzügig helfen. Positive Praktiken wie kurze tägliche Steh-Meetings kreieren organisationale Routine rund um generalisierte Reziprozität. Während solcher Meetings sagt jeder kurz, woran er gestern gearbeitet hat, womit er sich heute beschäftigt – und wo sie dabei Unterstützung benötigen. Und natürlich können Unternehmen auch regelmäßig einen Reciprocity Ring außer der Reihe veranstalten.

Haben Sie Daten zum Zusammenhang zwischen dem Vorkommen von generalisierter Reziprozität und der Performance von Unternehmen?

Die haben wir in der Tat! Wir können den Return on Investment eines Reciprocity Rings ausrechnen. Das Investment ist gering, denn die Menschen geben nur etwas von ihrer Zeit und öffnen ihr Netzwerk. Für eine typische Gruppe mit 24 Teilnehmern in einem Unternehmen finden wir monetäre Vorteile zwischen 150.000 und 300.000 Dollar. Das können z. B. Kosteneinsparungen sein, genauso gut aber auch Neuumsatz. Die Menschen erleben zudem eine enorme Einsparung an Arbeitsstunden. Weil die Teilnehmer Informationen frei Haus geliefert bekommen, die sie folglich nicht mehr suchen müssen, ergibt sich über eine Gruppe wie oben beschrieben eine Zeitersparnis von bis zu 1.600 Stunden. Für die Givitas-Plattform finden wir noch deutlich höhere Werte, weil die Gruppen so viel größer sein können.

107 Siehe u. a. Kapitel 9.4.

108 Hiermit ist nicht das indirekte Verteilen von Arbeitsaufträgen gemeint. Es geht darum, dass Führungskräfte tatsächlich demonstrieren, dass sie nicht alles wissen, alles können – und dementsprechend auf Unterstützung angewiesen sind.

Wayne E. Baker, Ph.D., ist Robert P. Thome Professor Emeritus of Business Administration an der Ross School of Business (University of Michigan) und Faculty Co-Director am Center for Positive Organizations. Er ist einer der profiliertesten Experten weltweit rund um organisationale Netzwerke und das Management von organisationaler Energie. Sein Buch All You Have to Do is Ask erschien 2020. Kontakt: waynebaker.org

WERKZEUG: RECIPROCITY RING

Der zuvor von Wayne Baker erwähnte Reciprocity Ring ist eine Gruppenintervention, die dazu dient, ein organisationales Netzwerk mit Ressourcen anzureichern. Es geht um ein moderiertes Meeting, für das eine Gruppe von Menschen unter folgender Prämisse zusammenkommt: Alle Anwesenden müssen reihum einen Wunsch äußern. Es könnte z. B. darum gehen, den schwer beschaffbaren Kontakt zu einem potenziellen Kunden herzustellen. Die weiteren Teilnehmenden sind angehalten, intensiv zu überlegen, wie sie behilflich sein können. Wer eine Idee hat, wie er der fragenden Person behilflich sein kann, skizziert seinen Vorschlag kurz vor der Gruppe und vermerkt diesen auf einer Karteikarte mit dem Namen der Person, der geholfen werden soll – und einer Kontaktmöglichkeit. Alle Ideen werden an einer Pinnwand gesammelt. Jede Person nimmt zum Schluss ihre zugehörigen Karten und ist für die aktive Nachverfolgung selbst verantwortlich.
Ziel ist es, dass jede Person mit mindestens drei Ansätzen zur Unterstützung des eigenen Anliegens aus dem Meeting geht. Es geht folglich um die Erweiterung der Ressourcen im Netzwerk. Auf der Metaebene stärkt dieser Ansatz darüber hinaus wichtige kulturelle Vorannahmen in der Organisation, z. B.: Es ist hier OK, um Unterstützung zu bitten. Und: Meine Kollegen sind bereit, anderen freimütig zu helfen.

Relationale Energie und das Homeoffice

Während ich an der zweiten Auflage von Arbeit besser machen arbeite, ist die Coronapandemie im Grunde bereits Geschichte. Die Fallzahlen steigen saisonbedingt derzeit ein wenig, aber das Ganze hat doch weitestgehend seinen Schrecken verloren. Trotzdem sind mir viele Eindrücke aus dieser besonderen Zeit noch präsent. Während der heißen Phase der Pandemie war ich noch Professor an der ISM Dortmund. Als private Hochschule waren wir 2020 in der Lage, in kurzer Zeit auf die besonderen Anforderungen zu reagieren. Innerhalb von kaum mehr als zwei Wochen wurden alle Lehrkräfte in den wichtigsten Funktionen der Software Zoom geschult, hinzu kamen verschiedene Seminare über Online-Didaktik. In Windeseile war die gesamte Hochschule auf Online-Unterricht umgestellt, inklusive vieler Prüfungsleistungen – und das Semester konnte pünktlich und vollständig abgeschlossen werden. Für sich genommen ist das zunächst eine großartige Leistung, genauso, wie sie viele andere Organisationen weltweit erbracht haben. Das Gros der Unternehmen ist eben nicht untergegangen, sondern hat sich erfolgreich angepasst. Das war nicht immer leicht und nicht immer angenehm, aber es hat größtenteils funktioniert.

Naturgemäß sind mir auch noch einige der Nebenwirkungen dieser raschen Umstellung präsent. Wir durften die Studierenden beispielweise aus Datenschutzgründen nur einladen, ihre Kameras anzuschalten, ihnen das aber nicht vorschreiben. Dies führte dazu, dass ich im Homeoffice bisweilen ganze Tage auf schwarze Kästchen auf meinem Bildschirm einreden musste – kein besonders vergnügliches Unterfangen. Studien legen dementsprechend nah, dass Gefühle wie Einsamkeit und Isolation in dieser besonderen Zeit weltweit zugenommen haben (Ernst et al., 2022).

Gleichzeitig haben viele Arbeitnehmer, aber natürlich auch die Arbeitgeber, durchaus auch die Vorteile dieser Form der Zusammenarbeit erkannt. Dort, wo es möglich ist, genießen viele Menschen die *Freiheiten und Zeitersparnis*, die Arbeiten von zuhause mit sich bringt. Und die Unternehmen profitieren unter anderem von *geringeren Kosten*, weil sie z.B. weniger Büroflächen anmieten müssen. Doch auch diese Vorteile bringen naturgemäß neue Herausforderungen mit sich, vor allem im Bereich der Koordination von Arbeitsleistung(en). Dabei sind wir als Arbeitsgesellschaft Lichtjahre davon entfernt, so etwas wie eine »beste Lösung« zu kennen. Das erkennt man an der großen Varianz der Regelungen:

Manche Unternehmen haben nach dem Ende der akuten Phase der Pandemie versucht, die Belegschaften – zum Teil mit deutlichem Druck – wieder in die Büros zu beordern. Andere haben sinngemäß gesagt: »Das hat alles so gut funktioniert – uns ist in Zukunft egal, von wo ihr alle arbeitet«. Vielerorts pendelt sich das Ganze naturgemäß irgendwo in der Mitte ein. Eine aktuelle Studie des Immobilienunternehmens Jones Lang LaSalle kommt zu dem Ergebnis, dass Arbeitnehmer in den deutschen Großstädten im Mittel etwas mehr als drei Tage pro Woche ins Büro kommen, den Rest von zuhause (oder anderswo) arbeiten. Freilich gilt das natürlich nur für Menschen, die prinzipiell »woanders« arbeiten können (Deutsche Presse-Agentur, 2023).

Zehn Prozent freundlicher sein

Es gäbe es ein Vielzahl von Perspektiven, aus denen heraus man diese noch neue Arbeitssituation betrachten könnte – und naturgemäß sind auch schnell die ersten Ratgeber dazu erschienen. Ich möchte vor dem Hintergrund dieses Buchs einen speziellen Aspekt beleuchten – den der Relationen Energie. Dazu folgende Anekdote: Neben der Online-Lehre an der Hochschule hat sich während der Coronapandemie natürlich auch das Geschäft mit Trainings, Vorträgen und Coaching in die virtuelle Welt verlegt. Ich habe in der Zeit völlig unterschiedliche Dienstleistungen online erbracht, von der kurzen Dinner Speech über mehrstündige Workshops bis hin zum zweitägigen

Seminar – und natürlich auch Coaching.[109] Besonders in Erinnerung geblieben ist mir ein Workshop mit dem deutschen Ableger von eBay im Sommer 2021. Es ging treffenderweise um die Frage des (psychischen) Wohlbefindens im Homeoffice. Oliver Klinck, der Deutschland-CEO, sagte in seinem englischen Schlusswort einen bemerkenswerten Satz – konkret sprach er eine Empfehlung aus – die kurz und knackig die besondere Herausforderung benennt, wenn Menschen sich vorrangig über Videoplattformen begegnen. Er sagte damals: »We have to be ten percent nicer online.« (Wir müssen online zehn Prozent freundlicher sein.).

Ich denke, dieser Satz fasst wunderbar zusammen, was das Gegenmittel für eine der besonderen Probleme virtueller Kollaboration ist: *Wir kommen online alle »nicht ganz so rüber«*. Schon sehr früh während der Pandemie tauchten erste Artikel über vorher nicht gekannte Ermüdungserscheinungen auf, die viele Menschen verspürten, wenn sie praktisch den ganzen Tag in Videokonferenzen verbrachten: Zoom Fatigue (Sklar, 2020). Es wurden viele unterschiedliche Hypothesen für die Ursachen diskutiert, von sehr naheliegenden Phänomenen (zusätzlicher Mental Load, der durch die notwendige Beherrschung der Technik entsteht), über die interessante Idee, dass es zusätzlichen Stress verursacht, den ganzen Tag sein eigenes Gesicht zu sehen – bis hin zu aus meiner Sicht recht abgedrehten psychoanalytischen Deutungen.

Meine Hypothese, die ich aktuell nicht mit konkreten Daten untermauern kann, stößt ins gleich Horn wie Oliver Klinck mit seinem Statement: Ich vermute, dass Online-Begegnungen nicht in der Lage sind, pro Zeiteinheit die gleiche Menge an Relationaler Energie zu transportieren.[110] Wir erwarten implizit, dass uns die Interaktion (im Falle einer positiven Ausprägung) im gleichen Maß motivationale Ressourcen zuführt wie ähnliche Begegnungen im echten Leben. In Wirklichkeit bekommen wir über den Tag jedoch immer *ein bisschen weniger als erwartet*, was mit der Zeit in einen gefühlten Erschöpfungszustand mündet. Dies ist natürlich nicht die einzige mögliche Erklärung. Ich denke, dass ein erhöhtes Maß an Mental Load ebenfalls eine Rolle spielt. Vielleicht sind das sogar zwei Seiten der gleichen Medaille: Einerseits verbrauchen wir mehr mental-emotionale Ressourcen, weil wir uns immer wieder auf die Beherrschung der Technik konzentrieren müssen. Und andererseits werden die menschlichen

109 Mittlerweile liegt der Online-Anteil bei meinen Aktivitäten aber wieder unter 20 Prozent. Wenn es erlaubt ist, wählen die meisten Organisationen für nicht alltägliche Meetings (Konferenzen usw.) doch wieder ein Live-Setting, ggfs. auch eine hybride Varianten. Aber Menschen wollen für solche Anlässe doch gerne am gleichen Ort sein.

110 Ich kann meine These wie geschildert nicht direkt belegen, doch es gibt Untersuchungen, die mich vermuten lassen, dass ich nicht ganz danebenliege. Beispielsweise deutet eine Meta-Analyse an, dass sowohl Unternehmensvertreter als auch Bewerber in Online-Interviews die jeweils andere Seite schlechter bewerten, als in vergleichbaren Offline-Settings (Blacksmith et al., 2016). Offenbar hinterlassen bei Seiten via Video nicht im gleichen Maße einen positiven Eindruck, auch wenn ihnen der Unterschied nicht bewusst wird. Mittelfristig könnte dieser Befund dazu führen, dass ein Unternehmen aus Fairnessgründen entweder alle Bewerber online oder alle offline begutachten muss, damit niemand im Prozess benachteiligt wird.

Begegnungen nicht im gleichen Maße als energetisierend bzw. lebensspendend erlebt, um erneut auf den Ausdruck von Kim Cameron zurückzugreifen.

Was können wir tun angesichts der Tatsache, dass Videokonferenzen gekommen sind, um zu bleiben? Meine Erfahrung aus vielen Gesprächen sagt mir, dass *echter Kontakt in der echten Welt* durch nichts zu ersetzen ist – es sei denn, wir verfügen irgendwann über ein Art Holodeck, so wie es das auf Jean-Luc Picards Raumschiff Enterprise gibt, also eine vollständig immersive Erfahrung, in der man nicht einmal mehr bemerkt, dass man eine Form von Technologie benutzt. Videokonferenzen sind ein ungeheuer hilfreiches Werkzeug, aber sie werden nach meinem Dafürhalten immer eine Second-Best-Lösung sein.

Ein Teil des potenziellen Verlusts an Beziehungsqualität in solchen Online-Umgebungen könnte meines Erachtens vermindert werden, wenn Menschen bzw. Organisationen in *bessere Technik und auch in ein Mehr an Medienkompetenz* investieren würden. Alles, was den Flow einer normalen Konversation stört, wird auch der wahrgenommenen Beziehungsqualität und dem Energiefluss abträglich sein: Zu wenig Licht, pixelige Bilder, schlechter Sound – aber auch Menschen, die zu nah an ihrer Kamera sitzen. Ich möchte nicht wissen, in wie viele Nasenlöcher ich in den letzten Jahren hineinstarren musste. Das ist nicht nur ästhetisch fragwürdig, sondern hat auch noch einen anderen Nebeneffekt: Es suggeriert ein Eindringen in unsere persönliche Intimzone. Im richtigen Leben kommen wir (abseits von Sondersituationen wie einer vollen U-Bahn) nur solchen Menschen so nah, die wir küssen oder schlagen möchten. Das dürfte nur auf wenige Personen zutreffen, mit denen wir Business-Meetings abhalten. In diesem Sinne hier einige Empfehlungen für bessere Video-Meetings:

- Fragen Sie sich bitte regelmäßig: Muss es zu einem gegebenen Anlass überhaupt einen Videocall geben – oder reicht vielleicht auch ein guter alter Telefonanruf? Der Videocall hat sich in vielen Unternehmen mittlerweile so weit als Standard etabliert, dass die möglichen Alternativen kaum noch in Betracht gezogen werden. Das Kommunikationsmedium sollte jedoch dem Anlass gerecht werden und nicht dem, was möglich ist.
- Setzen Sie sich so weit von der Kamera weg, dass man einen guten Teil Ihres Oberkörpers sehen kann. Insbesondere sollten die Hände zu sehen sein, wenn Sie diese in Richtung Brusthöhe anheben. Die Körpersprache ist elementar wichtig, um zu verstehen, wie der verbale Part der Kommunikation gemeint ist. Wenn wir anderen diesen Teil des kommunikativen Spektrums vorenthalten, werden wir schwerer zu lesen, ergo: intransparenter.
- Wenn wir weiter weg von der Kamera sitzen, ist es umso wichtiger, dass eine stabile Internetverbindung, ausreichend Licht und guter Ton vorhanden sind – damit wir trotzdem gut zu sehen und zu hören sind. Wenn es nach mir ginge, müsste

jedes Unternehmen, das Menschen bittet, von zuhause zu arbeiten, diesen einen WLAN-Repeater, eine exzellente externe Kamera (die automatisch das Gesicht scharf stellt), ein externes Mikro (oder gute Kopfhörer) und ein Ringlicht für den Schreibtisch spendieren. Ähnlich wie beim Aspekt der Körpersprache: Mimik und paraverbale Signale wie die Qualität der Stimme sind entscheidend, um die Bedeutung des gesprochenen Worts situationsangemessen zu dekodieren.
- Nach meiner Erfahrung hilft es außerdem, wenn wir in Videokonferenzen zusätzlich ein bisschen zum Theaterschauspieler werden: Besonders laut und deutlich sprechen, die Gesten ein wenig größer und weiter machen, extra-viele Zuhörsignale senden. Im Grunde: Alles tun, damit die Wahrscheinlichkeit steigt, verstanden zu werden – und zu verstehen.[111] Das sind die zehn Prozent, von denen Oliver Klinck sprach.

Schlechte Technik (bzw. falsche Nutzung derselben) führt in der non-lokalen Kollaboration vorhersagbar zu geminderter Beziehungsqualität – und für diese zahlen die Menschen in den Unternehmen mittelfristig einen hohen Preis. Mir ist klar, dass eine erstklassige technische Ausstattung (plus begleitendes Training) viel Geld kostet. Ich vermute allerdings, dass, wie auch im betrieblichen Gesundheitsmanagement, rechtzeitige Prävention deutlich günstiger ist, als die Spätfolgen übermäßiger Belastung reparieren zu müssen.

7.4 Über Beziehungsqualität

In diesem Abschnitt werden die bisherigen Erkenntnisse des Kapitels über gelingende Beziehungen zu einem übergreifenden Konzept integriert. Jane Dutton, die bereits in früheren Kapiteln mehrfach zu Wort gekommen ist, spricht im Kontext von gelingenden Beziehungen in Organisationen von *High-Quality Connections* (HQC), sinngemäß also hochqualitativen Verbindungen (2003). Sie versteht darunter *kurze Momente des Verbundenseins*, die sich für die interagierenden Menschen positiv anfühlen und gleichzeitig wünschenswerte Konsequenzen zeitigen – für die Personen wie auch die Organisation als solche. Der kurzzeitige Aspekt wird hier besonders betont, um darauf hinzuweisen, dass es nicht um positive Beziehungen im Sinn der Alltagssprache geht.[112] Ergo: Wir können HQCs auch mit Menschen erleben (indem wir bewusst darauf hinarbeiten), die wir im Prinzip nicht sonderlich mögen. Allerdings zeichnen

111 Noch ein Hinweis: Wenn Sie regelmäßig hybride Meetings zu leiten haben (ergo: ein Teil der Menschen nimmt vor Ort Teil, ein anderer per Video), dann sollten Sie die Beiträge der nicht Anwesenden priorisieren bzw. deren Beteiligung immer wieder explizit einfordern. Zu groß ist sonst die Gefahr, sich abgeschnitten zu fühlen, wenn man irgendwo alleine sitzt, während viele andere eine sichtbare Gruppe bilden.

112 So wie in: Ich verstehe mich einfach gut mit Person X.

sich langfristige, gelingende Beziehungen dadurch aus, dass sie von regelmäßigen HQC-Momenten geprägt sind.

HQCs zeichnen sich im Erleben durch drei Merkmale aus (Dutton & Heaphy, 2003):

- ein Gefühl von *Vitalität* und Energiereichtum im Kontakt,
- Achtung und *Respekt* im Geben und Nehmen,
- ein erhöhtes Maß an *Verbundenheit* und Vertrauen.

HQCs sind ein wertvoller Rohstoff von erfolgreichen Organisationen aufgrund ihrer spezifischen Besonderheiten im Vergleich zu oberflächlichem menschlichem Kontakt:

- sie (ver-)tragen *mehr Emotionalität* und fühlen sich authentischer für die Beteiligten an,
- sie sind *resilienter*, sprich: belastbarer im Angesicht von inneren und äußeren Störungen,
- sie weisen eine höhere *Konnektivität* auf, d.h., ein höheres Maß an Bereitschaft, sich von neuen Gedanken berühren zu lassen.

Wie bereits angedeutet, lassen sich HQCs aktiv und bewusst initiieren – unabhängig davon, wie es um den aktuellen Status der Beziehung steht. Dazu muss mindestens einer der Interaktionspartner gewissermaßen in Vorleistung gehen. Es lassen sich vier Klassen von Verhaltensweisen beschreiben, die dem Entstehen von HQCs dienlich sind. Diese sehen Sie in Grafik 9.

Zunächst ist es möglich, Menschen mit einem erhöhten Maß an *Respekt* zu begegnen. Selbst wenn eine Person uns bisher keinen Grund dazu gegeben hat, so können wir uns doch *entschließen,* dem Menschen bei der nächsten Begegnung intentional mit mehr Wohlwollen und Achtung zu begegnen. Ähnlich gelagert ist die Dimension des *Vertrauens*. Auch hier können wir uns entscheiden, bewusst in Vorleistung zu gehen – darin liegt letztlich die Natur des Vertrauens. Ebenso ist es denkbar, spielerische Elemente in die Beziehungen mit einfließen zu lassen. Gerade, wenn »es ernst wird«, kann es hilfreich sein, die Situation, andere, aber vor allem sich selbst mit einem gerüttelt' Maß an *Humor* zu betrachten, also alles nicht einhundert Prozent ernst zu nehmen. Das vermutlich mächtigste Werkzeug zur Initiierung von HQCs ist allerdings die aktive, aufgabenbezogene *Unterstützung*, sogenanntes Task Enabling. Wenn wir Kollegen ohne Hintergedanken bei ihren Aufgaben unterstützen, stärkt das die Beziehungsqualität auf Basis des Prinzips der Reziprozität enorm. Schon der Volksmund weiß: Kleine Geschenke erhalten die Freundschaft.

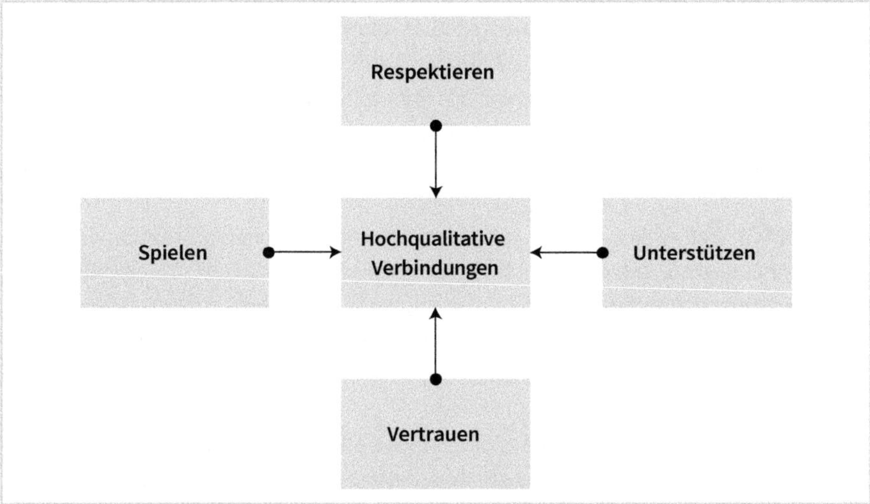

Abb. 9: Treiber von hochqualitativen Verbindungen auf der Verhaltensebene; Quelle: übersetzt und vereinfacht nach Stephens et al. (2011)

Eine etwas anders gelagerte, aber nicht minder einsichtsvolle Perspektive auf das Beziehungsgefüge in Organisationen hat Esa Saarinen, ein Philosoph aus Helsinki. Ich neige nicht besonders zur Verehrung von Stars[113], aber Esa ist für mich das, was man im Englischen Academic Crush nennt, ein akademischer Schwarm.

Der Teufelskreis der Rache beim Knausern[114]

Interview mit Prof. Esa Saarinen, Ph.D.

Professor Saarinen, in den letzten Jahrzehnten haben Sie sich mit einem Konzept beschäftigt, das Sie als Systems of Holding Back in Return and in Advance (SHBRA) bezeichnen. Worum geht es?

Im Wesentlichen handelt es sich um eine Form der »Verminderung« des menschlichen Lebens, die für absolut gar nichts gut ist. Trotzdem deutet alles darauf hin, dass dieses Phänomen unser gesamtes Leben durchdringt. Als Philosoph mit einem ausgeprägt positiven Menschenbild hatte ich immer die Ahnung, dass in

113 Es sei denn, sie tragen zu enge Lederhosen und spielen auf verzerrten Gitarren.

114 Dies ist das einzige Interview, dessen Titel nicht aus einer Äußerung des Interviewpartners hervorgeht. Der Grund: Nachdem ich zum ersten Mal von Saarinens Konzept gehört hatte, wollte ich etwas auf Deutsch dazu schreiben. Also kontaktierte ich den Professor, um zu fragen, ob es bereits eine etablierte Übersetzung des Begriffs gäbe. Er verneinte und erläuterte, dass der Begriff im Finnischen einige schwer übersetzbare Konnotation aufweisen würde. Aber er bat einen Kollegen, der ein paar Brocken Deutsch spricht, um einen spontanen Vorschlag. Dieser lautete: Der Teufelskreis der Rache beim Knausern. Ich finde den Begriff bis heute so niedlich, dass ich ihn auf jeden Fall in dieses Buch aufnehmen wollte.

uns mehr, vor allem mehr Gutes, steckt, als man auf Anhieb erkennen kann. Doch was passiert mit diesem Potenzial für das Gute? Mit dieser Frage im Kopf begann ich mich für menschliches (Mikro-)Verhalten zu interessieren, das langfristig auf einer übergeordneten Ebene Barrieren für das Ausleben unserer Gutheit darstellen.

SHBRAs[115] stellen eine misslungene Form von menschlicher Interaktion dar. Sie bringen uns dazu, uns zu verschließen, von außen wie von innen. Sie bringen uns dazu, Fehler bei anderen zu suchen und machen uns blind für das Gute in anderen. Sie bringen uns dazu, unseren eigenen Mangel an Großzügigkeit als Reaktion auf das Verhalten anderer Menschen zu deuten.

Ich glaube, ich verstehe, worauf Sie hinauswollen, aber es klingt noch etwas abstrakt. Können Sie mir bitte ein Beispiel geben?

Mein allererstes Fallbeispiel war die Beobachtung, dass finnische Männer mehrheitlich dazu neigen, ihren Frauen *keine* Rosen zu schenken, jedenfalls nicht spontan. Als Finne weiß ich, dass wir gerne romantischer wären. Doch wir tendieren dazu, zurückhaltend und distanziert zu sein, bisweilen sogar sehr schroff. Finnische Männer erreichen definitiv keinen High-Score, wenn es ums Rosenkaufen und Romantik an sich geht. Und warum? Wir glauben mit der Zeit, dass unsere Frauen uns nicht mehr schätzen, dass sie uns gegenüber negativ eingestellt sind, dass sie überkritisch werden. Wir reagieren somit auf Verhalten, das wir als unabänderlich wahrnehmen, ohne zu realisieren, dass es den Frauen genauso geht. Die Frauen nehmen mit Bedauern zur Kenntnis, dass wir Männer uns zunehmend unseren Geschäften widmen, dass wir uns nicht mehr für sie interessieren, dass wir sie nicht mehr an unserem Leben teilhaben lassen.

In der Folge versteifen sich die Partner, jeweils aus dem Blickwinkel des anderen, auf kaltherziges Verhalten – in vielen kleinen und trivialen Dingen. Doch das Triviale verschlimmert sich mit der Zeit, Stück um Stück, bis, ohne jegliche Vorwarnung, die Beziehung nachhaltig vergiftet ist. Der andere hätte es so leicht gehabt, hätte einfach »liefern« können. Es hätte keines besonderen Wissens oder Könnens bedurft. Es brauchte nur den Willen. Ausgehend von der Tatsache, dass dieser Wille offensichtlich nicht vorhanden war, muss der andere bedauerlicherweise entsprechend reagieren.

Und so entsteht ein Teufelskreis. Wir selbst geben uns Pardon für unser Zurückhalten. Wir *wollen* ja romantisch, großzügig und wertschätzend sein. Den anderen lassen wir aber nicht so leicht davonkommen. Dies macht sich bemerk-

115 Siehe Hämäläinen und Saarinen (2008).

bar durch unsere Emotionen, unseren verwundeten Selbstwert. Der andere ist verantwortlich für unseren Schmerz. Und der andere empfindet ebenso, spiegelbildlich. Beide sind schließlich gefangen in dieser wechselseitigen Wahrnehmung, die in Teilen zutrifft, dabei aber das versteckte Potenzial für Güte übersieht.

Sie sprachen eingangs von einer übergeordneten Barriere …

Mit der Zeit etabliert sich ein *Muster* – das (sich) Zurückhalten wird der Normalzustand. Man erwartet nach 20 Jahren nicht mehr, dass einen die Gattin spontan im Café küsst. Und man hat gute Gründe für diese Annahme – überzogene Erwartungen werden ja meist enttäuscht. Der Partner ist okay in vielerlei Hinsicht, aber eben nicht mehr besonders romantisch, großzügig oder wertschätzend. Der Enthusiasmus und die Frische sind verflogen. Das ist das Leben, denken wir dann im Stillen: Paare können ihre Leidenschaft einfach nicht ewig jung halten.

Natürlich bemerken wir unseren eigenen, wachsenden Mangel an Romantik und eine gewisse Resignation. Doch es liegt halt am anderen, an der Art wie Menschen und das Leben an sich nun einmal sind. Dabei übersehen wir, dass wir selbst nicht gewillt sind, auch nur kleinste Dinge an unserem Verhalten zu ändern, Dinge, die dem anderen ein positives Signal geben würden – und außerdem unserem eigenen Anspruch und unserem Verlangen entsprächen. Aber der andere gibt uns eben keinen Raum. Deshalb ziehen wir uns zurück, folgen nicht dem Wunsch unseres Herzens. Es ist die einzige Option.

Das Zurückhalten ist also ein wechselseitiges Phänomen, beide Menschen handeln nach der gleichen Logik. In ihrer Komplementarität kreieren die Menschen ein Muster. Am Ende hat man ein DDR-artiges System, das einen überwacht, selbst wenn man ganz allein ist mit den eigenen Gedanken. *Das System erhält sich selbst*, es wird beiden Partnern zu einer zweiten Natur. Im Gegensatz zur DDR gibt es allerdings keine externe Instanz, die es im Gang hält. Ontologisch betrachtet ist es durch und durch eine Fiktion – aber trotzdem real in seinen Auswirkungen.

Wie drücken sich diese Systeme im organisationalen Leben aus?

Das Sich-Zurückhalten ist eines der beherrschenden Phänomene des Lebens in Organisationen. Es ist der wichtigste Grund, aus dem Arbeit als energieraubend und wenig lebensspendend wahrgenommen wird. Organisationales Leben baut auf Interaktionen auf, die dem großen Ganzen dienen sollten – oder zumindest dem ökonomischen Erfolg. Der bleibt jedoch fast immer hinter den Erwartungen zurück. Alle Beteiligten fokussieren auf hilfreiche Kontributionen, die andere *nicht* leisten, obwohl sie nicht besonders aufwendig wären – und übersehen dabei, dass diese jeweils den Fall genauso wahrnehmen, nur eben mit umgekehrten Vorzeichen. Diese schädliche Logik findet sich über jegliche Form von Beziehungen hinweg: Führungskräfte und Mitarbeiter, Kollegen und Kollegen, Unternehmen und Mitarbeiter, Dienstleister und Kunden, Unternehmen und Zulieferer usw. Sobald eine Partei als »die andere« identifiziert wurde, nehmen wir wahr, was wir aus dieser Richtung nicht bekommen, während wir nicht mit der gleichen Genauigkeit beobachten, was wir selbst nicht zu geben bereit sind.

Am Ende des Tages lässt sich das Leben in Organisationen für den Einzelnen auf wenige existenzielle Fragen reduzieren. Das ist keine philosophische Betrachtung, sondern sehr real: Wie (er-)leben und verhalten wir uns im Alltag? Das ist eine Frage, die wir alle jeden Tag stillschweigend beantworten. Glauben wir, dass Menschen inhärent gut sind?[116] Oder glauben wir, dass wir im Kern von Gier, Egoismus, Hass, Angst und anderen dunklen Kräften angetrieben werden? Die Kultur einer Organisation kann uns prägen, ebenso die Führung – aber letztendlich liegt es an uns, eine Entscheidung zu treffen. Als vernunftbegabte Menschen haben wir eine Wahl.

Systeme des Zurückhaltens sind das eine Ende eines Kontinuums. Auf der anderen Seite sprechen Sie von Super-Produktivität. Was hat es damit auf sich?

Super-Produktivität nahm ich zum ersten Mal wahr in den späten 1990ern, den Wunderjahren von Nokia – mit denen ich damals viel gearbeitet habe. Ich war ein ums andere Mal erstaunt, was diese Firma alles erreicht hat mit ihrer bescheidenen, entschlossenen, prosozialen, sinngetriebenen, werteorientierten No-Nonsense-Kultur. Gemessen an der Tatsache, wie wenig Menschen in Finnland leben und dass es dort bis dahin kaum ein global erwähnenswertes Endverbraucher-Business gab, war es wirklich außergewöhnlich, dass dieses Unternehmen das profitabelste in seinem Sektor war und 40 Prozent des globalen Marktes für sich einnehmen konnte.

Einer der Schlüsselspieler damals war ein Manager namens J. T. Bergqvist, ein brillanter Denker. Von ihm hörte ich zum ersten Mal von der Super-Produktivität – und über die Fortschritte in puncto Effektivität, die erreicht werden können, wenn Menschen außergewöhnlich gut zusammenarbeiten. Im Wesentlichen geht es um die Idee eines »Faktor X«, die schon Tolstoi in Krieg und Frieden zum Ausdruck bringt: Eine kleine Armee kann eine wesentlich größere besiegen, wenn sich die Menschen in ihrer Subjektivität und Inter-Subjektivität aneinander – und

116 Im Englischen nutzt Saarinen hier die Redewendung »better angels of our nature«, die auf eine Rede von Abraham Lincoln zurückgeht.

an etwas Größeres binden. Diese Form der Erhebung ist einerseits ein Wunder und andererseits ein ganz realer Teil des menschlichen Erlebens. Menschen können sich gemeinsam und gegenseitig in diesen Zustand der Super-Produktivität erheben – und der Fall Nokia hat dies im besten Sinne demonstriert.

Wie stellt sich das konkret dar?

Bergqvist hat das damals einsichtsvoll illustriert. Stellen Sie sich vor, ein internationales Team, bestehend aus sechs Menschen, trifft sich zu einem Meeting: 1 1 1 1 1 1. Doch möglicherweise fühlt sich eine der Personen, nennen wir ihn Ville, etwas gehemmt aufgrund schlecht ausgeprägter Englischkenntnisse (ein häufiges Problem von Finnen meiner Generation). Also geht Ville nur mit einer 0,8-Version seiner selbst in das Meeting – insbesondere, weil er weiß, dass dieser Mark, ein gutaussehender und wortgewandter Australier, auch am Meeting teilnehmen wird. Mark nimmt tatsächlich teil und ist bereits ein wenig frustriert, weil »diese Finnen ja einen gewissen Charme besitzen, aber irgendwie nie den Mund aufbekommen«.

Stellen wir uns der Einfachheit halber vor, dass alle Personen nur eine um 0,2 Punkte verminderte Form ihres Selbst in das Meeting einbringen. Wenn wir annehmen, dass Menschen sich in ihrem Tun gegenseitig befruchten können, dann lässt sich das als Metapher multiplikatorisch ausdrücken: Wenn alle »voll da« wären, ergäbe das 1 x 1 x 1 x 1 x 1 x 1 = 1. In dem beschriebenen Fall ergäbe sich hingegen 0,8 x 0,8 x 0,8 x 0,8 x 0,8 x 0,8 ≈ 0,26. Selbst dann kann man immer noch Marktführer werden, wenn die Mitarbeiter bei der Konkurrenz noch mehr Gründe haben, sich zurückzuhalten und regelmäßig nur ihre 0,7er-Version zur Arbeit bringen.

Andererseits, und hier spiegelt sich meine optimistische Sicht auf den Menschen, ist es auch denkbar, dass Ville sich auf das Meeting freut, gerade weil er weiß, dass Mark versteht, dass Ville als Finne manchmal etwas wortkarg ist, sich aber gleichzeitig mit den relevanten technischen Rahmenbedingungen besonders gut auskennt. »Was für ein Glück, dass Mark dabei ist«, denkt er sich. »Er bringt oft das Beste in anderen hervor.« Mark seinerseits freut sich ebenfalls auf das bevorstehende Treffen: »Diese Finnen haben so eine bodenständige Ehrlichkeit an sich, gepaart mit dieser schnörkellosen fachlichen Expertise.« Nehmen wir an, dass alle Beteiligten mit einem kleinen Boost in das Meeting gehen. Dann lautete das Ergebnis 1,2 x 1,2 x 1,2 x 1,2 x 1,2 x 1,2 ≈ 2,99. Das ist die Logik der Super-Produktivität.

Warum tritt das Phänomen nur so selten auf?

Ich denke, dass jeder von uns schon einige Male Zeuge dieses Phänomens geworden ist, vielleicht bei einer Sportveranstaltung oder einem Konzert – gegebenenfalls auch im Arbeitsleben, wenn wir Glück hatten. Doch leider nehmen nur wenige Manager diese Erscheinung ernst. Das Problem ist: Es lässt sich nur schwer organisieren, man kann es nicht von außen befehlen. Die Wurzeln von Super-Produktivität liegen im Mysterium der menschlichen *Subjektivität und Inter-Subjektivität*, in Phänomenen, die von der Kunst und den Geisteswissenschaften besser beschrieben werden als von der Management-Wissenschaft.

Das Mindset des Managements, in seinem Reduktionismus, dem Drang, alles zu objektivieren, seiner Eigenschaft, das Leben zu verdinglichen, ist nicht gut geeignet, dieses Wunder hervorzubringen. Ich denke, wir können uns Super-Produktivität am besten annähern durch etwas, das ich sanften Dynamismus nenne: Unbedingte Achtung für die filigranen Mysterien des Lebens, für seine Würde und Schönheit.

Esa Saarinen ist Philosoph und Professor an der Aalto-Universität in Helsinki, Finnland. Sein Wirken reicht allerdings weit über den universitären Kontext hinaus. Aufgrund seiner extrovertierten öffentlichen Persona wurde er in der finnischen Gesellschaft früh als »Punk-Doktor« bekannt. Er tritt regelmäßig im finnischen Fernsehen auf und ist ein gefragter Redner und Berater. Kontakt: esasaarinen.com

Einsamkeit

Ein Gegenteil von hochqualitativen Beziehungen und gewissermaßen auch von Super-Produktivität ist Einsamkeit. Einsamkeit ist nicht mit dem Alleinsein gleichzusetzen. Man kann alleine sein, sich aber trotzdem nicht einsam fühlen. Ebenso kann ein Mensch sich trotz der Gegenwart anderer sehr wohl einsam fühlen – die Beziehungsqualität macht den Unterschied. Manche Psychologen sprechen davon, dass die Einsamkeit in unserer Gesellschaft mittlerweile epidemische Ausmaße angenommen hat, insbesondere unter dem älteren Teil der Bevölkerung (Cacioppo & Cacioppo, 2018). Sie geht mit einer Reihe von schädlichen Nebenwirkungen einher (Hawkley & Cacioppo, 2010) und ist auch ein Treiber für Depressionen (Cacioppo et al., 2006). Des Weiteren steht Einsamkeit im Verdacht, Entzündungen und Herzkreislauf-Erkrankungen Vorschub zu leisten (Jaremka et al., 2013). Eine zentrale Hypothese besagt, dass Einsamkeit vom Körper wie eine Bedrohung behandelt wird, weil das Abgeschnittensein von der eigenen Sippe entwicklungsgeschichtlich mit einem Mangel an Schutz und somit erhöhter Gefahr für Verletzungen einherging. Der Körper von einsamen

Menschen bereitet sich also auf potenzielle Kampf- und Verletzungssituationen vor – mit entsprechenden Nebenwirkungen, wie im Interview mit Tobias Esch in Kapitel 2 beschrieben.

EIGENE ERFAHRUNG

Ich kenne die verheerenden Konsequenzen von Einsamkeit in einer Überdosis leider aus erster Hand. Vom Sommer 1994 bis 1995 verbrachte ich mein elftes Schuljahr in York, Pennsylvania. Aus Gründen, die zu kompliziert sind, um sie hier en Detail zu erläutern, gelang es mir nicht, ein Vertrauensverhältnis zu meiner Gastfamilie aufzubauen. An meiner High School, einer elitären Schule für höhere Söhne (und Töchter), war ich ebenfalls ein Outsider, oder besser ausgedrückt: am unteren Ende der sozialen Hackordnung angesiedelt. Im Endeffekt verbrachte ich fast das gesamte Jahr zwar immer unter Leuten, aber bar jeder engen menschlichen Bindung. Mit meinen Eltern telefonierte ich nur selten, um das Heimweh nicht zu vergrößern. Die Geschichte in kurz: Ich flog im Sommer 1994 als gesunder und einigermaßen fröhlicher Junge in die Fremde. Bis zum Herbst hatte ich leichtes Asthma entwickelt, wenig später kamen Panikattacken hinzu. Zur Halbzeit hatte ich eine akute Depression entwickelt, inklusive Selbstmordgedanken. Gerettet haben mich damals die Liebe zur Musik – und der Sport. An den meisten Tagen ging ich nach der Schule ins lokale YMCA, trainierte im zugehörigen Fitnessstudio wie ein Verrückter und spielte Pick-up-Basketball bis in die späten Abendstunden. Nach meiner Rückkehr fragte mich der ein oder andere Kumpel, ob ich in der Zeit Dopingmittel genommen hätte, weil ich deutlich athletischer nach Hause kehrte im Vergleich zur Zeit meines Aufbruchs.

Zu meiner Lebenszufriedenheit fand ich recht bald zurück, das Asthma verschwand nach einigen Jahren. Die Panikattacken begleiteten mich – zunehmend seltener – bis etwa zum 30. Lebensjahr. Wie so oft im Leben gibt es allerdings auch etwas Gutes an der Geschichte. An der betreffenden Schule wurde Psychologie als freiwilliges Unterrichtsfach angeboten, etwas, was es an meiner Schule in Deutschland nicht gab. Diese Möglichkeit nutzte ich und war schnell Feuer und Flamme. Ich kehrte also mit mehr Muckis nach Deutschland zurück – und mit einem klaren Studienwunsch, den ich auch in die Tat umsetzte. Zudem verlor ich durch dieses Jahr weitgehend meine Angst vor neuen Lebenssituationen, weil ich seitdem immer denke: Schlimmer kann es wohl kaum werden ...

Verschiedene Forschungsarbeiten gehen davon aus, dass Einsamkeit auch ein Problem des (Er)Lebens in Organisationen ist. Es wird postuliert, dass Einsamkeit sowohl die Performance von Mitarbeitern in ihrer Arbeitsrolle wie auch das Extrarollen-Verhalten schmälert (Lam & Lau, 2012). Ihr Wohlbefinden wird beeinträchtigt (Erdil &

Ertosun, 2011), das Commitment zur Organisation wird vermindert – und im gleichen Maß steigt die Wechselabsicht (Ertosun & Erdil, 2012).

Als Sonderform der Einsamkeit kann das Gefühl »nicht dazuzugehören« dargestellt werden. Wenn Menschen sich in einer negativen Konnotation als anders wahrnehmen im Vergleich zu den Personen in ihrer direkten Umgebung, können sie das erleben, was in der Forschung Belonging Uncertainty genannt wird, sinngemäß: Zugehörigkeitsunsicherheit (Walton & Cohen, 2007). Dies zu verhindern ist Aufgabe des Diversity Managements.

7.5 »I see your true colors«

Obwohl es in einigen Teilen der Erde derzeit gegenteilige Tendenzen zu beobachten gibt, wächst diese Welt enger zusammen – und ich bin fest davon überzeugt, dass das eine gute Entwicklung ist. Manche mögen es bedauerlich finden, dass man in einigen Ecken von Berlin heutzutage standardmäßig auf Englisch angesprochen wird (Vogel, 2017) – aber dass dieser Ort, der einst wie vermutlich kein zweiter für Teilung und Getrenntsein stand, sich seit geraumer Zeit zu einem internationalen Schmelztiegel wandelt, stimmt mich als Deutschen und Europäer zuversichtlich. Der wichtigste Motor hinter dieser Entwicklung, neben dem Wunsch, Urlaub in anderen Gefilden zu verbringen, ist die Welt der Wirtschaft, konkret: der Marktwirtschaft. Manche glauben, Freihandel und Globalisierung seien Mächte des Bösen. Ich teile diese Auffassung nicht – und bin im Übrigen der Auffassung, dass, wer gegen freien Handel und Globalisierung kämpfen möchte, genauso gut gegen den Wind kämpfen könnte.[117]

Internationalisierung und Globalisierung bringen natürlich auch Herausforderungen mit sich. Die zunehmende Diversität von Belegschaften ist aus meiner Sicht begrüßenswert, aber deswegen noch lange kein Selbstläufer.[118] Diversity an sich ist noch keine Errungenschaft. Sie ist im Falle des Falles streng genommen einfach das, was gegeben ist. Was aktiv gemanagt werden muss, sind Integration (besser noch: Inklusion)

117 Eine Anekdote dazu: Während des Events TEDxBergen 2014, bei dem ich als Speaker geladen war, sprach auch der Politik-Professor Sergei Medvedev – es ging um neue Grenzen. Er schloss mit der Beobachtung, dass Handel immer einen Weg finden wird, selbst, wenn Menschen versuchen, ihn aufzuhalten. Als Beweis zeigte er Fotos aus russischen Supermärkten, in denen Lachs aus Weißrussland angeboten wurde, konkret: aus dem »großen See von Minsk«. Weißrussland hat aber weder Zugang zum Meer, noch gibt es einen solchen See. Es handelt sich um heimlich importierten und neu deklarierten Fisch aus Skandinavien, der wegen Sanktionen gegen Russland zu der Zeit legal nicht geliefert werden konnte. Den sehenswerten Vortrag finden Sie unter: youtube.com/watch?v=uYSVgka6Yh8

118 Evolutionär betrachtet gilt übergreifend das Bonmot »Gleich und gleich gesellt sich gern«, nicht »Gegensätze ziehen sich an«. Vereinfacht gesagt schätzen wir an anderen Menschen zunächst Ähnlichkeit. Das scheint ein Überbleibsel unseres stammesgeschichtlichen Erbes zu sein (McPherson et al., 2001). Andersartigkeit als normal anzusehen und sogar zu schätzen, ist in dieser Hinsicht etwas, was wir im Verlauf des Lebens lernen müssen – idealerweise an entsprechenden Vorbildern.

und Teilhabe. Davon sind wir vielerorts allerdings noch weit entfernt. Das gilt nicht nur für Menschen aus verschiedenen Ländern bzw. verschiedener Ethnien, sondern auch für Menschen, die sich nicht als heterosexuell identifizieren – und schlicht und ergreifend auch für Frauen.

Frauen sind weltweit die größte abgrenzbare Gruppe von Menschen, die über viele Kontexte hinweg Benachteiligung erfährt, sowohl *systematisch als auch systemisch.* Die schwedisch-deutsche AllBright-Stiftung hat beispielsweise im Herbst 2018 einen Bericht zur Geschlechter-Diversität in deutschen Vorstandsetagen vorgelegt. Das Dokument beschreibt ein groteskes Bild: Es *gab* im Top-Management deutscher Unternehmen lange Zeit mehr männliche Vorstände mit den Namen Thomas oder Christian als weibliche Vorstände insgesamt (Gurk, 2018). Erst in jüngster Zeit gibt es etwas mehr weibliche Vorstände als männliche Exemplare mit diesen beiden Namen.

Über dieses und ähnlich gelagerte Phänomene habe ich mit Leon Windscheid gesprochen, den viele Menschen in Deutschland als Millionen-Gewinner bei »Wer wird Millionär?« kennen. Weniger bekannt ist die Tatsache, dass er eine Doktorarbeit über Diversity Management verfasst hat.

Anerkennen, dass man bisher nicht viel erreicht hat

Interview mit Dr. Leon Windscheid

Leon, du bist einem Millionenpublikum bekannt worden, als du 2015 eine Million Euro in der TV-Sendung »Wer wird Millionär?« gewonnen hast. Ich möchte mit dir aber über etwas anderes sprechen. Du hast dich für deine Promotion mit Diversity Management beschäftigt. Wie kam es dazu?

Ich hatte die große Freude, während des Studiums bei Bertelsmann als Praktikant im Diversity Management arbeiten zu können. Damals ging es darum, diese Abteilung neu aufzubauen. Das Unternehmen hatte zu diesem Zeitpunkt bereits eine lange Historie in der Auseinandersetzung mit dem Thema Frauen in Führung – allerdings nicht übermäßig erfolgreich – und wollte das Thema mit deutlich mehr Energie neu angehen. Das war eine spannende Ausgangslage. Dort hatte ich eine Chefin, eine Frau in einer Top-Führungsposition, die unglaublich motiviert war und mir extrem viele Möglichkeiten eingeräumt hat, trotz meines Praktikantenstatus an vorderster Front mitzukämpfen.

So fühlte es sich zumindest ein Stück weit an. In vielen Unternehmen haben einfach noch die Old White Boys das Sagen und sind selten begeistert, wenn versucht wird, das aufzubrechen. Wir haben dann eine »Women in Leadership«-Konferenz veranstaltet, wo viele großartige Frauen in Führungspositionen hinkamen und sichtbar wurden. Ich war zwar bereits vorher davon überzeugt, dass Diversity der richtige Weg ist, das wurde mir von zu Hause so mitgegeben. Aber dann in der Praxis erleben zu können, wie ein Konzern versucht, sich hier zu positionieren, was dabei richtig, aber natürlich auch falsch laufen kann – das hat mich sehr fasziniert.

Etwas später hatte ich die Gelegenheit, mit einer weiteren weiblichen Top-Führungskraft zusammenzuarbeiten: Michèle Morner, damals Professorin an der Universität Witten-Herdecke. Auch hier wurde mir wieder bewusst: Es gibt so viele großartige Frauen. Wie kann es dann sein, dass Frauen so selten in den absoluten und sichtbaren Spitzenpositionen ankommen? In Summe hatte ich das Gefühl, hier läuft etwas schon lange falsch und dass es noch ganz viel zu tun gäbe.

Was sind die wichtigsten Erkenntnisse aus dieser Arbeit?

Mich hat die Frage umgetrieben, inwieweit Diversity Management, vor allem die Sichtbarkeit von Frauen, mit der Arbeitgeberattraktivität zusammenhängt. Mein Eindruck ist, dass die jüngeren Generationen es nicht mehr akzeptieren werden, wenn sich Unternehmen hinstellen und behaupten, sie seien für Diversity, wenn doch ein kurzer Blick auf die Führungsetagen zeigt, dass dem offensichtlich nicht so ist. Vielerorts sind die Top-Führungsetagen voller weißer Männer mit BWL-Studium, am besten noch im gleichen Alter. Die legen in den letzten Jahren vermehrt die Krawatten ab, schnallen sich eine Smartwatch um, Sneaker an und meinen, damit genug für einen Kulturwandel hin zum modernen Unternehmen getan zu haben – alberne Maskerade. Das reicht nicht aus.

Ich bin für meine Forschung von einem Dilemma ausgegangen. Jene Firmen, die sich verändern wollen, müssen ja irgendwo starten. Ein typischer Schritt, den wir bei deutschen Unternehmen finden konnten, ist zunächst ein entsprechendes Commitment zu zeigen. Damit riskieren die Unternehmen allerdings, eine sogenannte Mixed Message zu senden: Man behauptet, sich für Diversity einzusetzen, aber es ist für jeden ersichtlich, dass das bisher nicht funktioniert hat, oder das Unternehmen schlicht lügt, also das Commitment nur vorgeschoben ist. Meine Frage war, wie Unternehmen diesem Dilemma erfolgreich begegnen können.

Wir haben festgestellt, dass ein wirksamer Weg darin liegt, offen und ehrlich anzuerkennen, dass man bisher noch nicht viel erreicht hat, gewissermaßen die Hosen runterlässt. Das versuche ich heute auch in meinen Vorträgen zu vermitteln, oder wenn ich mit Unternehmen zusammenarbeite. Die Botschaft lautet: Du kannst etwas verändern und die Leute nehmen dir diesen Wunsch auch ab, wenn du anerkennst, dass du bisher nichts gemacht hast oder nicht erfolgreich damit warst. Das erfordert allerdings viel Mut auf Seiten der Unternehmen. Wir konnten in einer anderen Studie zeigen, dass diese Offenheit bei deutschen Unternehmen eine seltene Ausnahme ist. Die stellen sich in der Regel nicht gerne hin, um über das zu reden, was noch nicht funktioniert. Dabei würde genau das davor schützen, lediglich »Window Dressing« zu betreiben.

Deutschland hängt in puncto Frauen in Führungspositionen hinterher, vor allem gegenüber Skandinavien, aber z.B. auch den USA. Woran liegt das?

Die AllBright-Stiftung hat festgestellt, dass es in den Vorstandsetagen der an der Frankfurter Börse notierten Unternehmen über viele Jahre mehr Personen mit den Namen Michael oder Thomas gab als Frauen überhaupt. Das zeigt: Chef sein in Deutschland heißt Mann sein. Unser Gehirn interessiert vor allem eins: Was ist die Norm – also was wird normalerweise getan. Und es zeigt sich, dass es in Deutschland eben nicht normal ist, dass man Chefin und gleichzeitig Mutter ist. Solche Frauen werden dann z.B. als Rabenmutter tituliert, oder es wird gefordert, sie müssten ihre weiblichen Attribute ablegen, um in einer solchen Rolle erfolgreich zu sein.

Ich bin an sich kein Freund von Quotenregelungen, aber wir haben in unserer Forschung etwas sehr Interessantes festgestellt. Es gibt bei der Diversity eine Art Tipping Point. Hier geht es um die Frage, ab welchem Punkt die Menschen es einem Unternehmen wirklich abnehmen, dass dieses es ernst meint mit der Diversity. Es geht um die Zahl drei. Wenn Unternehmen es schaffen, eine kritische Masse von drei Frauen in klar sichtbare Führungspositionen zu hieven, dann beginnen Menschen, die entsprechenden Bestrebungen ernst zu nehmen. Davon sind wir hier in Deutschland noch weit entfernt.

Wie gesagt, ich bin kein Quotenfreund. Aber Ökonomen haben ausgerechnet, dass eine Angleichung des Geschlechterverhältnisses in den Führungsetagen noch über 200 Jahre dauern wird, wenn wir nicht intervenieren. Jetzt können wir diese Zeit aussitzen und abwarten, aber das möchte ich meiner und den nachfolgenden Generationen nicht zumuten. So unschön Quotenregeln auch sind: Die wissenschaftlichen Daten deuten darauf hin, dass sie wirksam sind. Das ist nicht alles eitel Sonnenschein für jene Frauen, die sich über die nächsten zwei, drei Generationen ggfs. als Quotenfrau bezeichnen lassen müssen. Aber wenn wir gar nichts tun, bleibt alles wie bisher.

Gibt es noch andere Aspekte, die dich stören?

Definitiv! Wir haben in Deutschland ein erschreckend konservatives Bild davon, wie eine Familie, wie Kindererziehung, auszusehen hat. Ich will das jetzt nicht einer bestimmten Partei anlasten. Man kann einfach sehen, dass das Gros der Politiker überhaupt noch nicht verstanden hat, dass viele Menschen, gerade auch die Männer, in meiner Generation das komplett anders angehen möchten. In Skandinavien wird es beispielsweise großzügig belohnt, wenn Vater *und* Mutter sich um die Kindererziehung kümmern – in Deutschland diskutieren wir zum Teil noch Herdprämien, wo es am Ende dann wieder normal ist, dass die Frau zu Hause bleibt.

Mehr und mehr Unternehmen setzen auf Trainings gegen Unconscious Biases, um beispielsweise fairere Entscheidungen im Recruiting treffen zu können. Wie stehst du zu diesem Thema?

Generell befürworte ich, dass Menschen sich mit den »Fehlern« in der Funktionsweise unseres Hirns auseinandersetzen. Es gibt allerdings auch die Gefahr, dass man in solchen Trainings bestimmte Verzerrungen überhaupt erst aktiviert. Ganz grundsätzlich hege ich allerdings wenig Hoffnung, dass es Menschen gelingen kann, bestimmte unerwünschte Eigenarten unseres Gehirns dauerhaft korrigieren zu können. Unser Gehirn hat sich seit 300.000 Jahren nicht grundlegend verändert. Zu hoffen, dass wir das mit ein paar kurzen Trainings grundsätzlich aushebeln können, ist vermutlich vermessen. An dieser Stelle hege ich eher die Hoffnung, dass uns künstliche Intelligenz in der Zukunft ein gutes Stück weit voranbringen wird. Es ist z. B. vorstellbar, dass uns Algorithmen im Recruiting dabei helfen werden, bestimmte Formen von Benachteiligung auszumerzen. Computer arbeiten ohne Vorurteile.[119]

Mehr und mehr Studien kommen zum Ergebnis, dass die Förderung von Diversität direkt mit dem Geschäftserfolg von Firmen zusammenhängt. Gibt es hier Forschung, die dich besonders beeindruckt hat?

Es gibt eine Studie[120] aus Norwegen, die mich sehr inspiriert hat. Hier geht es um die Frage, was passiert, wenn Unternehmen es bewerkstelligen, von jener Ebene herunterzukommen, wo es einige wenige Vorzeigefrauen gibt – hin zu der bereits oben erwähnten kritischen Masse von mindestens drei Frauen in Vorstandspositionen. Es zeigt sich unter anderem, dass diese Unternehmen an Innovationsfähigkeit hinzugewinnen. Die wichtigste Botschaft der Studie ist für mich der erneute Hinweis darauf, dass die positiven Effekte erst dann eintreten, wenn wirkliche Veränderung hin zu Geschlechtervielfalt stattfindet.

---

119 Anmerkung: Es mehren sich allerdings die Anzeichen, dass sich die Vorurteile von Menschen in den Algorithmen spiegeln können, die sie programmieren (Knight, 2017).
120 Siehe Torchia et al, (2011).

Zum Schluss noch eine Frage zu deinem Erfolg bei »Wer wird Millionär?«. Du hast damals auch über deine sehr intensive Lern- und Vorbereitungsphase gesprochen. Was können wir uns hier abschauen?

Aus meiner Sicht ist eine andere Frage viel spannender: Was hat der Gewinn mit mir gemacht? Was passiert, wenn du mit 26 Jahren auf einmal eine Million über den Kopf geschüttet bekommst? Das wären 20 Jahre lang 50.000 Euro netto gewesen – im Grunde 2.000.000 Euro brutto, das muss man erstmal verdienen im Leben. In der Rückschau kann ich sagen, dass mir der Gewinn die Angst genommen hat – oder besser: Der unbedingte Wunsch, alles zu planen, ist weg.

Ich habe den Eindruck, dass heutzutage einer bestimmten Form von Planung – was will ich studieren, was will ich erreichen, wo will ich hin im Leben – eine ungeheure Bedeutung beigemessen wird, weil genau solche Pläne Stringenz und Sicherheit ausstrahlen. Das halte ich für komplett falsch. Ich bin mittlerweile davon überzeugt, dass es gut ist, sich treiben zu lassen, sich immer wieder auf bestimmte Themen einzulassen, um in entscheidenden Momenten Mut zu beweisen. Von dem Geld habe ich damals ein Schiff, die MS Günther, gekauft und ein Unternehmen gegründet. Das hört sich jetzt platter an, als ich es meine, aber: Das Geld hat mir gezeigt, dass ich mich im Prinzip alles trauen kann und das Scheitern dabei gar nicht schlimm gewesen wäre. Mittlerweile verstehe ich, dass ich das Geld dafür nicht gebraucht hätte. Diese Einsicht hätte ich mir auch früher gönnen können.

Leon Windscheid hat an der WWU Münster Psychologie studiert und wurde an der Universität Witten-Herdecke promoviert. 2015 gewann er in der TV-Sendung »Wer wird Millionär?« eine Million Euro und kaufte von diesem Geld ein Ausflugsschiff, auf dem Partys, kulinarische Events und Kulturveranstaltungen stattfinden. Windscheid hat mittlerweile mehrere Spiegel-Bestseller verfasst, geht mit einem eigenen Bühnenprogramm auf Tour und ist regelmäßiger Gast und auch Moderator in verschiedenen Fernsehsendungen. Kontakt: leonwindscheid.de.

Wie in dem Interview mit Leon Windscheid angedeutet, sind wir noch weit davon entfernt, irgendeine Form von Gleichberechtigung zwischen Männern und Frauen in der Geschäftswelt zu erleben. Zwar hat sich die Situation rund um die *systematische Benachteiligung* (Diskriminierung) von Frauen in den letzten Jahrzehnten durch den mutigen Einsatz vieler Frauen und weniger Männer spürbar gebessert, aber die *systemische Benachteiligung als Folge von Äonen an* systematischer Benachteiligung lebt weiterhin fort. Das äußert sich in Befunden wie dem folgenden: Wenn man Menschen die Anweisung gibt, eine effektive Führungskraft auf ein Blatt Papier zu malen, dann zeichnet der weit überwiegende Teil intuitiv einen Mann – das gilt für Männer *und* Frauen (Murphy, 2018). Dabei hat Führungsleistung so gut wie nichts mit dem Geschlecht zu tun (Chamorro-Premuzic, 2013). Da wir alle jedoch nach wie vor fast ausschließlich Männer in höheren Führungspositionen *sehen*, gaukelt uns unser Gehirn vor, dies sei normal bzw. müsste so sein.

Unternehmen, die sich nicht mit solchen Wahrnehmungsverzerrungen auseinandersetzen, zahlen dafür einen hohen Preis. Nicht nur leiden die betroffenen Menschen unter dieser Form von Diskriminierung – auch die Performance der Unternehmen selbst bleibt dann hinter den Erwartungen zurück. 2018 hat die Unternehmensberatung McKinsey zum zweiten Mal einen Report veröffentlicht, der sich mit der Diversität von Top-Management-Teams und Unternehmenserfolg auseinandersetzt. Organisationen, deren Führungsetagen in puncto Diversität der Geschlechter sehr gut aufgestellt sind, sind spürbar profitabler als die Konkurrenz, die noch auf männliche Monokulturen setzt. Der Effekt für Diversität auf der ethnischen und kulturellen Ebene ist sogar noch etwas stärker ausgeprägt (Hunt et al., 2018).

Ich habe zusätzlich zu Leon Windscheid mit einer weiteren Person gesprochen, die sich bestens mit dem Thema Diversity auskennt. Tijen Onaran ist die Gründerin des Netzwerkes Global Digital Women. Wie keine zweite Person in Deutschland steht sie meines Erachtens für die Vernetzung und das Empowerment von Frauen, insbesondere in der Digitalwirtschaft.

Je diverser ein Netzwerk, desto lebendiger ist es

Interview mit Tijen Onaran

Liebe Tijen, du bist Gründerin der Organisation Global Digital Women. Was tut ihr dort und was ist die Mission eures Netzwerks?

Mit Global Digital Women (GDW) vernetzen wir Frauen aus der Digitalbranche, machen sie sichtbar und beraten Unternehmen in Fragen der Diversität. Für die Vernetzung sind wir in verschiedenen Städten aktiv und organisieren regelmäßige Formate des Austauschs und der Vernetzung. Zudem kooperieren wir mit Veranstaltern, um mehr digitale Expertinnen auf die Bühnen dieser Welt zu bringen. Schließlich sind wir auch Sparringspartner für Unternehmen, die Unterstützung im Bereich Diversität und HR brauchen. Bei all dem ist es mir ein Anliegen aufzuzeigen: Ohne Diversität keine Digitalisierung!

Trotz meines Y-Chromosoms durfte ich bereits an mehreren eurer Veranstaltungen teilnehmen. Dabei ist mir eine Art von besonderer Energie im Raum aufgefallen, eine ausnehmend positive Grundstimmung und auch Leichtigkeit, die ich so von anderen Business-Netzwerken nicht kannte. Was ist euer Geheimnis?

Ich bekomme immer wieder zurückgespiegelt, dass uns als (Frauen-)Netzwerk ausmacht, dass wir das Frau-Sein auf den Veranstaltungen und bei unseren Aktivitäten nicht thematisieren oder in den Fokus rücken. Es geht nicht um »Ich als Frau im Job«-Themen, sondern um Digitales. Dabei auch, dass sich alle auf Augenhöhe begegnen, da wir ein hierarchie-, und generationsübergreifendes Netzwerk sind. Zudem hilft eine lockere Stimmung bei komplexen Themen.

Auf den ersten Blick macht ihr nichts anders als viele andere Networking-Events auch. Interessante Menschen auf der Bühne erzählen von sich und ihrer Arbeit, anschließend tauschen sich die Teilnehmerinnen persönlich aus. Trotzdem habe ich das Gefühl, dass ihr eine besondere Wucht entwickelt über die sozialen Medien. Was können andere von euch lernen?

Genau das: Nicht nur für sich zu kommunizieren, sondern direkt auch auf digitale Kommunikation zu setzen. Ich finde, wer sich auf die Fahne schreibt, für Sichtbarkeit einzustehen, muss es sowohl als Person als auch als Organisation auch selbst sein. Über die digitalen Medien erreichen wir viel mehr Menschen als über analoge Veranstaltungsformate und gerade für diejenigen, die nicht teilnehmen konnten an einem Abend, ist eine Art Live-Ticker über Twitter oder Instagram-Stories eine schöne Möglichkeit der Partizipation.

Wieviel haben diese Kultur und Energie mit dir als Person zu tun?

Viel, aber natürlich hängt das nicht ausschließlich von mir ab. Ich glaube schon, dass Personalisierung dabei hilft, Menschen zu erreichen. *Menschen folgen Menschen, nicht Unternehmen.* Allerdings ist es mir auch wichtig, die Vielfalt des Netzwerks aufzuzeigen, weshalb wir für jede der sogenannten Chapter, sprich Städte, in denen wir aktiv sind, Botschafterinnen haben, die unser Netzwerk repräsentieren. Auch digital zeigen und erzählen wir die Geschichten der Community, über Formate wie Woman of the Week, aber auch Man of the Month, mit denen wir aufzeigen, wer in welchen Bereichen im besten Sinne Digitalisierung vorantreibt. Je diverser ein Netzwerk, desto lebendiger und spannender ist es.

Du hast deine ersten Berufsjahre in der Politik verbracht. Inwieweit profitierst du jetzt von diesen Erfahrungen? Und was machst du vielleicht auch ganz bewusst anders deswegen?

Die Politik hat mich sehr geprägt – gar nicht die Parteipolitik, sondern politische Arbeit an sich. Ob auf Kreis-, Bundes-, oder Europaebene: Bei all meinen Tätigkeiten bin ich in politische Abläufe eingetaucht, habe viel von Mandatsträgern gelernt, was mir heute noch hilft – beispielsweise auf ein gutes und nachhaltiges Netzwerk zu setzen, oder für eine Meinung und Haltung einzustehen, auch wenn es einmal unangenehm wird. Was mich besonders geprägt und schließlich auch hat aufhören lassen mit der Politik, ist mein Antrieb unabhängig zu sein. Ich wollte auch immer etwas anderes als »die Partei oder Politik« gesehen haben, immer wissen, dass ich sowohl finanziell als auch ideell nicht abhängig bin. Daher versuche ich heute auf mehreren beruflichen Standbeinen zu stehen: als Unternehmerin, Moderatorin, Speakerin und Autorin.

GDW ist ein unternehmensübergreifendes Netzwerk, die Frauen kommen freiwillig zu euch. Glaubst du, dass Unternehmen eine ähnlich positive Dynamik innerhalb des organisationalen Netzwerkes erzeugen können?

Es steht und fällt mit den Organisatoren eines solchen Netzwerks. Wenn diese agil denken und handeln, auf Hierarchien verzichten und eigene Befindlichkeiten hintenanstellen, wird es funktionieren. Interne Netzwerke funktionieren, wenn es einen klaren Plan gibt, wohin das Netzwerk führen soll, wer Teil des Ganzen sein soll und vor allem: wenn Unterstützung seitens der Führungsebene da ist. Dann gibt es auch die Freiheit, verschiedene Formate auszuprobieren und das Netzwerk als Teil der Unternehmenskultur und -entwicklung zu positionieren.

Tijen Onaran hat u. a. Politik an der Universität Heidelberg studiert. Sie ist Gründerin von Global Digital Women und zudem in diversen Beiräten und Gremien aktiv. Vor ihren jetzigen Tätigkeiten sammelte sie verschiedene Erfahrungen im Bereich der politischen Kommunikation und Verbandsarbeit. Sie hat mehrere erfolgreiche Bücher verfasst und wirkt seit 2023 als Jurorin in der Start-up-Show Die Höhle der Löwen mit. Kontakt: tijen-onaran.de

Warum profitieren Unternehmen finanziell, wenn sie sich auf mehr Teilhabe und Inklusion einlassen? Neben der Frage des Zugangs zu einem größeren Talentpool mehren sich die Beweise, dass diverse Teams über viele Arbeitskontexte hinweg zu besseren Lösungen kommen. Eine Überblicksstudie (Bell et al., 2011) kommt zu dem Schluss, dass die entsprechenden Effekte nicht sehr stark, aber eben doch relevant sind. Wenn man sich vor Augen hält, dass selbst in einem nicht sonderlich großen Unternehmen jeden Tag mitunter tausende von geschäftlichen Entscheidungen getroffen werden müssen, dann leuchtet unmittelbar ein, warum selbst minimale Verbesserungen der Entscheidungsqualität durch mehr Diversität über längere Zeit bedeutende Konsequenzen nach sich ziehen können.

Eine andere Überblicksarbeit zur Frage der Entscheidungsqualität in Teams in Abhängigkeit von der Diversität (Horwitz & Horwitz, 2007) kommt zu dem Schluss, dass es nicht zwingend die äußerlichen Merkmale der Teammitglieder sind, die hier den Ausschlag geben. Sprich: Man kann ein nach äußeren Kriterien wunderbar ausbalanciertes Team bauen (gleich viele Frauen wie Männer, Menschen verschiedener Ethnien usw.) – doch wenn diese Menschen in Bezug auf die anstehenden Aufgaben[121] alle über ein verwandtes Mindset und einen ähnlichen Erfahrungsschatz verfügen, nützt das am Ende des Tages nicht besonders viel. Was letztlich die beschriebenen positiven Effekte auf die Teamperformance zeitigt, ist *Deep Diversity*, sprich: klar divergierende Perspektiven durch deutlich voneinander abweichende Erfahrungshintergründe. Dies – gepaart mit einem hohen Maß an Psychologischer Sicherheit (siehe Kapitel 9.4) – ist der Schlüssel zu echter Diversität.

121 Das für mich lehrreichste Beispiel, das aufzeigt, wie Unternehmen durch fehlende Diversität zu schlechten Entscheidungen kommen und in der Folge dysfunktionale Produkte auf den Markt bringen, ist das folgende: 2017 ging ein Video viral, das zeigt, wie ein dunkelhäutiger Mann versucht, Seife aus einem automatischen Seifenspender zu entnehmen. Er scheitert, weil der Sensor, der den Spender zur Ausgabe der Seife animiert, eine (zu) dunkle Hand offenbar nicht als solche erkennt. Der Hautton erzeugt keinen ausreichenden Kontrast – oder besser formuliert: Der Sensor arbeitet nicht präzise genug. Information zu dem Fall plus Video siehe Fussell (2017).

8 PERMA: Sinn

Das Meer hat keinen Sinn, die Schifffahrt hat einen Sinn.
Manfred Hinrich, deutscher Lehrer und Schriftsteller

In Douglas Adams' Science-Fiction-Kultbuch Per Anhalter durch die Galaxis gibt es eine Szene, in der ein von einer weit fortgeschrittenen Zivilisation eigens für diesen Zweck erbauter Supercomputer namens Deep Thought die Frage »nach dem Leben, dem Universum und dem ganzen Rest« beantworten soll. Nach einer Rechenzeit von 7,5 Millionen Jahren verkündet er vor einer riesigen Gruppe von Nachkommen der Erbauer das Ergebnis. Es lautet: 42. Diese knappe Antwort lässt das Publikum entsprechend ratlos zurück. Auf Nachfrage bestätigt der Computer jedoch, dass das Ergebnis korrekt sei. Schließlich erklärt er der verdutzten Zuhörerschaft, das Problem bestehe in der Tatsache, dass seine Erbauer die Frage niemals wirklich verstanden hätten (Adams, S. 163).

8.1 Die Frage aller Fragen

Die Frage nach dem Warum, nach dem Sinn, »nach dem Leben, dem Universum und dem ganzen Rest« beschäftigt die Menschheit vermutlich seit diesem einen Tag, an dem das erste humanoide Lebewesen sich seiner selbst bewusst wurde – inklusive der vagen Ahnung von der Endlichkeit der eigenen Existenz. Die Frage nach dem Sinn der Arbeit hingegen ist jünger, sie ist eher ein Phänomen der Neuzeit. Frühe Antworten finden sich beispielsweise im Alten Testament. Demnach ist körperliche Arbeit, zum Beispiel Ackerbau, eine Strafe Gottes für den Ungehorsam der Menschheit (1. Buch Mose 3,17).[122] Für das eigene Wohlergehen arbeiten zu müssen ist, neben anderen Beschwerlichkeiten, eine Folge der Vertreibung aus dem Paradies.

Ähnlich, wenn auch aus anderen Beweggründen, hielten es viele griechische Philosophen. Aristoteles zum Beispiel setzte abhängige Arbeit mit Unfreiheit gleich: Frei sein konnte ein Mensch nur unter der Bedingung, »dass er nicht unter dem Zwang eines anderen lebt« (zitiert nach Walther, 1990, S. 6). Körperliche Arbeit war dementsprechend nur für Diener und Sklaven vorgesehen. Ein gut situierter Mensch sollte sein Leben hingegen der Philosophie und der Politik widmen. Ähnlich hielt man es in der Blütezeit des römischen Reiches. Cicero (1891) glaubte beispielsweise, dass Handwerker eine schmutzige Tätigkeit verrichteten und Werkstätten unedel seien.

122 Siehe bibeltext.com/genesis/3-17.htm

Ein wenig freundlicher sah man das Ganze in der katholischen Kirche. Das den Benediktinern zugeschriebene Motto »Ora et labora!« (Bete und arbeite!) deutet darauf hin, dass Arbeit als wichtiger Bestandteil eines gottgefälligen Lebens angesehen wurde (Lynn, 2004). Allerdings bleibt fraglich, ob hier der Arbeit an sich ein Sinn beigemessen wurde, denn aller Sinn des Lebens kam selbstredend von Gott – und *nur* von Gott. Unter dem Banner der Reformation, insbesondere bei den Calvinisten, wurde das »Labora« schließlich besonders großgeschrieben. Ein strebsames, mühseliges und (pekuniär) erfolgreiches Leben wurde als Zeichen göttlicher Gnade betrachtet.

Dass Arbeit *um ihrer selbst willen schätzenswert* sein kann, ist ein vergleichsweise junges Phänomen. Der Ausspruch »Die Menschheit wird erst glücklich sein, wenn alle Menschen Künstlerseelen haben werden, das heißt, wenn allen ihre Arbeit *Freude* macht« wird beispielsweise mal dem Maler Auguste Rodin zugeschreiben, ein anderes Mal dem Dichterfürsten Johann Wolfgang von Goethe. Rund 100 Jahre später wird der russische Dichter Leo Tolstoi sinngemäß schreiben, dass Arbeit (oder besser: die *richtige* Arbeit) dem Menschen eine eigene Form von *Würde* verleihe (Michaelson, 2008). In ein ähnliches Horn stieß Sigmund Freud. Er glaubte, dass die Möglichkeit bzw. Fähigkeit *zu lieben und zu arbeiten* Eckpfeiler eines zufriedenstellenden Lebens seien (Hazan & Shaver, 1990).

Sinn des Lebens vs. Sinn im Leben

Den meisten Psychologen gilt Viktor Frankl, Begründer der Existenzanalyse, als Übervater der modernen Sinnforschung. Infolge seiner jüdischen Abstammung verbrachte er die Endphase des Zweiten Weltkriegs u. a. in den Konzentrationslagern Auschwitz und Dachau. Der Mediziner kümmerte sich um seine Mitgefangenen und protokollierte akribisch deren Gesundheitszustand. Seine wichtigste Beobachtung: Wenn eine Person ihr Sinnerleben einbüßte, weil sie beispielsweise vom Tod der Angehörigen erfuhr, kam langsam aber sicher der Lebensmut abhanden. Wer sich hingegen sicher war, dass draußen noch jemand (oder etwas) wartete, überlebte überzufällig oft. Diese Beobachtung kulminiert in dem Satz: »Hat man sein Warum des Lebens, so verträgt man sich fast mit jedem Wie.« Er stammt aus Nietzsches »Götzendämmerung«,[123] wird aber öfter Frankl zugeschrieben.

Frankl selbst sprach davon, dass das Leben selbst dem Menschen Fragen stelle – und dieser habe dem Leben zu antworten, indem er *Ver-Antwortung* für das Leben und den Sinn darin übernimmt (Frankl, 2000). An dieser Stelle tut sich eine wichtige Unterscheidung auf:

123 Siehe gutenberg.spiegel.de/buch/gotzen-dammerung-6185/3

- Auf der einen Seite stellt sich die Frage nach dem Sinn *des* Lebens bzw. bestimmter Aspekte des Lebens, also auch nach dem Sinn *der* Arbeit. Diese Form der Frage geht implizit davon aus, dass dem Leben bzw. der Arbeit ein mehr oder weniger objektivierbarer, vom Betrachter unabhängiger Sinn innewohnt. Ein Evolutionsbiologe mag vielleicht die Ansicht vertreten, dass der Sinn des Lebens darin besteht, sich selbst fortzupflanzen und weiterzuentwickeln. Für esoterisch veranlagte Menschen mag eine Antwort lauten, dass sich das Universum durch die verschiedenen Ausprägungen des Lebens seiner selbst bewusst wird. In Bezug auf die Arbeit wurden hier bereits einige Blickwinkel geschildert: Für Tolstoi lag ein Sinn der Arbeit darin, dem Menschen Würde zu verleihen, die Benediktiner und insbesondere die Calvinisten brachte sie näher zu Gott.
- Auf der anderen Seite steht die Frage nach dem Sinn *im* Leben bzw. dem Sinn *in* der Arbeit. Diese Perspektive geht davon aus, dass diesen Entitäten kein ureigener Sinn innewohnt. Stattdessen muss dieser, so wie von Frankl angedeutet, entdeckt bzw. entwickelt werden. Diese Haltung entspricht weitgehend auch der des Existenzialismus, in dessen Denkrahmen die Welt als nicht von sich aus sinnhaft betrachtet wird, sondern erst durch den Menschen »be-deutet« werden muss.

Der Blickwinkel der Positiven Psychologie

Als empirische Wissenschaft ist die Positive Psychologie mit ihren Fragen der letztgenannten Position zugeneigt. Sie versucht nicht, den objektiven Sinn des Lebens oder der Arbeit zu ergründen. Stattdessen geht sie *deskriptiv* von der Beobachtung aus, dass Menschen – in Abhängigkeit vom Kontext und ihrer Persönlichkeit – ein unterschiedlich starkes Maß an *subjektiver Sinnwahrnehmung* empfinden können. Darauf aufbauend lässt sich fragen, warum bestimmte Menschen in bestimmten Situationen mehr oder weniger die Anwesenheit von Sinn verspüren. Es geht demnach um die psychologischen Treiber des Sinnerlebens – und damit auch um die Frage: Welchen Spielraum hat das Individuum? Welchen Spielraum haben darüber hinaus auch Führungskräfte und Personaler, um ihren Kollegen zu einem Mehr an Sinnerleben im Rahmen der Arbeit zu verhelfen?

Achtung

Ich spreche von Sinnerleben oder -wahrnehmung, um klarzustellen, dass es sich aus Sicht der Positiven Psychologie um ein subjektives Phänomen handelt.

8.2 Wie kommt der Sinn ins Leben?

Wenn Sie jetzt im Moment, ganz intuitiv, auf einer Skala von Eins (= komplett sinnfrei) bis Zehn (= komplett sinnvoll) einschätzen müssten, wie sinnerfüllt Ihnen Ihr Leben aktuell erscheint: Welche Antwort würden Sie geben?

Die gleiche Frage stelle ich Menschen oft im Rahmen meiner Vorträge. Die Antworten, die ich meist erhalte, liegen irgendwo im Bereich von Sechs und Neun. Eine Zehn kommt mir selten unter, was auch ein Stück weit am deutschen Gemüt liegen mag. Bislang haben allerdings auch erst einige wenige Menschen zugegeben, dass sie – Hand aufs Herz – aktuell nicht über eine Fünf hinauskommen. Dass mir noch keine niedrigeren Werte begegnet sind, ist auch der Tatsache geschuldet, dass die weitgehende Abwesenheit von Sinnwahrnehmung im Leben ein recht sicheres Zeichen für das Vorliegen einer depressiven Episode ist (Zika & Chamberlain, 1992). Menschen in einer solchen Situation gehen in der Regel nicht zur Arbeit, geschweige denn zu Vorträgen.

Sinn im Leben als Dreiklang: Kohärenz, Destination und Signifikanz

Durch die o.g. Abfrage machen Menschen eine wichtige Entdeckung: Sinnwahrnehmung ist kein Ganz-oder-gar-nicht-Phänomen. Sie schwankt einerseits zwischen Individuen, aber auch innerhalb eines Individuums über die Zeit (Steger et al., 2006). Warum dies so ist, lässt sich wunderbar an einem Modell von Frank Martela und Michael Steger (2016) aufzeigen.

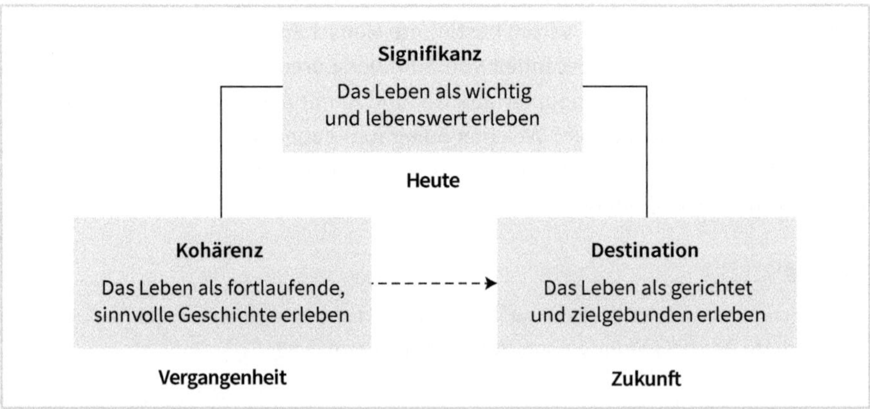

Abb. 10: Lebenssinn als Produkt aus Kohärenz, Destination und Signifikanz; Quelle: in Anlehnung an Martela und Steger (2016)

Interviewt man Menschen zu der Frage, wie sich die Wahrnehmung eines sinnerfüllten Lebens gestaltet, sprechen sie in der Regel über drei Faktoren: Kohärenz, Destination und Signifikanz.

- Wenn es Menschen gelingt, die Welt und ihre Rolle darin – ihr bisheriges Leben mit allen Höhen und Tiefen – als zusammenhängende Geschichte zu erzählen, als Narrativ, das verschiedenste Episoden miteinander verknüpft, dann spricht man von *Kohärenz*. Hier geht es nicht um Schönfärberei, sondern um Beziehung und Resonanz, das Nachvollziehen und Verstehen, wie eins zum anderen führt und geführt hat. Kohärenz zeigt sich in Sätzen wie: »Ich habe zwar nicht direkt nach dem Studium meinen Traumjob im Marketing bekommen, aber der Umweg über die Werbeagentur hat meine Fähigkeiten dermaßen erweitert, dass ich nach drei Jahren doch eine Stelle ergattern konnte, die mir die Karriere ermöglicht hat, auf die ich nun zurückblicke.«
- Andererseits werden Menschen über ihre *Zukunft* sprechen. Da könnten Sätze wie der Folgende fallen: »Ich mache den Job hier jetzt noch drei oder vier Jahre. Wir haben dann genug Geld beiseitegelegt, sodass ich deutlich kürzertreten kann. Ich kümmere mich dann wieder stärker um die Hilfsorganisation, die ich jetzt schon unterstütze – und dann kann ich auch endlich mehr Zeit mit meinen Enkeln verbringen.« Hier schwingt mit, dass der Mensch von einer attraktiven Perspektive in die Zukunft gezogen wird. Es geht um *Motivation*, Ziele und Pläne – manchmal aber auch nur um eine Richtung, ohne dass schon ganz klar ist, wo der konkrete Endpunkt der Reise liegen soll.
- Bringt man die vergangenheits- und die zukunftsbezogene Perspektive zusammen, so kommen Menschen mitunter zu einer Art *Evaluation* ihres aktuellen Erlebens, im besten Fall zu einer positiven Bewertung. Sie werden dann so etwas sagen wie: »Da, wo ich *jetzt* bin, mit allem Drum und Dran: Das fühlt sich gut an, das macht (ergibt) Sinn. Ich bin zwar noch nicht genau dort, wo ich hinwill. Aber ich habe bisher schon so viel gewuppt, da mache ich mir wegen der anstehenden Aufgaben keine großen Sorgen.«

Zusammenfassend: Das Erleben von Sinn in der Gegenwart speist sich zu einem guten Teil, wenn auch nicht ausschließlich, aus der Integration des bislang Erlebten in Verbindung mit einer positiven Vision für die eigene Zukunft. Vor diesem Hintergrund lässt sich auch erklären, warum Menschen zeitweilig der Lebenssinn (in Teilen) abhandenkommt. Bisweilen kommen Menschen ins Coaching, weil sie nach einer Zeit, in der alles im Lot war, langsam die berufliche oder auch private Perspektive verloren haben. Mitunter wissen diese Personen schon, was als Nächstes kommen soll; im Coaching geht es dann um die Frage des Wie. Nicht selten verspüren Klienten jedoch auch den Verlust der Zugkraft einer attraktiven Destination. Dann ist ein Ziel des Coaching-Prozesses, ein attraktives Bild für die kommende Zeit zu entwickeln. In der *Psychotherapie* hingegen lassen sich zumindest einige Themen als ein Ringen um mehr Kohärenz der Vergangenheit beschreiben. Während nicht jede Form der psychotherapeutischen

Arbeit auf die Bewältigung der Vergangenheit ausgerichtet ist, spielt eine Aufarbeitung der eigenen Sozialisation doch eine wichtige Rolle in der Persönlichkeitsentwicklung der meisten Menschen. Ein geflügeltes Wort unter Psychotherapeuten lautet nicht umsonst: »Es ist nie zu spät, eine glückliche Kindheit gehabt zu haben.«

Wie das Modell von Kohärenz, Destination und Signifikanz in eine Form der praktischen Arbeit überführt werden kann, wird im folgenden Interview mit Kerstin Humberg deutlich. Die frühere McKinsey-Beraterin hat 2015 das Unternehmen Yunel gegründet. Das Unternehmen nutzt Erkenntnisse aus der Positiven Psychologie und Hirnforschung, um Führungskräfte, Manager und Unternehmer bei der Planung ihrer sinnerfüllten Zukunft zu unterstützen. Zu den Produkten des Unternehmens gehören Halbzeit-Biografien und von Künstlern gestaltete Life Maps.[124]

Sich in die eigene Zukunft verlieben

Interview mit Dr. Kerstin Humberg

Frau Dr. Humberg, früher waren Sie Beraterin bei McKinsey. Nun unterstützen Sie mit Ihrem Unternehmen Menschen in der Lebensmitte dabei, ein sinnerfülltes Leben zu gestalten. Inwieweit hängt die Mission von Yunel mit Ihrer eigenen Lebensgeschichte zusammen?

Tatsächlich gibt es einen Zusammenhang. Yunel ist eine Hommage an die Friedensnobelpreisträger Muhammad Yunus und Nelson Mandela. Beiden bin ich in der Vergangenheit persönlich begegnet und die Auseinandersetzung mit ihren Biografien hat mich inspiriert. Ende der 1990er-Jahre war ich als junge Journalistin in Südafrika im Einsatz und wurde mit Armut, Rassismus und Gewalt konfrontiert. Seither frage ich mich: Wie kann es sein, dass Kinder ihr positives Potenzial nicht entfalten dürfen und stattdessen zu Verbrechern werden? Was sind die Ursachen sozialer Ungerechtigkeit und was kann jeder Einzelne dagegen tun? Gleichzeitig war ich zutiefst beeindruckt vom damaligen Präsidenten Nelson Mandela: Nach 27 Jahren in Haft seinen Verfolgern die Hand zu reichen und damit einen Beitrag zur Versöhnung zu leisten – wow!

Zu welchem Ergebnis sind Sie gekommen?

Mit starker Botschaft, Herz und Resilienz können wir nicht nur uns selbst, sondern Gesellschaften positiv verändern. Auf der Suche nach Antworten habe ich zuerst Humangeographie, Politologie und Psychologie studiert. Etwas desillusioniert von traditioneller Entwicklungshilfe bin ich 2006 zu McKinsey gegangen, um nach unternehmerischen Lösungen für globale Herausforderungen zu suchen.

124 Beispiele für solche Landkarten des Lebens finden Sie unter: yunel.de/lifemaps

Während der Zeit bei McKinsey durfte ich an der Seite von Muhammad Yunus über Armutsbekämpfung durch Social Business in Bangladesch promovieren. Dabei hat Prof. Yunus mir – wie zuvor schon Nelson Mandela – vor Augen geführt, welch unglaubliches Potenzial in uns Menschen steckt. Wir müssen es nur wachkitzeln! Vor diesem Hintergrund habe ich Yunel gegründet, um menschliches Potenzial und Glück zu entfalten. Bei mir, meinen Mitarbeitern und unseren Auftraggebern.

Menschen kommen zu Ihnen, um ihre Vergangenheit, Gegenwart und Zukunft in Form von Life Maps zu visualisieren, Visionsposter zu erstellen oder Halbzeit-Biografien zu erarbeiten. Wie läuft ein solcher Prozess ab?

In der Regel treffen wir unsere Kunden drei- bis fünfmal. Falls gewünscht, auch kompakt in Form eines dreitägigen Retreats. Die jeweils zwei- bis dreistündigen Sessions folgen einer klaren Struktur. Die Inhalte sind wissenschaftlich fundiert. Der Fokus liegt auf dem, was das Leben lebenswert macht – beispielsweise auf Stärken, Werten, Beziehungen und Sinn. Im Wesentlichen geht es um folgende Fragen:

- Woher komme ich?
- Wo stehe ich aktuell im Leben und wie sieht mein Plan für die Zukunft aus?
- Wie kann ich mein Potenzial entfalten und was macht mich auf Dauer wirklich glücklich?

Dabei ist das Ergebnis bei uns genauso wichtig wie der Prozess. Unsere Art-Direktorin visualisiert die Quintessenz unserer Arbeit mit den Kunden. Im Ergebnis entstehen wunderschöne Zeichnungen, die später hochwertig gerahmt im Büro oder Wohnzimmer der Auftraggeber hängen. Denn: Wer seine Vision und das persönliche Rüstzeug täglich vor Augen hat, kann sein Leben besser danach ausrichten. Wie geographische Karten geben unsere Life Maps Überblick und Orientierung.

Wie kommt das?

Innere Bilder beeinflussen nicht nur das persönliche Wohlbefinden. Unser Selbstbild und die Vorstellung von der Welt, in der wir uns bewegen, wirken sich auch auf Verhalten und Leistungsfähigkeit aus. Innere Bilder der positiven Art haben einen starken Einfluss auf unsere Potenzialentfaltung. Das wissen wir aus der Hirnforschung. Yunel hilft bei der Entwicklung solcher Bilder (etwa der eigenen Werte oder Fähigkeiten) und verankert diese in einer Life Map, sodass unsere Auftraggeber einen größeren Teil ihres Potenzials zur Entfaltung bringen können. Allein die Überzeugung, durch eigene Leistung etwas verändern zu können, weckt verborgenes Potenzial.

Welche Rolle spielen dabei Erkenntnisse aus der Positiven Psychologie?

Yunel kombiniert aktuelle Erkenntnisse aus der Positiven Psychologie und Hirnforschung mit Ansätzen strategischer Beratung. Jede Session umfasst einen Mix aus Forschungserkenntnissen, biografischen Interviews und praktischen Übungen. Dabei orientieren sich die Themen nicht zuletzt an Martin Seligmans PERMA-Modell. Neben positiven Emotionen, stärkenbasiertem Engagement und Sinn beschreibt Seligman darin die Bedeutung von Beziehungen, Leistung und das Erreichen von Zielen für ein gelingendes Leben. Auch den Zusammenhang von Glück und Erfolg nehmen wir unter die Lupe. Denn: Beruflicher Erfolg ist kein Glücksgarant. Permanenter Erfolgsdruck und Stress wirken oft kontraproduktiv. Unser Gehirn ist biologisch so programmiert, dass es im positiven Zustand am besten funktioniert. Positive Emotionen wie Inspiration, Freude oder Dankbarkeit erweitern unseren Horizont. Sie machen uns kreativer, lösungsorientierter und altruistischer. Gleichzeitig geht es darum, auch negativen Emotionen auf den Grund zu gehen und ihren Wert zu erkennen. So können Enttäuschungen falsche Erwartungen aufdecken und Not macht erfinderisch. Zu einem erfüllten Leben gehört unbedingt die Fähigkeit, Schmerz zu tolerieren bzw. zu verarbeiten. Ray Dalio, ein erfolgreicher Unternehmer aus den USA, bringt es mit einer Formel auf den Punkt: Schmerz plus Reflexion gleich Fortschritt.

Inwieweit profitieren Sie bei dieser Arbeit von Ihrem Beratungshintergrund?

Als Beraterin bei McKinsey habe ich gelernt, strukturiert zu arbeiten, komplexe Sachverhalte zu durchdringen und gemeinsam mit Klienten überzeugende Strategien zu entwickeln. Heute hilft mir diese Erfahrung, essenzielle Elemente einer Biografie herauszuschälen und die Synthese dieser Elemente in ein persönliches Kunstwerk zu übersetzen.

Der Forscher Michael Steger unterscheidet verschiedene Bausteine des Sinns, unter anderem ein Gefühl von Kohärenz in Bezug auf die Vergangenheit sowie eine Destination im Sinn von übergreifenden Zielen, die uns in die Zukunft ziehen. Ist es das, woran Sie mit Klienten arbeiten?

Ja, genauso ist es. Im Hier und Jetzt kann ein Gefühl von Signifikanz bzw. Bedeutungsfülle entstehen, wenn zwei Voraussetzungen erfüllt sind: Wenn ich einen positiven Bezug zu meiner Vergangenheit herstelle und zugleich eine inspirierende Idee davon bekomme, wohin mein Weg in Zukunft führen kann. Dabei wird das Gefühl der Kohärenz durch unsere Visualisierungen verstärkt. Vor den Augen unserer Auftraggeber fügen sich die Puzzlestücke des eigenen Lebens wie ein positives Portfolio zusammen. Anhand von zwölf bis fünfzehn Symbolen sehen sie das, was ihr Leben ausmacht, und wie selbst negative Erfahrungen im

Rückblick neu bewertet werden können. Krisen sind Teil unseres Lebens. Sie lassen uns wachsen. Als Menschen können wir aus Fehlern und Misserfolgen lernen. In der strukturierten Auseinandersetzung mit ihren Lebenserfahrungen – positive wie negative – erkennen unsere Kunden, was für sie im Leben Bedeutung hat. Gleichzeitig wird ihnen bewusst, wie sie ihre Ressourcen für persönlich sinnvolle Ziele einsetzen können. Interventionen aus der Glücksforschung helfen uns dabei, Stärken und Werte bewusst zu machen und diese Erkenntnisse in eine positive Vision für die nächste Lebensphase zu übersetzen.

Es gibt Forscher, die behaupten, dass unsere Persönlichkeit deutlich flexibler sei, als dies beispielsweise durch Studien über die Vererbung nahegelegt wird. Kernidee ist, dass wir vor allem die Geschichte sind, die wir uns jeden Tag bewusst oder unbewusst über uns selbst erzählen – und dass wir uns verändern können, wenn wir es schaffen, diese Geschichte umzuformen. Sie sind jetzt einige Jahre am Markt. Melden sich bisweilen frühere Klienten mit einer neuen Geschichte?

Kürzlich habe ich einen meiner ersten Kunden wiedergetroffen, einen Unternehmer aus Österreich. Beim Abendessen mit Kollegen hat er von seiner Life Map geschwärmt und davon, wie seine Vision mit jedem Tag mehr Gestalt annimmt. Genau das ist es, was wir bezwecken wollen. Wir wollen unsere Auftraggeber für ihr Potenzial begeistern. Die gute Nachricht: Innere Bilder, auch solche, die durch negative Erfahrungen entstanden sind und uns einschränken, lassen sich verändern. Der menschliche Geist trägt ein ungeheures Transformationspotenzial in sich. Unser Gehirn ist plastisch – und kann sich ein Leben lang verändern. Doch wie wir uns verändern, hängt von unserem Fokus und der inneren Bereitschaft ab. Die wohlwollend kritische Auseinandersetzung mit der eigenen Vergangenheit, Gegenwart und Zukunft auf Basis der Positiven Psychologie verschafft unseren Auftraggebern einen Blick auf die beste Version ihres Selbst. Im Idealfall verlieben sie sich in ihre eigene Zukunft.

Inzwischen fragen auch Organisationen Ihre Dienstleistung an. Was versprechen sich diese davon?

Die Anlässe sind sehr verschieden. Zum einen sind es Jubiläen, die zum Anlass genommen werden, die eigene Geschichte und Zukunft unter die Lupe zu nehmen. Wofür stehen wir? Was hält uns im Kern zusammen? Was brauchen wir für eine positive Zukunft? Auch Generationenwechsel in der Führung von Unternehmen gehen häufig mit solchen Fragen einher. Schließlich stellt unser Angebot eine effektive Alternative zum klassischen Coaching für Führungskräfte dar. Mit unseren Life Maps bieten wir ein greifbares Ergebnis, das langfristig wirkt. Mehr und mehr Unternehmen erkennen die Bedeutung positiver Selbstführung und die Kraft der

Visualisierung in diesem Prozess: Nur wer sich selbst positiv und wertschätzend führt, kann das Gleiche mit seinen Mitarbeitern tun. Yunel bietet dafür einen strukturierten Ansatz. Darüber hinaus buchen uns viele Organisationen für Trainings zu Themen der Positiven Psychologie und Führung.

Kerstin Humberg ist Gründerin und geschäftsführende Partnerin von Yunel. Die frühere McKinsey-Beraterin ist ausgebildete Journalistin, promovierte Humangeographin und Trainerin für Positive Psychologie. Sie ist Autorin des Buchs Poverty Reduction through Social Business? Lessons Learnt from Grameen Joint Ventures in Bangladesh. Kontakt: yunel.de

Der Sinn des Sinns

Spitzfindig lässt sich an dieser Stelle fragen: Was ist denn der Sinn davon, Sinn wahrnehmen zu können? Die meisten Spezies auf diesem Planeten kommen schließlich wunderbar ohne diese Fähigkeit aus. Die eindeutige Botschaft für den Menschen lautet allerdings: *Es geht nicht ohne!* Wie bereits beschrieben ist die längerfristige Abwesenheit von Sinnwahrnehmung im Leben ein zentrales Diagnosekriterium für Depressionen. Ins Positive gewendet lässt sich zeigen, dass das gefühlte Vorhandensein eines Lebenssinns, gerade auch im mittleren und letzten Lebensabschnitt, mit einer Reihe von überaus wünschenswerten Konsequenzen einhergeht (Steger, 2013), beispielsweise:

- mehr soziale Einbindung und bessere Qualität der persönlichen Beziehungen;
- gesteigerte Selbstwirksamkeit und Resilienz;
- bessere physische Gesundheit und höherer sozioökonomischer Status.

Es ist an dieser Stelle – wie so oft bei psychologischen Wirkfaktoren – nicht ganz einfach, Ursache und Wirkung sauber voneinander zu trennen. Doch die umfangreiche Datenlage liefert genug Futter, um zu folgendem Schluss zu gelangen: Das Streben nach Sinn im Leben ist ein hochsinnvolles Unterfangen.

Quellen des Lebenssinns

Während das Modell von Martela und Steger einen hohen Abstraktionsgrad aufweist, beschreiben andere wissenschaftliche Konzepte ganz konkret anzapfbare Quellen von Sinn im Leben. Tatjana Schnell von der Universität Innsbruck hat gemeinsam mit Kollegen im Rahmen eines mehrjährigen Forschungsprogramms ein Inventar der Quellen von Sinn im Leben (Lebensbedeutungen) erarbeitet. Insgesamt 26 Faktoren sind in dem Modell enthalten, die sich auf vier übergeordnete Dimensionen aufteilen, wobei die erste zweigeteilt ist (Schnell, 2009):

- *Vertikale Selbsttranszendenz*: Einbindung des eigenen Lebens in einen größeren, diese Welt überschreitenden Gesamtzusammenhang.
- *Horizontale Selbsttranszendenz*: Verantwortungsübernahme für einen höheren Wert. Dies kann altruistisch ausgerichtet sein (z. B. soziales Engagement) oder sich auf die eigene Person beziehen (z. B. Streben nach Selbsterkenntnis).
- *Selbstverwirklichung*: Konzentration auf die eigenen Stärken, Potenziale und Entwicklungsmöglichkeiten.
- *Wir- und Wohlgefühl*: Selbst- und Nächstenliebe im Sinne der Befriedigung eigener Bedürfnisse nach Nähe; in Bezug auf sich selbst (z. B. durch Achtsamkeit) wie auch auf andere Individuen und die größere Gemeinschaft.
- *Ordnung*: Bewahrung und Bodenständigkeit, beispielsweise durch das Pflegen von Traditionen.

Von diesen Elementen zeigt die Dimension der horizontalen Selbsttranszendenz den stärksten Zusammenhang mit dem Vorhandensein eines Lebenssinnes. Ergo: Hier gibt es die höchste Sinnrendite zu holen, insbesondere wenn Sie sich bisher eher wenig um andere Menschen bzw. gute Zwecke kümmern. Doch auch ein Mehr an Selbstsorge kann Ihnen spürbaren Auftrieb verleihen, wenn Sie sich bisher in erster Linie an externen Kriterien des Lebenserfolgs gemessen haben.

Wenn Sie im Übrigen einschätzen möchten, wie stark Ihre Sinnwahrnehmung im Leben gegenwärtig ausgeprägt ist, können Sie in weniger als fünf Minuten den sogenannten Meaning in Life Questionnaire (MLQ) ausfüllen. Er wurde von einem Team um den bereits erwähnten Michael Steger entwickelt (Steger et al., 2006). Der Fragebogen misst einerseits die *Anwesenheit eines Lebenssinnes* wie auch die *Suche nach Sinn*. Während die Präsenz von Sinn mit gesteigertem Wohlbefinden einhergeht, ist die ausgeprägte Suche nach Sinn tendenziell mit negativen Konsequenzen verknüpft.

Tipp

Sie finden alle 26 Lebensbedeutungen und viele Ressourcen, um Ihre Sinnwahrnehmung zu stärken, via: sinnforschung.org. Der Lebenssinn-Fragebogen inklusive Erläuterungen steht auf Englisch hier zu Verfügung: michaelfsteger.com/wp-content/uploads/2012/08/MLQ.pdf, eine deutsche Übersetzung findet sich hier: michaelfsteger.com/wp-content/uploads/2013/03/MLQ-German.doc

Im Folgenden finden Sie ein beseeltes Interview mit Tatjana Schnell über die Bedingungen sinnerfüllter Arbeit. Wir schlagen dabei einen großen Bogen von den grundsätzlichen gesellschaftlichen Bedingungen von Arbeit bis hin zur Rolle der einzelnen Führungskraft.

Verzicht auf Hierarchien kann große Energie freisetzen

Interview mit Prof. Dr. Tatjana Schnell

Frau Professorin Schnell, ich habe den Eindruck, dass die Nachfrage nach sinnvoller Arbeit größer geworden ist. Hat das Thema allgemein an Relevanz zugenommen – oder empfinden Menschen ihre Arbeit heutzutage als weniger sinnvoll?

Ich habe es deutlich daran gemerkt, dass das Thema Sinn zu Beginn meiner Arbeit zu Anfang des Jahrtausends noch als exotisch bis unmöglich zu erforschen galt. Seitdem konnte ich ein stetig steigendes Interesse vonseiten der Forschung und der Medien feststellen. Auch bei Studierenden ist es inzwischen selbstverständlich, über Sinnfragen nachzudenken. Zu Beginn des Jahrtausends sahen die wenigsten Menschen eine Notwendigkeit dazu. Warum das so ist, darüber kann ich nur spekulieren. Mir scheint, dass es heute wieder eine größere Bereitschaft dazu gibt, Prinzipielles zu hinterfragen. Dazu zählt auch unser Wirtschaftssystem, das mit Prämissen wie Individualität, Freiheit, Wachstum, Leistung und Konkurrenz unser Leben in allen Bereichen prägt: Politik, Bildung, Liebe, Weltanschauung, Freizeit, Arbeit. Die Finanzkrise 2007/2008 hat einmal mehr bloßgelegt, wie eindimensional und anfällig für Missbrauch das Streben nach Kapitalbesitz ist. 2010 schlossen sich in einer Umfrage der Bertelsmann-Stiftung 88 Prozent der Deutschen der Aussage an, wir bräuchten als Folge dieser Krise eine neue Wirtschaftsordnung.

Die o. g. Prämissen wurden »frag-würdig«, weil sie soziale Ungleichheit und Raubbau an der Umwelt fördern. Auf der persönlichen Ebene machen sie so gar nicht glücklich. Immer häufiger hört man von Aussteigern, die hochdotierte Posten für ein sinnvolleres Leben aufgeben. Auch Arbeiter und Angestellte fragen sich vermehrt, warum sie eigentlich tun, was sie tun. Im Allgemeinen wollen Bauarbeiter gute Arbeit leisten und stolz auf ihr Werk sein. Krankenpflegerinnen wollen Kranke pflegen, weil sie glauben, dass Kranke ein Anrecht auf gute Pflege haben. Wissenschaftler wollen forschen, weil sie Wissen als wertvoll betrachten. Das Gros der Arbeitgeber hingegen meint, Ziele wie Gewinnmaximierung und Wachstum verfolgen zu müssen. Es gibt also eine große Divergenz der Ziele – bei ungleicher Machtverteilung. In hierarchisch organisierten Unternehmen müssen Arbeitnehmende den Effizienzkriterien der Arbeitgebenden genügen. Beim Bau, in der Pflege, in der Wissenschaft geht es also darum, möglichst viel möglichst schnell zu machen. Qualität und Inhalt, die eigentliche Bedeutung der Tätigkeit, treten zurück; die Arbeit wird als leer und sinnlos erlebt.

Gibt es Daten zu Unterschieden in puncto Sinnwahrnehmung zwischen Hierarchieebenen? Ist es oben leichter, Arbeit als sinnvoll zu empfinden?

Ja, unsere Daten legen das nah. In Führungspositionen ist der Grad der wahrgenommenen beruflichen Sinnerfüllung etwas höher – was wahrscheinlich mit dem größeren Spielraum zusammenhängt, der es ermöglicht, persönliche Werte im Berufsleben umzusetzen. Um dies zu verstehen, ist es wichtig, das Konzept der beruflichen Sinnerfüllung näher zu erläutern. Wir unterscheiden zwischen *sinnvoller* und *sinnstiftender* Arbeit. Dass Arbeit sinnvoll ist, sollte Standard sein und kann auf allen Hierarchieebenen erlebt werden. Vier Kriterien sind hier zentral:

- *Bedeutsamkeit*: Ich weiß um den Nutzen meiner Arbeit.
- *Zugehörigkeit*: Ich werde als Person wahrgenommen und wertgeschätzt.
- Passung bzgl. *Fähigkeiten, Interessen und Werten*: Ich bin weder gelangweilt, über- oder unterfordert, noch steht meine Tätigkeit in Widerspruch zu meinen Werten.
- *Identifikation* mit der unternehmerischen Orientierung: Ich kann hinter den (gelebten, nicht vorgegebenen) Zielen des Unternehmens stehen.

Wenn Arbeit zusätzlich die Möglichkeit bietet, persönliche Werte zu verwirklichen, wie z. B. soziales Engagement, Naturverbundenheit, Macht, Gemeinschaft oder Moral, so kann sie auch Sinn stiften. Dies erlaubt jedoch nur ein kleiner Teil der Berufe und es ist eher in Führungspositionen möglich. Das sinnstiftende Potenzial beruht hier auf einem größeren Gestaltungsspielraum und mehr Möglichkeiten zur Übernahme von Verantwortung.

Was können Führungskräfte tun, um die Sinnwahrnehmung der Mitarbeiter zu steigern?

Sinnwahrnehmung lässt sich zum Glück kaum manipulieren und auch nicht von außen steuern. Stattdessen sind zwei Faktoren zentral: Einerseits sollten Führungskräfte selbst den Sinn ihrer Tätigkeit sehen. Damit ändert sich bereits vieles: Die Sache rückt in den Vordergrund, der monetäre Nutzen in den Hintergrund. Wenn eine Managerin ehrlich sagen kann: »Es ist wichtig, dass wir das machen, weil es ein richtig gutes, verlässliches Produkt ist!« oder »Weil es das Leben von vielen Menschen besser macht!«, dann stellt sie ein intrinsisches Ziel in den Raum, das viel mehr Motivationspotenzial hat als Gewinn, Wachstum, Erfolg am Markt. Es geht also erst einmal um eine authentische, bewusste Haltung der Führungskräfte.

Darüber hinaus können sie natürlich noch mehr tun. Dies betrifft primär das Schaffen von Arbeitsbedingungen, die sinnvolles Arbeiten ermöglichen. Sie können die Bedeutung, den Nutzen der Arbeit erlebbar machen (z. B. durch Re-fokussierung auf Inhalt und Qualität, Kontakte mit Kunden), die Zugehörigkeit fördern (z. B. durch partizipative Einbindung und kontinuierliche Wertschätzung), die Passung optimieren (z. B. durch das Eingehen auf Veränderungen im Hinblick auf Kompetenzen und Interessen in verschiedenen Lebensphasen) und Unternehmensziele gemeinsam entwickeln und authentisch leben.

Wie sieht es mit Top-Managern aus, die das Gros der Mitarbeiter nur indirekt erreichen können?

Sie haben einen großen Einfluss durch ihre Art zu leben und zu führen. Sie sind die Aushängeschilder. Ihr Auftreten, ihre Art zu kommunizieren, zu verhandeln, ihre Nähe oder Distanz zu den Mitarbeitenden – all dies prägt das Betriebsklima und das Bild, das Angestellte von ihrem Unternehmen haben.

Seit mehr als einem Jahrzehnt werden im deutschsprachigen Raum New-Work-Konzepte diskutiert. Da geht es um flache Hierarchien, Selbstorganisation, Führung ohne Führungskräfte. Was sind aus Ihrer Perspektive die Vor- und Nachteile solcher Steuerungsformen?

Flache Hierarchien beruhen auf der Annahme, dass alle Perspektiven relevant sind und gehört werden müssen. In autoritär geführten Organisationen hingegen gibt es ein starkes Machtgefälle, das viele Nachteile auch in Bezug auf das Sinnerleben hat: Personen auf den unteren Ebenen sind Ausführende, denen weder Mitspracherecht noch Verantwortung zugewiesen wird. Die Bedeutsamkeit ihrer Tätigkeit wird geringgehalten. Im nicht seltenen Extremfall werden Angestellte nur noch über ihre Funktion wahrgenommen, nicht als Menschen mit Bedürfnissen, Interessen und Kompetenzen. Nimmt man sich als kleines Rädchen im Getriebe wahr, leidet natürlich auch die Zugehörigkeit.

Wenn auf Führung verzichtet wird, wird allen Beteiligten Verantwortung zugewiesen. Diese muss natürlich auch realisiert werden können durch Ressourcen, Vertrauen und Gestaltungsspielraum. Wenn dies gelingt, dann ist ein solches Modell potenziell stark sinnstiftend. Es involviert die Mitarbeiter, steigert das Zugehörigkeitsgefühl, die Identifikation und die Übernahme von Verantwortung. Zwei Punkte sind zu bedenken:

- *Längst nicht alle Menschen wollen sich über ihre Erwerbsarbeit identifizieren*, obwohl die gesellschaftliche Norm dies nahezulegen scheint. Es gibt andere Tätigkeiten, die sehr sinnstiftend sind, z. B. Kunst, Kultur, Tätigkeiten für das Gemeinwohl oder in der Natur. Je mehr ich in die Erwerbsarbeit eingebunden

bin, desto größer ist die Gefahr, dass für solche Tätigkeiten keine Zeit und Energie mehr bleiben.
- Zudem hat hohe berufliche Sinnerfüllung auch Schattenseiten. *Je sinnvoller mir meine Tätigkeit erscheint, desto schwieriger fällt es mir, mich abzugrenzen.* Studien haben gezeigt, dass Menschen, die ihre Arbeit sinnvoll finden, länger arbeiten, besser arbeiten und weniger verdienen als Menschen, die die Arbeit einfach als Verdienstmöglichkeit ansehen. Inzwischen nutzen manche Arbeitgeber dieses Wissen aus, indem sie als sinnvoll angesehene Tätigkeiten geringer entlohnen.

Davon abgesehen gibt es auch die Gefahr der Selbstausbeutung bei hoher beruflicher Sinnerfüllung, die so weit gehen kann, dass Betroffene ihr Privatleben der Arbeit unterordnen, Anzeichen körperlicher und seelischer Erschöpfung übergehen und Fragen der fairen Entlohnung als irrelevant ansehen. In vielen Fällen geht dies mit einer hohen Kreativität und/oder Produktivität einher, die als befriedigend erlebt wird. Doch die Intensität fordert ihren Tribut, wenn sie eine bestimmte Dauer überschreitet.

Ich hoffe, dass autoritäre Formen der Top-down-Führung bald der Vergangenheit angehören. Sie stehen dem Verständnis entgegen, das wir vom Menschen in unserer Demokratie haben: autonom, mündig und einsichtsfähig. Ein Verzicht auf Hierarchien kann große Mengen an Energie und Inspiration freisetzen, wenn die richtigen Personen zusammenfinden. Dennoch ist dies sicherlich keine Arbeitsform, die sich alle Berufstätigen wünschen – zumindest solange nicht, wie Arbeit noch primär Erwerbsarbeit ist.

In jüngster Zeit wenden sich Menschen, teils freiwillig, teils notgedrungen, vom klassischen Angestelltendasein ab. Stattdessen arbeiten sie in fragmentierten, projektartigen Strukturen. Was sind hier die Vor- und Nachteile?

Diese Entwicklung spiegelt den Charakter unserer Multioptionsgesellschaft wider. Wir finden ähnliche Strukturen in der Freizeitgestaltung, in Beziehungsformen, sogar in unseren Weltanschauungen. Das Heraustreten – oder Herausfallen – aus stabilen, langfristigen Strukturen bedeutet einerseits einen Verlust an Vorgaben und Grenzen, andererseits einen Gewinn an Möglichkeiten der Passung und Selbstverwirklichung. Unseren Studien zeigen, dass nicht alle Menschen gut damit umgehen können. Etwa die Hälfte der Menschen in einem Alter zwischen 16 und 29 Jahre kennzeichnet sich dadurch, dass sie glauben, keinen Einfluss auf die Gestaltung ihres Lebens nehmen zu können. Sie erleben sich als wenig kompetent, die Herausforderungen zu meistern, die auf sie zukommen. Stattdessen ziehen sie sich zurück in die Indifferenz, engagieren sich nicht, beziehen keine Position.

Wer in einer Gig Economy erfolgreich sein will, muss hohe Flexibilität, Eigeninitiative, und Self-Entrepreneurship an den Tag legen. *Dem Individuum wird viel aufgebürdet.* Solche Anforderungen mehren sich bereits in klassischen Angestelltenverhältnissen, wo sie jedoch durch regelmäßigen Lohn, kollegiale Unterstützung und Betriebsräte teilweise abgefedert werden können. All dies fällt in der Gig Economy weg. Es gibt viele Menschen, die gut damit leben können. Die wissen, was sie wollen, die Freiheit schätzen, mit der Vielzahl der Möglichkeiten spielen, ihre Potenziale ausloten, sich weiterentwickeln. Es gibt eine große Zahl anderer, die durch dieses System isoliert und prekarisiert werden. Beide Typen von Menschen würden davon profitieren, wenn ihr Überleben nicht von Erfolg oder Misserfolg in solchen Strukturen abhinge – wie es durch ein bedingungsloses Grundeinkommen gewährleistet werden könnte.

Menschen werden in Zukunft Seite an Seite mit Algorithmen und Robotern arbeiten. Wie wirkt sich das auf die Sinnwahrnehmung aus?

Immer weniger Menschen werden monotone Tätigkeiten ausüben. Stattdessen werden kreative, organisationale und soziale Fähigkeiten in den Vordergrund rücken, die einen größeren Gestaltungsspielraum ermöglichen. Gleichzeitig werden wir weniger Zeit mit Tätigkeiten verbringen, die heute zur Erwerbsarbeit zählen. Wer wollen wir sein, wenn wir uns nicht mehr über den Beruf identifizieren? Wenn wir unser Selbstverständnis als Zoon politikon bewahren wollen – als Wesen, das in einer sozialen Gemeinschaft zu sich selbst kommt – dann gilt es, einen entsprechenden Gemeinsinn zu erhalten (oder wieder zu wecken). *Anstatt* Individualität, Freiheit, Wachstum, Leistung und Konkurrenz müssten Miteinander und Füreinander gefördert werden. Demgemäß käme es zu einer längst fälligen Neubewertung von Tätigkeiten, die bisher nicht als Arbeit galten: Das Pflegen von Angehörigen oder Nachbarn, Tätigkeiten für das Gemeinwohl, für Gesellschaft, Kunst, Kultur und Natur. Bis heute finden diese in großen Teilen freiwillig und ehrenamtlich statt. Die Bezahlung ist gering oder nicht existent; die Zuschreibung von Sinnhaftigkeit ist – hoch.

Tatjana Schnell wurde an der Universität Trier promoviert und ist seit 2013 assoziierte Professorin an der Universität Innsbruck, wo sie sich auch habilitierte. Zusätzlich ist sie Professorin an der MF Specialized University in Oslo. Ihr Buch Psychologie des Lebenssinns erschien 2016. Kontakt: sinnforschung.org

Brauchen wir alle *einen* Purpose im Leben?

Seit Beginn des neuen Jahrtausends ist ein Thema in Mode gekommen, das eng mit der Wahrnehmung eines Lebenssinnes verwandt ist. Im Englischen wird dafür der

Begriff Purpose verwendet, der sich eher schlecht als recht ins Deutsche übersetzen lässt, ohne dass er falsche Konnotationen weckt. Meines Erachtens liegt die Bedeutung des englischen Wortes in der Schnittmenge der Begriffe *Daseinszweck, Berufung und Bestimmung*. Es geht demnach um eine Mischung aus in die Zukunft gerichteten Gedanken und Gefühlen, die ein Bündel von übergeordneten Zielen und Lebensaufgaben beschreiben, um die Anwesenheit eines Gespürs für den ureigenen Beitrag (für andere i. w. S.), den ein Mensch in diesem Leben leisten möchte.

Vereinfacht könnte man sagen, es geht um die folgenden Fragen: Wozu bin ich hier? Wie kann ich in meiner Einzigartigkeit, mit all meinen Stärken und Talenten, dafür sorgen, dass diese Welt (oder ein Teil von ihr) ein schönerer, besserer Ort wird? In den letzten Jahren ist, zumindest in Internetveröffentlichungen rund um das Thema Management und Selbsthilfe, ergänzend der japanische Begriff *Ikigai* aufgetaucht, der sich ebenfalls einer eindeutigen Übersetzung entzieht – aber recht nah an der Idee eines Purpose gelagert ist (Sone et al., 2008). Konzeptuell verwandt ist der Purpose auch mit der Idee der Destination, so wie sie im Modell von Martela und Steger beschrieben wird (s. Abb. 10). Die Konnotation einer Berufung legt nahe, dass ein Lebenszweck nicht von vorneherein gegeben ist, sondern irgendwann entdeckt oder gehört werden kann, während Bestimmung tendenziell andeutet, dass es eine Art Prädestination gibt, dass der Lebenszweck eines Menschen vor-angelegt ist. Ursprünglich wurden beide Begriffe vor allem im religiösen Kontext verwendet. Heutzutage können wir uns allerdings auch zu weltlichen Berufen berufen fühlen.

Abzugrenzen ist das Konzept des Purpose von dem einer Mission (in dem Sinne, wie viele Unternehmen ein Mission Statement veröffentlichen): Purpose beantwortet die Fragen: Warum gibt es mich? Was will ich bewirken? Die Mission gibt folgende Auskunft: Wie setze ich den Purpose in die Tat um? Ein Mensch könnte zum Beispiel seinen Purpose darin sehen, die Kindersterblichkeit auf der Welt zu senken. Es gibt allerdings viele verschiedene Missionen, um diesem Ziel näher zu kommen (Hebamme, Entwicklungshelfer, Produzent von Desinfektionsmitteln usw.)

Achtung

Auch viele Organisationen kommen durcheinander, wenn es um die Abgrenzung von Konzepten wie Mission Statement, Company Purpose, Werte, Vision etc. geht; die Forschung bestätigt dies (Salem Khalifa, 2012). Eine hilfreiche Abgrenzung von Natur und Nutzen der verschiedenen Statements bietet ein Artikel in der Harvard Business Review (Kenny, 2014).

Die Gefahr bei diesem Themenkomplex liegt darin, ihn zu undifferenziert zu betrachten. In vielen Ratgebern und mittlerweile auch in TED Talks finden sich mehr oder weniger plausible Anleitungen, um seinen »einzig wahren Purpose« zu entdecken. An dieser Stelle wäre ich persönlich vorsichtig. Es gibt durchaus Forschung, die nahelegt, dass Menschen, die sich mit Haut und Haaren einem bestimmten Lebensthema verschreiben, im Mittel erfolgreicher sind als Menschen, die ihre Energie auf verschiedene Projekte verteilen (Duckworth et al., 2007). Das bedeutet jedoch noch lange nicht, dass sie auch glücklicher werden – oder dauerhaft mehr Lebenssinn verspüren. Zudem zeigt die Forschung wie oben geschildert, dass sich Sinnwahrnehmung aus vielen unterschiedlichen Quellen speisen kann. Es erscheint demnach nicht stimmig, nach »dieser einen Sache« suchen zu wollen.[125]

Im Übrigen scheint mir die Metapher des Entdeckens trügerisch zu sein. Das Gros der Menschen wird eine Bestimmung nicht einfach finden, so wie einen Schatz, dessen Ort mit einem X markiert ist. Eher müssen wir sie über die Zeit kultivieren wie eine Pflanze, bei der es manchmal Jahre dauert, bis sie Früchte trägt (Schawbel, 2017). Meine Erfahrung, die ich ganz persönlich, aber auch als Begleiter von Menschen gemacht habe, zeigt mir außerdem, dass unsere Kultur, auch getrieben durch eine schier unendliche Zahl von Motivationsratgebern, die Bedeutung von Zielen überschätzt. Es ist gut für Menschen, wenn sie mit der Zeit ihre ureigene Richtung finden. Das ist nicht das Gleiche.

Achtung

Unsere Gesellschaft überschätzt die Bedeutung von Zielen. Menschen brauchen eine Richtung. Das ist nicht das Gleiche.

8.3 Sinnvolle Arbeit: Gewinn für Arbeitnehmer und Arbeitgeber

Die Tatsache, dass sich der moderne Mensch überhaupt um den Sinn seiner Arbeit sorgen kann, ist ein Paradebeispiel für das, was ich im Coaching gerne ein *besseres Problem* nenne. Schon Goethe soll gesagt haben: Jede Lösung eines Problems ist ein neues Problem. Wir empfinden die Suche nach einer sinnvollen Beschäftigung bisweilen als Bürde, insbesondere wenn wir uns aktuell in einer wenig erfüllenden Tätigkeit gefangen sehen. Faktisch ist diese Bürde allerdings der Ausdruck eines enormen Zugewinns an persönlicher Freiheit, zumindest in westlich geprägten Nationen.

Wenn man früher der erste Sohn vom Schuster war, dann wurde man Schuster, ohne Wenn und Aber – vom Sklaventum mag ich an dieser Stelle gar nicht erst sprechen. Vielleicht ist man als Schuster glücklich geworden, vielleicht auch nicht. Die Frage

125 Siehe dazu auch Rose (2020a). Darüber hinaus gibt es eine seelische Verfassung, die Tatjana Schnell (2010) als existenzielle Indifferenz bezeichnet. Ein Teil der Bevölkerung ist zeitweise einfach nicht sonderlich interessiert an jeglichen Lebensbedeutungen, ohne dass diese Personen darunter leiden würden. Wohlgemerkt: Sie sind auch nicht glücklicher als Menschen, die aktuell einen ausgeprägten Lebenssinn erfahren. Gleichzeitig sind sie auch nicht depressiv, so wie es oft fxür jene Menschen zutrifft, die einen tieferen Sinn spüren möchten, aber gegenwärtig keinen Zugang dazu haben.

stellte sich einfach nicht. Heute kann man allein in Deutschland aus weit über 20.000 Studiengängen auswählen. Ein solches Maß an Wahlfreiheit kann auch erdrückend wirken (Schwartz, 2004), objektiv ist sie jedoch einer Zwangssituation vorzuziehen. Ähnliches gilt für spätere Lebensphasen: Früher wurden viele Menschen schlichtweg nicht alt genug, um sich mit folgenden Fragen zu beschäftigen: Kann ich mit Ende 40 nochmal beruflich umsatteln? Wo und wie bringe ich meine Talente ein, nachdem ich pensioniert wurde? Wurde man in früheren Zeiten doch mit einem hohen Alter gesegnet, so musste man in der Regel schuften bis zum Umfallen.

Wie sehr sich viele Menschen nach einer von Sinn erfüllten Arbeit sehnen, wird deutlich, wenn man sich ansieht, was sie im Gegenzug (theoretisch) dafür zu opfern bereit sind. In einem Online-Artikel für die Harvard Business Review (Achor et al., 2018) berichtet der Coaching-Anbieter BetterUp (siehe das Interview im Kapitel 6.5) von einer Studie. Das Unternehmen hat mehr als 2.000 Arbeitnehmer aus 26 verschiedenen Branchen in den USA befragt, ob sie bereit wären, im Gegenzug für mehr Sinnwahrnehmung während der Arbeit auf einen Teil ihres Gehaltes zu verzichten. Rund 90 Prozent der Befragten würden dieses hypothetische Angebot annehmen. Im Mittel wären sie bereit, auf 23 Prozent ihrer zukünftigen Lebensgesamteinkünfte zu verzichten.[126] Ähnliche Befunde zeigen sich in weiteren Studien (Hu & Hirsh, 2017).

Streng genommen sollte jedoch das Gegenteil passieren: Aus der reinen Nutzenperspektive betrachtet müssten Unternehmen jenen Mitarbeitern, die besonders viel Sinn in ihren Aufgaben empfinden, mehr bezahlen – weil sie mehr zum Gesamtwohl des Unternehmens beitragen. Eine Überblicksarbeit von Allan und Kollegen (2019) kommt hier zu eindeutigen Schlussfolgerungen. Menschen mit ausgeprägter arbeitsbezogener Sinnwahrnehmung sind:

- deutlich motivierter;
- spürbar engagierter;
- leistungsfähiger und erfolgreicher.

Außerdem sind sie gewissenhafter gegenüber ihrem Arbeitgeber und engagieren sich stärker als andere über ihren eigenen Aufgabenbereich hinaus für die Organisation. Auf der anderen Seite berichten sie im Mittel von:

- weniger arbeitsbezogenem Stress (bzw. können sie besser damit umgehen);
- einem geringen Maß an Burn-out-Symptomen;
- weniger Absichten, den aktuellen Arbeitgeber zu verlassen.

126 Meine ehemalige Studentin Hannah Schneider hat die Studie mit einer deutschen Stichprobe repliziert. Hier waren die Ergebnisse nicht ganz so deutlich ausgeprägt, aber trotzdem: Etwa 60 Prozent der Menschen würden Geld gegen Sinn in der Arbeit eintauschen, im Mittel etwa 15 Prozent des regelmäßigen Einkommens (Rose & Schneider, 2022). Im Übrigen kann die Kraft des Sinnerlebens zu Problemen führen, wie es Tatjana Schnell auch in ihrem Interview dargelegt hat. Im Internet ist mir in diesem Zusammenhang der englische Begriff Purpose Parasite begegnet. Er steht für Manager, die den starken Wunsch nach Sinnerfüllung in der Arbeit von anderen Menschen ausnutzen.

Auf der eigenen Habenseite stehen dafür:

- deutlich mehr Arbeitszufriedenheit;
- bessere Beziehungen zu Kollegen und Vorgesetzten;
- mehr Lebenszufriedenheit und übergreifendes Sinnempfinden.

Auf Basis dieser Erkenntnisse sollte Führungskräften und Personalabteilungen klar werden, dass die Steigerung der arbeitsbezogenen Sinnwahrnehmung eine Top-Priorität innerhalb des Geflechts der Unternehmensziele einnehmen muss. Warum sich dies für Unternehmen auch finanziell auszahlt, wird in Kapitel 10 noch eingehend thematisiert.

Im weiteren Verlauf dieses Kapitels werden wir uns anschauen, wo die Stellschrauben für ein Mehr an arbeitsbezogenem Sinn aus Sicht der Organisation und ihrer Führungskräfte liegen. Vorweg sei erwähnt, dass dies in vielerlei Hinsicht eher mit *Weglassen als Tun* zu tun hat. Außerdem sei einleitend gesagt, dass dies kein einfaches Unterfangen ist. Eher scheint es mir so etwas wie die Königsdisziplin guter Personalführung zu sein – wie auch im folgenden Interview mit Michael Steger von der Colorado State University deutlich wird.

Verlogenheit ist der schlimmste Sinnkiller

Interview mit Prof. Michael Steger, Ph.D.

Herr Professor Steger, einige Menschen würden vermutlich argumentieren, dass ein Aspekt wie Sinnerleben (in der Arbeit) nicht wissenschaftlich untersucht werden sollte bzw. nicht untersucht werden kann, weil es zu ätherisch sei. Wie denken Sie darüber?

Als jemand, dessen Berufsweg darauf aufbaut, Sinnerleben zu beschreiben und messbar zu machen, muss ich – wenig überraschend – widersprechen. Darüber hinaus denke ich, dass sich die Wahrnehmung zu diesem Thema in der aktuellen Zeit spürbar verändert. Als ich in den 1990ern Interesse bekundete, Sinnwahrnehmung zu erforschen, wurde mir meistens das Folgende zurückgemeldet: Es sei als Thema zu vage, zu philosophisch, zu religiös, zu schwierig, zu konfus usw. Die meisten dieser Ratschläge sollten mich vermutlich darauf vorbereiten, dass meine Arbeit von erstklassigen akademischen Zeitschriften abgelehnt werden würde – aber mich hat das Werk von Viktor Frankl zu sehr bewegt. Und mir war klar, dass ich selbst darüber nachdachte, ob mein Leben sinnerfüllt oder sinnlos war. Ebenso war mir klar, dass andere Menschen Schwierigkeiten haben, jene schlimmen Dinge einzuordnen, die ihnen im Leben widerfahren.

Menschen haben einen psychologischen Zugang zur Frage nach dem Sinn. Hier liegt ein wichtiger erster Schritt. Ich studiere nicht den Sinn *des* Lebens, also z. B., ob das Universum an sich einen Sinn hat, ob es eine kosmische Intelligenz gibt oder warum guten Menschen schlechte Dinge passieren. Ich möchte verstehen, wie ganz normale Menschen über jenen Sinn denken, den sie im Leben wahrnehmen. Ich untersuche den Sinn gelebter Erfahrung, sei es im Alltäglichen, in Zeiten des Kummers oder auch im Arbeitsleben. Glücklicherweise bin ich nicht allein auf dieser Reise, obwohl es ein recht ungewöhnliches Unterfangen war, als ich aufbrach. Als junger Forscher konnte ich praktisch alle bisherigen Studien auswendig herunterbeten, weil in den Jahrzehnten vor mir kaum etwas veröffentlicht würde. Mittlerweile werden allein meine Arbeiten mehr als 2.000-mal pro Jahr zitiert. Das ist eine Menge Forschung für etwas, das angeblich nicht erforscht werden kann. Ich denke, es gibt da Ähnlichkeiten zu anderen Feldern, deren Erkenntnisse wir als selbstverständlich betrachten. Wir können die Schwerkraft nicht *sehen*, aber das hindert uns nicht daran, ab und zu umzufallen. Ebenso wenig können wir Sinn sehen. Das hält Menschen, die einen Sinn wahrnehmen, allerdings nicht davon ab, glücklicher zu sein, erfüllendere Beziehungen zu führen, gesünder zu sein – und sogar länger zu leben.

Wenn Menschen über sinnvolle Arbeit nachdenken, dann beziehen sie sich meist auf das, was eine Organisation tut. Demnach ist ein Job in der PR-Abteilung einer Umweltorganisation sinnvoller als die gleiche Aufgabe bei einer Ölgesellschaft. In welcher Hinsicht ist diese Wahrnehmung korrekt – und wo geht sie fehl?

Ich denke, wir kommen der Sache am nächsten, wenn wir uns Organisationen als eine Art Ökosystem für Sinn vorstellen. In gesunden, vielfältigen und vitalen Umwelten werden viele verschiedene Lebewesen gedeihen. In gesunden, anständig und menschlich geführten Unternehmen gedeiht die Sinnwahrnehmung für viele verschiedene Menschen. Organisationen, die sich aktiv für das Gute in der Welt engagieren, haben vermutlich eine höhere Chance, Mitarbeiter zu attrahieren, die einen ausgeprägten Sinn in ihrer beruflichen Erfahrung suchen. Dennoch müssen diese Unternehmen weitere Aspekte gut hinbekommen. Sie sollten:

- einen Raum schaffen, in dem Menschen *respektvolle*, auf Gegenseitigkeit aufbauende Beziehungen eingehen können;
- genug Freiraum lassen für *Autonomie*, sodass die Mitarbeiter der Arbeit ihren eigenen Stempel aufdrücken und ihre Stärken entwickeln können.
- eine klaren *Purpose* definieren und diesen durchdeklinieren, von der Kommunikation desselben bis hin zur Frage, was ein gegebener Mitarbeiter daraus ziehen kann, um seine tägliche Arbeit zu verrichten;
- ethisch und *integer* geführt werden.

Natürlich müssen Unternehmen auch Möglichkeiten finden, sich fortwährend zu finanzieren. Es gibt verschiedene Wege, all die genannten Punkte zu erreichen. Die besten Unternehmen sind bei all diesen Aspekten einigermaßen erfolgreich – und sie sind in der Lage, diese in ihrer Kultur miteinander zu verweben. In einem solchen Ökosystem erfahren die Mitarbeiter ein hohes Maß an Unterstützung, Partnerschaft, Freiheit, Sicherheit und gesunder Führung. Dies ermöglicht es ihnen, eine Nische zu finden, in der sie ihren größten Beitrag zum Erfolg des Unternehmens leisten können. Solche Organisationen dienen dem Wohle aller: den Eignern, Kunden, Zulieferern, der Gesellschaft und nicht zuletzt dem Wohlergehen der Mitarbeiter.

Das klingt fast zu schön, um wahr zu sein.

Nun, nichts davon passiert von allein. Weder der Name einer Firma noch irgendein Jobtitel kann Sinnwahrnehmung garantieren. Es gibt auf der einen Seite reichlich Beispiele für Menschen, die in Organisationen arbeiten, welche nicht mit dem Nimbus der Weltverbesserung aufwarten können – und trotzdem für sich Mittel und Wege identifiziert haben, wie ihre Organisation einen erstrebenswerten Unterschied in der Welt macht. Auf der anderen Seite gibt es eine große Menge von Menschen, die für Organisationen arbeiten, welche auf der übergeordneten Ebene eindeutig einen positiven Beitrag für die Welt leisten – die aber nicht spüren, wie ihre Arbeit zu diesem großen Ganzen beiträgt. Ein Verwaltungsmitarbeiter in einem Kinderkrankenhaus hat möglichweise nur selten die Gelegenheit, mit der Hoffnung, dem Mitgefühl und der heilsamen Energie in Verbindung zu kommen, welche die Arbeit des Pflegepersonals prägt. Auf der anderen Seite kann der Buchhalter einer Müllbeseitigungsfirma möglicherweise sehr deutlich erkennen, wie seine Erbsenzählerei dazu beiträgt, seine Gemeinde intakt und gesund zu halten.

Sinnvolle Arbeit gedeiht, wenn Unternehmen gemeinsam mit ihren Leuten daran arbeiten, einen stimmigen Platz für sie zu finden in einem Umfeld, in dem eine attraktive Vision und zugehörige Werte authentisch gelebt werden. Das ist nicht einfach. Doch es ist auch nicht einfach, ein neues Medikament zu entwickeln oder ein Unterseekabel zu reparieren. Trotzdem tun Unternehmen so etwas ständig. Gegenwärtig arbeiten viele Unternehmen noch mit Strukturen und Incentives, die um 1920 entstanden sind. Und sie sind effektiv darin, 20er-Jahre-Ergebnisse mit 20er-Jahre-Management zu liefern. Ich bin davon überzeugt, dass sie, entsprechende Einsicht vorausgesetzt, genauso erfolgreich darin sein könnten, finanziell einträgliche und sinnstiftende Ökosysteme zu generieren.

Ich vermute, die meisten Jobs erscheinen uns sinnvoll, wenn wir einer Organisation beitreten. Ansonsten würde es die Menschen kaum dorthin ziehen. Jene

Ausnahmen, bei denen es nur ums Geld geht, klammere ich hier aus. Wenn viele Arbeitsstellen zu Beginn Sinnwahrnehmung bieten: Was sind dann die schlimmsten Sinnkiller im Laufe der Zeit?

Nach meiner Ansicht ist *Verlogenheit* der stärkste Killer. Viele Unternehmen und Führungskräfte, aber auch Politiker, bemühen die Zugkraft eines attraktiven Sinnhorizonts, indem sie »so tun als ob«. Sie sagen dann all die richtigen Dinge oder engagieren Sprachpanscher, die ein Mission Statement fabrizieren. Kleiner Hinweis: Es ist deutlich günstiger, solch ein Pamphlet im Internet automatisch erstellen zu lassen – solche Websites existieren tatsächlich. Das Petrochemie-Unternehmen sagt dann, dass es uns in eine dynamische Zukunft der sauberen Energie führt, der Schleppnetzflotte geht es um das Gedeihen des maritimen Lebensraums, das Non-Profit-Unternehmen, das 30 Prozent seiner Mittel für die Vergütung der Führungskräfte aufwendet, kümmert sich um die Zukunft der Ärmsten auf diesem Planeten. Und so weiter und so fort.

Aber das ist doch durchschaubar.

Unternehmen veröffentlichen ständig solche Statements. Niemand glaubt ein Wort davon. Die Menschen in den Führungsetagen versuchen offenbar, den Zeitgeist zu bedienen, um der jungen Generation zu gefallen. Sie denken sich wohlklingende Worte aus, um die Massen bei Laune zu halten. Währenddessen machen sie »business as usual« – und die Führungskräfte glauben, die Mitarbeiter wollten mit so wenig Arbeit wie möglich davonkommen, während jene der Ansicht sind, das Unternehmen wolle sie einfach nur ausquetschen. Selbstverständlich wird das Vortäuschen eines Sinnhorizontes, auch nur für eine kurze Zeit, Menschen dazu bringen, das große Ganze geringzuschätzen. Oder noch schlimmer: Die Organisation könnte tatsächlich die Idee in der Belegschaft säen, dass die Führungskräfte ihre Mitarbeiter tatsächlich wichtig nehmen sollten, dass das Unternehmen tatsächlich die Welt verbessern sollte, dass die Arbeit dort tatsächlich Sinn bieten sollte. Wenn man den Menschen dann den Boden unter den Füßen wegzieht, weil alles auf Blendwerk beruht, bekommt man nichts als Zynismus. Der heilt nur äußerst langsam.

Unternehmen, die es ernst meinen – wo können die beginnen?

Jede Organisation besitzt wichtige Grundlagen für das Schaffen von sinnvoller Arbeit: Verschiedene Menschen kommen unter dem Dach eines gemeinsamen Zwecks zusammen, haben somit automatisch ein Stück weit eine gemeinsame Identität, tun zusammen etwas, was auf die Welt einwirkt usw. Wenn Menschen unter solchen Bedingungen erfahren, dass sie mit Würde behandelt werden und auf Basis ihrer ureigenen Fähigkeiten einen Beitrag leisten können – anstatt nur Roboter aus Fleisch zu sein –, dann glaube ich, dass die meisten Mitarbeiter ein anständiges Maß an Sinn in ihrer Arbeit verspüren werden. Der springende Punkt ist: Ein solches Sinnlevel zu erreichen macht einen großen Unterschied: für die *Gesundheit* der Mitarbeiter, ihre Zufriedenheit, den Gruppenzusammenhalt, die Performance, bis hin zur Markenwahrnehmung. Es gibt also mehr als genug Gründe, um herauszuarbeiten, warum ein Unternehmen mehr ist als das, was in den Quartalsberichten abgebildet wird. Organisationen, die sich auf diesen Weg machen wollen, tun gut daran, Standardlösungen zu vermeiden. Stattdessen geht es darum, multilaterale Dialoge zu führen über das Beste, was das Unternehmen ist und sein könnte.

Gibt es so etwas wie ein Zuviel an Sinnerleben?

Es gibt Schattenseiten, aber das lässt sich nicht mit einem Sinnüberschuss erklären. Eine ausgeprägte Sinnwahrnehmung kann uns vorwärtstreiben – über fast jedes Hindernis, weit über den Punkt hinweg, an dem wir auf Basis weniger gewichtiger Gründe schon lange aufgegeben hätten. Menschen, die von Sinn erfüllt sind, werden alles geben, immer und immer wieder, weil sie eine tiefe Verbindung mit ihrer Arbeit und ihrer Wirkung spüren. Weil dies so ein starker Leistungsanreiz ist, übersehen diese Personen bisweilen, dass andere Aspekte nicht ausreichend gegeben sind, sei es nun das Gehalt, eine Perspektive für die Altersvorsorge, Zeit mit der Familie oder ihre (psychische) Gesundheit.

Hinzu kommt: Aus irgendeinem Grund haben wir als Gesellschaft beschlossen, dass manche Jobs edel sind, sodass der Sinnhorizont gewissermaßen als Ersatz für eine anständige finanzielle Entlohnung fungieren möge. Kindergärtner, Kranken- und Altenpfleger, Lehrer, Polizisten und Feuerwehrleute usw. – sie alle gehören zu Berufsgruppen, die wir bewundern. Gleichzeitig müssen Menschen in diesen Rollen hier in den USA häufig einen Zweitjob annehmen, um über die Runden zu kommen. Die Gesellschaft würde ohne diese Funktionen innerhalb kurzer Zeit kollabieren und die zugehörigen Aufgaben sind extrem fordernd. Trotzdem haben wir gemeinsam entschieden, diesen Menschen wenig zu bezahlen, denn wer solche Jobs annimmt, der *muss* ja von Sinn getrieben sein. Stattdessen geben wir Unsummen an Menschen, die weit abseits dessen arbeiten, was unsere Gesellschaft wirklich zum Gedeihen benötigt. Ich bin ein großer Fußballfan, aber wenn ein Jungstar in einem goldenen Lamborghini zum Stadion fährt und dieser ihn nur das Gehalt einer Arbeitswoche kostet, dann komme ich nicht umhin, mich zu fragen, warum wir gemeinschaftlich entschieden haben, dass diese Form der Leistung für den Zeitraum von einer Woche besser vergütet wird als die Leistung einer guten Handvoll Lehrer für das ganze Jahr.

Wenn Sie zum CEO eines großen Unternehmens ernannt werden würden – und ein Bericht zeigte Ihnen, dass die meisten Mitarbeiter eher wenig Sinn in ihrer

Arbeit empfinden: Was wären die ersten Projekte oder Initiativen, die Sie anstoßen würden?

Mein erstes Projekt wäre eine datenbasierte Tiefenbohrung in Bezug auf die Erfahrung der Menschen im Unternehmen. Wo lassen wir sie als Unternehmen im Stich, wo werden grundlegende psychologische Bedürfnisse nicht ausreichend befriedigt, wo blockieren wir den natürlichen Instinkt der Menschen, Sinn in ihren Aufgaben zu finden? Was nicht gemessen wird, kann nur schwerlich verbessert werden. In diesem Sinne macht es Sinn, stichhaltige Daten darüber zu sammeln, was wirklich in den Köpfen der Kollegen vor sich geht.

Im echten Leben hinge mein zweites Projekt vom Ergebnis dieser Datenerhebung ab. Ein weiterer Sinnkiller ist das Versenden von nutzlosen Umfragen, von denen keiner versteht, was deren Absicht ist. Wenn man Menschen befragt, dann sollte man auch verstehen, was mit den Antworten anzufangen ist – ansonsten verkommen solche Instrumente zu einem weiteren kostspieligen Weg, um die Belegschaft davon zu überzeugen, die Zahlen aus dem letzten Jahr zu übertreffen. Und weil die Menschen gelernt haben, dass es schnurzegal ist, wie sie antworten, ist es ihnen auch egal – folglich klicken sie auf das Kästchen ganz weit rechts nämlich auf »Senden«.

Für dieses Gedankenexperiment habe ich hier nun keine Daten. Mein zweites Projekt bestünde folglich darin, mehr über meine Führungskräfte zu lernen. Wie stellt sich die Geschichte des Unternehmens aus ihrer Sicht dar? Wie erklären diese Menschen sich die unbefriedigenden Ergebnisse? Sie mögen recht haben, sie mögen sich irren, aber ich würde es verstehen wollen, denn das ist der Ausgangspunkt. Das ist wichtig, weil jedwede Maßnahme, um die Situation zu verbessern, sich in das Gefüge der Ziele einfügen müsste, die das Unternehmen bereits anstrebt. Die Führungskräfte sollten verstehen, dass ihnen das Arbeiten an einem attraktiven Sinnhorizont helfen wird, auch ihre Ziele zu erreichen. Investitionen in Sinnerleben sind ein guter Weg, um die Leistung positiv zu beeinflussen – sie sind nicht der Feind des Erfolgs.

Und das dritte Projekt?

Ich würde einen breiten Dialog zur Frage anstoßen, was *das Beste* am Unternehmen ist, wo und warum die Mitarbeiter jetzt schon Sinn empfinden, wo wir einen positiven Beitrag leisten. Ich würde alle Stakeholder zusammenbringen wollen, durch die gesamte Lieferkette, alle Kundensegmente, Mitglieder des Aufsichtsrats, Menschen aus den Kommunen, in denen das Unternehmen tätig ist – und natürlich einen repräsentativen Querschnitt der Mitarbeiter.[127] Was macht das Unternehmen im Innersten aus – und wie können wir von diesem Ort aus eine inspirierende Vision und eine motivierende Mission artikulieren? Das wichtigste Ergebnis wäre nicht einfach ein Bündel von Ideen, sondern eine Reihe von Prozessen, die alle Beteiligten einbinden, um den Erfolg der Unternehmung zu gewährleisten – die Ansichten der Mitarbeiter zu respektieren, ihre Einsichten durch die »Linse dessen, was das Beste am Unternehmen ist« zu betrachten, ihren Beitrag zu ehren, indem dieser sich auch tatsächlich in der Vision des Unternehmen wiederfindet: Dies ist ein ausgezeichneter Weg, um den positiven Beitrag eines jeden Menschen in der Organisation zum Vorschein zu bringen.

Michael F. Steger, Ph.D., ist Professor an der Colorado State University in Fort Collins und Direktor des dortigen Center for Meaning and Purpose. Er gilt als einer der einflussreichsten Forscher rund um die Themen Sinn im Leben und sinnvolle Arbeit. Eines seiner Bücher ist ein Herausgeberband namens Purpose and Meaning in the Workplace. Kontakt: michaelfsteger.com

8.4 Quellen der arbeitsbezogenen Sinnwahrnehmung

Genau wie bei der übergeordneten Sinnwahrnehmung gibt es verschiedene Quellen und Vorbedingungen für sinnvolles Arbeiten. Einige davon lassen sich in den Arbeitsaufgaben selbst finden, andere in den organisationalen Rahmenbedingungen, wieder andere in der Art und Weise, wie der Arbeitende geführt wird. Zudem ist – wie so häufig – zu berücksichtigen, dass auch arbeitsbezogener Sinn ein auf Interaktion beruhendes Phänomen ist. Er existiert nicht unabhängig vom Menschen, sondern entsteht durch die Be-Deutung des Arbeitenden in seinem spezifischen Kontext. Berücksichtigt man, dass Menschen unterschiedliche Persönlichkeitsmerkmale und somit Bedürfnisse und Erwartungen in einen Job einbringen, so wird schnell ersichtlich, dass die eine Person eine Arbeit als hochgradig sinnvoll, eine andere ein und dieselbe Aufgabe hingegen als mehr oder weniger sinnlos empfinden kann. Trotzdem lassen sich übergreifende Merkmale identifizieren, die für alle Menschen eine gewisse Relevanz haben.

127 Anmerkung: Was Steger hier im Kern beschreibt, ist ein mehrstufiger, stärkenbasierter Change-Prozess, der Appreciative Inquiry genannt wird. Dieser wurde schon in den 1980er-Jahren von einem Team um David Cooperrider von der Case Western Reserve University entwickelt (Cooperrider & Whitney, 2001). Ich habe mich aus Platzgründen dazu entschieden, das Verfahren in diesem Buch nicht vorzustellen. Es gibt im Netz jedoch kostenlose Informationen und Materialien in Hülle und Fülle unter: appreciativeinquiry.champlain.edu; und selbstverständlich auch entsprechende Fachliteratur.

Das Job-Characteristics-Modell

In der Frühphase der arbeitsbezogenen Sinnforschung versuchte man vor allem zu verstehen, welche *objektiven* Eigenschaften einer Arbeit dafür sorgen, dass der Arbeitende mehr oder weniger Zufriedenheit und eben auch Sinnwahrnehmung verspürt (Hackman & Lawler, 1971). Das wichtigste Denkgebäude in diesem Feld ist das Job Characteristics Model, das – wie der Name bereits andeutet – auf die Suche nach objektivierbaren Eigenschaften von Arbeitsaufgaben geht, die in der Folge unterschiedliche Wahrnehmungen bei der ausführenden Person auslösen (Hackman & Oldham, 1975). Bei diesen Charakteristika von guter Arbeit handelt es sich um die:

- *Anforderungsvielfalt* der Arbeitsaufgaben;
- *Aufgabengeschlossenheit* (Ganzheitlichkeit) der Arbeitsaufgaben;
- *Bedeutsamkeit* der Arbeitsaufgaben für die Arbeit bzw. das Leben anderer;
- *Autonomie*, also das Ausmaß an Freiraum bei der Bewältigung der Arbeit;
- *Rückmeldung* zur Tätigkeit, sprich: Feedback zur eigenen Leistung.

Über die Jahre wurden ergänzend einige psychologische Aspekte in das Modell eingefügt. Zum Beispiel weisen Menschen ein unterschiedliches starkes Bedürfnis nach persönlichem Wachstum auf. Überblicksarbeiten weisen nach, dass die Charakteristiken der Aufgabe tatsächlich einen spürbaren Zusammenhang mit der Arbeitszufriedenheit von Menschen haben, insbesondere bei Personen mit ausgeprägtem Wachstumsmotiv (Loher et al., 1985). Eine Zusammenfassung der psychologischen Einflussgrößen findet sich bei Renn und Vandenberg (1995).

Wenn man sich die Säulen des Job-Characteristics-Modell näher anschaut, wird deutlich, dass sie eine Art Korrekturbewegung zu den Prinzipien des tayloristischen Industriemodells darstellten. Dieses beruhte darauf, jeden Produktionsprozess in möglichst kleine Teilschritte zu untergliedern, um die menschliche Arbeitsleistung optimal zu standardisieren. Die meisten Menschen waren in diesem Modell nur noch für einige klar abgegrenzte Handgriffe zuständig. Rollen, die Vielfalt und einen ganzheitlichen Überblick über das Geschehen boten, waren für einige wenige Top-Manager vorbehalten. Dies war zu Anfang des zwanzigsten Jahrhunderts ein hocheffizientes Modell, beschreibt letztlich allerdings das genaue Gegenteil der zufriedenheits- und sinnfördernden Charakteristika von Arbeit. Taylorismus führte zu Monotonie, Teilnahmslosigkeit und Fremdbestimmung. Das Job-Characteristics-Modell zeigte einen frühen Ausweg auf. In der Folge entwickelten sich in der industriellen Praxis Methoden wie Job Enrichment, Job Enlargement« und Gruppenfertigung (Hackman et al. 1975).

Die Sinnmatrix

Die Forschung zu sinnerfüllter Arbeit hat sich selbstverständlich weiterentwickelt. Der Schwerpunkt der Aufmerksamkeit verschob sich tendenziell weg von den objektiven Eigenschaften einer Arbeitsaufgabe – und hin zu den psychologischen Dimensionen der Arbeitssituation und zum Kontext der Organisation. Trotzdem sind die Ergebnisse der frühen wegweisenden Arbeiten weiterhin gültig.

Machen wir einen Sprung ins Jahr 2010. In diesem Jahr erschien ein Artikel von Brent Rosso, Kathryn Dekas und Amy Wrzesniewski, der sich zum Ziel setzte, die Forschung der vergangenen Jahrzehnte zu den Treibern von Sinnwahrnehmung in der Arbeit zu systematisieren und zu strukturieren. Ziel war es, die diversen Forschungsprogramme und Denkschulen auf möglichst wenige übergreifende Dimensionen zurückzuführen. Im Zuge dieser Arbeit entstand ein faszinierend einfaches und gleichzeitig erhellendes Modell der Treiber von sinnerfüllter Arbeit. Ich denke, dieser Text ist bis dato meine absolute Lieblingsarbeit, was wissenschaftliche Artikel betrifft. Als Synopsis dieser Arbeit entstand eine Grafik, die ich im Folgenden übersetzt und etwas erweitert präsentiere. Wenn Sie dieses Buch irgendwann beiseitelegen, dann würde ich mir wünschen, dass diese Abbildung zu jenen zwei oder drei inhaltlichen Punkten gehört, die Ihnen nachhaltig im Gedächtnis bleiben – in erster Linie, weil man sich aus ihr eine Fülle an weiteren wichtigen Aspekten ableiten kann, die in diesem Buch eine Rolle spielen. Es handelt sich um ein Vier-Felder-Schema,[128] das durch zwei Achsen aufgespannt wird:

Auf der vertikalen Achse geht es um die Unterscheidung zwischen *Tun und Sein*, oder auch Yin und Yang. Demnach gehört der Bereich oberhalb der Achse zur aktiven Yang-Dimension, während der Bereich unterhalb der Achse zur tendenziell passiven Yin-Dimension gezählt werden kann. Die horizontale Achse steht für die Frage, ob der entsprechende Faktor auf das Individuum selbst oder auf andere gerichtet ist. Ich werde im Folgenden den Inhalt der daraus entstehenden vier Quadranten im Uhrzeigersinn beschreiben. Sie tragen weitgehend unabhängig voneinander dazu bei, dass ein Mensch eine Arbeit als mehr oder weniger sinnvoll empfindet. Wenn Sie mögen, können Sie gedanklich einen Regler mit einer Skala von Eins bis Zehn an jeden der Quadranten machen, um intuitiv einzuschätzen, inwieweit der betreffende Treiber in Ihrer aktuellen Rolle bedient wird.

---

128 Für mich persönlich ist es faszinierend, wenn verschiedene Forschergruppen auf unterschiedlichen Wegen zu sehr ähnlichen Erkenntnissen gelangen. Zwei Jahren nach der Veröffentlichung des Artikels von Rosso und Kollegen erschien eine Forschungsarbeit von Marjolein Lips-Wiersma und Sarah Wright (2012), die ein sehr ähnliches Modell präsentierte. Doch während die erste Forschergruppe die Ergebnisse vieler verschiedener Einzelarbeiten zu Teilthemen synthetisierte, fand die zweite Forschergruppe eine ähnliche dimensionale Struktur, indem sie die Wahrnehmungen einer eher kleinen Anzahl von Menschen über einen längeren Zeitraum qualitativ auswertete und dann zu einem deskriptiven Modell integrierte.

Abb. 11: Die Sinnmatrix; Quelle: erweitert nach Rosso et al. (2010, S. 114)

Wichtig

Sinnvolle Arbeit entfaltet sich im Spannungsfeld von zwei basalen Dimensionen: Tun und Sein bzw. Ich und Andere.

Im *oberen rechten Quadranten* geht es um die *Wirkung*, die ein Mensch durch seine Arbeit (in einer Organisation) *für andere* erzielt. Die Profiteure der eigenen Leistung können innerhalb der eigenen Organisation beheimatet sein (so wie es bei HR-Abteilungen der Fall ist), aber zuvorderst denken Menschen hier an externe Akteure, also Kunden oder, weiter gefasst, all jene Personen(-Gruppen), die von den Leistungen der Organisation profitieren. Je edler die Motive einer Organisation, desto stärker ausgeprägt wird in der Regel auch die Sinnwahrnehmung der Mitarbeiter sein. Damit wird auch deutlich, dass dieser Faktor stark vom Zweck der Organisation beeinflusst wird. Organisationen aus dem Sozial- und Gesundheitssektor bzw. Non-Profit-Organisationen haben hier in der Regel einen Vorteil gegenüber gewinnorientierten Unternehmen. Je nachdem, wie deutlich die Auswirkungen des persönlichen Arbeitseinsatzes erlebbar werden, kann auch die Sinnwahrnehmung zwischen verschiedenen Mitarbeitern ein und derselben Organisation stark schwanken.

Der *untere rechte Quadrant* integriert jene Faktoren, die mit Zugehörigkeit und Bindung zu tun haben. Hier geht es einerseits um die ganz persönlichen Bindungen unter den Menschen, die miteinander arbeiten. Je mehr man seine (wenigstens: einige) Kollegen leiden kann, desto ausgeprägter ist die Sinnwahrnehmung. Auf einer übergeordneten Ebene bildet dieser Quadrant auch jene Faktoren ab, die in den Bereich der organisationalen Identifikation fallen. Je stärker ein Mensch eine Übereinstimmung zwischen seinen persönlichen Motiven und Wertvorstellungen und jenen der Organisation erlebt, desto ausgeprägter zeigt sich die Sinnwahrnehmung. Ich beobachte, dass Start-ups hier einen Vorteil gegenüber großen, etablierten Unternehmen haben können. Die klassische Wir-gegen-den-Rest-der-Welt-Einstellung vieler Start-ups kann Menschen zusammenschweißen. Zudem profitieren diese davon, dass sich am Anfang noch alle Menschen persönlich kennen, während in großen Unternehmen selbst gut vernetzte Mitarbeiter nur noch einen kleinen Teil der Kollegen persönlich kennen. Die Identifikation verlagert sich dann auf jenen Teil der Gesamtorganisation, der das Erleben der betreffenden Person am stärksten prägt.

Der *linke untere Quadrant* ist jener, der intuitiv vermutlich am wenigsten greifbar ist. Hier geht es um die Beziehung des Arbeitenden zu sich selbst – oder besser gesagt: zu den verschiedenen Anteilen des Selbst. Jeder Mensch ist, metaphorisch betrachtet, ein Sammelsurium aus diversen Bausteinen: Stärken und Schwächen, Hoffnungen und Ziele, verschiedene Motive, die mitunter auch im Widerstreit zueinander existieren können. Wir erleben uns als eine *innere Pluralität.* Dazu gehört, dass wir einige dieser psychologischen Entitäten als stärker zu uns gehörig erleben im Vergleich zu anderen. Wir identifizieren uns beispielsweise in der Regel stärker mit unseren Stärken als mit unseren Schwächen. Genauso gut haben wir bestimmte Vorlieben und Präferenzen, von denen wir wahrnehmen, dass sie unserem wahren Selbst näher sind als andere. In diesem Sinn erleben wir Aufgaben als förderlicher für die Sinnwahrnehmung, die uns die Gelegenheit geben, unsere Stärken einzusetzen, und jene Teile unseres Selbstkonzepts bedienen, die näher an dem sind, was wir als unser authentisches Ich betrachten. Ich denke, es wird deutlich, dass dieser Quadrant entscheidend von der Weise beeinflusst wird, wie ein Mitarbeiter geführt wird. Enge, hierarchisch geprägte Führung verhindert mit Nachdruck, dass ein Mitarbeiter genügend Spielraum erhält, um die größeren, manchmal aber auch nur feinen Veränderungen an seinem Aufgabenprofil vorzunehmen, die ihn näher an sein authentisches Selbst bringen.

Der *linke obere Quadrant* schließlich bündelt alle jene Faktoren, durch die sich ein Mensch als wirksam und autonom handelnd erlebt. Hier geht es nicht um die Auswirkungen des eigenen Tuns (wie oben rechts), sondern um die schiere Freude am Gestalten. Je mehr wir bewegen können, desto mehr Sinnwahrnehmung erleben wir. Auch dieser Faktor steht und fällt mit der Führungsqualität. Gleichzeitig wird deutlich, dass diese Dimension typischerweise mit der Hierarchieebene variiert. Je mehr Ressourcen – und: auch Macht – wir zur Verfügung gestellt bekommen, desto ausgeprägter ist die Sinnwahrnehmung. Dies ist im Übrigen auch jene Dimension, bei der Großunternehmen bisweilen die Nase vorn haben. Sie können dank ihrer Größe und Finanzkraft dem Einzelnen (zumindest theoretisch) mehr Ressourcen zur Verfügung stellen als kleinere Unternehmen. Wenn das Ganze durch zu enge Strukturen und Mikro-Management mit Nachdruck eingedämmt wird, verpufft dieser Effekt jedoch.

Übergreifend ist festzustellen, dass die Faktoren auf der rechten Seite deutlich stärker von der Wahl beeinflusst werden, in welcher Organisation wir arbeiten und welche Rolle wir dort einnehmen, als diejenigen auf der linken Seite. Wir können, außer als Eigentümer oder Mitglied der obersten Führungsetage, nicht entscheidend beeinflussen, was eine Organisation grundlegend tut. Ebenso können wir nur in einem begrenzten Ausmaß beeinflussen, mit wem wir arbeiten. Und wer z. B. in der Buchhaltung sein Tagewerk verrichtet, erfährt im Mittel weniger häufig, welchen Nutzen die Organisation stiftet, im Vergleich zu Menschen, die direkt mit Kunden und Nutznießern der Organisation arbeiten.

Wie bereits angedeutet, integriert dieses Modell eine Vielzahl der anderen in diesem Buch thematisierten Aspekte auf engem Raum. Die Erkenntnisse aus den Kapiteln über positive Emotionen und Beziehungen spiegeln sich in den beiden rechten Quadranten. Die verschiedenen Modelle aus dem Kapitel über Engagement wie auch über Führung sind relevant für die beiden linken Quadranten. Auch die verschiedenen Einsichten aus den Kapiteln über Zielerreichung und Kreativität finden sich dort wieder, insbesondere in den beiden oberen Feldern. Genau deswegen rate ich dazu, gelegentlich zu diesem Abschnitt zurückzukehren. Insbesondere dann, wenn Sie Wege finden wollen, um Ihre eigene Sinnwahrnehmung – oder jene von Mitarbeiter oder Kollegen – zu fördern, rate ich Ihnen umgekehrt, die zugehörigen Kapitel aufzusuchen. Ähnlich wie Glück können wir Sinnwahrnehmung nicht direkt ansteuern. Sie ist eine positive Nebenwirkung.

EIGENE ERFAHRUNG

Ich habe mit dem Schreiben der ersten Ausgabe dieses Buches während meiner letzten Monate bei meinem früheren Arbeitgeber begonnen. Beendet habe ich es in der Zeit zwischen dem Ausscheiden aus dem Management-Job und meinem Start als Professor an der International School of Management (ISM) in Dortmund. Bertelsmann ist ein erstklassiges Unternehmen. Es wird mit Weitblick geführt, genießt den Ruf, Führungskräfte hervorragend zu entwickeln, und ist bekannt dafür, viel Wert auf die Erhaltung und Entwicklung einer Unternehmenskultur zu legen, die Autonomie und Empowerment des Einzelnen in den Vordergrund stellt. Warum habe ich Bertelsmann trotzdem nach acht Jahren verlassen?

Sie werden hier von mir kein mystisches Erweckungserlebnis hören. Ich hatte kein Burn-out, kein Freund ist jung gestorben, ich bin auch nicht zum Meditieren nach Indien gegangen. Es gibt diese Geschichten von Menschen, die vom einen auf den anderen Tag alles hinschmeißen, um ihren Traum zu verwirklichen. Ich freue mich für jeden, der dies bewerkstelligt – aber die Erfahrung zeigt: Solche Personen sind die große Ausnahme. Ich habe ein Haus mit fetter Hypothek, eine Frau, zwei Kinder und zwei Katzen. Ich gedenke, so gut wie möglich für meine Eltern da zu sein, wenn es die Situation eines Tages erfordern sollte – so, wie ich es schon bei den Großeltern getan habe. Abseits meiner überbordenden Leidenschaft für Heavy Metal stehe ich für nichts, was Otto Normalverbraucher irgendwie merkwürdig vorkommen könnte. Trotzdem habe ich mit der beruflichen Veränderung mein Angestelltengehalt in etwa gedrittelt, zumindest vor Steuern.

Die Wahrheit ist: Ich war bei Bertelsmann über viele Jahre im richtigen Job – *bis ich es nicht mehr war.* Das Ganze war keine spontane Erkenntnis, sondern ein Prozess, der sich über mehrere Jahre hinzog; schwache Signale, die mit der Zeit lauter wurden und häufiger kamen. Einige Aspekte haben mir zuletzt gefehlt, aber das ist nicht unbedingt die Schuld des Unternehmens. Menschen verändern sich mit den Jahren. Damit verändert sich auch das, was sie vom Leben und ebenso von ihren Arbeitgebern erwarten. Meine Arbeit hat mir fast immer Spaß gemacht, sie wurde sehr gut bezahlt, ich konnte viel von der Welt sehen und mich regelmäßig weiterbilden. Mein Chef war der beste Vorgesetzte, für den ich je gearbeitet habe. Ich genoss viele Freiheiten, bin regelmäßig befördert worden und konnte Dinge bewegen, Innovationen in meinem Umfeld einführen – und habe sogar den einen oder anderen Preis dafür bekommen.

Doch es kam der Punkt, an dem ich das Gefühl hatte, mir in meinen Aufgaben selbst nicht mehr näher zu kommen. Es kam der Punkt, an dem ich zunehmend bemerkte, dass der Job nur noch einen Teil meiner ureigenen Stärken beanspruchte, während andere weitgehend ungenutzt blieben. Und es kam der Punkt, an dem ich mir mehr und mehr Gedanken darüber machte, welchen Einfluss ich auf die Welt als solches nehmen wollte, über die Grenzen hinaus, die mir meine Aufgabe setzte.

Arbeiten mit der Sinnmatrix

Die Sinnmatrix wurde mit dem Ziel kreiert, mehrere Jahrzehnte an Forschung zu synthetisieren, nicht als Management-Tool. Trotzdem bin ich überzeugt davon, dass sie Führungskräften und Personalern wertvolle Anhaltspunkte bieten kann, um das arbeitsbezogene Erleben von Mitarbeitern und Kollegen zu verbessern. Zum einen bietet sie die Möglichkeit, ein Unternehmen bzw. die verschiedenen Jobfamilien einem Stärken- und Schwächenvergleich in Bezug auf die Ausprägung der vier Quadranten zu unterziehen – um auf dieser Basis schwächer ausgeprägte Sinntreiber zu entwickeln oder bereits hoch ausprägte Elemente noch weiter zu stärken.[129] Als Beispiel: Stellt ein Unternehmen fest, dass den Mitarbeitern bisher wenig Chancen zur Selbstwerdung (Quadrant links unten) gegeben werden, könnte Abhilfe darin bestehen, den

129 Obwohl dazu noch keine Forschung vorliegt, möchte ich annehmen, dass ein Job am meisten Sinn stiftet, wenn alle vier Quadranten angesprochen werden, nicht notwendigerweise immer und gleichzeitig, aber doch immer wieder über die Zeit hinweg.

Angestellten die Gelegenheit zu sogenanntem Job Crafting zu geben. Hierbei erhalten Mitarbeiter die Möglichkeit, eigenständig die Parameter der Stellenbeschreibung derart zu verändern, dass ihr Job im Anschluss besser ihren wichtigsten Motiven und Wertvorstellungen entspricht (mehr Details hierzu folgen im Laufe dieses Kapitels). Stellt das Unternehmen stattdessen fest, dass bei den meisten Mitarbeitern der obere linke Quadrant unterentwickelt ist, kann beispielsweise eine Reduktion der Führungsebenen angeraten sein usw.

Ferner ist denkbar, die Sinnmatrix für die Analyse von Employer-Branding- und Recruiting-Maßnahmen einzusetzen, da unterschiedliche Menschen von verschiedenen Sinnangeboten angezogen werden. Start-ups bieten eine andere Art von Zugehörigkeit als Konzerne. Demnach könnte es für einen Konzern zielführend sein, in der Arbeitgeberkommunikation die Zugehörigkeit zum Gesamtsystem und seinen Werten herauszustellen, während das Start-up stärker die persönlichen Beziehungen unter den Kollegen betont. Beide sind verschiedene Aspekte des rechten unteren Quadranten. Alternativ könnte der Großkonzern zu dem Schluss kommen, dass dieser Quadrant in der Außenwahrnehmung keine tragende Rolle einnehmen soll. Stattdessen könnte er auf die vielfältigen Karrierepfade hinweisen, die das Unternehmen zu bieten hat. Dies entspräche der Betonung von Sinntreibern der oberen linken Kategorie.[130]

Die sieben Todsünden der Führung

Ich hatte zu Beginn des Kapitels angedeutet, dass es in puncto Sinnwahrnehmung aus Sicht der Führung nicht immer darum geht, Dinge zu tun, sondern regelmäßig auch darum, Dinge zu *lassen*. Je genauer man hinschaut, desto eher wird deutlich, dass Führungskräfte kaum direkt dafür sorgen können, dass ihre Mitarbeiter mehr Sinn in ihrer Arbeit erleben. Eher scheint mir die Metapher eines Gärtners hilfreich, der den Boden kultiviert und düngt, damit etwas Gewünschtes gedeihen kann. Catherine Bailey und Adrian Madden (2016) haben in dieser Hinsicht eine faszinierende Studie veröffentlicht. Dafür führten sie umfangreiche Interviews mit 135 Menschen aus unterschiedlichen Berufsgruppen durch (vom Müllarbeiter bis zum Chefarzt), um sie nach jenen Rahmenbedingungen zu fragen, unter denen sie ihre Arbeit als sinnstiftend empfinden. Ergänzend zu diesen Sinntreibern haben die Forscher beschrieben, welche Handlungen und Haltungen von Führungspersonen bewirken, dass das Sinnerleben der Mitarbeiter in Nullkommanichts zunichte gemacht wird. Sie nennen diese auch die sieben Todsünden der Führung. Dabei handelt es sich um folgende Faktoren:

- *Dissonanz von Wertvorstellungen*. Wenn Mitarbeiter in der Organisation mit Wertvorstellungen in Berührung kommen (oder diese gar nach außen vertreten

130 Weitere Ideen zur Arbeit mit der Sinnmatrix, insbesondere im Coaching, finden sich in Rose (2022b).

müssen), die nicht in ausreichendem Maß mit ihren ureigenen Werten in Deckung stehen, schwindet das Sinnerleben langsam, aber sicher.

- *Übermäßige Bürokratie*. Repetitive Aufgaben, insbesondere, wenn diese als unnötig und wenig wertschöpfend empfunden werden, lassen die Sinnerfahrung schnell vergehen.
- *Mangelnde Wertschätzung*. Der Klassiker: Ein kontinuierlicher Mangel an positiver Rückmeldung zum eigenen Arbeitsbeitrag für das große Ganze bewirkt intensive Gefühle von Sinn- und Nutzlosigkeit.
- *Ungerechtigkeit*. (Wahrgenommene) Ungerechtigkeit, z. B. im Hinblick auf die Vergütung im Vergleich zu Kollegen, ist ein todsicherer Sinnkiller.
- *Entmündigung*. Wenn Führungspersonen die Kompetenzen und Freiräume ihrer Mitarbeiter unnötig beschneiden, zu viele Vorschriften machen und allgemein autokratisch anstatt partizipativ führen, erodiert das Sinnerleben zusehends.
- *Isolation*. Das Abgeschnittensein von stützenden sozialen Kontakten und freundschaftlichen Begegnungen in der Arbeit untergräbt auf Dauer das Sinnempfinden.
- *Physische oder psychische Gefährdung*. Speziell als unnütz erlebte Gefährdung der Integrität von Leib und Seele kann die Sinnwahrnehmung nachhaltig erodieren.

All diese Erkenntnisse dürften an diesem Punkt der Lektüre keine Überraschung mehr für Sie darstellen – sie wurden auf die eine oder andere Art bereits mehrfach erwähnt. Trotzdem hat mich beim ersten Lesen die große Klarheit der Forschungsarbeit von Bailey und Madden fasziniert. Der Artikel ist kostenfrei im Internet abrufbar.

8.5 Job Crafting

Wenn Menschen mit ihrer Arbeitssituation unzufrieden sind und/oder diese als sinnlos empfinden, schauen sie typischerweise nach draußen, um die Situation zu verbessern – sprich: Sie sehen sich nach einem neuen Arbeitgeber um oder versuchen, innerhalb des Unternehmens die Position zu wechseln (wenn die Organisation groß genug ist). Doch ist solch ein Wechsel immer auch mit großen Anstrengungen und einem gewissen Risiko verbunden. In diesem Sinne kann es hilfreich sein, den Blick nicht dorthin zu richten, wo das Gras vermeintlich grüner ist, sondern zu schauen, wie man den heimischen Rasen düngen und kultivieren kann. Konkret spreche ich davon, dass Menschen prinzipiell die Möglichkeit haben, *aus dem Job, den sie haben, jenen zu machen, den sie wirklich, wirklich wollen.*

In der Positiven Psychologie wird dieses Verhalten Job Crafting genannt. Systematisch wurde es 2001 zum ersten Mal von Amy Wrzesniewski und Jane Dutton in einem einflussreichen Fachartikel beschrieben. Es geht darum, dass Mitarbeiter – mit oder *ohne* Zustimmung des Vorgesetzten – das eigene Rollenprofil und Aufgabenspektrum aktiv verändern. Anhand von verschiedenen Fallstudien beschrieben Wrzesniewski und Dutton drei Ansätze:

- Zum einen können Menschen ihr *Aufgabenspektrum* verändern. So gibt es die Möglichkeit, mehr (bzw. weniger) von bestimmten Tätigkeiten auszuführen oder bestimmte Aspekte auch ganz wegzulassen. Natürlich bietet sich auch die Option an, dem eigenen Aufgabenspektrum neue Tätigkeiten hinzuzufügen.
- Zudem können Menschen in einem gewissen Umfang das *Netzwerk der Beziehungen* gestalten, in dem sie arbeiten, beispielsweise neue Beziehungen erschließen und andere herunterfahren, um ihr Erleben während der Arbeit positiv zu verändern.
- Bei der dritten Form des Job Crafting wird nicht die Arbeit selbst verändert, sondern *die kognitive-emotionale Bewertung* derselben. Mitarbeiter stellen in diesem Sinne einen höheren Bedeutungszusammenhang mit ihren Aufgaben her – Stichwort: Schichte ich Steine aufeinander oder baue ich an einer Kathedrale?

In den Jahren nach der ursprünglichen Veröffentlichung von Wrzesniewski und Dutton hat sich aus den Niederlanden heraus eine europäische Forschungstradition zum Job Crafting etabliert und losgelöst von der erstgenannten Perspektive weiterentwickelt. Gemessen an der Zahl an Publikationen ist sie derweil der wichtigere Forschungszweig. In dieser Denkschule wird Job Crafting in das empirisch gut ausgebaute Job Demands-Resources-Modell (JD-R) eingebettet (Bakker & Demerouti, 2007). Im Lichte dieser Perspektive lassen sich auf einer abstrakten Ebene die folgenden Prinzipien beschreiben (Tims & Bakker, 2010):

- Menschen bemühen sich vor dem Hintergrund ihrer Rolle, *zusätzliche Ressourcen zu generieren*, um zukünftigen Anforderungen besser gerecht zu werden.
- Sie streben zudem danach, *herausfordernde Anforderungen* zu ihrem Aufgabenprofil hinzuzufügen.
- Schließlich arbeiten sie auch darauf hin, *hinderliche Anforderungen zu minimieren*. Implizites Ziel ist es, dass das Level an jobbezogenen Ressourcen über den Zeitverlauf das Level an (belastenden) Anforderungen überwiegt.

Job Crafting aus Sicht der JD-R-Modells wurde innerhalb weniger Jahren in einer hohen Zahl von Studien untersucht. Auf Basis dieses Datenschatzes konnten zuletzt einige Metaanalysen veröffentlicht werden: Rudolph et al. (2017) kommen zu dem Ergebnis, dass Job Crafting einen klar messbaren Einfluss auf das Arbeitsengagement, die Arbeitszufriedenheit und verschiedene Aspekte der Arbeitsleistung hat. Eine weitere Metaanalyse von Oprea et al. (2019) stößt ins gleiche Horn. In einer weiteren Metaanalyse weisen Lichtenthaler und Fischbach (2019) jedoch nach, dass Job Crafting das Arbeitsengagement und die daraus resultierende Leistung auch beeinträchtigen kann, wenn die Veränderungen zu einseitig darauf abstellen, unliebsame Aufgaben loszuwerden (*kontrahierendes* Job Crafting). Die positiven Effekte sind in erster Linie eine Folge des Hinzufügens von zusätzlichen Ressourcen und stimulierende Anforderungen (*expandierendes* Job Crafting).

Kontextbedingungen für Job Crafting

Unter welchen Umständen funktioniert Job Crafting? Zunächst sollten sich Führungskräfte und Personalmanager vor Augen führen, dass Job Crafting sowieso immer stattfindet, spontan und ohne Wissen von höherer Stelle. Mitarbeiter optimieren ständig ihre Rolle, um das Arbeitsleben ein wenig angenehmer, effektiver oder sinnhafter zu gestalten (Petrou et al., 2012). Da werden Aufgaben auf dem kleinen Dienstweg erledigt, Entscheidungen von der Vorderbühne auf die Hinterbühne verlegt oder Workarounds gebaut, wenn Vorgaben und Prozesses impraktikabel erscheinen. Der Soziologe Niklas Luhmann hatte treffend beobachtet, dass jegliche Organisation im Nu aufhören würde zu existieren, wenn sich alle Mitarbeiter streng an alle Regeln halten würden. Er prägte für Regelverletzungen, die einer Organisation letztlich Nutzen stiften, den Begriff brauchbare Illegalität – wobei Illegalität sich auf die Formalia einer Organisation bezieht, nicht auf das Gesetz per se (Kühl, 2020). Die Frage ist letztlich also nicht, ob Job Crafting stattfindet, sondern ob die Führungsebene dieses *Potenzial nutzen, ignorieren oder unterbinden* möchte.

Nun gibt es Kontexte, in denen Job Crafting schlicht und ergreifend *unterbunden werden muss*, weil ansonsten Gefahr für Leib und Leben bestünde. So versteht man in der Rückschau, dass die Nuklearkatastrophe von Tschernobyl vor allem stattfinden konnte, weil diensthabende Ingenieure allzu »kreativ« mit bestimmten Sicherheitsvorgaben umgingen (Reason, 2000). Aber auch bei wichtigen kundenseitigen Prozessen oder sicherheitskritischen Architekturen (z. B. in der IT) in Unternehmen ist ein gerüttelt' Maß an Vorsicht geboten. Des Weiteren hängen die Bedingungen des Job Crafting selbstverständlich vom Verhalten des jeweiligen Vorgesetzten ab. Unter einem Kontrollfreak besteht wesentlich weniger Möglichkeit zur aktiven Anpassung als bei einer Führungskraft, die es gewohnt ist, Freiräume zu gewähren (Berg et al., 2010). Schließlich wird Job Crafting auch durch die Persönlichkeit des Individuums begünstigt oder gedrosselt. Es bedarf eines gewissen Levels an Proaktivität, Kreativität und Gestaltungswillen, um mehr und mehr zum Schöpfer des eigenen Jobs zu werden (Demerouti, 2014).

Gereifte Führungskräfte können ihre Mitarbeiter aktiv zum Job Crafting einladen. Beispielsweise ist es denkbar, dass ein Team gemeinsam Aufgabenbereiche definiert, in denen aktive Veränderung erwünscht ist. Dies setzt ein hohes Maß an Vertrauen aufseiten der Führungskraft voraus (Thun & Bakker, 2018). Im Gegenzug ist es denkbar, dass die Mitarbeiter einen psychologischen Vertrag mit ihrer Führungskraft schließen, der beinhaltet, dass die Führungskraft regelmäßig über intendierte Veränderungen informiert wird (und vielleicht auch ein Vetorecht hat). Auf dieser Ebene ist es auch denkbar, Job Crafting als laufende Aufgabe für Teams oder gesamte Arbeitsgruppen einzuführen (Tims et al., 2013). Auf diese Weise kann die Wirkung der individuellen Veränderungen gebündelt und potenziert – und auch besser gesteuert und ausbalanciert werden (dazu später mehr im Interview mit Jessica Amortegui).

Job Crafting in der Praxis

An der University of Michigan, wo Job Crafting ursprünglich erforscht wurde, kann man ein Arbeitsbuch erwerben, wenn man strukturiert am eigenen Aufgabenprofil arbeiten möchte. Es findet sich unter:
positiveorgs.bus.umich.edu/cpo-tools/job-crafting-exercise.

Ich habe vor einigen Jahren selbst mit diesem Buch gearbeitet und es als sehr nützlich empfunden. Nichtsdestotrotz kann man den Job-Crafting-Prozess auch ohne ein solches Hilfsmittel anstoßen. Am wichtigsten aus Sicht einer Führungskraft ist es, die entsprechenden Verhaltensweisen *vorzuleben und aktiv einzufordern.*

EIGENE ERFAHRUNG

Ich habe die Mitglieder meiner Abteilung bei Bertelsmann zum Ende des Jahres gebeten, über den Weihnachtsurlaub einige Überlegungen anzustellen. Ich bat sie, mir im neuen Jahr drei Dinge/Arbeitsaufgaben/Projekte etc. zu nennen, an denen sie im neuen Jahr nicht mehr oder weniger beteiligt sein wollten. Ebenso sollten sie drei Aspekte nennen, die sie im neuen Jahr in ihr Portfolio integrieren wollten. Ich machte dazu keine genauen Vorgaben, ermutigte sie eher zum Spinnen. Die augenzwinkernde Anweisung lautete lediglich, dass es legal und budgetär machbar sein sollte. Zu Anfang des neuen Jahres besprach ich diese Liste dann zunächst einzeln mit den Personen, später gemeinsam im Team. Die Wahrheit ist: Wir konnten längst nicht jeden Vorschlag umsetzen, aber immerhin doch einige. Abgesehen davon habe ich mein Team laufend angespornt, über Anpassungen an ihren Aufgaben nachzudenken. Wir haben in einer Konstellation gearbeitet, in der uns sowieso viel von Agenturen und Dienstleistern zugearbeitet wurde. Im Hinblick darauf habe ich das Team ermutigt, immer auch über sinnvolles Outsourcing nachzudenken. Ich selbst habe es genauso gehalten. Mein erklärtes Ziel war es, meine »Arschloch-Themen« (Aufgaben, die ich nicht mochte und/oder in den ich nicht gut war) auf maximal einen Tag pro Woche zu reduzieren.

Wenn sich Führungskräfte ihre Mitarbeiter zum Job Crafting ermutigen, bemerke ich als Coach mit der Zeit bisweilen eine gewisse Erleichterung: darüber, nicht mehr so viel selber machen, nicht mehr so viel steuern zu müssen. Die Erfahrung, dass der

Laden nicht auseinanderfliegt, selbst wenn man sich merklich zurückhält, ist für viele hoch leistungsmotivierte Manager eine zunächst ungewohnte, schließlich aber *durchaus befreiende Erfahrung*.

Der Unternehmensberater Rob Baker hat in einem Buch aus dem Jahr 2020 (S. 45) eine attraktive Visualisierung vorgestellt, die unterschiedliche Optionen für Job Crafting weiter ausdifferenziert und konkretisiert. Ich habe diese mit seiner Erlaubnis erweitert ins Deutsche übertragen.

Abb. 12: Das Job Crafting-Rad, übersetzt und erweitert nach Baker (2020)

Wie Sie der Abbildung 12 entnehmen können, hat Baker die ursprünglichen drei Imperative des Job Crafting von Wrzesniewski und Dutton weiter aufgefächert und schlägt sechs abgrenzbare (wenn auch nicht unabhängige) Stoßrichtungen für die pro-aktive Gestaltung der eigenen Arbeitsrolle vor:

- *Wer*: Menschen verändern ihre Arbeit derart, dass der *Kontakt mit bestimmten (Gruppen von) Menschen* intensiviert oder reduziert wird.
- *Was*: Menschen fügen *Aufgaben* zu ihrem Portfolio hinzu (oder entfernen sie) bzw. intensivieren einige und fahren andere herunter.
- *Wann*: Menschen entscheiden, *zu welchen Zeiten* sie Aufgaben erledigen (oder auch nicht).
- *Warum*: Menschen konstruieren bewusst größere Bedeutungszusammenhänge für das, was sie tun. Sie schärfen ihr Warum bzw. das Wozu.

- *Wo*: Menschen entscheiden, *an welchem Ort* sie bestimmte Aufgaben erledigen (oder nicht).
- Wohl: Menschen beeinflussen proaktiv Randbedingungen ihrer Rolle, die sich positiv auf ihr arbeitsbezogenes Wohlbefinden auswirken.

Job Crafting jenseits des Individuums

Wenn Menschen beginnen, pro-aktiv Veränderungen an ihrer Rolle vorzunehmen, entsteht – implizit – neuer Koordinationsaufwand. Es gilt sicherzustellen, dass nichts Wichtiges hinten runterfällt. Wo jemand etwas Neues machen möchte, muss der Mensch etwas anderes loslassen. Wer fängt diese Aufgaben auf? Im Sinne dieser Dynamik berührt Job Crafting mittelfristig immer auch die Ebene der Teamentwicklung. Aber wie schon weiter oben berichtet: Nicht immer können alle Wünsche jedes Mitarbeiters eins zu eins umgesetzt werden. Manchmal sehen übergeordnete Instanzen mit mehr Erfahrung und oder auch Weitblick gute Gründe, warum eine intendierte Veränderung (im Moment) nicht sinnvoll erscheint.

Job Crafting im besten Sinn ist demnach kein Harakiri-Vorgehen. Es dient zunächst den Interessen des Individuums. Das entbindet den individuellen Job Crafter jedoch nicht davon, den größeren Kontext im Blick zu behalten.

- *Alignment mit der Organisation*: Inwieweit zahlen die Veränderungen auf die Ziele der eigenen Abteilung und der Organisation als solcher ein?
- *Impact auf andere*: Wie wirkt sich die Veränderung auf den Beitrag anderer Menschen aus? Wo könnte z. B. die Leistung von Kollegen beeinträchtigt werden, wenn ich bestimmte Vorarbeiten nicht mehr ausführe?
- *Impact auf mich selbst*: Wie fügen sich die Veränderungen in das große Ganze der eigenen Persönlichkeit und des Leben ein – beispielsweise das Verhältnis zwischen Arbeits- und Privatleben? Es ist sicherlich reizvoll, attraktive neue Aufgaben zu übernehmen, in denen die eigenen Stärken und Interessen besser bespielt werden. Aber der Tag hat nur 24 Stunden.

Wenn man noch etwas weiterdenkt, sieht man zudem den Übergang von der Teamentwicklung zur Entwicklung der gesamten Organisation. Genau über diesen Prozess habe ich mit Jessica Amortegui besprochen. Jessica und ich haben gemeinsam an der University of Pennsylvania studiert. Sie ist ein echtes Phänomen: Sie arbeitet seit Jahren im Senior Management großer Tech-Unternehmen, ist mehrfache Mutter – und findet nebenbei noch Zeit, regelmäßig Texte für Business-Magazine wie Fast Company zu schreiben und Workshops über Positive Psychologie im Business auszurichten.

Eine Geisteshaltung der Fülle

Interview mit Jessica Amortegui

Jessica, als Head of Learning & Development hast du Job Crafting bei Logitech eingeführt. Erzähl mir bitte davon.

Ich bin ein großer Verfechter der »drei Cs«: »Competence«, »Connection«, »Control«. Gute Tage in der Arbeit sind erfüllt von diesen Bedingungen – und Job Crafting ist ein Prozess, um diese auf praktische Art und Weise zu stärken: indem wir, auch ohne Führungsrolle, aktiv unsere Arbeitsaufgaben verändern, stärker als bisher darauf einwirken, wie, wann, wo und mit wem wir interagieren, und die Bedeutung unseres eigenen Beitrags umdeuten, hin zu mehr Selbststeuerung und einem erweiterten Sinnhorizont.

Warum habt ihr diesen Prozess angestoßen?

Für mich geht es im Kern darum, Organisationen von einem Mindset des Mangels hin zu einer Haltung der Fülle zu führen. Im erstgenannten Fall glauben wir, nicht genug zu haben: seien es Zeit, Ressourcen oder Entwicklungspfade. Im zweiten Fall fokussieren wir *nicht* auf das, was fehlt, sondern auf das, was wir bereits haben – und wie wir unsere Ressourcen einsetzen können, um das zu bekommen, was wir wollen. Viele Personalentwicklungsprogramme in Organisationen sind implizit und unbeabsichtigt von einer Haltung des Mangels geprägt. Es geht um *Diskrepanzen* in Bezug auf Fähigkeiten, auf Chancen, die wir noch nicht haben – und natürlich Titel und Positionen, die noch nicht da sind, aber irgendwann kommen sollen.

Job Crafting führt uns stattdessen zu der Frage: »Was, wenn ich schon alles hätte, um jene Wirkung zu zeitigen, die ich erzielen möchte?« Indem wir auf unsere Ressourcen (Stärken, Interessen, Beziehungen) schauen und unsere Arbeit als aus verschiedenen Bausteinen bestehend betrachten, die wir aktiv gestalten können, setzen wir größere Motivation und ein tieferes Gefühl für den Sinn der Arbeit frei. Ein Bereich, den wir bei Logitech unterstreichen, ist, was Morten Hansen von der University of California in Berkeley »P^2« (P zum Quadrat) nennt: die Übereinstimmung von Passion (Begeisterung) und Purpose (Daseinszweck). Wie Hansen in seiner Forschung herausgefunden hat, schlägt ein starker Daseinszweck die Begeisterung, wenn es um Erfolg geht. Während die Leidenschaft fragt: »Was kann mir die Welt bringen?«, fragt der Daseinszweck: »Wie kann ich der Welt dienen?« Wenn wir sinnorientiert führen, erschließen wir größeres Potenzial wie auch eine tiefergehende und nachhaltigere Form des Wohlbefindens. Für Organisationen, die mehr eudaimonisches Wohlergehen für ihre Mitarbeiter kreieren wollen, ist Job Crafting ein praktisches und vielfach bewährtes Tool.

Wie hat Logitech die Einführung von Job Crafting gemanagt

Wie ermutigen unsere Kollegen, eine *realistische und gleichzeitig idealistische* Zukunft des eigenen Jobprofils zu entwerfen. Das Mantra »Den Kopf in den Wolken, aber die Füße auf festem Grund!« fasst das recht gut zusammen. Wir möchten, dass unsere Mitarbeiter ihre persönlichen Freiräume nutzen, um Wege zu erarbeiten, wie sie ihren Aufgabenbereich noch besser auf ihre ureigenen Stärken, Interessen und Werte abstimmen können. Und gleichzeitig möchten wir sicherstellen, dass die intendierten Veränderungen auch realistisch implementiert werden können. Das kann für jeden Mitarbeiter völlig anders aussehen. Fast 50 Prozent unserer Belegschaft (1445 Mitarbeiter) haben am Job-Crafting-Prozess teilgenommen – von der Büroassistenz bis zum CEO waren die verschiedensten Rollenprofile mit an Bord. Das Werkzeug ist flexibel einsetzbar und wir ermutigen jeden Einzelnen, es für sich zu adaptieren.

Um die Wahrscheinlichkeit zu erhöhen, dass die intendierte Veränderung umgesetzt wird, unterstützen wir die Mitarbeiter durch Coaching. Die Kollegen arbeiten in diesem Rahmen mit einem Prozess, der mit dem Akronym WOOP abgekürzt wird.[131] Im ersten Schritt geht es darum, sich einen gewünschten Zustand auszumalen, der ihren Sinnhorizont wie auch ihre Leistungsfähigkeit erhöht. Dann bitten wir die Kollegen, das Resultat der Veränderung sowie die inneren Stolpersteine zu beschreiben. Zuletzt arbeiten sie sogenannte Wenn-Dann-Pläne aus, die die Wahrscheinlichkeit des Erfolgs vergrößern. Sobald dieser Entschluss gefasst ist, erhalten sie die Möglichkeit für Peer-to-Peer-Coaching. Dies stärkt die Motivation und das Verständnis für den einzuschlagenden Weg.

Durch Job Crafting verändert sich das Niveau der Verantwortung jedes Mitarbeiters. Die Tage von »Aber mein Boss hat gesagt ...« sind im Grunde gezählt. Gab es Kollegen, die dieser Verantwortung ausgewichen sind?

Nachdem wir den Job-Crafting-Prozess zum ersten Mal durchgeführt hatten, ist uns aufgefallen, dass wir etwas Essentielles vergessen hatten: Die Vorgesetzten darauf vorzubereiten, hilfreiche Konversationen mit ihren Mitarbeitern über die geplanten Veränderungen zu führen. In der Folge haben alle Führungskräfte, deren Mitarbeiter Job Crafting anwenden, an speziellen Meetings teilgenommen, um sie über die Veränderungswünsche ihrer Mitarbeiter zu informieren und ihre Unterstützung sicherzustellen. Sie werden eingehend über den Job-Crafting-Prozess unterrichtet, erhalten Informationen, wie sie ihre Teammitglieder optimal unterstützen können und auch zur Frage, wie der Prozess das Engagement und die Leistungsfähigkeit erhöhen kann. Diese Vorgehensweise kreiert eine wechsel-

131 Für eine genauere Beschreibung siehe Kapitel 10.

seitige Verantwortlichkeit: Die Führungskräfte können ihre Mitarbeiter unterstützen, diese wiederum werden ermutigt, die Unterstützung der Vorgesetzten aktiv einzufordern.

Haben alle Führungskräfte positiv auf die Maßnahme reagiert? Immerhin impliziert der Prozess das Abgeben von Macht.

Bisweilen kam es vor, dass Mitarbeitern unwohl dabei war, mit ihren Vorgesetzten über die gewünschten Veränderungen zu sprechen. In diesen seltenen Fällen deckt das Job Crafting letztlich aber nur tieferliegenden Probleme rund um das Thema Vertrauen auf. Hier gilt es, auf einer anderen Ebene aktiv zu werden – konkret: beim Thema Führungskompetenz des betreffenden Managers. Ich glaube fest daran, dass alle Mitarbeiter spüren wollen, dass sie wirksam sind und ihre Arbeit bedeutungsvoll ist. Wenn ich von einer Führungskraft höre, dass jemand »keine Veränderung möchte« oder »keine zusätzliche Verantwortung haben will«, dann werde ich sehr skeptisch.

Was ist die wichtigste Veränderung, die du allgemein beobachten konntest?

Definitiv das Maß an Motivation und Kreativität, mit welchem die Kollegen ihre Aufgaben angehen. Sie haben ihre Haltung verändert: weg von »ein Job ist ein vorgegebenes Set von Aufgaben, die in vorgegebenen Wegen auszuführen sind« – hinzu einem Mindset, in dessen Rahmen der Job ein Weg des ureigenen Selbstausdrucks ist.

Du selbst hast natürlich auch Job Crafting angewendet. Was ist für dich persönlich die wichtigste Veränderung?

Ich war bereits vor dem Prozess ein begeisterter Job Crafter, aber jetzt habe ich auch die richtige Sprache für das, was ich tue. Das, was ich am meisten mag, ist, aktiv Erlebnisse zur Entwicklung von Führungsfähigkeiten zu gestalten. Als Head of Learning and Development zieht einen die Verantwortung oft weg von der »Frontlinie«. Aber das lasse ich nicht zu. Ich arbeite hart daran, trotz meiner Führungsverantwortung regelmäßig Workshops zu designen und durchzuführen. Im Kern geht es darum, mich mit Menschen zu umgeben, die mir bestimmte Aspekte meiner Rolle abnehmen – und konsequent »Nein!« zu sagen, wenn Aufgaben an mich herangetragen werden, die mich von meinem persönlichen P^2 entfernen.

Jessica Amortegui war zum Zeitpunkt des Interviews Global Head of Learning & Development bei Logitech, einem führenden Hardware- und Tech-Unternehmen. Neben weiteren Studienabschlüssen hat sie den Studiengang Master of Applied Psychology (MAPP) an der University of Pennsylvania absolviert. Nach einer weiteren Station bei LinkedIn arbeitet sie mittlerweile für das Low-Code-Unternehmen Airtable. Kontakt: linkedin.com/in/jessamortegui

8.6 Den eigenen Beitrag erlebbar machen

Wenn Sie sich noch einmal die Quadranten der Sinnmatrix vor Augen führen und diese mit dem Prozess des Job Crafting in Verbindung bringen, dann wird deutlich, dass gelungenes Job Crafting auf drei der vier Ebenen spürbare Verbesserung im Erleben der Mitarbeiter zeitigen kann: Es stärkt die Selbstwirksamkeit, die Selbstwerdung und potenziell auch die Dimension der Zugehörigkeit. Lediglich der obere rechte Quadrant (Wirkung des eigenen Beitrags auf andere) wird weniger stark bedient. Hier sollten andere Strategien gewählt werden.

Nun ist klar, dass nicht jede Organisation authentisch von sich selbst behaupten kann, die Welt zu retten, auch wenn es viele Unternehmen heutzutage versuchen. Doch solche kommunikativen Luftnummern werden auf lange Sicht scheitern, wie auch Michael Steger in seinem Interview in diesem Kapitel betont hat. Glücklicherweise ist eine solche Überhöhung des eigenen Tuns auch gar nicht notwendig. Es scheint eher angeraten, nach Möglichkeit alle Mitarbeiter immer wieder aufs Neue in Kontakt mit jenen Menschen zu bringen, die von den Leistungen des betreffenden Unternehmens profitieren. Normalerweise haben nur wenige Mitarbeiter eines Unternehmens direkten Kundenkontakt: Vertriebler und all jene Mitarbeiter, die im Falle des Falles dafür sorgen, dass ein Produkt oder eine Dienstleistung beim Kunden vor Ort implementiert (i. w. S.) wird. Einem Großteil der Management-Funktionen, aber auch Mitarbeitern in der Produktion, ist es kaum vergönnt, live und in Farbe zu erleben, wie Kunden mit dem Ergebnis der eigenen Arbeit weiterverfahren oder dies konsumieren. Sie erfahren zu selten, welchen positiven Beitrag ihre Arbeit im Leben anderer Menschen bewirkt – und sind somit ein Stück weit von ihrem eigenen Tun entfremdet. Dabei kann diese Form des Kontakts mit den Begünstigten der eigenen Arbeitsleistung enorme Energien freisetzen (Grant, 2007).

In einer Reihe von einsichtsvollen Experimenten konnte Adam Grant gemeinsam mit Kollegen aufzeigen, dass selbst ein kurzer Kontakt mit den Profiteuren der eigenen Arbeit dazu führen kann, dass Mitarbeiter einer Organisation über Monate hinweg mit mehr Engagement – gewissermaßen mit Herzblut – bei der Sache sind (Grant, 2012). Die Forschergruppe brachte beispielsweise Fundraiser, die Spenden für eine Universität einwerben, für nur zehn Minuten mit einem Studenten zusammen, der von der Arbeit der Fundraising-Abteilung profitiert hatte (z. B. durch ein Stipendium). Normalerweise ist ein solcher Austausch nicht vorgesehen. Diese kurze und für das Unternehmen im Prinzip kostenlose Intervention sorgte dafür, dass jene Fundraiser im Vergleich zu einer Kontrollgruppe ohne solchen Kontakt in den folgenden Wochen rund 45 Prozent mehr Zeit am Telefon verbrachten. Die objektive Performance – das eingeworbene Spendengeld – erhöhte sich im Mittel sogar um über 90 Prozent (Grant et al., 2007).

Im Lichte dieser empirischen Ergebnisse sollten Unternehmen verstärkt darüber nachdenken, auch solche Mitarbeiter in Kontakt mit Kunden und Profiteuren der Organisation zu bringen, denen dies sonst nicht vergönnt ist, z. B. in Form von Exkursionen – oder noch besser: Kurzpraktika bei Kundenunternehmen. Ebenso hilfreich dürften Diskussionsrunden mit Endverbrauchern sein. Dies führt u. U. nicht nur zu mehr Engagement aufseiten der Mitarbeiter, sondern kann auch durch ein tieferes Verständnis um die Kundenwünsche zu entscheidenden Verbesserungen aufseiten der eigenen Produkte oder Dienstleistungen führen.

Tipp

Nicht in jeder Organisation bzw. jeder Aufgabe kann der Beitrag für das große Ganze unmittelbar sichtbar gemacht werden. Es kann folglich nützlich sein, wenn der Arbeitgeber Bedingungen schafft, in deren Rahmen sich Mitarbeiter außerhalb der eigenen Rolle gesellschaftlich engagieren können.

- Bei Bertelsmann in Gütersloh haben Mitarbeiter z. B. während sogenannter Social Days in Kooperation mit lokalen Unternehmen Klassenzimmer von örtlichen Grundschulen renoviert.
- Die Allianz in der Schweiz arbeitet mit dem dortigen Roten Kreuz zusammen. Die Mitarbeiter werden beispielsweise angehalten, regelmäßig Blut zu spenden.
- Im Europa-Hauptquartier von Facebook in Dublin steht ein großes Gartenhaus. Hier können die Mitarbeiter Kleidung, Spielzeug und Kuscheltiere ablegen, die nicht mehr benötigt werden. Der Arbeitgeber sorgt dafür, dass diese Gaben unkompliziert bei bedürftigen Menschen ankommen.

8.7 Von der zweiten Geburt

Zum Abschluss dieses Kapitels möchte ich darauf hinweisen, dass das Thema Sinn – bei allen objektivierbaren Rahmenbedingungen – immer eine subjektive Erfahrung bleiben muss, eine Form von persönlicher Erkenntnis, die maßgeblich von unserem bisherigen Erleben abhängt. Wie in der zuvor erwähnten Arbeit von Martela und Steger (2016) deutlich wird, hat Sinnerleben eine retrospektive Komponente. Wir verspüren Sinn, wenn wir es geschafft haben, uns einen Reim auf das Erlebte zu machen, egal ob es sich dabei um angenehme oder unangenehme Ereignisse handelt.

Doch sind es gerade unangenehme, bisweilen traumatische Erlebnisse, die uns zum Positiven verändern können (Jayawickreme & Blackie, 2014). In einem vielbeachteten Aufsatz von 1977 zitiert der Organisationsforscher Abraham Zaleznik den Übervater der amerikanischen Psychologie, William James, mit der Idee, dass manche Menschen »twice born«, also zweimal geboren sind. Es geht um den Gedanken, dass ein Teil der Menschheit relativ klaglos durch das Leben segelt, weitgehend unbehelligt von Schmerzen, schweren Verlusten und anderem Unbill. Auf der anderen Seite stehen Menschen, die in ihrem Leben mindestens eine einschneidende Erfahrung machen mussten, die sie in ihren Grundfesten erschüttert hat. In der Folge führen diese Personen ihr Leben nach einer Weile quasi als neue Menschen fort. Im Erleben sind Traumata selbstredend keine wünschenswerte Erfahrung – sie können unsere Funktionalität empfindlich einschränken. Nicht wenige Menschen begeben sich jedoch langfristig auf einen Pfad des Wachstums, welcher mit der positiven Bewältigung des Erlebten beginnt. Wichtig für Begleiter solcher Menschen ist die Tatsache, dass beide Dynamiken gleichzeitig auftreten können: also posttraumatische Belastungen *und* Bewegungen des Wachstums. Es ist hilfreich, beiden Phänomenen einen Raum zu geben und nicht exklusiv auf die Einschränkungen zu fokussieren (Shakespeare-Finch & Lurie-Beck, 2014).

Einschneidende Erfahrungen können auch signifikante Veränderungen im beruflichen Umfeld auslösen. Manche Menschen finden nach einem Trauma eine neue Berufung und verändern daraufhin vollständig ihren Wirkungskreis. Andererseits scheint es auch Menschen zu geben, die »anders« in ihren alten Beruf zurückkehren. So zeigt sich, dass Polizisten, die selbst einmal Opfer von körperlicher Gewalt geworden sind, im Nachgang deutlich engagierter und motivierter ans Werk gehen. Eine ähnliche Dynamik findet sich für Menschen im Bereich der psychologischen Versorgung, wenn sie eigene Erfahrungen mit psychischen Beeinträchtigungen gemacht haben (Eskreis-Winkler, et al., 2014).

Generell gesprochen scheint es nützlich zu sein, wenn das Leben uns einem gerüttelt' Maß an Prüfungen aussetzt. Die Forscher Seery, Holman und Silver (2010) haben sich im Rahmen einer mehrjährigen Studie angeschaut, wie es um den Zusammenhang von leidvollen Erfahrungen und späterer Zufriedenheit im Leben bestellt ist. Sie berechneten dafür aus Archivdaten das kumulierte Leid tausender Menschen und setzten dies mit ihrer Lebenszufriedenheit über die Zeit in Beziehung. Im Ergebnis zeigte sich ein umgekehrt U-förmiger Zusammenhang: Ein moderates Level an Leiderfahrungen ist mit der höchsten Zufriedenheit später im Leben verknüpft – während ein Übermaß, aber *auch* die weitgehende Abwesenheit von Leiderfahrungen mit einem niedrigeren Glücksniveau einhergeht. Unzufrieden(er) wird also, wenn das Leben zu übel mitspielt. Doch auch, wenn uns das Leben ausschließlich mit Samthandschuhen anfasst, scheint es nicht sonderlich förderlich zu sein. Metaphorisch betrachtet ist es offenbar so, dass wir ein gewisses Maß an Prüfungen benötigen, um unser »psychisches Immunsystem« aufzubauen – das uns dann später im Leben »beschützt«.

Über dieses Phänomen habe ich mit Judith Mangelsdorf gesprochen. Judith hat wie ich an der University of Pennsylvania studiert und bietet in Berlin mittlerweile seit einigen Jahren Ausbildungen in Positiver Psychologie an. Ebenso beleuchten wir in unserem Gespräch die Frage, ob Menschen auch an ausnehmend positiven Erfahrungen wachsen können.

Dem Menschen näherkommen, der ich eigentlich bin

Interview mit Prof. Dr. Judith Mangelsdorf

Judith, in deiner Forschung beschäftigst du dich mit posttraumatischem und postekstatischem Wachstum. Was verbirgt sich hinter diesen Begriffen?

ImGrunde stehen sie für zwei existenzielle Fragen: Was ist das Schlimmste und das Beste, was dir in deinem Leben passiert ist – und wie haben dich diese Erfahrungen als Mensch verändert? Begonnen hat alles mit zwei amerikanischen Wissenschaftlern. Richard Tedeschi und Lawrence Calhoun[132] erforschten die psychischen Auswirkungen potenziell traumatischer Erfahrungen wie Naturkatastrophen, lebensbedrohlicher Diagnosen oder schwerer Autounfälle. Wie zu erwarten war, schilderten die meisten Überlebenden die Verluste, die sie erlitten hatten, und die Ängste, die sie seitdem begleiteten. Doch zum großen Erstaunen der Forscher berichteten viele Betroffene auch davon, durch die Auseinandersetzung mit dem Erlebten u. a. heute erfülltere soziale Beziehungen, neue Prioritäten im Leben und ein größeres Bewusstsein über die eigenen Stärken gewonnen zu haben. Dieses Phänomen wurde unter dem Begriff posttraumatisches Wachstum bekannt.

Erst in jüngerer Zeit haben wir und andere Forschergruppen herausgefunden, dass nicht nur unsere schlimmsten, sondern auch unsere besten Erfahrungen zu Wachstum führen können. Wenn wir nach der Geburt eines Kindes oder nachdem wir eine Art Berufung gefunden haben mehr Sinn im Leben spüren, nennen wir das *postekstatisches Wachstum*. Die Begriffe beschreiben also das Entwicklungspotenzial, welches in den positiven und negativen Erfahrungen unseres Lebens steckt.

Inwiefern wachsen wir als Menschen nach solchen Ereignissen?

Der Begriff des Wachstums wird hier gerne falsch verstanden. Als ich einmal erzählte, womit ich mich beschäftige, wurde ich gefragt, ob Menschen tatsächlich größer werden nach einschneidenden Erfahrungen. Diese durchaus ernst gemeinte Frage zeigte mir, wie irreführend der Begriff Wachstum auch in Bezug auf

132 Siehe Tedeschi und Calhoun (2004).

das Psychische ist. Besser wäre vielleicht das Folgende: Einschneidende Erlebnisse können mich dem Menschen näherbringen, der ich eigentlich bin. Sie können helfen, mich selbst, die Welt und andere besser zu verstehen. Es gibt eine Vielzahl psychischer Bereiche, auf die solche Erfahrungen positiv wirken. Sie können zu höherem Selbstwert, tieferem Lebenssinn, intensiveren sozialen Beziehungen, neuen Prioritäten im Leben, mehr Spiritualität, einer Vertiefung von Charakterstärken und einer allgemein größeren Wertschätzung dem Leben gegenüber führen. All diese Veränderungsprozesse umschreiben wir mit dem Begriff des persönlichen Wachstums.

Den meisten Lesern dürfte der Begriff Resilienz bekannter vorkommen. Wie hängt dieser mit posttraumatischem Wachstum zusammen?

Am besten lässt sich das Phänomen der Resilienz als psychisches Immunsystem begreifen. Wer resilient ist, dem können Stressoren von außen genauso wenig anhaben wie Erkältungsviren, wenn man ein starkes Immunsystem besitzt. Stressreiche Erlebnisse beeinflussen uns dann nur kurzfristig und in geringem Maße. Genau wie beim Immunsystem auch ist aber kein Mensch immer resilient. So können sie beispielsweise gegen eine bestimmte Art von Erregern immun sein, weil sie die Krankheit früher schon durchlitten haben, gegen andere aber nicht. Ähnlich ist es auch mit der Reaktion auf kritische Erfahrungen. Wer schon einmal den Bankrott eines Unternehmens miterlebt und bewältigt hat, wird wahrscheinlich gelassener reagieren als jemand, für den diese Erfahrung vollkommen neu ist.

Wenn wir nun kritische Erfahrungen erleben und nicht resilient sind, bedeutet dies zunächst, dass wir sehr stark darauf reagieren. Das Verlassenwerden durch einen Partner oder der Bankrott des eigenen Unternehmens gehen nicht einfach an uns vorbei, sondern erschüttern uns in unseren Grundfesten. Im Extremfall kann dies in eine Krise führen oder aber, im Fall von traumatischen Ereignissen, auch in eine posttraumatische Belastungsstörung. Die alles entscheidende Frage ist nun: Was passiert dann? Einige Menschen bleiben für lange Zeit in der Krise stecken und erreichen nie wieder das gleiche Funktionsniveau. So kann es sein, dass ein Ehemann, der bei einem Autounfall seine Frau verliert, sich für Jahre isoliert, von der Welt zurückzieht und im Kummer um das Gewesene ertrinkt. Ein zweites Reaktionsmuster ist die Erholung. Dies würde bedeuten, dass sich der Betroffene nach einer Phase des Leidens wieder schrittweise erholt, quasi wieder der Alte wird.

Im letzten Fall, dem des posttraumatischen Wachstums, geht der Betroffene auch durch eine schwere Zeit, findet aber durch die Auseinandersetzung mit dem Gewesenen zu einem neuen Weltbild. Möglicherweise pflegt er intensivere Beziehungen zu seinen anderen Familienmitgliedern aus dem Bewusstsein heraus, dass die gemeinsame Zeit begrenzt ist. Oder er engagiert sich ehrenamtlich in Projekten, die sich um Menschen mit dem gleichen Schicksal bemühen und schöpft daraus neuen Lebenssinn. In jedem Fall hat sich sein Verstehen der Welt geändert.

Gibt es Statistiken zum Auftreten von posttraumatischem Wachstum? Ist diese Dynamik eher Ausnahme oder Regel?

Das ist keine einfache Frage. Wenn man Menschen, die kritische Erfahrungen bewältigen mussten, befragt, ob sie das Gefühl haben, durch die Erfahrung gewachsen zu sein, bejahen rund zwei von drei Personen diese Aussage. Demnach könnte man davon ausgehen, dass es eher die Regel als die Ausnahme ist, aus Krisen gestärkt hervorzugehen. Die meisten dieser Statistiken beziehen sich auf *retrospektive Selbsteinschätzungen*. Da es für das Selbstverständnis vieler Menschen wünschenswert ist, dem Negativen etwas Positives abzuringen, wird auf Basis dieser Erhebungen nicht eindeutig klar, wie oft in erster Linie der Wunsch Vater des Gedankens ist. Wahrscheinlicher ist, dass echtes Wachstum deutlich seltener auftritt und dass Menschen proaktiv daran arbeiten müssen, wenn sie tatsächlich gestärkt aus dem Erlebten hervorgehen wollen.

Von Nietzsche stammt der Ausspruch »Was mich nicht umbringt, macht mich stärker«. Gleichzeitig zeigt die Forschung, dass wir nicht nur aus Krisen gestärkt hervorgehen. Wieviel Krise im Leben ist gut für uns?

In Nietzsches Zitat kommt viel von unserem westlichen Denken zum Ausdruck. Dahinter steht die Überzeugung, dass große Herausforderungen und Krisen grundsätzlich zur Stärke beitragen. Diese Annahme ist falsch. Dass wir an der erfolgreichen Bewältigung von Krisen reifen und davon stärker werden, ist nur ein Weg, den Menschen einschlagen können. Wie oben beschrieben, bedeutet Krise zunächst einmal Leid. Die Wahrscheinlichkeit, danach unverändert oder sogar geschwächt hervorzugehen, ist groß genug, um keinem Menschen auch nur eine schwere Krise im Leben zu wünschen. Selbst wenn persönliches Wachstum das Ziel wäre, so gibt es andere Wege, um dies zu erreichen. In einer großangelegten Meta-Analyse haben wir untersucht, ob Wachstum Leid braucht.[133] Im Ergebnis zeigt sich, dass die besten Ereignisse genauso dazu beitragen können, uns stärker zu machen wie die schlimmsten.

Die meisten Unternehmen werden im Laufe der Jahre von kleineren oder größeren Krisen heimgesucht. Gibt es etwas, was Führungskräfte und

133 Siehe Mangelsdorf, Eid und Luhmann (2018).

Personalabteilungen aktiv tun (oder lassen) können, um posttraumatisches Wachstum bei den Mitarbeitern anzuregen?

Natürlich. Wichtig ist anzumerken, dass nicht nur Individuen Krisen durchleben, sich erholen oder wachsen, sondern auch Unternehmen, Organisationen und Märkte. Wir nehmen an, dass sie alle den gleichen Systemprinzipien der Veränderung unterliegen und dass ähnliche Wirkmechanismen gelten. Bislang fehlt es an randomisierten Langzeitstudien, die in letzter Instanz sicherstellen, welche Stellhebel die wirksamsten sind, aber hier ist eine Übersicht über das, was die Forschung bislang gezeigt hat:

- *Tun Sie etwas gegen die Weltuntergangsstimmung.* Die wichtigste Grundlage für posttraumatisches Wachstum sind positive Emotionen. Positive Emotionalität eröffnet neue Denk- und Handlungsräume, macht kreativer und ermöglicht es, neue Perspektiven einzunehmen. All dies sind wichtige Voraussetzungen, um neue Wege einschlagen zu können. Bei der Unterstützung von positiven Emotionen im Kontext von Krisen geht es übrigens nicht darum, diese schönzureden, sondern sie anders zu betrachten. Statt im Meeting die Frage zu stellen: »Was sind die Probleme, die wir bewältigen müssen?«, könnte eine andere Frage lauten: »Was haben wir in der vergangenen Woche wirklich gut gemacht?« Dies zu würdigen und die Frage zu stellen: »Wie können wir diese Erfahrungen für unsere aktuellen Probleme nutzen?«, sorgt für mehr Positivität in der Krise.
- *Ermöglichen Sie offenen Austausch.* Egal ob es darum geht, Resilienz zu stärken oder Wachstum zu ermöglichen – immer sind unterstützende Beziehungen und offene Kommunikation die Schlüssel. In Krisenzeiten reagieren viele Menschen mit Rückzug und sozialer Isolation. Dieser Mechanismus, der andere vor dem eigenen Leid schützen und das eigene Gesicht wahren soll, erschwert oder verunmöglicht Wachstum. Sorgen Sie daher in Krisenzeiten immer wieder für transparente Kommunikation, ermöglichen Sie Austausch, in dem jeder sagen kann, was er wirklich denkt und fühlt. Oft kann es helfen, externe Begleiter, z. B. Supervisoren oder Mediatoren, in solche Prozesse einzubinden
- *Schaffen Sie Sinn.* Probleme sind verdeckte Möglichkeiten. Auch Krisen tragen immer Möglichkeiten zur Weiterentwicklung in sich. Durch Krisen werden bestehende Prozesse und Strukturen unterbrochen. Dies ermöglicht es, jenseits des bisher Gewesenen über Veränderungen nachzudenken und Strukturen oder Prozesse neu zu entwickeln. Beispielsweise kann das Scheitern eines wichtigen Projektes dazu beitragen, dass klarer wird, was die eigentlichen Stärken des Unternehmens sind, und so zu einer Neuausrichtung führen.

Unternehmen verwenden viel Energie auf die Bewältigung von Krisen. Doch wie können ausnehmend positive Ereignisse nutzbar gemacht werden, um die Mitarbeiter zu stärken?

Ann Roepke[134] fand heraus, dass Wachstum nach positiven Erfahrungen dazu beiträgt, stärkere Beziehungen zu knüpfen, mehr Sinnerleben zu verspüren, einen höheren Selbstwert zu entwickeln und wahrzunehmen, zu einem größeren Ganzen zu gehören. All diese Faktoren können auch entscheidend zum Unternehmenserfolg beitragen. Was können Organisationen also konkret tun?

- *Feiern und würdigen Sie Erfolge.* Die meisten Unternehmen verbringen deutlich mehr Zeit damit, Misserfolge zu analysieren, als Erfolge zu feiern. Dies führt zur (Fehl-)Wahrnehmung, dass Misserfolge bedeutsamer sind, demotiviert die Mitarbeiter und schwächt die Bindung zum Unternehmen. Würdigen Sie stattdessen Erfolge, heben Sie den Beitrag *einzelner* Mitarbeiter hervor und unterstützen Sie damit Motivation, Teambuilding und Unternehmensbindung.
- *Arbeiten Sie Best-Practice-Erfahrungen heraus.* Jeder Erfolg stellt eine Best-Practice-Erfahrung dar. Analysieren Sie also Erfolge statt Misserfolge. Dies kann Führungskräften viel darüber sagen, wie und unter welchen Bedingungen ein Team am besten arbeitet. Kommen Sie mit den Mitarbeitern über die Frage ins Gespräch, was dazu beigetragen hat, dass sich dieser Erfolg realisieren konnte. So kann sich das Team für zukünftige Herausforderungen optimal aufstellen.
- *Schöpfen Sie Sinn aus Erfolgen.* Erfolge stehen immer auch für erreichte oder übertroffene Ziele. Gleichzeitig sind Ziele Meilensteine auf dem Weg der Erfüllung der Unternehmensvision. Erfolge sind wichtige Momente, um zu würdigen, dass ein solcher Meilenstein erreicht wurde – und bieten somit die Chance, die größere Vision zu thematisieren. Derart kann verdeutlicht werden, dass ein Team einen Beitrag zum großen Ganzen geleistet hat.

Judith Mangelsdorf hat in Potsdam sowie Philadelphia Psychologie studiert und zusätzlich ein Mathematikstudium abgeschlossen. Sie wurde an der Freien Universität Berlin promoviert, unterstützt vom Max-Planck-Institut für Bildungsforschung. Judith ist Direktorin der Deutschen Gesellschaft für Positive Psychologie. Seit 2021 ist sie Professorin für Positive Psychologie an der Deutschen Hochschule für Gesundheit und Sport in Berlin. Kontakt: mangelsdorf@dgpp-online.de

134 Siehe Roepke (2013).

9 Zweites Intermezzo: Kreatives Organisieren

Menschen mit einer neuen Idee gelten solange als Spinner,
bis sich die Sache durchgesetzt hat.
Mark Twain

Dieses Kapitel habe ich als Intermezzo eingeschoben, weil ich das Thema Kreativität für ungeheuer wichtig halte, es sich allerdings nicht so recht in das PERMA-Schema einfügen will. Es berührt fast alle Facetten, lässt sich aber keinem der fünf Buchstaben unmittelbar zuordnen. Gleichwohl gehört ein Kapitel über Kreativität in ein Buch über bessere Arbeit. Es gibt bereits unzählige Werke zum Thema der individuellen Kreativität, zu Kreativitätstechniken und Methoden wie Design Thinking. Dem möchte ich angesichts des knappen Platzes in diesem Buch nichts hinzufügen. Was mich persönlich mehr fasziniert, ist die Frage, welche Aspekte einer Organisations- und Führungskultur der Kreativität der Mitarbeiter zuträglich sind. Auch beim Beantworten dieser Frage hat die Forschung einige Fortschritte erzielt, über die ich berichten werde. Zudem habe ich mich mit fünf ausgewiesenen Experten unterhalten, zwei davon aus der Praxis, zwei aus der Forschung – einer irgendwie dazwischen.

Können Algorithmen kreativ sein?

Wir bewegen uns zunehmend in eine Arbeitswelt hinein, in der Aufgaben und Prozesse mit einem niedrigen Grad an Komplexität und einem hohen Grad an Repetition von Algorithmen und Robotern erledigt werden. Diese Entwicklung ist alles andere als neu, gewinnt jedoch im Zeitalter von vernetzten Maschinen, lernenden Algorithmen und immer schnelleren Prozessoren an Dynamik. Das heißt keineswegs, dass wir bald alle arbeitslos sind, aber die Schwerpunkte der menschlichen Arbeit werden sich verschieben müssen, um in der Auseinandersetzung mit künstlicher Intelligenz weiterhin viablen Mehrwert zu liefern (Rose, 2016b). Ich vermute, dass in naher Zukunft noch deutlich mehr Menschen als heute in sozialen, helfenden, heilenden Berufen – sprich: menschelnden Berufen – arbeiten werden. Und ich wünsche mir, dass diese Berufe dann auch deutlich mehr soziale und pekuniäre Anerkennung erhalten.[135]

Abgesehen davon bin ich überzeugt, dass wir maschineller Intelligenz noch auf lange Zeit überlegen sein werden, wenn es um den Faktor Kreativität geht. Mir ist klar, dass Algorithmen heute schon Popsongs komponieren (Pogue, 2018) und auch Gemälde erschaffen können (Quackenbush, 2018). Doch nach allem, was ich verstanden habe, handelt es sich dabei um eine Form von hochentwickelter Imitation. Eine künstliche Intelligenz braucht Trainingsdaten, um zu lernen – je mehr, desto besser. Sie erkennt,

135 Mein Bruder und meine Schwägerin arbeiten in der Altenpflege – daher werde ich häufig mit der misslichen Lage in der Pflege konfrontiert.

vereinfacht gesagt, in diesen Daten Muster und Regelmäßigkeiten, die ihr in der Folge helfen, zu bestimmten Entscheidungen zu gelangen und verschiedene Formen des Outputs zu genieren. Dabei kann es um die Klassifizierung von Tumoren gehen – oder eben um Melodien, die sich für das menschliche Ohr wohlklingend anhören.

Die Erfahrung zeigt allerdings, dass echte Kreativität, wie auch wahre Schönheit, gerade dort entsteht, wo etablierte Muster gebrochen werden. Wird ein Roboter je an sich selbst zweifeln, mit sich selbst uneins sein – und gerade aus diesem Sentiment heraus eine künstlerische Leistung erschaffen? Wird eine Software jemals erkennen, dass das Wichtigste oft zwischen den Zeilen steht – oder warum etwas lustig ist, gerade weil es so dermaßen unlustig ist? Wird ein Algorithmus je erfassen, dass das Schöne oft erst merk-*würdig* ist, wenn es gebrochen wird? Ich für meinen Teil sehe derzeit jedenfalls nicht, dass Einsen und Nullen irgendwann ein musikalisches Genre revolutionieren oder einen neuen Stil des Malens begründen werden. Das werden Menschen nach wie vor selbst tun müssen.

Ferner hege ich die Überzeugung, dass es so etwas wie unkreative Menschen im Grunde nicht gibt. Zwar haben Persönlichkeitspsychologen Unterschiede zwischen außergewöhnlich kreativen und weniger kreativen Menschen festgestellt. Besonders kreative Menschen sind beispielsweise offener für neue Erfahrungen und etwas weniger gewissenhaft (Feist, 1998).[136] Aber jemand, der in jeglicher Hinsicht gänzlich unkreativ ist, ist mir noch nicht untergekommen. Im Übrigen gibt es offenbar so etwas wie kreative Selbstüberzeugungen (Karwowski & Lebuda, 2016), also Glaubenssätze über die eigenen kreativen Fähigkeiten. Diese wiederum beeinflussen, wie kreativ wir tatsächlich agieren.

Wichtig

Niemand ist unkreativ.

9.1 Über Nicht-Wissen und Paradigmenwechsel

Woran ich dezidiert glaube, ist, dass *Menschen verlernen können, kreativ zu sein bzw.* ihre Kreativität auch an den Tag zu legen. Meine zwei Kinder haben beispielweise, als sie noch nicht in der Schule waren, ständig »kreativiert«, mit allem, was die Stifte, Bauklötze und Stimmbänder so hergeben. Ohne Scham, ohne Hemmungen, (fast) ohne Ziel. Sie kannten noch nicht das Gefühl des Bewertet-Werdens, auch nicht das Feedback, dass ihr persönlicher Ausdruck keine Zustimmung finde.

136 Offenheit für Erfahrungen und Gewissenhaftigkeit sind zwei Dimensionen der sogenannten Big Five, dem wichtigsten psychologischen Modell zur Beschreibung von Persönlichkeitsunterschieden.

Insbesondere in großen, hierarchisch organisierten Unternehmen wird Menschen über die Jahre allerdings bisweilen geradezu *abtrainiert*, kreativ zu denken und zu agieren – nicht zwingend absichtlich, aber doch als Folge lähmender Strukturen und entmachtender Führung. Im zweiten Kapitel zur Geschichte der Positiven Psychologie hatte ich kurz über Martin Seligmans frühe Experimente zur erlernten Hilflosigkeit berichtet. Forschungsergebnisse legen nahe, dass dieses Phänomen auch auf organisationaler Ebene existiert (Ashforth, 1989). Menschen wollen sich engagieren, sich einbringen – und sie tun es. Doch wenn dieses kreative Engagement ein ums andere Mal an der organisationalen Lähmschicht abprallt, lernen diese Menschen, dass sie innerhalb der gegebenen Strukturen weitgehend machtlos sind (Martinko & Gardner, 1982).

Wie Menschen agieren können, um kreative Ideen auch in schwierigen Umfeldern platzieren zu können, habe ich mit Adam Grant, einem außergewöhnlich erfolgreichen und nachweislich kreativen Professor von der Wharton Business School in Philadelphia, erörtert. Grant hat auch in dem Studiengang über Positive Psychologie an der University of Pennsylvania unterrichtet, den ich absolviert habe.

Gemäßigte Radikalität

Interview mit Prof. Adam Grant, Ph.D.

Adam, du bist Forscher. Schenkt man der Theorie der Paradigmenwechsel[137] von Thomas Kuhn Glauben, ist es in deiner Domäne schwierig, innovativ zu sein, weil die akademische Community incentiviert sein könnte, sich besonders ausgefallenen Ideen zu widersetzen. Was sind deine Gedanken hierzu?

Als ich Kuhn im College zum ersten Mal las, war ich verblüfft von seiner Behauptung, dass sich bedeutende wissenschaftliche Umbrüche erst vollziehen können, wenn die jeweils alte Garde von Wissenschaftlern im wahrsten Sinne des Wortes ausstirbt. Damals habe ich ihm geglaubt, aber heute denke ich, dass er nur in mancher Hinsicht recht hatte, in anderer wiederum nicht. In vielen wissenschaftlichen Feldern ist es durchaus schwierig, Arbeiten zu publizieren, die *nicht* den Status quo angreifen. Wir wollen neues Wissen generieren, nicht Altbekanntes replizieren. Es mag eine kleine Gruppe von Torwächtern geben, die sich auf die Verteidigung ihrer Lieblingstheorie versteifen, aber der größere Teil der akademischen Community bevorzugt frische Ideen.

137 Kuhn (1962) ging vereinfacht davon aus, dass bestehende wissenschaftliche Theorien oft trotz schlagkräftiger empirischer Gegenbeweise nicht »über den Haufen geworfen« werden, sondern quasi aussterben – aber erst, wenn auch die wichtigsten Proponenten der Theorie das Zeitliche segnen.

Warum bekommen viele Wissenschaftler dann trotzdem so viel Gegenwind für besonders bahnbrechende Ideen?

Im Lichte dessen, was ich im zweiten Kapitel meines Buches Originals schrieb, möchte ich wetten, dass es nicht um Incentivierung geht, sondern um kognitive Verschanzung: Manche Wissenschaftler sind irgendwann so dermaßen überzeugt von den bewährten Theorien, dass sie buchstäblich große Schwierigkeiten haben, viable Alternativen wahrzunehmen. Schau dir Albert Einstein an: Nachdem er seine revolutionären Ideen publiziert hatte, stellte er sich selbst vehement gegen die Quantenrevolution. »Zur Strafe für meine Autoritätsverachtung«, soll Einstein gesagt haben, »hat mich das Schicksal selbst zu einer Autorität gemacht.«

Kulturen können sich spürbar darin unterscheiden, inwieweit sie Nonkonformismus wertschätzen. Ich bin Deutscher und habe den Eindruck, dass die breite Öffentlichkeit hier tendenziell mit dem Strom schwimmen möchte. Was ist dein Rat für die hiesigen Macher und Träumer?

Je mehr eine Kultur Konformität schätzt, desto wichtiger ist es, die Kunst der *gemäßigten Radikalität* zu meistern. Hierbei ist es zunächst wichtig, ungewöhnliche Ideen vertrauter zu machen, indem man sie mit etwas verknüpft, was die Menschen schon kennen. Der erfolgreiche Animationsfilm König der Löwen wurde beispielsweise als »Hamlet, nur mit Löwen« gepitched. Der Online-Händler für Brillen, Warby Parker, wurde immer vorgestellt mit den Worten: »Wir machen das für Brillen, was Zappos (das US-Vorbild für Zalando) für Schuhe gemacht hat.«

Zweitens sollte man, anstatt an Menschen zu appellieren, ihre Werte zu ändern, aufzeigen, wie die neuen Ideen jene Wertvorstellungen bedienen, die sie bereits haben. Drittens kann man das Befürworten innovativer Ideen vorteilhaft rahmen, indem man die Kraft der sozialen Bestätigung anzapft – konkret, indem man Menschen andere Menschen präsentiert, die diesen ähnlich sind und die bereits an Bord sind. Schließlich sollte man nicht vergessen, dass die Varianz innerhalb von Kulturen meist größer ist als zwischen Kulturen. Finde die Lichtblicke, wie es die Autoren Chip und Dan Heath in ihrem Buch Switch ausdrücken. Oder, um einen Begriff von Jane Dutton zu borgen: Es geht darum, eine Mikro-Gemeinschaft aus Menschen aufzubauen, die Originalität begrüßen.

Welches ist das originellste Kapitel in diesem Buch – und warum?

In Fragen der Form ist es sicherlich Kapitel Nummer drei. Es hat mir große Freude bereitet, dort eine Überraschung einzubauen, die ich hier nicht preisgeben möchte. In puncto Inhalt befinden sich die meisten ungewöhnlichen Ideen vermutlich im fünften Kapitel. Dort schreibe ich unter anderem darüber, dass ähnliche Ziele Gruppen oft auseinandertreiben, anstatt die Menschen aneinander zu binden. Das erklärt beispielsweise, warum Veganer Vegetarier oft noch mehr verachten als Fleischesser. Außerdem erläutere ich, dass Menschen manchmal an Überzeugungskraft einbüßen, wenn sie die Absichten ihrer Handlungen zu früh deutlich machen. Als Elon Musk seine Firma SpaceX gründete, sprach er nicht davon, dass er zum Mars will. Das kam, zumindest für die Öffentlichkeit, erst deutlich später.

Adam Grant, Ph.D., wurde bereits mit 28 ordentlicher Professor an der Wharton Business School (University of Pennsylvania). Neben ausgezeichneten Forschungsarbeiten hat er mehrere New-York-Times-Bestseller verfasst, u. a. Originals (Deutsch: Nonkonformisten) und Think Again. Im College war er ein erstklassiger Turmspringer und verdiente Geld als Magier. Das Thinkers50-Ranking der wichtigsten Management-Vordenker listete ihn 2021 auf Platz 6. Kontakt: adamgrant.net

Ein Mensch, der ausgewiesene praktische Erfahrungen im Vieles-ganz-anders-Machen hat, ist Bernd Reichart. Reichart wurde zu Beginn des Jahres 2019 CEO der Mediengruppe RTL Deutschland, nachdem er zuvor einige Jahre den Sender VOX geführt hatte. Dort hat er eine große Reihe von Programminnovationen lanciert und damit das Image des Senders nachhaltig verändern können. In seine Ägide fielen u. a. die Lancierung der Start-up-Show Die Höhle der Löwen, der Musik-Show Sing meinen Song sowie die Produktion der immens erfolgreichen und vielfach ausgezeichneten Drama-Serie Club der roten Bänder. Was mir im persönlichen Kontakt imponiert hat, war allerdings seine Offenheit – nicht nur für Innovationen auf der Produktseite, sondern auch in die Organisation hinein.

2016 habe ich mit meinem Team bei Bertelsmann ein Management-Traineeprogramm gestartet, das sich exklusiv an Absolventen der *Geistes- und Sozialwissenschaften* wendet. Ein Traineeprogramm zu etablieren ist noch keine große Innovation. Doch mit dieser Spezialisierung und Positionierung hatte das noch kein anderes Unternehmen in Deutschland versucht. Auf Basis der Erfahrung, die ich aus diesem Projekt gewonnen habe, interessiert mich besonders, wie solche Innovationen ihren Weg durch die Strukturen und Prozesse eines großen Konzerns finden und zum Leben erweckt werden. Bernd Reichart war damals einer der Fürsprecher und Paten dieses konzernweiten Projektes. Ich freue mich daher, dass ich mit ihm ein Gespräch über Kreativität und Innovationsfähigkeit von Organisationen führen konnte.

Eine Haltung des Nicht-Wissen-Könnens einnehmen

Interview mit Bernd Reichart

Bernd, du hast einige Jahre den TV-Sender VOX geführt. In dieser Zeit wurde das Programm durch mutige und erfolgreiche Innovationen ergänzt, z. B. die Serie Club der roten Bänder. Wie bewertest du das in der Rückschau?

Rückblickend war es ein riesengroßer Vorteil, dass ich nach Jahren in Spanien als Exot ohne tiefe Marktkenntnis nach Deutschland und zu VOX gekommen bin. Ich kannte natürlich grundsätzlich das Geschäftsmodell und die Akteure, die Kunden, die Agenturen, die Produktionsfirmen usw. Trotzdem war ich jahrelang woanders unterwegs gewesen und daher nicht in Deutschland sozialisiert. So habe ich zum Teil unbewusst, zum Teil auch bewusst, *eine Haltung des Nicht-Wissen-Könnens* eingenommen: »Ich kann nicht wissen, dass dieses oder jenes schon einmal gefloppt ist.« Oder auch: »Ich muss nicht als Erstes hören, dass jemand schon einmal mit dem Thema X gescheitert ist«. Vielleicht auch: »Das hat bei anderen schon oft geklappt, so machen wir es auch.« Ich habe versucht, diese gewisse Unbedarftheit des Neulings bewusst zu nutzen und auch ein Stück weit zu erhalten. Die im besten Sinne ungewöhnlichsten Programmentscheidungen habe ich – mit Ausnahme von Club der roten Bänder – gleich am Anfang getroffen. Wir haben uns z. B. entschlossen, die Start-up-Show Die Höhle der Löwen, durch ihren Bezug zur Wirtschaft ein vermeintliches Männerthema, auf einem ausgewiesenen Frauensender zu bringen. So etwas geht einfach leichter, wenn du Exot bist.

Es war mutig, viel Geld in die Produktion von Club der roten Bänder zu stecken. Das hat sich finanziell rentiert und schließlich auch die Kritiker überzeugt.[138] Aber es hätte auch anders kommen können.

Durchaus. Ich finde bei solchen Entscheidungen hilfreich, kurz zu überlegen, was das Worst-Case-Szenario ist. Man sollte nicht zu lange daran hängenbleiben, aber einmal durchzuspielen, was im schlechtesten Fall passieren kann – das ist enorm nützlich. Der Club der roten Bänder hat einige Millionen Euro gekostet in der Produktion. Wann ist dieses Projekt also ein Misserfolg? Vielleicht schalten nur wenige Zuschauer ein – oder sie bleiben nicht über alle Folgen dran. Das hätte passieren können und muss einmal gut durchgerechnet werden. Hier ist es enorm wichtig, dieses Szenario mit dem Best-Case zu vergleichen. Sprich: Was wäre die Konsequenz für den Fall, dass das Projekt ein riesiger Erfolg wird? Hier will ich spüren, dass der Erfolgsfall wirklich einen Unterschied macht. Manchmal kommt man bei einer solchen Risikobetrachtung auch zu der Einschätzung, dass

138 Die Serie wurde u. a. mit einem Grimme-Preis und dem Deutschen Fernsehpreis ausgezeichnet.

selbst der Erfolgsfall einen nicht so richtig aus den Schuhen hauen würde, weil sich nichts Entscheidendes ändern würde.

Club der roten Bänder war unser erstes eigenes Fiction-Format. VOX stand bis dato für vieles, nur nicht für eigenproduzierte Fiction. Wir hatten die folgende Haltung: Wir haben das noch nie gemacht. Es kann nicht von Anfang an klappen – und es darf auch schiefgehen. Plus: Wir widmen uns einem wichtigen Thema. Wenn wir es würdig behandeln und handwerklich gut machen, dann werden die Menschen sagen: »Respekt, das ist gut produziert. Ihr habt euch vielleicht verhoben, aber handwerklich ist das einwandfrei«. Damit hätten wir gut leben können.

Uns war jedoch auch klar: Falls es funktioniert, macht es VOX quasi über Nacht zu einem anderen Sender mit noch mehr Charakter. Wenn uns das gelingt, dann heben wir uns unmittelbar und dauerhaft positiv von unseren direkten Konkurrenten ab. Diese positive Fantasie muss den Worst-Case weit übertreffen. In gewisser Hinsicht musst du sogar Gefallen am Worst-Case finden. Auch wenn's völlig daneben geht, musst du sagen können: Brust raus, Kopf hoch – den Versuch war es wert. Selbst wenn der Club gefloppt wäre, hätten wir jedem erklären können, wie werthaltig das Ganze war. Wenn du es schaffst, der Worst-Case-Betrachtung innerlich den Zahn zu ziehen, dann wird es auf einmal ganz leicht.

Du hast den Sprung gemacht vom CEO eines TV-Senders mit rund 150 Mitarbeitern zur Verantwortung für eine Mediengruppe mit mehreren tausend Menschen. Wie gehst du das an?

Ich denke, dass ich mit den Aufgaben wachsen werde, so wie ich auch schon in der Vergangenheit neue Rollen gern angenommen habe. Es gibt da ein Spannungsfeld, das mich, bei gesundem Respekt, besonders reizt: Wie ist es möglich, mit einer Idee 3.000 Menschen auf einmal zu erreichen? In meinen ersten Wochen als CEO bin ich der Antwort auf diese Frage nähergekommen, als ich gemerkt habe, wie schnell Menschen um dich herum deine Ziele und Ansätze verstehen, einfach weil sie sehen, wer du bist und wie du arbeitest. Das sind viele kleine Dinge, die gesehen und interpretiert werden. Menschen wollen verstehen, wer du bist und woran du glaubst – das wirkt im Zweifel viel schneller und nachhaltiger als manch langfristig geplante Kommunikationsmaßnahme.

Was ich auch gerade lerne, ist die Kraft von Veränderung. Ich freue mich, dass die Aufstellung meines Führungsteams sehr viel Aufbruchsstimmung ausgelöst hat. Die Veränderungen, die wir angestoßen haben, treffen auf fruchtbaren Boden und die Offenheit ist groß. Diese Möglichkeit zur Aktivierung und Mobilisierung im größeren Rahmen – das ist neu für mich. In meiner vorigen Rolle war alles kleiner. Da war ich quasi der Kapitän und alle haben sich gemeinsam hinter die

Ruder geklemmt. Jetzt habe ich andere Berührungspunkte mit der Organisation, die Adressaten und Charaktere sind viel heterogener – das ist einfach eine andere Dimension.

Vom Talent einzelner Personen abgesehen: Welche Faktoren sind für dich wichtig, um Kreativität zu ermöglichen und zu fördern?

So, wie ich selbst vor einigen Jahren von außen ins Unternehmen gekommen bin, habe ich bei der Zusammenstellung meines Top-Management-Teams darauf geachtet, auch Experten von außen zu holen. Mit Stephan Schäfer vom Zeitschriftenhaus Gruner + Jahr ist z. B. ein kompletter TV-Exot dabei. Stephan hat jetzt den großen Vorteil, dass er genau die Fragen stellen kann, die intern keiner mehr stellt, weil er nicht wirken will und auch nicht wirken muss wie jemand, der schon alles kennt. Diese Inspiration, auch das Rütteln von außen, das Infragestellen von Regeln und Prozessen: Das ist mir wichtig. Es ist gut, wenn Menschen dazukommen, die nicht schlauer sein müssen, gar nicht alles wissen können und daher auch nicht das Bedürfnis haben, anderen alles erklären zu wollen. Es ist wichtig, ein heterogenes Team aufzubauen, ein auch charakterlich vielfältiges Team. Es geht um eine Balance aus Stabilität und Erneuerung. Du brauchst Experten, die Erfahrung haben, sich gut auskennen und Verantwortung getragen haben. Auf der anderen Seite benötigst du jene, die Fragen stellen und hier und da auch einmal am Gewohnten rütteln.

Ein TV-Sender lebt heute nicht nur von der Kreativität im eigenen Haus, sondern von vielfältigen Netzwerken. Was sind deine Gedanken hierzu?

Die Kreativen im Markt wollen sehen und spüren, dass man ein Verständnis dafür hat, wie wichtig ihnen ihre Idee, ihr Format, ihre Buchvorlage ist. Das ist immer ihr ganz persönlicher großer Wurf – und sie wollen sichergehen, dass dieser Schatz in die richtigen Hände kommt. Wir sind hier rund 3.000 Menschen, bunt gemischt, viele davon Journalisten und Kreative – aber da draußen sind noch rund zehnmal so viele Menschen, die im Laufe eines Jahres für uns tätig werden. Sie spüren, wie wir hier intern miteinander umgehen und was unser Selbstverständnis bezogen auf kreative Arbeit ist. Wenn das intern gut funktioniert, ist es ein echter Wettbewerbsvorteil. Nicht, weil wir Google als coolsten Arbeitgeber entthronen wollen. Wir wollen in unserem Markt der beste Partner für Kreative sein. Wir verstehen, dass uns erst die deutsche Kreativindustrie ermächtigt, selber kreativ zu sein – oder genauer: dass wir uns gegenseitig ermächtigen. Dies sollten wir uns immer wieder vor Augen führen.

Bernd Reichart hat, für einen Top-Manager eher ungewöhnlich, in Konstanz Sport und Englisch auf Lehramt studiert, mit diversen Auslandssemestern. Seine ersten beruflichen Schritte führten ihn nach Spanien ins Sportmarketing, von dort ins TV-Geschäft. 2013 wurde er CEO des TV-Senders VOX. Zum Zeitpunkt des Interviews verantwortete er die gesamte Mediengruppe RTL Deutschland. Mittlerweile arbeitet er wieder im Bereich Sportmarketing. Kontakt: linkedin.com/in/berndreichart

9.2 Die organisationalen Bedingungen von Kreativität

Die Interviews mit Adam Grant und Bernd Reichart haben aufgezeigt, wie wertvoll die Perspektive als Outsider für Kreativprozesse sein kann. Gleichzeitig wurde deutlich, auf welche Schwierigkeiten wir treffen können, wenn wir den Status quo infrage stellen wollen. Je länger wir allerdings in einer Rolle arbeiten bzw. je länger ein Unternehmen am Markt ist, desto schwieriger wird es auch, die Haltung des Nichtwissens, den Anfängergeist, wie es im Zen genannt wird, beizubehalten. Deswegen wird jemand wie Jeff Bezos auch nicht müde, immer und immer wieder zu betonen, dass jeder Tag bei Amazon immer noch »Tag 1« ist.[139]

Ein Blick in die Forschung offenbart, dass Bezos mit dieser Haltung alles andere als verkehrt liegt. Überblicksarbeiten zu den organisationalen Faktoren von Kreativität finden, dass einer der wichtigsten Treiber – wie so oft – Ermutigung von oben ist. Konkret beschreibt McLean (2005) die folgenden Faktoren; Shalley und Gilson (2004) stoßen in ein ähnliches Horn. Bei drei der entscheidenden Punkte geht es zunächst um die Ermutigung zu kreativem Verhalten und Ausdruck:

- *Organisationale Ermutigung*: Das Eingehen von Risiken wird gewürdigt, die Incentive-Systeme belohnen das Teilen von Ideen und teamübergreifende Entscheidungsfindung.
- *Ermutigung durch die Führungskraft*: Der Vorgesetzte sorgt für Klarheit rund um die (Kreativ-)Ziele der Abteilung und unterstützt das offene Teilen von Ideen in Teams.
- *Ermutigung innerhalb von Arbeitsgruppen*: Die Organisation fördert Diversität und integriert »kreative Persönlichkeiten« in den organisationalen Mainstream.

Darüber hinaus kommen verschiedene Faktoren zum Tragen, die mit der Struktur der Organisation und der Allokation von Ressourcen zu tun haben:

- *Organisches Design*: Der Einfluss auf Innovationsprozesse wird durch Expertise, nicht durch Positionen geprägt; die Entscheidungsfindung erfolgt dezentralisiert.
- *Autonomie*: Die Mitarbeiter können weitgehend selbst über Mittel und Wege der Zielerreichung entscheiden.

139 »Tag 2 ist Stillstand. Gefolgt von Irrelevanz. Gefolgt von qualvollem, schmerzhaftem Niedergang. Gefolgt vom Tod. Und deshalb ist immer Tag 1.« (»Tag 2 ist Stillstand«, 2017).

- *Ressourcen*: Die Ressourcenlage in Bezug auf Zeit und Geld trifft die goldene Mitte zwischen Mangel und Überfluss. Ein Mangel resultiert in Angst, Misstrauen und Burn-out, ein Überschuss vermindert die Kreativleistung.

EIGENE ERFAHRUNG

Wie viele große und diversifizierte Unternehmen steht Bertelsmann vor der Herausforderung, die mannigfaltig vorhandene Kreativität der Mitarbeiter zutage zu fördern und zu kanalisieren. Dabei stellt sich für die Mitarbeiter – wie in fast jedem Konzern – eine spezielle Frage: Was mache ich mit einer Idee, die mit meinem eigenen Arbeitsbereich im Grunde nichts zu tun hat? Der eigene Vorgesetzte hat in der Regel kein gesteigertes Interesse daran, weil diese Form der Kreativität nicht auf die Ziele der Abteilung einzahlt. Das betriebliche Vorschlagswesen ist vielerorts leider nicht viel mehr als eine Mottenkiste. Und nicht jedes Unternehmen kann und will sich eine zentrale Abteilung für Innovationsmanagement leisten. Mein ehemaliger Arbeitgeber hat hier über die letzten Jahre verschiedene Lösungen geschaffen, von denen ich zwei kurz skizzieren möchte – eine auf Konzernebene, die andere bei der Tochter Gruner + Jahr.

Auf Konzernebene finden rund um den Erdball Creativity Bootcamps statt, die in ihrer Struktur sogenannten Start-up-Weekends nachempfunden sind. Für diese Events wird eine hohe zweistellige Zahl an internationalen Kollegen aus verschiedenen Geschäftsbereichen des Konzerns eingeladen. Jeder, der teilnehmen möchte, muss eine vorformulierte Idee für ein neues Produkt oder ein Geschäftsmodell mitbringen. Diese werden zu Beginn der Veranstaltung kurz vor den Kollegen gepitched. Danach entscheidet die gesamte Gruppe per Voting, welches die zehn vielversprechendsten Ideen sind. Nun teilen sich die Kollegen auf die verschiedenen Gruppen auf und arbeiten für einen fest definierten Zeitraum (meist zwei Tage) an der Ausarbeitung dieser Idee. Dabei werden sie von verschiedenen Coaches unterstützt, die die Ideenentwicklung durch Methoden wie Design Thinking, aber auch Graphic und Screen Design unterstützen. Zum Ende der Veranstaltung pitchen die zehn Gruppen ihr Geschäftsmodell vor einer Jury, bestehend aus internen Top-Führungskräften und externen Experten, z. B. Start-up-Investoren. Die drei besten Ideen aus diesem Prozess werden auf Top-Management-Ebene weiterverfolgt. Neben der Ideengenerierung und -validierung dient dieses Format naturgemäß auch der internen, internationalen und cross-divisionalen Vernetzung und dem Ideenaustausch.

Mit ähnlichen Absichten hatte Gruner + Jahr 2015 das Greenhouse lanciert.[140] Es handelt es sich um ein internes Start-up-Labor. Mitarbeiter, die eine (digitale) Geschäftsidee haben, können diese pitchen und sich damit

140 Das Publishing House ist mittlerweile in der RTL-Gruppe aufgegangen.

um einen Platz im Greenhouse bewerben. Wessen Idee gefällt, der kann seinen normalen Job bis zu einem halben Jahr ruhen lassen, die bisherige Rolle wartet auf den Kollegen. Im Greenhouse gibt es ein Team von Design Thinkern, UX-Designern usw., die dem Kollegen helfen, die Viabilität der Geschäftsidee in möglichst kurzer Zeit zu validieren. Am Ende wird wiederum vor Top-Führungskräften aus dem Stammhaus gepitched. Wenn das Ergebnis zur strategischen Neuausrichtung des Unternehmensverbunds passt und erfolgsversprechend ist, wird das Projekt finanziell unterstützt. In diesem Fall kann der Mitarbeiter nun in die Rolle des Intrapreneurs schlüpfen. Doch selbst wenn die Idee diese letzte Hürde nicht nimmt, kehrt er mit vielen neuen Erfahrungen – und vor allem dem Gefühl, dass seine Idee gehört wurde – in die alte Rolle zurück.

Die Erfahrungen, die Menschen im Creativity Bootcamp wie auch im Greenhouse machen, haben eine Gemeinsamkeit: Sie finden »in einer anderen Welt« statt, einer Welt, die ein Stück weit abgeschirmt ist von kurzfristigen Gewinninteressen und den typischen Regeln, Normen und Prozessen, in die organisationales Leben notwendigerweise eingebettet ist. Obwohl es klare Ziele und ein gewisses Maß an Zeitdruck gibt, bieten diese Formate einen geschützten Raum für das Experimentieren, das Ausprobieren und Tüfteln. Sie bieten auch einen Rahmen für Spaß und Verspieltheit, zwei Attribute, die in der Regel nicht mit einem Dasein als Business-Mensch verknüpft werden. Dabei ist ein solcher Mangel an Verspieltheit bedauerlich – und latent schädlich, wie ich in einem Gespräch mit René Proyer von der Universität Halle-Wittenberg erfahren habe.

Autoritäre Chefs lassen keinen Spielraum für Verspieltheit

Interview mit Prof. Dr. René Proyer

Herr Professor Proyer, im Rahmen Ihrer Forschung beschäftigen Sie sich mit der Verspieltheit von Erwachsenen. Was hat Sie dazu bewogen, sich diesem Thema wissenschaftlich zu widmen?

Ich habe lange Zeit in der Arbeitseinheit von Willibald Ruch an der Universität Zürich rund um die Themen Humor und Charakterstärken geforscht. In der VIA-Klassifikation der Charakterstarken von Peterson und Seligman (siehe Kapitel 5.4) werden die Aspekte Humor und Verspieltheit im Grunde synonym verwendet – was nicht ganz stimmig ist, da Menschen durchaus humorvoll, gleichzeitig aber wenig verspielt sein können – und umgekehrt. Dies hat mich fasziniert und bewogen, genauer hinzuschauen. Wenn man dann in die psychologische Fachliteratur schaut, findet sich ein bisschen etwas über Verspieltheit in den Schriften zur Entwicklungspsychologie – aber es scheint einen Konsens zu geben, dass die Verspieltheit auf magische Weise verschwindet, sobald der Mensch 18 Jahre alt wird. Es gibt diesen Spruch, dass insbesondere das Arbeitsleben kein Ponyhof sei – das hat sich augenscheinlich auch in einem Mangel an Forschung zu diesem Thema niedergeschlagen. Darüber hinaus hat psychologische Forschung meistens auch etwas mit dem Forscher selbst zu tun. Es gibt viele Formen des Humors und des Spiels, mit denen man mich persönlich jagen kann, z. B. Clownerie. Auf der anderen Seite stehen Aspekte, an denen ich viel Freude habe, z. B. das kreative Spiel mit Worten. Diese Unterschiede wollte ich näher ergründen.

Sie unterscheiden vier Arten der erwachsenen Verspieltheit. Können Sie diese bitte erläutern?

Sicher. Es gibt zunächst eine *soziale Form der Verspieltheit*, die auf andere Personen gerichtet ist. Hier geht es darum, dass man sich spielerisch mit anderen Menschen auseinandersetzt. Das äußert sich z. B. durch das Necken in einer Partnerschaft oder diese kleinen, freundlich gemeinten Frotzeleien im Büro oder unter Freunden. Die zweite Variante ist die sogenannte *leichtherzige Form der Verspieltheit*. Die zeigt sich bei Menschen, die gerne und auch ganz bewusst improvisieren oder – anders ausgedrückt – eine gewisse Abneigung gegen Regeln und zu viel Planung haben.

Die dritte Dimension ist von einer *intellektuellen Form der Verspieltheit* geprägt. Die findet sich insbesondere bei Menschen, die gerne an verschiedenen Aufgaben herumknobeln, die gerne verschiedene Perspektiven auf das gleiche Thema einnehmen und Routine tendenziell verabscheuen. Diese Variante liegt mir besonders am Herzen, weil es dazu bisher ganz wenig Literatur gab. Zudem zeigt sich in der deutschen Sprache eine gewisse Abwertung des gesamten Themenbereichs. Verspieltheit wird gerne in die Ecke des Albernen gerückt – und die Vorsilbe »Ver« deutet ja häufig auf eine negative Konnotation hin, wie z. B. bei der Redewendung »Haus und Hof verspielen«. Die intellektuelle Variante grenzt sich hier ab. Sie ist auch jene, die im beruflichen Umfeld vermutlich die größte Rolle spielt, weil es darum geht, Probleme in Gedanken durchzuspielen, kreative Lösungen für Themenstellungen zu finden, sich auch einmal richtig in ein Thema hineinzuknien.

Die letzte Variante nennt sich im Deutschen *extravagante Verspieltheit*. Sie äußert sich darin, dass sich Menschen gerne mit ungewöhnlichen Objekten, Themen oder auch Menschen beschäftigen. Wenn sich jemand im Bekanntenkreis umschaut, dann gibt es da vielleicht diese eine Person, die sich intensiv mit japanischen Underground-Comics beschäftigt – oder jemanden, der ständig Sachen kocht, von denen man noch nie etwas gehört hat. So etwas deutet auf die extravagante Form der Verspieltheit hin. Im Übrigen geht es auch um die Fähigkeit, das Skurrile im Alltag, im Gewöhnlichen erkennen zu können.

Wichtig ist: Es geht hier um Stile, nicht um Menschen. Jeder Mensch hat gewissermaßen ein Verspieltheitsprofil, also eine Präferenz für einen oder mehrere Stile, während er mit anderen vielleicht nicht so viel anfangen kann.[141]

Das Arbeitsleben gilt meist nicht als spielerischer Kontext. »Wir sind ja nicht zum Spaß hier!«, heißt es gerne. Andererseits suchen Menschen doch nach Spaß in der Arbeit, oder?

Korrekt. Mein Eindruck ist allerdings, dass es hier ausgeprägte kulturspezifische Unterschiede gibt. Ich denke, dass es beispielsweise in den USA deutlich mehr Raum für solche Tendenzen gibt. Die Grenzen sind insgesamt fließender, dort wird z.B. auch nicht so hart getrennt zwischen E- und U-Musik – auch die Grenzen im Journalismus und im Fernsehen sind fließender. Wenn in Deutschland jemand Spaß bei der Arbeit hat, denken manche Vorgesetzte, dass da eventuell was falsch gelaufen ist. Etwas überspitzt: Wer Spaß bei der Arbeit hat, der ist nicht voll dabei, dem gehört das Gehalt gekürzt.

Man muss das allerdings differenziert sehen. Ich persönlich hätte vermutlich auch meine Schwierigkeiten damit, in einem Team zu arbeiten, in dem alle extrem verspielt sind. Wenn man sich z.B. eine Arbeitsgruppe vorstellt, in der alle leichtherzig verspielt sind, dann weiß man auch, dass es dort vermutlich Schwierigkeiten gibt, Deadlines einzuhalten. Zum anderen muss man auch den Kontext betrachten. Ich denke da z.B. an das Cockpit eines Flugzeugs. Wenn die Piloten so ein paar Stunden über den Atlantik sausen und aus dem Fenster schauen, dann hoffe ich, dass sie spielerische Wege gefunden haben, um sich die Zeit angenehm zu gestalten. Im Zweifel ist das auch gut für die Aufmerksamkeit und Konzentration, wenn es in Ausnahmefällen darauf ankommt.

Gibt es Daten zum Zusammenhang von Verspieltheit und Kreativität?

Die gibt es, ja. Grundsätzlich sehen wir, dass Verspieltheit und Kreativität auf ähnlichen kognitiven Prozessen basieren. Es geht immer ein Stück weit darum, sich von etablierten Mustern zu lösen, es geht um das Aufbrechen von starren Strukturen – um dann Dinge neu zusammenzuführen, die ursprünglich nicht miteinander in Beziehung gesetzt wurden. Ich würde argumentieren, dass Verspieltheit dem kreativen Prozess ein Stück weit vorgelagert ist – dass es also in einer verspielten Stimmung leichter fällt, kreative Ideen zu entwickeln oder Prozesse neu zu gestalten.

141 Wer es genauer wissen möchte: Siehe Proyer und Jehle (2013).

Sie untersuchen Verspieltheit als Persönlichkeitseigenschaft. Wie sieht es mit externalen Faktoren aus? Kann beispielsweise ein bestimmter Führungsstil die Verspieltheit fördern oder dämpfen?

Definitiv. Wenn man beispielsweise eine sehr autoritäre Führungskraft nimmt, dann ist es gut möglich, dass die im wahrsten Sinne des Wortes *keinen Spielraum für Verspieltheit* lässt. Es ist dann allerdings so, dass die Geführten ihre Verspieltheit einfach in den Kopf verlegen, wenn sie extern unterdrückt wird. Die Leute denken sich dann eben ihren Teil. Grundsätzlich halte ich es für nützlich, wenn Vorgesetzte auch selbst Verspieltheit an den Tag legen, vor allem auch über sich selbst lachen können – bzw. es gut aushalten können, wenn im Falle des Falles auch einmal über sie gelacht wird. Das fördert die Bindung und Zusammenarbeit im Team.

Ausgehend von Unternehmen wie Google gibt es heute viele Unternehmen, die ihre Räumlichkeiten spielerisch(er) gestalten – Stichwort: Kicker, Bällebad und Co. Wie beurteilen Sie diese Entwicklung?

Ich denke nicht, dass jetzt alle Unternehmen auf einmal einen *Spaßbeauftragten* brauchen. An sich sind solche Maßnahmen durchaus zu begrüßen. Es ist allerdings extrem wichtig, dass diese Entwicklung nicht in eine Art *Zwangsbespaßung* ausartet. Wenn jeder einmal am Tag ins Bällebad muss, obwohl er nicht will, ist das sicher nicht hilfreich. Verordneter Spaß: Das geht immer schief!

Andererseits darf man auch auf die Vorteile schauen. Wenn sich zwei Leute einmal eine halbe Stunde zusammen an den Kicker stellen, dann sieht der Chef vielleicht nur: Die haben nicht gearbeitet. Man sollte Menschen aber ein gutes Gefühl für ihre Verantwortlichkeiten unterstellen, die meisten wollen im Sinne des Unternehmens handeln. In Wirklichkeit haben sich die zwei vielleicht einfach besser kennengelernt, oder sich über die Idee eines gemeinsamen Projektes ausgetauscht. Hier werden tragfähige Beziehungen gebildet, die das Unternehmen benötigt, wenn es in der Zukunft einmal darauf ankommt.

Hilft Verspieltheit eigentlich dabei, ein guter Forscher zu sein?

Ich kann das nur in Bezug auf meine Person beantworten, nicht allgemein. Aber dann möchte ich sagen: Ja, Verspieltheit hilft – insbesondere, wenn man innovative Forschung auf den Weg bringen möchte. Ich schlage das übrigens auch meinen Studenten vor. Es gibt Dinge, die sich an sich nicht besonders spannend anhören, z. B. Datenanalysen. Aber auch das kann man sich spielerisch spannend machen, wenn man sich bemüht, die Zahlen aus verschiedenen Blickwinkeln zu betrachten, unterschiedliche Analysemethoden einsetzt usw. Übergreifend ist

Verspieltheit sicher hilfreich, wenn man neuartige Zusammenhänge entdecken möchte. Sie bestimmt auch ein Stück weit mit, von welchen Themen sich Menschen überhaupt erst angezogen fühlen.

René Proyer hat in Wien Psychologie studiert und wurde an der Universität Zürich promoviert, wo er sich später auch habilitierte. Seit 2018 ist er Professor für Psychologische Diagnostik und Differentielle Psychologie an der Martin-Luther-Universität Halle-Wittenberg. Gemeinsam mit Tuulia Ortner hat Proyer das Buch Praxis der Psychologischen Gutachtenerstellung verfasst. Kontakt: rene.proyer@psych.uni-halle.de

EIGENE ERFAHRUNG

Die Ideen des Spielens und der zugehörige Kitzel der Unsicherheit sind mir auch aus meiner eigenen Karriere bekannt. Im Januar 2012 lancierte Bertelsmann unter dem Eindruck der Bologna-Reform[142] gemeinsam mit der Allianz, Henkel und McKinsey das »Gap Year«-Programm – wir bildeten ein Konsortium. Studierende, die nach dem abgeschlossenen Bachelor-Studium Praxiserfahrung vor dem Master-Studiengang sammeln wollten, konnten sich auf unkomplizierte Weise bei uns gemeinsam bewerben und – so sie für das Programm angenommen wurden – ihr individuelles Praktikumsjahr bei drei der vier Unternehmen zusammenstellen. Das Ganze war damals eine echte Innovation, wurde im Markt extrem gut aufgenommen und auch mit einem wichtigen Innovationspreis ausgezeichnet (Fritz & Rose, 2015). Der springende Punkt ist allerdings ein anderer.

Die Lancierung des Programms von der ersten Kontaktaufnahme zwischen den Beteiligten über eine gemeinsame Planung bis hin zur Bekanntmachung fand innerhalb weniger Wochen, um Weihnachten 2011 herum, statt. Es gab bei uns kein Budget und niemand wusste, ob eine solche unternehmensübergreifende Recruiting-Allianz funktionieren würde. Erst als der Launch unmittelbar bevorstand und es darum ging, die gemeinsame Kommunikation abzustimmen, stellte ich das Projekt meinem Vorgesetzten vor, in einer Teamsitzung vor versammelter Mannschaft. Hätte er in diesem Moment abgelehnt, hätte ich sehr dumm dagestanden und das Projekt wäre womöglich gescheitert. Glücklicherweise erkannte er die Qualität der Idee und ihrer Umsetzung und stimmte spontan zu.

Das gesamte Projekt war von einer besonderen Energie getragen, die daraus resultierte, dass alle Beteiligten ein gutes Stück weit im Geheimen agierten, ich wie geschildert sogar meinem Vorgesetzten gegenüber. *Die Planungen waren von einer »diebischen Freude« und einem gewissen Nervenkitzel geprägt,*

142 Kurz gesagt: die Umstellung von Diplom/Magister- auf Bachelor- und Masterstudiengänge.

der sich nach dem erfolgreichen Markteintritt in Wohlgefallen auflöste. Die Anzahl und Qualität der Bewerber waren überwältigend, ebenso das Presseecho. Diese Episode verdeutlicht, dass es Organisationen bisweilen nützt, Innovationen im Geheimen voranzutreiben. Bei ungewissen Erfolgsaussichten, ohne Budget und Rückendeckung vonseiten der Führung, sind entsprechende Projekte typischerweise zum Scheitern verurteilt. Sie abgesondert von den üblichen Geschäftsprozessen und Incentive-Systemen gedeihen zu lassen, kann manchmal eine viable Lösung sein (Sharma, 1999).

Wie bereits klar wurde, entstehen wirklich gute neue Ideen nicht im luftleeren Raum, auch nicht im stillen Kämmerlein – das Bild vom einsam tüftelnden Genie kann getrost ins Reich der Mythen verwiesen werden. Die meisten nützlichen Innovationen stellen auch keineswegs etwas grundlegend Neues dar, etwas, das es so noch gar nicht gab. Stattdessen handelt es sich um Rekombinationen oder kleine, aber maßgebliche Erweiterungen von bereits bestehenden Elementen. Mich fasziniert der Begriff des Adjacent Possible (das naheliegende Mögliche), der in der Evolutionsbiologie geprägt wurde – und den der Autor Steven Johnson (2010) auf das Thema Innovation übertragen hat. Vereinfacht gesagt geht es um die Tatsache, dass *sich Evolution wie auch Innovation pfadabhängig vollziehen*. Es gibt keine wilden Sprünge, stattdessen verlaufen sie entlang einer unendlichen Kette des naheliegenden Möglichen.

Allerdings sind nicht alle Menschen gleich gut darin, das naheliegende Mögliche zu erkennen, wenn es sich ihnen offenbart. Manchen Menschen scheint »das Glück« (in Form von guten Ideen, günstigen Gelegenheiten usw.) nur so in den Schoß zu fallen, anderen nicht so sehr. Auch dieses Thema finde ich faszinierend. Glückliche Fügungen, positive Konsequenzen, die auf scheinbar zufälligen Ausgangsbedingungen beruhen, werden formell als *Serendipität* bezeichnet. Christian Busch von der London School of Economics setzt sich wissenschaftlich mit diesem Thema auseinander. Wir haben uns Anfang 2012 bei einer von ihm organisierten Veranstaltung in Lissabon kennengelernt. Obwohl wir uns seitdem nicht mehr gesehen haben, war er sofort bereit, mit mir über seine Arbeit zu sprechen.

Es geht darum, bessere Fragen zu stellen

Interview mit Christian Busch, Ph.D.

Christian, 2014 habe ich einen TEDx-Talk in Norwegen gehalten.[143] Im Kern geht es um eine Frage, die dich aus wissenschaftlicher Perspektive beschäftigt: Serendipität. Was ist deine Definition dieses Phänomens?

143 How to be the architect of your own fortune: siehe youtube.com/watch?v=WkDAOApzh-I

Wir nehmen oft an, dass positive Zufälle ein Phänomen darstellen, das einfach so passiert, etwas, das wir – per Definition – nicht kontrollieren können. Ich sehe Serendipität, also unerwartete Dinge, die zu positiven Ergebnissen führen, als aktiven Prozess an, den wir beeinflussen können: Es gibt einen »Trigger« (das Unerwartete, z. B., zufällig einem alten Kollegen über den Weg zu laufen, der einem von einer neuen Job-Möglichkeit erzählt), aber wir müssen auch etwas damit machen – wir müssen ihn proaktiv in eine Gelegenheit umwandeln. In meiner Forschung sehe ich oft, dass Menschen Serendipität »verpassen«, da sie entweder den Trigger nicht »sehen« oder ihn nicht mit etwas Relevantem verknüpfen.

Man findet z. B. oft Paare, die ähnliche Leute treffen, aber ein Partner hat anschließend »immer Glück«, der andere nicht. Warum ist das so? Um diese Frage geht es in meinem Buch. Wie können wir uns darauf ausrichten, mehr positive Zufälle, Freude und Erfolg in unser Leben zu ziehen, indem wir den Triggern mehr und bessere Räume geben, indem wir unseren Geist trainieren, Verknüpfungen zu sehen? Und es geht auch um die Hartnäckigkeit und das Selbstvertrauen, etwas mit den Triggern anzufangen. Wir haben ähnliche Muster gefunden über verschiedene Länder hinweg, in denen wir forschen – vom ehemaligen Drogendealer in Südafrika, der zum Lehrer wurde, bis hin zum CEO eines DAX-Unternehmen: Manche Menschen »kultivieren« Serendipität. Dies hilft ihnen, in einer sich schnell wandelnden Welt erfolgreich und sinnstiftend zu agieren.

Hast du Lieblingsbeispiele für Serendipität?

Das Spannende an Serendipität ist, dass sie konstant passiert. Deswegen finde ich die »normalen« Beispiele immer am spannendsten; sei es, wie wir die Liebe unseres Lebens im Supermarkt getroffen haben oder wie wir unsere neue Business-Idee zufällig in einer Konversation mit einem Unbekannten finden konnten.

Ein schönes Beispiel aus der jüngeren Geschichte ist die Veranstaltung TEDxVolcano, da sie aufzeigt, dass es bei Serendipität nicht um Glück im Sinn von vollständiger Zufälligkeit geht, sondern darum, unerwartete Beobachtungen neu zu kombinieren. Als der isländische Vulkan Eyjafjallajökull 2010 ausbrach, waren viele internationale Teilnehmer des Skoll World Forum in London gestrandet. Unter ihnen befand sich der in San Francisco lebende Unternehmer Nathaniel, der aus dieser herausfordernden Situation ein außergewöhnliches Event machte. Innerhalb von 32 Stunden organisierte er eine der erfolgreichsten TEDx-Veranstaltungen aller Zeiten. Hunderte Menschen waren auf der Warteliste, um an diesem »spontanen« Ereignis teilzunehmen, 10.000 Menschen verfolgten den Livestream.

Nathaniel war wie Tausende andere auf etwas Zufälliges und Unerwartetes gestoßen – einen Vulkan, der den internationalen Flugverkehr störte. Aber im Gegensatz zu den meisten Menschen hatte er die Durchsetzungskraft, aus etwas Unerwartetem etwas sehr Positives zu machen. *Das Gros der Betroffenen hatte den gleichen Trigger nicht als Auslöser für Serendipität angesehen.* Er »sah« nicht nur, dass außergewöhnliche Menschen in London festsaßen, sondern er »sah« auch, dass dies eine großartige Geschichte im Zusammenhang mit TEDx sein könnte. Basierend auf dieser Geschichte überzeugte er einen lokalen Co-Working-Space-Anbieter, einen Raum für die Veranstaltung zu stellen, die Innovationsgemeinschaft »Sandbox Network«, Freiwillige zu rekrutieren, und Top-Leute wie eBays ersten Präsidenten, Jeff Skoll, spontane Präsentationen zu halten. Nathaniels Einsicht und das Zusammenfügen der verschiedenen losen Enden führten zu einer Veranstaltung von Weltklasse ohne Budget und innerhalb von eineinhalb Tagen in einer Stadt, in der er zuvor nur ein begrenztes Netzwerk hatte. Grundsätzlich erzählen wir solche Geschichten – und andere Aspekte, wie unseren Lebenslauf – immer so, als ob wir einen Plan hätten. Was ich spannend finde, ist die Frage, wie wir den Nährboden für diese Zufälle bereiten und ein Feld schaffen könnten, in dem sie keimen und Wurzeln schlagen könnten.

Für meinen Talk habe ich einen Merksatz geprägt, um zu beschreiben, wie Menschen glücklichen Fügungen Vorschub leisten können: »Prepare, be there, express, and say yes!« Dafür habe ich mich an Zitaten orientiert. Von Louis Pasteur stammt z. B. »Der Zufall begünstigt den vorbereiteten Geist.« Oder Woody Allen: »Dabeisein ist 80 Prozent des Erfolges.« Express steht dafür, dass man Ideen frei mit anderen Menschen teilen sollte. Und ich glaube, dass Gutes entsteht, wenn man im Zweifel erstmal »Ja!« sagt, wenn uns etwas Interessantes vorgeschlagen wird. Was hältst du davon?

Es gibt da dieses Spannungsfeld, das ich sehr interessant finde: Auf der einen Seite hat ein offener und inspirierter Geist einen riesigen Einfluss auf Serendipität. Es gibt z. B. Experimente, die zeigen, dass Menschen, die »viel Glück« haben, mehr von ihrem Umfeld wahrnehmen, dass sie es auch anders wahrnehmen. Aber ein großer Teil meines Buches behandelt auch die Frage, wie wir es vermeiden können, abgelenkt zu werden, während wir konstant auf potenzielle Trigger reagieren. Um interessante Dinge umsetzen zu können, müssen wir uns naturgemäß auch fokussieren. *Unsere Arbeit zeigt, dass es wichtig ist, einfache »Filter« einzubauen,* beispielsweise, dass man eine Idee direkt mit einer vertrauten Person bespricht oder dass man sich Notizen macht und diese dann am Ende des Monats vergleicht. Zudem sehen wir, dass Menschen davon profitieren, einem »reifen Bauchgefühl« zu vertrauen, also der Intuition, aber basierend auf so viel Information wie möglich.

Was können Menschen sonst noch tun, um zum Architekten ihres eigenen Glücks zu werden?

Unglaublich viel, es fängt mit kleinen Dingen an. Beispielsweise sollten wir darauf schauen, wie wir Fragen stellen. Je weniger wir auf das spezifische »Was machst du?« und mehr auf unterschwellige Motive schauen (*Warum machst du es? Was findest du spannend?*), desto mehr Möglichkeiten entstehen, um unerwartete Synergien zu entdecken. Jede Konversation – auch wenn wir dachten, sie würde langweilig – kann ungeheuer spannend werden. Oft stellen wir nur einfach die falschen Fragen.

Wir sollten auch Annahmen infrage stellen. Jede Problemdefinition, jeder Satz beruht letztlich auf einer Annahme – oft sind diese Annahmen nicht unbedingt richtig. Ein Beispiel: Ein Freund erhielt eine LinkedIn-Anfrage, ob er einen Job anzubieten hätte. Leider war das zu dieser Zeit nicht so. Hier hätte die Geschichte enden können: Der will einen Job, ich habe keinen Job, das war's. Aber mein Freund hat die Annahme infrage gestellt und umdefiniert: Offenbar wollte der junge Mann einen Beitrag leisten. Anstatt einfach abzulehnen, schrieb er dem Anfragenden, dass er derzeit keinen Job habe, aber dass er gerne mit seiner Organisation expandieren würde. Und falls der junge Mann potenzielle Projekte beizusteuern hätte, könnte man in die Diskussion gehen. Es stellte sich schließlich heraus, dass der Vater des jungen Mannes ein spannendes Projekt beitragen konnte – was eine Win-Win-Situation für alle Beteiligten darstellte. War das daraus resultierende Projekt ein Zufall? Klar. Hätten andere Leute dies »gesehen«? Wahrscheinlich nicht.

Wie sieht es auf organisationaler Ebene aus? Gibt es Erfolgsprinzipien?

Absolut. Wir haben z. B. in einer Studie gezeigt, wie Start-up-Inkubatoren Serendipität unterstützen. Beispielsweise strukturieren sie ihre Cafés so, dass *mehr* Leute *zufällig* »ineinander rennen«. Ideal ist es, wenn diese Begegnungen von Menschen unterstützt werden, die ein komfortables Umfeld kreieren und bewusst Leute nebeneinander platzieren, die sonst nicht zusammensitzen würden. Ebenso hilfreich sind Rituale wie »Projekt-Beerdigungen«, in denen eine offene Kommunikation dazu führt, dass Menschen unerwartete Problemlösungen zutage fördern, während sie über jene Projekte reflektieren, die nicht funktioniert haben. Oft wird dann klar, dass nicht die Idee an sich der Fehler war, sondern dass sie einfach in einem gewissen Kontext nicht gut funktioniert – aber oft, »rein zufällig«, in einem anderen.

Christian Busch hat an der London School of Economics studiert, wo er auch seine Doktorarbeit verfasste. Unter anderem hat Christian 2008 Sandbox, ein globales Netzwerk für Menschen unter 30, mit ins Leben gerufen. Er ist Fellow der Royal Society of Arts. Nach einer Station an der New York University ist er mittlerweile Professor an der USC Marschall School of Business in Los Angeles. Sein Buch The Serendipity Factor ist 2020 erschienen und in mehrere Sprachen (inkl. Deutsch) übersetzt worden. Kontakt: linkedin.com/in/christianwbusch

9.3 Zwischen Preußentum und Anarchie

Ein weiterer Mensch, der sich bestens mit Kreativität auskennt, ist Götz Ulmer. Ulmer war viele Jahre lang Partner bei Jung von Matt – einer der weltweit erfolgreichsten Kreativagenturen. In dieser Rolle war er mit seinen Teams verantwortlich für einige der besten, »fiesesten«, eingängigsten Slogans und Werbesprüche, die sich tief ins kollektive Bewusstsein des deutschen Bürgers gefräst haben, z. B. »Geiz ist geil«, »Schrei vor Glück« oder »3, 2, 1, meins«. Ich habe Ulmer im Umfeld des Wacken-Festivals kennengelernt – uns eint die Liebe zum Heavy Metal. Dem Heavy Metal wiederum hängt, wenn auch nicht mehr so stark wie in den 1980ern, der Ruf des Unkontrollierten, des Anarchischen an. Götz Ulmer lebt – par Excellence – dieses gerüttelt' Maß an Abneigung gegen Regeln und Konventionen, die schon im Interview mit Professor Proyer zur Sprache kam. Ganz in diesem Sinne habe ich mit ihm ein anregendes Gespräch über die Suche nach kreativem Nachwuchs, produktive Anarchie und Heavy Metal geführt.

Ich stelle die ein, über die im Dorf der Kopf geschüttelt wurde

Interview mit Götz Ulmer

Götz, was ist für dich der Schlüssel zum Erfolg bei Jung von Matt? Ist es die individuelle Qualität der Leute? Arbeitet ihr mit besonderen Techniken? Gibt es eine spezielle Unternehmenskultur?

Wir richten uns nach sieben Leitsätzen, die seit Gründung der Agentur 1991 existieren und trotz medialer und digitaler Revolution nur wenig angepasst werden mussten:

- Wir lieben Ideen.
- Wir glauben an die Kraft von Kommunikation.
- Wir kämpfen für die beste Lösung.
- Wir sind kritischer mit uns als mit anderen.
- Wir kommunizieren auf Augenhöhe.
- Wir handeln und beraten unabhängig.
- Wir bleiben unzufrieden.

Insgesamt bringt das die vorherrschende – recht preußische und deshalb von mir geliebte Arbeitsethik – recht exakt auf den Punkt. Ich hasse »Luftpumpen« und die haben wir in der Branche wahrlich genug. Wir liefern kreative Exzellenz und haben dabei jeden Tag den Anspruch, die kreative und somit effiziente Nummer 1 zu sein. Das ist weniger elitär, als es sich anhören mag, denn die Grenzen von Leidenschaft und täglichem Broterwerb verschwimmen in unserem Gewerk recht häufig. Infolgedessen gilt für fast alle Mitarbeiter die alte Kalenderblattweisheit: »Gehe lieber deiner Berufung nach statt einem Beruf.«

Diese Haltung kann nicht von oben verordnet werden kann, sondern steckt tief in der DNA der Leute, die zu uns kommen (wollen). Und sie muss vor allem mit neuer Inspiration am Brennen gehalten werden. Hierbei empfehlen sich Events, die nicht direkt etwas mit der täglichen Arbeit zu tun haben, z. B. Festivals, Ausstellungen oder Prototyping. Somit herrscht das Prinzip des ehernen Kreislaufs: Nur die (für uns) besten Leute sind imstande, die beste Arbeit abzuliefern – was uns in Folge zur besten Agentur macht, die wiederum die besten Leute anzieht, die alsbald wieder die beste Arbeit abliefern. *Ich stelle mit großer Freude und Risikolust die Spinner ein, die Outsider, über die früher im Dorf der Kopf geschüttelt wurde,* und die, die in Konzernstrukturen elendig zugrunde gehen würden. Denn das sind die, die wirklich anders denken.

Derzeit ist das Thema Design Thinking in aller Munde. Hop oder top aus deiner Sicht?

Ehrlich gesagt läuft und lief der kreative Entstehungsprozess – ob in einer Agentur oder in allen anderen musischen Bereichen – schon immer nach diesem Prinzip ab. Und zwar schon Jahrhunderte bevor sich jemand dafür ein Wort und ein Schema ausgedacht hat. Denn ohne konstantes Suchen, Verwerfen, Neudenken, Zurückkehren, Verwerfen, Neudenken, Verwerfen, Neudenken, Wieder-aus-dem-Mülleimer-Holen ist eine neuartige Lösung für ein (meist altbekanntes) Problem noch nie möglich gewesen. Die Anarchie dieses immer non-linearen Vorgangs ist für manche Leute nicht immer greifbar bzw. unangenehm. Selbst gestandene Kunden, die in Marketingabteilungen arbeiten, gehen oft davon aus, dass Kreativität mit Logik und diszipliniertem Denken bewältigt werden kann, wie andere intellektuelle Problemlösungen auch. Das Gegenteil ist jedoch der Fall.

Wollte ich böse sein, dann würde ich die Behauptung aufstellen, dass Arbeitskrücken wie Design Thinking von Leuten in eine Struktur gegossen wurden, deren Gehirne eher auf nicht-emotionaler Basis funktionieren. Die haben somit Mühe, aus ihrer internen Strukturblase auszubrechen. Jegliche Regelgebung auf einen kreativen Vorgang anzuwenden ist jedoch ein ausgewachsenes Paradoxon.

In den letzten Jahren sind Fuck-up-Nights in Mode gekommen, in denen Menschen öffentlich über Missgeschicke reden. Was hältst du davon?

Das war bei uns schon immer Teil der Kultur. Hart in der Sache, aber freundlich im Ton. Einfach sagen, was war und was schieflief. Abputzen. Weitermachen. Und zwar schlauer als vorher. Allerdings glaube ich trotzdem daran, dass Fehlermachen als Sekundärerfahrung in erster Linie nur zur Unterhaltung taugt. *Man muss manche Dinge schon selbst gegen die Wand fahren, um sie zu verinnerlichen.* Und man muss Leuten diese Lernkurve zugestehen können. Das fällt einer unabhängigen Agentur natürlich leichter, als wenn man Teil eines großen Agenturnetzwerks ist und der zuständige Chefbuchhalter in New York vielleicht weniger Verständnis für diese teure Art der Ausbildung hat.

In der Psychologie spielt seit einigen Jahren das Thema Psychological Safety eine wichtige Rolle. Diese ist, vereinfacht gesagt, gegeben, wenn innerhalb eines Teams alle Menschen das Gefühl haben, ihre Meinung frei äußern zu können, unabhängig von Aspekten wie Alter, Geschlecht, Hierarchie usw. Ist das ein Thema, was dich beschäftigt?

Leider ja. In einem Arbeitsumfeld, in dem man sich nicht rundum wohlfühlt, entstehen keine Ideen. Oder zumindest keine guten. *Kreativität ist ein zerbrechliches Gut.* Man braucht Dünger, braucht Mut, braucht Unterstützer, Verfechter. Nicht Bedenkenträger. Würde man jedes Mal draufhauen, wenn ein Gedanke oder eine Idee noch nicht ganz zu Ende gedacht ist, würden die richtig guten Dinger nie entstehen. Nichtsdestotrotz herrscht bei uns Ehrlichkeit in möglichst flachen Hierarchien. Und zwar nicht nur von oben nach unten. Trotzdem haben die Leute manchmal (falschen) Respekt vor Positionen, oder in meinem Fall vor den (nichts aussagenden) Jahren an Betriebszugehörigkeit. Ich versuche das abzubauen, indem ich die Leute auf Augenhöhe schlicht ernstnehme und auch so mit ihnen umgehe.

Warum jetzt also »leider«? Seit Aufkommen der MeToo-Debatte zeigt sich, dass Frauen sich selbst in unserer vermeintlich liberalen und lockeren Umgebung immer noch an einigen Stellen extrem zurücknehmen und Ärger einfach runterschlucken. In diesem Punkt betrügt mich meine innere Wahrnehmung, meine persönliche Einstellung zu Frauen, mein Bauchgefühl, meine stolz ausgewiesene Menschenkenntnis. Umso genauer muss man hin- und zuhören bzw. ein Umfeld schaffen, in dem Frauen gleichberechtigt sind.

In einem früheren Interview hast du einmal gesagt, dass echte Kreativität »im Anarchischen« entsteht. Als Werbeagentur müsst ihr euch aber unter

Umständen mit dezidiert gewöhnlichen Produkten wie Tütensuppen oder Lippenstift auseinandersetzen. Wie passt das für dich zusammen?

Ziemlich gut. Anarchisch bedeutet ja nicht Teufel, Blut und Sperma, sondern beschreibt nur den Prozess kreativer Arbeit. Unkontrollierbar. Und meist auch nicht vermittel- oder lehrbar. *Der Regelbruch muss nicht zwangsläufig Tabubrüche beinhalten.* Das heißt: Wer sich beim Ausdenken reglementiert, wird nie außergewöhnliche Resultate erhalten. Viele, die »Out-of-the-box-Denken« propagieren, wissen nicht, wo die Box eigentlich endet.

Moderiertes Brainstorming in der Gruppe ist ebenso wenig zielführend wie viele andere Kreativtechniken. Die helfen zwar, um Leitern an die ersten Mauern zu stellen, aber die Grenzen erweitert hat man deshalb noch lange nicht. Übrigens machen gerade schwierige Briefings am meisten Spaß. Der Tanz auf der Briefmarke gehört zum Frustrierendsten und Spannendsten, was der Beruf zu bieten hat – ob bei unseren Kampagnenleuten oder den Codern.

Wir haben uns durch unsere geteilte Leidenschaft für Heavy Metal kennengelernt. Obwohl etwa sieben Millionen Menschen in Deutschland dieser Musik zugeneigt sind, gibt es wenige Personen in der Wirtschaft, die diese Begeisterung so offen nach außen tragen wie du. Siehst du eine Verbindung zwischen deinem Erfolg und dem Ausleben dieser Leidenschaft?[144]

Das ist eine Henne-Ei-Frage. War ich schon früher ein rebellischer Unbequemer und somit Outsider und die Musik fand mich? Oder wurde ich durch den Heavy Metal im Outsider-Sein und der Rebellion bestärkt? Das ist schwer zu sagen. Jedenfalls sind meine Arbeiten hoffentlich so wie der Metal auch: anders, laut und die Grenzen verschiebend. Manchmal offensichtlich, manchmal in homöopathischen Dosen.

Götz Ulmer hat in Darmstadt Kommunikationsdesign studiert und war über viele Jahre Kreativchef und Partner bei Jung von Matt. Unter seiner kreativen Führung stand die Agentur Jahr für Jahr an der Spitze vieler Kreativ-Rankings. Nach einer kurzen Station bei der McCann Worldgroup arbeitet er nun für die Agentur David+Martin. Kontakt: linkedin.com/in/götz-ulmer-b538aa7

144 Kurzer Werbeblock: Gemeinsam mit Götz Ulmer habe ich 2023 ein Buch namens Heavy Metal B®ands veröffentlicht. Es beleuchtet erfolgreiche Prinzipien des Marketings und der Kommunikation durch die Brille von zehn nachhaltig erfolgreichen Metalkapellen wie Metallica, Iron Maiden oder Mötley Crüe.

9.4 Interpersonelle Risiken eingehen

Schließen möchte ich diesen Exkurs über Kreativität in Organisationen mit einigen Gedanken zum Thema Psychologische Sicherheit (Englisch: Psychological Safety). Diesem Konzept wurde in den vergangenen Jahren (u.a. deswegen) große Aufmerksamkeit zuteil, weil Google 2015 mit Informationen an die Öffentlichkeit getreten ist, wonach dieser Aspekt der wichtigste Treiber beim Internetkonzern sei, der außergewöhnlich erfolgreiche Teams von normal guten Teams unterscheidet. Dieses Ergebnis mehrjähriger interner Forschungsarbeit wurde anschließend mit großem Interesse von der breiten Öffentlichkeit aufgenommen (Duhigg, 2016). Zu Beginn der Reise war Google der Auffassung, Teamexzellenz sei vor allem auf die individuelle Qualität der Teammitglieder zurückzuführen; frei nach dem Motto: Je mehr Stanford-Doktoren, desto besser. Doch sie fanden etwas anderes. Der mit weitem Abstand wichtigste Faktor für den Teamerfolg ist eine bestimmte Art und Weise, wie die Menschen innerhalb einer Arbeitsgruppe miteinander umgehen und welche Erwartungen sie an ihr Erleben innerhalb der Gruppe haben (basierend auf der Art und Weise, wie das Team geführt wird).

Die Forschung zur Psychologischen Sicherheit hat eine längere Geschichte (Kahn, 1990), wurde jedoch ab der Jahrtausendwende durch die Harvard-Professorin Amy Edmondson (1999) einer breiteren Öffentlichkeit bekannt gemacht. Psychologische Sicherheit kann als Wahrnehmung von Individuen betrachtet werden, lässt sich aber auch als eine Form des geteilten Mindsets in Gruppen beschreiben (Edmondson, 2002). Formell betrachtet geht es um die Erwartungshaltung in Bezug auf die *Konsequenzen des Eingehens von interpersonellen Risiken* (Edmondson & Lei, 2014). Zu Deutsch: Was passiert mit mir, wenn ich hier »das Maul aufmache«, z.B. jemanden kritisiere oder auch nur dezidiert meine eigene Meinung äußere? In Kontexten mit hoher Psychologischer Sicherheit haben Menschen das Gefühl, sich einbringen zu können, unabhängig von Variablen wie Geschlecht, Alter, Seniorität, Expertise, Aussehen, sexueller Orientierung usw. Anders ausgedrückt: Gruppen, in denen sich die Mitglieder weitestgehend psychologisch sicher fühlen, sind in aller Regel auch von einem hohen Grad an Inklusivität geprägt (Newman et al., 2017).

Das Themenfeld der Psychologischen Sicherheit ist in den letzten zehn bis zwanzig Jahren aus mindestens zwei Gründen für Organisationen in seiner Bedeutung gestiegen:

Zum einen ist sie, wie gerade schon angemerkt, eine wichtige Kontextbedingung für Initiativen im Bereich Diversity, Equity und Inclusion (DEI) – und diese Programme haben in den vergangenen Jahren weltweit immensen Auftrieb erhalten. Dort, wo Menschen produktiv miteinander arbeiten wollen, ist es wichtig, dass alle so weit wie möglich das Gefühl haben: Es ist okay, so zu sein, wie ich bin, es ist okay, an Bord zu sein. Dabei gilt: Je vielfältiger eine Gruppe – ganz gleich, ob es um Geschlecht, ethnische Herkunft, die soziale Herkunft, das Alter, den Bildungsgrad oder andere Merkmale geht, die die Wahrnehmung von Unterschiedlichkeit bedingen können –, desto wichtiger wird Psychologische Sicherheit als Rahmenbedingung. Es wird oft kolportiert, dass diverse Teams zu besseren Problemlösungen kommen. Das ist nicht falsch, gilt jedoch nicht ohne Einschränkungen. Wahrgenommene Diversität kann erfolgreiche Zusammenarbeit durchaus behindern, weil Menschen als Säugetiere ganz natürlich *In-Group-Out-Group-Verhalten* an den Tag legen. Wir bevorzugen implizit Menschen oder Gruppen, die uns ähnlich sind bzw. solche, denen wir uns zugehörig fühlen. Anders gesagt: *Diversity ist kein Selbstläufer.* Nur, weil man Menschen mit diversen Merkmalen gemeinsam an Problemlösungen arbeiten lässt, wird das Ergebnis nicht automatisch besser. Es braucht dafür die richtigen Rahmenbedingungen – wie eben ein ausreichendes Maß an Psychologischer Sicherheit (Wang et al., 2019).

Zum anderen dürfen wir getrost davon ausgehen, dass in der heutigen Wirtschaftswelt Lernfähigkeit und Adaptionsvermögen (von Individuen wie auch Teams und ganzen Organisationen) noch wichtiger geworden ist als in früheren Jahrzehnten. Wenn Komplexität und Geschwindigkeit in der Außenwelt zunehmen, muss auch die Lerngeschwindigkeit im Inneren von Organisationen zunehmen, sonst drohen langfristig Entkopplung und Irrelevanz. Auch hier leistet Psychologische Sicherheit wertvolle Dienste. Letztlich war es der Aspekt des Lernens, der Amy Edmondson als noch junge Forscherin fasziniert hat. Vereinfacht gesagt stellte sie das Folgende fest: OP-Teams von Krankenhäusern, die zu Anfang einer Beobachtungsperiode mehr Fehler machten (in Krankenhäusern werden oft Post-Mortem-Analysen durchgeführt, wenn eine Operation missglückt ist), waren zum Ende der Beobachtungsperiode im Mittel die deutlich besseren Arbeitsgruppen. Warum? Es zeigte sich, dass die verschiedenen Teams zu Anfang in Wirklichkeit etwa gleich viele Fehler produzierten. Allerdings wurde in einem Teil der beobachteten Teams *offener über die Fehler geredet* (bzw. wurden diese überhaupt erst als solche registriert). Vor allem durften Fehler hierarchieübergreifend benannt werden. Ergo: Auch der Pfleger darf den Chefarzt auf einen (potenziellen) Lapsus hinweisen, wenn er ihn wahrnimmt. Diese offene Kommunikation über etwaige Fehler (ergo: Lernchancen) zu Anfang führte dazu, dass die Fehlerrate im weiteren Verlauf der Beobachtungsperiode deutlich verringert werden konnte (Tucker & Edmondson, 2003).

Psychologische Sicherheit im Überblick

In einem Überblicksartikel fassen Edmondson und Bransby (2023) den Stand der Forschung wie folgt zusammen: Psychologische Sicherheit …

- *gewährleistet ein Klima der Zugehörigkeit*, ein »ich sein dürfen« im Rahmen der Erwerbsarbeit (Authentizität und Selbstverifizierung). Dies wiederum geht einher

mit einem höheren Level an Arbeitszufriedenheit und -engagement und verringert gleichzeitig verschiedene Facetten von psychischer Belastung, die mit dem Einnehmen einer Arbeitsrolle einhergehen können;
- *fördert individuelles sowie organisationales Lernen und Innovationsfähigkeit*. Wo Menschen sich frei äußern und ihre Sichtweise ungehemmt beitragen dürfen, wird weniger Wissen gehortet. Es kommen in Problemlösungsprozessen mehr Perspektiven zum Tragen, Irrwege werden schneller benannt und erkannt;
- *steigert die Performance von Teams und führt zu besseren und schnelleren Entscheidungen* – insbesondere dort, wo eine hohe Interdependenz der Aufgaben besteht (ergo: wo die Leistung einer Person stark von der Leistung anderer Personen abhängig ist – und umgekehrt).

Der Unternehmensberater Timothy Clark hat in einem Buch aus dem Jahr 2020 ein Stufenmodell der Psychologischen Sicherheit in Organisationen vorgestellt, das ich sehr erhellend finde. Dafür spannt er zwei Dimensionen auf: zum einen das Maß an Respekt, das einer Person in einer Organisation zuteilwird, zum anderen die übertragenen (bzw. wahrgenommenen) Handlungs- und Denkspielräume (im Original: Permission). Im Sinne einer hohen Psychologischen Sicherheit ist es wünschenswert, wenn ein Mensch auf beiden Dimensionen ein möglichst hohes Level erreicht. Wenn das Individuum viel Respekt und Zugewandtheit genießt, aber nicht mit den nötigen Spielräumen ausgestattet wird, sieht Clark eine Kultur des *Paternalismus*. Überwiegen im entgegengesetzten Fall Handlungsspielräume und Verantwortlichkeiten bei niedrigem Respekt, spricht er von einer Kultur der *Ausnutzung*. Erst, wenn sich beide Dimensionen im Gleichklang entwickeln dürfen, spricht er von (zunehmender) Psychologischer Sicherheit.

Wenn man die Dimensionen des Respekts und der Spielräume zu einem Koordinatensystem aufspannt, ergeben sich die zuvor genannten Stufen:
- Wo weder Respekt noch Spielräume vorhanden sind, spricht Clark von *Exklusion*. Man gehört also im Prinzip gar nicht dazu.
- Entwickeln sich beide Dimensionen im Gleichklang weiter, ist die Schwelle der *Sicherheit der Inklusion* erreicht. Man gehört nun formell zur Organisation dazu. Dies ist jedoch in dem Modell gerade eben das Minimum.
- Als nächste Stufe definiert er die *Sicherheit des Lernens*. Das Individuum gehört nicht mehr einfach dazu, sondern wird mit Informationen versorgt, darf Fragen stellen und sich innerhalb der Organisation weiterentwickeln.
- Steigen die o.g. Dimensionen erneut im Gleichtakt, kommt irgendwann die Schwelle der *Sicherheit des Beitragens*. An diesem Punkt werden die Beiträge (Ideen, Meinungen, Konzepte) einer Person aktiv aufgenommen und gehört. Der Mensch erzeugt demnach eine spürbare Wirkung in die Organisation hinein.

- Als letzte Schwelle sieht Clark dann die *Sicherheit des Herausforderns*. An diesem Punkt genießt der Mensch so viele Freiräume (bei gleichzeitigem Respekt und Wohlwollen), dass er sich sicher genug fühlt, die Meinungen und Ideen anderer Menschen infrage zu stellen – auch solcher, die beispielsweise hierarchisch höhergestellt sind. Dann, und nur dann ist Psychologische Sicherheit wirklich erreicht.

Es ist durchaus kritikwürdig, einen fließenden Prozess wie Psychologische Sicherheit in verschiedene Stufen pressen zu wollen. Manchmal bringt eine solche Vereinfachung jedoch auch neue Klarheit mit sich, weil sie Dinge besser besprechbar macht. So wäre es beispielsweise möglich, als Führungskraft oder Personaler anhand dieses Stufenmodells mit den Mitarbeitern in den Dialog zu kommen: Wie fühlt es sich derzeit bei uns an? Auf welcher Stufe fühlen sich die Menschen aktuell? Wo sind vielleicht auch die Unterschiede von Abteilung zu Abteilung? Und natürlich: Was bräuchten wir (von wem), sodass möglichst viele Menschen in der Organisation (hierarchieübergreifend) langsam, aber sicher auf dem Level der Sicherheit des Herausforderns ankommen?

Der vorige Passus ruft mir noch etwas zu diesem Thema ins Gedächtnis: »Viele Manager verhalten sich so, als seien sie noch in der High School. Das Wichtigste ist, nicht ausgelacht zu werden.« Dieser Satz hallte einige Wochen in meinen Ohren nach, nachdem ich ihn im Rahmen der Positive Business Conference 2016 an der Ross School of Business in Ann Arbor vernommen hatte. Er wurde geprägt von Professor Robert Quinn, der auch schon im Exkurs über Führung ausführlich zu Wort gekommen ist. Der Satz drückt prägnant – und für die meisten Menschen zumindest ein Stück weit aufgrund eigener Erfahrungen nachvollziehbar – die Abwesenheit von Psychologischer Sicherheit aus. Menschen haben das grundlegende Bedürfnis, kompetent zu wirken – zumindest im beruflichen Kontext, wo es bisweilen auch um Beförderungen und Gehalt geht. Wir schätzen es nicht, wenn man unsere Fehler und Schwächen entdeckt. Genau hier zeigt sich oft das Geheimnis erfolgreicher Teams. Wenn wir mit Menschen arbeiten, die uns ermutigen, ins Risiko zu gehen, die unsere Verwundbarkeit sehen und besonnen damit umgehen, dann entsteht Höchstleistung. Das Gegenteil davon verhindert Kreativität und organisationales Lernen, wie Amy Edmondson in ihren Arbeiten nachweist, weil insbesondere die Führungskräfte nicht mehr auf die eigenen Fehler bzw. auch die generellen Missstände im Unternehmen aufmerksam gemacht werden. »Angst frisst Leistung«, habe ich dieses Phänomen in einem Beitrag für Zeit Online genannt (Rose, 2016a). Und – wie so oft – liegt es in den Händen der Führungskräfte, hier den richtigen Ton anzugeben bzw. vorzuleben. Je inklusiver das Mindset und das Verhalten der Führungskräfte, desto mehr lernt die Organisation, was sich langfristig in höherer Performance niederschlägt (Hirak et al., 2012).

10 PERMA: Zielerreichung, Leistung, Erfolg

Erfolg im Leben zu haben bedeutet: oft und viel zu lachen; die Achtung intelligenter Menschen und die Zuneigung von Kindern zu gewinnen; die Anerkennung aufrichtiger Kritiker zu verdienen und den Verrat falscher Freunde zu ertragen; Schönheit zu bewundern, in anderen das Beste zu finden; die Welt ein wenig besser zu verlassen, ob durch ein gesundes Kind, einen bestellten Garten oder einen kleinen Beitrag zur Verbesserung der Gesellschaft; zu wissen, dass wenigstens das Leben eines Menschen leichter war, weil du gelebt hast – das bedeutet, nicht umsonst gelebt zu haben.

Ralph Waldo Emerson

Mit dem A in PERMA bin ich zugegeben am wenigsten glücklich. Das fängt schon bei der deutschen Übersetzung an. Geht es nun um Zielerreichung, Leistung oder Erfolg? Das sind die häufigsten Übertragungen des englischen Wortes Accomplishment. Ergibt ein eigenes Kapitel über Erfolg überhaupt Sinn, wenn man beispielweise das o. g. Zitat von Ralph Waldo Emerson ernst nimmt? Ist Erfolg dann nicht eher so etwas wie ein positiver Nebeneffekt der anderen PERMA-Dimensionen? Ich habe – leider erst etwa ab dem 30. Lebensjahr – gelernt, sehr genau zwischen dem externen (Karriere-) Erfolg und dem internen psychologischen Erfolg in meinem Leben zu unterscheiden. Früh genug allerdings, um jetzt, mit Mitte 40, deutlich glücklicher (und vermutlich auch ein angenehmerer Zeitgenosse) zu sein als in den Jahrzehnten zuvor.[145]

Wenn ich in diesem Kapitel über Erfolg spreche, dann möchte ich mich auf den Aspekt des Unternehmenserfolgs beschränken, der notwendigerweise ein wichtiger Teil gelungenen Unternehmertums ist. Ich habe in diesem Buch versucht, auf Basis der Positiven Psychologie Alternativen für bessere Führung und Personalarbeit aufzuzeigen. Die Preisfrage ist: Haben Unternehmen wirklich mehr »Cash inne Täsch«, wenn sie diese Ideen beherzigen? Mit dieser Frage beschäftigt sich das letzte Teilkapitel in diesem Abschnitt und betrachtet dabei die Forschung von Alex Edmans über den Zusammenhang von menschenzentrierter Unternehmenskultur und der Aktienmarkt-Performance von Unternehmen. Vorher schauen wir uns außerdem an, wie wir positiv mit dem Gegenteil von Erfolg – also dem Scheitern – umgehen können.

Die anderen Teilkapitel beleuchten einige der Ideen und Methoden, die im Rahmen (und nahe) der Positiven Psychologie entwickelt wurden, um Menschen zu helfen, ihre Ziele zu erreichen und leistungsfähiger zu sein. Ich bitte vorab um Verständnis dafür, dass dieses Kapitel insgesamt deutlich mehr wie Kraut und Rüben – vornehm

145 Wie sich diese Entwicklung für mich dargestellt hat, als ich noch »mittendrin« steckte, beschreibe ich in meinem Buch »Lizenz zur Zufriedenheit«, das Ende 2012 erschienen ist.

ausgedrückt: eklektischer – anmuten wird als die bisherigen Abschnitte. Ins Positive gewendet möchte ich sagen, dass das Kapitel quasi das Schweizer Taschenmesser unter den Inhalten dieses Buches ist. Nicht alles wird gleichermaßen interessant für Sie sein, aber ich hoffe, dass die ein oder andere passende Idee dabei ist.

10.1 Grit: Nur die Harten komm'n in' Garten

Ein Kapitel über das A in PERMA kann nicht ohne einige Absätze zum Thema Grit auskommen – zu zentral ist seine Rolle innerhalb der Positiven Psychologie. Grit wird oft mit dem Begriff Biss ins Deutsche übersetzt, es geht also um eine ausgeprägte Form von Hartnäckigkeit. Dieses Thema wurde durch Angela Duckworth in die psychologische Literatur eingeführt, eine ehemalige Doktorandin von Martin Seligman, die heute ihre eigene psychologische Arbeitseinheit an der University of Pennsylvania leitet. Nach Duckworth ist Grit eine non-kognitive, also von der allgemeinen Intelligenz unabhängige Persönlichkeitseigenschaft. In seiner frühen Ausprägung wurde Grit als extrem hohe Hartnäckigkeit in Kombination mit einer hohen Leidenschaft für das Verfolgen von langfristigen Zielen definiert. Menschen mit einem hohen Level an Grit setzen sich demnach übergreifende Ziele und bleiben dran, auch im Angesicht von Gegenwind, Umwegen und längeren Durststrecken (Duckworth et al., 2007). Duckworth und ihre Kollegen konnten in frühen Feldstudien beispielsweise nachweisen, dass die Ausprägung des Grits von Menschen – über den Erklärungswert von allgemeiner Intelligenz hinaus – den Erfolg in verschiedenen Lebensbereichen erklären kann, vor allem im akademischen Umfeld, aber eine vielzitierte Studie schaute sich auch an, welche Rekruten der Elite-Militärschule West Point besonders erfolgreich abschnitten. Auch hier hatte der Grit-Level ein Wort mitzureden (Eskreis-Winkler et al., 2014).

Über die Jahre, vor allem im Zuge vieler öffentlicher Diskussionen in den USA, die rund um Duckworths (2016) New-York-Times-Bestseller über dieses Thema in Gang gekommen sind, wurde das Grit-Konzept nach und nach verfeinert. Dazu mehr nach dem Interview, das ich mit Angela führen konnte.

Grit ist nicht ausreichend für Erfolg – aber notwendig

Interview mit Prof. Angela Duckworth, Ph.D.

Angela, wie fühlt es sich an, einen New-York-Times-Bestseller verfasst zu haben? Und welchen Part spielte Grit in diesem Prozess?

Natürlich freue ich mich außerordentlich über den Erfolg des Buches, aber meine Augen sind fest auf die Zukunft und neue Herausforderungen gerichtet. Und mein Biss, während ich das Buch Grit geschrieben habe? Dieses Buch zu verfassen war das Härteste, was ich jemals getan habe. Ich wollte mehrfach aufgeben. In diesem Sinne: Ja, ich habe meinen Grit genutzt – und währenddessen auch eine Menge darüber gelernt.

Was beschäftigt dich, seit das Buch auf dem Markt ist?

Mittlerweile konzentriere ich mich viel auf das Character Lab, eine gemeinnützige Organisation, die ich mich Dave Levin und Dominic Randolph gegründet habe. Unsere Mission ist es, die Forschung und den Transfer rund um das Thema Charakterentwicklung voranzutreiben. Beispielsweise helfen wir Kindern, intrapersönliche Stärken wie Selbstkontrolle zu entwickeln, aber auch interpersonelle Kompetenzen wie Dankbarkeit und Altruismus, ebenso intellektuelle Stärken wie Neugier und Offenheit im Denken.

Du bist erfolgreich als Forscherin und hast große Aufmerksamkeit in der allgemeinen Bevölkerung mit deinem TED Talk über Grit erzielt.[146] Allerdings hast du auch eine Menge Gegenwind erhalten, weil du angeblich die Wirkung von sozioökonomischen Faktoren auf den Erfolg von Menschen nicht berücksichtigst. Was sind deine Gedanken hierzu?

Bei einer Konferenz saß ich einmal neben einer Soziologin. Sie kannte meine Arbeit und es dauerte nicht lange, bis sie mich – ziemlich verärgert – auf das Thema Grit ansprach. Sie sagte, sie sei der Überzeugung, dass Armut und Ungleichheit eine weitaus stärkere Auswirkung auf das Leben von Menschen hätten. Ich dachte einen Moment nach und entgegnete dann: »Ich verstehe, was Sie meinen.«

Wenn man Grit gegen sozioökonomische und strukturelle Hürden für Erfolg im Leben ausspielt, dann kann man leicht zu der Entscheidung gelangen, dass Grit unsere Aufmerksamkeit nicht verdient. Allerdings glaube ich, dass das die richtige Antwort auf eine falsche Frage ist. Sich darum zu kümmern, wie wir Hartnäckigkeit und Strebsamkeit bei jungen Menschen entwickeln können, schließt doch nicht aus, sich auch um weitere wichtige Faktoren zu sorgen. Ich habe eine Menge Zeit in innerstädtischen Klassenzimmern verbracht, früher als Lehrerin, später dann als Forscherin. Daher weiß ich auch, wie wichtig die Expertise und die Fürsorge des Erwachsenen vorne im Raum ist. Und ebenso verstehe ich, dass Grit nicht weiterhelfen wird, wenn ein Kind hungrig zur Schule kommt oder verängstigt oder ohne eine notwendige Sehhilfe.

146 Siehe ted.com/talks/angela_lee_duckworth_grit_the_power_of_passion_and_perseverance

Worum geht es dann?

Der Einfluss der Umwelt ist in mehrerlei Hinsicht von Bedeutung: Natürlich brauchen wir bestimmte Vorbedingungen und Möglichkeiten im Leben, damit Grit seine Wirkung entfalten kann. Gleichzeitig beeinflusst unsere Erziehung in bedeutender Weise, wie sich unser Charakter entwickelt. Meine einfache Botschaft lautet: Grit ist nicht ausreichend für Erfolg im Leben, aber er ist auf jeden Fall notwendig. Wenn wir wollen, dass unsere Kinder eine Chance auf ein produktives und zufriedenstellendes Leben haben, sollten wir uns als Erwachsene darum kümmern, dass sie mit zwei Ressourcen ausgestattet werden, die alle Kinder verdienen: Herausforderungen, die ihnen helfen, mehr zu erreichen als das, was sie gestern bewerkstelligen konnten – und die Unterstützung und Fürsorge, die dieses Wachstum ermöglicht. Die Frage ist also nicht, ob wir uns mit Grit oder strukturellen Hürden für Erfolg im Leben beschäftigen sollten. Beides ist unglaublich wichtig – und auf einer tieferliegenden Ebene eng miteinander verwoben.

Ich habe eine Doktorarbeit abgeschlossen, aber bereits nach einem Jahr hatte ich das Interesse am Thema verloren. Dennoch habe ich sie beendet. Obwohl ich emotional gelitten habe während dieser Zeit, genieße ich nun die Vorteile, die ein Doktortitel mit sich bringt. War das nun Grit? Oder war das dumm?

Das ist eine gute Frage. Ich hätte mich wahrscheinlich gefragt: »Warum strebe ich diesen Doktortitel an?« Die Antwort darauf gibt dir ein Ziel höherer Ordnung – das Warum, das der Doktorarbeit ihre Bedeutung verleiht. Vielleicht gab es einen Weg, das Thema der Arbeit in die Richtung dieses höheren Ziels zu verschieben? Und, mehr aus Interesse: Gab es ein naheliegendes Thema, das dir mehr Freude bereitet hätte? Interessen und Sinnwahrnehmung sind die Treiber von beruflicher Leidenschaft. Wenn beides nicht gegeben ist, sollten Menschen keinen Zwang verspüren, das zu beenden, was sie begonnen haben.[147]

Angela Duckworth ist Rosa Lee and Egbert Chang of Psychology an der University of Pennsylvania. Vor ihrer wissenschaftlichen Karriere hat sie als Lehrerin und Beraterin bei McKinsey gearbeitet. Ihr Buch Grit: The Power of Passion and Perseverance hat es auf Platz 1 der New-York-Times-Bestsellerliste geschafft. Kontakt: angeladuckworth.com

147 Ich habe Angela die Frage nach meiner Doktorarbeit auch einmal persönlich gestellt. Damals sprach sie davon, dass es auch so etwas wie »Stupid Grit« gäbe, also das ungerechtfertigte Festhalten an nicht mehr relevanten Zielen. Manchmal ist es mutiger, solche nicht mehr mit intrinsischer Energie aufgeladene Unterfangen zu begraben. Rückblickend bin ich heute dankbar, dass ich die Promotion durchgezogen habe. Auf die emotionalen Tiefpunkte an nicht gerade wenigen Tagen hätte ich aber trotzdem verzichten können.

Neben der im Interview erwähnten Diskussion wird in der akademischen Community derzeit debattiert, inwieweit Grit tatsächlich einen zusätzlichen Erklärungswert für verschiedene Erfolgsdimensionen hat (Credé et al., 2017) – und ob das Konstrukt nicht nur eine Umbenennung bereits bestehender Konzepte aus dem Bereich der Persönlichkeitspsychologie darstellt (Selbstkontrolle, Gewissenhaftigkeit). Duckworth argumentiert, dass Grit sich in erster Linie auf weit *übergeordnete Lebensziele* konzentriere – im Vergleich insbesondere zur Selbstkontrolle, bei der es eher um kurzfristige Verhaltensregulation gehe (»Esse ich noch ein Stück Kuchen oder nicht?«). Menschen mit sehr hohem Grit-Level haben demnach für sich selbst eine klare Ziel- und Wertehierarchie gebildet und sind in der Lage, alle ihre Bestrebungen danach auszurichten. Von solchen übergeordneten Zielen können wir nur wenige dauerhaft und ganzheitlich verfolgen, weil unsere Zeit und Schaffenskraft begrenzt ist. Nur wenigen Menschen gelingt es, in mehr als einem Lebensbereich wirklich außergewöhnlich gut zu werden (Duckworth & Gross, 2014).

Ist Grit nützlich für Unternehmen?

Unabhängig von der akademischen Diskussion stellt sich die Frage, inwieweit Grit relevant für Organisationen ist. Zwar gibt es Anzeichen, dass dieses Merkmal Menschen individuell erfolgreicher macht – das aber wäre vor allem dann interessant, wenn Grit sich zur Personalauswahl eignete und/oder trainierbar wäre. Beide Fragen sind aus meiner Sicht derzeit ungeklärt. Es gibt erste Befunde, die nahelegen, dass der Grit von Schulkindern[148] auf gezielte Interventionen anspricht (Alan et al., 2019), aber in Bezug auf Erwachsene ist die Frage weitgehend offen.

Bleibt also die Frage, ob Organisationen gezielt Menschen mit hohem Grit-Level einstellen sollten. Ich habe in einem Beitrag für das Online-Magazin Gründerszene.de einmal spekuliert, dass gerade junge Unternehmen, die noch stark wachsen wollen, davon profitieren könnten, besonders »bissige« Menschen einzustellen (Rose, 2015b). Die Idee entbehrt nicht einer gewissen Logik. Menschen mit hohem Grit-Level strengen sich außergewöhnlich stark an, auch wenn ein Ziel noch in weiter Ferne scheint und es nur wenig Feedback in Bezug auf konkrete Fortschritte gibt. Beides trifft durchaus zu für viele Start-ups – es dauert häufig Jahre, manchmal Jahrzehnte, bis ein junges Unternehmen tatsächlich Gewinn abwirft. Will man ergründen, wie es um

148 Im Rahmen meines Studiums in Pennsylvania war ich an einem studentischen Beratungsprojekt beteiligt. Die Non-Profit-Organisation, die wir unterstützten, heißt Youth Mentoring Partnership. Die Organisation bietet Sportprogramme für Kinder in sozialen Brennpunkten an. Im Rahmen dieser Programme werden Schüler u. a. durch isometrische Übungen (ein Trainer drückt ihnen z. B. von oben die Arme herunter; sie müssen gegenhalten) regelmäßig zum sogenannten Moment of Choice gebracht: Soll ich jetzt aufgeben oder kämpfe ich weiter? Durch die Unterstützung der anderen Teilnehmer wie auch der erwachsenen Ausbilder lernen die Kinder, nicht aufzugeben und über sich selbst hinauszuwachsen. Man hofft, dass sich die Hartnäckigkeit in den Alltag, z. B. auf das Lernen für Prüfungen, übertragen lässt.

den Grit-Level von Bewerbern bestellt ist, gibt es eine Herausforderung: Zwar gibt es einen gut validierten Fragebogen zur Messung des individuellen Grits – aber dieser ist leicht zu durchschauen und daher offen für Manipulation (Duckworth & Quinn, 2011). In einem jüngeren Beitrag aus dem Harvard Business Manager argumentieren Lee und Duckworth (2018) allerdings, dass Unternehmen dezidiert profitieren können, wenn sie Menschen mit hohem Grit-Level einstellen. Wichtig sei, dass diese Unternehmen von einer klaren Mission getrieben seien, sodass sich die Mitarbeiter entsprechend langfristig mit dieser Mission identifizieren könnten. Anstatt auf Fragebögen solle in der Auswahl auf strukturierte Interviews und Arbeitsproben zurückgegriffen werden, um zu verstehen, inwieweit ein Kandidat in seinem bisherigen Leben bereits besonders langfristig an übergeordneten Zielen gearbeitet habe.

Ein Mensch, der nachweislich über eine riesige Menge an Grit verfügt, ist Wladimir Klitschko, der auch das Vorwort zu diesem Buch beigesteuert hat. Ohne ein außergewöhnlich hohes Maß an Willenskraft, Durchhaltevermögen und Regulationsfähigkeit wird man weder Olympiasieger noch mehrfacher Weltmeister im Schwergewichtsboxen noch erfolgreicher Unternehmer und Autor. Basierend auf seinen persönlichen Erfahrungen hat Klitschko gemeinsam mit seinem Team eine Veränderungsmethode namens F.A.C.E. the Challenge entwickelt. Ich habe dazu mit Tatjana Kiel, CEO von Klitschko Ventures, gesprochen.

Man hat zwei Leben und das zweite fängt an, wenn man merkt, dass man nur ein Leben hat

Interview mit Tatjana Kiel

Liebe Tatjana, du bist CEO von Klitschko Ventures. Das klingt nach einem außergewöhnlichen Job. Kannst du den Lesern erläutern, wie du dazu kamst – und was das Unternehmen konkret tut?

Ich war knapp zwölf Jahre für die organisatorische Umsetzung der Boxkämpfe von Wladimir Klitschko zuständig. Rückblickend eine wahnsinnig aufregende Zeit und mir wird jetzt erst so richtig bewusst, wie schade es ist, diese außergewöhnliche Spannung rund um die Kämpfe nicht mehr in regelmäßigen Abständen zu spüren. Doch auch, als Wladimir noch aktiv geboxt hat, erkannte ich in ihm schon vor vielen Jahren einen Geschäftsmann, einen Innovationstreiber und einen sehr guten Selbst- und Teammanager.

Für mich ist es eine echte Ehre, diesen Job damals gemacht zu haben, dazu gehörte auch, mit Wladimir Themen wie Expertise-Transfer frühzeitig angegangen zu sein und heute die zweite Karriere gestalten zu dürfen. Diese Periode, die zweite Karriere, wie wir es nennen, so gut es geht zu planen und vorzubereiten – und im Hintergrund etwas aufzubauen –, das ist Sinn und Zweck von Klitschko

Ventures. Wir haben die großartige Chance zu zeigen, dass ein Weltklasse-Sportler sich schon während seiner aktiven Karriere systematisch darum kümmern kann, im Anschluss an diese Karriere nicht als reiner Werbebotschafter zu enden und den Ideen anderer ein Gesicht zu verleihen, sondern selbst etwas aufzubauen, das die zweite Karriere trägt.

Als CEO von Klitschko Ventures verstehe ich mich mit meinem Team als strategische Unterstützung von Wladimir Klitschko. Wir konkretisieren seine Ideen und Pläne. Unser Hauptziel ist es, seinen Erfahrungsschatz zugänglich zu machen, seine Learnings aus dem Ring in das normale Leben zu transferieren. Wladimir möchte etwas zurückgeben von der Energie und Unterstützung, die er während seiner ersten Karriere erfahren hat. Das ist unsere Daseinsberechtigung, wenn man so will. Um dies zu bewerkstelligen, haben wir seine Erfahrung, seine Lebensphilosophie in die Methode F.A.C.E. the Challenge übertragen, die jetzt in die Entwicklung von Produkten und Dienstleistungen einfließt. Das ist unsere Mission und unser Daily Business.

Das Schöne ist: Das machen wir nicht alleine. Klitschko Ventures, der Name sagt es bereits, ist ein kleines Team, ein Start-up, ein Challenger mit einem Leader Mindset – und das wollen wir auch bleiben. Wir sichten Partner, die zu uns passen, die im Rahmen von Ventures gemeinsam mit uns neue Produkte und Lösungen entwickeln wollen. Klar haben wir Dr. Wladimir Klitschko, der selbst für seine Methode und die daraus abgeleiteten Lösungen steht. Darüber hinaus bieten wir mit F.A.C.E. the Challenge einen Kern, der so im Markt einzigartig ist.

Seit wann arbeitest du an dieser zweiten Karriere mit ihm und worin besteht diese konkret?

Die zweite Karriere baut auf den Learnings der ersten Karriere auf. Kennst du den schönen Spruch »Man hat zwei Leben und das zweite fängt an, wenn man merkt, dass man nur ein Leben hat«? Das hat Wladimir Klitschko sehr früh gespürt. Ihm war klar, dass er nicht ewig boxen würde. Das mag an der schweren Zeit 2003/2004 gelegen haben oder einfach an den unterschiedlichsten Verletzungen, die er im Laufe der Zeit erlitten hat, physisch und psychisch. In dieser Zeit hat er sich Gedanken dazu gemacht, wie er seine Zukunft gestalten will. Er lässt sich ungern überraschen bzw. ist ungern unvorbereitet. Deshalb traf er in den letzten Jahren bewusst Entscheidungen, von denen er wusste, dass sie unmittelbar seine Zukunft und sein künftiges Ich beeinflussen würden. Er baute strategische Geschäftsbeziehungen auf und Expertise-Transfer wurde zum eigentlichen Ziel.

Heute widmet er sich ganz bewusst dieser zweiten Karriere und aus dem Boxer wurde ein Unternehmer, Visionär und Pionier. Er tut dies mit Energie und Strenge

– und mit Struktur: Klitschko Ventures gliedert sich in vier Geschäftsbereiche: 1) Inspiration, um seine Vision und den assoziierten Branded Content zu verbreiten, 2) Education, unter dem wir unsere Weiterbildungsangebote wie z. B. unsere F.A.C.E. Camps anbieten, 3) Consulting, um Unternehmen bei deren Transformationsprozessen zu unterstützen, und 4) Solutions, wo wir mit unseren Partnern neue Produkte und Dienstleistungen entwickeln.

Ich bin oft skeptisch, wenn Sportler sich nach ihrer Karriere als Management-Berater verdingen. Es kommt mir so vor, als würde hier meist mit unterkomplexen Metaphern gearbeitet. Es ist extrem schwierig, Olympiasieger und Weltmeister im Profiboxen zu werden. Es ist ebenfalls extrem schwierig, ein Unternehmen zu leiten. In meinen Augen ist es allerdings anders schwierig.

Wladimir hat weder den Anspruch noch den Wunsch, die Wissenschaft des Managements zu revolutionieren, noch wollte er Berater oder Coach werden. Er kennt die Geschäftswelt zu gut, um zu glauben, sie mit ein paar schönen Sätzen nachhaltig bewegen zu können. Wladimir wurde während seiner aktiven Sportkarriere nicht nur Boxweltmeister. Er wurde auch Meister der eigenen Willenskraft und weiß, dass diese mit spontaner Motivation aufgrund einer kurzen Rede nichts gemeinsam hat. Für ihn ist diese Schlüsselfähigkeit die größte Kraft im Leben und Business, denn sie trägt einen – im Gegensatz zur Motivation – auch durch die schweren Zeiten. Unsere Methode F.A.C.E. besteht aus einem Vier-Schritte-Prozess (Focus, Agility, Coordination und Endurance), der durch die inhaltliche Neutralität das Erlernen der vier Kernfähigkeiten ermöglicht, und greift, wenn man sie verinnerlicht hat, wesentlich weiter, als ein Management-Berater das je könnte – egal wieviel Zeit dieser investieren würde.

Um auf den zweiten Teil der Frage zurückzukommen, was ein Boxweltmeister und ein CEO gemeinsam haben, kann ich nur sagen: den Faktor Mensch und Selbstmanagement. Ein sehr guter Sportler und ein sehr guter Unternehmenslenker wissen beide, dass das Erreichen eines großen Ziels nur dann gelingt, wenn man das wertvollste Kapital, sich selbst, im Blick behält. Ein Sportler merkt sehr unmittelbar, wenn der Faktor Mensch, also der eigene Körper und Geist, nicht mehr mitspielt. Im Unternehmen dauert es vielleicht etwas, bis durchdringt, dass man den Menschen, das Team, verloren hat: Fatal ist es in beiden Fällen. Wir bei Klitschko Ventures sprechen daher von Human Transformation, wenn man ein Unternehmen oder eine Organisation als Ganzes wirklich bewegen will. Human Resources, das den Menschen letztlich wie Kapital behandelt, bewegt nichts.

Noch eine letzte Bemerkung: Wladimir Klitschko richtet sich mit seiner Methode F.A.C.E. the Challenge bewusst nicht nur an die Zielgruppe der Manager. Er gibt damit allen, die vor Herausforderungen stehen, einen Werkzeugkasten mit auf den Weg, der es ihnen leichter machen soll, diese zu bewältigen. Veränderung durch Globalisierung, der Wunsch, die eigenen Essgewohnheiten zu verändern, Sport zu treiben, mit dem Rauchen aufzuhören, keine Flugangst mehr haben zu wollen – all das sind alltägliche Herausforderungen, zu deren Lösung F.A.C.E. einen Beitrag leisten kann: Wladimir Klitschko nicht als Boxer, sondern als Meister der Willenskraft.

Im Zentrum deiner Philosophie steht das Konzept der Willenskraft. Meine Erfahrung als Coach wie auch aus meinem eigenen Leben zeigt, dass man Willenskraft auch vergeuden kann – konkret, wenn man sie für Ziele einsetzt, die nicht in Resonanz mit den Motiven und Stärken der betreffenden Person sind. Wie hilfst du, Menschen herauszufinden, was diese wirklich wollen?

Das ist die Herausforderung aller Herausforderungen. Es ist das Herzstück menschlicher Transformation. In unserer Methode ist es daher ebenfalls einer der zentralen Punkte, der Aus- oder besser, der Eingangspunkt, sich darauf zu konzentrieren, wer wir sind. Viele Menschen sprechen davon, ihr »Why« zu finden, aber der Schlüssel und die unabdingbare Voraussetzung ist doch, zuerst unser »Who« zu definieren. Mit Hilfe von Selbstreflexionsübungen und biografischen Wegen sollen die tiefen Bedürfnisse, die Wünsche und wahren Treiber an die Oberfläche kommen. Ganz intensiv geschieht das im zweiten Modul (F2) innerhalb des Prozessschrittes Focus. Aus dem Wunsch einen Willen zu machen – das ist die wirkliche Herausforderung. Dem widmen sich die anderen Module.

Boxen ist am Ende des Tages ein Nullsummenspiel: Von den seltenen Fällen des Unentschiedens abgesehen heißt es: Wenn ich gewinne, verliert der andere – und umgekehrt. Die Welt des Business ist hingegen auch stark geprägt von Nicht-Nullsummenspielen. Bei aller natürlichen Konkurrenz geht es oft um langfristige Geschäftsbeziehungen und strategische Allianzen. Wie fließen solche Faktoren in euer Konzept mit ein?

Das gehe ich nur bedingt mit:

- Zunächst müssen wir uns von dem Bild verabschieden, dass Boxer Einzelkämpfer sind. Es stimmt, dass sie alleine im Ring stehen und dass das viel Mut verlangt. Aber hinter diesen mutmaßlichen Einzelkämpfern stehen Teams und die gilt es wie im Business zu orchestrieren.
- Nullsummenspiel im Boxen würde außerdem bedeuten, dass der, der verliert, wirklich verliert. Wie wir aber insbesondere bei Wladimirs letztem Kampf, den er gegen Anthony Joshua verlor, erfahren haben, kann eine Niederlage auch ein Gewinn sein. Fachpresse und Fans überschlugen sich damals förmlich darin, diesen Kampf als einen der besten, den er je hatte, zu attestieren – trotz der Niederlage. Damit hatte er sich die Liebe und den Respekt von

bestehenden und neuen Fans verdient. Das Ergebnis – das Nullsummenspiel – geriet da völlig in den Hintergrund.

- Schließlich möchte ich betonten, dass Sportler einander häufig mit viel Respekt begegnen. Beim Boxen schauen sich die beiden Kontrahenten in die Augen, gratulieren dem Gewinner – und manchmal umarmen sie sich sogar. Im Business-Kontext läuft das leider allzu oft anders.

Grundsätzlich sind wir hier bei der Kernfrage der Netzwerkbildung und -betreuung – das ist im Sport ebenso wichtig wie im Business-Kontext. Dieser Netzwerkbildung widmet sich im F.A.C.E.-Prozess das Modul C2 im Schritt Coordination. Man analysiert, wer auf dem Weg zum Ziel Stakeholder und Partner sind, nimmt sich vor allem die Miesmacher vor. Es geht darum zu verstehen, dass man ausschließlich selbst dafür zuständig ist, dass dieses Netzwerk im Sinne des Ziels funktioniert – und man im Zweifel allein ist, wenn es hart auf hart kommt.

Aus meiner Sicht können daher strategische Allianzen nur funktionieren, wenn man genau weiß, wofür man selbst steht, was man kann und was man braucht – und auch, was man zu geben bereit ist: Denn ich bin doch die Strategie hinter meiner strategischen Allianz.

In meiner Forschung habe ich festgestellt, dass manche Menschen eine klare Vision für ihr Leben haben. Sie wissen, wer sie sind, was sie wollen. Gleichzeitig haben manche Personen das Gefühl, dass sie ihre Ziele nicht erreichen *dürfen*, dass es ihnen nicht erlaubt sei. Wie denkst du hierzu?

Aus unserer Erfahrung kann ich sagen: Wenn jemand wirklich identifiziert hat, wer er ist und was er will, dann fällt der Person das Dürfen leicht, denn dann ist die Reibungsfläche mit sich selbst und anderen eigentlich verschwunden. Nichtsdestotrotz ist das bei uns nicht ohne Grund auch erst der Startpunkt unseres Prozesses, den wir Focus genannt haben. F von F.A.C.E. ist der erste Schritt und beantwortet die Frage »Wer bin ich und was will ich erreichen; wo befindet sich meine Challenge-Zone?«. Danach folgen A(gility): »Wie mache ich es?«, C(oordination): »Womit und mit wem?«, und vor allem E(ndurance): »Wie halte ich durch und wie schaffe ich es, diese Veränderungen in meinen Alltag zu integrieren?«

Dieser letzte Schritt ist kriegsentscheidend, weil der Alltag das Schlachtfeld ist, auf dem alle guten Vorsätze sterben. Und wenn du sagst, die Probanden können sich etwas nicht erlauben, dann heißt das, ohne Änderung ihres Alltags wird es schwierig sein, eine neue Herausforderung anzugehen. Ihre Studienteilnehmer müssen bereit sein, ihren Alltag zu ändern, alte Gewohnheiten abzulegen und neue für sich kreieren zu dürfen.

Es ist nicht einfach, selbst zur bewegenden Kraft zu werden, wie Wladimir es nennt. Genau aus diesem Grund ist es so spannend zu analysieren und zu verbreiten, warum Willenskraft im Sinne von Umsetzungsenergie *die* Schlüsselfähigkeit ist.

Tatjana Kiel hat an der Beuth Hochschule für Technik Berlin Management und Marketing studiert. Seit vielen Jahren arbeitet sie im Umfeld von Wladimir Klitschko, zunächst in der Vermarktung seiner Boxkämpfe, seit 2017 als CEO von Klitschko Ventures. Das Leben von Tatjana Kiel wie auch Wladimir Klitschko hat sich im Zuge des Überfalls Russlands auf die Ukraine drastisch geändert. Die Begleitung von Unternehmen ruht weitgehend. Stattdessen steht humanitäre Hilfe im Vordergrund, beispielweise im Rahmen der Initiative #WeAreAllUkrainians. Kontakt: klitschko.com

10.2 Ziele erreichen mit WOOP

Da wir wissen, dass das stringente Verfolgen von übergreifenden Lebenszielen Menschen (mit einiger Wahrscheinlichkeit) erfolgreich macht, stellt sich die Frage, wie sich die Zielerreichung im Alltag optimieren lässt – quasi einige Stufen unterhalb der Ebene des Grit. Letztlich macht das doch einen wichtigen Teil der menschlichen Erfahrung aus: das unablässige Treffen von Entscheidungen, mal mehr, mal weniger bewusst. Diese Entscheidungen formen nach und nach unser Denken und unser Handeln, langfristig unseren Charakter – und machen am Ende unser Leben aus, wie ein bekanntes Sprichwort aus dem Talmud nahelegt.

Manchmal müssen wir für diese Form der alltäglichen Verhaltensregulation innere Widerstände beseitigen, so wie sie u. a. von dem in Kapitel 2 vorgestellten potenziellen Widerspruch zwischen hedonischen und eudaimonischen Bestrebungen vorhergesagt werden.[149] Immer wieder sind es aber vor allem externe Stolperfallen, die uns davon abhalten, genau das zu tun, was wir uns eigentlich vorgenommen hatten. Es gibt eine gut erforschte Technik zur Zielerreichung namens WOOP, die von Gabriele Oettingen (2014) durch ein Buch[150] popularisiert wurde. WOOP ist ein englisches Akronym und steht für die Begriffe Wish (Wunsch), Outcome (Konsequenz), Obstacle (Hindernis) und Plan (wie im Deutschen). Das Instrument beruht auf jahrzehntelanger Forschung, die Oettingen auch gemeinsam mit Ihrem Mann, Peter Gollwitzer,

149 Dieses Buch konnte beispielsweise – weil ich nur wenige Wochen zum Schreiben hatte – vor allem deswegen entstehen, weil ich mich zwischen Januar und März 2019 fast jeden Tag zehn Stunden auf den Hintern gesetzt habe. Was mir geholfen hat: Ich hatte vorher den Entschluss gefasst, sämtliche Störvariablen so gut wie möglich auszuschalten. Ich habe kaum Aufträge angenommen und – abgesehen von meiner Familie – auch mein Sozialleben weitgehend heruntergefahren. Das war nicht immer beglückend, diente aber dem höheren Ziel.

150 Deutsche Ausgabe: Die Psychologie des Gelingens.

bestritten hat. Beide Psychologen stammen aus Deutschland, haben ihre akademischen Karrieren aber im Schwerpunkt an US-amerikanischen Universitäten vorangetrieben. Die WOOP-Technik basiert auf der Kombination zweier Methoden, die ursprünglich getrennt voneinander entwickelt wurden. Es geht einerseits um das sogenannte mentale Kontrastieren (Oettingen et al., 2001) und andererseits um die Ausbildung von sogenannten Implemention Intentions, also von Umsetzungsintentionen (Gollwitzer, 1999).

Im Rahmen des mentalen Kontrastierens malt man sich zunächst den Zustand der Zielerreichung aus. Man lädt sich quasi mit Energie auf, indem man sich mental vor Augen führt, wie es sich anfühlen wird, das Ziel bereits erreicht zu haben. Diesen Zustand kontrastiert man anschließend mit der Gegenwart und den möglichen Hindernissen auf dem Weg der Zielerreichung. Dieses genaue Betrachten der Diskrepanz zwischen Wunsch und Wirklichkeit, das Abwägen von dem, was erreicht werden kann, aber auch was dafür getan werden muss, stärkt offenbar unsere Zielbindung bzw. beeinflusst, welche Ziele wir überhaupt für uns auswählen. Die Wirksamkeit der Technik ist über viele Lebensbereiche hinweg gut bestätigt, im akademischen Umfeld, in der Gesundheitsvorsorge (z. B. Gewichtsreduktion durch Sport), aber auch im betrieblichen Kontext (Oettingen & Cachia, 2016).

Umsetzungsintentionen beruhen auf sogenannten Wenn-Dann-Verknüpfungen, die im Rahmen des Zielplanungsprozesses gebildet werden. Ähnlich wie beim mentalen Kontrastieren überlegt man dezidiert, welche Schritte auf dem Weg der Zielerreichung nützlich sein könnten und welche Hindernisse mit großer Wahrscheinlichkeit auftreten werden. Diese Überlegungen nutzt man anschließend, um Wenn-Dann-Verknüpfungen zu bilden, in deren Rahmen bestimmte auslösende Reize mit konkreten Handlungen verknüpft werden (allgemeines Prinzip: »Wenn X eintritt, werde ich das Verhalten Y initiieren.«). Auch diese Technik hat nachweislich positive Effekte auf unsere Fähigkeit, über viele Lebensbereiche hinweg Ziele zu erreichen (Gollwitzer & Sheeran, 2006). Bringt man die Technik des mentalen Kontrastierens mit Wenn-Dann-Plänen zusammen, entsteht ein vollständiger WOOP-Zyklus.

WERKZEUG: WOOP

Für den Punkt W (Wish) überlegt man sich konkret, was man erreichen möchte – nehmen wir als Beispiel »Den Vorgesetzten mit einer außergewöhnlich guten Präsentation beeindrucken«. Für das erste O (Outcome) schaut man sich nun den Wunsch hinter dem Wunsch genauer an. Sprich: Was erhoffe ich mir von der guten Leistung, die der Chef dann wahrnimmt? Was wären die positiven Konsequenzen der Zielerreichung? Hier geht es darum, Motivation zu tanken. Für das zweite O (Obstacle) geht man nun detailliert im Geiste durch, was alles in die Hose gehen könnte. Hat man alle relevanten Punkte gesammelt, die realistisch schieflaufen könnten, erarbeitet man schließlich diverse Wenn-Dann-Pläne (Plan): Man überlegt sich möglichst konkrete Handlungsstrategien, um den potenziellen Hindernissen zu begegnen. Hier im Beispiel könnte das so aussehen: »Wenn ich merke, dass ich meinen Faden verloren habe, dann nehme ich einen tiefen Atemzug, schaue in die Runde und wiederhole, was ich zuletzt gesagt habe. Dies wird mir Zeit geben, den richtigen Anknüpfungspunkt zu finden.« Mehr Infos und Hilfsmittel unter woopmylife.org

10.3 Die Macht der kleinen Stupser

2017 erhielt der Verhaltensökonom Richard Thaler (University of Chicago) den Nobelpreis für Wirtschaftswissenschaften. Bereits 2008 wurde er einer breiteren Öffentlichkeit bekannt, konkret durch ein Buch, das er gemeinsam mit dem Juraprofessor Cass Sunstein verfasste. In diesem propagieren die Autoren das Prinzip des Nudging (Nudge = Stupser). Es geht darum, Menschen durch kleine reversible Manipulationen in ihrer Umwelt zu besseren, wünschenswerteren Entscheidungen zu verhelfen. Dies ist insofern relevant, als wir uns bekanntermaßen nicht immer streng rational verhalten und uns zudem nur begrenzt auf unsere Willenskraft verlassen können, wenn es um das Treffen guter Entscheidungen geht (Baumeister et al., 2018). Jeder, der schon einmal versucht hat, mit dem Rauchen aufzuhören oder endlich mehr Sport zu treiben, kann ein Lied davon singen.

Die prototypische Variante des Stupsens besteht darin, sogenannte Default-Einstellungen zu nutzen, um das Wahlverhalten von Menschen zu beeinflussen. Ein Beispiel aus dem betrieblichen Alltag: Mitarbeiter, die in ein Unternehmen eintreten, werden per Voreinstellung in die betriebliche Altersvorsorge eingegliedert – sie müssen dies aktiv abwählen, wenn sie *nicht* partizipieren wollen. Auch wenn das Abwählen mit geringem Aufwand verbunden ist (ein paar Klicks im Intranet), sorgt unsere angeborene Trägheit in der Mehrzahl der Fälle dafür, dass die Voreinstellung beibehalten wird und wir langfristig von dieser Form der (Nicht-)Entscheidung profitieren. Wie stark sich dies auswirken kann, lässt sich u. a. an Zahlen rund um das Thema Organspende ablesen. In Deutschland muss man nach aktueller Gesetzeslage aktiv einwilligen, um als Spender infrage zu kommen (z. B. durch das Tragen eines Organspendeausweises). In anderen Ländern, z. B. in Spanien, muss man aktiv widersprechen, wenn man nicht Spender sein möchte. Dies führt dazu, dass in Spanien pro einer Million Einwohner etwa fünfmal so viele Menschen im Falle des Falles auch tatsächlich mindestens ein Organ spenden, während in Deutschland gewissermaßen Organ-Notstand herrscht (Decker & Obertreis, 2018).

Thaler und Sunstein (2003) fordern Politiker wie auch Unternehmenslenker auf, Nudging aktiv in ihr Instrumentarium aufzunehmen, um Bürger bzw. Mitarbeiter zu besseren Entscheidungen zu verhelfen. Das zugrundeliegende Prinzip nennt sich Libertärer Paternalismus, weil es einerseits den steuernden Eingriff seitens einer höheren Instanz umfasst (paternalistisch), aber letzten Endes doch die freie Wahl ermöglicht (libertär). Während einige Regierungen dieses Prinzip aktiv aufgriffen und beispielsweise sogenannte Nudge Units bildeten (Quinn, 2018), hat das Konzept naturgemäß auch viel Kritik auf sich gezogen, zuvorderst wegen ethischer Bedenken im Kontext der Wahlfreiheit und Selbstbestimmung des Menschen (Selinger & Whyte, 2011).

Sich selbst anstupsen

Als Positiver Psychologe *und* Anhänger liberalen Gedankenguts bin ich hier an diesem Punkt hin- und hergerissen. Autonomie und Selbstbestimmung des Individuums stellen für mich ein hohes Gut dar. Andererseits steht außer Frage, dass Menschen diese Freiheit häufig (ungewollt) dazu nutzen, sich selbst wie auch anderen Menschen Schaden zuzufügen. Dieses Dilemma lässt sich allerdings ein Stück weit auflösen, wenn man das Nudging auf sich selbst anwendet – wenn also der Gestalter wie auch Nutzer einer konkreten Entscheidungsarchitektur ein und dieselbe Person sind. Von dieser Praxis mache ich in meinem Leben reichlich Gebrauch.

EIGENE ERFAHRUNG

Ich habe in den ersten Jahren meiner Führungsaufgabe meist mein Handy zu Teambesprechungen mitgenommen – und natürlich zwischendurch draufgeschaut, auch die eine oder andere Mail geschrieben. Für mich ist mein Smartphone seit vielen Jahren das wichtigste Arbeitsmittel. Zudem stellt Geschwindigkeit im Geschäftsleben einen hohen Wert für mich dar. Ich war nicht nur für mein eigenes Team, sondern immer auch für die Steuerung verschiedener Agenturen zuständig. Das Gefühl, irgendwo könnten Räder stillstehen, weil jemand auf Input oder eine Entscheidung von mir wartet, fand ich nahezu unerträglich. Gleichzeitig hat mir mein Team mehrfach zurückgespiegelt, dass sie dieses Verhalten als wenig wertschätzend empfanden. Das wiederum war für mich mindestens so unerträglich, wie als Führungskraft der Sand im Getriebe unserer Prozesse zu sein. Letztlich habe ich für mich entschieden, dass die Wertschätzung meinem Team gegenüber das höhere Gut ist. Doch auch wenn der Geist willig ist – das Fleisch ist bekanntlich schwach. Wirklich umsetzen konnte ich meine Entscheidung erst, nachdem ich beschloss, mein Handy einfach im Büro liegenzulassen, anstatt es mit in den Meetingraum zu nehmen. Ich bin nicht stolz auf diesen offensichtlichen Mangel an Selbstkontrolle – aber so ist das eben, insbesondere wenn mit dem Verhalten, das man eigentlich unterbinden möchte, ein wichtiger Wert verknüpft ist.

Abseits der Führungsrolle nutze ich mein Handy sogar aktiv, um mich zu nudgen. So habe ich eine simple App installiert, die nichts anderes kann, als über den Tag verteilt in einem festgelegten Zeitraum nach einem Zufallsmuster Push-Nachrichten zu senden. Den Inhalt dieser Reminder kann ich natürlich selbst bestimmen. Ich nutze den Mechanismus, um bessere Gewohnheiten auszubilden. Beispielsweise neige ich dazu, mich am Schreibtisch eher krumm zu machen. Die App erinnert mich immer wieder daran, eine rückenfreundlichere Haltung einzunehmen.

2014 habe ich das Prinzip für ein persönliches Projekt in Kombination mit einem Quantified-Self-Ansatz[151] auf die Spitze getrieben. Ich hatte mir für das gesamte Jahr vorgenommen, ein besserer, vor allem großzügigerer Mensch zu sein. Dahingehend setzte ich mir das Ziel, jeden Tag drei gute Taten zu vollbringen, z. B. im Taxi oder Restaurant ein außergewöhnlich hohes Trinkgeld zu geben. Um dieses Vorhaben umzusetzen, arbeitete ich mit einer simplen App, in der man unkompliziert Aufgaben eingeben und abhaken kann. Abends protokollierte ich meine Taten zusätzlich in einer Tagebuch-App. Als Ansporn setze ich außerdem fest, dass ich jedes Mal zehn Euro auf ein mentales Konto einzahlen würde, wenn ich an einem Tag nicht auf die drei Wohltaten gekommen war – um diese Beträge später zu spenden. Ich zog das Projekt eisern durch und gab über das Jahr außerdem rund 750 Euro an diverse Projekte auf Betterplace.org aus, eine Plattform, auf der Non-Profit-Organisationen Spenden einwerben können. Nach dem Jahr beendete ich das Ganze, weil es freilich viel Zeit in Anspruch nahm. Ich denke, es ist mir dadurch gelungen, ein Stück weit auch dauerhaft meine Gewohnheiten zu ändern – aber ehrlicherweise muss ich auch gestehen, dass ich mittlerweile nicht mehr *so* »gut« bin wie in diesem besonderen Jahr. Diese Erfahrung lässt mich glauben, dass *Selbst-Nudging* ein valides Werkzeug sein kann, um persönliche Ziele umzusetzen.[152] Im Übrigen denke ich, dass sich das Prinzip auch als Werkzeug innerhalb von Teams anwenden lässt – freilich nur, wenn sich alle Beteiligten gemeinsam auf die Ziele und Methoden einigen.[153]

151 Mit »Quantified Self« ist gemeint, dass Menschen bestimmte Verhaltensweisen exakt messen und quantifizieren, um selbstgewählte Ziele zu erreichen.

152 Ich habe dieses Projekt übrigens auch deswegen als Jahresprojekt angelegt, weil ich an die Macht der kleinen Schritte glaube. Wenn Menschen etwas in ihrem Leben grundlegend verändern wollen, dann tun sie dies oft nach dem Ganz-oder-gar-nicht-Prinzip. Ich vertraue eher auf die Ein-Prozent-Regel: Etwas ein Prozent anders machen als sonst – aber kontinuierlich über ein Jahr hinweg – kann einen ebenso großen Unterschied machen. Kim Cameron nutzte in einer Vorlesung an der Ross School of Business einmal die folgende Metapher: Ein Flugzeug, das nahe der Universität startet, um den Erdball zu umrunden, aber aufgrund eines Fehlers kontinuierlich ein Prozent Richtung Süden fliegt, anstatt sich auf der kürzesten Strecke zu bewegen, wird nach der Erdumrundung in den Florida Keys landen, am anderen Ende der USA. Bei einem Start in Berlin hieße dies, dass das Flugzeug auf Malta landen würde.

153 Weitere Ideen zur praktischen Anwendung von Nudging finden sich in Rose (2022c).

10.4 Das beste Selbst im Spiegel

Ganz im Sinne der Idee des persönlichen Wachstums möchte ich an dieser Stelle noch ein Werkzeug vorstellen, das Ihnen – und natürlich auch Ihren Teammitgliedern und Kollegen – helfen kann, den persönlichen Horizont zu erweitern und die ureigenen Stärken nochmal aus einer ganz anderen Perspektive kennenzulernen. Manche Menschen haben Lust, ihre Persönlichkeit zu explorieren, sind aber nicht besonders scharf darauf, Tests zu absolvieren (so, wie den in Kapitel 5 vorgestellten VIA-Test). Glücklicherweise gibt es andere Wege, seine Stärken zu entdecken. Der im Folgenden vorgestellte Weg kostet Sie ein paar Stunden Ihrer Zeit – aber ich verspreche: Es ist den Aufwand mehr als wert. Das Werkzeug wurde an der University of Michigan entwickelt und beruht auf einer Forschungsarbeit von Roberts und Kollegen (2005). Im Englischen wird es Reflected Best Self Exercise™ genannt, auf Deutsch nenne ich es gerne Das beste Selbst im Spiegel.

Tipp

Mehr Informationen und eine kostenpflichtige Version des Verfahrens mit IT-Support finden Sie unter: positiveorgs.bus.umich.edu/cpo-tools/rbse

Zusammengefasst geht es darum, ein komprimiertes Bild Ihrer Stärken zu erarbeiten – und zwar ausschließlich aus dem Blickwinkel anderer Menschen. Um Ihnen ein Gefühl für das manifeste Endprodukt dieser Übung zu vermitteln, sehen Sie hier mein sogenanntes »Reflected Best Self Portrait« auf Englisch:

When I'm at my best I am an educator, connecting people and ideas. People trust me for being authentic. I lead through authority, not hierarchy, by being a role-model, by being myself. I am a charismatic speaker, capturing audiences in seconds. My insane energy level and organizational skills enable me to be highly productive. I am a driving force for change, inspiring people to create their own positive momentum in business and life. I love and laugh as much as possible.

WERKZEUG: DAS BESTE SELBST IM SPIEGEL

Um diese Übung durchzuführen, benötigen Sie die Unterstützung von mindestens 15 Menschen (besser mehr), die Sie persönlich kennen. Idealerweise handelt es sich um Personen aus verschiedenen Lebensbereichen, mit denen Sie zudem unterschiedlich eng bekannt sind (Familie, Freunde, Menschen aus verschiedenen Arbeitskontexten usw.). Je unterschiedlicher die Perspektiven, desto aussagekräftiger wird das Ergebnis sein. Im ersten Schritt bitten Sie diese Personen, Ihnen schriftlich bis zu drei *Begebenheiten zur Verfügung zu stellen, bei denen diese Sie in Höchstform erlebt haben*. Es geht um Episoden, in denen die andere Person Sie als besonders wirksam, erfolgreich oder vorbildlich wahrgenommen hat. Bitten Sie um konkrete Begebenheiten, nicht um allgemeine Eindrücke. Im Englischen lautet die Anweisung: »Please tell me a story about myself when you saw me at my best!« Der Kontext wird dabei bewusst offengelassen, damit die Beteiligten selbst entscheiden können, was das Beste ist.

Nachdem Sie genug Geschichten gesammelt haben, integrieren Sie diese in ein Dokument und drucken es aus. Nehmen Sie sich nun mindestens zwei Stunden Zeit, gehen Sie an einen ruhigen Ort und verfahren Sie wie folgt:

- Lesen Sie zunächst alle Rückmeldungen zwei- oder dreimal aufmerksam durch. Erlauben Sie sich, *den positiven Inhalt voll wahrzunehmen* und zu schätzen.
- Im nächsten Schritt gehen Sie die Texte erneut durch. Legen Sie Stift und Textmarker bereit, machen Sie Anmerkungen und Unterstreichungen. Ziel dieses Schrittes ist es, Gemeinsamkeiten und Muster in den verschiedenen Episoden zu entdecken. Diese Bindeglieder zwischen den verschiedenen Wahrnehmungen bilden die Basis für die Beschreibung Ihres besten Selbst.
- Aggregieren Sie die Inhalte solange, bis Sie ein bis zwei Hände voll aussagekräftiger Attribute, Bilder oder Metaphern gefunden haben, die gewissermaßen *das Destillat* der Aussagen Ihrer Feedbackgeber darstellen.
- Nutzen Sie diese destillierten Informationen, *um in der Ich-Form ein kurzes Bild Ihres besten Selbst* zu verfassen. Es geht an dieser Stelle nicht um ein ausführliches Persönlichkeitsprofil, sondern um ein strahlkräftiges Kurzportrait. Dabei können Sie durchaus verschiedene Versionen schreiben bzw. eine Version immer weiter optimieren. Ziel ist es, dass jedes einzelne Wort an der richtigen Stelle steht, sich stimmig anfühlt und einen besonderen Sinn für Sie ergibt.

Ich habe außergewöhnlich gute Erfahrungen mit dieser Übung gemacht – ein Ausdruck meines Portraits hing in meinem Büro bei Bertelsmann, eine weitere Version ziert mein Coaching-Zimmer in unserem Haus. Die Übung entfaltet ihre besondere Wucht, weil Menschen es – zumindest nach den ersten Lebensjahren – kaum noch gewohnt sind, uneingeschränkt positives Feedback zu erhalten. Im Kontext der Ausbildung und auch des Berufs erhalten wir nur gemischte Botschaften – was nicht immer hilfreich ist.[154] Nicht selten verdrücken Menschen das eine oder andere Tränchen,

154 Selbst wenn ein Feedback größtenteils positiv ist, drängt unser Gehirn uns dazu, fast ausschließlich auf die negativen Botschaften zu achten. Dieser Modus hat uns über die Jahrtausende geholfen, als Spezies zu überleben, aber er hindert uns auch daran, das Gute wirklich an uns heranzulassen. Feedbacksituationen lösen verschiedene Formen der sozialen Unsicherheit aus. Sie bedrohen implizit unseren Status, unser Gefühl von Sicherheit, Autonomie, Verbundenheit und Fairness. Im Englischen ergeben diese Begriffe das Akronym SCARF (= Schal): Status, Certainty, Autonomy, Relatedness, Fairness. Diese Ängste lassen sich abmildern, wenn eine Kultur dazu ermutigt, aktiv nach Feedback zu fragen – so wie es auch für das beste Selbst im Spiegel geschieht (Rock et al., 2018).

wenn sie die Rückmeldungen zum ersten Mal lesen. Es kann z. B. sein, dass Menschen uns an besondere Begebenheiten erinnern, die uns schon lange entfallen waren. Oder wir entdecken, dass andere eine Stärke in uns sehen, während wir die Facette für völlig normal halten. Andererseits tut es genauso gut, wenn Menschen uns einfach in unserer eigenen Stärkenwahrnehmung bestätigen. Wie aber können wir wachsen, wenn wir uns nicht darauf konzentrieren, unsere Schwächen auszumerzen?

Im Amerikanischen gibt es den Merksatz: »Where attention goes, energy flows« (Wo unsere Aufmerksamkeit liegt, dort fließt auch unsere Energie hin). Unser bestes Selbst besser kennenzulernen, hilft uns:

- unsere Selbstwirksamkeit und Kompetenzwahrnehmung weiterzuentwickeln;
- Handlungsmöglichkeiten zu entdecken, wo wir ansonsten steckenbleiben;
- unser Selbstwertgefühl und den Glauben an das Gute in anderen zu stärken.

Der letztgenannte Punkt scheint mir von besonderer Bedeutung. Er steht für mich in Zusammenhang mit dem Pygmalion-Effekt, auf den ich bereits im Intermezzo über Führung eingegangen bin. Wenn wir andere Personen bitten, unsere positiven Seiten zu reflektieren, dann helfen diese, unser Reservoir an ungenutzten Ressourcen und Potenzialen anzuzapfen. Indem sie uns authentisch auf unsere Stärken und außergewöhnlichen Fähigkeiten hinweisen, helfen sie uns, mehr zu sein als wir (gegenwärtig) sind.

Das Ganze ist übrigens alles andere als eine aufwendige Form der Bauchpinselei. Vielmehr dient diese Form des Feedbacks der Erweiterung unseres Möglichkeitsraums. Selbstverständlich bin ich nicht jeden Tag und durchgehend dieser »geile Typ«, der in dem Portrait beschrieben wird. Dennoch ist er ein Teil meiner Persönlichkeit, ein Idealbild – aber nicht im Sinne einer unerreichbaren Fantasie, sondern einer Ressource, die unter bestimmten Bedingungen angezapft werden kann.

Die Forschung legt nahe, dass Menschen im Grunde ständig – mal mehr, mal weniger bewusst – zukünftige Versionen des eigenen Selbst entwickeln, positive Wunschbilder von künftigen Entwicklungsstufen der eigenen (professionellen) Identität. Im besten Fall helfen uns diese Bilder, stimmige Entscheidungen in Bezug auf die eigene berufliche Entwicklung zu treffen (Strauss et al., 2012). Das beste Selbst im Spiegel kann dabei helfen, diese Zukünfte zu konkretisieren und deren Eintreten wahrscheinlicher zu machen.

Wie lässt sich konkret mit dem Portrait arbeiten? Für den Anfang könnte es eine gute Idee sein, einen Ausdruck davon in einer Ecke Ihres Büros aufzuhängen, sodass Sie es in den Blick nehmen können, wenn es mal wieder stressig wird. Dies wird Ihnen helfen, Gelassenheit zu bewahren, über die Grenzen der augenblicklichen Situation hinauszublicken. Auf lange Sicht könnte es zudem lohnenswert sein, über die größeren Implikationen Ihres besten Selbst nachzudenken:

- In welchem Ausmaß werden die Ihnen gespiegelten Stärken in Ihrer aktuellen Rolle auch tatsächlich abgerufen?
- Können Sie Aufgaben und Verantwortlichkeiten dahingehend verändern, dass Ihre besonderen Stärken besser zur Geltung kommen (siehe dazu das Thema Job Crafting)?
- Sollten Sie eventuell über eine Neuausrichtung Ihrer Karriere nachdenken, um in Zukunft Ihr volles Potenzial besser zur Geltung zu bringen?

Darüber hinaus hat die Arbeit einen unmittelbaren, praktischen Nutzen: Nicht wenige Menschen geraten ins Schlingern, wenn sie – z. B. im Rahmen eines Interviews – gebeten werden, von ihren Stärken zu erzählen. Gerade in Deutschland sind wir wenig geübt darin, weil es unserer Kultur zuwiderläuft – das gilt für mich genauso wie für viele andere. Allerdings habe ich kaum Probleme damit, anderen mein Bestes Selbst im Spiegel herunterzubeten oder zu zeigen. Der Grund ist simpel: Es fühlt sich nicht wie Angeberei an. Die Worte stammen schließlich von anderen Menschen, nicht von mir selbst. Weitere Anregungen für die Arbeit mit dem Portrait finden Sie in einem Artikel in der Harvard Business Review (Roberts et al., 2005).

10.5 Schöner scheitern

Bei allem Streben nach Erfolg und Zufriedenheit im Leben – sei es als Individuum oder als Teil einer Organisation – sollte uns immer bewusst sein, dass Scheitern und auch Leiden notwendigerweise Teil der menschlichen Erfahrung sind. Wir machen Fehler, bisweilen versagen wir vollends. Wir sind schwach, uns selbst und anderen gegenüber. Wir altern und wir sterben – so will es die Natur. In diesem Sinne finde ich es angemessen, sich nahe am Ende dieses Buches mit einem Thema zu beschäftigen, das sich genau diesem Gegenstand widmet: dem Umgang mit unserem eigenen Leid. Es würde diesem Buch allerdings nicht gerecht, wenn es nicht einen positiven Blick auf dieses schwierige Thema werfen würde. Ich möchte gar nicht erst vorgeben, dass es ein Patentrezept für den Umgang mit unserem Leid gäbe. Die Forschung zeigt jedoch, dass es Haltungen und Praktiken gibt, die erwiesenermaßen hilfreich sind – in dem Sinne, dass sie a) unser Leid nicht noch verschlimmern, indem wir uns selbst weiter herunterziehen, und b) uns langfristig stärker machen können.

Die Rede ist vom Konzept des *Selbstmitgefühls* – quasi dem Spiegelbild des auf andere gerichteten Mitgefühls, das ich mit Jane Dutton in Kapitel 7 erörtert habe. Selbstmitgefühl ist, wie der Name andeutet, eine erlernbare Haltung in Bezug auf die eigene Person, die kognitive und emotionale Komponenten beinhaltet. Im Kern geht es um die folgenden drei Dimensionen (Neff, 2003):

- Achtsamkeit in Bezug auf eigenes Leid;
- Güte und Anteilnahme sich selbst gegenüber;
- Bewusstsein für die geteilte menschliche Erfahrung des Leidens.

Ich hatte die große Freude, ein ausführliches Gespräch mit Kristin Neff führen zu können, die die Forschung rund um das Thema Selbstmitgefühl vor rund 25 Jahren begründet hat. Von daher möchte ich die weitere Erläuterung des Konzeptes vollständig ihren Worten überlassen.[155]

Wichtig

Wir können gleichzeitig ein Meisterwerk und noch »in Arbeit« sein.[156]

Sich selbst ein guter Freund sein

Interview mit Prof. Kristin Neff, Ph.D.

Frau Professorin Neff, für die meisten Leser in Deutschland könnte Selbstmitgefühl ein recht neues Konzept sein. Können Sie es bitte in Ihren eigenen Worten erläutern?

Sicher. Der beste Weg, sich Selbstmitgefühl vorzustellen, besteht darin, sich selbst das gleiche Maß an Freundlichkeit, Fürsorge und Unterstützung zukommen zu lassen, das man auch einem guten Freund angedeihen lassen würde, wenn dieser eine schwere Zeit hätte. Wenn Sie sich genau anschauen, wie Menschen mit sich selbst umgehen, dann werden Sie feststellen, dass sie häufig viel *härter mit sich selbst* ins Gericht gehen als mit anderen Personen. Selbstmitgefühl bedeutet einfach, sich im gleichen Maß in den Kreis des Mitgefühls miteinzubeziehen.

Wie ist das Ganze in der Forschung definiert?

Gemäß der wissenschaftlichen Lesart beruht Selbstmitgefühl auf drei Säulen: Die erste ist vielen Menschen mittlerweile gut bekannt – es handelt sich um *Achtsamkeit*. Einfach ausgedrückt geht es darum, im Moment zu bleiben, ohne das, was gerade vor sich geht, über Gebühr zu be- bzw. verurteilen. In diesem Sinne bedeutet das bisweilen, achtsam in Bezug auf unseren Schmerz, auf unser Leid zu sein. Das ist jedoch in der Regel das Letzte, worauf Menschen bewusst achten möchten. Ein Ziel des Selbstmitgefühls ist es, einfach mit diesen Gefühlen »zu

155 Zum Selbstmitgefühl speziell in Führungsrollen finden Sie weitere Anregungen in Rose (2020b).
156 Der Satz wird der Schauspielerin Sophia Bush zugeschrieben. Im Original: »You are allowed to be both a masterpiece and a work in progress, simultaneously.«

sein«, nicht gleich alles reparieren zu wollen. Die zweite Säule ist eine Haltung der *Güte und Anteilnahme* gegenüber der eigenen Person – es geht darum, auf das eigene Leid mit einer freundlichen, unterstützenden und nicht-wertenden Haltung zu reagieren.

Bei der dritten Säule handelt es sich um die Kultivierung eines Gefühls der *Verbundenheit mit der Menschheit* an sich. Ziel ist die Erkenntnis, dass wir alle ein unvollkommenes Leben führen. Logisch betrachtet ist das eine Selbstverständlichkeit – aber emotional ist es oft anders: Wenn wir ein wichtiges Ziel nicht erreichen, dann denken wir fast automatisch: »Das sollte ausgerechnet mir eigentlich nicht passieren ...«. Dies führt dazu, dass wir uns einsam, abgesondert von anderen fühlen. Und das kann sehr hart sein. Wir sind dann nicht nur mit dem Fehlschlag selbst konfrontiert, sondern auch mit Gefühlen wie Scham und Selbstzweifel. Wenn wir uns jedoch vergegenwärtigen, dass all dies Teil der normalen Erfahrung des Menschseins ist – dann rückt das die Perspektive wieder zurecht.

Die Welt der Wirtschaft ist von Wettbewerb geprägt. Viele Unternehmen geben vor, eine Art von Perfektion zu verkaufen, obwohl allemal nicht alles optimal läuft. Wie passt Selbstmitgefühl in diesen Kontext?

Mitfühlend zu sein bedeutet auch, weise Entscheidungen zu treffen – beispielsweise zur Frage, was in einer gegebenen Situation hilfreich oder schädlich wäre. Hier ist es sinnvoll, zwischen einer *internen und einer externen Perspektive* zu unterscheiden. In bestimmten Situationen ist es möglicherweise keine gute Idee, diesen offensichtlichen Widerspruch gegenüber Vorgesetzten zu thematisieren. Gleichzeitig müssen wir aber auch nicht der Illusion verfallen, alles sei tatsächlich perfekt – wir alle wissen, dass es eine Illusion ist, nicht wahr?

Wenn wir einen Fehlschlag erleben, bedeutet dies nicht, dass wir wertlos sind. Wir sind dann schlicht und ergreifend menschlich. Die nächste Frage lautet, wie wir mit diesem Misserfolg umgehen. Eine gute Idee scheint mir zu sein, solchen Situationen mit einem, wie es die Kollegin Carol Dweck nennt, Growth Mindset[157] zu begegnen. In diesem Sinn ist es das Ziel, solche Situationen als Gelegenheit zum Lernen zu betrachten – anstatt ihnen zu erlauben, Selbstzweifel und Scham auszulösen. Am Ende des Tages können wir uns diese mitfühlende Stimme in uns als einen wohlmeinenden, konstruktiven Coach vorstellen. Ein guter Coach wird uns nicht sagen, dass alles gut sei, wenn es nicht der Fall ist. Sie wird klärende Fragen stellen und aufzeigen, was schlecht gelaufen ist – und sie wird uns ermutigen, ins Handeln zu kommen, uns zu verbessern, sodass wir das Ziel beim

157 Sinngemäß: Wachstumsorientierung. Siehe Dweck (2016).

nächsten Mal erreichen. Aber sie wird uns unter keinen Umständen auf einer sehr grundlegenden Ebene kritisieren, auf der es unumstößlich ist, dass wir alle miteinander wertvolle Menschen sind.

Was können Führungskräfte tun, um das Selbstmitgefühl ihrer Mitarbeiter zu stärken?

Es gibt eine große Reihe von Übungen zur Stärkung des Selbstmitgefühls (Neff & Germer, 2013). Aber im Kern geht es darum, zum Lernen aus Fehlern zu ermutigen und mit gutem Beispiel voranzugehen. Ziel muss es sein, einer Kultur den Boden zu bereiten, in der Unvollkommenheit erlaubt ist – solange klar ist, dass alle bestrebt sind, für das nächste Mal eine Verbesserung anzustreben. Dies ist übrigens auch ein Weg, um den Grit[158] der Mitarbeiter zu entwickeln: Nicht aufgeben, dranbleiben, die Extrameile gehen. Vielleicht hilft es, sich eine *Yin- und eine Yang-Seite* des Selbstmitgefühls vorzustellen. Der weiche Yin-Anteil steht für die interne Perspektive, die fürsorgliche, liebevolle Dimension. Der harte Yang-Anteil ist nach außen gerichtet und stellt Fragen wie: »Wie kann ich mich in dieser Situation schützen?«, oder: »Was muss ich jetzt tun, um voranzukommen?« Es ist offensichtlich, dass diese Dimension im Business eine wesentliche Rolle spielt. Andererseits gibt es in Organisationen eine natürliche Tendenz, sich zu sehr auf diese Seite zu fokussieren. Folglich ist es essenziell für Führungskräfte, auch die weiche Seite vorzuleben und das Einnehmen dieser Perspektive zu ermutigen.

Sehen Sie eine Verbindung zwischen Selbstmitgefühl und Psychologischer Sicherheit?

Ja, da gibt es eine Verknüpfung. Auch Psychologische Sicherheit hat eine externe Dimension: In bestimmten Organisationskulturen spüren Menschen, dass es okay ist, ihre eigenen Ideen einzubringen. Dass es auch okay ist, andere offen zu kritisieren – und auch kritisiert zu werden, was letztlich die Leistung des Teams verbessert. Aber es gibt auch eine interne Perspektive. Manche Personen kritisieren sich regelmäßig selbst auf eine sehr harsche Art und Weise, was es ihnen erschwert, ihre Ideen überhaupt erst in eine Gruppe einzubringen. An so einem Punkt kann Selbstmitgefühl sehr nützlich sein – und bitte bedenken Sie: Das Ganze ist eine erlernbare Fähigkeit. Es ist noch nicht einmal besonders schwierig. Eher ist es schwierig, uns immer wieder daran zu erinnern, Selbstmitgefühl auch tatsächlich zu praktizieren.

Bisweilen haben Menschen auch Angst, dass sie durch das Praktizieren von Selbstmitgefühl ihre »Toughness« verlieren, dass sie gewissermaßen

158 Siehe dazu das Interview mit Angela Duckworth.

verweichlichen. Aber unsere Forschung deutet exakt in die gegenteilige Richtung: Wir können sehen, dass Selbstmitgefühl uns mental stärker und resilienter macht (Neff, 2011).

Im Laufe der letzten Jahre haben sog. Fuck-up-Nights in Deutschland an Popularität gewonnen. Was denken Sie über dieses Konzept?

Ich halte das für ein großartiges Konzept – solange klar ist, dass das Ganze in einer warmen und humorvollen Atmosphäre stattfindet. Die Idee von Perfektion ist wirklich, wirklich schädlich. Wenn die Beteiligten es schaffen, einen für alle sicheren Ort zu kreieren, in dem die Menschen dazu ermutigt werden, Risiken einzugehen, dann kann dies überaus hilfreich sein.

Kristin Neff, Ph.D., ist Professorin am Educational Psychology Department der University of Austin, Texas. Zudem ist sie Mitgründerin des Center for Mindful Self-Compassion. Neff ist die weltweit wichtigste Forscherin zum Thema Selbstmitgefühl und gibt ihr Wissen seit vielen Jahren in Trainings weiter. Ihr Standardwerk Selbstmitgefühl: Wie wir uns mit unseren Schwächen versöhnen und uns selbst der beste Freund werden erschien 2012. Kontakt: self-compassion.org

10.6 Lässt sich eine gute Kultur am Aktienkurs ablesen?

Wie im ersten Kapitel angedeutet, ist das Leben als Personaler bisweilen ein hartes Brot. In der innerbetrieblichen Abteilungshierarchie steht man (gefühlt) recht weit unten – und faktisch zeigt sich, dass die Gehaltschecks bei vergleichbarer Berufserfahrung in anderen Funktionen regelmäßig ein wenig üppiger ausfallen. Personaler wird man meist aus Idealismus, nicht wegen der Karriereaussichten oder des Paychecks. Ebenso hatte ich eingangs geschildert, dass sich HRler regelmäßig dem Vorwurf ausgesetzt sehen, nicht strategisch genug zu agieren und/oder nicht sichtbar zum finanziellen Erfolg des Unternehmens beizutragen.

Es ist schwierig, den Beitrag, den einzelne Projekte, Methoden oder Abteilungen innerhalb eines Unternehmens auf den übergreifenden Unternehmenswert leisten, nachzuweisen. Zwar gibt es eine schier unzählige Menge an empirischen Studien, die positive Effekte von Maßnahmen auf vorgelagerte Aspekte des Unternehmenserfolges nahelegen (z. B. Engagement, Zufriedenheit, Performance von Individuen oder Teams), aber die Antwort auf die Frage, ob solche Investitionen langfristig ihre direkten Kosten sowie die Kosten des darin gebundenen Kapitals zweifelsfrei wieder einspielen und den Unternehmenswert nachhaltig steigern können, geht in der Regel in der hohen Komplexität aus (zum Teil zirkulären) Ursache-Wirkungs-Ketten des echten

Lebens verloren. Schützenhilfe bekommen Personaler ausgerechnet aus einer Ecke, von der man es wahrlich nicht vermuten würde.

Unternehmenskultur wirkt

Alex Edmans ist Professor für Finanzwissenschaften an der London Business School und ehemaliger Investmentbanker. Eine seiner Interessen gilt der Erforschung des Einflusses von immateriellen Vermögenswerten eines Unternehmens auf dessen Performance am Kapitalmarkt. Während darunter nach enger Definition vor allem Patente, Marken und ähnliche Assets verstanden werden, gehören nach einer weiten Definition auch Aspekte wie die Unternehmenskultur oder die Mitarbeiterzufriedenheit zu jenen unsichtbaren Unternehmenswerten. Genau an dieser Stelle setzt Edmans Interesse an. Für eine Forschungsarbeit bildete er ein hypothetisches Aktienportfolio, bestehend aus den 100 Best Companies to Work For© in den USA.[159] Um einen Platz auf dieser jährlich erhobenen Liste zu ergattern, müssen die Belegschaften der teilnehmenden Organisationen umfangreiche Fragenkataloge beantworten. Es wird unter anderem erhoben, ob der Arbeitgeber aus Sicht der Arbeitnehmer glaubwürdig agiert, sie unabhängig von Geschlecht, Herkunft etc. gleichbehandelt, faire Bezahlung und attraktive Entwicklungspfade bietet sowie eine Kultur des Stolzes und der Zugehörigkeit ermöglicht. Letztlich sind dies alles Faktoren, die in erster Linie auch aus guter Personalarbeit entspringen.

Edmans aktualisierte dieses Portfolio für die Jahre 1984 bis 2009 – sprich: Wenn Firmen aus der Liste herausfielen und andere hinzukamen, passte er sein Portfolio entsprechend an. Zusätzlich erstellte er alternative Indizes, um die Performance der besonders mitarbeiterzentrierten Unternehmen mit relevanten Mitbewerbern vergleichen zu können, die es nicht auf die Bestenliste geschafft hatten. Nachdem er relevante Störfaktoren in den Gleichungen neutralisiert hatte (z.B. die Größe der Unternehmen), fand er Folgendes: Die Gruppe der besonders mitarbeiterzentrierten Unternehmen schlägt den relevanten Wettbewerb am Kapitalmarkt Jahr für Jahr um bis zu 3,8 Prozentpunkte.[160] Das ist ein immenser Wert, vor allem, wenn man sich den aggregierten Vorteil über die Jahrzehnte vor Augen führt: Edmans (2016) kommt zu dem Ergebnis, dass die kumulierte Überperformance 89 bis 184 Prozent beträgt. Aus solchen Zahlen sind die Träume von CFOs und CEOs gemacht.[161]

---

159 Siehe greatplacetowork.com

160 Aus Sicht des amorphen Kollektivs von Finanzinvestoren ist das Ergebnis wohl überraschend. Wendet man die kalte Rationalität des Finanzmarktes an, dann ist eine hohe Mitarbeiterzufriedenheit gewissermaßen ein Zeichen für zu lasche und damit mangelhafte Unternehmensführung. Polemisch ausgedrückt: Wo die Leute noch lachen können, wurde noch nicht genug ausgequetscht.

161 Und auch jene aller anderen Mitarbeiter, wenn es eine entsprechende Erfolgsbeteiligung gibt.

Wichtig

Gute Personalarbeit steigert nachweislich den Unternehmenswert.

Zudem deuten die Forschungsergebnisse von Edmans darauf hin, dass es sich beim Zusammenhang von Unternehmenskultur und Kapitalmarkt-Performance um einen *kausalen Effekt* handelt. Es wäre prinzipiell denkbar, dass die finanziell erfolgreicheren Unternehmen es sich einfach leisten können, freundlicher zu ihren Mitarbeitern zu sein – dass also die Kausalität in die entgegensetzte Richtung weist. Die Daten sprechen allerdings eine andere Sprache: Einige Unternehmen in dem besonderen Portfolio waren über die gesamte Zeit an Bord, andere verschlechterten sich und fielen heraus, dafür wurden weitere neu (oder wieder) aufgenommen. Der entscheidende Punkt: Die überdurchschnittliche Performance am Kapitalmarkt setzt beim Gros der neu aufgenommenen Unternehmen etwa zwei bis vier Jahre nach der Aufnahme in die Bestenliste ein. Sprich: *Erst kommt die Investition auf der Kulturebene, dann die außergewöhnliche Performance.*

Ein Fazit dieser Forschung lautet: Es dauert seine Zeit, bis Maßnahmen auf der Kulturebene ihre (betriebswirtschaftliche) Wirkung entfaltet haben, bis sie zweifelsfrei sichtbar werden. Diese Arbeit sollte HR-Verantwortlichen Mut machen, mit erhobenem Haupt (und etwas breiterer Brust) durchs Unternehmen zu gehen. Erstklassige Personalarbeit wirkt! Wir müssen vielleicht etwas länger und genauer hinschauen im Vergleich zu kurzfristig orientierten Methoden wie Cost-Cutting – aber der Effekt ist da.

Warum können die entsprechenden Unternehmen ihre Konkurrenz hinter sich lassen, obwohl sie zunächst die zusätzlichen Investitionen in das Wohlergehen ihrer Mitarbeiter kompensieren müssen? Edmans listet u. a. die folgenden Punkte auf:

- Arbeitgebern mit einem exzellenten Ruf fällt es leichter, erstklassige Mitarbeiter an Bord zu holen und langfristig zu binden. So verringern sich die Kosten für Recruiting und Training.
- Über die Zeit entwickeln sie sich zu Sammelpunkten für außergewöhnliche Talente.
- Es dauert nachweislich, bis ein neuer Mitarbeiter einen signifikanten Beitrag zum Unternehmen leisten kann. Wer früh wieder geht, hat Kosten verursacht, nimmt Wissen mit, hat aber noch keinen echten Wertbeitrag erwirtschaftet.

Es gibt allerdings einen Wermutstropfen: In einer Folgeuntersuchung über 14 Nationen hinweg stellte Edmans mit internationalen Kollegen fest: Es lohnt sich, genauer hinzuschauen. In Ländern wie den USA und England standen die ausgeprägt mitarbeiterfreundlichen Unternehmen wirtschaftlich zweifelsfrei besser da. Für andere Länder, darunter Deutschland und Dänemark, ließ sich dieser Zusammenhang nicht eindeutig belegen (Edmans et al., 2015).

Die Forscher führen diese Abweichungen auf das unterschiedliche Maß an Arbeitsmarktregulierung zurück: In *wenig* regulierten Volkswirtschaften lohnt es sich explizit, in das Wohl der Mitarbeiter zu investieren, anderswo nicht so sehr (rein finanziell betrachtet). Denken Sie beispielsweise an Zustände in amerikanischen Unternehmen zurück, wie sie von Jeffrey Pfeffer in seinem Interview im ersten Kapitel geschildert werden. Vereinfacht ausgedrückt: Wenn der Gesetzgeber – wie in Deutschland – dafür sorgt, dass *alle* Unternehmen »hinreichend anständig« agieren müssen (Arbeitszeit- und Kündigungsschutzgesetz, gesetzlich verankerte betriebliche Mitbestimmung etc.), stellt es keinen Wettbewerbsvorteil dar, wenn sich einige Marktteilnehmer »besonders anständig« verhalten. Aber: Die ausnehmend mitarbeiterfreundlichen Firmen in Deutschland stehen gesamtwirtschaftlich betrachtet *trotz* des erhöhten Investments in ihr »wichtigstes Gut« auch nicht *schlechter* da. Anders ausgedrückt: Sie können im Wettbewerb gut bestehen, obwohl sie überdurchschnittlich viele Ressourcen in das Wohlergehen ihrer Mitarbeiter investieren. An dieser Stelle bin ich Idealist: Wenn Unternehmen in Deutschland gewissermaßen die Wahl haben, betriebswirtschaftlich ähnlich gute Ergebnisse zu erzielen, indem sie a) mehr oder b) weniger in ihre Belegschaften investieren, dann sehe ich eine ethische Verpflichtung, sich für die Win-Win-Variante zu entscheiden – auch, wenn das im Zweifel heißt, dass sich die Unternehmensleitung und die Führungskräfte mehr anstrengen müssen.

11 Ausklang

Wir haben 200 Jahre lang Menschen beigebracht, wie Maschinen zu arbeiten. Und nun wundern wir uns, dass Maschinen es besser können.
Chris Boos

Dieser Satz hat bei mir eingeschlagen wie Donnerhall, als ich ihn zum ersten Mal las.[162] Er fasst kurz und knackig das Problem zusammen, für dessen Lösung ich in diesem Buch einige Vorschläge gemacht habe. Die Worte von Chris Boos kommen nicht von ungefähr, der Mann ist vom Fach. Als Gründer der Firma Arago gehört er zu den Pionieren in Deutschland, wenn es um die Verbesserung und Beschleunigung von Unternehmensprozessen durch künstliche Intelligenz geht (Schmidt, 2015). Man könnte argumentieren, dass die Arbeitswelt insbesondere des 20. Jahrhunderts komplett an den Stärken der Gattung Mensch vorbeigestaltet wurde. Die Missachtung dessen, was Menschen wirklich, wirklich gut können, holt uns aktuell ein und wird in den folgenden Jahren noch zu beträchtlichen Umwälzungen führen. Mit einiger Wahrscheinlichkeit werden ganze Klassen von Jobs durch die voranschreitende Automatisierung verschwinden oder zumindest so stark transformiert, dass sie kaum wiederzuerkennen sein werden. Dies wird für viele Millionen Menschen zu Herausforderungen führen – und es erfordert weitsichtige Personalpolitik in den Unternehmen wie auch allgemein eine weise Politik, um die vorhersehbaren, negativen Folgen für den Einzelnen abzumildern.

Etwas anderes machen

Gleichzeitig wäre ich nicht ich – und dieses Buch nicht dieses Buch – wenn dieser Ausklang nicht von Optimismus geprägt wäre. Vor rund einem Jahrzehnt schickte mich Bertelsmann für eine Woche ans INSEAD, Frankreichs Top-Management-Schmiede in Fontainebleau bei Paris. Kevin Kaiser, mittlerweile Professor an der Wharton Business School in Philadelphia, stellte uns damals eine – so glaubten wir – spannende Rechenaufgabe. Sie lautete: Wenn ein Bauer mit einem Traktor in der gleichen Zeit die Arbeit von 100 Bauern ohne Traktor verrichten kann – was ist dann der Wert des Traktors? Die (bzw. eine) Antwort lautet: *99 Bauern, die etwas anderes machen können*. Genau das ist, vereinfacht gesagt, über die letzten 1.000 Jahre passiert: Im Mittelalter hat nur ein geringer Anteil der Bevölkerung *nicht* in der Landwirtschaft gearbeitet. Trotzdem waren viele Menschen regelmäßig vom Hungertod bedroht. Heutzutage verdient nur noch ein verschwindend geringer Prozentsatz der Bevölkerung seinen Lebensunterhalt auf Farmen, zumindest in hochtechnisierten Ländern. In den USA sind es derzeit

162 Vom österreichischen New-Work-Vordenker Franz Kühmayer hörte ich im Rahmen einer gemeinsamen Konferenz kürzlich den dazu passenden Satz: »Wenn die Maschinen bessere Maschinen werden, müssen wir Menschen bessere Menschen werden.«

ein Prozent; die Produktivität pro Arbeitskraft hat sich allein seit 1950 verzwölffacht.[163] Was ist aus den Abermillionen von Menschen geworden, die nicht mehr in der Landwirtschaft arbeiten? Sind sie arbeitslose Farmer geworden? Die Antwort lautet natürlich: Nein! Sie wurden mit der Zeit Handwerker oder Händler, später Fabrikarbeiter, Beamte, Psychologen, Spieledesigner und Fashion-Blogger. Kurz gesagt: Sie haben mit der Zeit *etwas anderes* gemacht.

Darin liegt meines Erachtens auch die große Chance der kommenden Digitalisierungswellen. Viele Menschen können und werden etwas anderes machen. Dieses Andere wird für viele Menschen nicht mehr die Form einer klassischen, linearen Karriere annehmen. Mehr und mehr Menschen werden einen Berufsweg beschreiten, der in der Forschung zumeist als *proteische Karriere* bezeichnet wird – ein relativ regelmäßiges Wechseln des Individuums von Festanstellungen in Richtung selbstständiger oder unternehmerischer Projekte, immer wieder unterbrochen durch Lernphasen oder selbst gewählte Auszeiten (Rose, 2017b). Dafür braucht es Mut, auf Ebene des Individuums wie auch der Gesellschaft als solcher.

Meine optimistische Prognose dahingehend lautet allerdings, dass es in erster Linie die *un-menschlichen* Aufgaben sind, die nach und nach ersetzt werden. Was übrigbleiben wird, sind die *ur-menschlichen* Aufgaben: Solche, die:

- wahre Kreativität erfordern und nicht bloß Imitation;
- echtes Verstehen benötigen und nicht bloß das Erkennen von Mustern;
- authentisches Mitgefühl verlangen, nicht bloß Beziehungsmanagement.

Quellen des Wachstums

Wir können sehen, dass das Wirtschaftswachstum in den großen Industrienationen in den letzten Jahrzehnten recht bescheiden ausfällt (Majumdar, 2017). Die Weltwirtschaft wächst, aber trotz steigender Prozessorleistung, künstlicher Intelligenz und dem zunehmenden Einsatz von Robotern sind die Wachstumsraten minimal im Vergleich zu den Fortschritten des ausgehenden 19. Jahrhunderts oder den ersten Jahrzehnten nach dem Zweiten Weltkrieg. Manche Menschen argumentieren, dass wir dieses Wachstum auch gar nicht benötigen, aber ich bin jung genug, um bei einer normalen Lebenserwartung eine Epoche zu erleben, in der die Wirtschaft mit allem Drum und Dran die Bedürfnisse von etwa zehn Milliarden Erdenbewohnern befriedigen muss. Das ist ohne signifikante Produktivitätsfortschritte nicht zu bewerkstelligen.

Mich fasziniert – auch wenn sie zahlreiche Kritiker hat und wohl niemals einwandfrei verifiziert werden kann – die *Theorie der langen Wellen* nach Nikolai Kondratjew. Der Volkswirtschaftler war der Ansicht, dass auf einer Ebene über den regelmäßig zu beobachtenden, wenige Jahre andauernden Zyklen von wirtschaftlichen Auf- und

163 Siehe en.wikipedia.org/wiki/Agricultural_productivity#U.S._Agriculture_productivity

Abschwüngen lange Wellen von 40 bis 60 Jahren liegen, die jeweils von einer kleinen Anzahl sogenannter Primärinnovationen getrieben werden, die wiederum eine Vielzahl von Sekundärinnovationen nach sich ziehen (Kondratieff, 1935). Schaut man sich die Zeit seit Beginn der Industrialisierung an, dann lassen sich nach Kondratjew bislang fünf abgrenzbare Wellen unterscheiden. Der erste Zyklus war geprägt durch den Aufstieg der Dampfmaschine, der zweite zur Mitte des 19. Jahrhunderts durch die Stahlindustrie und die Ausbreitung der Eisenbahn, der dritte um den Wechsel ins 20. Jahrhundert durch Fortschritte in der elektro-chemischen Industrie, der vierte durch die Petrochemie und das Automobil über den Verlauf des 20. Jahrhunderts – und der fünfte Zyklus durch Mikroprozessoren und die damit einhergehende Digitalisierung. Für die Anhänger der Theorie ist die große Frage, welche die Basisinnovationen des sechsten Zyklus sein werden, in dessen Aufschwungsphase wir gemäß der Wellentheorie ab etwa 2020 langsam, aber sicher hineinsteuern (sollten).

Es gibt dazu unterschiedliche Ansichten. So sind einige Forscher der Meinung, dass die Fortschritte im Bereich der künstlichen Intelligenz der entscheidende Treiber für den kommenden Aufschwung sein werden. Der Forscher Leo Nefiodow legt in seinem erstmals Mitte der 1990er-Jahre erschienenen Buch Der sechste Kondratieff dar, warum er alternativ der Ansicht ist, dass der entscheidende Wachstumstreiber der nächsten Jahrzehnte einerseits die Gesundheitsindustrie (inklusive Biotechnologie) sein wird – andererseits aber auch *die ganzheitliche, psychosoziale Gesundheit der Menschen selbst.* Wenn man Nefiodows Schriften näher studiert, dann wird deutlich, dass er das Thema Gesundheit aus einer salutogenetischen Perspektive betrachtet. Auch sein Gesundheitsbegriff ist nicht allein durch die Abwesenheit von Krankheit geprägt, sondern durch etwas Ganzheitlich-Seiendes. Es ist ein Begriff, der ähnlich wie in den Worten von Aristoteles und von Kim Cameron in der POS eine moralisch-ethische Dimension miteinschließt (Nefiodow, 1996).

Verkürzt ausgedrückt postuliert Nefiodow also, dass die entscheidende Innovation für den kommenden Aufschwung *die Reifung des Menschen selbst sein wird.*[164] Dieser Reifung muss entsprechender Raum gegeben werden. Paradoxerweise könnten die zunehmende Digitalisierung und Automatisierung von Arbeitsprozessen, vor denen sich aktuell so viele Menschen fürchten – genau jener Katalysator sein, der diesen neuen Raum erst ermöglicht, weil viele Menschen von einem Teil ihrer herkömmlichen Arbeit befreit werden. Allerdings müssen wir diesen Raum dann auch sinnstiftend nutzen und mit Leben füllen. Eine bessere, sinnvollere, menschlichere Form der Arbeit zu gestalten, wie sie in Ansätzen in diesem Buch beschrieben wurde, wird ein

164 Die langen Perioden der Stagnation vor der Zeit, in der die nächste Basisinnovation den Aufschwung nachhaltig beflügeln kann, wird gemäß der Theorie der langen Wellen immer von sozialen und politischen Unruhen begleitet. Möglichweise ist es das, was wir gerade in den USA und anderswo erleben.

entscheidender Treiber auf diesem noch zu beschreitenden Weg sein. Bessere, sinnvollere, menschlichere Führung und Personalarbeit sind die Schlüssel dazu.

Wichtig

Es steht zu vermuten, dass die entscheidenden Fortschritte in der Produktivität im 21. Jahrhundert zwar von technologischen Entwicklungen ermöglicht werden, aber letztlich auf einer Reifung des menschlichen Bewusstseins beruhen.

Herausfinden, was wir wirklich, wirklich gut können

Möglicherweise hat sich die Marktwirtschaft auch irgendwann überholt. Vielleicht werden wir einst in einer Arbeitswelt ankommen, so wie sie der Spiritus Rector der New-Work-Bewegung, Frithjof Bergmann, ursprünglich im Sinn hatte. Vieles, was heute unter dem New-Work-Label verkauft wird, wäre ihm vermutlich ein Graus.[165] Nachdem er den Niedergang der Automobilindustrie in Michigan mit ansehen musste, träumte er von einem grundlegend anderen Wirtschaftsmodell, das u.a. auf nachbarschaftlichen Strukturen und (Hightech-)Selbstversorgung beruht. Damit meint er nicht nur den Gemüsegarten, sondern hyperlokale und gleichzeitig hochtechnisierte Produktionsstätten, wie sie heute z.B. durch Verbesserungen im 3D-Druck möglich werden. Darüber hinaus sollen die Menschen prüfen, welche finanziellen Ausgaben überhaupt notwendig und sinnvoll sind. Arbeit zur Finanzierung von unnützem Konsum ist laut Bergmann abzulehnen. Stattdessen empfiehlt er, weniger zu arbeiten. Im Kern ging es ihm um Emanzipation. In der freiwerdenden Zeit sollen die Menschen herausfinden, *was sie wirklich, wirklich gut können.*[166] Ich weiß nicht, was Bergmann von der Positiven Psychologie hielt – aber in diesem Punkt herrscht nach meinem Dafürhalten ein hohes Maß an Einigkeit.

Ich vermag nicht zu sagen, ob sich die Welt nach klassisch-marktwirtschaftlichen Prinzipien weiterentwickeln wird oder ob es irgendwann zu einer Art Systemwechsel kommt, so wie ihn Bergmann beschreibt. Im Grunde ist es mir auch ein Stück weit egal, weil ich eher an die individuelle Verantwortung und Selbstbestimmung des Menschen glaube, nicht so sehr an ein wie auch immer geartetes System. Wenn ich eine Wette abgeben müsste, dann würde ich darauf setzen, dass die Marktwirtschaft fortbesteht – aber, so hoffe ich, in einer aufgeklärteren, vielleicht »erleuchteten« Variante, wie sie in Büchern wie Firms of Endearment (2014) beschrieben und von einigen Unternehmen bereits vorgelebt wird. Ich hoffe auf ein marktwirtschaftliches System, das dem psychologischen Einkommen der Arbeitenden mindestens so viel Bedeutung beimisst wie ihrem finanziellen Arbeitslohn. Und ich hoffe darauf, dass ein solches System einen zunehmend besseren Ausgleich findet zwischen den Interessen der Gesellschaft, der Umwelt – und den berechtigten Renditeerwartungen der Eigner.

165 Er ist allerdings 2021 verstorben und kann nicht mehr widersprechen.

166 Eine vortreffliche Beschreibung des ursprünglichen New-Work-Konzepts findet sich bei Väth (2016).

In ganz lichten Momenten träume ich im Übrigen von einer Welt, in der Performance-Management, Vergleichswerte und Normen, Normal- und Pareto-Verteilungen im Grunde genommen irrelevant sind, weil ein zunehmendes Bewusstsein um die Besonderheit und individuellen Stärken eines jeden Menschen dazu führt, dass solche Vergleiche nur noch begrenzt Sinn ergeben. *In solchen Momenten träume ich von einer Welt, in der wir im besten Sinne das ureigene Potenzial eines jeden Menschen erkennen, fördern und heben werden* – sodass wir alle unseren vortrefflichsten, den größten Nutzen stiftenden und sinnvollsten Beitrag zum gemeinsamen Gelingen des Lebens auf diesem Planeten beitragen können. Doch eine solche Welt kann nicht einfach angeknipst werden – und sie entsteht auch nicht von selbst. Wir brauchen gut ausgebaute Straßen und Brücken, um den Weg dorthin zu beschreiten – und ein paar helle und ausdauernde Lichter, die uns den Weg leuchten. Ich bin fest davon überzeugt, dass die Positive Psychologie eines, wenn auch lange nicht das einzige Licht sein kann, das uns einen solchen Weg leuchtet.

Dies ist kein Buch über die Zukunft der Arbeit – dies ist ein *Buch für das Hier und Jetzt.* Ich kann mir vorstellen, dass – ein paar Generationen in die Zukunft gedacht – eine Zeit kommen wird, in der die meisten Organisationen erkannt haben werden, dass hierarchisch geprägte Führung und klassische Methoden der Personalarbeit in seinen verschiedenen Facetten letztlich Notlösungen waren, durchaus sinnvolle Bestandteile eines Übergangsmodells, das oft seinen Zweck erfüllt hat, nicht jedoch das allen Menschen innewohnende Potenzial gänzlich zur Entfaltung bringen konnte. Bis es soweit ist, sollten wir gemeinsam daran arbeiten, Personalarbeit und Führung besser zu machen – noch sehr viel besser. Diese Welt braucht mehr positive Devianz. Sie braucht noch mehr von dem, was abnorm gut ist. Sind Sie dabei?

Hamm, im Frühjahr 2019 und im Winter 2023/24

Nico Rose

Anhang

Wenn ich über Positive Psychologie (in Organisationen) spreche, begegnen mir, gerade innerhalb des deutschen Kulturkreises, wiederkehrende Einwände. Es steht zu vermuten, dass Ihnen Ähnliches widerfahren wird, wenn Sie versuchen werden, die Erkenntnisse und Werkzeuge aus diesem Buch zum Einsatz zu bringen. Falls Ihnen diese Punkte begegnen: gut so! Einwände zeugen bekanntlich von Interesse. Im Folgenden finden Sie – kurz und knapp – mögliche Antworten zu jenen Punkten, die mir bei meinen Vorträgen und Workshops (bzw. den Vor- und Nachgesprächen dazu) am häufigsten begegnen.

Bei uns ist doch schon alles positiv.
Das ist möglich. Aber sehr unwahrscheinlich. Außerdem – wie heißt es so schön bei Voltaire? Das Gute ist der Feind des Besseren. Solche Einwände bringen mich dazu, entsprechende Gespräche recht schnell zu beenden. Entweder sitzt nicht der richtige Gesprächspartner vor mir – oder die Organisation hat noch viel größere Probleme, die meine Beratungskompetenz deutlich übersteigen.

Das funktioniert bei uns nicht. Das haben wir noch nie gemacht.
Auch bei dieser Art von Killer-Sätzen werde ich sehr skeptisch. Ich bin in den ersten 30 Jahren meines Lebens mit einem ordentlichen Helferkomplex durch die Gegend gerannt, seitdem ist es graduell besser geworden. In diesem Sinn versuche ich nicht mehr, Menschen oder Organisationen zu helfen, die derzeit keine Hilfe erhalten *wollen* – alles andere wäre auch übergriffig. Grundsätzlich würde ich mich im Rahmen eines Vorgesprächs wieder fragen, ob überhaupt die relevanten Stakeholder am Tisch sind.

Sollen hier jetzt alle immer mit einer rosaroten Brille herumlaufen?
Fragen nach diesem Muster erhalte ich regelmäßig von Menschen, die sich nur oberflächlich und/oder auf Basis mangelhafter Quellen mit der Positiven Psychologie beschäftigt haben. Je nach Zeitrahmen nutze ich das PERMA-Konzept oder das Modell der zwei Achsen des Wohlbefindens (Hedonia und Eudaimonia; für beide Konzepte siehe Kapitel 2), um zu erläutern, dass das Erleben von positiven Emotionen zwar ein wichtiger, aber doch nur ein Baustein unter vielen in der Positiven Psychologie ist. Zudem ist es wissenschaftlich betrachtet eher so, dass wir alle einen angeborenen Grauschleier vor den Augen haben, den wir immer wieder einmal abnehmen sollten.

Ich kann doch nicht die Schwächen meiner Mitarbeiter ignorieren.
Dies ist ein valider Einwand. Grundsätzlich ist es sinnvoll, zwischen normalen Schwächen zu unterscheiden und dem, was im Talentmanagement Derailer genannt wird. Hiermit werden Schwächen im Profil eines (potenziellen) Mitarbeiters bezeichnet, die

in Relation zum (zukünftigen) Anforderungsprofil so gravierend sind, dass zu erwarten steht, dass sie den Menschen aus der Bahn werfen und/oder der Organisation nachhaltigen Schaden zufügen werden (Hogan et al., 2010). Solche Schwächen dürfen nicht ignoriert werden. Wenn die Diagnostik versagt hat und eklatante Schwächen in der Rolle bereits zutage gefördert wurden, hilft als letzter Rettungsanker manchmal nur, die Person wieder aus der Rolle zu entfernen. Bei leichteren Fällen besteht der Ansatz der Positiven Psychologie allerdings immer darin, die Schwächen durch Betonung der Stärken (siehe Kapitel 5) und/oder eine bewusste Veränderung des Aufgabenprofils (siehe das Konzept des Job Crafting in Kapitel 8) obsolet zu machen.

Die Menschen sind nicht so gut, wie die Positive Psychologie sie zeichnet.
Auch dieser Einwand ist valide. Wir alle wissen aus eigener Erfahrung, dass wir nicht immer Höchstleistungen erbringen können. Ebenso wenig sind wir immer edel, hilfreich und gut. Ich bin allerdings fest davon überzeugt, dass uns Menschen in sozialen Situationen immer auch ein Stück weit widerspiegeln, was wir in sie hineinprojizieren. Das gilt umso mehr für Führungskräfte und ihre Mitarbeiter – und die Forschung zum Pygmalion-Effekt bestätigt diese Sichtweise (Eden, 1984). Die Menschen sind immer auch so, *wie wir sie sehen* – und wir können lernen, mit dem guten Auge hinzusehen.

Das ist doch alles ein alter Hut.
Auch dieser Einwand ist nicht gänzlich von der Hand zu weisen. Vieles, was innerhalb der Positiven Psychologie propagiert wird, wurde auch schon anderswo gedacht, zum Teil schon vor Tausenden von Jahren (siehe dazu Kapitel 2). Neu ist der ausgeprägte empirische Fokus, mit dem diese Gedanken untersucht – und dadurch ein Stück weit objektiviert werden. Zum anderen sind Wissen und Umsetzen bekanntlich zwei unterschiedliche Disziplinen. In der Theorie wissen wir alle, wie man abnimmt, mehr Sport macht, mit dem Rauchen aufhört, besser zuhört, respektvoller ist – ganz allgemein ein besserer Mensch wird. Und dann kommt das Leben dazwischen. Wir bleiben in unseren Gewohnheiten hängen, werden von unserer Umwelt in der (alten) Spur gehalten oder vergessen einfach, dass wir etwas anders machen wollten. In Organisationen potenziert sich all dies durch verschiedene Trägheitskräfte: die bestehende Kultur, Regeln und Normen, die kollektive Angst vor Neuem. Im Angesicht dieser Kräfte braucht es validierte Konzepte und Interventionen, um Organisationen genug positive Energie bereitzustellen, um die Menschen durch den notwendigen Wandel zu tragen. Die POS liefert solche Konzepte.

Wir müssen hier Umsatz machen. Wir haben keine Zeit für so etwas.
Bei diesem Einwand muss ich immer an die Metapher vom langsamen Baumfäller denken, der nie Zeit findet, seine Säge zu schärfen. Sie wurde durch das Buch Die 7 Wege zur Effektivität (2018) von Stephen Covey popularisiert. Nun ist es so, dass Menschen im Vertrieb typischerweise (auch) Zahlenmenschen sind. In diesem Sinne argumen-

tiere ich hier auf Basis der reichlich vorhandenen empirischen Studien, die nahelegen, dass die Positive Psychologie in der Lage ist, an vielen verschiedenen Stellen des Unternehmens positiv auf verschiedene Aspekte der Performance einzuwirken. Für einen Überblick siehe beispielsweise Harter und Kollegen (2003), Meyers und Kollegen (2013) oder Mills und Kollegen (2013).

Das ist doch alles nicht authentisch.
Nach meiner Erfahrung steckt dahinter ein Glaubenssatz, konkret: die Annahme, dass das Negative, vor allem unangenehme Emotionen wie Angst oder Trauer, ein höheres Gewicht und eine größere Bedeutung haben als Freude und Glücksgefühle. Evolutionsbiologisch trifft das zu, wie ich in Kapitel 2 erläutere. Letztlich beruht diese Einschätzung allerdings auf einem Missverständnis. Angenehme Emotionen sind tatsächlich kurzlebiger und flüchtiger als unangenehme, *aber deswegen nicht weniger real und ganz gewiss nicht weniger wichtig.* Angst, Wut und Trauer helfen uns beim Überleben. Freude, Stolz und Dankbarkeit tun dies ebenso.

Andererseits erlebe ich bisweilen Vorbehalte gegen psychologische Interventionen, vor allem wenn es darum geht, an den eigenen Emotionen zu arbeiten oder bewusst die Emotionen anderer zu beeinflussen. Das ist bemerkenswert, denn bezogen auf die Physis gibt es solche Abneigungen zumeist nicht. Wir mögen ins Fitnessstudio gehen oder nicht – doch kaum jemand findet es generell merkwürdig, wenn Menschen ihren Körper trainieren. Nicht jeder findet Bodybuilder attraktiv, aber das ist eine Frage der Dosis. Ich bin der festen Überzeugung, dass mehr Menschen lernen sollten, ihren Geist und ihre Gefühle ein Stück weit bewusst zu steuern (Bono et al., 2007), vor allem, wenn dies im Dienst anderer Menschen geschieht. Wir können uns nur sehr begrenzt aussuchen, welche Emotionen wir erleben. Sehr viel stärker jedoch können und sollten wir steuern, welche Emotionen wir anderen gegenüber zum Ausdruck bringen.

Dem Glück nachjagen? Das klingt doch sehr egoistisch.
Es ist korrekt, dass das Streben nach Glück egoistische Züge annehmen kann, vor allem wenn ein Mensch dies vornehmlich auf Kosten des Glücks anderer Personen tut. Allerdings geht ein solches Vorgehen langfristig ohnehin zu Lasten der Sinnwahrnehmung und der gelungenen Beziehungen im Leben – aus Sicht der Positiven Psychologie handelt es sich somit nicht um eine authentische Form des Glücks. Allgemein ist zu sagen, dass es sich beim Streben nach persönlichem Wachstum gemäß den PERMA-Kriterien um eine Form dessen handelt, was in der Philosophie Selbstsorge genannt wird (Wise et al., 2012). Gerade Mitarbeiter, deren Fokus auf der Unterstützung anderer Menschen liegt – und dazu zähle ich Führungskräfte und Personaler hier pauschal –, müssen verstärkt auf sich selbst achtgeben, um wirkungsvoll zu bleiben. Es hat einen Grund, warum bei der Sicherheitsunterweisung im Flugzeug immer betont wird, dass Erwachsene im Notfall zuerst die eigene Sauerstoffmaske anlegen sollten,

bevor sie anderen helfen. Wer sich nicht ausreichend um sich selbst kümmert, fällt als Unterstützung für andere schlichtweg aus – das gilt genauso für weniger kritische Arbeitskontexte. *Wir können anderen nichts einschenken, wenn unser eigenes Gefäß leer ist.*

Danksagung

Zunächst bedanke ich mich in tiefer Verbundenheit bei allen Interviewpartnern, die dieses Buch mit ihren Einsichten und Ansichten bereichert haben: Jessica Amortegui, Wayne Baker, Christian Busch, Angela Duckworth, Jane Dutton, Markus Ebner, Tobias Esch, Silke Göddertz, Adam Grant, Immanuel Hermreck, Kerstin Humberg, Thomas Jensen, Tatjana Kiel, Fabian Kienbaum, Frank Kübler, Christian Lindner, Maike Luhmann, Judith Mangelsdorf, Kristin Neff, Tijen Onaran, Corinna Peifer, Jeffrey Pfeffer, René Proyer, Bernd Reichart, Rüdiger Reinhardt, Alexi Robichaux, Esa Saarinen, York Scheunemann, Tatjana Schnell, Michael Steger, Götz Ulmer, Niels van Quaquebeke und Leon Windscheid.

Weiterhin zu großem Dank verpflichtet bin ich den folgenden Forschern: Roy Baumeister, Kim Cameron, Alex Edmans, Barbara Fredrickson, James Pawelski, Robert Quinn, Martin Seligman und Amy Wrzesniewski. Ich schätze mich glücklich, dass ich in unterschiedlichen Konstellationen persönlich von diesen Menschen lernen durfte.

Ein riesiges Dankeschön geht zudem an Wladimir Klitschko. Ich freue mich sehr, dass aus einer morgendlichen Zufallsbegegnung in einem Bostoner Hotel-Gym letztlich ein so vortreffliches Geleitwort für dieses Buch entstanden ist. Meinen besonderen Respekt für sein Engagement zur Verteidigung der Integrität seiner Heimat hatte ich bereits früher im Buch zum Ausdruck gebracht.

Ein besonderer Dank gilt meinem ehemaligen Vorgesetzten bei Bertelsmann, Hays Steilberg. Ohne seine außergewöhnliche Unterstützung wäre es mir nicht möglich gewesen, 2013/14 an der University of Pennsylvania zu studieren – und dann gäbe es dieses Buch auch nicht. Ebenso dankbar bin ich für das Vertrauen, dass er über die Jahre in mich gesetzt hat. Mehr als durch jeden anderen Menschen weiß ich dank ihm, dass gute Führung real – und daher möglich ist.

Zudem danke ich herzlich meinem ehemaligen Team bei Bertelsmann. Einerseits haben diese Menschen über die Jahre meine Sperenzchen und Experimente mit der Positiven Psychologie immer wohlwollend aufgenommen. Vor allem aber haben sie meine Stärken als Führungskraft genutzt, meine Schwächen weitgehend irrelevant gemacht, mir regelmäßig treffsicheres Feedback gegeben – und mich somit zu einer besseren Führungsperson (und: zu einem besseren Menschen) gemacht.

Ebenso bedanke ich mich bei Bernhard Landkammer vom Haufe-Verlag. Sein Enthusiasmus und seine positive Energie waren mir eine große Unterstützung bei der Planung und Umsetzung dieses Buchprojekts und seiner Neuauflage. Weiterhin gilt mein

Dank dem Lektor Helmut Haunreiter, der Arbeit besser machen durch seinen Beitrag zu einem deutlich besseren Buch gemacht hat.

Ein spezieller Dank – auch wenn er nicht direkt in diesem Buch vorkommt – geht an den Gitarristen Uli Jon Roth. Seine Musik wie auch seine im positiven Sinne kompromisslose Art und Weise, die eigene künstlerische Vision umzusetzen, haben mich über die letzten Jahre begleitet, inspiriert und darin bestärkt, meine eigene innere Diversität stärker nach außen zu tragen.

Ich kann am besten an Plätzen schreiben, die der Soziologe Ray Oldenburg als dritte Orte bezeichnet. In diesem Sinne bedanke ich mich beim Team der Moéna Espressobar im Allee-Center zu Hamm; ebenso bei Klaus Osiewacz und seinem Team vom Westend. Ohne ihren stetigen Zufluss an Koffein, Pfefferminztee und Waffeln hätten diese vielen Seiten nicht entstehen können. Ergänzend danke ich Katja Köckmann und Thorsten Thiele vom Café 9zehn, in deren Räumlichkeiten sich das Gros der Überarbeitungen für die zweite Auflage vollzog.

Mit Blick auf meine beiden wundervollen Kinder möchte ich mich aufrichtig bei unserem damaligen Au-pair-Mädchen Xue Han bedanken. Die erste Auflage konnte innerhalb weniger Wochen Gestalt annehmen, weil sie mir und meiner Frau immer wieder den Rücken freigehalten hat.

Auch meinen Eltern Herbert und Annegret Rose bin ich zu tiefem Dank verpflichtet. Von meinem Vater habe ich viel über die Buchstaben E und A in PERMA gelernt: über den Wert harter Arbeit und des Durchhaltens, auch wenn es mal steil bergauf geht. Von meiner Mutter habe ich eine Menge über das P und das R gelernt: über Fröhlichkeit und Geselligkeit – und wie man »einfach so« wildfremde Personen anquatscht, um sie um etwas zu bitten. Die Fähigkeit, 33 Menschen dazu zu bewegen, an diesem Buch mitzuwirken, habe ich auch ihr zu verdanken.

Zuletzt gilt ein liebevoller Dank meiner Frau Ina. Sie gibt mir immer wieder das größte Geschenk, was einem Menschen zuteilwerden kann: Bei ihr und mit ihr kann ich *sein – und werden – wer ich bin*. Ich weiß immer noch nicht, was sie macht, wie sie es macht, oder ob sie überhaupt irgendetwas macht. Doch seit ich sie kenne, ist mein Herz ruhig.

Literaturverzeichnis

Abramson, L. Y., Seligman, M. E. P., & Teasdale, J. (1978). Learned helplessness in humans: Critique and reformulation. Journal of Abnormal Psychology, 87(1), 49-74.

Achor, S., Reece, A. Rosen Kellerman, G., & Robichaux, A. (2018). 9 out of 10 people are willing to earn less money to do more meaningful work. Abgerufen am 15.10.2023 von https://www.hbr.org/2018/11/9-out-of-10-people-are-willing-to-earn-less-money-to-do-more-meaningful-work

Adams, D. (2017). The hitchhiker's guide to the galaxy omnibus: A trilogy in five parts. London, UK: Pan Macmillan.

A great lathe operator commands several times the wage of an average lathe operator, but a great writer of software code is worth 10,000 times the price of an average software writer. (o.D.). Abgerufen am 15.10.2023 von https://www.azquotes.com/quote/570067

Aguinis, H., & Bradley, K. J. (2015). The secret sauce for organizational success. Organizational Dynamics, 44, 161-168.

Aguinis, H., & O'Boyle Jr., E. (2014). Star performers in twenty-first century organizations. Personnel Psychology, 67(2), 313-350.

Aguinis, H., O'Boyle Jr., E., Gonzalez-Mulé, E., & Joo, H. (2016). Cumulative advantage: Conductors and insulators of heavy-tailed productivity distributions and productivity stars. Personnel Psychology, 69(1), 3-66.

Alan, S., Boneva, T., & Ertac, S. (2019). Ever failed, try again, succeed better: Results from a randomized educational intervention on grit. Quarterly Journal of Economics, 134(3), 1121-1162.

Allan, B. A., Batz-Barbarich, C., Sterling, H. M., & Tay, L. (2019). Outcomes of meaningful work: A meta-analysis. Journal of Management Studies, 56(3), 500-528.

Allison, S. T., & Goethals, G. R. (2016). Hero worship: The elevation of the human spirit. Journal for the Theory of Social Behaviour, 46(2), 187-210.

American Psychiatric Association (2013). Diagnostic and Statistical Manual of Mental Disorders (5. Ausg.). Washington, DC: American Psychiatric Association.

Andrade, M. C. (1996). Sexual selection for male sacrifice in the Australian redback spider. Science, 271(5245), 70-72.

Antonakis, J., Avolio, B. J., & Sivasubramaniam, N. (2003). Context and leadership: An examination of the nine-factor full-range leadership theory using the Multifactor Leadership Questionnaire. Leadership Quarterly, 14(3), 261-295.

Arbeitsstress steckt den Partner an. (2018). Abgerufen am 15.10.2023 von https://www.n-tv.de/wissen/Arbeitsstress-steckt-den-Partner-an-article20487547.html

Aristoteles (1991). Die Nikomachische Ethik (O. Gigon, Übers.). München: Deutscher Taschenbuch Verlag.

Arnold, K. A. (2017). Transformational leadership and employee psychological well-being: A review and directions for future research. Journal of Occupational Health Psychology, 22(3), 381-393.

Ashforth, B. E. (1989). The experience of powerlessness in organizations. Organizational Behavior and Human Decision Processes, 43(2), 207-242.

Avey, J. B., Reichard, R. J., Luthans, F., & Mhatre, K. H. (2011). Meta-analysis of the impact of positive psychological capital on employee attitudes, behaviors, and performance. Human Resource Development Quarterly, 22(2), 127-152.

Avolio, B. J., & Gardner, W. L. (2005). Authentic leadership development: Getting to the root of positive forms of leadership. Leadership Quarterly, 16(3), 315-338.

Avolio, B. J., Reichard, R. J., Hannah, S. T., Walumbwa, F. O., & Chan, A. (2009). A meta-analytic review of leadership impact research: Experimental and quasi-experimental studies. Leadership Quarterly, 20(5), 764-784.

Aydogmus, C., Camgoz, S. M., Ergeneli, A., & Ekmekci, O. T. (2018). Perceptions of transformational leadership and job satisfaction: The roles of personality traits and psychological empowerment. Journal of Management & Organization, 24(1), 81-107.

Backovic, L., & Fischer, E. (2018). »Chefs mangelt es an Selbstreflexion« (Interview mit M. Nink). Abgerufen am 22.4.2019 von https://www.handelsblatt.com/unternehmen/management/interview-mit-strategieberater-marco-nink-chefs-mangelt-es-an-selbstreflexion/21047528.html (nicht mehr abrufbar)

Bailey, C., & Madden, A. (2016). What makes work meaningful – or meaningless. Abgerufen am 15.10.2023 von http://sloanreview.mit.edu/article/what-makes-work-meaningful-or-meaningless

Baker, R. (2020). Personalization at work: How HR can use job crafting to drive performance, engagement and wellbeing. London: Kogan Page.

Baker, W. E. (2019). Emotional energy, relational energy, and organizational energy: Toward a multilevel model. Annual Review of Organizational Psychology and Organizational Behavior, 6, 373-395.

Baker, W. E., & Bulkley, N. (2014). Paying it forward vs. rewarding reputation: Mechanisms of generalized reciprocity. Organization Science, 25(5), 1493-1510.

Bakker, A. B., & Demerouti, E. (2007). The job demands-resources model: State of the art. Journal of Managerial Psychology, 22(3), 309-328.

Bakker, A. B., & Demerouti, E. (2008). Towards a model of work engagement. Career Development International, 13(3), 209-223.

Bandura, A. (1982). Self-efficacy mechanism in human agency. American Psychologist, 37(2), 122-147.

Banks, G. C., McCauley, K. D., Gardner, W. L., & Guler, C. E. (2016). A meta-analytic review of authentic and transformational leadership: A test for redundancy. Leadership Quarterly, 27(4), 634-652.

Barsade, S. G. (2002). The ripple effect: Emotional contagion and its influence on group behavior. Administrative Science Quarterly, 47(4), 644-675.

Barsade, S. G., & Knight, A. P. (2015). Group affect. Annual Review of Organizational Psychology and Organizational Behavior, 2(1), 21-46.

Barsade, S. G., & O'Neill, O. A. (2014). What's love got to do with it? A longitudinal study of the culture of companionate love and employee and client outcomes in a long-term care setting. Administrative Science Quarterly, 59(4), 551-598.

Bass, B. M. (1985). Leadership and performance beyond expectations. New York, NY: Free Press.

Bass, B. M. (1999). Two decades of research and development in transformational leadership. European Journal of Work and Organizational Psychology, 8(1), 9-32.

Bates-Krakoff, J., Parente, A., McGrath, R., Rashid, T., & Niemiec, R. (2022). Are character strength-based positive interventions effective for eliciting positive behavioral outcomes? A meta-analytic review. International Journal of Wellbeing, 12(3), 56-80.

Baumeister, R. F., Bratslavsky, E., Finkenauer, C., & Vohs, K. D. (2001). Bad is stronger than good. Review of General Psychology, 5(4), 323-370.

Baumeister, R. F., & Leary, M. R. (1995). The need to belong: desire for interpersonal attachments as a fundamental human motivation. Psychological Bulletin, 117(3), 497-529.

Baumeister, R. F., Tice, D. M., & Vohs, K. D. (2018). The strength model of self-regulation: Conclusions from the second decade of willpower research. Perspectives on Psychological Science, 13(2), 141-145.

Beck, A. T., Rush, A. J., Shaw, B. F., & Emery, G. (1979). Cognitive therapy of depression: A treatment manual. New York, NY: Guilford Press.

Becker, D., & Marecek, J. (2008). Dreaming the American dream: Individualism and positive psychology. Social and Personality Psychology Compass, 2(5), 1767-1780.

Bell, S. T., Villado, A. J., Lukasik, M. A., Belau, L., & Briggs, A. L. (2011). Getting specific about demographic diversity variable and team performance relationships: A meta-analysis. Journal of Management, 37(3), 709-743.

Belmi, P., & Pfeffer, J. (2018). The effect of economic consequences on social judgment and choice: Reward interdependence and the preference for sociability versus competence. Journal of Organizational Behavior, 39(8), 990-1007.

Berg, J. M., Wrzesniewski, A., & Dutton, J. E. (2010). Perceiving and responding to challenges in job crafting at different ranks: When proactivity requires adaptivity. Journal of Organizational Behavior, 31(2-3), 158-186.

Be yourself. Everyone else is already taken. (2014). Abgerufen am 15.10.2023 von https://quoteinvestigator.com/2014/01/20/be-yourself/

Biswas-Diener, R., & Dean B. (2007). Positive psychology coaching: Putting the science of happiness to work for your clients. New York, NY: Wiley.

Blacksmith, N., Willford, J. C., & Behrend, T. S. (2016). Technology in the employment interview: A meta-analysis and future research agenda. Personnel Assessment and Decisions, 2(1), 12-20.

Blyler, A. P., & Seligman, M. E. P. (im Druck). AI assistance for coaches and therapists. Journal of Positive Psychology, 1-13.

Boehm, J. K., & Kubzansky, L. D. (2012). The heart's content: the association between positive psychological well-being and cardiovascular health. Psychological Bulletin, 138(4), 655-691.

Boes, S. (2018). Arbeit ohne Sinn macht krank. Abgerufen am 15.10.2023 von https:// www.zeit.de/arbeit/2018-09/fehlzeiten-report-arbeit-zufriedenheit-gesundheit

Bonner, S. E., & Sprinkle, G. B. (2002). The effects of monetary incentives on effort and task performance: theories, evidence, and a framework for research. Accounting, Organizations and Society, 27(4-5), 303-345.

Bono, J. E., Foldes, H. J., Vinson, G., & Muros, J. P. (2007). Workplace emotions: The role of supervision and leadership. Journal of Applied Psychology, 92(5), 1357-1367.

Bright, D. S., Cameron, K. S., & Caza, A. (2006). The amplifying and buffering effects of virtuousness in downsized organizations. Journal of Business Ethics, 64(3), 249-269.

Brohm-Badry, M. (2016). Heiße Leistung – kalte Leistung: Warum wir Leistung neu denken sollten. Abgerufen am 15.10.2023 von https://scilogs.spektrum.de/positive-psychologie-und-motivation/heisse-leistung-kalte-leistung-warum-wir-leistung-neu-denken-sollten

Brown, N. J., & Rohrer, J. M. (2020). Easy as (happiness) pie? A critical evaluation of a popular model of the determinants of well-being. Journal of Happiness Studies, 21, 1285-1301.

Brun, J. P., & Dugas, N. (2008). An analysis of employee recognition: Perspectives on human resources practices. International Journal of Human Resource Management, 19(4), 716-730.

Buckingham, M., & Clifton, D. (2001). Now, discover your strengths. New York, NY: Free Press.

Bürgerliches Gesetzbuch § 618 Pflicht zu Schutzmaßnahmen. (o.D.). Abgerufen am 15.10.2023 von https://www.gesetze-im-internet.de/bgb/__618.html

Burns, J. M. (1978). Leadership. New York, NY: Harper & Row.

Burrell, L. (2018). Co-creating the employee experience: A conversation with Diane Gherson, IBM's Head of HR. Harvard Business Review, 96(2), 54-58.

Butler, J., & Kern, M. L. (2016). The PERMA-Profiler: A brief multidimensional measure of flourishing. International Journal of Wellbeing, 6, 1-48.

Byrne, R. (2006). The Secret. New York, NY: Atria Books.

Byron, K. (2005). A meta-analytic review of work-family conflict and its antecedents. Journal of Vocational Behavior, 67(2), 169-198.

Cable, D. M. (2018). Alive at work: The neuroscience of helping your people love what they do. Cambridge, MA: Harvard Business Review Press.

Cacioppo, J. T., & Cacioppo, S. (2018). The growing problem of loneliness. Lancet, 391(10119), 426.

Cacioppo, J. T., Hughes, M. E., Waite, L. J., Hawkley, L. C., & Thisted, R. A. (2006). Loneliness as a specific risk factor for depressive symptoms: cross-sectional and longitudinal analyses. Psychology and Aging, 21(1), 140-151.

Cameron, K. S. (2008). Positively deviant organizational performance and the role of leadership values. Journal of Values-Based Leadership, 1(1), 67-83.

Cameron, K. S., Bright, D., & Caza, A. (2004). Exploring the relationships between organizational virtuousness and performance. American Behavioral Scientist, 47(6), 766-790.

Cameron, K. S., & Caza, A. (2002). Organizational and leadership virtues and the role of forgiveness. Journal of Leadership & Organizational Studies, 9(1), 33-48.

Cameron, K. S., Dutton, J. E., & Quinn, R. E. (2003). Positive organizational scholarship: Foundations of a new discipline. San Francisco, CA: Berrett-Koehler.

Cameron, K., & McNaughtan, J. (2014). Positive organizational change. Journal of Applied Behavioral Science, 50(4), 445-462.

Cameron, K. S., Mora, C., Leutscher, T., & Calarco, M. (2011). Effects of positive practices on organizational effectiveness. Journal of Applied Behavioral Science, 47(3), 266-308.

Cameron, K. S., & Spreitzer, G. M. (2012). Introduction: What is positive about positive organizational scholarship? In K. S. Cameron, & G. M. Spreitzer (Hrsg.), Oxford Handbook of positive organizational scholarship (S. 1-14). New York, NY: Oxford University Press.

Capelli, P. (2015). Why we love to hate HR ... and what HR can do about it. Harvard Business Review, 93(7-8), 54-61.

Carr, A., Cullen, K., Keeney, C., Canning, C., Mooney, O., Chinseallaigh, E., & O'Dowd, A. (2021). Effectiveness of positive psychology interventions: a systematic review and meta-analysis. Journal of Positive Psychology, 16(6), 749-769.

Catalino, L. I., & Fredrickson, B. L. (2011). A Tuesday in the life of a flourisher: The role of positive emotional reactivity in optimal mental health. Emotion, 11(4), 938-950.

Chamorro-Premuzic, T. (2013). Why do so many incompetent men become leaders? Abgerufen am 15.10.2023 von https://hbr.org/2013/08/why-do-so-many-incompetent-men

Charan, R., Barton, D., & Carey, D. (2015). People before strategy. Harvard Business Review, 93(7-8), 62-71.

Chaudhry, A., Cao, X., & Vidyarthi, P. R. (2015). A meta-analytic review of servant leadership: Construct, correlates, and the process. Academy of Management Proceedings, 1, 17643.

Chiesa, A., & Serretti, A. (2009). Mindfulness-based stress reduction for stress management in healthy people: a review and meta-analysis. Journal of Alternative and Complementary Medicine, 15(5), 593-600.

Chiniara, M., & Bentein, K. (2016). Linking servant leadership to individual performance: Differentiating the mediating role of autonomy, competence and relatedness need satisfaction. Leadership Quarterly, 27(1), 124-141.

Christakis, N. A., & Fowler, J. H. (2013). Social contagion theory: examining dynamic social networks and human behavior. Statistics in Medicine, 32(4), 556-577.

Cicero, M. T. (1891). De officiis. Leipzig: Teubner.

Clark, T. R. (2020). The 4 stages of psychological safety: Defining the path to inclusion and innovation. San Francisco, CA: Berrett-Koehler.

Clements, E. (2015). »Every single thing I know, as of today«: Author Anne Lamott shares life wisdom in viral Facebook post. Abgerufen am 15.10.2023 von https://www.today.com/popculture/author-anne-lamott-shares-life-wisdom-viral-facebook-post-t13881

Cole, M. S., Bruch, H., & Vogel, B. (2012). Energy at work: A measurement validation and linkage to unit effectiveness. Journal of Organizational Behavior, 33(4), 445-467.

Colquitt, J. A., Scott, B. A., & LePine, J. A. (2007). Trust, trustworthiness, and trust propensity: A meta-analytic test of their unique relationships with risk taking and job performance. Journal of Applied Psychology, 92(4), 909-927.

Compton, A. (1981). On the psychoanalytic theory of instinctual drives: I: The beginnings of Freud's drive theory. Psychoanalytic Quarterly, 50(2), 190-218.

Conger, J. A., & Kanungo, R. N. (1987). Toward a behavioral theory of charismatic leadership in organizational settings. Academy of Management Review, 12(4), 637-647.

Cooperrider, D. L., & Whitney, D. (2001). A positive revolution in change: Appreciative inquiry. Public Administration and Public Policy, 87, 611-630.

Covaleski, M. A., & Dirsmith, M. W. (1986). The budgetary process of power and politics. Accounting, Organizations and Society, 11(3), 193-214.

Covey, S. M. R., & Merrill, R. R. (2006). The speed of trust: The one thing that changes everything. New York, NY: Simon and Schuster.

Covey, S. R. (2018). Die 7 Wege zur Effektivität (51. Aufl.). Offenbach: Gabal.

Crane, F. G., & Crane, E. C. (2007). Dispositional optimism and entrepreneurial success. Psychologist-Manager Journal, 10(1), 13-25.

Credé, M., Tynan, M. C., & Harms, P. D. (2017). Much ado about grit: A meta-analytic synthesis of the grit literature. Journal of Personality and Social Psychology, 113(3), 492-511.

Cross, R., Baker, W. & Parker, A. (2003). What creates energy in organizations? Sloan Management Review, 44(4), 51-57.

Csíkszentmihályi, M. (1975). Beyond boredom and anxiety. San Francisco, CA: Jossey-Bass.

Csíkszentmihályi, M. (1990). Flow: The psychology of optimal experience. New York, NY: Harper Perennial.

Csíkszentmihályi, M., & LeFevre, J. (1989). Optimal experience in work and leisure. Journal of Personality and Social Psychology, 56(5), 815-822.

Darwin C. (1859). On the origin of species by natural selection, or the preservation of favoured races in the struggle for life. London, UK: John Murray.

Dear stranger (2015). London, UK: Michael Joseph.

Deci, E. L. (1971). Effects of externally mediated rewards on intrinsic motivation. Journal of Personality and Social Psychology, 18(1), 105-115.

Deci, E. L. (1972). Intrinsic motivation, extrinsic reinforcement, and inequity. Journal of Personality and Social Psychology, 22(1), 113-120.

Deci, E. L., Koestner, R., & Ryan, R. M. (1999). A meta-analytic review of experiments examining the effects of extrinsic rewards on intrinsic motivation. Psychological Bulletin, 125(6), 627-668.

Deci, E. L., Olafsen, A. H., & Ryan, R. M. (2017). Self-determination theory in work organizations: The state of a science. Annual Review of Organizational Psychology and Organizational Behavior, 4, 19-43.

Deci, E. L., & Ryan, A. M. (1985). Intrinsic motivation and self-determination in human behavior. New York, NY: Plenum Press.

Decker H., & Obertreis, H. (2018). Neue Organspenderegel – würde die überhaupt helfen? Abgerufen am 15.10.2023 von https://www.faz.net/aktuell/wirtschaft/neue-organspenderegel-wuerde-die-ueberhaupt-helfen-15770998.html

Demerouti, E. (2014). Design your own job through job crafting. European Psychologist, 19(4), 237-247.

Deutsche Presse-Agentur (2023). Homeoffice: Umfrage: Angestellte gehen drei Tagen pro Woche zur Arbeit. Abgerufen am 7.10.2023 von https://www.zeit.de/news/2023-10/08/umfrage-angestellte-gehen-drei-tagen-pro-woche-zur-arbeit

Die Deutschen arbeiten und arbeiten und arbeiten. (2018). Abgerufen am 15.10.2023 von https://www.faz.net/aktuell/wirtschaft/rekordhoch-die-deutschen-arbeiten-und-arbeiten-und-arbeiten-15924113.html

Diener, E. (1984). Subjective well-being. Psychological Bulletin, 95(3), 542-575.

Diener, E., & Biswas-Diener, R. (2002). Will money increase subjective well-being? Social Indicators Research, 57(2), 119-169.

Diener, E., & Chan, M. Y. (2011). Happy people live longer: Subjective well-being contributes to health and longevity. Applied Psychology: Health and Well-Being, 3(1), 1-43.

Diener, E., Emmons, R. A., Larsen, R. J., & Griffin, S. (1985). The satisfaction with life scale. Journal of Personality Assessment, 49(1), 71-75.

Diener, E., Oishi, S., & Park, J. (2014). An incomplete list of eminent psychologists of the modern era. Archives of Scientific Psychology, 2(1), 20-31.

Diener, E., Oishi, S., & Tay, L. (2018). Advances in subjective well-being research. Nature Human Behaviour, 2(4), 253-260.

Diener, E., Thapa, S., & Tay, L. (2020). Positive emotions at work. Annual Review of Organizational Psychology and Organizational Behavior, 7, 451-477.

Diener, E., Sandvik, E., & Pavot, W. (2009). Happiness is the frequency, not the intensity, of positive versus negative affect. Assessing Well-Being, 39, 213-231.

Dirks, K. T., & Ferrin, D. L. (2002). Trust in leadership: Meta-analytic findings and implications for research and practice. Journal of Applied Psychology, 87(4), 611-628.

Dobmeier, J., & Fux, C, (2017). Depression. Abgerufen am 15.10.2023 von https://www.netdoktor. de/krankheiten/depression

Donaldson, S. I., Lee, J. Y., & Donaldson, S. I. (2019). Evaluating positive psychology interventions at work: A systematic review and meta-analysis. International Journal of Applied Positive Psychology, 4, 113-134.

Drucker, P. F. (1954). The practice of management. New York, NY: HarperCollins.

Drucker, P. F. (2001). The essential Drucker. New York, NY: HarperCollins.

Duan, W., Klibert, J., Schotanus-Dijkstra, M., Llorens, S., van den Heuvel, M., Mayer, C. H., ... & van Zyl, L. E. (2022). Positive psychological interventions: How, when and why they work: Beyond WEIRD contexts. Frontiers in Psychology, 13, 1021539.

Duckworth, A. L. (2016). Grit: The power of passion and perseverance. New York, NY: Scribner.

Duckworth, A. L., Eichstaedt, J. C., & Ungar, L. H. (2015). The mechanics of human achievement. Social and Personality Psychology Compass, 9(7), 359-369.

Duckworth, A. L., & Gross, J. J. (2014). Self-control and grit: Related but separable determinants of success. Current Directions in Psychological Science, 23(5), 319-325.

Duckworth, A. L., Peterson, C., Matthews, M. D., & Kelly, D. R. (2007). Grit: perseverance and passion for long-term goals. Journal of Personality and Social Psychology, 92(6), 1087-1101.

Duckworth, A. L., & Quinn, P. D. (2009). Development and validation of the Short Grit Scale (GRIT–S). Journal of Personality Assessment, 91(2), 166-174.

Duhigg, C. (2016). What Google learned from its quest to build the perfect team. Abgerufen am 15.10.2023 von https://www.nytimes.com/2016/02/28/magazine/what-google-learned-from-its-quest-to-build-the-perfect-team.html

Dutton, J. E. (2003). Energize your workplace: How to create and sustain high-quality connections at work. San Francisco, CA: Jossey-Bass.

Dutton, J. E., & Heaphy, E. (2003). The power of high quality connections. In K. Cameron, J. E. Dutton, & R. E. Quinn (Hrsg.), Positive organizational scholarship: Foundations for a new discipline (S. 263-278). San Francisco, CA: Berrett-Koehler.

Dutton, J. E., Workman, K. M., & Hardin, A. E. (2014). Compassion at work. Annual Review of Organizational Psychology and Organizational Behavior, 1(1), 277-304.

Dutton, J. E., Worline, M. C., Frost, P. J., & Lilius, J. (2006). Explaining compassion organizing. Administrative Science Quarterly, 51(1), 59-96.

Dweck, C. (2016). Selbstbild: wie unser Denken Erfolge oder Niederlagen bewirkt. München: Piper.

Eden, D. (1984). Self-fulfilling prophecy as a management tool: Harnessing Pygmalion. Academy of Management Review, 9(1), 64-73.

Eden, D. (1992). Leadership and expectations: Pygmalion effects and other self-fulfilling prophecies in organizations. Leadership Quarterly, 3(4), 271-305.

Edmans, A. (2011). Does the stock market fully value intangibles? Employee satisfaction and equity prices. Journal of Financial Economics, 101(3), 621-640.

Edmans, A. (2016). 28 years of stock market data shows a link between employee satisfaction and long-term value. Abgerufen am 15.10.2023 von https://hbr.org/2016/03/28-years-of-stock-market-data-shows-a-link-between-employee-satisfaction-and-long-term-value

Edmans, A., Li, L. & Zhang, C. (2015). Employee satisfaction, labor market flexibility, and stock returns around the world (Finance Working Paper No. 433/2014), Brüssel, BE: European Corporate Governance Institute.

Edmondson, A. (1999). Psychological safety and learning behavior in work teams. Administrative Science Quarterly, 44(2), 350-383.

Edmondson, A. C. (2002). The local and variegated nature of learning in organizations: A group-level perspective. Organization Science, 13(2), 128-146.

Edmondson, A. C., & Bransby, D. P. (2023). Psychological safety comes of age: Observed themes in an established literature. Annual Review of Organizational Psychology and Organizational Behavior, 10, 55-78.

Edmondson, A. C., & Lei, Z. (2014). Psychological safety: The history, renaissance, future of an interpersonal construct. Annual Review of Organizational Psychology and Organizational Behavior, 1(1), 23-43.

Edwards, J. R., & Cooper, C. L. (1988). The impacts of positive psychological states on physical health: A review and theoretical framework. Social Science & Medicine, 27(12), 1447-1459.

Ehleringer, J., & Forseth, I. (1980). Solar tracking by plants. Science, 210(4474), 1094-1098.

Elkington J. (1998). Cannibals with forks: The triple bottom line of 21st century business. Stony Creek, CT: New Society.

Emmons, R. A., & Crumpler, C. A. (2000). Gratitude as a human strength: Appraising the evidence. Journal of Social and Clinical Psychology, 19(1), 56-69.

Ensari, N., Riggio, R. E., Christian, J., & Carslaw, G. (2011). Who emerges as a leader? Meta-analyses of individual differences as predictors of leadership emergence. Personality and Individual Differences, 51(4), 532-536.

Erdil, O., & Ertosun, Ö. G. (2011). The relationship between social climate and loneliness in the workplace and effects on employee well-being. Procedia-Social and Behavioral Sciences, 24, 505-525.

Ernst, M., Niederer, D., Werner, A. M., Czaja, S. J., Mikton, C., Ong, A. D., ... & Beutel, M. E. (2022). Loneliness before and during the COVID-19 pandemic: A systematic review with meta-analysis. American Psychologist, 77(5), 660-677.

Ertosun, Ö. G., & Erdil, O. (2012). The effects of loneliness on employees' commitment and intention to leave. Procedia-Social and Behavioral Sciences, 41, 469-476.

Esch, T. (2017). Die Neurobiologie des Glücks: Wie die Positive Psychologie die Medizin verändert (3. Aufl.). Stuttgart: Thieme.

Eskreis-Winkler, L., Shulman, E. P., Beal, S. A., & Duckworth, A. L. (2014). The grit effect: predicting retention in the military, the workplace, school, and marriage. Frontiers in Personality Science and Individual Differences, 5(36), 1-12.

Eskreis-Winkler, L., Shulman, E. P., & Duckworth, A. L. (2014). Survivor mission: Do those who survive have a drive to thrive at work? Journal of Positive Psychology, 9(3), 209-218.

Fehr, R., Fulmer, A., Awtrey, E., & Miller, J. A. (2017). The grateful workplace: A multilevel model of gratitude in organizations. Academy of Management Review, 42(2), 361-381.

Feist, G. J. (1998). A meta-analysis of personality in scientific and artistic creativity. Personality and Social Psychology Review, 2(4), 290-309.

Feldman, P. J., Cohen, S., Lepore, S. J., Matthews, K. A., Kamarck, T. W., & Marsland, A. L. (1999). Negative emotions and acute physiological responses to stress. Annals of Behavioral Medicine, 21(3), 216-222.

Forrest, C. (2018). The 25 biggest tech companies in the world, by market cap. Abgerufen am 15.10.2023 von https://www.techrepublic.com/article/the-25-biggest-tech-companies-in-the-world-by-market-cap/

Foulk, T., Woolum, A., & Erez, A. (2016). Catching rudeness is like catching a cold: The contagion effects of low-intensity negative behaviors. Journal of Applied Psychology, 101(1), 50-67.

Fox, K. R. (1999). The influence of physical activity on mental well-being. Public Health Nutrition, 2(3a), 411-418.

Frankl, V. E. (1984). Man's Search for meaning. New York, NY: Washington Square Press.

Frankl, V. E. (2000). Recollections: An autobiography. Cambridge, MA: Perseus Pub.

Frazier, M. L., Fainshmidt, S., Klinger, R. L., Pezeshkan, A., & Vracheva, V. (2017). Psychological safety: A meta-analytic review and extension. Personnel Psychology, 70(1), 113-165.

Fredrickson, B. L. (1998). What good are positive emotions? Review of General Psychology, 2(3), 300-319.

Fredrickson, B. L. (2000). Why positive emotions matter in organizations: Lessons from the broaden-and-build model. Psychologist-Manager Journal, 4(2), 131-142.

Fredrickson, B. L. (2001). The role of positive emotions in positive psychology: The broaden-and-build theory of positive emotions. American Psychologist, 56(3), 218-226.

Fredrickson, B. L. (2009). Positivity: Top-notch research reveals the upward spiral that will change your life. New York, NY: Random House.

Fredrickson, B. L. (2013a). Positive emotions broaden and build. Advances in Experimental Social Psychology, 47, 1-53.

Fredrickson, B. L. (2013b). Updated thinking on positivity ratios. American Psychologist, 68(9), 814-822.

Fredrickson, B. L., & Branigan, C. (2005). Positive emotions broaden the scope of attention and thought-action repertoires. Cognition & Emotion, 19(3), 313-332.

Fredrickson, B. L., & Joiner, T. (2002). Positive emotions trigger upward spirals toward emotional well-being. Psychological Science, 13(2), 172-175.

Freitag, L. (2015). Manager halten sich für toller, als sie sind. Abgerufen am 15.10.2023 von https://www.wiwo.de/erfolg/management/selbstwahrnehmung-manager-halten-sich-fuer-toller-als-sie-sind/12703218.html

Friedman, M. (1970). The social responsibility of business is to increase its profits. New York Times Magazine (13.9.1970), 122-126.

Frijters, P., Haisken-DeNew, J. P., & Shields, M. A. (2004). Money does matter! Evidence from increasing real income and life satisfaction in East Germany following reunification. American Economic Review, 94(3), 730-740.

Fritz, T., & Rose, N. (2015). Den Kuchen größer machen: Kooperatives Recruiting für die Generation Y. OrganisationsEntwicklung, 2, 98-99.

Fromm, E. (1941). Escape from freedom. New York, NY: Holt, Rinehart, and Winston.

Fromm, E. (1976). To have or to be? London, UK: Jonathan Cape.

Frost, P. J. (2004). Handling toxic emotions: New challenges for leaders and their organization. Organizational Dynamics, 33(2), 111-127.

Fulmer, I. S., Gerhart, B., & Scott, K. S. (2003). Are the 100 best better? An empirical investigation of the relationship between being a »great place to work« and firm performance. Personnel Psychology, 56(4), 965-993.

Fussell, S. (2017). Why can't this soap dispenser identify dark skin? Abgerufen am 7.10.2023 von https://gizmodo.com/why-cant-this-soap-dispenser-identify-dark-skin-1797931773

Gable, S. L., Reis, H. T., Impett, E. A., & Asher, E. R. (2004). What do you do when things go right? The intrapersonal and interpersonal benefits of sharing positive events. Journal of Personality and Social Psychology, 87(2), 228-245.

Gagné, M., & Deci, E. L. (2005). Self-determination theory and work motivation. Journal of Organizational Behavior, 26(4), 331-362.

Ghielen, S. T. S., van Woerkom, M., & Christina Meyers, M. (2018). Promoting positive outcomes through strengths interventions: A literature review. Journal of Positive Psychology, 13(6), 573-585.

Gillet, N., Gagné, M., Sauvagère, S., & Fouquereau, E. (2013). The role of supervisor autonomy support, organizational support, and autonomous and controlled motivation in predicting employees' satisfaction and turnover intentions. European Journal of Work and Organizational Psychology, 22(4), 450-460.

Gollwitzer, P. M. (1999). Implementation intentions: strong effects of simple plans. American Psychologist, 54(7), 493-503.

Gollwitzer, P. M., & Sheeran, P. (2006). Implementation intentions and goal achievement: A meta-analysis of effects and processes. Advances in Experimental Social Psychology, 38, 69-119.

Goodman, F. R., Disabato, D. J., Kashdan, T. B., & Kaufman, S. B. (2018). Measuring well-being: A comparison of subjective well-being and PERMA. Journal of Positive Psychology, 13(4), 321-332.

Gooty, J., Connelly, S., Griffith, J., & Gupta, A. (2010). Leadership, affect and emotions: A state of the science review. Leadership Quarterly, 21(6), 979-1004.

Gottman, J., Swanson, C., & Swanson, K. (2002). A general systems theory of marriage: Nonlinear difference equation modeling of marital interaction. Personality and Social Psychology Review, 6(4), 326-340.

Grant, A. M. (2007). Relational job design and the motivation to make a prosocial difference. Academy of Management Review, 32(2), 393-417.

Grant, A. M. (2012). Leading with meaning: Beneficiary contact, prosocial impact, and the performance effects of transformational leadership. Academy of Management Journal, 55(2), 458-476.

Grant, A. M., Campbell, E. M., Chen, G., Cottone, K., Lapedis, D., & Lee, K. (2007). Impact and the art of motivation maintenance: The effects of contact with beneficiaries on persistence behavior. Organizational Behavior and Human Decision Processes, 103(1), 53-67.

Greenleaf, R. K. (1970). The servant as a leader. Indianapolis, IN: Greenleaf Center.

Greenleaf, R. K. (1977). Servant-leadership: A journey into the nature of legitimate power and greatness. Mahwah, NJ: Paulist Press.

Gruenert, S., & Whitaker, T. (2015). School culture rewired: how to define, assess, and transform it. Alexandria, VA: ASCD.

Gurk, C. (2018). In fast 70 Prozent der börsennotierten Unternehmen sitzt keine Frau im Vorstand. Abgerufen am 15.10.2023 von https://www.sueddeutsche.de/wirtschaft/diversitaet-in-unternehmen-in-fast-prozent-der-boersennotierten-unternehmen-sitzt-keine-frau-im-vorstand-1.4150532

Hackman, J. R., & Lawler, E. E. (1971). Employee reactions to job characteristics. Journal of Applied Psychology, 55(3), 259-286.

Hackman, J. R., & Oldham, G. R. (1975). Development of the job diagnostic survey. Journal of Applied Psychology, 60(2), 159-170.

Hackman, J. R., Oldham, G. R. Janson, R., & Purdy, K. (1975). A new strategy for job enrichment. California Management Review, 17(4), 57-71.

Hämäläinen, R. P., & Saarinen, E. (2008). Systems intelligence – the way forward? A note on Ackoff's »why few organizations adopt systems thinking«. Systems Research and Behavioral Science, 25(6), 821-825.

Halbesleben, J. R. B. (2010). A meta-analysis of work engagement: Relationships with burnout, demands, resources, and consequences. In A. B. Bakker, & M. P. Leiter (Hrsg.), Work engagement: A handbook of essential theory and research (S. 102-117). Hove, UK: Psychology Press.

Hanson, R. (2009). Buddha's brain: The practical neuroscience of happiness, love and wisdom. Oakland, CA: New Harbinger Press.

Harter, J. K., Schmidt, F. L., & Keyes, C. L. (2003). Well-being in the workplace and its relationship to business outcomes: A review of the Gallup studies. In C. L. Keyes & J. Haidt (Hrsg.), Flourishing: The positive person and the good life (S. 205-224). Washington, DC: American Psychological Association.

Harzer, C., & Ruch, W. (2012). When the job is a calling: The role of applying one's signature strengths at work. Journal of Positive Psychology, 7(5), 362-371.

Harzer, C., & Ruch, W. (2013). The application of signature character strengths and positive experiences at work. Journal of Happiness Studies, 14(3), 965-983.

Hater, J. J., & Bass, B. M. (1988). Superiors' evaluations and subordinates' perceptions of transformational and transactional leadership. Journal of Applied Psychology, 73(4), 695-702.

Hatfield, E., Cacioppo, J. T., & Rapson, R. L. (1993). Emotional contagion. Current Directions in Psychological Science, 2(3), 96-100.

Hawkley, L. C., & Cacioppo, J. T. (2010). Loneliness matters: A theoretical and empirical review of consequences and mechanisms. Annals of Behavioral Medicine, 40(2), 218-227.

Hazan, C., & Shaver, P. R. (1990). Love and work: An attachment-theoretical perspective. Journal of Personality and Social Psychology, 59(2), 270-280.

Heaphy, E. D., & Dutton, J. E. (2008). Positive social interactions and the human body at work: Linking organizations and physiology. Academy of Management Review, 33(1), 137-162.

Hendriks, T., Schotanus-Dijkstra, M., Hassankhan, A., De Jong, J., & Bohlmeijer, E. (2020). The efficacy of multi-component positive psychology interventions: A systematic review and meta-analysis of randomized controlled trials. Journal of Happiness Studies, 21, 357-390.

Hendriks, T., Schotanus-Dijkstra, M., Hassankhan, A., Graafsma, T. G. T., Bohlmeijer, E., & de Jong, J. (2018). The efficacy of positive psychological interventions from non-western countries: a systematic review and meta-analysis. International Journal of Wellbeing, 8(1), 71-98.

Hendriks, T., Warren, M. A., Schotanus-Dijkstra, M., Hassankhan, A., Graafsma, T., Bohlmeijer, E., & de Jong, J. (2019). How WEIRD are positive psychology interventions? A bibliometric analysis of randomized controlled trials on the science of well-being. Journal of Positive Psychology, 14(4), 489-501.

Hirak, R., Peng, A. C., Carmeli, A., & Schaubroeck, J. M. (2012). Linking leader inclusiveness to work unit performance: The importance of psychological safety and learning from failures. Leadership Quarterly, 23(1), 107-117.

Hoch, J. E., Bommer, W. H., Dulebohn, J. H., & Wu, D. (2018). Do ethical, authentic, and servant leadership explain variance above and beyond transformational leadership? A meta-analysis. Journal of Management, 44(2), 501-529.

Hockett, C. F. (1960). The origin of speech. Scientific American, 203(3), 88-96.

Høgheim, S., Monsen, N., Olsen, R. H., & Olson, O. (1989). The two worlds of management control. Financial Accountability & Management, 5(3), 163-178.

Hogan, J., Hogan, R., & Kaiser, R.B. (2010). Management derailment. In S. Zedeck (Hrsg.), APA handbook of industrial and organizational psychology, Vol. 3 (S. 555-575). Washington, DC: American Psychological Association.

Hope, J., & Fraser, R. (2003). Beyond budgeting: How managers can break free from the annual performance trap. Cambridge, MA: Harvard Business School Press.

Horwitz, S. K., & Horwitz, I. B. (2007). The effects of team diversity on team outcomes: A meta-analytic review of team demography. Journal of Management, 33(6), 987-1015.

Hu, J., & Hirsh, J. B. (2017). Accepting lower salaries for meaningful work. Frontiers in Psychology, 8, 1649.

Hunt, V., Yee, L., Prince, S., & Dixon-Fyle, S. (2018). Delivering through diversity. Abgerufen am 15.10.2023 von https://www.mckinsey.com/business-functions/organization/our-insights/delivering-through-diversity

Huta, V. (2015). The complementary roles of eudaimonia and hedonia and how they can be pursued in practice. In S. Joseph (Hrsg.), Positive psychology in practice: Promoting human flourishing in work, health, education, and everyday life (S. 216-246). Hoboken, NJ: Wiley.

Huta, V., & Ryan, R. M. (2010). Pursuing pleasure or virtue: The differential and overlapping well-being benefits of hedonic and eudaimonic motives. Journal of Happiness Studies, 11(6), 735-762.

Huta, V., & Waterman, A. S. (2014). Eudaimonia and its distinction from hedonia: Developing a classification and terminology for understanding conceptual and operational definitions. Journal of Happiness Studies, 15(6), 1425-1456.

Ilg, P. (2019). Psychische Belastungen: Zu viel Druck im Job macht schwer krank. Abgerufen am 15.10.2023 von https://www.heise.de/newsticker/meldung/Psychische-Belastungen-Zu-viel-Druck-im-Job-macht-schwer-krank-4277953.html

Isaacson, W. (2011). Steve Jobs: Die autorisierte Biografie des Apple-Gründers. Gütersloh: C. Bertelsmann.

Jacobs, L. (2018). »Wollt ihr weniger arbeiten und genauso viel verdienen?« Abgerufen am 15.10.2023 von https://www.zeit.de/zeit-spezial/2018/01/25-stunden-woche-lasse-rheingans-agentur-bielefeld

Jahoda, M. (1958). Current concepts of positive mental health. New York, NY: Basic Books.

James, A. (2014). Arschlöcher – eine Theorie. München: Riemann Verlag.

James, W. (1890). The Principles of Psychology. New York, NY: Henry Holt.

Jaremka, L. M., Fagundes, C. P., Glaser, R., Bennett, J. M., Malarkey, W. B., & Kiecolt-Glaser, J. K. (2013). Loneliness predicts pain, depression, and fatigue: understanding the role of immune dysregulation. Psychoneuroendocrinology, 38(8), 1310-1317.

Jayawickreme, E., & Blackie, L. E. (2014). Post-traumatic growth as positive personality change: Evidence, controversies and future directions. European Journal of Personality, 28(4), 312-331.

Jensen, M. C., & Meckling, W. H. (1976). Theory of the firm: Managerial behavior, agency costs and ownership structure. Journal of Financial Economics, 3(4), 305-360.

Jermias, J., & Gani, L., (2004). Integrating business strategy, organizational configurations and management accounting systems with business unit effectiveness: a fitness landscape approach. Management Accounting Research, 15(2), 179-200.

Johnson, S. (2010). Where good ideas come from. New York, NY: Penguin.

Jones, R. J., Woods, S. A., & Guillaume, Y. R. (2016). The effectiveness of workplace coaching: A meta-analysis of learning and performance outcomes from coaching. Journal of Occupational and Organizational Psychology, 89(2), 249-277.

Judge, T. A., & Ilies, R. (2004). Is positiveness in organizations always desirable? Academy of Management Perspectives, 18(4), 151-155.

Kahn, W. A. (1990). Psychological conditions of personal engagement and disengagement at work. Academy of Management Journal, 33(4), 692-724.

Kahneman, D., Diener, E., & Schwarz, N. (1999). Well-being: Foundations of hedonic psychology. New York, NY: Russell Sage.

Kahneman, D., Knetsch, J. L., & Thaler, R. H. (1991). Anomalies: The endowment effect, loss aversion, and status quo bias. Journal of Economic Perspectives, 5(1), 193-206.

Kanter, R. M. (1977). Men and women of the corporation. New York, NY: Basic Books.

Karwowski, M., & Lebuda, I. (2016). The big five, the huge two, and creative self-beliefs: A meta-analysis. Psychology of Aesthetics, Creativity, and the Arts, 10(2), 214-232.

Kashdan, T. B., & Biswas-Diener, R. (2014). The upside of your dark side. New York, NY: Hudson Street Press.

Kashdan, T. B., Biswas-Diener, R., & King, L. A. (2008). Reconsidering happiness: The costs of distinguishing between hedonics and eudaimonia. Journal of Positive Psychology, 3(4), 219-233.

Kauffman, S. A. (1993). The origins of order: Self organization and selection in evolution. Oxford, UK: Oxford University Press.

Keltner, D., & Haidt, J. (2003). Approaching awe, a moral, spiritual, and aesthetic emotion. Cognition and Emotion, 17(2), 297-314.

Kendall, P. C., Howard, B. L., & Hays, R. C. (1989). Self-referent speech and psychopathology: The balance of positive and negative thinking. Cognitive Therapy and Research, 13(6), 583-598.

Kenny, G. (2014). Your company's purpose is not its vision, mission, or values. Abgerufen am 15.10.2023 von https://hbr.org/2014/09/your-companys-purpose-is-not-its-vision-mission-or-values

Kerr, R., Garvin, J., Heaton, N., & Boyle, E. (2006). Emotional intelligence and leadership effectiveness. Leadership & Organization Development Journal, 27(4), 265-279.

Kestel, C. (2019). »Große Empathie« (Interview mit W. Jenewein). Abgerufen am 15.10.2023 von https://www.manager-magazin.de/harvard/fuehrung/wolfgang-jenewein-wie-manager-neuen-herausforderungen-begegnen-sollten-a-00000000-0002-0001-0000-000161308119

Keyes, C. (2002). The mental health continuum: From languishing to flourishing in life. Journal of Health and Behaviour Research, 43, 207-222.

Knight, W. (2017). Biased algorithms are everywhere, and no one seems to care. Abgerufen am 15.10.2023 von https://www.technologyreview.com/s/608248/biased-algorithms-are-everywhere-and-no-one-seems-to-care/

Koch, R. (2011). The 80/20 principle: The secret to achieving more with less. New York, NY: Crown Business.

Kondratieff, N. D. (1935). The long waves in economic life. Review of Economic Statistics 17(6), 105-115.

Kraaijenbrink, J., Spender, J. C., & Groen, A. J. (2010). The resource-based view: a review and assessment of its critiques. Journal of Management, 36(1), 349-372.

Kühl, S. (1994). Wenn die Affen den Zoo regieren: die Tücken der flachen Hierarchien. Frankfurt am Main: Campus.

Kühl, S. (2020). Brauchbare Illegalität: Vom Nutzen des Regelbruchs in Organisationen. Frankfurt am Main: Campus.

Kuhn, T. (1962) The structure of scientific revolutions. Chicago, IL: University of Chicago Press.

Kyriasoglou, C. (2018). »Mit flachen Hierarchien zerstörte ich fast mein Start-up« (Interview mit R. Hein). Abgerufen am 15.10.2023 von http://www.manager-magazin.de/digitales/it/new-work-flache-hierarchien-zerstoerten-fast-mein-start-up-a-1220996.html

Lam, L. W., & Lau, D. C. (2012). Feeling lonely at work: investigating the consequences of unsatisfactory workplace relationships. International Journal of Human Resource Management, 23(20), 4265-4282.

Langer, E. J. (1975). The illusion of control. Journal of Personality and Social Psychology, 32(2), 311-328.

Langer, E. J. (1989). Mindfulness. Reading, MA: Addison-Wesley.

Lao-Tse (2005). Tao Te King (Übersetzung von Z. W. Kopp). Darmstadt: Schirner.

Layard, R. (2005). Happiness: Lessons from a new science. London, UK: Penguin Books.

Lee, T. H., & Duckworth, A. L. (2018). Organizational grit. Harvard Business Review, 96(5), 98-105.

Lichtenthaler, P. W., & Fischbach, A. (2019). A meta-analysis on promotion-and prevention-focused job crafting. European Journal of Work and Organizational Psychology, 28(1), 30-50.

Lindström, B., & Eriksson, M. (2005). Salutogenesis. Journal of Epidemiology & Community Health, 59(6), 440-442.

Linley, P. A., Nielsen, K. M., Gillett, R., & Biswas-Diener, R. (2010). Using signature strengths in pursuit of goals: Effects on goal progress, need satisfaction, and well-being, and implications for coaching psychologists. International Coaching Psychology Review, 5(1), 6-15.

Lips-Wiersma, M., & Wright, S. (2012). Measuring the meaning of meaningful work: Development and validation of the comprehensive meaningful work scale (CMWS). Group & Organization Management, 37(5), 655-685.

Little, L. M., Gooty, J., & Williams, M. (2016). The role of leader emotion management in leader–member exchange and follower outcomes. Leadership Quarterly, 27(1), 85-97.

Loher, B. T., Noe, R. A., Moeller, N. L., & Fitzgerald, M. P. (1985). A meta-analysis of the relation of job characteristics to job satisfaction. Journal of Applied Psychology, 70(2), 280-289.

Lomas, T. (2015). Positive social psychology: A multilevel inquiry into sociocultural well-being initiatives. Psychology, Public Policy, and Law, 21(3), 338-347.

Lomas, T. (2016). The art of second wave positive psychology: Harnessing Zen aesthetics to explore the dialectics of flourishing. International Journal of Wellbeing, 6(2), 14-29.

Lomas, T., & Ivtzan, I. (2016). Second wave positive psychology: Exploring the positive–negative dialectics of wellbeing. Journal of Happiness Studies, 17, 1753-1768.

Lomas, T., Waters, L., Williams, P., Oades, L. G., & Kern, M. L. (2021). Third wave positive psychology: Broadening towards complexity. Journal of Positive Psychology, 16(5), 660-674.

LoudLearning (2017). Every student asks 3 ?'s about their teacher everyday. 1. Can I trust you? 2. Do you believe I can succeed? 3. Do you care about me? (Tweet). Abgerufen am 15.10.2023 von https://twitter.com/loudlearning/status/904171761113194496

Luhmann, M., Hofmann, W., Eid, M., & Lucas, R. E. (2012). Subjective well-being and adaptation to life events: a meta-analysis. Journal of Personality and Social Psychology, 102(3), 592-615.

Luhmann, N. (2011). Organisation und Entscheidung (3. Aufl.). Wiesbaden: VS Verlag für Sozialwissenschaften.

Lupşa, D., Vîrga, D., Maricuţoiu, L. P., & Rusu, A. (2020). Increasing psychological capital: A pre-registered meta-analysis of controlled interventions. Applied Psychology, 69(4), 1506-1556.

Luthans, F. (2002). Positive organizational behavior: Developing and managing psychological strengths. Academy of Management Perspectives, 16(1), 57-72.

Luthans, F., Avey, J. B., Avolio, B. J., Norman, S. M., & Combs, G. M. (2006). Psychological capital development: toward a micro-intervention. Journal of Organizational Behavior, 27(3), 387-393.

Luthans, F., Avey, J. B., Avolio, B. J., & Peterson, S. J. (2010). The development and resulting performance impact of positive psychological capital. Human Resource Development Quarterly, 21(1), 41-67.

Luthans, F., Luthans, K. W., & Luthans, B. C. (2004). Positive psychological capital: Beyond human and social capital. Business Horizons, 47, 45-50.

Luthans, F., & Youssef-Morgan, C. M. (2017). Psychological capital: An evidence-based positive approach. Annual Review of Organizational Psychology and Organizational Behavior, 4, 339-366.

Lynn, M. L. (2004). Ora Et Labora – The Practice of Prayerful Teaching. Christian Education Journal, 1(3), 43-62.

Lyubomirsky, S., King, L., & Diener, E. (2005). The benefits of frequent positive affect: Does happiness lead to success? Psychological Bulletin, 131(6), 803-855.

Ma, L. K., Tunney, R. J., & Ferguson, E. (2017). Does gratitude enhance prosociality? A meta-analytic review. Psychological Bulletin, 143(6), 601-635.

Mackenzie, C. S., Karaoylas, E. C., & Starzyk, K. B. (2018). Lifespan differences in a self-determination theory model of eudaimonia: A cross-sectional survey of younger, middle-aged, and older adults. Journal of Happiness Studies, 19(8), 2465-2487.

Mackey, J., & Sisodia, R. (2014). Conscious capitalism. Brighton, MA: Harvard Business Review Press.

Macnamara, B. N., & Burgoyne, A. P. (2023). Do growth mindset interventions impact students' academic achievement? A systematic review and meta-analysis with recommendations for best practices. Psychological Bulletin, 149(3-4), 133-173.

Maier, M., Stengel, K., & Marschall, J. (2010). Nachrichtenwerttheorie. Baden-Baden: Nomos.

Majumdar, R. (2017). Understanding the productivity paradox. Abgerufen am 15.10.2023 von https://www2.deloitte.com/insights/us/en/economy/behind-the-numbers/decoding-declining-stagnant-productivity-growth.html

Malouff, J. M., & Schutte, N. S. (2017). Can psychological interventions increase optimism? A meta-analysis. Journal of Positive Psychology, 12(6), 594-604.

Mangelsdorf, J., Eid, M., & Luhmann, M. (2018). Does growth require suffering? A systematic review and meta-analysis on genuine posttraumatic and postecstatic growth. Psychological Bulletin, 145(3), 302-338.

Martela, F., & Steger, M. F. (2016). The three meanings of meaning in life: Distinguishing coherence, purpose, and significance. Journal of Positive Psychology, 11(5), 531-545.

Martinko, M. J., & Gardner, W. L. (1982). Learned helplessness: An alternative explanation for performance deficits. Academy of Management Review, 7(2), 195-204.

Maslow, A. H. (1943). A theory of human motivation. Psychological Review, 50(4), 370-396.

Maslow, A. H. (1954). Personality and motivation. Harlow, UK: Longman.

Mayer, R. C., Davis, J. H., & Schoorman, F. D. (1995). An integrative model of organizational trust. Academy of Management Review, 20(3), 709-734.

Mayer, D. M., Kuenzi, M., Greenbaum, R., Bardes, M., & Salvador, R. B. (2009). How low does ethical leadership flow? Test of a trickle-down model. Organizational Behavior and Human Decision Processes, 108(1), 1-13.

Maynard, M. T., Gilson, L. L., & Mathieu, J. E. (2012). Empowerment—fad or fab? A multilevel review of the past two decades of research. Journal of Management, 38(4), 1231-1281.

McLean, L. D. (2005). Organizational culture's influence on creativity and innovation: A review of the literature and implications for human resource development. Advances in Developing Human Resources, 7(2), 226-246.

McNatt, D. B. (2000). Ancient Pygmalion joins contemporary management: A meta-analysis of the result. Journal of Applied Psychology, 85(2), 314-322.

McPherson, M., Smith-Lovin, L., & Cook, J. M. (2001). Birds of a feather: Homophily in social networks. Annual Review of Sociology, 27(1), 415-444.

Merton, R. K. (1948). The self-fulfilling prophecy. Antioch Review, 8, 193-210.

Meyers, M. C., van Woerkom, M., & Bakker, A. B. (2013). The added value of the positive: A literature review of positive psychology interventions in organizations. European Journal of Work and Organizational Psychology, 22(5), 618-632.

Mezulis, A. H., Abramson, L. Y., Hyde, J. S., & Hankin, B. L. (2004). Is there a universal positivity bias in attributions? A meta-analytic review of individual, developmental, and cultural differences in the self-serving attributional bias. Psychological Bulletin, 130(5), 711-747.

Michaelson, C. (2008). Work and the most terrible life. Journal of Business Ethics, 77(3), 335-345.

Millionen Arbeitnehmer fühlen sich gehetzt. (2018). Abgerufen am 15.10.2023 von https://www.zeit.de/arbeit/2018-11/dgb-index-arbeitnehmer-stress-druck-job

Mills, M. J., R. Fleck, C., & Kozikowski, A. (2013). Positive psychology at work: A conceptual review, state-of-practice assessment, and a look ahead. Journal of Positive Psychology, 8(2), 153-164.

Mischel, W. (2014). The marshmallow test: Mastering self-control. New York, NY: Little, Brown, and Company.

Missmanagement: Das kostet eine Kündigung. (2019). Abgerufen am 15.3.2019 von https://www.capital.de/karriere/wenn-gute-mitarbeiter-gehen-das-kostet-eine-kuendigung (nicht mehr abrufbar)

Murphy, H. (2018). Picture a leader. Is she a woman? Abgerufen am 15.10.2023 von https://www.nytimes.com/2018/03/16/health/women-leadership-workplace.html

Nakamura, J., & Csíkszentmihályi, M. (2002). The concept of flow. In C. R. Snyder, & S. J. Lopez (Hrsg.), Handbook of positive psychology (S. 89-105). New York, NY: Oxford University Press.

Naveed, N., Gottron, T., Kunegis, J., & Alhadi, A. C. (2011). Bad news travels fast: A content-based analysis of interestingness on Twitter. Proceedings of the 3rd International Web Science Conference, 1-7.

Neff, K. D. (2003). Self-compassion: An alternative conceptualization of a healthy attitude toward oneself. Self and Identity, 2(2), 85-101.

Neff, K. D. (2011). Self-compassion, self-esteem, and well-being. Social and Personality Psychology Compass, 5(1), 1-12.

Neff, K. D., & Germer, C. K. (2013). A pilot study and randomized controlled trial of the mindful self-compassion program. Journal of Clinical Psychology, 69(1), 28-44.

Nefiodow, L. A. (1996). Der sechste Kondratieff: Wege zur Produktivität und Vollbeschäftigung im Zeitalter der Information. Sankt Augustin: Rhein-Sieg Verlag.

Newman, A., Donohue, R., & Eva, N. (2017). Psychological safety: A systematic review of the literature. Human Resource Management Review, 27(3), 521-535.

Niemiec, R. M., & Wedding, D. (2014). Positive psychology at the movies: Using films to build character strengths and well-being (2. Ausg.). Cambridge, MA: Hogrefe.

Nowak, M. A. (2006). Five rules for the evolution of cooperation. Science, 314(5805), 1560-1563.

Nummenmaa, L., Hirvonen, J., Parkkola, R., & Hietanen, J. K. (2008). Is emotional contagion special? An fMRI study on neural systems for affective and cognitive empathy. Neuroimage, 43(3), 571-580.

O'Boyle Jr., E., & Aguinis, H. (2012). The best and the rest: Revisiting the norm of normality of individual performance. Personnel Psychology, 65(1), 79-119.

Oenning, L. (2017). Du ist das neue Sie. Abgerufen am 15.10.2023 von https://www.wiwo.de/unternehmenskultur-im-wandel-du-ist-das-neue-sie/19207170.html

Oettingen, G. (2014). Rethinking positive thinking: Inside the new science of motivation. New York, NY: Penguin Random House.

Oettingen, G., Pak, H. J., & Schnetter, K. (2001). Self-regulation of goal-setting: turning free fantasies about the future into binding goals. Journal of Personality and Social Psychology, 80(5), 736-753.

Oettingen, G., & Cachia, J. Y. (2016). The problems with positive thinking and how to overcome them. In K. D. Vohs, & R. F. Baumeister (Hrsg.), Handbook of self-regulation: research, theory, and applications (S. 547-570). New York, NY: Guilford.

Onkelbach, C. (2018). Enttäuscht und abgehängt – Arme und Arbeitslose wählen nicht. Abgerufen am 15.10.2023 von https://www.waz.de/politik/politik-uebersieht-die-abgehaengten-id213690425.html

Oprea, B. T., Barzin, L., Vîrgă, D., Iliescu, D., & Rusu, A. (2019). Effectiveness of job crafting interventions: A meta-analysis and utility analysis. European Journal of Work and Organizational Psychology, 28(6), 723-741.

Ovid (1986). Metamorphosen: Epos in 15 Büchern. Stuttgart, Reclam.

Owens, B. P., Baker, W. E., Sumpter, D. M., & Cameron, K. S. (2016). Relational energy at work: Implications for job engagement and job performance. Journal of Applied Psychology, 101(1), 35-49.

Owens, B. P., & Hekman, D. R. (2012). Modeling how to grow: An inductive examination of humble leader behaviors, contingencies, and outcomes. Academy of Management Journal, 55(4), 787-818.

Owens, B. P., & Hekman, D. R. (2016). How does leader humility influence team performance? Exploring the mechanisms of contagion and collective promotion focus. Academy of Management Journal, 59(3), 1088-1111.

Owens, B. P., Johnson, M. D., & Mitchell, T. R. (2013). Expressed humility in organizations: Implications for performance, teams, and leadership. Organization Science, 24(5), 1517-1538.

Pawelski, J. O. (2016a). Defining the »positive« in positive psychology: Part I. A descriptive analysis. Journal of Positive Psychology, 11(4), 339-356.

Pawelski, J. O. (2016b). Defining the »positive« in positive psychology: Part II. A normative analysis. Journal of Positive Psychology, 11(4), 357-365.

Peale, N. (2012). The power of positive thinking. New York, NY: Random House.

Pearson, C. M., & Porath, C. L. (2005). On the nature, consequences and remedies of workplace incivility: No time for »nice«? Think again. Academy of Management Perspectives, 19(1), 7-18.

Peifer, C., & Wolters, G. (2017). Bei der Arbeit im Fluss sein. Konsequenzen und Voraussetzungen von Flow-Erleben am Arbeitsplatz. Wirtschaftspsychologie 19(3), 6-22.

Peseschkian, N. (1977). Positive Psychotherapie. Frankfurt a. M.: S. Fischer.

Peterson, C. (2000). The future of optimism. American Psychologist, 55(1), 44-55.

Peterson, C., Ruch, W., Beermann, U., Park, N., & Seligman, M. E. P. (2007). Strengths of character, orientations to happiness, and life satisfaction. Journal of Positive Psychology, 2(3), 149-156.

Peterson, C., & Seligman, M. E. P. (2004). Character strengths and virtues: A handbook and classification. New York, NY: Oxford University Press.

Petrou, P., Demerouti, E., Peeters, M. C., Schaufeli, W. B., & Hetland, J. (2012). Crafting a job on a daily basis: Contextual correlates and the link to work engagement. Journal of Organizational Behavior, 33(8), 1120-1141.

Pfeffer, J. (2013). You're still the same: Why theories of power hold over time and across contexts. Academy of Management Perspectives, 27(4), 269-280.

Pierce, J. R., & Aguinis, H. (2013). The too-much-of-a-good-thing effect in management. Journal of Management, 39(2), 313-338.

Pink, D. (2009) Drive: The surprising truth about what motivates us. New York, NY: Riverhead Books.

Pluchino, A., Biondo, A., & Rapisarda, A. (2018). Talent vs. Luck: The role of randomness in success and failure. Advances in Complex Systems, 21(03n04).

Pogue, D. (2018). A compendium of ai-composed pop songs. Abgerufen am 15.10.2023 von https://www.scientificamerican.com/article/a-compendium-of-ai-composed-pop-songs/

Pohling, R., & Diessner, R. (2016). Moral elevation and moral beauty: A review of the empirical literature. Review of General Psychology, 20(4), 412-425.

Porath, C. (2016). Mastering civility: A manifesto for the workplace. New York, NY: Grand Central Publishing.

Porath, C. L., & Erez, A. (2007). Does rudeness really matter? The effects of rudeness on task performance and helpfulness. Academy of Management Journal, 50(5), 1181-1197.

Porath, C. L., & Pearson, C. M. (2010). The cost of bad behavior. Organizational Dynamics, 39, 64-71.

Porter, M. E., & Kramer, M. R. (2011). Creating shared value. Harvard Business Review, 89(1/2), 62-77.

Post, S. G. (2005). Altruism, happiness, and health: It's good to be good. International Journal of Behavioral Medicine, 12(2), 66-77.

Pressman, S. D., Kraft, T. L., & Cross, M. P. (2015). It's good to do good and receive good: The impact of a »pay it forward« style kindness intervention on giver and receiver well-being. Journal of Positive Psychology, 10(4), 293-302.

Proudfoot, J. G., Corr, P. J., Guest, D. E., & Dunn, G. (2009). Cognitive-behavioural training to change attributional style improves employee well-being, job satisfaction, productivity, and turnover. Personality and Individual Differences, 46, 147-153.

Proyer, R. T., & Jehle, N. (2013). The basic components of adult playfulness and their relation with personality: The hierarchical factor structure of seventeen instruments. Personality and Individual Differences, 55(7), 811-816.

Quackenbush, C. (2018). A painting made by artificial intelligence has been sold at auction for $432,500. Abgerufen am 15.10.2023 von http://time.com/5435683/artificial-intelligence-painting-christies/

Quinn, B. (2018). The »nudge unit«: the experts that became a prime UK export. Abgerufen am 15.10.2023 von https://www.theguardian.com/politics/2018/nov/10/nudge-unit-pushed-way-private-sector-behavioural-insights-team

Quinn, R. E. (1996). Deep change. San Francisco, CA: Jossey-Bass.

Quinn, R. E. (2017). The leadership value chain (PowerPoint slide), Ross School of Business.

Quinn, R. E., & Rohrbaugh, J. (1983). A spatial model of effectiveness criteria: Towards a competing values approach to organizational analysis. Management Science, 29(3), 363-377.

Quinn, R. E., & Wellman, N. (2012). Seeing an acting differently: Positive change in organizations. In K. S. Cameron, & G. M. Spreitzer (Hrsg.), Oxford Handbook of positive organizational scholarship (S. 751-762). New York, NY: Oxford University Press.

Quinn, R. W., & Dutton, J. E. (2005). Coordination as energy-in-conversation. Academy of Management Review, 30(1), 36-57.

Quinn, R. W., & Quinn, R. E. (2009). Lift: Becoming a positive force in any situation. San Francisco, CA: Berrett-Koehler.

Quinn, R. W., Spreitzer, G. M., & Lam, C. F. (2012). Building a sustainable model of human energy in organizations: Exploring the critical role of resources. Academy of Management Annals, 6(1), 337-396.

Quoidbach, J., Mikolajczak, M., & Gross, J. J. (2015). Positive interventions: An emotion regulation perspective. Psychological Bulletin, 141(3), 655-693.

Rahim, M. A. (2015). Managing conflict in organizations (4. Ausg.). New Brunswick, NJ: Transaction Publishers.

Rappaport, A. (1986). Creating shareholder value: The new standard for business performance. New York, NY: Free Press.

Rashid, T. (2015). Positive psychotherapy: A strength-based approach. Journal of Positive Psychology, 10(1), 25-40.

Rasmussen, H. N., Scheier, M. F., & Greenhouse, J. B. (2009). Optimism and physical health: A meta-analytic review. Annals of Behavioral Medicine, 37(3), 239-256.

Reason, J. (2000). Human error: models and management. British Medical Journal, 320(7237), 768-770.

Reivich, K. J., Seligman, M. E. P., & McBride, S. (2011). Master resilience training in the US Army. American Psychologist, 66(1), 25-34.

Renn, R. W., & Vandenberg, R. J. (1995). The critical psychological states: An underrepresented component in job characteristics model research. Journal of Management, 21(2), 279-303.

Reyna, C., Vazquez III, M. A., Vazquez, K. J., & Harris, K. (2023). Moving Beyond a WEIRD Psychology: A Multicultural Perspective on the Evolution of Ideology. Psychological Inquiry, 34(1), 27-34.

Reynolds, D. (2007). Restraining Golem and harnessing Pygmalion in the classroom: A laboratory study of managerial expectations and task design. Academy of Management Learning & Education, 6(4), 475-483.

Rigoni, B. & Nelson, B. (2016). The no-managers organizational approach doesn't work. Abgerufen am 15.10.2023 von https://www.gallup.com/workplace/236501/no-managers-organizational-approach-doesn-work.aspx

Roberts, L. M., Dutton, J. E., Spreitzer, G. M., Heaphy, E. D., & Quinn, R. E. (2005). Composing the reflected best-self portrait: Building pathways for becoming extraordinary in work organizations. Academy of Management Review, 30(4), 712-736.

Roberts, L. M., Spreitzer, G., Dutton, J. E., Quinn, R. E., Heaphy, E., & Barker, B. (2005). How to play to your strengths. Harvard Business Review, 83(1), 74-80.

Rock, D., Jones, B., & Weller, C. (2018). Using neuroscience to make feedback work and feel better. Abgerufen am 7.10.2023 von https://www.strategy-business.com/article/Using-Neuroscience-to-Make-Feedback-Work-and-Feel-Better

Roepke, A. M. (2013). Gains without pains? Growth after positive events. Journal of Positive Psychology, 8(4), 280-291.

Rogers, C. R. (1951). Client-centered therapy: Its current practice, implications, and theory. Boston, MA: Houghton Mifflin.

Rogers, K. (2018). Do your employees feel respected? Harvard Business Review, 96(4), 63-70.

Rogers, K. M., & Ashforth, B. E. (2017). Respect in organizations: Feeling valued as »we« and »me«. Journal of Management, 43(5), 1578-1608.

Rohrer, J. M., Tierney, W., Uhlmann, E. L., DeBruine, L. M., Heyman, T., Jones, B., ... & Yarkoni, T. (2021). Putting the self in self-correction: Findings from the Loss-of-Confidence Project. Perspectives on Psychological Science, 16(6), 1255-1269.

Rose, N. (2015a). Demokratisierung von Unternehmensleitung: Führung auf Zeit, Führung von unten, Führung ohne Führung. In W. Widuckel, K. De Molina, M. Ringlstetter, & D. Frey (Hrsg.), Arbeitskultur 2020 (S. 323-334). Wiesbaden: Springer Gabler.

Rose, N. (2015b). Startup-Personal – wer hält durch? Abgerufen am 15.10.2023 von https://www.businessinsider.de/gruenderszene/allgemein/hr-startups-grit/

Rose, N. (2016a). Angst frisst Leistung. Abgerufen am 15.10.2023 von https://www.zeit.de/karriere/beruf/2016-07/betriebspsychologie-arbeit-angst-karriere-druck-macht-aufstieg-betriebsklima

Rose, N. (2016b). Hört auf, den Menschen als Produktionsmittel zu betrachten! Abgerufen am 15.10.2023 von https://www.zeit.de/karriere/2016-11/human-resources-personaler-unternehmen-arbeitnehmer-feel-good-management

Rose, N. (2016c). Ich bin zwar Chef, aber ich übe noch. Abgerufen am 15.10.2023 von https://www.zeit.de/karriere/beruf/2016-07/personalmanagement-weiterbildung-fuehrungsstil-mitarbeiter-personal-fuehrungskraft

Rose, N. (2017a). Führung mit Gefühl. Harvard Business Manager, 4, 66-71.

Rose, N. (2017b). Proteische Karriere auch für Controller? Controlling & Management Review, 61(8), 24-30.

Rose, N. (2018). Wer bin ich auf der Arbeit – und wenn ja, wie viele? Abgerufen am 15.10.2023 von https://www.handelsblatt.com/unternehmen/beruf-und-buero/the_shift/heavy-metal-manager-nico-rose-wer-bin-ich-auf-der-arbeit-und-wenn-ja-wie-viele/23230426.html

Rose, N. (2019a). »Positive Psychologie steht für realistischen Optimismus«. Wirtschaft+Weiterbildung, 1, 46-49.

Rose, N. (2019b). Sonnen und schwarze Löcher in der Organisation. OrganisationsEntwicklung, 3, 30-33.

Rose, N. (2020a). Überhöhte Sinnfrage. Personal Magazin, 10, 48-50.

Rose, N. (2020b). Was tun Sie für sich? Harvard Business Manager, 7, S. 50-53.

Rose, N. (2021). Management Coaching und Positive Psychologie: Stärken stärken, sinnvoll wachsen. Freiburg: Haufe.

Rose, N. (2022a). Bestandsaufnahme Positive Psychologie: Erwachsene Erkenntnisse. managerSeminare, 1, 66-73.

Rose, N. (2022b). Die Sinn-Matrix. Wirtschaftspsychologie Aktuell, 3, 54-59.

Rose, N. (2022c). Ein Stupser für die Rationalitätssicherung. Controlling & Management Review, 3, 40-43.

Rose, N., & Fellinger, C. (2013). Wir wollen's anders. Arbeitswelt Y. managerSeminare, 183, 18-23.

Rose, N., & Schneider, H. (2022). Psychologisches Einkommen: Würden Menschen für mehr Sinn in der Arbeit bezahlen? Wirtschaftspsychologie Aktuell, 1, 8-12.

Rose, N., & Steger, M. F. (2017). Führung, die Sinn macht. Organisationsentwicklung, 4, 41-45.

Rose, N., & Steger, M. F. (2020). Warum gute Führung Sinn macht: Einfluss der Führungsqualität auf Wechselmotivation. Organisationsentwickung, 3, S. 76-79.

Rose, N., & Ulmer, G. (2023). Heavy Metal B(r)ands: Was wir von Metalbands über Marketing lernen können. München: Redline.

Rosenthal, R., & Jacobson, L. (1968). Pygmalion in the classroom. Urban Review, 3(1), 16-20.

Rosso, B. D., Dekas, K. H., & Wrzesniewski, A. (2010). On the meaning of work: A theoretical integration and review. Research in Organizational Behavior, 30, 91-127.

Rowold, J., & Heinitz, K. (2007). Transformational and charismatic leadership: Assessing the convergent, divergent and criterion validity of the MLQ and the CKS. Leadership Quarterly, 18(2), 121-133.

Rubin, G. (2008). Happiness interview with Ed Diener and Robert Biswas-Diener. Abgerufen am 24.4.2019 von https://gretchenrubin.com/2008/09/happiness-int-1-3/ (nicht mehr abrufbar)

Ruch, W., Proyer, R. T., Harzer, C., Park, N., Peterson, C. & Seligman, M. E. P. (2010). Values in action inventory of strengths (VIA-IS): Adaptation and validation of the German version and the development of a peer-rating form. Journal of Individual Differences, 31(3), 138-149.

Ruckriegel, K., Niklewski, G., & Haupt, A. (2014). Gesundes Führen mit Erkenntnissen der Glücksforschung. Freiburg: Haufe.

Rudolph, C. W., Katz, I. M., Lavigne, K. N., & Zacher, H. (2017). Job crafting: A meta-analysis of relationships with individual differences, job characteristics, and work outcomes. Journal of Vocational Behavior, 102, 112-138.

Rupprecht, S., Koole, W., Chaskalson, M., Tamdjidi, C., & West, M. (2019). Running too far ahead? Towards a broader understanding of mindfulness in organisations. Current Opinion in Psychology, 28, 32-36.

Russell, J. A. (2003). Core affect and the psychological construction of emotion. Psychological Review, 110(1), 145-172.

Russell, R. F., & Gregory Stone, A. (2002). A review of servant leadership attributes: Developing a practical model. Leadership & Organization Development Journal, 23(3), 145-157.

Ryan, R. M., & Deci, E. L. (2000). Self-determination theory and the facilitation of intrinsic motivation, social development, and well-being. American Psychologist, 55(1), 68-78.

Ryff, C. D. (1989). Happiness is everything, or is it? Explorations on the meaning of psychological well-being. Journal of Personality and Social Psychology, 57(6), 1069-1081.

Ryff, C. D., & Keyes, C. L. M. (1995). The structure of psychological well-being revisited. Journal of Personality and Social Psychology, 69(4), 719-727.

Salem Khalifa, A. (2012). Mission, purpose, and ambition: redefining the mission statement. Journal of Strategy and Management, 5(3), 236-251.

Satir, V. (1967). Conjoint family therapy: A guide to theory and technique. Palo Alto, CA: Science and Behavior Books.

Schäfer, C. (2018). Deutlich mehr Arbeitnehmer leiden unter Stress und Depression. Abgerufen am 15.10.2023 von www.faz.net/aktuell/wirtschaft/mehr-arbeitnehmer-leiden-unter-stress-und-depression-15937785.html

Schawbel, D. (2017). Angela Duckworth: »A Passion Is Developed More Than It Is Discovered«. Abgerufen am 15.10.2023 von www.forbes.com/sites/danschawbel/2017/01/09/angela-duckworth-a-passion-is-developed-more-than-it-is-discovered/#3a20eaba3c0b

Scheier, M. F., & Carver, C. S. (1985). Optimism, coping, and health: assessment and implications of generalized outcome expectancies. Health Psychology, 4(3), 219-247.

Schermuly, C. C., & Graßmann, C. (2019). A literature review on negative effects of coaching – what we know and what we need to know. Coaching: An International Journal of Theory, Research and Practice, 12(1), 39-66.

Schilpzand, P., De Pater, I. E., & Erez, A. (2016). Workplace incivility: A review of the literature and agenda for future research. Journal of Organizational Behavior, 37(S1), 57-88.

Schmidt, H. (2015). Mit künstlicher Intelligenz die Kosten der IT halbieren. Abgerufen am 15.10.2023 von https://www.netzoekonom.de/2015/05/02/mit-kuenstlicher-intelligenz-die-kosten-der-it-halbieren/

Schmitt, S. (2019). Wie geht es dem Klima? Abgerufen am 15.10.2023 von https://www.zeit.de/2019/04/klimawandel-entwicklung-daten-oekosysteme-natur-katastrophe-auswirkungen

Schneider, K. (2011). Toward a humanistic positive psychology. Journal of the Society for Existential Analysis, 22(1), 32-38.

Schnell, T. (2009). The sources of meaning and meaning in life questionnaire (SoMe): Relations to demographics and well-being. Journal of Positive Psychology, 4(6), 483-499.

Schnell, T. (2010). Existential indifference: Another quality of meaning in life. Journal of Humanistic Psychology, 50(3), 351-373.

Schrage, M. (2011). Why Zuckerberg is (almost) right about great talent. Abgerufen am 15.10.2023 von https://hbr.org/2011/06/why-zuckerberg-is-almost-right.html

Schrand, C. M., & Zechman, S. L. (2012). Executive overconfidence and the slippery slope to financial misreporting. Journal of Accounting and Economics, 53(1-2), 311-329.

Schreiber, M. (2009). »Glück ist Übungssache« (Interview mit Eckart von Hirschhausen). Abgerufen am 15.10.2023 von https://www.spiegel.de/wissenschaft/mensch/psychologie-glueck-ist-uebungssache-a-627268.html

Schüpphaus, L., & Rose, N. (2020). Wann »macht« ein Job Sinn? Wenn Führungsqualität zur Rekrutierungsbremse wird. Wirtschaftspsychologie Aktuell, 4, 14-18.

Schulte-Rüther, M., Markowitsch, H. J., Fink, G. R., & Piefke, M. (2007). Mirror neuron and theory of mind mechanisms involved in face-to-face interactions: a functional magnetic resonance imaging approach to empathy. Journal of Cognitive Neuroscience, 19(8), 1354-1372.

Schutte, N. S., & Malouff, J. M. (2019). The impact of signature character strengths interventions: a meta-analysis. Journal of Happiness Studies, 20(4), 1179-1196.

Schwartz, B. (2004). The paradox of choice: Why more is less. New York, NY: Ecco.

Schyns, B., & Schilling, J. (2013). How bad are the effects of bad leaders? A meta-analysis of destructive leadership and its outcomes. Leadership Quarterly, 24(1), 138-158.

Searle, T. P., & Barbuto Jr., J. E. (2013). A multilevel framework: Expanding and bridging micro and macro levels of positive behavior with leadership. Journal of Leadership & Organizational Studies, 20(3), 274-286.

Seery, M. D., Holman, E. A., & Silver, R. C. (2010). Whatever does not kill us: cumulative lifetime adversity, vulnerability, and resilience. Journal of Personality and Social Psychology, 99(6), 1025-1041.

Seibert, S. E., Wang, G., & Courtright, S. H. (2011). Antecedents and consequences of psychological and team empowerment in organizations: A meta-analytic review. Journal of Applied Psychology, 96(5), 981-1003.

Seligman, M. E. P. (1991). Learned optimism. New York, NY: Knopf.

Seligman, M. E. P. (2004). Authentic happiness: Using the new positive psychology to realize your potential for lasting fulfillment. New York, NY: Simon and Schuster.

Seligman, M. E. P. (2011). Flourish. New York, NY: Free Press.

Seligman, M. E. P. (2018). The hope circuit: A psychologist's journey from helplessness to optimism. New York, NY: Hachette.

Seligman, M. E. P., Abramson, L. Y., Semmel, A., & von Baeyer, C. (1979). Depressive explanatory style. Journal of Abnormal Psychology, 88, 242-247.

Seligman, M. E. P., Castellon, C., Cacciola, J., Schulman, P., Luborsky, L., Ollove, M., & Downing, R. (1988). Explanatory style change during cognitive therapy for unipolar depression. Journal of Abnormal Psychology, 97(1), 13-18.

Seligman, M. E. P., & Csíkszentmihályi, M. (2000). Positive psychology: An introduction. American Psychologist, 55(1), 5-14.

Seligman, M. E. P., Ernst, R. M., Gillham, J., Reivich, K., & Linkins, M. (2009). Positive education: Positive psychology and classroom interventions. Oxford Review of Education, 35(3), 293-311.

Seligman, M. E. P., & Maier, S. F. (1967). Failure to escape traumatic shock. Journal of Experimental Psychology, 74(1), 1-9.

Seligman, M. E. P., Railton, P., Baumeister, R. F., & Sripada, C. (2013). Navigating into the future or driven by the past. Perspectives on Psychological Science, 8(2), 119-141.

Selinger, E., & Whyte, K. (2011). Is there a right way to nudge? The practice and ethics of choice architecture. Sociology Compass, 5(10), 923-935.

Shakespeare-Finch, J., & Lurie-Beck, J. (2014). A meta-analytic clarification of the relationship between posttraumatic growth and symptoms of posttraumatic distress disorder. Journal of Anxiety Disorders, 28(2), 223-229.

Shalley, C. E., & Gilson, L. L. (2004). What leaders need to know: A review of social and contextual factors that can foster or hinder creativity. Leadership Quarterly, 15(1), 33-53.

Sharma, A. (1999). Central dilemmas of managing innovation in large firms. California Management Review, 41(3), 146-164.

Shiota, M. N., Keltner, D., & Mossman, A. (2007). The nature of awe: Elicitors, appraisals, and effects on self-concept. Cognition and Emotion, 21(5), 944-963.

Shrout, P. E., & Rodgers, J. L. (2018). Psychology, science, and knowledge construction: Broadening perspectives from the replication crisis. Annual Review of Psychology, 69, 487-510.

Sisodia, R., Wolfe, D. B., & Sheth, J. N. (2014). Firms of endearment: How world-class companies profit from passion and purpose (2. Ausg.). Upper Saddle River, NJ: Pearson.

Skinner, B. F. (1963). Behaviorism at fifty. Science, 140(3570), 951-958.

Sklar, J. (2020). ‹Zoom fatigue' is taxing the brain. Here's why that happens. Abgerufen am 7.10.2023 von https://www.nationalgeographic.com/science/article/coronavirus-zoom-fatigue-is-taxing-the-brain-here-is-why-that-happens

Smith, T., Kirkman, B., Chen G., & Lemoine, G. J. (2018). When employees work on multiple teams, good bosses can have ripple effects. Abgerufen am 7.10.2023 von https://hbr.

org/2018/09/research-when-employees-work-on-multiple-teams-good-bosses-can-have-ripple-effects

Sone, T., Nakaya, N., Ohmori, K., Shimazu, T., Higashiguchi, M., Kakizaki, M., ... & Tsuji, I. (2008). Sense of life worth living (Ikigai) and mortality in Japan: Ohsaki Study. Psychosomatic Medicine, 70(6), 709-715.

Sonnentag, S. (2003). Recovery, work engagement, and proactive behavior: a new look at the interface between nonwork and work. Journal of Applied Psychology, 88(3), 518-528.

Sonnentag, S. (2018). The recovery paradox: Portraying the complex interplay between job stressors, lack of recovery, and poor well-being. Research in Organizational Behavior, 38, 169-185.

Sonnentag, S., Venz, L., & Casper, A. (2017). Advances in recovery research: What have we learned? What should be done next? Journal of Occupational Health Psychology, 22(3), 365-380.

Spence, G. B., & Oades, L. G. (2011). Coaching with self-determination in mind: Using theory to advance evidence-based coaching practice. International Journal of Evidence Based Coaching and Mentoring, 9, 37-55.

Spreitzer, G. M. (1995). Psychological empowerment in the workplace: Dimensions, measurement, and validation. Academy of Management Journal, 38(5), 1442-1465.

Spreitzer, G. M. (2008). Taking stock: A review of more than twenty years of research on empowerment at work. In J. Barling & C. L. Cooper (Hrsg.), Handbook of organizational behavior (S. 54-72). Thousand Oaks, CA: Sage.

Spreitzer, G. M., & Sonenshein, S. (2004). Toward the construct definition of positive deviance. American Behavioral Scientist, 47(6), 828-847.

Spreitzer, G. M., Sutcliffe, K., Dutton, J. E., Sonenshein, S., & Grant, A. M. (2005). A socially embedded model of thriving at work. Organization Science, 16(5), 537-549.

Steger, M. F. (2012). Experiencing meaning in life – optimal functioning at the nexus of well-being, psychopathology, and spirituality. In P. T. P. Wong (Hrsg.), The human quest for meaning: Theories, research, and applications (S. 165-184). New York, NY: Routledge.

Steger, M. F. (2017). Creating meaning and purpose at work. In L. G. Oades, M. F. Steger, A. Delle Fave, & J. Passmore (Hrsg.), The Wiley Blackwell handbook of the psychology of positivity and strengths-based approaches at work (S. 60-81). New York, NY: Wiley Blackwell.

Steger, M. F., Frazier, P., Oishi, S., & Kaler, M. (2006). The meaning in life questionnaire: Assessing the presence of and search for meaning in life. Journal of Counseling Psychology, 53(1), 80-93.

Steger, M. F., Oishi, S., & Kashdan, T. B. (2009). Meaning in life across the life span: Levels and correlates of meaning in life from emerging adulthood to older adulthood. Journal of Positive Psychology, 4(1), 43-52.

Stephens, J. P., Heaphy, E., & Dutton, J. E. (2011). High-quality connections. In K. S. Cameron, & G. M. Spreitzer (Hrsg.), Oxford handbook of positive organizational psychology (S. 385-399). New York, NY: Oxford University Press.

Stock, R. M. (2015). Is boreout a threat to frontline employees' innovative work behavior? Journal of Product Innovation Management, 32(4), 574-592.

Strack, R., von der Linden, C., Booker, M., & Strohmayr, A. (2014). Decoding global talent. Abgerufen am 15.10.2023 von www.bcg.com/de-de/publications/2014/people-organization-human-resources-decoding-global-talent.aspx

Strack, R., Booker, M., Kovács-Ondrejkovic, O., Antebi, P., & Welch, D. (2018). Decoding global talent 2018. Abgerufen am 15.10.2023 von www.bcg.com/de-de/publications/2018/decoding-global-talent.aspx

Strauss, K., Griffin, M. A., & Parker, S. K. (2012). Future work selves: How salient hoped-for identities motivate proactive career behaviors. Journal of Applied Psychology, 97(3), 580-598.

Sutton, R. I. (2007a). Building the civilized workplace. McKinsey Quarterly, 2, 47-55.

Sutton, R. I. (2007b). The no asshole rule: Building a civilized workplace and surviving one that isn't. London, UK: Hachette.

Sy, T., Côté, S., & Saavedra, R. (2005). The contagious leader: impact of the leader's mood on the mood of group members, group affective tone, and group processes. Journal of Applied Psychology, 90(2), 295-305.

Tag 2 ist Stillstand. Gefolgt vom »Tod« (2017). Abgerufen am 15.10.2023 von https://www.handelsblatt.com/unternehmen/management/jeff-bezos-management-tipps-uebersetzt-tag-2-ist-stillstand-gefolgt-vom-tod-/19669374.html

Tan, C.-M. (2012). Search inside yourself: the unexpected path to achieving success, happiness (and world peace). New York, NY: HarperOne.

Taris, T. W., & Schreurs, P. J. (2009). Well-being and organizational performance: An organizational-level test of the happy-productive worker hypothesis. Work & Stress, 23(2), 120-136.

Taylor, F. W. (1911). The principles of scientific management. London: Harper & Brothers.

Tedeschi, R. G., & Calhoun, L. G. (2004). Posttraumatic growth: Conceptual foundations and empirical evidence. Psychological Inquiry, 15(1), 1-18.

Tee, E. Y. (2015). The emotional link: Leadership and the role of implicit and explicit emotional contagion processes across multiple organizational levels. Leadership Quarterly, 26(4), 654-670.

Thaler, R. H., & Sunstein, C. R. (2003). Libertarian paternalism. American Economic Review, 93(2), 175-179.

Thaler, R. H., & Sunstein, C. R. (2008). Nudge: Improving decisions about health, wealth, and happiness. New Haven, CT: Yale University Press.

Theeboom, T., Beersma, B., & van Vianen, A. E. (2014). Does coaching work? A meta-analysis on the effects of coaching on individual level outcomes in an organizational context. Journal of Positive Psychology, 9(1), 1-18.

Thomasson, E, (2018). At Germany's SAP, employee mindfulness leads to higher profits. Abgerufen am 15.10.2023 von https://www.reuters.com/article/us-world-work-sap/at-germanys-sap-employee-mindfulness-leads-to-higher-profits-idUSKCN1II1BW

Thun, S., & Bakker, A. B. (2018). Empowering leadership and job crafting: The role of employee optimism. Stress and Health, 34(4), 573-581.

Tims, M., & Bakker, A.B. (2010). Job crafting: Towards a new model of individual job redesign. SA Journal of Industrial Psychology, 36, 1-9.

Tims, M., Bakker, A. B., Derks, D., & Van Rhenen, W. (2013). Job crafting at the team and individual level: Implications for work engagement and performance. Group & Organization Management, 38(4), 427-454.

Torchia, M., Calabrò, A., & Huse, M. (2011). Women directors on corporate boards: From tokenism to critical mass. Journal of Business Ethics, 102(2), 299-317.

Tosi, H. L., Werner, S., Katz, J. P., & Gomez-Mejia, L. R. (2000). How much does performance matter? A meta-analysis of CEO pay studies. Journal of Management, 26(2), 301-339.

Tucker, A. L., & Edmondson, A. C. (2003). Why hospitals don't learn from failures: Organizational and psychological dynamics that inhibit system change. California Management Review, 45(2), 55-72.

Vacharkulksemsuk, T., & Fredrickson, B. L. (2013). Looking back and glimpsing forward: The broaden-and-build theory of positive emotions as applied to organizations. In A. Bakker (Hrsg.), Advances in positive organizational psychology (S. 45-60). Bingley, UK: Emerald.

Väth, M. (2016). Arbeit – die schönste Nebensache der Welt: Wie New Work unsere Arbeitswelt revolutioniert. Offenbach: Gabal.

Van De Voorde, K., Paauwe, J., & Van Veldhoven, M. (2012). Employee well-being and the HRM–organizational performance relationship: a review of quantitative studies. International Journal of Management Reviews, 14(4), 391-407.

Van Dierendonck, D. (2011). Servant leadership: A review and synthesis. Journal of Management, 37(4), 1228-1261.

Van Quaquebeke, N., & Eckloff, T. (2010). Defining respectful leadership: What it is, how it can be measured, and another glimpse at what it is related to. Journal of Business Ethics, 91(3), 343-358.

Van Quaquebeke, N., Henrich, D. C., & Eckloff, T. (2007). »It's not tolerance I'm asking for, it's respect!« A conceptual framework to differentiate between tolerance, acceptance and (two types of) respect. Gruppe. Interaktion. Organisation. Zeitschrift für Angewandte Organisationspsychologie, 38(2), 185-200.

van Zyl, L. E., Gaffaney, J., van der Vaart, L., Dik, B. J., & Donaldson, S. I. (im Druck). The critiques and criticisms of positive psychology: A systematic review. Journal of Positive Psychology.

Verteilung der Körpergrößen nach Geschlecht im Jahr 2006. (o.D.). Abgerufen am 15.10.2023 von https://de.statista.com/statistik/daten/studie/1825/umfrage/koerpergroesse-nach-geschlecht/

Vianello, M., Galliani, E. M., & Haidt, J. (2010). Elevation at work: The effects of leaders' moral excellence. Journal of Positive Psychology, 5(5), 390-411.

Vogel, J. (2017). Come on, lieber Jens! Abgerufen am 15.10.2023 von https://www.zeit.de/politik/deutschland/2017-08/jens-spahn-cdu-hipster-restaurants-debatte

Von Scheve, C., & Ismer, S. (2013). Towards a theory of collective emotions. Emotion Review, 5(4), 406-413.

Wagstaff, C., Fletcher, D., & Hanton, S. (2012). Positive organizational psychology in sport: An ethnography of organizational functioning in a national sport organization. Journal of Applied Sport Psychology, 24(1), 26-47.

Walsh, L. C., Boehm, J. K., & Lyubomirsky, S. (2018). Does happiness promote career success? Revisiting the evidence. Journal of Career Assessment, 26(2), 199-219.

Walther, R. (1990). Arbeit – ein begriffsgeschichtlicher Überblick von Aristoteles bis Ricardo. In H. König, B. von Greiff, & H. Schauer (Hrsg.), Sozialphilosophie der industriellen Arbeit (S. 3-25). Wiesbaden: Springer.

Walton, G. M., & Cohen, G. L. (2007). A question of belonging: race, social fit, and achievement. Journal of Personality and Social Psychology, 92(1), 82-96.

Wang, D., Waldman, D. A., & Zhang, Z. (2014). A meta-analysis of shared leadership and team effectiveness. Journal of Applied Psychology, 99(2), 181-198.

Wang, G., Oh, I. S., Courtright, S. H., & Colbert, A. E. (2011). Transformational leadership and performance across criteria and levels: A meta-analytic review of 25 years of research. Group & Organization Management, 36(2), 223-270.

Wang, J., Cheng, G. H. L., Chen, T., & Leung, K. (2019). Team creativity/innovation in culturally diverse teams: A meta-analysis. Journal of Organizational Behavior, 40(6), 693-708.

Warneken, F., & Tomasello, M. (2006). Altruistic helping in human infants and young chimpanzees. Science, 311(5765), 1301-1303.

Warren, D. E. (2003). Constructive and destructive deviance in organizations. Academy of Management Review, 28(4), 622-632.

Waterman, A. S. (2008). Reconsidering happiness: A eudaimonist's perspective. Journal of Positive Psychology, 3(4), 234-252.

Waterman, A. S. (2013). The humanistic psychology–positive psychology divide: Contrasts in philosophical foundations. American Psychologist, 68(3), 124-133.

Weilbacher, J. C. (2018). Die Revolution: HR muss sich abschaffen. Abgerufen am 7.10.2023 von https://www.humanresourcesmanager.de/news/der-revoluzzer-hr-muss-sich-selbst-abschaffen.html

Weßling, K. (2018). »Ich bin nicht schlecht drauf, ich bin depressiv«. Abgerufen am 15.10.2023 von https://www.zeit.de/arbeit/2018-09/psychische-erkrankungen-depressionen-umgang-offenheit-im-job

Whippman, R. (2016). America the anxious: How our pursuit of happiness is creating a nation of nervous wrecks. New York, NY: St. Martin's Press.

Whiteley, P., Sy, T., & Johnson, S. K. (2012). Leaders' conceptions of followers: Implications for naturally occurring Pygmalion effects. Leadership Quarterly, 23(5), 822-834.

Widrich, L. (2015). What we got wrong when we tried flat management. Abgerufen am 15.10.2023 von https://www.fastcompany.com/3050759/what-we-got-wrong-about-holacracy

Wigfield, A., & Eccles, J. S. (2000). Expectancy–value theory of achievement motivation. Contemporary Educational Psychology, 25(1), 68-81.

Willingham, A. J. (2018). Patagonia got $10 million in GOP tax cuts. The company's donating it for climate change awareness. Abgerufen am Abgerufen am 15.10.2023 von https://www.cnn.com/2018/11/29/business/patagonia-10-million-tax-climate-change-trnd/index.html

Wise, E. H., Hersh, M. A., & Gibson, C. M. (2012). Ethics, self-care and well-being for psychologists: Reenvisioning the stress-distress continuum. Professional Psychology: Research and Practice, 43(5), 487-494.

Wong, P. T. P. (2011). Positive psychology 2.0: Towards a balanced interactive model of the good life. Canadian Psychology/Psychologie Canadienne, 52(2), 69-81.

Wrzesniewski, A., & Dutton, J. E. (2001). Crafting a job: Revisioning employees as active crafters of their work. *Academy of Management Review*, 26(2), 179-201.

Zahl der Arbeitslosen so niedrig wie noch nie. (2018). Abgerufen am 15.10.2023 von https://www.zeit.de/wirtschaft/2018-11/erwerbstaetigkeit-arbeitslosenquote-rekord-tiefstand-konjunktur-deutschland

Zaleznik, A. (1977). Managers and leaders: Are they different? Harvard Business Review, 55(3), 67-78.

Zika, S., & Chamberlain, K. (1992). On the relation between meaning in life and psychological well-being. British Journal of Psychology, 83(1), 133-145.

Stichwortverzeichnis

C

D

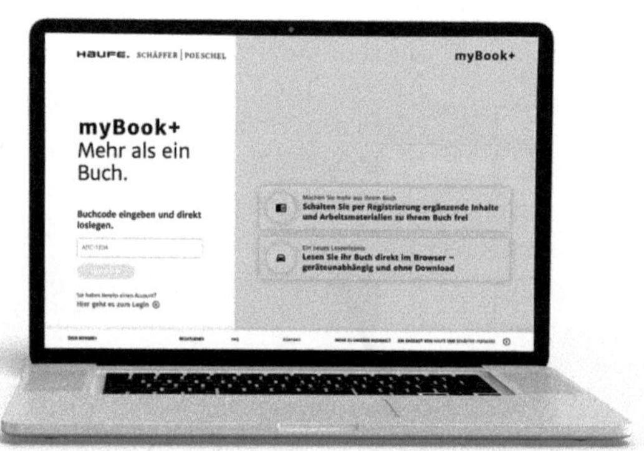

Ihre Online-Inhalte zum Buch: Exklusiv für Buchkäuferinnen und Buchkäufer!

▶ **https://mybookplus.de**

▶ Buchcode: **AHE-79195**